JN312260

# 数論〈未解決問題〉の事典
## Unsolved Problems in Number Theory

リチャード・K・ガイ =著

金光　滋 =訳

朝倉書店

Richard K. Guy

# Unsolved Problems in Number Theory

Third Edition

with 18 Figures

Translation from the English language edition:
*Unsolved Problems in Number Theory* by Richard K. Guy
Copyright ©2004 Springer-Verlag New York, Inc.
Springer is a part of Springer Science+Business Media
All Rights Reserved

# 訳者まえがき

本書は，Richard K. Guy : Unsolved Problems in Number Theory, 3rd edition, 438 pages (Springer, 2004) の全訳である．本書第 1 版は邦訳が出ていたが (リチャード・ガイ著，一松　信監訳：数論における未解決問題集，シュプリンガー・フェアラーク東京，1994)，現在は絶版である．ページ数にして本書の約半分であり，本書が未解決問題集の 1 つの完成版とみなせると思われる．それもあり，本書が事典として役立つことも期待して書名を『数論〈未解決問題〉の事典』とした．

原著の翻訳を引き受けてから予想外に多くの時間がかかってしまい，その間，本書に新たに付け加えるべき新結果も多く現れた．最も重要なものは，**A5** のグリーン-タオ定理「任意に長い素数の等差数列が存在する」—これについては，著者自身，ストッププレスとして簡単に言及している—であろう．これに関する参考文献を少し付け加えた．同程度に注目を集めたのは，**A8** で著者が言及しているゴールドストン-イルディリム (-ピンツ) の「素数間距離」の改良であろう．これについても文献を付け加えた．その他，訳注としてかなりの修正を加えた．

時間がかかったのは，訳者が所用でなかなか時間が取れなかった所為もあるが，もう 1 つの理由は，プロにとっておもしろい **A** の素数に関する部分，**B19** の abc 予想，**D2** のフェルマー予想，その他楕円曲線とからんだディオファンタス方程式などを先に訳し終えてしまい，さて，その他にとりかかった途端にペースが大幅に鈍ってしまったことがある．本書はプロだけでなく，数論の問題を数値実験で検証していき，あわよくば解いてしまうというアマチュア強豪にも向けられたものである．各節末にある豊富な文献はプロの数学者にも大いに有益であろう．アマ強豪の方には，本文中の世界記録更新の様子が興味の的になるであろうと思われる．原著出版が 2004 年であり，その時点で著者がいうように，最新数値結果を網羅していなかったのだから，その後，多くの新結果が出ていることと思われる．それらの結果を本書に収録していないのは申しわけないしだいであるが，読者のご寛恕を願うとともに，記録更新をお知らせ願えればありがたい．機会があれば追加・訂正を行う予定である．

訳者まえがき

　訳者の原則は，理工学書の翻訳においても，日本語で書かれたものと同程度の日本語としてのステイタスをもつことである．本書においても，日本語として等価であり，日本語として抵抗なく読めるようにいろいろな工夫を凝らした．

　1. 人称代名詞を極力廃止したこと．明治になって導入されたこれらの代名詞をそのまま訳すとおよそ日本語の語調からほど遠いものとなるため，省略すると混乱を生ずる恐れのある箇所を除き，できるだけ省略するか，他のことば，たとえば，著者ら，自分らの訳語で代用した．

　2. 人名をすべてカタカナで表した．数学書等では，人名をアルファベットのままにしてあることが非常に多いが，本書ではアマ読者の便を考えて，本来の読みにもっとも近い形にするという，日本の伝統的な方法によった．たとえば，モスクヴァーを英語流に勝手にモスコウに変えるのでなく，モスクワと最も原語に近い響きのことばにする伝である．ただいくつかの例外はあり，英語名は，本来の英語に最も近いという原則は必ずしも採用しておらず，グレイアムとなるところは慣用のグラハムとしている．

　3. 専門用語のいくつかに新訳語を用いた．たとえば，"square-free" の訳語として「平方因子を含まない」の代わりに「平方因子無縁」ということばを用いた．もちろん，これは，より広い意味で高木貞治が用いたのを借用したのである．"powerful number" は「パワフル数」もしゃれとしてありうるが，「ベキフル数」とした．"figurate number" は「図形数」ではなく「表象数」にする等である．

　4. なるべく「の」の反復を用いないという方針で文体が間延びしないようにした．「行く秋の大和の国の薬師寺の塔の上なる一片の雲」の逆をいったわけである．その分，つけとして，いささか古風な「何々なる」という表現を用いた．また，文体統一のため，perhaps の訳は「たぶん」とせず，「おそらく」とした．probably と混同のおそれもあるが，それはあえて肯ぜることとした．

　5. 桁数が長く 1 行に収まらない数字の場合，次行と切れていないことを示すために，右端に★印をつけてある．


　以上のような工夫を諸所に凝らして，水の流れるごとく読み進めるようにと心がけた．その結果は，読者諸賢の判断に委ねることになるが，幸い座右の書となってくれれば訳者の欣快これに過ぎるものはない．

　C 章の加法的数論は，岩手大学　川田浩一氏に通読頂き，貴重ご注意を頂いた．また，名古屋大学　谷川好男氏には，本書の翻訳の半分近くを手伝って頂いただけでなく，全文に目を通して頂いて数多くの有益なご指摘を頂いた．畏友塚田

春雄氏には，最終段階の TeX 原稿の修正をお手伝い頂き大変助かりました．ここに記して感謝いたします．最後に，朝倉書店編集部の方々には大変お世話になりました．用語の統一から文献の修正など，大いにアシストしていただき，その献身的なサポートのおかげでようやく岸に漕ぎ着けることができました．心より感謝いたします．

2010 年 8 月　福岡

金光　滋

# 第3版の序

　第2版刊行から10年経って(数論の黎明期からすれば4000年とすべき?) 何か目新しいものは? 実のところ，われわれが指数関数的にページ数を増大しているにもかかわらず，収録すべきものが多すぎる状況である．新しく**A20, C21, D29, F32**節を付け加えたし，以前からあったものは拡大した．参考文献は，いうまでもなく，本書の白眉の1つであるが，あまりにも膨大になりすぎた箇所では，やむをえずいくつかを割愛し，2次資料のみをあげたところもある．しかし，資料としては，より入手しやすいものを優先した．

　読者に有益な新しい特色として，ネイル・スローンのオンライン整数列百科 (**OEIS**, Neil Sloane's Online Encyclopedia of Integer Sequences) の該当部分を示すリストをおおよそ半数の節の末尾に付け加えたので，参照されたい．**OEIS** のリストを加えるよう勧めてくれた上，実装を手助けしてくれたネイルに感謝する．しかし，今回が最初の試みであったため，言及すべき整数列で落としているものを多いであろうし，リストのミスプレースもあるかもしれないことをお断りしておく．この重要なリソースを利用している多くの人が今後とも，筆者宛にいろいろご教示してくださることを期待している．

　今回も多くの読者から多大なる興味と援助を寄せられ，著者の欣快とするところであった．あまりにも数が多かったため，一々その名をあげて感謝したいところがそうもいかないのが残念である．初版・第2版で多くの方々のお名前をあげたが，その後物故されたディック・レーマー，ラファエル・ロビンソン，ポール・エルデーシュに特筆して感謝したい（エルデーシュの賞金は，ロングラハム経由で今後も入手可能である）.

　初版・第2版でお名前をあげさせて頂いた方々にここであらためて感謝するとともに，以下の方々に（重複も許して）新たに感謝したい：ステファン・バーテルス，マイク・ベネット，デイヴィッド・ボイド，アンドリュー・ブレムナー，ケヴィン・ブラウン，ケヴィン・ブザード，クリス・コールドウェル，フィル・カーモディー，アンリ・コーエン，カール・ディルチャー，ノウム・エルキース，スコット・フォレスト，ディーン・ヒッカーソン，ダン・ホウイ，デイヴ・ハウ，フロリアン・ルカ，ロナルド・ヴァン・ルイジク，グレッグ・マーティン，ジャド・

マクレイン，ピーター・モリー，ゲリー・マイヤーソン，エド・ペッグ，リチャード・ピンチ，ピーター・プレザンツ，カール・ポメランス，ランダール・ラスバン，ヘルマン・テ・リーレ，ジョン・ロバートソン，レイナー・ローゼンタール，リネイト・シャイドラー，ジャミー・シンプソン，ネイル・スローン，ジョセフ・ソレモシ，キャム・スチュアート，ロバート・スタイヤー，エリック・ワイスタイン，ヒュー・ウィリアムズ，デイヴィッド W. ウィルソン，ロバート G. ウィルソン，ポール・ジマーマン，リタ・ズアズア．ここに名前をあげられなかった方々，ご容赦を．

　アンディ・ガイのプログラムを蘇生させてくれたことで，ジャン-マーティン・アルバートには，特大の感謝を捧げたい．カナダ国立自然科学技術研究評議会に研究補助を続行してくれたことに感謝したい．カルガリー大学数学・統計教室は，筆者の退職から本書刊行まで 21 年間にわたって筆者の居場所を提供し続けてくれた．ここにあらためて感謝するとともに，これからのさらに 21 年間もよろしく配慮されんことを．シュプリンガー社にも感謝する．とくに，イナ・リンデマンとマーク・スペンサーには，最終製造物の完璧なできばえのみならず，著者・編集者関係式の卓越性を維持してくれたことに深く感謝する．

　　2003 年 9 月 16 日　カルガリーにて

リチャード K. ガイ

# 第2版の序

エルデーシュによれば，1912年のケンブリッジで行われた国際数学者会議で，ランダウが素数に関する講演をおこない，当時の技術では解決不可能であった4個の問題 (**A1**, **A5**, **C1** 参照) を述べたということである．現在でも解決は不可能であるとエルデーシュは言う．その一方で，本書の初版発行以後，いくつもの瞠目すべき進展があった．フェルマー予想の解決 (少しのギャップがある模様であるが，現在修正中—訳注：その後，ワイルズの証明は完成し，350年間の問題がついに解決された)，モーデル予想解決への進展，カーマイケル数が無限個存在することの証明，その他いくつかの問題が解決された．

本書はその性格上，恒久的に時代に追いつけない運命にある．初版の **D1** における1700年遅れの項目までいかずとも，きのう書いた原稿と，印刷所から回ってきた初校との間には数カ月のタイムラグがあるわけであり，その間に進展があるかもしれないのである．初版との比較を容易にするため，本書でもセクションの番号は同じとした．大部分解決済あるいは完全解決された問題については，**B47**, **D2**, **D6**, **D8**, **D16**, **D26**, **D27**, **D28**, **E15**, **F15**, **F17**, **F28** 参照．関連した未解決問題を追加したところもあるし，問題から演習に変更したところもある．

筆者固有の記号のうち2つをここで述べておく．1つは & 記号で，共著者を表し，「... ガウスとエルデーシュ - ガイの結果から従う」といったような文にあいまいな点がないようにするためである [訳注：訳文では & の代わりに，ハイフン - を用いた]．もう1つは，ハンガリーの数学者たちの記号で予想あるいは仮定を表す

$$¿ \ldots \ldots \ldots ?$$

である．この記号を使えば，不慣れな微積分の教科書の筆者が善意で落ち入らせる，次のような精神的苦痛から学生を解放することができる．ある学生が，積の微分の答えが出ないといって悩んでいたため，筆者も気になって教科書を見てみた．その学生は，積の微分は微分の積であるという別行で書かれた公式にマークをしていたのだが，コンテクストによれば，「なぜこれが正しい答えでないか」という問いなのであった．

本書と同じ運命ではないかと危惧されていた『幾何学における未解決問題』が

出版されたが，早くもリプリントあるいは第2版の要請に迫られている．

本文を読まれればおわかりのことと思うが，本書を脳の倉庫整理用にお使い頂きたいという筆者の要請にいかに多くの方が応えてくれたか，また，これらの方々にいかに多くを負うているかは明白である．以下のリストはかなり完全からはほど遠いが，少なくとも筆者がお礼を言いたいと考えている方々を網羅したリストである．ハーヴィー・アボット，アーサー・バラガー，ポール・ベイトマン，T. G. ベリィ，アンドリュー・ブレムナー，ジョン・ブリルハート，R. H. ブッシュホルツ，ダンカン・ビュエル，ジョー・ビューラー，ミッチェル・ディックマン，ヒュー・エドガー，ポール・エルデーシュ，スティーヴン・フィンチ，アヴェズリ・フレンケル，ディヴィッド・ゲイル，ソル・ゴロンブ，ロン・グラハム，シド・グラハム，アンドリュー・グランヴィル，ヘイコ・ハーボート，ロジャー・ヒース・ブラウン，マーティン・ヘルム，ゲルド・ホフマイスター，ヴィルフリッド・ケラー，アーンフリート・ケムニッツ，ジェフリ・ラガリアス，ジーン・ラグランジュ，ジョン・リーチ，ディックとエマのレーマー夫妻，ヘンドリック・レンストラ，ヒュー・モンゴメリー，ピーター・モンゴメリー，中村 滋，リチャード・ノヴァコフスキ，アンドリュー・オドルィシェコ，リチャード・ピンチ，カール・ポメランス，アーロン・ポトラー，ヘルマン・テ・リーレ，ラファエル・ロビンソン，オイステン・ロドセット，K. R. S. サストリ，アンジジェイ・シンツェル，リーズ・スコット，ジョン・セルフリッジ，エルンスト・セルマー，ジェフリー・シャリット，ネイル・スローン，ステファン・ファンデメルゲル，ベン・ド・ヴェーガー，ヒュー・ウィリアムズ，ジェフ・ヤング，ドン・ザギエ．ゲラ刷りの比類なき読み手，文献の百科全書的知識，数学の明晰さや緻密さに関する点からジョン・リーチを特筆しておきたい．

本書の電子化のフレームを作成し，筆者，出版社の双方の労を省いてくれたアンディ・ガイにも感謝する．カナダ国立自然科学技術研究評議会は本書の出版ならびに他の多くのプロジェクトに対して筆者への補助を行ってくれたことを述べたい．

1994年1月18日　カルガリー

リチャード K. ガイ

# 初版の序

　門外漢から見ると，数学者は，問題を解くために難しい足し算をする人種ということになっている．同業者仲間の間でさえ，理論家か問題解決者かという分類がある．数学という学問は，両者の活動もさりながら，数学内部から出てくる問題に加え，拡大しつつある数学の応用分野から出てくる未解決問題に取り組むことによって，活性化されてきた．数学に貢献するのは，問題解決者よりも問題提出者であることがしばしばである．問題が解決されると，その問題に関連した分野の熱は冷めてしまうことが多いが，「フェルマーの最終定理」は（未解決であるから問題のうちに入れておく [訳注：1983 年ワイルズによって解決]）例外で，審美性・深遠さ・応用性のどの視点から見ても，よい問題を多量に生み出した．

　未解決の問題を出すに当たって，それが全く自明であるか，全く解決不可能になるかのさじ加減は微妙であるから，魅力のある未解決問題を作るには，芸術的な技量を要する．述べるのは簡単であるが，次世代になっても未解決であろうと専門家がいうような問題は多い．リーマン予想，ゴールドバッハ予想，双子素数予想，メルセンヌ素数予想，奇数の完全数予想の行く末がどうなるかを見届けられるかは別としても，四色問題が解決されるのは目の当たりにした．他方，「未解決」問題とはいっても，容易に解決可能なものもあり，当初思われていたより扱いやすいことがわかるものもある．ハンガリー人数学者ポール・エルデーシュが，数学に対してなした多大の貢献のうち，良問をたえず提出し続けてきたことはかなりの地位を占める．問題自体の吸引力が十分でないかのごとく，彼は問題のそれぞれの難易度を明示するとともに，それに応じた額の賞金を懸けてきた．彼は 1 ドルから 1,000 ドルまでの種々の賞金を支払った．

　本書の目的の 1 つに，研究者の卵から，適度な数学的な刺激が受けられない環境にある熟練研究者にいたるまで，簡単には解けないが，理解は容易であるような問題を提供し，研究者たちが，それぞれのレベルで努力し，それぞれに部分的に成功することによって，本格的な研究を達成するために必要不可欠な興味・自信・忍耐力の三要素の涵養に寄与することがある．

　しかし，本書執筆の目的は更に広範なものである．どの水準であろうと数学科の学生，数学教師ならば，たとえいま研究能力がなく，また研究志向の野心がま

だないとしても，自分たちの理解できる範囲に多くの未解決問題があり，なかには近い将来解けるものがあると認識しておくことが重要である．未解決問題に魅せられる初学者は数多い．研究者として成功した人の中にはユークリッド幾何，数論，最近では組合せ論やグラフ理論の問題が解けて自信をもった人が多い．これらの分野の問題は，取り立てて予備知識なしで理解することができ，自分で未解決問題を提出したり，ときには独創的な結果を得ることもできる．

本書の執筆を思い立ったのは，遡ること20数年前であり，その頃出回った故レオ・モーザー-ハラード・クロフト共編の未解決問題集や，エルデーシュの論文に強い影響を受けたためである．クロフトに問題集を拡充して，一冊の本にしようと持ちかけたところ，同意を得たため，早速編集に取りかかった．編纂途上，エルデーシュは何度となくわれわれの士気を鼓舞するとともに，早く早くと急かしてくれた．しばらくすると，数論問題集が膨張してきてそれ自体一冊分になったため，それはハラード T. クロフト著の幾何学-凸体理論-解析学問題集の一冊と現著者による組合せ理論-グラフ理論-ゲーム理論問題集の三部作からなるシリーズにすることにした．

参考文献は時として膨大な文献表になるため，読者がページをめくる手間を省くために，問題のすぐ後か，一連の問題を解説した後に述べておいた．各問題または論文の後にまとめてある．すべての参考文献がアルファベット順に並んでいるという利点を失わないようにするため，著者索引を付けておいた．それを見れば，非常に多作な著者を除き，特定の論文を容易に検索することができる．著者索引-一般索引-記号表の見出しはページ番号の代わりに項目番号とした [訳注：日本版ではページ数にあらためた].

原稿の一部を見てくれた多くの同僚からは，有益なフィードバックが返ってきた．そのうちの何人かは個人的な友人であったが，もはや，故人となった．それは，ハロルド・ダヴェンポート，ハンス・ハイルブロン，ルイス・モーデル，レオ・モーザー，セオドア・モーツキン，アルフレッド・レニュイ，ポール・トゥランの方々である．また，H. L. アボット，J. W. S. キャッセルス，J. H. コンウェイ，P. エルデーシュ，マーチン・ガードナー，R. L. グラハム，H. ハルバースタム，D. H. レーマーとエマ・レーマーのレーマー夫妻，A. M. オドルイシュコ，カール・ポメランス，A. シンツェル，J. L. セルフリッジ，N. J. A. スローン，E. G. ストラウス，H. P. F. スウィンナートン・ダイヤー，ヒュー・ウィリアムスの方々にもお世話になった．カナダ国立自然科学技術研究評議会から付与された研究補助金のおかげで，上述の研究仲間を初めとする多くの研究者たち

との緊密なコンタクトが持続できた．カルガリー大学から下賜されたキリアム・レジデント奨学金は最終原稿執筆に際してとくに有益であった．原稿入力を行ってくれたのは，カレン・マクダーミッド，ビーティー・ティアーズ，ルイーズ・ガイで，彼女らはまた，校正も手伝ってくれた．シュプリンガー・ニューヨーク社の慇懃かつ有能なスタッフは終始大いに協力してくれた．

　これらの人々の献身的な援助にもかかわらず，多くの誤りが残っていることであろうが，それについての消極的な責任は著者にある．いずれにせよ，本書がその役割を果たせるとすれば，その出版の瞬間，否，そもそも執筆開始の瞬間から既に時代に遅れ始める運命である．著者の見逃した解や文献や問題も数多くあるにちがいなく，読者からのフィードバックを心待ちにしているところである．読者自らが，この在庫一掃セール用倉庫を十分活用されることを期待している．優れた研究者の場合には，埋もれていた結果を再発見することで分野を蘇らせることもあるが，自分の見出したものが既に予期されていたものであるとわかれば，多くの場合は大いに失望感を味わうものであるから．

　　1981年8月13日　カルガリー

　　　　　　　　　　　　　　　　　　　　　　　　　　リチャードK. ガイ

# 目 次

## はじめに

## A. 素 数

A1. 2次式の素数値　7
A2. 階乗に関係した素数　10
A3. メルセンヌ素数, 1のリピート数, フェルマー数, $k \cdot 2^n + 1$ の形の素数　13
A4. 素数レース　22
A5. 素数からなる等差数列　25
A6. 等差数列 (A.P.) 中の連続素数　27
A7. カニンガムチェイン　29
A8. 素数間距離, 双子素数　31
A9. 素数のパターン　38
A10. ギルブレス予想　41
A11. 増加, 減少する素数の間隙　42
A12. 擬似素数 (psp), オイラー擬似素数 (epsp), 強擬似素数 (spsp)　42
A13. カーマイケル数　48
A14. 「良」素数と素数グラフ　51
A15. 連続する素数の積の合同　52
A16. ガウス素数とアイゼンシュタイン-ヤコビ素数　53
A17. 素数の表示式　55
A18. エルデーシュ-セルフリッジの素数分類法　62
A19. $n - 2^k$ が素数になるような $n$ の値, $\pm p^a \pm 2^b$ の形でないような奇数　64
A20. 対称素数と非対称素数　66

## B. 整除性

B1. 完全数　67
B2. 概完全数, 準完全数, 擬似完全数, 調和数, ウィアード数, 多重完全数, 超完全数

70

B3. ユニタリー完全数　79
B4. 親和数　81
B5. 準親和数または伴侶数　87
B6. 真約数和列　88
B7. 真約数サイクル (社交数)　91
B8. ユニタリー真約数和列　93
B9. 超完全数　95
B10. 不可触数　96
B11. 方程式 $m\sigma(m) = n\sigma(n)$ の解　97
B12. $d(n)$, $\sigma_k(n)$ の類似　98
B13. 方程式 $\sigma(n) = \sigma(n+1)$ の解　99
B14. 無理数値級数　100
B15. 方程式 $\sigma(q) + \sigma(r) = \sigma(q+r)$ の解　101
B16. ベキフル数, 平方(因子)無縁数　101
B17. 指数完全数　106
B18. 方程式 $d(n) = d(n+1)$ の解　107
B19. $(m, n+1)$, $(m+1, n)$ が同じ素因数をもつペア $(m, n)$, abc 予想　109
B20. カレン-ウッダール数　114
B21. すべての $n$ に対して合成数である数 $k \cdot 2^n + 1$　115
B22. $n$ 個の大きな数の積としての $n$ の階乗　117
B23. 等しい値の階乗積　118
B24. どの元も他の 2 元を割らないような最大集合　119
B25. 素数公比等比数列の等しい和　120
B26. $l$ 個の対ごとに素な元を含む最密集合　121
B27. $n+i$ を割らないような $n+k$ の素因数の数—$0 \leq i < k$　121
B28. 異なる素因数をもつ連続する整数　122
B29. $x$ は $x+1, x+2, \ldots, x+k$ の素因数によって決定されるか？　123
B30. 積が平方数になるような小サイズの集合　123
B31. 2 項係数　125
B32. グリム予想　128
B33. 2 項係数の最大約数　129
B34. $n-i$ が $\binom{n}{k}$ を割るような $i$ があるか？　132
B35. 連続する整数の積が同じ素因数をもつとき　133
B36. オイラーの (トーシャント) 関数　133
B37. $\phi(n)$ は $n-1$ の真約数か？　137
B38. 方程式 $\phi(m) = \sigma(n)$ の解　139
B39. カーマイケル予想　140

- B40. トータティヴ間の間隙　141
- B41. $\phi$, $\sigma$ の逐次合成関数 (イテレート)　142
- B42. 関数 $\phi(\sigma(n))$ および $\sigma(\phi(n))$ の挙動について　145
- B43. 階乗数の交代和　147
- B44. 階乗数の和　148
- B45. オイラー数　149
- B46. $n$ の最大素因数 $P(n)$　150
- B47. $2^a - 2^b$ が $n^a - n^b$ を割るのはいつか?　151
- B48. 素数にわたる積　151
- B49. スミス数　152
- B50. ルース-アーロン数　153

## C. 加法的数論

- C1. ゴールドバッハ予想　155
- C2. 隣接素数の和　160
- C3. ラッキー数　160
- C4. ウーラム数　161
- C5. 項の和はどの程度数列を決定するか?　163
- C6. 加法チェイン，ブラウアーチェイン，ハンセンチェイン　164
- C7. マネーチェンジ問題　166
- C8. 部分集合の元の和が異なる集合　169
- C9. 対の和による充填　170
- C10. 合同差分集合と誤り訂正符号　175
- C11. 異なる元の和をもつ 3 タイプの集合　178
- C12. 郵便切手問題　179
- C13. 対応する合同被覆問題，グラフの調和ラベル　184
- C14. 和が属さないような最大集合　185
- C15. ゼロサムを含まない最大集合　187
- C16. 非平均集合，非整除集合　191
- C17. 最小重複問題　192
- C18. $n$ 個のクイーンの問題　193
- C19. 弱独立数列は，強独立数列の有限個の和集合であるか?　196
- C20. 平方数の和　197
- C21. 高次ベキ和　200

## D. ディオファンタス方程式

D1. 等ベキ数の和,オイラーの予想　　203
D2. フェルマーの問題　　212
D3. 表象数　　216
D4. ワーリング問題,$l$ 個の $k$ 乗数の和　　222
D5. 4 個の 3 乗数の和　　225
D6. $x^2 = 2y^4 - 1$ の初等的解　　227
D7. 和が再びベキ数になるような連続するベキ数　　228
D8. ピラミッド型ディオファンタス方程式　　230
D9. カタラン予想,2 個のベキの差　　231
D10. 指数型ディオファンタス方程式　　235
D11. エジプト分数　　243
D12. マルコフ数　　253
D13. ディオファンタス方程式 $x^x y^y = z^z$　　256
D14. $a_i + b_j$ が平方数になるとき　　257
D15. 対の和が平方数になる数の集合　　258
D16. 和・積ともに等しい数の 3 つ組み　　262
D17. 連続する整数のいくつかの積はベキでない　　262
D18. 完全立方体は存在するか? 対ごとの和・差が平方数である 4 個の平方数　　265
D19. 正方形の頂点から有理距離にある点　　273
D20. 相互距離が有理数の一般的な 6 点　　276
D21. 辺,中線,面積が整数の三角形　　280
D22. 有理ディメンションの単体　　282
D23. いくつかの 4 次方程式　　285
D24. 和=積方程式　　288
D25. $n$ 階乗を含む方程式　　289
D26. 様々な形のフィボナッチ数　　291
D27. 合同数　　294
D28. 逆数ディオファンタス方程式　　297
D29. ディオファンタス $m$-項　　297

## E. 整数列

E1. 十分大の整数がその元と素数の和で表せるような疎集合　　299

- E2. 項の各対の l.c.m. が $x$ より小であるような数列の密度　300
- E3. 2 個の比較可能な約数をもつ数列の密度　301
- E4. どの項も他の $r$ 個の項の積を割らない数列　302
- E5. 与えられた集合の少なくとも 1 つの元で項が割れる整数列　303
- E6. 項の対の和が与えられた数列の項でないような数列　303
- E7. 素数を含む級数・数列　304
- E8. どの項の和も平方数でない数列　304
- E9. 項の対の和が多くの値をとるような類への (整数の) 分割　304
- E10. ファン・デア・ヴェルデン定理, セメレディ定理, A.P. を含むような類への整数の分割　305
- E11. シューアの問題, 整数のサムフリーな類への分割　310
- E12. シューアの問題：モジュラー版　312
- E13. 強サムフリー類への分割　314
- E14. ファン・デア・ヴェルデン問題とシューア問題のラドーによる一般化　315
- E15. ゲーベルの漸化式　316
- E16. $3x+1$ 問題　317
- E17. 置換列　323
- E18. マーラーの $Z$-数　324
- E19. 分数のベキの整数部分が素数であることは無限に起こるか？　325
- E20. ダヴェンポート-シンツェル列　325
- E21. トゥーエ-モース列　327
- E22. すべての置換列を部分列として含むサイクルと数列　331
- E23. A.P. による整数の被覆　332
- E24. 無理数化列　332
- E25. ゴロンブの自己ヒストグラム列　333
- E26. エプシュタインの 2 乗出し入れゲーム　335
- E27. max 列, mex 列　336
- E28. $B_2$-列, ミアン-チャウラ列　337
- E29. 項の和・積が共に同一の類に属する数列　338
- E30. マクマホンのメジャー素数　338
- E31. ホフスタッターの 3 数列　340
- E32. グリーディーアルゴリズムから生ずる $B_2$-列　341
- E33. 単調 A.P. を含まない数列　343
- E34. ハッピー数　343
- E35. キンバーリングシャッフル　345
- E36. クラナー-ラド列　347
- E37. マウストラップ　347
- E38. 奇数和列　348

## F. その他の問題

F1. ガウスの円問題　351
F2. 異なる距離にある格子点　353
F3. 4点が共円でない格子点　354
F4. 3点が共線でない格子点　354
F5. 平方剰余, シューアの予想　358
F6. 平方剰余のパターン　360
F7. ブハースカラ方程式の3乗アナログ　362
F8. 差が平方剰余であるような平方剰余集合　363
F9. 原始根　363
F10. 2のベキの剰余　366
F11. 階乗の剰余の分布　367
F12. 逆元と異符号であるような数はどの頻度で現れるか?　368
F13. 被覆合同式系　369
F14. 完全被覆系　372
F15. R. L. グラハムの問題　376
F16. $n$ を割る小さい素数のベキの積　376
F17. リーマン $\zeta$-関数に関連した級数　377
F18. 数の有限集合の和・積集合の大きさ　378
F19. 最大積の異なる素数への分割　379
F20. 連分数　380
F21. 部分商がすべて1または2の連分数　381
F22. 非有界部分商をもつ代数的数　381
F23. 2ベキおよび3ベキの僅差　382
F24. いくつかの10進ディジタル問題　384
F25. 整数のパーシステンス (耐久性)　385
F26. 1のみを用いて数を表す　385
F27. マーラーによるファーレイ分数の一般化　386
F28. 値1の行列式　387
F29. 一方が必ず可解の2組合同式　389
F30. その値2個の和がすべて異なる多項式　389
F31. 種々のディジタル問題　389
F32. コンウェイのRATS回文数　390

著者索引　393
一般索引　409

# 記 号 表

| | | |
|---|---|---|
| A.P. | 等差数列 $a, a+d, \ldots a+kd, \ldots$ | A5, A6, E10, E33 |
| $a_1 \equiv a_2 \bmod b$ | 法 $b$ に関し $a_1$ は $a_2$ に合同; $a_1 - a_2$ が $b$ で割れる | A3, A4, A12, A15, B2, B4, B7, ... |
| $A(x)$ | 数列 $A$ の $x$ 以下の元の個数; たとえば, $x$ 以下の親和数の個数など | B4, E1, E2, E4 |
| $c$ | 正の定数 (常に同じとは限らない！) | A1, A3, A8, A12, B4, B11, ... |
| $d_n$ | 連続する素数間の距離; $p_{n+1} - p_n$ | A8, A10, A11 |
| $d(n)$ | $n$ の（正の）約数の個数; $\sigma_0(n)$ | A17, B, B2, B8, B12, B18, ... |
| $d\mid n$ | $d$ は $n$ を割る; $n$ は $d$ の倍数; $dq = n$ を満たす整数 $q$ が存在する | B, B17, B32, B37, B44, C20, D2, E16 |
| $d \nmid n$ | $d$ は $n$ を割らない | B, B2, B25, D2, E14, E16, ... |
| $d \parallel n$ | $d$ は $n$ をちょうど割りきる | B |
| $e$ | 自然対数の底; $2.718281828459045\ldots$ | A8, B22, B39, D12, ... |
| $E_n$ | オイラー数; $\sec x$ の展開係数 | B45 |
| $\exp\{..\}$ | 指数関数 | A12, A19, B4, B36, B39, ... |
| $F_n$ | フェルマー数; $2^{2^n}+1$ | A3, A12 |

| | | |
|---|---|---|
| $f(x) \sim g(x)$ | $x \to \infty$ のとき $f(x)/g(x) \to 1$ $(f, g > 0)$ | A1, A3, A8, B33, B41, C1, C17, D7, E2, E30, F26 |
| $f(x) = o(g(x))$ | $x \to \infty$ のとき $f(x)/g(x) \to 0$ $(g > 0)$ | A1, A18, A19, B4, C6, C9, C11, C16, C20, D4, D11, E2, E14, F1 |
| $f(x) = O(g(x))$ $f(x) \ll g(x)$ | 定数 $c$ が存在して十分大の $x$ に対し, $\|f(x)\| < cg(x)$ となる $(g(x) > 0)$ | A19, B37, C8, C9, C10, C12, C16, D4, D12, E4, E8, E20, E30, F1, F2, F16 A4, B4, B18, B32, B40, C9, C14, D11, E28, F4 |
| $f(x) = \Omega(g(x))$ | 任意に大きい $x$ が存在して $\|f(x)\| \geq cg(x)$ となるような 定数 $c > 0$ が存在する $(g(x) > 0)$ | D12, E25 |
| $f(x) \asymp g(x)$ $f(x) = \Theta(g(x))$ | 定数 $c_1, c_2$ が存在して 十分大の $x$ に対し, $c_1 g(x) \leq f(x) \leq c_2 g(x)$ となる $(g(x) > 0)$ | B18 E20 |
| $i$ | $-1$ の平方根; $i^2 = -1$ | A16 |
| $\ln x (= \log x)$ | $x$ の自然対数 | A1, A2, A3, A5, A8, A12, ... |
| $(m, n)$ | $m$ と $n$ の g.c.d. (greatest common divisor —最大公約数); $m$ と $n$ の h.c.f.(highest common factor) | A, B3, B4, B5, B11, D2 |
| $[m, n]$ | $m$ と $n$ の l.c.m. (least common multiple —最小公倍数); また 区間内の連続する整数の集合 $m, m+1, \ldots, n$ | B35, E2, F14 B24, B26, B32, C12, C16 |
| $m \perp n$ | $m, n$ は互いに素; $(m, n) = 1$; $m$ は $n$ と素である | A, A4, B3, B4, B5, B11, D2 |

記　号　表　　　　　　　　　　xxi

| | | |
|---|---|---|
| $M_n$ | メルセンヌ数; $2^n - 1$ | A3, B11, B38 |
| $n!$ | $n$ の階乗; $1 \times 2 \times 3 \times \cdots \times n$ | A2, B12, B14, B22, B23, B43, ... |
| $!n$ | $0! + 1! + 2! + \ldots + (n-1)!$ | B44 |
| $\binom{n}{k}$ | $n$ 個のものから $k$ 個選ぶ組合せの数; 2 項係数 $n!/k!(n-k)!$ | B31, B33, C10, D3 |
| $\left(\frac{p}{q}\right)$ | ルジャンドル (またはヤコビ) 記号 | F5 参照 (A1, A12, F7) |
| $p^a \| n$ | $p^a$ は $n$ を割るが, $p^{a+1}$ は $n$ を割らない | B, B8, B37, F16 |
| $p_n$ | $n$ 番目の素数, $p_1 = 2$, $p_2 = 3, p_3 = 5, \ldots$ | A2, A5, A14, A17, E30 |
| $P(n)$ | $n$ の最大素因数 | A1, A17, B30, B46 |
| $\mathbb{Q}$ | 有理数体 | D2, F7 |
| $r_k(n)$ | $k$-項の A.P. を含む数で $n$ を超えないものの最小個数 | E10 参照 |
| $s(n)$ | $n$ の真約数和 ($n$ 以外の $n$ の約数の和) | B, B1, B2, B8, B10, ... |
| $s^k(n)$ | $s(n)$ の $k$ 回合成関数 | B, B6, B7 |
| $s^*(n)$ | $n$ のユニタリー真約数和 | B8 |
| $S \bigcup T$ | 集合 $S$ と $T$ の和集合 | E7 |
| $W(k, l)$ | ファン・デア・ヴェルデン数 | E10 参照 |
| $\lfloor x \rfloor$ | フロア $x$; $x$ 以下の最大整数 | A1, A5, C7, C12, C15, ... |
| $\lceil x \rceil$ | シーリング $x$; $x$ 以上の最小整数 | B24 |
| $\mathbb{Z}$ | 整数 $\ldots, -2, -1, 0, 1, 2, \ldots$ | F14 |

| | | |
|---|---|---|
| $\mathbb{Z}_n$ | ($n$ を法とする) 剰余類環 $0, 1, 2, \ldots, n-1$ | E8 |
| $\gamma$ | オイラーの定数; $0.577215664901532\ldots$ | A8 |
| $\epsilon$ | 任意に小さい正の定数 | A8, A18, A19, B4, B11, $\ldots$ |
| $\zeta_p$ | $1$ の $p$ 乗根 | D2 |
| $\zeta(s)$ | リーマン $\zeta$-関数; $\sum_{n=1}^{\infty}(1/n^s), \operatorname{Re} s > 1$ | D2 |
| $\pi$ | 円周率 (円周の直径に対する比); $3.141592653589793\ldots$ | F1, F17 |
| $\pi(x)$ | $x$ を超えない素数の個数 | A17, E4 |
| $\pi(x; a, b)$ | $b$ を法として $a$ に合同な $x$ を超えない素数の個数 | A4 |
| $\prod$ | 積 | A1, A2, A3, A8 A15, $\ldots$ |
| $\sigma(n)$ | $n$ の約数和; $\sigma_1(n)$ | B, B2, B5, B8, B9, $\ldots$ |
| $\sigma_k(n)$ | $n$ の約数の $k$ 乗和 | B, B12, B13, B14 |
| $\sigma^k(n)$ | $\sigma(n)$ の $k$ 回合成関数 | B9 |
| $\sigma^*(n)$ | $n$ のユニタリー約数の和 | B8 |
| $\Sigma$ | 和 | A5, A8, A12, B2 B14, $\ldots$ |
| $\phi(n)$ | オイラーの (トーシャント) 関数; $n$ 以下の整数で $n$ と互いに素なものの個数 | B8, B11, B36, B38, B39, $\ldots$ |
| $\phi^k(n)$ | $\phi(n)$ の $k$ 回合成関数 | B41 |

| | | |
|---|---|---|
| $\omega$ | $1$ の原始 $3$ 乗根 $\omega^3 = 1$, $\omega \neq 1$, $\omega^2 + \omega + 1 = 0$ | A16 |
| $\omega(n)$ | $n$ の異なる素因数の個数 | B2, B8, B37 |
| $\Omega(n)$ | (重複も込めた) $n$ の素因数の個数 | B8 |
| ¿ $\cdots$ ? | 予想としてのステートメント 1 | A1, A9, B37, C6 E10, E28, F2, F18 |

# はじめに

 数論は，数学の他のどの分野にもましてアマチュア・プロを問わず多くの愛好家を長い間魅了し続けてきた学問であるため，知識の集積はおびただしいものがあり，その多くの部分は，理解するためにかなりの技術的困難を伴う．その反面，未解決問題は以前にもまして増加してきており，これらの問題が次の世代で解決されるとはとうてい思えないにしろ，その困難さのゆえに，人がチャレンジするのに二の足を踏むとも思えない．未解決問題は文字通り山をなし，すでに一冊のみに収めることは不可能であり，本書は，ただ筆者の個人的なコレクションであることをお断りしておく．
 数論の未解決問題の文献は初版の序文に述べてあり，以下ではその一部を再録するとともに，新しいものもいくつか述べておく．

Paul Erdős, Problems and results in combinatorial number theory III, *Springer Lecture Notes in Math.*, **626**(1977) 43–72; *MR* **57** #12442.

Paul Erdős, A survey of problems in combinatorial number theory, in *Combinatorial Mathematics, Optimal Designs and their Applications* (Proc. Symp. Colo. State Univ. 1978) *Ann. Discrete Math.*, **6**(1980) 89–115.

P. Erdős, Problems and results in number theory, in Halberstam & Hooley (eds) *Recent Progress in Analytic Number Theory*, Vol. 1, Academic Press, 1981, 1–13.

Paul Erdős, Problems in number theory, *New Zealand J. Math.*, **26**(1997) 155–160.

Paul Erdős, Some of my new and almost new problems and results in combinatorial number theory, *Number Theory (Eger)*, 1996, de Gruyter, Berlin, 1998, 169–180.

P. Erdős & R. L. Graham, *Old and New Problems and Results in Combinatorial Number Theory*, Monographies de l'Enseignement Math. No. 28, Geneva, 1980. (spelling)

Pál Erdős & András Sárközy, Some solved and unsolved problems in combinatorial number theory, *Math. Slovaca*, **28**(1978) 407–421; *MR* **80i**: 10001.

Pál Erdős & András Sárközy, Some solved and unsolved problems in combinatorial number theory II, *Colloq. Math.*, **65** (1993) 201–211; *MR* **99j**:11012.

H. Fast & S. Świerczkowski, *The New Scottish Book*, Wrocław, 1946–1958.

Heini Halberstam, Some unsolved problems in higher arithmetic, in Ronald Duncan & Miranda Weston-Smith (eds.) *The Encyclopaedia of Ignorance*, Pergamon, Oxford & New York, 1977, 191–203.

I. Kátai, Research problems in number theory, *Publ. Math. Debrecen*, **24**(1977) 263–276; *MR* **57** #5940; II, *Ann. Univ. Sci. Budapest. Sect. Comput.*, **16**(1996) 223–251; *MR* **98m**:11002.

Victor Klee & Stan Wagon, *Old and New Unsolved Problems in Plane Geometry and Number Theory*, Math. Assoc. of Amer. Dolciani Math. Expositions, **11**(1991).

*Proceedings of Number Theory Conference*, Univ. of Colorado, Boulder, 1963.

*Report of Institute in the Theory of Numbers*, Univ. of Colorado, Boulder, 1959.

Joe Roberts, *Lure of the Integers*, Math. Assoc. of America, Spectrum Series, 1992; *MR* **94e**:00004.

András Sárközy, Unsolved problems in number theory, *Period. Math. Hungar.*, **42**(2001) 17–35; *MR* **2002i**:11003.

Daniel Shanks, *Solved and Unsolved Problems in Number Theory*, Chelsea, New York, 2nd ed. 1978; *MR* **80e**:10003.

W. Sierpiński, *A selection of Problems in the Theory of Numbers*, Pergamon, 1964.

Robert D. Silverman, A perspective on computational number theory, in Computers and Mathematics, *Notices Amer. Math. Soc.*, **38**(1991) 562–568.

S. Ulam, *A Collection of Mathematical Problems*, Interscience, New York, 1960.

本書を通じて,「数」とは [訳注：0 も含めた] 自然数
$$0, 1, 2, \ldots$$
を表し, $c$ は絶対定数を表す——現れる場所によって異なる値でありうる. K. E. イヴァーセンが導入し (L. クヌースが定着させ) た『フロア記号』$\lfloor \cdot \rfloor$ と『シーリング記号』$\lceil \cdot \rceil$ をそれぞれ「・以下の最大の整数」「・以上の最小の整数」を表すために用いる. これほどなじみはないであろうが「$m \perp n$」で「$m$ と $n$ が互いに素」すなわち「$m, n$ の最大公約数 $(m, n) = 1$」(p.3 参照) であることを示す記号とする.

本書の構成は, ある程度便宜的に次の 6 章立てとした.

    A. 素　数
    B. 整除性
    C. 加法的数論
    D. ディオファンタス方程式
    E. 整数列
    F. その他の問題

# A 素　　数

正の整数は次の3種類に分けることができる．

**乗法の単位元** 1

**素数** 2, 3, 5, 7, 11, 13, 17, 19, 23, 29, 31, 37, ...

**合成数** 4, 6, 8, 9, 10, 12, 14, 15, 16, ...

1より大きい整数で，1とそれ自身のみが約数であるものを素数という．[訳注：ここで，整数 $m, n$ が，ある整数 $n'$ に対し，$m = nn'$ となるとき，$m$ は $n$ で割れる ($n$ は $m$ を割る)，または $n$ は $m$ の約数である ($m$ は $n$ の倍数である) という．**B** 参照．] 1と素数以外の整数を合成数という．素数が無限にあることをユークリッドが証明して以来，数学者は素数にひかれ続けてきた．聖書に出てくる最大の素数は 22273 である (*Numbers*, **3**, 43).

$m$ と $n$ の最大公約数を $(m, n)$ で表す．たとえば，$(36, 66) = 6$, $(14, 15) = 1$, $(1001, 1078) = 77$ である．$(m, n) = 1$ のとき，$m$ と $n$ は互いに素であるといい，$m \perp n$ と表す．たとえば，$182 \perp 165$.

$n$ 番目の素数を $p_n$ で表す．たとえば，$p_1 = 2$, $p_2 = 3$, $p_{99} = 523$. また $x$ 以下の素数の個数を $\pi(x)$ で表す．たとえば $\pi(2) = 1$, $\pi(3\frac{1}{2}) = 2$, $\pi(1000) = 168$, $\pi(4 \cdot 10^{16}) = 1075292778753150$ である．

次のページにある表は，コンウェイ-ガイ著の『数の本』(シュプリンガー・フェアラーク東京，2001) p.146 にある表の拡張であり，$\pi(x)$ と，ルジャンドルの法則 $x/\ln x$, ガウスの予想 $\text{Li}(x) = \int_2^x \frac{1}{\ln t} dt$, それのリーマンによる改良型

$$R(x) = \sum_{k=1}^{\infty} \frac{1}{k} \mu(k) \text{Li}(x^{1/k})$$

を比較するものである．ここで $\mu(x)$ はメビウスの関数で，$x$ が重複因子を含むときは 0 で，$x$ が $\omega$ 個の異なる素数の積であるときは $(-1)^\omega$ である．[訳注：$\mu(1) = 1$. $\pi(x) \sim \frac{x}{\log x}$, $x \to \infty$ を素数定理とよぶ．]

ドゥザートは次の不等式を証明した．

$$\frac{x}{\ln x}\left(1 + \frac{0.992}{\ln x}\right) \leq \pi(x) \leq \frac{x}{\ln x}\left(1 + \frac{1.2762}{\ln x}\right).$$

最初の不等号は $x \geq 599$ でなりたち，第二の不等号は $x > 1$ でなりたつ．

| $x$ | $\pi(x)$ | $(x/\ln x) - \pi(x)$ | $\mathrm{Li}(x) - \pi(x)$ | $R(x) - \pi(x)$ |
|---|---|---|---|---|
| $10$ | 4 | 0 | 2 | |
| $10^2$ | 25 | $-3$ | 5 | 1 |
| $10^3$ | 168 | $-23$ | 10 | 0 |
| $10^4$ | 1229 | $-143$ | 17 | $-2$ |
| $10^5$ | 9592 | $-906$ | 38 | $-5$ |
| $10^6$ | 78498 | $-6116$ | 130 | 29 |
| $10^7$ | 664579 | $-44158$ | 339 | 88 |
| $10^8$ | 5761455 | $-332774$ | 754 | 97 |
| $10^9$ | 50847534 | $-2592592$ | 1701 | $-79$ |
| $10^{10}$ | 455052511 | $-20758029$ | 3104 | $-1828$ |
| $10^{11}$ | 4118054813 | $-169923159$ | 11588 | $-2318$ |
| $10^{12}$ | 37607912018 | $-1416705193$ | 38263 | $-1476$ |
| $10^{13}$ | 346065536839 | $-11992858452$ | 108971 | $-5773$ |
| $10^{14}$ | 3204941750802 | $-102838308636$ | 314890 | $-19200$ |
| $10^{15}$ | 29844570422669 | $-891604962452$ | 1052619 | 73218 |
| $10^{16}$ | 279238341033925 | $-7804289844393$ | 3214632 | 327052 |
| $10^{17}$ | 2623557157654233 | $-68883734693928$ | 7956589 | $-598255$ |
| $10^{18}$ | 24739954287740860 | $-612483070893536$ | 21949555 | $-3501366$ |
| $10^{19}$ | 234057667276344607 | $-5481624169369961$ | 99877775 | 23884332 |
| $10^{20}$ | 2220819602560918840 | $-49347193044659702$ | 223744644 | $-4891826$ |
| $10^{21}$ | 21127269486018731928 | $-446579871578168707$ | 597394253 | $-86432205$ |

ディリクレの定理は，$a$ と $b$ が互いに素であるとき，等差数列

$$a, \quad a+b, \quad a+2b, \quad a+3b, \quad \ldots$$

中に素数が無限に含まれていることを主張する．

入手困難なディクソンの論文の 1 つ [訳注：ディクソンの全集の再復刻版が AMS から出ているから容易に見ることができる] に，あたかも，彼がディリクレの定理を 2 個以上の等差数列の場合に拡張したと思わせるようなタイトルのものがある．ディクソンの『歴史』[訳注：*A History of Number Theory* のこと．以下『歴史』として引用する．これも復刻版が AMS と Dover から出ているが，本書と『歴史』を併読されることをお勧めする．] では，ディリクレの定理の拡張可能性を単に問うたとしているだけである．この問題は現代に至るまで中心的問題の 1 つであり，解決されれば，

¿ $(p, 2p-1)$ の両方とも素数であるような対が無限に存在するか (カニンガムチェイン)？

あるいは

¿ $(p, 2p+1)$ の両方とも素数であるような対が無限に存在するか (ソフィー・ジェルマン素数)？

などの，他の類似の多くの問題の解決に至るであろう (**A7** 参照)．実際，この論文のタイトルのおかげで，シンツェル [訳注：英語読みはシンゼルであろうが，本人はドイツ系であるということでシンツェルと読むことを好む] の予想

> ¿ すべての正の有理数は，$p, q$ を素数として，$(p+1)/(q+1)$ か $(p-1)/(q-1)$ のどちらかの形に無限に多くの方法で表される ?

が解かれたと誤解をした人もいた．シンツェル予想は未だ未解決である．マシュー・コンロイは $10^9$ までの整数はすべてこのように表せることを検証した．シンツェル予想に対する部分的成果については，ピーター (ディヴィッド・トーマス・アクィナス)・エリオットの論文参照．

より網羅的なものはシンツェルの**予想 H** で (師のシェルピンスキとの共著論文で述べられたものである)「$f_1(x), f_2(x), \ldots, f_k(x)$ が整数値をとる多項式でその積が $f(x)$，各素数 $p$ に対して，$f(a)$ が $p$ で割り切れないような $a$ が存在するとき，$f_1(n), f_2(n), \ldots, f_k(n)$ が同時に素数であるような $n$ が無限個存在する」を主張するものである．

シンツェルの予想 H は，有名なハーディー-リトルウッド予想 (**A1** の Hardy-Littlewood の論文参照) のうち 6 個を包含しており，ベイトマン-ホーン予想として定量化されている (**A17** の Bateman-Horn の論文参照)：整係数の既約 $k$ 個の多項式があり，その積が $f(x)$ で次数 $h$ とする．これら $k$ 個の多項式が同時に素数値を取るような $n \leq N$ の個数を $Q(f; N)$ で表す．このとき，漸近式

$$Q(f; N) \sim \frac{C}{h} \int_2^N (\ln u)^{-k} du$$

がなりたつ．ここで，$C$ はすべての素数にわたる積

$$\prod \left(1 - \frac{1}{p}\right)^{-k} \left(1 - \frac{\omega(p)}{p}\right)$$

を表し，また $\omega(p)$ は合同式 $f(x) \equiv 0 \bmod p$ の解の個数を表す (合同式については **A4** 参照)．

(**D27** の) 表 7 は，1000 より小さい素数表としても使える．また表中，$1, 3, 5, 7$ で終わる数は，8 を法とし，$1, 3, 5, 7$ に合同な素数を表す (**A4** 参照)．

与えられた大きな数が素数であるか合成数であるか，合成数であればその因子を求める問題は，古来から数論研究者を魅了してきた．高速コンピュータの出現により，数値的にはかなりの進展が見られ，とくに暗号解析への応用という面から俄然脚光を浴びている．とくに，最近のアグラワル-カヤル-サクセナによる，素数判定は多項式時間でできてしまうという結果は，実用になるまでには未だ時間がかかるにせよ，大きなブレークスルーであった．

他の文献は **A3** と本書の旧版に載せてある．

William Adams & Daniel Shanks, *Strong primality tests that are not sufficient*, *Math. Comput.*, **39**(1982) 255–300.

Manindra Agrawal, Neeraj Kayal & Nitin Saxena, Primes is in P, *Annals of Math.*, **160**(2004), 781–793.

F. Arnault, Rabin-Miller primality test: composite numbers which pass it, *Math. Comput.*, **64**(1995) 355–361.

Stephan Baier, On the Bateman-Horn conjecture, *J. Number Theory*, **96**(2002) 432–448.

Friedrich L. Bauer, Why Legendre made a wrong guess about $\pi(x)$, and how Laguerre's continued fraction for the logarithmic integral improved it, *Math. Intelligencer*, **25**(2003) 7–11.

Folkmar Bornemann, PRIMES is in P: a breakthrough for "Everyman", *Notices Amer. Math. Soc.*, **50**(2003) 545–552; *MR* **2004c**:11237.

Henri Cohen, Computational aspects of number theory, *Mathematics unlimited — 2001 and beyond*, 301–330, Springer, Berlin, 2001; *MR* **2002i**:11126.

Matthew M. Conroy, A sequence related to a conjecture of Schinzel, *J. Integer Seq.*, **4**(2001) no.1 Article 01.1.7; *MR* **2002j**:11017.

Richard E. Crandall & Carl Pomerance, *Prime Numbers: a computational perspective*, Springer, New York, 2001; *MR* **2002a**:11007.

Marc Deléglise & Jöel Rivat, Computing $\pi(x)$: the Meissel, Lehmer, Lagarias, Miller, Odlyzko method, *Math. Comput.*, **65**(1996) 235–245; *MR* **96d**:11139.

L. E. Dickson, A new extension of Dirichlet's theorem on prime numbers, *Messenger of Mathematics*, **33**(1904) 155–161.

Pierre Dusart, The $k$th prime is greater than $k(\ln k + \ln \ln k - 1)$ for $k \geq 2$, *Math. Comput.*, **68**(1999) 411–415; *MR* **99d**:11133.

P. D. T. A. Elliott, On primes and powers of a fixed integer, *J. London Math. Soc.*(2), **67**(2003) 365–379; *MR* **2003m**:11151.

Andrew Granville, Unexpected irregularities in the distribution of prime numbers, *Proc. Internat. Congr. Math., Vol. 1, 2 (Zurich,* 1994), 388–399.

Andrew Granville, Prime possibilities and quantum chaos, *Emissary*, Spring 2002, pp1, 12–18.

Wilfrid Keller, Woher kommen die größten derzeit bekannten Primzahlen? *Mitt. Math. Ges. Hamburg*, **12**(1991) 211–229; *MR* **92j**:11006.

J. C. Lagarias, V. S. Miller & A. M. Odlyzko, Computing $\pi(x)$: the Meissel-Lehmer method, *Math. Comput.*, **44**(1985) 537–560; *MR* **86h**:11111.

J. C. Lagarias & A. M.Odlyzko, Computing $\pi(x)$: an analytic method, *J. Algorithms*, **8**(1987) 173–191; *MR* **88k**:11095.

Arjen K. Lenstra & Mark S. Manasse, Factoring by electronic mail, in Advances in Cryptology— EUROCRYPT'89, *Springer Lect. Notes in Comput. Sci.*, **434**(1990) 355–371; *MR* **91i**:11182.

Hendrik W. Lenstra, Factoring integers with elliptic curves, *Ann. of Math.*(2), **126**(1987) 649–673; *MR* **89g**:11125.

Hendrik W. Lenstra & Carl Pomerance, A rigorous time bound for factoring integers, *J. Amer. Math. Soc.*, **5**(1992) 483–916; *MR* **92m**:11145.

Richard F. Lukes, Cameron D. Patterson & Hugh Cowie Williams, Numerical sieving devices: their history and some applications, *Nieuw Arch. Wisk.*(4), **13**(1995) 113–139; *MR* **99m**:11082.

James K. McKee, Speeding Fermat's factoring method, *Math. Comput.*, **68**(1999) 1729–1737; *MR* **2000b**:11138.

G. L. Miller, Riemann's hypothesis and tests for primality, *J. Comput. System Sci.*, **13**(1976) 300–317; *MR* **58** #470ab.

Peter Lawrence Montgomery, An FFT extension of the elliptic curve method of factorization, PhD dissertation, UCLA, 1992.

Siguna Müller, A probable prime test with very high confidence for $n \equiv 3 \bmod 4$, *J. Cryptology*, **16**(2003) 117–139.

J. M. Pollard, Theorems on factoring and primality testing, *Proc. Cambridge Philos. Soc.*, **76**(1974) 521–528; *MR* **50** #6992.

J. M. Pollard, A Monte Carlo method for factorization, *BIT*, **15**(1975) 331–334; *MR* **52** #13611.

Carl Pomerance, Recent developments in primality testing, *Math. Intelligencer*, **3**(1980/81) 97–105.

Carl Pomerance, Notes on Primality Testing and Factoring, *MAA Notes* 4(1984) Math. Assoc. of America, Washington DC.

Carl Pomerance (editor), Cryptology and Computational Number Theory, *Proc. Symp. Appl. Math.*, **42** Amer. Math. Soc., Providence, 1990; *MR* **91k**: 11113.

Paulo Ribenboim, *The Book of Prime Number Records*, Springer-Verlag, New York, 1988.

Paulo Ribenboim, *The Little Book of Big Primes*, Springer-Verlag, New York, 1991.

Hans Riesel, *Prime Numbers and Computer Methods for Factorization*, 2nd ed, Birkhäuser, Boston, 1994; *MR* **95h**:11142.

Hans Riesel, Wie schnell kann man Zahlen in Faktoren zerlegen? *Mitt. Math. Ges. Hamburg*, **12**(1991) 253–260.

R. Rivest, A. Shamir & L. Adleman, A method for obtaining digital signatures and public key cryptosystems, *Communications A.C.M.*, Feb. 1978.

Michael Rubinstein & Peter Sarnak, Chebyshev's bias, *Experimental Math.*, **3**(1994) 173–197; *MR* **96d**:11099.

A. Schinzel & W. Sierpiński, Sur certaines hypothèses concernant les nombres premiers, *Acta Arith.*, **4**(1958) 185–208; erratum **5**(1959) 259; *MR* **21** #4936; and see **7**(1961) 1–8; *MR* **24** #A70.

R. Solovay & V. Strassen, A fast Monte-Carlo test for primality, *SIAM J. Comput.*, **6**(1977) 84–85; erratum **7**(1978) 118; *MR* **57** #5885.

Michael Somos & Robert Haas, A linked pair of sequences implies the primes are infinite, *Amer. Math. Monthly*, **110**(2003) 539–540; *MR* **2004c**:11007.

Jonathan Sorenson, Counting the integers cyclotomic methods can factor, *Comput. Sci. Tech. Report*, **919**, Univ. of Wisconsin, Madison, March 1990.

Hugh Cowie Williams, *Édouard Lucas and Primality Testing*, Canad. Math. Soc. Monographs **22**, Wiley, New York, 1998.

H. C. Williams & J. S. Judd, Some algorithms for prime testing using generalized Lehmer functions, *Math. Comput.*, **30**(1976) 867–886.

## A1  2次式の素数値

$a^2+1$ の形の素数は無限個存在するか？ おそらくそうであろう．ハーディー-リトルウッドは (予想 E で) このような形に書ける $n$ より小の素数の個数を $P(n)$ とするとき，$P(n)$ は $c\sqrt{n}/\ln n$ に漸近的に等しい：

$$P(n) \sim c\sqrt{n}/\ln n$$

すなわち，$n$ が無限大に近づくとき，$P(n)$ と $\sqrt{n}/\ln n$ の比は $c$ に近づくであろうと予想した．この定数値も予想されており，

$$c = \prod \left\{ 1 - \frac{\left(\frac{-1}{p}\right)}{p-1} \right\} = \prod \left\{ 1 - \frac{(-1)^{(p-1)/2}}{p-1} \right\} \approx 1.3727$$

で，$\left(\frac{-1}{p}\right)$ はルジャンドル記号 (**F5**) を表し，積は，すべての奇素数 $p$ にわたる．ハーディー-リトルウッドは，より一般の 2 次式で表される素数の個数に関する類似予想を述

べており，それは上述 $c$ の予想値のみが異なるものである．しかし，次数が 1 より大の整数係数の多項式で，素数値を無限個とるような例は 1 つも知られていない．たとえば，各 $b > 0$ に対し，$a^2 + b$ となる素数は 1 個でもあるか？　シェルピンスキは，各 $k$ に対し，$a^2 + b$ の形の素数が $k$ より多いような $b$ が存在することを示している．

イワーネッツは，$n^2 + 1$ がたかだか 2 個の素数の積 [訳注：概素数という，**C1** 参照] になるような $n$ が無限個存在することを示した．この結果は他の既約な 4 次式にも拡張される．フーヴリー-イワーネッツは，$p = l^2 + m^2$ の形の素数 $p$ で，さらに $l$ も素数であるようなものが無限個存在することを示した．これらの結果の下で，フリードランダー-イワーネッツは，$n^2 + m^4$ の形の素数が無限個存在し，素数の出現頻度が予想された分布に従うことを示した．

$P(n)$ で $n$ の最大の素因数 (**B46** 参照) を表すとき，モーリス・ミニョットは，$a \geq 240$ のとき，$P(a^2 + 1) \geq 17$ であることを示した．$239^2 + 1 = 2 \cdot 13^4$ (239 のもつもう 1 つの特性) にも注意する．$a \to \infty$ のとき，$P(a^2 + 1) \to \infty$ となることは 50 年以上前から知られている．

ウーラムらは，整数を図 1 のように直角螺旋に並べると，「素数値を多くとる」2 次多項式の値に対応して，対角線上に素数が多く現れることに注意した．たとえば，図 1 の主対角線はオイラーの有名な 2 次式 $n^2 + n + 41$ に対応している．

**421** 420 **419** 418 417 416 415 414 413 412 411 410 **409** 408 407 406 405 404 403 402
422 **347** 346 345 344 343 342 341 340 339 338 **337** 336 335 334 333 332 **331** 330 **401**
423 348 **281** 280 279 278 **277** 276 275 274 273 272 **271** 270 **269** 268 267 266 329 400
424 **349** 282 **223** 222 221 220 219 218 217 216 215 214 213 212 **211** 210 265 328 399
425 350 **283** 224 **173** 172 171 170 169 168 **167** 166 165 164 **163** 162 209 264 327 398
426 351 284 225 174 **131** 130 129 128 **127** 126 125 124 123 122 161 208 **263** 326 **397**
427 352 285 226 175 132 **97** 96 95 94 93 92 91 90 121 160 207 262 325 396
428 **353** 286 **227** 176 133 98 **71** 70 69 68 **67** 66 **89** 120 159 206 261 324 395
429 354 287 228 177 134 99 72 **53** 52 51 50 65 88 119 158 205 260 323 394
430 355 288 **229** 178 135 100 **73** 54 **43** 42 49 64 87 118 **157** 204 259 322 393
**431** 356 289 230 **179** 136 **101** 74 55 44 **41** 48 63 86 117 156 203 258 321 392
432 357 290 231 180 **137** 102 75 56 45 46 **47** 62 85 116 155 202 **257** 320 391
**433** 358 291 232 **181** 138 **103** 76 57 58 **59** 60 **61** 84 115 154 201 256 319 390
434 **359** 292 **233** 182 **139** 104 77 78 **79** 80 81 82 **83** 114 153 200 255 318 **389**
435 360 **293** 234 183 140 105 106 **107** 108 **109** 110 111 112 **113** 152 **199** 254 **317** 388
436 361 294 235 184 141 142 143 144 145 146 147 148 **149** 150 **151** 198 253 616 387
437 362 295 236 185 186 187 188 189 190 **191** 192 **193** 194 195 196 **197** 252 315 386
438 363 296 237 238 **239** 240 **241** 242 243 244 245 246 247 248 249 250 **251** 314 385
**439** 364 297 298 299 300 301 302 303 304 305 306 **307** 308 309 310 **311** 312 **313** 384
440 365 366 **367** 368 369 370 371 372 **373** 374 375 376 377 378 **379** 380 381 382 **383**

図 1　太字体の数字は素数を表し，対角線パターンをなす

ハーディー-リトルウッド予想の下で，F. ジャコブソンは，2 次式 $x^2 + x + 3399714628553118047$ はより高い漸近密度 [訳注：**A17** 参照．$c$ の値が大きい] をもつことを，ジャコブソン-ヒュー・ウィリアムズは
$$x^2+x-3\,251810980\,6968781031\,5008525712\,9508857312\,8477514981\,903499\,\bigstar$$
$$8387\,4538507313$$
がさらに高い漸近密度をもつことを予想している．

(多項式ではないが) 1 より大きい次数をもつ式による素数の表示がいくつか知られている．その最初のものは，ピャテーツキィ・シャピロによるもので，$1 < n < x$ で $\lfloor n^c \rfloor$ が素数であるような $n$ の個数は $1 \leq n \leq \frac{12}{11}$ のとき，$(1+o(1))x/(1+c)\ln x$ であることを主張する．この $c$ の範囲は，コレスニク，グラハムとライトマンにより独立に，ヒース・ブラウン，再び コレスニク，リュー-リヴァット，リヴァット-サーゴス，リヴァット-ウーにより，順次 $\frac{10}{9}, \frac{69}{62}, \frac{755}{662}, \frac{39}{34}, \frac{15}{13}, \frac{2817}{2426}, \frac{243}{205}$ と改良された．

Alberto Barajas & Rita Zuazua, A sieve for primes of the form $n^2 + 1$, preprint, Williams60, Banff, May 2003.

Chen Yong-Gao, Gábor Kun, Gábor Pete, Imre Z. Ruzsa & Ádám Timár, Prime values of reducible polynmials II, Acta Arith., **04**(2002) 117–127.

Cécile Dartyge, Le plus grand facteur de $n^2+1$, où $n$ est presque premier, Acta Arith., **76**(1996) 199–226.

Cécile Dartyge, Entiers de la forme $n^2 + 1$ sans grand facteur premier, Acta Math. Hungar., **72**(1996) 1–34.

Cécile Dartyge, Greg Martin & Gérald Tenenbaum, Polynomial values free of large prime factors, Period. Math. Hungar., **43**(2001) 111–119; MR **2002c**:11117.

Étienne Fouvry & Henryk Iwaniek, Gaussian primes, Acta Arith., **79**(1997) 249–287; MR **98a**:11120.

John Friedlander & Henryk Iwaniec, The polynomial $X^2 + Y^4$ captures its primes. Ann. of Math.(2), **148**(1998) 945–1040; MR **2000c**:11150a.

Gilbert W. Fung & Hugh Cowie Williams, Quadratic polynomials which have a high density of prime values, Math. Comput., **55**(1990) 345–353; MR **90j**:11090.

Martin Gardner, The remarkable lore of prime numbers, Scientific Amer., **210** #3 (Mar. 1964) 120–128.

G. H. Hardy & J. E. Littlewood, Some problems of 'partitio numerorum' III: on the expression of a number as a sum of primes, Acta Math., **44**(1923) 1–70.

D. R. Heath-Brown, The Pyateckii-Šapiro prime number theorem, J. Number Theory, **16**(1983) 242–266.

D. R. Heath-Brown, Zero-free regions for Dirichlet $L$-functions, and the least prime in an arithmetic progression, Proc. London Math. Soc.(3) **64**(1992) 265–338.

D. Roger Heath-Brown, Primes represented by $x^3 + 2y^3$, Acta Math., **186**(2001) 1–84; MR **2002b**:11122.

D. Roger Heath-Brown & B. Z. Moroz, Primes represented by binary cubic forms, Proc. London Math. Soc.(3), **84**(2002) 257–288.

Henryk Iwaniec, Almost-primes represented by quadratic polynomials, Invent. Math., **47**(1978) 171–188; MR **58** #5553.

M. J. Jacobson, Computational techniques in quadratic fields, M.Sc thesis, Univ. of Manitoba, 1995.

Michael J. Jacobson Jr. & Hugh C. Williams, New quadratic polynomials with high densities of prime values, Math. Comput., **72**(2003) 499–519; MR **2003k**:11146.

G. A. Kolesnik, The distribution of primes in sequences of the form $[n^c]$, *Mat. Zametki*(2), **2**(1972) 117–128.

G. A. Kolesnik, Primes of the form $[n^c]$, *Pacific J. Math.*(2), **118**(1985) 437–447.

D. Leitmann, Abschätzung trigonometrischer Summen, *J. reine angew. Math.*, **317**(1980) 209–219.

D. Leitmann, Durchschnitte von Pjateckij-Shapiro-Folgen, *Monatsh. Math.*, **94**(1982) 33–44.

H. Q. Liu & J. Rivat, On the Pyateckii-Šapiro prime number theorem, *Bull. London Math. Soc.*, **24**(1992) 143–147.

Maurice Mignotte, $P(x^2+1) \geq 17$ si $x \geq 240$, *C. R. Acad. Sci. Paris Sér. I Math.*, **301**(1985) 661–664; *MR* **87a**:11026.

Carl Pomerance, A note on the least prime in an arithmetic progression, *J. Number Theory*, **12**(1980) 218–223.

I. I. Pyateckii-Šapiro, On the distribution of primes in sequences of the form $[f(n)]$ (Russian), *Mat. Sbornik N.S.*, **33**(1953) 559–566; *MR* **15**, 507.

Joël Rivat & Patrick Sargos, Nombres premiers de la forme $\lfloor n^c \rfloor$, *Canad. J. Math.*, **53**(2001) 414–433; *MR* **2002a**:11107.

J. Rivat & J. Wu, Prime numbers of the form $[n^c]$, *Glasg. Math. J.*, **43**(2001) 237–254; *MR* **2002k**:11154.

Daniel Shanks, On the conjecture of Hardy and Littlewood concerning the number of primes of the form $n^2 + a$, *Math. Comput.*, **14**(1960) 321–332.

W. Sierpiński, Les binômes $x^2+n$ et les nombres premiers, *Bull. Soc. Roy. Sci. Liège*, **33**(1964) 259–260.

E. R. Sirota, Distribution of primes of the form $p = [n^c] = [t^d]$ in arithmetic progressions (Russian), *Zap. Nauchn. Semin. Leningrad Otdel. Mat. Inst. Steklova*, **121**(1983) 94–102; *Zbl.* **524**.10038.

Panayiotis G. Tsangaris, A sieve for all primes of the form $x^2+(x+1)^2$, *Acta Acad. Paedagog. Agriensis Sect. Mat. (N.S.)* bf25(1998) 39–53 (1999); *MR* **2001c**:11044.

**OEIS:** A000101, A000847, A002110, A002386, A005867, A008407, A008996, A020497, A022008, A030296, A040976, A048298, A049296, A051160-A051168, A058188, A058320, A059861-A059865.

## A2 階乗に関係した素数

$n! \pm 1$ の形あるいは $p\# \pm 1$ の形の素数が無限個存在するか？ ここで $p\#$ は素数階乗—2 から $p$ までのすべての素数の積—$2 \cdot 3 \cdot 5 \cdots p$ を表す. 第 2 版発行以来のハーヴェイ・デューブナーらによる発見によって，リストは以下のように伸びた.

$n = 1, 2, 3, 11, 27, 37, 41, 73, 77, 116, 154, 320, 340, 399, 427, 872, 1477, 6380$ に対し $n!+1$ は素数である.

$n = 3, 4, 6, 7, 12, 14, 30, 32, 33, 38, 94, 166, 324, 379, 469, 546, 974, 1963, 3507, 3610, 6917, 21480$ に対し $n!-1$ は素数である.

$p = 2, 3, 5, 7, 11, 31, 379, 1019, 1021, 2657, 3229, 4547, 4787, 11549, 13649, 18523, 23801, 24029, 42209, 145823, 366439, 392113$ に対し $p\#+1$ は素数である.

$p = 3, 5, 11, 13, 41, 89, 317, 337, 991, 1873, 2053, 2377, 4093, 4297, 4583, 6569,$

13033, 15877 に対し $p\# - 1$ は素数である.

　$q$ を $p\#$ より大きい最小の素数とするとき，レオ F. フォーチュンは，すべての素数 $p$ に対し $q - p\#$ は素数 (または 1) であると予想した．フォーチュン素数 $q - p\#$ は，$p$ より大きい素数でのみ割りきれるのは明らかであり，セルフリッジはフォーチュン予想はシンツェルによるクラメルの予想の次の定式化—すなわち $x > 7.1374035$ に対し $x$ と $x + (\ln x)^2$ の間に常に素数が存在する—から従うことに注意した．スタン・ワゴンは，計算中に出てくる大きな素数らしい数は素数であるという仮定の下で，最初の 100 個のフォーチュン素数を計算した．

```
  3   5   7  13  23  17  19  23  37  61  67  61  71  47 107  59  61 109  89 103
 79 151 197 101 103 233 223 127 223 191 163 229 643 239 157 167 439 239 199 191
199 383 233 751 313 773 607 313 383 293 443 331 283 277 271 401 307 331 379 491
331 311 397 331 353 419 421 883 547 1381 457 457 373 421 409 1061 523 499 619 727
457 509 439 911 461 823 613 617 1021 523 941 653 601 877 607 631 733 757 877 641
```

これらの問題に対する答えはおそらく「イエス」であろうが，予測可能な未来に，コンピュータの発達あるいは解析的理論の発展があって，これらの予想へのアプローチが可能になるとは考えられない．上述のシンツェル予想は，もともとクラメルによるとされてきたが，クラメル本来の予想は

$$¿\quad \limsup_{n \to \infty} \frac{p_{n+1} - p_n}{(\ln p_n)^2} = 1 \quad ?$$

であり (**A8** 参照)．これからは，十分大きい $x$ に対してさえ，$x$ と $x + (\ln x)^2$ の間に素数が存在するとはいえないことをシンツェルは注意している．

　難しいことに変わりはないが，より希望がもてそうな予想として，次のエルデーシュとスチュワートのものがある: $n! + 1 = p_k^a p_{k+1}^b$, $p_{k-1} \le n < p_k$ となるのは $1! + 1 = 2$, $2! + 1 = 3$, $3! + 1 = 7$, $4! + 1 = 5^2$, $5! + 1 = 11^2$ のみであるか？(これら 5 個の場合には $(a, b) = (1, 0), (1, 0), (0, 1), (2, 0), (0, 2)$ であることに注意する．) フラメンカンプ-ルカは 1998 年 12 月 16 日にこの予想を証明したとアナウンスした．

　エルデーシュはまた，$1 \le k! < p$ である各 $k$ に対し $p - k!$ が合成数であるような素数 $p$ が無限個存在するかどうかを問うた．たとえば $p = 101$ と $p = 211$ である．$l! < n \le (l+1)!$ の自然数 $n$ で，そのすべての素因子が $l$ より大で，$n - k!$ がすべて合成数であるようなものが無限個存在することを示す方が少しやさしいであろうと述べている．

　数少ない素数の同値条件の 1 つにウィルソンの定理がある: $m > 1$ が素数であるための必要十分条件は，$m$ が $(m-1)! + 1$ を割ることである．素数 5, 13, 563 に対し，$p^2$ が $(p-1)! + 1$ を割ることは意義深い．この条件をみたす素数を，ウィルソン素数と呼ぶ．クランドール-ディルチャー-ポメランス (**A3** の文献) は，$5 \cdot 10^8$ 以下にはこれら以外のウィルソン素数がないことを示している．

　ジャビエ・ソーリャは $(1 + (p-1)!)/p$ が素数であるような素数 $p$ はどのようなものかを問うた．たとえば 5, 7, 11, 29, 773, ... はそうである．これに加えて，マイク・オー

クスは 30941 までにちょうど 2 つのこのような数 1321, 2621 を見出した. この方法で素数を生成していける. このような素数は無限個あるか? ノーム・エルキース, ディーン・ヒッカーソン, カール・ポメランス, ビョーン・プーネンら数人の研究者は, 発見的議論を展開して, このタイプの素数が無限個存在することを示唆している.

スッバラオは, エルデーシュにしたがって, $n!+1 \equiv 0 \pmod{p}$ かつ $p \not\equiv 1 \pmod{n}$ をみたす整数 $n$ が存在するような素数 $p$ をピライ素数とよんだ. 100 以下のピライ素数は, 23, 29, 59, 61, 67, 71, 79, 83 である. G. E. ハーディー-スッバラオはピライ素数が無限個存在することを証明した. したがって, 付随する $n$ も無限個存在するが, 彼らは謙虚にもそれらを EHS 数 (Extended Hardy-Subbarao 数) とよんでいる. 最初のいくつかの EHS 数は, 8,9,13,14,15,16,17,18,19,22 である. ピライ素数は漸近密度をもつか? 実験結果によれば, 漸近密度は存在し, 0.5 と 0.6 の間にあるように思われる. 一方で漸近密度が 1 でないという理由もなさそうである. EHS 数の漸近密度は 1/2 か? $n!+1 \equiv 0 \pmod{p}$ であるような整数 $n<p$ の個数を $g(p)$ で表すとき, $\limsup g(p) = \infty$ であるか? たぶんほとんどすべての素数 $p$ に対し $g(p) \to \infty$ であろう. 各 $k$ に対し, $g(p)=k$ をみたす素数 $p$ の漸近密度— $e_k$ と書く—はおそらく存在し, $\sum_{k=1}^{\infty} e_k = 1$ であろう.

エルデーシュは $n! \pmod{p}$ が $p-2$ 個の 0 でない値をもつような素数 $p$ が数多く存在するかどうかを問題にした. $p=5$ が唯一の例であろう. ハーディー-ライト [訳注: 数論入門 I, II, シュプリンガー・フェアラーク東京] の定理 114 からこのような素数は $\equiv 1 \pmod{4}$ であることが従う. エルデーシュはまた $A(x)$ で, $n!+1 \equiv 0 \pmod{u}$ をみたすような合成数 $u<x$ の個数を表すとき, $A(x) = o(x^\epsilon)$ であるかを問うた. このような $u$ の例は, 25,121,721 である.

ハーディー-スッバラオは, $f(p)$ が $f(p)!+1 \equiv 0 \pmod{p}$ をみたす最小の整数であるとき, $f(p) = p-1$ をみたす $p$ は無限個存在するが, $p \leq x$ におけるこのような $p$ の個数は $o(x/\ln x)$ であると予想している. エルデーシュはほとんどすべての $p$ に対して $f(p)/p \to 0$ であると信じていた.

Takashi Agoh, Karl Dilcher & Ladislav Skula, Wilson quotients for composite moduli, *Math. Comput.*, **67**(1998) 843–861; *MR* **98h**:11003.

I. O. Angell & H. J. Godwin, Some factorizations of $10^n \pm 1$, *Math. Comput.*, **28**(1974) 307–308.

Chris K. Caldwell & Yves Gallot, On the primality of $n! \pm 1$ and $2 \times 3 \times 5 \times \cdots \times p \pm 1$, *Math. Comput.*, **71**(2002) 441–448; *MR* **2002g**:11011.

Alan Borning, Some results for $k! \pm 1$ and $2 \cdot 3 \cdot 5 \cdots p \pm 1$, *Math. Comput.*, **26**(1972) 567–570.

J. P. Buhler, R. E. Crandall & M. A. Penk, Primes of the form $n! \pm 1$ and $2 \cdot 3 \cdot 5 \cdots p \pm 1$, *Math. Comput.*, **38**(1982) 639–643; corrigendum, Wilfrid Keller, **40**(1983) 727; *MR* **83c**:10006, **85b**:11119.

Chris K. Caldwell, On the primality of $n! \pm 1$ and $2 \cdot 3 \cdot 5 \cdots p \pm 1$, *Math. Comput.*, **64**(1995) 889–890; *MR* **95g**:11003.

Chris K. Caldwell & Harvey Dubner, Primorial, factorial and multifactorial primes, *Math. Spectrum*, **26**(1993-94) 1–7.

Chris Caldwell & Yves Gallot, On the primality of $n! \pm 1$ and $2 \times 3 \times 5 \times \cdots \times p \pm 1$, *Math. Comput.*, **71**(2002) 441–448.

Harvey Dubner, Factorial and primorial primes, *J. Recreational Math.*, **19** (1987) 197–203.
Martin Gardner, Mathematical Games, *Sci. Amer.*, **243**#6(Dec. 1980) 18–28.
Solomon W. Golomb, The evidence for Fortune's conjecture, *Math. Mag.*, **54**(1981) 209–210.
G. E. Hardy & M. V. Subbarao, A modified problem of Pillai and some related questions, *Amer. Math. Monthly*, **109**(2002) 554–559.
S. Kravitz & D. E. Penney, An extension of Trigg's table, *Math. Mag.*, **48**(1975) 92–96.
Le Mao-Hua & Chen Rong-Ji, A conjecture of Erdős and Stewart concerning factorials, *J. Math. (Wuhan)* **23**(2003) 341–344.
S. S. Pillai, Question 1490, *J. Indian Math. Soc.*, **18**(1930) 230.
Mark Templer, On the primality of $k! + 1$ and $2*3*5*\cdots*p+1$, *Math. Comput.*, **34**(1980) 303–304.
Miodrag Živković, The number of primes $\sum_{i=1}^{n}(-1)^{n-i}i!$ is finite, *Math. Comput.*, **68**(1999) 403–409; *MR* **99c**:11163.

**OEIS:** A002110, A005235, A006862, A035345-035346, A037155, A046066, A055211, A057016, A057019–057020, A057034, A058020, A058024, A67362–067365.

## A3 メルセンヌ素数，1のリピート数，フェルマー数，$k \cdot 2^n + 1$ の形の素数

特殊な形をした素数—とくに メルセンヌ素数 $2^p-1$ はたえざる興味の的である．メルセンヌ数が素数であるためには，$p$ は素数でなければならないが，$2^{11}-1 = 2047 = 23 \cdot 89$ の例でわかるように，これは十分条件ではない．メルセンヌ素数は完全数 (**B1**) に関連している．

コンピュータの継続的な進化とその使用方法の改良が相まって，強力なルーカス-レーマーテストを用いることにより，$2^p-1$ が素数であるような素数 $p$ の表はたえず更新されつつある：

2, 3, 5, 7, 13, 17, 19, 31, 61, 89, 107, 127, 521, 607, 1279, 2203, 2281,
3217, 4253, 4423, 9689, 9941, 11213, 19937, 21701, 23209, 44497,
86243, 110503, 132049, 216091, 756839, 859433, 1257787,
1398269, 2976221, 3021377, 6972593, 13466917, ...

最後の 5 つは，GIMPS – the Great Internet Mersenne Prime Search（メルセンヌ素数探索大インターネットプロジェクト）により発見されたものである．40 番目の $2^{20996011}-1$ は，2003 年 11 月 17 日にマイケル・シェイファーにより発見された．

メルセンヌ素数が無限個存在することは疑いのないところであるが，その証明となるとまったく手につかない状態である．より精密に，$x$ 以下の素数 $p$ で $2^p-1$ が素数であるものの個数を $M(x)$ で表すとき，$M(x)$ の大きさを確信的に与えるような発見的論証を述べよという問題が考えられる．ジリーズは，$M(x) \sim c \ln x$ に至る発見的論証を与えた．H. W. レンストラ-ポメランス-ワーグスタッフはこの予想を確信しており，さらに精密に

$$¿ \quad M(x) \sim e^\gamma \log x \quad ?$$

を提唱している．ここで log は 2 を底とする．

既知の最大素数はたいていメルセンヌ素数であったが，J. ブラウン-L.C. ノル-B. パラディ-G. スミス-J. スミス-S. ザラントネロの発見した，1992 年初めの世界記録素数 $391581 \cdot 2^{216193} - 1$ はメルセンヌ素数ではなかった．

D. H. レーマーは，$S_1 = 4, S_{k+1} = S_k^2 - 2$ とおき，$2^p - 1$ をメルセンヌ素数とするとき，$S_{p-2} \equiv 2^{(p+1)/2}$ または $-2^{(p+1)/2} \bmod 2^p - 1$ を証明し，符号を定めることを問題とした．セルフリッジは，この問題は 1954 年にラファエル・ロビンソンによって提出されたことに注意している．1994 年 6 月 22 日のフランツ・レンマーマイヤーからのメールは，$2^p - 1$ が $4a^2 + 27b^2$ の形に書けるとき，上記符号は，ヤコビ記号 $\left(\frac{2}{a}\right)$ (**F5**) であろうという予想を確信させるに十分な根拠を与えた．後にロバート・ハーレーによってこの根拠がさらに補強された．スン・チーホンは 1988 年 9 月 19 日に類似の予想を述べていた．

セルフリッジは，$n$ が $2^k \pm 1$ または $2^{2k} \pm 3$ の形の素数のとき，$2^n - 1$ と $(2^n + 1)/3$ は同時に素数であるか同時に合成数であるかのどちらかであり，さらに，ともに素数のとき，$n$ は上述の形の数であると予想している．これは少数の法則の例であるか？ ディクソン『歴史 1』，p.28 は次のように述べている．

> タンヌリ宛の書簡 (*l'Intermédiaire des math.*, **2** (1895) 317) で，ルーカスは，メルセンヌ (1644, 1647) が $2^p - 1$ が素数であるための必要十分な条件は，$p$ が $2^{2n} + 1, 2^{2n} \pm 3, 2^{2n+1} - 1$ の形の素数であると主張していると述べている．タンヌリは，この叙述が経験的なものであり，フェルマーというより，フレニクルによるものであると信ずると述べている．

どの素数 $p$ に対しても，$2^p - 1$ は平方因子無縁か？ という問題も容易に解決できそうにない．[訳注：square-free 一平方因子を含まないの訳語として平方因子無縁または平方無縁を用いる．]「否<sup>いな</sup>」と答えておくほうが安全であろう．運がよければコンピュータを使って「解けるかもしれない」．種々の素因数分解法に関して D. H. レーマー が述べたように，「幸運はすぐそこの曲がり角まできている」かもしれないからである．しかし，計算の遂行は，決して容易なものではなく，セルフリッジの次の問題は，その困難さがどのようなものであるかを，一般的視野で見ることを可能にする: 1093, 3511 のタイプの数をあと 50 個見つけよ．[フェルマーの小定理により，$p$ が素数のとき，$2^p - 2$ は $p$ で割れる．セルフリッジのいう 2 個の素数は，$1.25 \times 10^{15}$ までの素数で $2^p - 2$ が $p^2$ で割れるただ 2 つのものである (ジョッシュ・クナウアー-ヨルダン・リヒシュタイン，2003 年 5 月).] $p^2$ が $2^p - 2$ を割り切るような素数をヴィーフェリッチ素数とよぶが，これらが無限個存在するかどうかはわかっていない．それの補集合で $2^p - 2$ が $p^2$ で割り切れないような素数 $p$ が無限個存在するかどうかさえわかっていない．ただし，シルヴァーマンは，超強力な "abc 予想" (**B19**) から後者を導いている．またリベン

ボイムは，シルヴァーマンの結果を 2 次の回帰式の場合に一般化した．カール・ディルチャーは，$3^{1093} \equiv 3 \pmod{1093^2 + 1093 + 1}$ を見出した．

**1 のリピート数** (repunit — 1 の反復) $(10^p - 1)/9$ は $p = 2, 19, 23, 317, 1031$ のとき素数であり，49081 のときもおそらくそうであろう．1 以外の (1 の) リピート数は平方数でないことが知られており，ロトケーヴィッチは立方数でもないことを示した．どのような $p$ に対して平方因子無縁か？ $3, 487, 56598313$ の 3 個は $2^{32}$ までの素数で $p^2$ が $10^p - 10$ を割り切るものである．ピーター・モンゴメリーは，$a < 100, p < 2^{32}$ に対して $p^2$ が $a^{p-1} - 1$ を割る素数の表を作成した．

1 のリピート数は，**回文数** (前後どちらから読んでも同じ数) の最も簡単な例である．デューブナー-ブロードハーストは，15601 桁の回文数を発見した．

$$\underbrace{1808010808\,1808010808\ldots10808180808}\,1$$
$$1808010808 \text{ が } 1560 \text{ 回反復する}$$

この数は後ろから前へ読めるだけでなく，2 段に並べて上下にも読むこともでき，4 種類の対称性をもつ．ブロードハーストはまたリピート数を用いて色々キュリオを構成している．たとえば，2003 年 6 月 23 日に，$R_n = (10^n - 1)/9$ とするとき，

$$[7532 \cdot 10^{14} \cdot R_{2160}/R_4 + 75753575332572] \cdot R_{26088}/R_{2174} + 1$$

は回文数で，その各 26088 桁ごとの数もまた素数であると発表した．2003 年 8 月 5 日には，30913 桁ごとの素数からなる例によって自己記録を更新した．

$$34 \cdot R_{30912} - 1 - c \cdot 10^{1266} \cdot R_{30912}/R_{2576}.$$

ここで $c = 40044000444004004400000000440040044400044004$ である．

チャールズ・ニコルとジョン・セルフリッジは，10 進数で表した自然数の連接

$$1, 12, 123, 1234, 12345, 123456, 1234567, 12345678, 123456789$$

は無限に多くの素数を含むかどうかを問うた．ロバート・ベイリーは，$n = 1000$ までにはこのタイプの素数はないことを確認した．ニコル-マイク・フィラセッタは，逆向きの連接による最初の素数は

$$82818079787776 \cdots 1110987654321$$

であることを確認した．10 進数以外の進法に対しても同じ問題が考えられる．たとえば，$12345610111213_7 = 1318706660771_{10}$ は素数である．

素数のディジットに関する問題はいくらでもあり，限界が設定できないほどである．デコネは，3 の倍数でない $k \geq 2$ に対し，(10 進法の) ディジットの和が $k$ であるような素数が常に存在すること，また $k \geq 4$ に対し，無限個存在することを証明せよという問題を出した．ディジットの和が $k$ であるような最小の素数を $\rho(k)$ とするとき，$k > 25$ に対し，$\rho(k) \equiv 9 \pmod{10}$ か？ $k > 38$ に対し，$\equiv 99 \pmod{100}$ か？ $k > 59$ に対し，$\equiv 999 \pmod{1000}$ か？

デイヴィッド・ウィルソンは，**ディリート素数**—ディジットを除けば空になるか別のディリート素数になるような素数 (1 を含む) —が無限個あるかどうかを問うた．無限個

あるとすれば，その素数全体に対する比は？　以下の表は 60 個のディリート素数である．

$$\begin{array}{cccccccccccccc}
2 & 3 & 5 & 7 & 13 & 17 & 23 & 29 & 31 & 37 & 43 & 47 & 53 & 59 & 67 \\
& 71 & 73 & 79 & 83 & 97 & 103 & 107 & 113 & 127 & 131 & 137 & 139 & 157 & 163 & 167 \\
& 173 & 179 & 193 & 197 & 223 & 229 & 233 & 239 & 263 & 269 & 271 & 283 & 293 & 307 & 311 \\
& 313 & 317 & 331 & 337 & 347 & 353 & 359 & 367 & 373 & 379 & 383 & 397 & 431 & 433 & 439
\end{array}$$

リチャード・マッキントッシュは $n = (2^{4p} + 1)/17$ の形の最大の素数は，$p = 317$ のときであり，$317 < p < 10000$ のすべての素数に対し，$n$ は合成数であることに注意している．この形の素数は他にあるか？

ワーグスタッフは，$(p^p - 1)/(p - 1)$ が素数であるような素数 $< 180$ は $p = 2, 3, 19, 31$ のみであること，$(p^p + 1)/(p + 1)$ の場合は，$p = 3, 5, 17, 157$ のみであることに注意している．

フェルマー数 $F_n = 2^{2^n} + 1$ もまたたえざる興味の的である．$0 \leq n \leq 4$ に対し，フェルマー数は素数で，$5 \leq n \leq 32$ および多くの $n$ の大きな値に対して合成数である．ハーディー-ライトは，発見的論法により，フェルマー数のうち有限個のみが素数であろうと示唆している．

フェルマー数は平方因子無縁と予想されている．これに関して，ゴスティン-マクラフリンは，71 個の既知のフェルマー数の当時知られていた 85 個の因子のうち 82 個が重複しないことを検証した．現在では 214 個のフェルマー数の少なくとも 250 個の素因子が知られている．レンストラ-レンストラ-マナス-ポラードは 9 番目のフェルマー数を，R. P. ブレントは 11 番目のフェルマー数を完全分解した．筆者は，ジョン・コンウェイと賭けをした．それは 2016 年 9 月 30 日までに，もう 1 つのフェルマー数が完全分解されるであろうというもので，分解されなければ，コンウェイが 100 歳の誕生日に賭け金を払うのである．筆者としては，サム・ワーグスタッフの言葉を反復して，どんどん因子が見つかることを望む．

$F_5 = 641 \cdot 6700417$

$F_6 = 274177 \cdot 67280421310721$

$F_7 = 59649589127497217 \cdot 5704689200685129054721$

$F_8 = 1238926361552897 \cdot 93461639715357977769163558199606896584051237541638188580280321$

$F_9 = 2424833 \cdot 7455602825647884208337395736200454918783366342659 \cdot p_{99}$

$F_{10} = 45592577 \cdot 6487031809 \cdot 4659775785220018543264560743076778192897 \cdot p_{252}$

$F_{11} = 319489 \cdot 974849 \cdot 167988556341760475137 \cdot 3560841906445833920513 \cdot p_{564}$

$F_{12} = 114689 \cdot 26017793 \cdot 63766529 \cdot 190274191361 \cdot 1256132134125569 \cdot c_{1187}$

$F_{13} = 2710954639361 \cdot 2663848877152141313 \cdot 3603109844542291969 \cdot 319546020820551643220672513 \cdot c_{2391}$

$F_{14} = c_{4933}$

$F_{15} = 1214251009 \cdot 2327042503868417 \cdot 168768817029516972383024127016961 \cdot c_{9808}$

$F_{16} = 825753601 \cdot c_{19720}$   $F_{17} = 31065037602817 \cdot c_{39444}$

$F_{18} = 13631489 \cdot c_{78906}$   $F_{19} = 70525124609 \cdot 646730219521 \cdot c_{157804}$

ここで $p_n, c_n$ はそれぞれ $n$ 桁の素数，合成数を表す．

フェルマー数の因子であるかもしれないということと，その素数判定が比較的容易であることから，$k \cdot 2^n + 1$ の形の数も—少なくとも $k$ の小さい値に対して—興味を引いてきた．たとえば，ハーヴェイ・デューブナー-ウィルフレッド・ケラーにより，この形の大きな素数が発見されている．1984 年 9 月 5 日の非メルセンヌ素数の世界記録はケラーによる $(k, n) = (5, 23473)$ である．ケラーによる $(k, n) = (289, 18502)$ に対応する素数は，$(18496, 18496)$ と書けるカレン素数 (**B20**) であると同時に，$(17 \cdot 2^{9251})^2 + 1$ と書けて，$a^2 + 1$ の形の素数である (**A1**) という意味で興味深い．

前述の通り，最大素数のレコードは，$k \cdot 2^n - 1$ の形の素数で塗り替えられてきた：$(k, n) = (391581, 216193)$ (1992，ブラウンら)．**B21** も参照．

2003 年 2 月 22 日にジョン・コスグレイヴは，$3 \cdot 2^{2145353} + 1$ が $F_{2145351}$ の因子であることを発見した．これはメルセンヌ素数でない最大の素数であったが，2003 年 10 月 12 日には，素数 $3 \cdot 2^{2478785} + 1$ が $F_{2478782}$ の因子であることを発見した．

ヒュー・ウィリアムズは，$r = 3, 5, 7, 11$ に対し，$n \leq 500$ の整数で $(r-1)r^n - 1$ が素数であるものを求めた：

$r = 3 \quad n = 1, 2, 3, 7, 8, 12, 20, 23, 27, 35, 56, 62, 68, 131, 222, 384, 387$

$r = 5 \quad n = 1, 3, 9, 13, 15, 25, 39, 69, 165, 171, 209, 339$

$r = 7 \quad n = 1, 2, 7, 18, 55, 69, 87, 119, 141, 189, 249, 354$

$r = 11 \quad n = 1, 3, 37, 119, 255, 355, 371, 497.$

ピー・シンミングは，一般フェルマー素数 $1632^{1024} + 1$ を発見した．

$n^n + (n+1)^n$ の形の素数で既知のものは 3, 13, 881 である．$n$ は 2 のベキでなければならないから，フェルマー数からのアナロジーでこれ以上ないであろうと予想される．$n < 2^{15}$ までにはこれ以上ないことが検証済みである．チノ・ヒリヤードは $n = 2, 5, 6, 9, 24$ のとき，$(n+1)^n - n^{n-1}$ は素数で，$n = 2, 3, 8, 9, 15, 16, 219$ のとき，$(n+1)^n + n^{n-1}$ は素数であると報告している．

$u_1 = u_2 = 1, u_{r+1} = u_r + u_{r-1}$ からなるフィボナッチ数列

1, 1, **2**, **3**, **5**, 8, **13**, 21, 34, 55, **89**, 144, **233**, 377, 610, 987, **1597**, . . .

が無限に多くの素数を含むかどうかを確立するのはかなりの難問であろう．フィボナッチ数列に関連して，ルーカス数列

1, **3**, 4, **7**, **11**, 18, **29**, **47**, 76, 123, **199**, 322, **521**, 843, 1364, . . . ,

ここで $r = 0, 2, 4, 5, 7, 8, 11, 13, 16, 17, 19, 31, 37, 41, 47, 53, 61, 71, 79, 113, 313, 353, 503, 613, 617, 863, 1097, 1361, 4787, 4793, 5851, 7741, 8467, 10691, 12251,$

13963, 14449, 19469, 35449, 36779, 44507, 51169, 56003, 81671, 89849, 94823, 140057, 148091, 159521, 183089, 193201, 202667 に対して $L_r$ は素数である (56003 以降の 10 個は「おそらく素数」であろうという意味である). $u_1 \perp u_2$ を初項とする 2 階の回帰式で定義されるルーカス-レーマー数列のほとんどは，無限個の素数を含むであろうと予想されている．しかし，グラハムは

$$u_0 = 1786\,772701\,928802\,632268\,715130\,455793$$

$$u_1 = 1059\,683225\,053915\,111058\,165141\,686995$$

の数列は素数をまったく含まないことを示した．クヌースは，グラハムの数列は

$$u_0 = 331\,635635\,998274\,737472\,200656\,430763$$

$$u_1 = 1510\,028911\,088401\,971189\,590305\,498785$$

で与えることができることに注意し，より小さい例

$$u_1 = 49463\,435743\,205655, \quad u_2 = 62638\,280004\,239857$$

を与えた．

ジョン・ニコルはさらに小さい例 $u_0 = 8983542533631 = 3 \cdot 223 \cdot 13428314699$, $u_1 = 248272649660939 = 17 \cdot 155081 \cdot 94171907$ を与えた．ほとんど同程度小さい例 $u_1 = 3794765361567513$, $u_2 = 20615674205555510$ は既にウィルフ (letter, *Math. Mag.*, **63** (1990) 284) が与えていた．

ラファエル・ロビンソンは，$u_0 = 0, u_1 = 1, u_{r+1} = 2u_r + u_{r-1}$ で与えられるルーカス列 (ペル数列ともよばれる) を考え，原始因子 $L_r$ を

$$u_r = \prod_{d|r} L_d$$

によって定義した．彼は $L_7 = 13^2, L_{30} = 31^2$ に注意し，$L_r$ が平方数であるようなより大きい $r$ があるかどうかを問うた．

以下の表の各行の意味は次の通り: $r$ はフィボナッチ素数 $u_r$ のランクを示し，$f = e^\gamma \log_\tau r$, $\tau$ は黄金比，$M$ は $2^M - 1$ が素数であるような $M$ の値を示し，$g = e^\gamma \log_2 M$ である．

| $n$ | 1 | 2 | 3 | 4 | 5 | 6 | 7 | 8 | 9 | 10 | 11 | 12 | 13 | 14 | 15 | 16 | 17 | 18 |
|---|---|---|---|---|---|---|---|---|---|---|---|---|---|---|---|---|---|---|
| $r$ | 3 | 4 | 5 | 7 | 11 | 13 | 17 | 23 | 29 | 43 | 47 | 83 | 131 | 137 | 359 | 431 | 433 | 449 |
| $f$ | 4.1 | 5.1 | 6.0 | 7.2 | 8.9 | 9.5 | 10.5 | 11.6 | 12.5 | 13.9 | 14.3 | 16.4 | 18.0 | 18.2 | 21.8 | 22.5 | 22.5 | 22.6 |
| $M$ | 2 | 3 | 5 | 7 | 13 | 17 | 19 | 31 | 61 | 89 | 107 | 127 | 521 | 607 | 1279 | 2203 | 2281 | 3217 |
| $g$ | 1.8 | 2.8 | 4.1 | 5.0 | 6.6 | 7.3 | 7.6 | 8.8 | 10.6 | 11.5 | 12.0 | 12.4 | 16.1 | 16.5 | 18.4 | 19.8 | 19,9 | 20.8 |

| $n$ | 19 | 20 | 21 | 22 | 23 | 24 | 25 | 26 | 27 | 28 | 29 | 30 |
|---|---|---|---|---|---|---|---|---|---|---|---|---|
| $r$ | 509 | 569 | 571 | 2971 | 4723 | 5387 | 9311 | 9677 | 14431 | 25561 | 30757 | 35999 |
| $f$ | 23.1 | 23.5 | 23.5 | 29.6 | 31.3 | 31.8 | 33.8 | 34.0 | 35.4 | 37.6 | 38.2 | 38.8 |
| $M$ | 4253 | 4423 | 9689 | 9941 | 11213 | 19937 | 21701 | 23209 | 44497 | 86243 | 110503 | 132049 |
| $g$ | 21.5 | 21.6 | 23.6 | 23.7 | 24.0 | 25.4 | 25.7 | 25.8 | 27.5 | 29.2 | 29.8 | 30.3 |

| $n$ | 31 | 32 | 33 | 34 | 35 | 36 | 37 | 38 | 39 | 40 |
|---|---|---|---|---|---|---|---|---|---|---|
| $r$ | 37511 | 50833 | 81839 | 104911 | 130021 | 148091 | 201107 | | | |
| $f$ | 39.0 | 40.1 | 41.9 | 42.8 | 43.6 | 44.1 | 45.2 | | | |
| $M$ | 216091 | 756839 | 859433 | 1257787 | 1398269 | 2976221 | 3021377 | 6972593 | 13466917 | 20996011 |
| $g$ | 31.6 | 34.8 | 35.1 | 36.1 | 36.4 | 38.3 | 38.3 | 40.5 | 42.2 | 43.2 |

Takashi Agoh, On Fermat and Wilson quotients, *Exposition. Math.*, **14**(1996) 145–170; *MR* **97e**:11008.

Takashi Agoh, Karl Dilcher & Ladislav Skula, Fermat quotients for composite moduli, *J. Number Theory*, **66**(1997) 29–50; *MR* **98h**:11002.

R. C. Archibald, *Scripta Math.*, **3**(1935) 117.

A. O. L. Atkin & N. W. Rickert, Some factors of Fermat numbers, *Abstracts Amer. Math. Soc.*, **1**(1980) 211.

P. T. Bateman, J. L. Selfridge & S. S. Wagstaff, The new Mersenne conjecture, *Amer. Math. Monthly*, **96**(1989) 125–128; *MR* **90c**:11009.

Anders Björn & Hans Riesel, Factors of generalized Fermat numbers, *Math. Comput.*, **67**(1998) 441–446; *MR* **98e**:11008.

Wieb Bosma, Explicit primality criteria for $h \cdot 2^k \pm 1$, *Math. Comput.*, **61**(1993) 97–109.

R. P. Brent, Factorization of the eleventh Fermat number, *Abstracts Amer. Math. Soc.*, **10**(1989) 89T-11-73.

R. P. Brent, R. E. Crandall, K. Dilcher & C. van Halewyn, Three new factors of Fermat numbers, *Math. Comput.*, **69**(2000) 1297–1304; *MR* **2000j**:11194.

R. P. Brent & J. M. Pollard, Factorization of the eighth Fermat number, *Math. Comput.*, **36**(1981) 627–630; *MR* **83h**:10014.

John Brillhart & G. D. Johnson, On the factors of certain Mersenne numbers, I, II *Math. Comput.*, **14**(1960) 365–369, **18**(1964) 87–92; *MR* **23**#A832, **28**#2992.

John Brillhart, D. H. Lehmer, J. L. Selfridge, Bryant Tuckerman & Samuel S. Wagstaff, Factorizations of $b^n \pm 1$, $b = 2, 3, 5, 6, 7, 10, 11, 12$ up to high powers, *Contemp. Math.*, **22**. Amer. Math. Soc., Providence RI, 1983, 1988; *MR* **84k**:10005, **90d**:11009.

John Brillhart, Peter L. Montgomery & Robert D. Silverman, Tables of Fibonacci and Lucas factorizations, *Math. Comput.*, **50**(1988) 251–260 & S1–S15.

John Brillhart, J. Tonascia & P. Weinberger, On the Fermat quotient, in *Computers in Number Theory*, Academic Press, 1971, 213–222.

Chris K. Caldwell & Yves Gallot, On the primality of $n! \pm 1$ and $2 \times 3 \times 5 \times \cdots \times p \pm 1$, *Math. Comput.*, **71**(2002) 441–448 (electronic).

W. N. Colquitt & L. Welsh, A new Mersenne prime, *Math. Comput.*, **56**(1991) 867–870; *MR* **91h**:11006.

Curtis Cooper & Manjit Parihar, On primes in the Fibonacci and Lucas sequences, *J. Inst. Math. Comput. Sci.*, **15**(2002) 115–121.

R. Crandall, K. Dilcher & C. Pomerance, A search for Wieferich and Wilson primes, *Math. Comput.*, **66**(1997) 433–449; *MR* **97c**:11004.

Richard E. Crandall, J. Doenias, C. Norrie & Jeff Young, The twenty-second Fermat Number is composite, *Math. Comput.*, **64**(1995) 863–868; *MR* **95f**:11104.

Richard E. Crandall, Ernst W. Mayer & Jason S. Papadopoulos, The twenty-fourth Fermat number is composite, *Math. Comput.*, **72**(2003) 1555–1572; *MR* **2004c**:11236.

Karl Dilcher, Fermat numbers, Wieferich and Wilson primes: computations and generalizations, *Public-key cryptography and computational number theory* (*Warsaw* 2000) 29–48, de Gruyter, Berlin, 2001; *MR* **2002j**:11004.

Harvey Dubner, Generalized Fermat numbers, *J. Recreational Math.*, **18** (1985–86) 279–280.

Harvey Dubner, Generalized repunit primes, *Math. Comput.*, **61** (1993) 927–930.

Harvey Dubner, Repunit $R_{49081}$ is a probable prime, *Math. Comput.*, **71**(2002) 833–835; *MR* **2002k**:11224.

Harvey Dubner & Yves Gallot, Distribution of generalized Fermat prime numbers, *Math. Comput.*, **71**(2002) 825–832; *MR* **2002j**:11156.

Harvey Dubner & Wilfrid Keller, Factors of generalized Fermat numbers, *Math. Comput.*, **64**(1995) 397–405; *MR* **95c**11010.

Harvey Dubner & Wilfrid Keller, New Fibonacci and Lucas primes, *Math. Comput.*, **68**(1999) 417–427, S1–S12; *MR* **99c**11008.

John R. Ehrman, The number of prime divisors of certain Mersenne numbers, *Math. Comput.*, **21**(1967) 700–704; *MR* **36**#6368.

Peter Fletcher, William Lindgren & Carl Pomerance, Symmetric and asymmetric primes, *J. Number Theory*, **58**(1996) 89–99; *MR* **97c**:11007.

Donald B. Gillies, Three new Mersenne primes and a statistical theory, *Math. Comput.*, **18**(1964) 93–97; *MR* **28**#2990.

Gary B. Gostin, New factors of Fermat numbers, *Math. Comput.*, **64**(1995) 393–395; *MR* **95c**:11151.

Gary B. Gostin & Philip B. McLaughlin, Six new factors of Fermat numbers, *Math. Comput.*, **38**(1982) 645–649; *MR* **83c**:10003.

R. L. Graham, A Fibonacci-like sequence of composite numbers, *Math. Mag.*, **37**(1964) 322–324; *Zbl* **125**, 21.

Richard K. Guy, The strong law of small numbers, *Amer. Math. Monthly* **95**(1988) 697–712; *MR* **90c**:11002 (see also *Math. Mag.*, **63**(1990) 3–20; *MR* **91a**:11001.

Kazuyuki Hatada, Mod 1 distribution of Fermat and Fibonacci quotients and values of zeta functions at $2 - p$, *Comment. Math. Univ. St. Paul.* **36**(1987), no. 1, 41–51; *MR* **88i**:11085.

G. L. Honaker & Chris K. Caldwell, Palindromic prime pyramids, *J. Recreational Math.*, **30**(1999-2000) 169–176.

A. Grytczuk, M. Wójtowicz & Florian Luca, Another note on the greatest prime factors of Fermat numbers, *Southeast Asian Bull. Math.*, **25**(2001) 111–115; *MR* **2002g**:11008.

Wilfrid Keller, Factors of Fermat numbers and large primes of the form $k \cdot 2^n + 1$, *Math. Comput.*, **41**(1983) 661–673; *MR* **85b**:11117.

Wilfrid Keller, New factors of Fermat numbers, *Abstracts Amer. Math. Soc.*, **5** (1984) 391.

Wilfrid Keller, The 17th prime of the form $5.2^n + 1$, *Abstracts Amer. Math. Soc.*, **6**(1985) 121.

Christoph Kirfel & Øystein J. Rødseth, On the primality of $wh \cdot 3^h + 1$, Selected papers in honor of Helge Tverberg, *Discrete Math.*, **241**(2001) 395–406.

Joshua Knauer & Jörg Richstein, The continuing search for Weiferich primes, *Math. Comput.*, (2004)

Donald E. Knuth, A Fibonacci-like sequence of composite numbers, *Math. Mag.*, **63**(1990) 21–25; *MR* **91e**:11020.

M. Kraitchik, *Sphinx*, 1931, 31.

Michal Křížek & Jan Chleboun, Is any composite Fermat number divisible by the factor $5h2^n + 1$, *Tatra Mt. Math. Publ.*, **11**(1997) 17–21; *MR* **98j**:11003.

Michal Křížek & Lawrence Somer, A necessary and sufficient condition for the primality of Fermat numbers, *Math. Bohem.*, **126**(2001) 541–549; *MR* **2004a**:11004.

D. H. Lehmer, *Sphinx*, 1931, 32, 164.

D. H. Lehmer, On Fermat's quotient, base two, *Math. Comput.*, **36**(1981) 289–290; *MR* **82e**:10004.

A. K. Lenstra, H. W. Lenstra, M. S. Manasse & J. M. Pollard, The factorization of the ninth Fermat number, *Math. Comput.*, **61**(1993) 319–349; *MR* **93k**:11116.

J. C. P. Miller & D. J. Wheeler, Large prime numbers, *Nature*, **168**(1951) 838.

Satya Mohit & M. Ram Murty, Wieferich primes and Hall's conjecture, *C.R. Math. Acad. Sci. Soc. Roy. Can.*, **20**(1998) 29–32; *MR* **98m**:11004.

Peter L. Montgomery, New solutions of $a^{p-1} \equiv 1 \bmod p^2$, Math. Comput., **61**(1993) 361–363; MR **94d**:11003.
Pieter Moree & Peter Stevenhagen, Prime divisors of the Lagarias sequence, J. Théor. Nombres Bordeaux, **13**(2001) 241–251; MR **2002c**:11016.
Thorkil Naur, New integer factorizations, Math. Comput., **41**(1983) 687–695; MR **85c**:11123.
Rudolf Ondrejka, Titanic primes with consecutive like digits, J. Recreational Math., **17**(1984-85) 268–274.
Pi Xin-Ming, Generalized Fermat primes for $b \le 2000$, $m \le 10$, J. Math. (Wuhan) **22**(2002) 91–93; MR **2003a**:11008.
Paulo Ribenboim, On square factors of terms of binary recurring sequences and the $ABC$ conjecture, Publ. Math. Debrecen, **59**(2001) 459–469; MR **2002i**:11033.
Herman te Riele, Walter Lioen & Dik Winter, Factorization beyond the googol with MPQS on a single computer, CWI Quarterly, **4**(1991) 69–72.
Hans Riesel & Anders Björn, Generalized Fermat numbers, in Mathematics of Computation 1943–1993, Proc. Symp. Appl. Math., **48**(1994) 583–587; MR **95j**:11006.
Raphael M. Robinson, Mersenne and Fermat numbers, Proc. Amer. Math. Soc., **5**(1954) 842–846; MR **16**, 335.
A. Rotkiewicz, Note on the diophantine equation $1 + x + x^2 + \ldots + x^n = y^m$, Elem. Math., **42**(1987) 76.
Daniel Shanks & Sidney Kravitz, On the distribution of Mersenne divisors, Math. Comput., **21**(1967) 97–100; MR **36**:#3717.
Hiromi Suyama, Searching for prime factors of Fermat numbers with a microcomputer (Japanese) bit, **13**(1981) 240-245; MR **82c**:10012.
Hiromi Suyama, Some new factors for numbers of the form $2^n \pm 1$, 82T-10-230 Abstracts Amer. Math. Soc., **3**(1982) 257; IV, **5**(1984) 471.
Hiromi Suyama, The cofactor of $F_{15}$ is composite, 84T-10-299 Abstracts Amer. Math. Soc., **5**(1984) 271.
Paul M. Voutier, Primitive divisors of Lucas and Lehmer sequences, Math. Comput., **64**(1995) 869–888; II J. Théorie des Nombres de Bordeaux, **8**(1996) 251–274; III Math. Proc. Cambridge Philos. Soc., **123**(1998) 407–419; MR **95f**:11022, **98h**:11037, **99b**:11027.
Samuel S. Wagstaff, Divisors of Mersenne numbers, Math. Comput., **40**(1983) 385–397; MR **84j**:10052.
Samuel S. Wagstaff, The period of the Bell exponential integers modulo a prime, in Math. Comput. 1943–1993 (Vancouver, 1993), Proc. Sympos. Appl. Math., **48**(1994) 595–598; MR **95m**:11030.
H. C. Williams, The primality of certain integers of the form $2Ar^n - 1$, Acta Arith., **39**(1981) 7–17; MR **84h**:10012.
H. C. Williams, How was $F_6$ factored? Math. Comput., **61**(1993) 463–474.
Samuel Yates, Titanic primes, J. Recreational Math., **16**(1983-84) 265–267.
Samuel Yates, Sinkers of the Titanics, J. Recreational Math., **17**(1984-85) 268–274.
Samuel Yates, Tracking Titanics, in The Lighter Side of Mathematics, Proc. Strens Mem. Conf., Calgary 1986, Math. Assoc. of America, Washington DC, Spectrum series, 1993, 349–356.
Jeff Young, Large primes and Fermat factors, Math. Comput., **67**(1998) 1735–1738; MR **99a**:11010.
Jeff Young & Duncan Buell, The twentieth Fermat number is composite, Math. Comput., **50**(1988) 261–263.

**OEIS:** A000215, A001220, A001771, A002235, A003307, A005541, A007540, A007908, A008555, A019434, A046865-046867, A014491, A049093-049096, A050922, A051179, A056725, A056826, A079906-079907, A080603, A080608.

## A4 素数レース

正の整数 $b$ に対し，整数 $a, c$ の差 $a - c$ が $b$ で割れるとき，$a$ は $b$ を法として $c$ に合同であるといい，$a \equiv c \bmod b$ と書く ($a$ コングルエント・トゥー $c$ モデュロー $b$ と読む)．S. チャウラは，$a \perp b$ のとき，$p_n \equiv p_{n+1} \equiv a \bmod b$ となる連続した素数のペアが無限個存在すると予想した．$b = 4, a = 1$ の場合，この予想はリトルウッドの定理からしたがい，さらに，連続する素数のペアが存在する範囲の限界も求められている．$b = 4, a = 3$ の場合，その限界評価はクナポフスキ-トゥランによる．トゥランはまた，$p \equiv 1 \bmod 4$ であるような素数の長い連続列を見出すことは (たとえば，リーマン予想と関連して) 興味深い問題であることを注意している．デン・ハーンは 9 個の連続素数列を発見した:

11593, 11597, 11617, 11621, 11633, 11657, 11677, 11681, 11689.

10 項からなる列は 4 個見つかっており，末項はそれぞれ 373777, 495461, 509521, 612217 である．11 項からなる列の 1 つは 766373 で終わる．ステファン・ファンデメルゲルは，$4k + 1$ の形の素数列で 16 項以上のものを見出している: 207622000 + 273, 297, 301, 313, 321, 381, 409, 417, 421, 489, 501, 517, 537, 549, 553, 561．

mod 4 で 3 に合同な 13 項の素数列は 241000 + 603, 639, 643, 651, 663, 667, 679, 687, 691, 711, 727, 739, 771 である．

$a \perp b$ の等差数列 $a + nb$ 中の最小素数を $p(a, b)$ で表すとき，リンニクは，$p(a, b) \ll b^L$ なる定数 $L$ が存在することを示した．この $L$ は，リンニクの定数とよばれている．パン・チェンドン，チェン・ジン・ルン，マッティ・ユティラ，チェン・ジン・ルン，マッティ・ユティラ-S. グラハム，チェン・ジン・ルン，チェン・ジン・ルン-リュー・ジェン・ミン，ワン・ウェイは $L$ の値を順に 5448, 777, 550, 168, 80, 36, 17, 13.5, 8 のように改良した．ヒース・ブラウンは最近 $L \leq 5.5$ という著しい結果を得た．

エリオット-ハルバースタムは，ほとんど常に

$$p(b, a) < \phi(b)(\ln b)^{1+\delta}$$

であることを示した．

下からの限界については (プラハル，シンツェル，ポメランスにより)，与えられた $a$ に対し，

$$p(b, a) > \frac{cb \ln b \ln \ln b \ln \ln \ln \ln b}{(\ln \ln \ln b)^2}$$

であるような $b$ が無限に多く存在することが知られている．ここで $c$ は絶対定数である．

トゥランは，素数レースに大いに興味を抱いていた．それは，$\pi(n; a, b)$ で $p \leq n$, $p \equiv a \bmod b$ なる素数 $p$ の個数を表すとき，次のように定義される．$a \perp b$ なる各 $a, b$ と $a_1 \not\equiv a \bmod b$ に対し，

$$\pi(n; a, b) > \pi(n; a_1, b)$$

## A4. 素数レース

となる $n$ が無限に存在するか? クナポフスキ-トゥランは特殊な場合を解決したが, 一般の場合は未解決である.

チェビシェフは, $n$ の小さい値に対して, $\pi(n;1,3) < \pi(n;2,3)$, $\pi(n;1,4) \leq \pi(n;3,4)$ に注意した. 2番目の不等式は $n = 26861$ で逆転することを, リーチとシャンクス-レンチが独立に見出した. また, ベイズ-ハドソンは, 最初の不等式が, $n = 608981813029$ と $n = 610968213796$ の間の, それぞれが1億5000万個以上からなる2組の整数の集合に対して逆転することを発見した.

ベイズ-ハドソンは, $n = 1488478427089$ に対し, $\pi(n;1,4) > \pi(n;3,4)$ を見出した.

バッハ-ソーレンソンは, 一般リーマン予想の下で, $m \perp q$ なる整数 $m, q$ に対し, $p < 1.7(q \ln q)^2$ をみたす素数 $p \equiv m \bmod q$ が存在することを示した.

B. カルロス–F. リヴェラは $4k+1$ の形の19個の連続素数列: $297779117 + 4c$ — ここで $c = 0, 11, 14, 15, 18, 20, 21, 24, 33, 45, 48, 53, 56, 69, 71, 80, 90, 98, 99$, および $4k-1$ の形の20個の連続素数列: $727334879 + 4c$ — ここで $c = 0, 2, 3, 5, 15, 21, 26, 36, 38, 50, 51, 57, 62, 63, 71, 83, 87, 117, 120, 125$ を見出した.

Eric Bach & Jonathan Sorenson, Explicit bounds for primes in residue classes, in *Math. Comput. 1943–1993* (Vancouver, 1993), Proc. Sympos. Appl. Math. (1994) 535–539; MR 96e:11152.

Carter Bays & Richard H. Hudson, The appearance of tens of billions of integers $x$ with $\pi_{24,13}(x) < \pi_{24,1}(x)$ in the vicinity of $10^{12}$, *J. reine angew. Math.*, **299/300**(1978) 234–237; MR **57** #12418.

Carter Bays & Richard H. Hudson, Details of the first region of integers $x$ with $\pi_{3,2}(x) < \pi_{3,1}(x)$, *Math. Comput.*, **32**(1978) 571–576; MR **57** #16175.

Carter Bays & Richard H. Hudson, Numerical and graphical description of all axis crossing regions for the moduli 4 and 8 which occur before $10^{12}$, *Internat. J. Math. Sci.*, **2**(1979) 111–119; MR **80h**:10003.

Carter Bays, Kevin Ford, Richard H. Hudson & Michael Rubinstein, Zeros of Dirichlet $L$-functions near the real axis and Chebyshev's bias, *J. Number Theory*, **87**(2001) 54–76; MR **2001m**:11148.

P. L. Chebyshev, Lettre de M. le Professeur Tschébychev à M. Fuss sur un nouveaux Théorème relatif aux nombres premiers contenus dans les formes $4n+1$ et $4n+3$, *Bull. Classe Phys. Acad. Imp. Sci. St. Petersburg*, **11**(1853) 208.

Chen Jing-Run, On the least prime in an arithmetical progression, *Sci. Sinica*, **14**(1965) 1868–1871; MR **32** #5611.

Chen Jing-Run, On the least prime in an arithmetical progression and two theorems concerning the zeros of Dirichlet's $L$-functions, *Sci. Sinica*, **20**(1977) 529–562; MR **57** #16227.

Chen Jing-Run, On the least prime in an arithmetical progression and theorems concerning the zeros of Dirichlet's $L$-functions II, *Sci. Sinica*, **22**(1979) 859–889; MR **80k**:10042.

Chen Jing-Run & Liu Jian-Min, On the least prime in an arithmetic progression III, IV, *Sci. China Ser. A*, **32**(1989) 654–673, 792–807; MR **91h**:11090ab.

Andrey Feuerverger & Greg Martin, Biases in the Shanks-Rényi prime number race, *Experiment. Math.*, **9**(2000) 535–570; **2002d**:11111.

K. Ford & R. H. Hudson, Sign changes in $\pi_{q,a}(x) - \pi_{q,b}(x)$, *Acta Arith.*, **100**(2001) 297–314; MR **2003a**:11121.

Kevin Ford & Sergeĭ Konyagin, The prime number race and zeros of $L$-functions off the critical line, *Duke Math. J.*, **113**(2002) 313–330; MR **2003i**:11135.

S. Graham, On Linnik's constant, *Acta Arith.*, **39**(1981) 163–179; MR **83d**: 10050.

Andrew Granville & Carl Pomerance, On the least prime in certain arithmetic progressions, *J. London Math. Soc.*(2), **41**(1990) 193–200; *MR* **91i**:11119.

D. R. Heath-Brown, Siegel zeros and the least prime in an arithmetic progression, *Quart. J. Math. Oxford Ser.*(2), **41**(1990) 405–418; *MR* **91m**:11073.

D. R. Heath-Brown, Zero-free regions for Dirichlet $L$-functions and the least prime in an arithmetic progression, *Proc. London Math. Soc.*(3), **64**(1992) 265–338; *MR* **93a**:11075.

Richard H. Hudson, A common combinatorial principle underlies Riemann's formula, the Chebyshev phenomenon, and other subtle effects in comparative prime number theory I, *J. reine angew. Math.*, **313**(1980) 133–150.

Richard H. Hudson, Averaging effects on irregularities in the distribution of primes in arithmetic progressions, *Math. Comput.*, **44**(1985) 561–571; *MR* **86h**:11064.

Richard H. Hudson & Alfred Brauer, On the exact number of primes in the arithmetic progressions $4n \pm 1$ and $6n \pm 1$, *J. reine angew. Math.*, **291**(1977) 23–29; *MR* **56** #283.

Matti Jutila, A new estimate for Linnik's constant, *Ann. Acad. Sci. Fenn. Ser. A I No.* 471 (1970), 8*pp.*; *MR* **42** #5939.

Matti Jutila, On Linnik's constant, *Math. Scand.*, **41**(1977) 45–62; *MR* **57** #16230.

Jerzy Kaczorowski, A contribution to the Shanks-Rényi race problem, *Quart. J. Math. Oxford Ser.* (2) **44**(1993) 451–458; *MR* **94m**:11105.

Jerzy Kaczorowski, On the Shanks–Rényi race problem mod 5, *J. Number Theory* **50**(1995) 106–118; *MR* **94m**:11105.

Jerzy Kaczorowski, On the distribution of primes (mod 4), *Analysis*, **15**(1995) 159–171; *MR* **96h**:11095.

Jerzy Kaczorowski, On the Shanks–Rényi race problem, *Acta Arith.*, **74**(1996) 31–46; *MR* **96k**:11113.

S. Knapowski & P. Turán, Über einige Fragen der vergleichenden Primzahltheorie, *Number Theory and Analysis*, Plenum Press, New York, 1969, 157–171.

S. Knapowski & P. Turán, On prime numbers $\equiv$ 1 resp. 3 mod 4, *Number Theory and Algebra*, Academic Press, New York, 1977, 157–165; *MR* **57** #5926.

John Leech, Note on the distribution of prime numbers, *J. London Math. Soc.*, **32**(1957) 56–58.

U. V. Linnik, On the least prime in an arithmetic progression I. The basic theorem. II. The Deuring-Heilbronn phenomenon. *Rec. Math.* [*Mat. Sbornik*] *N.S.*, **15**(**57**)(1944) 139–178, 347–368; *MR* **6**, 260bc.

J. E. Littlewood, Distribution des nombres premiers, *C.R. Acad. Sci. Paris*, **158**(1914) 1869–1872.

Greg Martin, Asymmetries in the Shanks-Rényi prime number race, *Number theory for the millenium, II* (*Urbana IL*, 2000) 403–415, AKPeters, Natick MA,2002; *MR* **2004b**:11134.

Pieter Moree, Chebyshev's bias for composite numbers, *Math. Comput.*, **73** (2004) 425–449.

Pan Cheng-Tung, On the least prime in an arithmetic progression, *Sci. Record* (*N.S.*) **1**(1957) 311–313; *MR* **21** #4140.

Carl Pomerance, A note on the least prime in an arithmetic progression, *J. Number Theory*, **12**(1980) 218–223; *MR* **81m**:10081.

K. Prachar, Über die kleinste Primzahl einer arithmetischen Reihe, *J. reine angew. Math.*, **206**(1961) 3–4; *MR* **23** #A2399; and see Andrzej Schinzel, Remark on the paper of K. Prachar, **210**(1962) 121–122; *MR* **27** #118.

Imre Z. Ruzsa, Consecutive primes modulo 4, *Indag. Math.* (*N.S.*), **12**(2001) 489–503.

Daniel Shanks, Quadratic residues and the distribution of primes, *Math. Tables Aids Comput.*, **13**(1959) 272–284.

Wang Wei, On the least prime in an arithmetic progression, *Acta Math. Sinica*(**N.S.**), **7**(1991) 279–289; *MR* **93c**:11073.

**OEIS:** A035498, A035518, A035525.

| A5 | 素数からなる等差数列 |
|---|---|

素数のみからなる等差数列はどのくらい長いものがあるか？ 表1に，$a, a+d, \ldots, a+(n-1)d$ の形の $n$ 個の素数で，ジェイムズ・フライ，V. A. ゴルーベフ，アンドリュー・モラン，ポール・プリチャード，S. C. ルート，W. N. セレディンスキ，S. ワイントラウプ，ジェフ・ヤング，アンソニー・ティッセンの発見したものを述べている (これら以前の，より小さい素数については初版参照). ($n=a$ のときを除き，) 公差は，$p \leq n$ のすべての素数を素因数にもたねばならないのは当然である．$n$ はいくらでも大きくとれるという予想があり，セメレディ定理 (**E10**) の改良がなされれば，その系として従う．

テロップ (2004年4月9日): ベン・グリーン-テレンス・タオが正に求められている改良を行い，任意長の素数からなる等差数列がつくられることを示した．[訳注：B. Green and T. Tao (2008), The primes contain arbitrarily long arithmetic progressions, *Ann. Math.* (2) **167** (2008), 481-547, ar X iv:math.NT/0404188 参照.]

エルデーシュはさらに一般に，$\sum 1/a_i$ が発散するような任意の整数列 $\{a_i\}$ は，任意の長さの等差数列を含むと予想した．この予想の証明あるいは反証に3000ドルの賞金を懸けている．

1993年にポール・プリチャードは，この方向の探求を行って22個の素数からなる等差数列を発見した．$a = 11410337850553$ で，公差は $d = 4609098694200$ であり，末項は $a+21d = 108201410428753$ である．

シェルピンスキは，$x$ 以下の素数からなる等差数列の最大項数を $g(x)$ と表している．

表1 素数からなる長い等差数列

| $n$ | $d$ | $a$ | $a+(n-1)d$ | 発見者 |
|---|---|---|---|---|
| 12 | 30030 | 23143 | 353473 | ゴルーベフ, 1958年 |
| 13 | 510510 | 766439 | 6892559 | セレディンスキ, 1965年 |
| 14 | 2462460 | 46883579 | 78895559 | |
| 16 | 9699690 | 53297929 | 198793279 | |
| 16 | 223092870 | 2236133941 | 5582526991 | ルート, 1969年 |
| 17 | 87297210 | 3430751869 | 4827507229 | ワイントラウプ, 1977年 |
| 18 | 717777060 | 4808316343 | 17010526363 | プリチャード |
| 19 | 4180566390 | 8297644387 | 83547839407 | プリチャード |
| 19 | 13608665070 | 244290205469 | 489246176729 | フライ, 1987年3月 |
| 20 | 2007835830 | 803467381001 | 841616261771 | フライ, 1987年3月 |
| 20 | 7643355720 | 1140997291211 | 1286221049891 | フライ, 1987年3月 |
| 20 | 18846497670 | 214861583621 | 572945039351 | ヤング-フライ, 1987年9月1日 |
| 20 | 1140004565700 | 1845449006227 | 23505535754527 | モラン-プリチャード, 1990年11月 |
| 20 | 19855265430 | 24845147147111 | 25222397190281 | モラン-プリチャード, 1990年11月 |
| 21 | 1419763024680 | 142072321123 | 28537332814723 | モラン-プリチャード, 1990年11月30日 |
| 22 | 4609098694200 | 11410337850553 | 108201410428753 | モラン-プリチャード-テッセン, 1993年3月 |

$g(x)$ が値

$$g(x) = 0 \quad 1 \quad 2 \quad 3 \quad 4 \quad 5 \quad 6 \quad 7 \quad 8 \quad 9 \quad 10 \quad \ldots$$

をとるような最小の $x$ を $l(x)$ と書くと,$l(x)$ は

$$l(x) = 1 \quad 2 \quad 3 \quad 7 \quad 23 \quad 29 \quad 157 \quad 1307 \quad 1669 \quad 1879 \quad 2089 \quad \ldots$$

である.
ギュンター・レーは,初項が $q$,長さ $q$ の等差数列を捜索した.例は $(q,d) = (7,150), (11, 1536160080), (13,\ 9918821194590)$. 2001 年 11 月 7 日に,フィル・カーモディは,$(17,\ 3419762047899923325 60)$ の発見を報じた.

ポメランスは,点 $(n, p_n)$ からなる「素数グラフ」を描き,各 $k$ に対し,同一直線上にある $k$ 個の素数が見つかることを示した.

グロスワルドは,「概素数」からなる長い等差数列が次の意味で存在することを示した.$k$ 項からなる等差数列で,各項がたかだか $r$ 個の素数の積,ここで

$$r \leq \lfloor k \ln k + 0.892k + 1 \rfloor$$

であるようなものが無限個存在する.ハーディ-リトルウッドの評価は,3 項からなる等差数列に対して正しい大きさの位数を与えることも示している.

ジム・フージェロン-ハンス・ローゼンタールは,1286 桁の素数からなる 7 項等差数列を発見した: $(260708115 + 31232070k) \cdot 3001\# + 1$, $k = 0,1,2,3,4,5,6$. ここで $3001\#$ は,2 から 3001 までの素数の積を表す.

ハーヴェイ・デューブナーらは,最長の回文素数からなる等差数列を求めた:

$$74295029087X0X0X78092059247$$

で $X = 0, 1, 2, \ldots, 9$ [*Coll. Math. J.*, **30**(1999) 292 参照].

**A9** も参照.

P. D. T. A. Elliott & H. Halberstam, The least prime in an arithmetic progression, in *Studies in Pure Mathematics* (*Presented to Richard Rado*), Academic Press, London, 1971, 59–61; *MR* **42** #7609.

Christian Elsholtz, Triples of primes in arithmetic progressions, *Q. J. Math.*, **53**(2002) 393–395.

P. Erdős & P. Turán, On certain sequences of integers, *J. London Math. Soc.*, **11**(1936) 261–264.

John B. Friedlander & Henryk Iwaniec, Exceptional characters and prime numbers in arithmetic progressions, *Int. Math. Res. Not.*, **2003** no. 37, 2033–2050.

J. Gerver, The sum of the reciprocals of a set of integers with no arithmetic progression of $k$ terms, *Proc. Amer. Math. Soc.*, **62**(1977) 211–214.

Joseph L. Gerver & L. Thomas Ramsey, Sets of integers with no long arithmetic progressions generated by the greedy algorithm, *Math. Comput.*, **33**(1979) 1353–1359.

V. A. Golubev, Faktorisation der Zahlen der Form $x^3 \pm 4x^2 + 3x \pm 1$, *Anz. Oesterreich. Akad. Wiss. Math.-Naturwiss. Kl.*, **1969**, 184–191 (see also 191–194; 297–301; **1970**, 106–112; **1972**, 19–20, 178–179).

Ben Green & Terence Tao, The primes contain arbitrarily long arithmetic progression, April 2004 preprint.

Emil Grosswald, Long arithmetic progressions that consist only of primes and almost primes, *Notices Amer. Math. Soc.*, **26**(1979) A451.

Emil Grosswald, Arithmetic progressions of arbitrary length and consisting only of primes and almost primes, *J. reine angew. Math.*, **317**(1980) 200–208.

Emil Grosswald, Arithmetic progressions that consist only of primes, *J. Number Theory*, **14**(1982) 9–31.

Emil Grosswald & Peter Hagis, Arithmetic progressions consisting only of primes, *Math. Comput.*, **33**(1979) 1343–1352; MR **80k**:10054.

H. Halberstam, D. R. Heath-Brown & H.-E. Richert, On almost-primes in short intervals, in *Recent Progress in Analytic Number Theory*, Vol. 1, Academic Press, 1981, 69–101; MR **83a**:10075.

D. R. Heath-Brown, Almost-primes in arithmetic progressions and short intervals, *Math. Proc. Cambridge Philos. Soc.*, **83**(1978) 357–375; MR **58** #10789.

D. R. Heath-Brown, Three primes and an almost-prime in arithmetic progression, *J. London Math. Soc.*, (2) **23**(1981) 396–414.

D. R. Heath-Brown, Siegel zeros and the least prime in an arithmetic progression, *Quart. J. Math. Oxford Ser.*(2), **41**(1990) 405–418; MR **91m**:11073.

D. R. Heath-Brown, Zero-free regions for Dirichlet $L$-functions, and the least prime in an arithmetic progression, *Proc. London Math. Soc.*(3), **64**(1992) 265–338; MR **93a**:11075.

Edgar Karst, 12–16 primes in arithmetical progression, *J. Recreational Math.*, **2**(1969) 214–215.

Edgar Karst, Lists of ten or more primes in arithmetical progression, *Scripta Math.*, **28**(1970) 313–317.

Edgar Karst & S. C. Root, Teilfolgen von Primzahlen in arithmetischer Progression, *Anz. Oesterreich. Akad. Wiss. Math.-Naturwiss. Kl.*, **1972**, 19–20 (see also 178–179).

A. Kumchev, The difference between consecutive primes in an arithmetic progression, *Q. J. Math.*, **53**(2002) 479–501.

U. V. Linnik, On the least prime in an arithmetic progression, I. The basic theorem, *Rec. Math. [Mat. Sbornik] N.S.*, **15(57)**(1944) 139–178; II. The Deuring-Heilbronn phenomenon, 347–368; MR **6**, 260bc.

Carl Pomerance, The prime number graph, *Math. Comput.*, **33**(1979) 399–408; MR **80d**:10013.

Paul A. Pritchard, Andrew Moran & Anthony Thyssen, Twenty-two primes in arithmetic progression, *Math. Comput.*, **64**(1995) 1337–1339; MR **95j**:11003.

Olivier Ramaré & Robert Rumely, Primes in arithmetic progressions, *Math. Comput.*, **65**(1996) 397–425; MR **97a**:11144.

W. Sierpiński, Remarque sur les progressions arithmétiques, *Colloq. Math.*, **3**(1955) 44–49.

Sol Weintraub, Primes in arithmetic progression, *BIT* **17**(1977) 239–243.

K. Zarankiewicz, Problem 117, *Colloq. Math.*, **3**(1955) 46, 73.

**OEIS:** A005115.

## A6 等差数列 (A.P.) 中の連続素数

$$251, 257, 263, 269 \quad \text{および} \quad 1741, 1747, 1753, 1759$$

のように連続する素数の無限に長い等差数列 (A.P.) が存在するという予想がある. ジョーンズ-ラル-ブランドンは, 5個の連続する素数からなる $10^{10} + 24493 + 30k$ ($0 \le k \le 4$) を発見した. その後ほどなくして, ランダー-パーキンは, 6個のそのような素数 $121174811 + 30k$ ($0 \le k \le 5$) を発見した. 彼らは $9843019 + 30k$ ($0 \le k \le 4$) が5項の A.P. の最初のものであり, $3 \cdot 10^8$ までに25個の5項の連続素数があり, 6項のものはないことを示した.

1995 年 9 月 15 日にハーヴェイ・デューブナーは，ハリー・ネルソンとともに，7 項の A.P. を見つけたと電子メールで知らせてきた．公差は 210 であり，初項は $x + Nm + 1$ の形で，$m$ は最初の 48 個の素数の積

3670097 3182733191 6465034565 5501367323 3980031295 5331782619 ★
4624570399 8807331115 7667212930

であり，$x$ は 48 個の合同式の解で，

1189306 1343242550 4731600916 6253605398 9417322887 0159415462 ★
9760140568 0908210746 0202605690

であり，$N = 2968677222$ で成功した．初項は 97 桁の素数

108953343124705931087578037892295773290803649299313819538521310556 ★
17421504473089672131417174 86151

である．

1997 年 11 月に，ハーヴェイ・デューブナー-トニー・フォーブス-ニック・リジェロス-ミシェル・ミゾニイ-ポールジムマーマンは A.P. 中の 8 個の連続素数を発見したと報じた．1998 年 1 月 15 日に，マンフレッド・トプリックは，上述のグループ宛に，グループのプロジェクトは 100 人の応援者と 200 台のコンピュータを用いて約 2 カ月を費やしたものがついに成功し，A.P. 中の 9 個の連続素数を発見したことを知らせてきた.

1998 年 3 月 2 日に，ポール・ジムマーマンは，「A.P. 中の 10 個の連続素数を発見した．最初の素数は (93 桁で)

100996972469714247637786655587969840329509324689190041803603417758 ★
90434170334888215906 7229719

で，公差 210 である．1 月に 9 個の連続素数を発見したのと同じグループで，世界各国から 100 名余りの応援者が協力してくれた」と声明した.

A.P. 中に 3 個の連続する素数の組が無限個存在するかどうかはわかっていないが，S. チャウラは，連続する素数という制限を外して，3 個の素数の組が存在するという定理を証明した．シンツェルによれば，チャウラの結果はファン・デァ・コルプトが予想していたということである.

マーチン・ガードナーが，連続する素数からなる 3×3 魔方陣の発見者に提供した 100 ドルを勝ち取ったのはハリー・ネルソンであった．これらの素数はもちろん A.P. 中にあるわけでは「ない」．中央の素数は 1480028171 であり，他のものは，この素数 ±12, ±18, ±30, ±42 である．彼は同様の魔方陣を 20 個発見している.

2002 年 8 月 25 日にディヴィッド・ウィルソンは，素数からなる魔方陣で各行，各列の和が最小の 177 のものを発見した.

|  17 |  89 |  71 |
| --- | --- | --- |
| 113 |  59 |   5 |
|  47 |  29 | 101 |

魔方陣については，**D15** 参照．

S. Chowla, There exists an infinity of 3-combinations of primes in A.P., *Proc. Lahore Philos. Soc.*, **6** no. 2(1944) 15–16; *MR* **7**, 243.

J. G. van der Corput, Über Summen von Primzahlen und Primzahlquadraten, *Math. Annalen*, **116**(1939) 1–50; *Zbl.* **19**, 196.

H. Dubner, T. Forbes, N. Lygeros, M. Mizony, H. Nelson & P. Zimmermann, Ten consecutive primes in arithmetic progression. *Math. Comput.* **71**(2002) 1323–1328; *MR* **2003d**:11137.

H. Dubner & H. Nelson, Seven consecutive primes in arithmetic progression, *Math. Comput.*, **66**(1997) 1743–1749; *MR* **98a**:11122.

P. Erdős & A. Rényi, Some problems and results on consecutive primes, *Simon Stevin*, **27**(1950) 115–125; *MR* **11**, 644.

M. F. Jones, M. Lal & W. J. Blundon, Statistics on certain large primes, *Math. Comput.*, **21**(1967) 103–107; *MR* **36** #3707.

L. J. Lander & T. R. Parkin, Consecutive primes in arithmetic progression, *Math. Comput.*, **21**(1967) 489.

H. L. Nelson, There is a better sequence, *J. Recreational Math.*, **8**(1975) 39–43.

S. Weintraub, Consctutive primes in arithmetic progression, *J. Recreational Math.*, **25**(1993) 169–171.

**OEIS:** A031217.

## A7  カニンガムチェイン

$2p+1$ も素数であるような素数 $p$ を ソフィー・ジェルマン素数とよび,無限個存在するであろうと予想されているが,証明はされていない.デューブナーは,$3003c \cdot 10^b - 1$ の形のソフィー・ジェルマン素数を $(c,b) = (7014, 2110), (581436, 2581), (15655515, 2999), (5199545, 3529), (488964, 4003), (1803301, 4526)$ の場合に見出した.インドレコファー-ジャライ (**A8** の文献) は 5847 桁のソフィー・ジェルマン素数を発見し,2002 年 8 月 22 日には,マイケル・エンジェル-ダーク・オーガスティン-ポール・ジョブリングが 24432 桁の例として $1213822389 \cdot 2^{81131} - 1$ を与えた.

$p$ が素数であることを証明する方法で共通して用いられるのは,$p-1$ の素因数分解である.$p - 1 = 2q$ で $q$ が素数ならば問題が 2 の因子分しか縮小されないことになる.この観点から,各項が素数で,その前の項の 2 倍プラス 1 であるようなカニンガムチェインを考察することは意義深いことである.D. H. レーマーは,最小の項が $< 10^7$ であるような 7 項からなるカニンガムチェインを 3 個発見した.その 1 つは

1122659, 2245319, 4490639, 8981279, 17962559, 35925119, 71850239

2164229, 4328459, 8656919, 17313839, 34627679, 69255359, 138510719

2329469, 4658939, 9317879, 18635759, 37271519, 74543039, 149086079

であり,残り 2 つの最小値は 10257809 および 10309889 である.

$p+1$ の素因数分解も $p$ が素数であることの証明に用いることができる.レーマーは,$p+1 = 2q$ であるような長さ 7 のチェインを 7 個発見した.最初の 3 個の最小数はそれぞれ 16651, 67651, 165901 であるが,2 番目のチェインは第 5 項が $1082401 = 601 \cdot 1801$

であるため除かねばならない(不思議なことにこれは $2^{25}-1$ の約数である).

これら2種のチェインに関し,ラルー-ミーアスは長さ8のチェインを発見した.初項はそれぞれ 19099919, 15514861 で,どちらもこの長さのチェインの最小初項である.ギュンター・レーは多くのチェインを新たに発見した.長さ9のものは初項がそれぞれ 85864769, 857095381 であり,長さ10のものは 26089808579, 205528443121; 長さ11のものは 665043081119, 1389122693971; 長さ12のものは 554688278429, 216857744866621; 長さ13の第2種チェインは初項が 758083947856951 である.第1種のチェインで,初項が $10^{11}$ 以下で長さが 6, 7, 8, 9, 10 のものを数え上げると,相対頻度はそれぞれ 19991, 2359, 257, 21, 2 となっている.

ワラト・ローングタイは,長さ3のカニンガムチェイン $p = 651358155 \times 2^{3291} - 1, 2p+1, 4p+3$ を見出した.

トニー・フォーブス (**A9**の参考文献) は長さ15のチェインをいくつも発見し,初項が $p = 3203000719597029781$ の長さ16のチェインも1個発見した.

フィル・カーモディ-ポール・ジョブリングは 2002 年 3 月 1 日に $810433818265726529160 \cdot 2^k - 1 \ (0 \leq k \leq 15)$ が素数であると発表した.

1969 年にダニエル・シャンクスは,D. H. レーマー-エマ・レーマー宛に平方チェインについて述べた書簡を送った.テスケ-ウィリアムズは,素数のシャンクスチェインを $p_{i+1} = ap_i^2 - b, 1 \leq i < k, a, b$ 整数なるものとして定義し,$ab \leq 1000$ なる $a, b$ のペアのうち,ただ 56 個のみを除き,対応するシャンクスチェインが長さ有界であることを示した.シャンクスのもともとの式 $p_{i+1} = 4p_i^2 - 17$ は $p_1 = 3$ に対し,4-チェインを,$p_1 = 303593$ で 5-チェインを与えるが,(mod 59 で考えて) 長さ 17 をもつことはないことが示される.これらのチェインは任意の長さをもつことはなさそうである.長さ 7 のチェインはあるだろうか?

Takashi Agoh, On Sophie Germain primes, *Tatra Mt. Math. Publ.*, **20**(2000) 65–73; MR **2002d**:11008.

Harvey Dubner, Large Sophie Germain primes, *Math. Comput.*, **65**(1996) 393–396; MR **96d**:11008.

Claude Lalout & Jean Meeus, Nearly-doubled primes, *J. Recreational Math.*, **13** (1980/81) 30–35.

D. H. Lehmer, Tests for primality by the converse of Fermat's theorem, *Bull. Amer. Math. Soc.*, **33**(1927) 327–340.

D. H. Lehmer, On certain chains of primes, *Proc. London Math. Soc.*, **14A** (Littlewood 80 volume, 1965) 183–186.

Günter Löh, Long chains of nearly doubled primes, *Math. Comput.*, **53**(1989) 751–759; MR **90e**:11015.

Edlyn Teske & Hugh C. Williams, A note on Shanks's chains of primes, *Algorithmic number theory (Leiden, 2000), Springer Lecture Notes in Comput. Sci.* **1838**(2000) 563–580; MR **2002k**:11228.

## A8  素数間距離，双子素数

連続する素数 $p_n, p_{n+1}$ の間の距離 $d_n = p_{n+1} - p_n$ に関しては数多くの問題がある．$d_1 = 1$ 以外の $d_n$ は偶数である．$d_n$ の大きさはどのくらいか？ ランキンは無限に多くの $n$ に対し，

$$d_n > \frac{c \ln n \ln \ln n \ln \ln \ln \ln n}{(\ln \ln \ln n)^2}$$

を示した．エルデーシュは $c$ が任意に大きく取れるかどうかの証明あるいは反証に 5000 ドルを提供した．ランキンの得た最良の結果は $c = e^\gamma$ である．ここで $\gamma$ はオイラーの定数であり，マイヤー-ポメランスはこれを $4/k - e^{-4/k} = 3$ の解 $k \approx 1.31256$ 倍だけ改良した．ピンツはこれをさらに $c = 2e^\gamma > 3.562$ まで改良している．

$\ln$ が何重にもなると煩瑣であるから，次の事実は注目に値する：素数間距離 $d_n$ は，平均 $\ln n$ [訳注：素数定理 (p.3 参照) による] より任意に大きい定数 $M$ 倍 ($n = e^{e^{M^2}}$ とおく) だけ大きくなることが無限回起こる．$d_n > 10^{100} \ln n$ なる $d_n$ が無限個あるとは考えがたいが．2003 年 1 月 7 日に，ハンス・ローゼンタールは 675034 という確率的な素数間の距離を

http://www.trnicely.net/gaps/g675034.html

に掲載した．

R.C. ベイカーとハーマンは $d_n \ll p_n^{0.535}$ を証明して，ヒース・ブラウンの 0.55 を改良した．その後 2 人はピンツとともに 0.525 を得た．

2003 年 3 月に，ダン・ゴールドストンとセム・イリディリムは，$d_n$ が $(\ln p_n)^{4/5}$ の大きさであることが無限回起こることを証明したという話になったが，まもなく途中に現れる誤差項が大きすぎるため，結果にならないことが判明した．素数間距離に関する情報がほとんどない現状に 2 人の方法は革新をもたらすものであろうか？ [訳注：ゴールドストン-イリディリム-ピンツは $\liminf \frac{p_{n+1} - p_n}{\log n} = 0$ という画期的な結果を得た．たとえばサウンダララージャンの解説がある．K. Soundararajan, Small gaps between prime numbers: the work of Goldston-Pinz-Yilidirim, *Bull. Amer. Math. Soc.*, **44** (2007), 1-18.]

$d_n$ に関して有名な双子素数予想がある．これは $d_n = 2$ となる素数が無限個あることを主張する．$n > 6$ のとき，$n$ と $2n$ の間に常に双子素数があるかという，その発展版もある．$n$ 以下の素数対でその距離が偶数 $k$ であるものの個数を $P_k(n)$ とするとき，ハーディ-リトルウッド予想 B(**A1** 参照) は，

$$P_k(n) \sim \frac{2cn}{(\ln n)^2} \prod \left( \frac{p - 1}{p - 2} \right)$$

を主張する．ここで，積は $k$ のすべての奇素数の約数を動き (したがって，$k$ が 2 のベキのときは，空積となり，1 と解される)．また $c = \prod(1 - 1/(p-1)^2)$ はすべての奇素数にわたる積であり，$2c \approx 1.32032$ である．$p + 2$ がたかだか 2 個の素因子をもつよう

な素数 $p \leq n$ の個数を $\pi_{1,2}(n)$ とするとき，フーヴリー-グルップは，

$$\pi_{1,2}(n) \geq 0.71 \times \frac{2cn}{(\ln n)^2}$$

を証明した．定数 0.71 はリューにより 1.015 に改良され，さらにウーにより 1.05 に改良された．

2002 年 7 月のロンドン数学会ニュースレター，p.11 で A. A. マリンは，倍・合成数 (bicomposite—2 個の異なる素数の積) プラス 1 の形の平方数が無限個存在する問題を述べている．

レーマー夫妻とリーゼルは独立に巨大な双子素数 $9 \cdot 2^{211} \pm 1$ を発見した．クランドール-ペンクは，64, 136, 154, 203, 303 桁の双子素数を発見した．ウィリアムズは $156 \cdot 5^{202} \pm 1$ を，ベイリーは $297 \cdot 2^{546} \pm 1$ を，アトキン-リッカートは

$$694503810 \cdot 2^{2304} \pm 1 \quad \text{と} \quad 1159142985 \cdot 2^{2304} \pm 1$$

を，1989 年にブラウン-ノル-パラディ-スミス-スミス-ザラントネスは

$$663777 \cdot 2^{7650} \pm 1, \quad 571305 \cdot 2^{7701} \pm 1, \quad 1706595 \cdot 2^{11235} \pm 1$$

を発見した．

1993 年 8 月 16 日にハーヴェイ・デューブナーは，桁数 4030 の双子素数

$$2^{4025} \cdot 3 \cdot 5^{4020} \cdot 7 \cdot 11 \cdot 13 \cdot 79 \cdot 223 \pm 1$$

の発見を報じた．インドレコッファー-ジャーライは 1994 年 11 月に $697053813 \cdot 2^{16352} \pm 1$ を発見し，1 年後に 11713 桁の $242206083 \cdot 2^{38880} \pm 1$ を見出した．その途中の 1995 年 7 月 25 日にトニー・フォーブズは $6797727 \times 2^{15328} \pm 1$ を発見していた．

ジャック・ブレナンは $k = 3 \cdot 5 \cdot 7 \cdot 11 \cdot 13 \cdot 13487$ と $n$ の 12 個の値 $n = 2, 12, 17, 28, 31, 33, 42, 55, 62, 86, 89, 91$ に対して，$k \cdot 2^n \pm 1$ が素数であることを注意した．フィル・カーモディは，$k = 3^2 \cdot 5^3 \cdot 7 \cdot 11 \cdot 13^2 \cdot 23 \cdot 503 \cdot 4129$ と $n \leq 470$ から $k \cdot 2^n \pm 1$ の形の双子素数が 14 個，$k = 3 \cdot 5 \cdot 7 \cdot 11 \cdot 13 \cdot 23 \cdot 37 \cdot 97 \cdot 460891$ と $n = 1, 13, 15, 17, 18, 22, 29, 35, 39, 43, 60, 189, 385, 705, 979$ から 15 個の双子素数が出てくることを発見した．16 個の双子素数を同様に見出すことを問題として提出しているが，解答はまだである．

リチャード・ブレントは，$10^{11}$ までに双子素数を 224376048 個数え上げた．これはハーディー-リトルウッド予想 B で予測される値より 9% ほど多い．ナイスリーは，悪評の塊であったペンティアムチップの傷を巧妙な方法で見つける仕事で有名であるが，その過程で 135780321665 個の双子素数 $< 10^{14}$ を数え上げ，それらの逆数の和を計算した：

$$B(10^{14}) = 1.8202449681302705288947178386195338283464 9 \ldots .$$

ブルンは双子素数の逆数の和が収束することを証明していた．その和をしばしば $B$ で

表す. ナイスリーは上の結果から
$$B = 1.9021605778 \pm 2.1 \times 10^{-9}$$
という評価を導いた. さらに $2.5 \times 10^{14}$ までの計算を行って,
$$B = 1.9021605803 \pm 1.3 \times 10^{-9}$$
という評価を得た. パスカル・セバは 2002 年 8 月に $\pi_2(10^{16}) = 10304195697298$ を計算し, $B = 1.902160583104\ldots$ を求めた.

ボンビエリ-ダヴェンポートは
$$\liminf \frac{d_n}{\ln n} < \frac{2+\sqrt{3}}{8} \approx 0.46650$$
を示した. (真の値が 0 であることは疑いない. 双子素数予想が正しければ, 0 であることがしたがう.) G. Z. ピリチャイは上界を $(2\sqrt{2}-1)/4 \approx 0.45711$ に改良し, 内山は $(9-\sqrt{3})/16 \approx 0.454256$ まで, ハックスリーは $(4\sin\theta + 3\theta)/(16\sin\theta) \approx 0.44254$ まで改良した. ここで $\theta + \sin\theta = \pi/4$, 後にさらに 0.4394 まで改良した. ヘルムート・マイヤーはこれを 0.248 に大幅に改良した.

ハックスリーは
$$d_n < p_n^{7/12+\epsilon}$$
も証明した. ヒース・ブラウン-イワーニェッツは指数を 11/20 まで, モゾッチは 0.548 まで, ロウ-ヤオは 6/11 まで改良している. リーマン予想からは $d_n < p_n^{1/2+\epsilon}$ が導かれる. また, クラメルは, リーマン予想の仮定の下で
$$\sum_{n<x} d_n^2 < cx(\ln x)^4$$
を示した. エルデーシュは右辺は $cx(\ln x)^2$ であると予想しているが, その証明は見込みがないとも述べている.

A. S. ペックは, $d_n > n$ となる $d_n$ の, 区間 $x \leq p_n < 2x$ 上でとった和 $\sum d_n$ が $\ll x^{25/36+\epsilon}$ であることを示し, それまでの最良値であったヒース・ブラウンの 3/4 を改良した.

ジエ・ウーは, $\theta > 0.973$ のとき, 区間 $[x, x+x^\theta]$ 内の素数 $p$ で $p+2$ がたかだか 2 個の素因子を含む $p$ の個数は $cx^\theta/(\ln x)^2$ 以上あることを示した. サレルノ-ヴィットロも同様の結果を得ている.

サンダーは $\liminf_{n\to\infty} \sqrt[4]{p_n}(\sqrt{p_{n+1}} - \sqrt{p_n}) = 0$ および $\liminf nd_{n-1}(d_n/p_n)^2 = 0$ を示した.

エルデーシュ-ネイサンソンは
$$\sum_{n=2}^{\infty} \frac{1}{n(\ln\ln n)^c(p_{n+1}-p_n)}$$

が $c > 2$ で収束することを示し, $c = 2$ で発散するであろうと予想した.

ドリン・アンドリカはすべての自然数 $n$ に対し,

$$¿ \quad \sqrt{p_{n+1}} - \sqrt{p_n} < 1 \quad ?$$

を予想し, ダン・グレクは $p_n < 10^6$ までこの予想を検証した. *Amer. Math. Monthly*, **83**(1976) 61 に難解な未解決問題として

$$¿ \quad \lim_{n \to \infty}(\sqrt{p_{n+1}} - \sqrt{p_n}) = 0 \quad ?$$

があげられている. これが正しければ, 十分大きい $n$ に対してアンドリカの予想が導かれる. この予想は, **A2** で述べたクラメル予想, および, 次に述べるシャンクス予想に互して意義深い. シャンクス予想は, 素数間距離 $g$ の連続する素数の次に現れる素数を $p(g)$ とすれば, $\ln p(g) \sim \sqrt{g}$ であるというものであり, 彼はこれを支持する発見的推論を与えている. 連続する素数間距離の歴代記録保持者は, レーマー-ランダー-パーキン, ブレント, ワイントラウプ, ヤング-ポトラーらである. 表2にはシャンクス予想関連の数値をあげておいた. 最後の方の大きな数値は, T. R. ナイスリーのウェブページから拝借した.

http://www.trnicely.net/gaps.

2001 年 12 月 13 日にハーヴェイ・デューブナーは, 3396 桁の素数間距離 119738 を見出した. 2003 年 2 月 15 日には, マーセル・マーティンは, ホセ・ルイス・ゴメス・パルドが素数間距離 233822 の上限である 5878 桁の数が素数であることを示したと報じた. また 2004 年 1 月 15 日には, アンダーセン-ローゼンタールが, 43429 桁の確率的素数間距離 1001548 の発見を報じた.

チェン・ジン・ルンは, 十分大の $x$ と $\alpha \geq 0.477$ の任意の $\alpha$ に対し, 区間 $[x - x^\alpha, x]$ 内に常に, たかだか 2 個の素因子をもつ概素数が存在することを示した. ハルバースタム-ヒース・ブラウン-リッヒャート (**A5** の文献参照) は, $\alpha = 0.455$ に対し, 同区間に少なくとも $x^\alpha / 121 \ln x$ 個の (たかだか 2 個の素因子を含む) 概素数が存在することを証明した. イワーニェッツ-ラボルテは, $\alpha = 0.45$ まで改良した. その後, 0.4436 (フーヴリー), 0.44 (ウー), 0.4386 (リー), 0.436 (リュー) と順次改良された.

ヴィクター・ミーリーは, **素数離散**という造語を導入した. 373 以下では素数間距離は 2 が最も多く, 467 以下では, 距離 2, 4, 6 の対がそれぞれ 24 個あり, 563 以下, $10^{14}$ から $10^{14} + 10^8$ までにも, 距離 6 が最も多く, おそらく 2 から $10^{14}$ でもそうであろうと述べて, 距離が 30 になるのはいつからかを問うている.

コンウェイ-オドルィシュコは, $x$ 以下の $d$ で, $x$ 以下の素数間距離として最も多く現れるものを $x$ に対するチャンプ(距離) $C(x)$ とよんでいる. 同じ $x$ に対しチャンプは 2 個以上のこともある: $C(135) = 4, C(100) = \{2, 4\}$. チャンプになれるのは, 4 か, 素数の階乗 2, 6, 30, 210, 2310, ... であると予想している. $C(x) \to \infty$ か? $x \geq x_0(p)$ に対し, 各素数 $p \leq x$ が $C(x)$ を割るか?

素数 $p$ に対し, $p - 2$ より小のすべての偶数が, $p$ 以下の 2 個の素数の差として表さ

表 2  距離 $g$ の連続する素数の次に現れる素数 $p(g)$

| $g$ | $p(g)$ | $(\ln p)^2$ | $g/(\ln p)^2$ |
|---|---|---|---|
| 456 | 25056082543 | 573.33 | 0.7953 |
| 464 | 42652618807 | 599.09 | 0.7745 |
| 468 | 127976335139 | 654.09 | 0.7155 |
| 474 | 182226896713 | 672.29 | 0.7051 |
| 486 | 241160624629 | 686.90 | 0.7075 |
| 490 | 297501076289 | 697.95 | 0.7021 |
| 500 | 303371455741 | 698.98 | 0.7153 |
| 514 | 304599509051 | 699.19 | 0.7351 |
| 516 | 416608696337 | 715.85 | 0.7208 |
| 532 | 461690510543 | 721.36 | 0.7375 |
| 534 | 614487454057 | 736.80 | 0.7247 |
| 540 | 738832928467 | 746.84 | 0.7230 |
| 582 | 1346294311331 | 779.99 | 0.7462 |
| 588 | 1408695494197 | 782.53 | 0.7514 |
| 602 | 1968188557063 | 801.35 | 0.7512 |
| 652 | 2614941711251 | 817.52 | 0.7975 |
| 674 | 7177162612387 | 876.27 | 0.7692 |
| 716 | 13829048560417 | 915.53 | 0.7821 |
| 766 | 19581334193189 | 936.70 | 0.8178 |
| 778 | 42842283926129 | 985.24 | 0.7897 |
| 804 | 90874329412297 | 1033.01 | 0.7783 |
| 806 | 171231342421327 | 1074.14 | 0.7504 |
| 906 | 218209405437449 | 1090.09 | 0.8311 |
| 916 | 1189459969826399 | 1204.94 | 0.7602 |
| 924 | 1686994940956727 | 1229.32 | 0.7516 |
| 1132 | 1693182318747503 | 1229.58 | 0.9206 |
| 1184 | 43841547845542243 | 1468.37 | 0.8063 |
| 1198 | 553507764319044441 | 1486.29 | 0.8060 |

れるとき，$p$ を繁素数とよぶ．最初の 23 個の奇素数 3, 5, 7, ..., 89 はすべて繁素数である．最初の非繁素数は 97 である．(88 は ≤ 97 の素数の差にならない．) ブレックスミス-セルフリッジは繁素数が無限個あるかどうかを問うている．

また素数間距離とは逆の方向で，ヘルムート・マイヤー-スチュアートは，区間の幅を定めたとき，その区間内に含まれる素数が平均より少ないような長い区間が存在することを示した．

A. O. L. Atkin & N. W. Rickert, On a larger pair of twin primes, Abstract 79T-A132, *Notices Amer. Math. Soc.*, **26**(1979) A-373.

R. C. Baker & Glyn Harman, The difference between consecutive primes, *Proc. London Math. Soc.*(3) **72**(1996) 261–280; *MR* **96k**:11111.

R. C. Baker, Glyn Harman & J. Pintz, The difference between consecutive primes, II, *Proc. London Math. Soc.*(3) **83**(2001) 522–562; *MR* **2002f**:11125.

Danilo Bazzanella, Primes in almost all short intervals, *Boll. Un. Mat. Ital.*(7), **9**(1995) 233–249; *MR***99c**:11089.

Richard Blecksmith, Paul Erdős & J. L. Selfridge, Cluster primes, *Amer. Math. Monthly*, **106**(1999) 43–48; *MR* **2000a**:11126.

E. Bombieri & H. Davenport, Small differences between prime numbers, *Proc. Roy. Soc. Ser. A*, **293**(1966)1–18; *MR* **33** #7314.

Richard P. Brent, The first occurrence of large gaps between successive primes, *Math. Comput.*, **27** (1973) 959–963; *MR* **48** #8360; (and see *Math. Comput.*, **35** (1980) 1435–1436.

Richard P. Brent, Irregularities in the distribution of primes and twin primes, *Math. Comput.*, **29**(1975) 43–56.

V. Brun, Le crible d'Eratosthène et le théorème de Goldbach, *C. R. Acad. Sci. Paris*, **168**(1919) 544–546.

J. H. Cadwell, Large intervals between consecutive primes, *Math. Comput.*, **25**(1971) 909–913.

Cai Ying-Chun & Lu Ming-Gao, On the upper bound for $\pi_2(x)$, *Acta Arith.*, **110**(2003) 275–298.

Chen Jing-Run, On the distribution of almost primes in an interval II, *Sci. Sinica*, **22**(1979) 253–275; *Zbl.* **408**:10030.

Chen Jing-Run & Wang Tian-Ze, *Acta Math. Sinica*, **32**(1989) 712–718; *MR* **91e**:11108.

Chen Jing-Run & Wang Tian-Ze, On distribution of primes in an arithmetical progression, *Sci. China Ser. A*, **33**(1990) 397–408; *MR* **91k**:11078.

H. Cramér, On the order of magnitude of the difference between consecutive prime numbers, *Acta Arith.*, **2**(1937) 23–46.

Pamela A. Cutter, Finding prime pairs with particular gaps, *Math. Comput.*, **70**(2001) 1737–1744 (electronic); *MR* **2002c**:11174.

Tamás Dénes, Estimation of the number of twin primes by application of the complementary prime sieve, *Pure Math. Appl.*, **13**(2002) 325–331; *MR* **2003m**: 11153.

Christian Elsholtz, On cluster primes, *Acta Arith.*, **109**(2003) 281–284; *MR* **2004c**:11169.

Paul Erdős & Melvyn B. Nathanson, On the sums of the reciprocals of the differences between consecutive primes, *Number Theory (New York, 1991–1995)*, Springer, New York, 1996, 97–101; *MR* **97h**:11094.

Anthony D. Forbes, A large pair of twin primes, *Math. Comput.*, **66**(1997) 451–455; *MR* **99c**:11111.

Étienne Fouvry, in *Analytic Number Theory (Tokyo 1988)* 65–85, Lecture Notes in Math., **1434**, Springer, Berlin, 1990; *MR* **91g**:11104.

É. Fouvry & F. Grupp, On the switching principle in sieve theory, *J. reine angew. Math.*, **370**(1986) 101–126; *MR* **87j**:11092.

J. B. Friedlander & J. C. Lagarias, On the distribution in short intervals of integers having no large prime factor, *J. Number Theory*, **25**(1987) 249–273.

J. W. L. Glaisher, On long successions of composite numbers, *Messenger of Math.*, **7**(1877) 102-106, 171-176.

D. A. Goldston, On Bombieri and Davenport's theorem concerning small gaps between primes, *Mathematika*, **39**(1992) 10–17; *MR* **93h**:11102.

Glyn Harman, Short intervals containing numbers without large prime factors, *Math. Proc. Cambridge Philos. Soc.*, **109**(1991) 1–5; *MR* **91h**:11093.

Jan Kristian Haugland, Large prime-free intervals by elementary methods, *Normat*, **39**(1991) 76–77.

D. R. Heath-Brown, The differences between consecutive primes III, *J. London Math. Soc.*(2) **20**(1979) 177–178; *MR* **81f**:10055.

Y. K. Huen, The twin prime problem revisited, *Internat. J. Math. Ed. Sci. Tech.*, **28**(1997) 825–834.

Martin Huxley, An application of the Fouvry-Iwaniec theorem, *Acta Arith.*, **43**(1984) 441–443.

Karl-Heinz Indlekofer & Antal Járai, Largest known twin primes, *Math. Comput.*, **65**(1996) 427–428; *MR* **96d**:11009.

Karl-Heinz Indlekofer & Antal Járai, Largest known twin primes and Sophie Germain primes,

*Math. Comput.*, **68**(1999) 1317–1324; *MR* **99k**:11013.

H. Iwaniec & M. Laborde, $P_2$ in short intervals, *Ann. Inst. Fourier(Grenoble)*, **31**(1981) 37–56; *MR* **83e**:10061.

Jia Chao-Hua, Three primes theorem in a short interval VI (Chinese), *Acta Math. Sinica*, **34**(1991) 832–850; *MR* **93h**:11104.

Jia Chao-Hua, Difference between consecutive primes, *Sci. China Ser. A*, **38**(1995) 1163–1186; *MR* **99m**:11081.

Jia Chao-Hua, Almost all short intervals containing prime numbers, *Acta Arith.*, **76**(1996) 21–84; *MR* **97e**:11110.

Li Hong-Ze, Almost primes in short intervals, *Sci. China Ser. A*, **37**(1994) 1428–1441; *MR* **96e**:11116.

Li Hong-Ze, Primes in short intervals, *Math. Proc. Cambridge Philos. Soc.*, **122**(1997) 193–205; *MR* **98e**:11103.

Liu Hong-Quan, On the prime twins problem, *Sci. China Ser. A*, **33**(1990) 281–298; *MR* **91i**:11125.

Liu Hong-Quan, Almost primes in short intervals, *J. Number Theory*, **57**(1996) 303–302; *MR* **97c**:11092.

Lou Shi-Tuo & Qi Yao, Upper bounds for primes in intervals (Chinese), *Chinese Ann. Math. Ser. A*, **10**(1989) 255–262; *MR* **91d**:11112.

Helmut Maier, Small differences between prime numbers, *Michigan Math. J.*, **35**(1988) 323–344.

Helmut Maier, Primes in short intervals, *Michigan Math. J.*, **32**(1985) 221–225.

Helmut Maier & Carl Pomerance, Unusually large gaps between consecutive primes, *Théorie des nombres*, (Quebec, PQ, 1987), de Gruyter, 1989, 625–632; *MR* **91a**:11045: and see *Trans. Amer. Math. Soc.*, **322**(1990) 201–237; *MR* **91b**:11093.

H. Maier & Cam Stewart, On intervals with few prime numbers, *J. Reine Angew. Math.*, **608**(2007), 183–199.

Hiroshi Mikawa, On prime twins in arithmetic progressions, *Tsukuba J. Math.*, **16**(1992) 377–387; *MR* **94e**:11101.

C. J. Mozzochi, On the difference between consecutive primes, *J. Number Theory*, **24** (1986) 181–187.

Thomas R. Nicely, Enumeration to $10^{14}$ of the twin primes and Brun's constant, *Virginia J. Sci.*, **46**(1995) 195–204; reviewed by Richard P. Brent, *Math. Comput.*, **66**(1997) 924–925; *MR* **97e**:11014.

Thomas R. Nicely, New maximal prime gaps and first occurrences, *Math. Comput.*, **68**(1999) 1311–1315; *MR* **99i**:11004.

Thomas R. Nicely, A new error analysis for Brun's constant, *Virginia J. Sci.*, **52**(2001) 45–55; *MR* **2003d**:11184.

Bertil Nyman & Thomas R. Nicely, New prime gaps between $10^{15}$ and $5 \times 10^{16}$, *J. Integer Seq.*, **6**(2003) Article 03.3.1, 6 pp. (electronic).

Bodo K. Parady, Joel F. Smith & Sergio E. Zarantonello, Largest known twin primes, *Math. Comput.*, **55**(1990) 381–382; *MR* **90j**:11013.

A. S. Peck, Differences between consecutive primes, *Proc. London Math. Soc.*,(3) **76**(1998) 33–69; *MR* **98i**:11071.

G. Z. Pil'tyaĭ, The magnitude of the difference between consecutive primes (Russian), *Studies in number theory*, **4**, Izdat. Saratov. Univ., Saratov, 1972, 73–79; *MR* **52** #13680.

János Pintz, Very large gaps between consecutive primes, *J. Number Theory*, **63**(1997) 286–301; *MR* **98c**:11092.

Olivier Ramaré & Yannick Saouter, Short effective intervals containing primes, *J. Number Theory*, **98**(2003) 10–33; *MR* **2004a**:11095.

S. Salerno & A. Vitolo, $p + P_2$ in short intervals, *Note Mat.*, **13**(1993) 309–328; *MR* **96c**:11109.

József Sándor, Despre şirusi, serü şi aplicatü în teoria numerelor prime (On sequences, series and applications in prime number theory. Romanian), *Gaz. Mat. Perf. Met.*, **6**(1985) 38–48.

Daniel Shanks, On maximal gaps between successive primes, *Math. Comput.*, **18**(1964) 646–651; *MR* **29** #4745.

Daniel Shanks & John W. Wrench, Brun's constant, *Math. Comput.*, **28**(1974) 293–299; corrigenda, ibid. **28**(1974) 1183; *MR* **50** #4510.

S. Uchiyama, On the difference between consecutive prime numbers, *Acta Arith.*, **27** (1975) 153–157.

Nigel Watt, Short intervals almost all containing primes, *Acta Arith.*, **72**(1995) 131–167; *MR* **96f**:11115.

Wu Jie, Sur la suite des nombres premiers jumeaux, *Acta Arith.*, **55**(1990) 365–394; *MR* **91j**:11074.

Wu Jie, Thórmes généralisés de Bombieri-Vinogradov dans les petits intervalles, *Quart. J. Math. Oxford Ser.*(2), **44**(1993) 109–128; *MR* **93m**:11090.

Jeff Young & Aaron Potler, First occurrence prime gaps, *Math. Comput.*, **52**(1989) 221–224.

Yu Gang, The differences between consecutive primes, *Bull. London Math. Soc.*, **28**(1996) 242–248; *MR* **97a**:11142.

Alessandro Zaccagnini, A note on large gaps between consecutive primes in arithmetic progressions, *J. Number Theory*, **42**(1992) 100–102.

**OEIS:** A000101, A000847, A002110, A002386, A005867, A008407, A008996, A020497, A022008, A030296, A040976, A048298, A049296, A051160-A051168, A058188, A058320, A059861-A059865.

## A9　素数のパターン

　チャウラの予想(**A4**)をより一般化したものに，いくつかの項を排除するような合同式が存在しないとき，与えられた任意のパターンをもつ連続する素数の組が無限個存在するであろうというものがある．たとえば $\{6k-1, 6k+1, 6k+5\}$ とか $\{6k+1, 6k+5, 6k+7\}$ のような3つ組みの素数が無限個存在すると予想される．その証明は，双子素数より困難であろうと思われるが，この予想がなりたつかどうかは興味深い．それは，ヘンスリー-リチャーズにより，(これもハーディ-リトルウッドによる) よく知られた予想 ($x, y$ は整数 $\geq 2$)

$$ii. \quad \pi(x+y) \leq \pi(x) + \pi(y) \quad ???$$

と矛盾しないことが示されていることからである．しかし後者は偽であることが大いにありうるから，クエスチョン・マークを余分につけてある．実際，上記不等式がなりたたないような $x, y$ の値を求めることができるであろうという希望もいささかある．しかし上記予想のヴァリエーション

$$i. \quad \pi(x+y) \leq \pi(x) + 2\pi(y/2) \quad ?$$

はどうであろう？　ヘンスリー-リチャーズの方法からはこの予想に関する情報は出てこない．

　モンゴメリー-ヴォーンは

$$\pi(x+y) - \pi(x) \le 2y/\ln y$$

を示し，イワーニェッツは，各 $\theta, 0 < \theta < 1$, に対し，$\eta(\theta) > \theta$ が存在して，十分大きい $x$ に対し，

$$\pi(x+x^\theta) - \pi(x) < (2+\epsilon)x^\theta/(\eta(\theta)\ln x)$$

がなりたつことに注意し，$\theta > \frac{1}{3}$ に対し，$\eta(\theta) = \frac{5}{3}\theta - \frac{2}{9}$ を，$\theta > \frac{1}{2}$ に対し，$\eta(\theta) = (1+\theta)/2$ を得た．ロウ-ヤオは，$\frac{6}{11} < \theta \le \frac{11}{20}$ に対し，$\eta(\theta) = (100\theta - 45)/11$ を示して，イワーニェッツの結果を一部改良した．

2002 年 8 月 20 日にディヴィッド・ブロードハーストは，$k = 61504372896$ で $n$ が $5119 \times 3163$ 以下のすべての素数の積のとき，$N = (kn(n+1) + 210)(n-1)/35$ が，4019 桁の素数の 3 つ組み $N+5, N+7, N+11$ を与えると発表した．

C. W. トリッグは，1978 年に M. A. ペンクが素数の 4 つ組み $p, p+2, p+6, p+8$ を発見したと報じた．ここで

$$p = 80235915000312160555755138086751956034435 6971$$

である．

H. F. スミスは，11, 13, 17, 19, 23, 29, 31, 37 のパターンが，初項を 15760091, 25658841, 93625991 として少なくとも 3 回繰り返されることに注意した．これらのどの場合にも 41 に対応する数は素数ではない．しかし，$n = 88830, 855750$ に対しては，$n-11, n-13, \ldots, n-41$ はすべて素数である．

リーチは，11 より大の 33 個の連続する整数の組で素数を 10 個含むものを求めよという問題を出した．1961 年にハーシェル・スミスは，このタイプの組を 20 個と，37 個の連続する整数の組で 11 個の素数を含むものを 5 個発見した．スミスはまた，セルフリッジが 1957 年のスミス論文の誤りを指摘していると述べている．ステン・ゼフホルムは $n = 33081664140$ に対して，素数の組

$$\{n+11, \ldots, n+43\}$$

を見出し，またスミスの発見した最初の 3 組，すなわち $n = 9853497780$, $n = 21956291910$, $n = 22741837860$ に対し，

$$\{n-11, \ldots, n-43\}$$

がすべて素数であることを再発見している．リーチは後者のパターンの方がより起こりやすいように思えるのはなぜかを口にしたが，筆者の私見によれば，これは素数レース (**A4**) の少し複雑なヴァリエーションであって，より強力な望遠鏡があれば，両方のパターンが (無限回) 繰り返して起こることが見て取れるであろう．ディミトリオス・ベトシス-ステン・ゼフホルムはさらに多くのパターンを発見した．そのハイライトは $n = 21817283854511250$ のときの $\{n+11, \ldots, n+61\}$ と $n = 79287805466244270$ のときの $\{n-11, \ldots, n-61\}$ である．15 個の大きな素数の組が 2 組，2003 年 9 月から

10 月にかけてジェンス・クルース・アンダーソンによって発見された．それは，次の 2 つの数 12510300125959559013121884503701, 11009162492338798573340752348201 に 11 から 67 までの 15 個の素数を加えたものである．

ワラト・ローングタイは，最小の $n$ 桁の素数 $p = 10^{n-1} + k$ で $p + 2, p + 6, p + 8$ も素数であるようなもの，すなわち $\{p, p+2, p+6, p+8\}$ が最小の $n$ 桁の素数の 4 つ組みであるものを探索し，次のものを見出した．

| $n$ | 100 | 200 | 300 | 400 | 500 |
|---|---|---|---|---|---|
| $k$ | 349781731 | 21156403891 | 140159459341 | 34993836001 | 883750143961 |

これらのどの場合も $p+12$ も $p-4$ も素数でない．

エルデーシュは，各 $k$ に対し，$p_k, p_{k+1}, \ldots, p_{k+l-1}$ がこのパターンをもつただ 1 組の $l$ 個の連続する素数であるような最小の $l$ は何かを問うた．たとえば，3, 5, 7 のパターンは 2 度と起こらない．5, 7, 11, 13, 17 のパターンは 101, 103, 107, 109, 113 で起こり，おそらく無限回起こるであろう．しかし mod 5 で考えると，5, 7, 11, 13, 17, 19 は 1 度しか起こらないことがわかる．$(p_k, l) = (2, 2), (3, 3), (5, 6), \ldots$ となる．

**A5 も参照**．

Antal Balog, The prime $k$-tuplets conjecture on the average, *Analytic Number Theory (Allerton Park, IL,* 1989), 47–75, *Progr. Math.,* **85**, Birkhäuser, Boston, 1990.

Pierre Dusart, Sur la conjecture $\pi(x + y) \leq \pi(x) + \pi(y)$, *Acta Arith.,* **102**(2002) 295–308.

Paul Erdős & Ian Richards, Density functions for prime and relatively prime numbers, *Monatsh. Math.,* **83**(1977) 99–112; *Zbl.* 355:10034.

Anthony D. Forbes, Prime clusters and Cunningham chains, *Mathy. Comput.,* **68**(1999) 1739–1747; *MR* **99m**:11007.

Anthony D. Forbes, Large prime triplets, *Math. Spectrum,* **29**(1996-97) 65.

Anthony D. Forbes, Prime k-tuplets — 15, *M500,* **156**(July 1997) 14–15.

John B. Friedlander & Andrew Granville, Limitations to the equi-distribution of primes I, IV, III, *Ann. of Math.*(2), **129**(1989) 363–382; *MR* **90e**:11125; *Proc. Roy. Soc. London Ser. A,* **435**(1991) 197–204; *MR* **93g**:11098; *Compositio Math.,* **81**(1992) 19–32.

John B. Friedlander, Andrew Granville, Adolf Hildebrandt & Helmut Maier, Oscillation theorems for primes in arithmetic progressions and for sifting functions, *J. Amer. Math. Soc.,* **4**(1991) 25–86; *MR* **92a**:11103.

R. Garunkštis, On some inequalities concerning $\pi(x)$, *Experiment. Math.,* **11**(2002) 297–301; *MR* **2003k**:11143.

D. R. Heath-Brown, Almost-prime $k$-tuples, *Mathematika,* **44**(1997) 245–266.

Douglas Hensley & Ian Richards, On the incompatibility of two conjectures concerning primes, *Proc. Symp. Pure Math.,* (Analytic Number Theory, St. Louis, 1972) **24** 123–127.

H. Iwaniec, On the Brun-Titchmarsh theorem, *J. Math. Soc. Japan,* **34**(1982) 95–123; *MR* **83a**:10082.

John Leech, Groups of primes having maximum density, *Math. Tables Aids Comput.,* **12**(1958) 144–145; *MR* **20** #5163.

H. L. Montgomery & R. C. Vaughan, The large sieve, *Mathematika,* **20**(1973) 119–134; *MR* **51** #10260.

Laurenţiu Panaitopol, On the inequality $p_a p_b > p_{ab}$, *Bull. Math. Soc. Sci. Math. Roumanie (N.S.),* **41(89)**(1998) 135–139.

Laurenţiu Panaitopol, An inequality related to the Hardy-Littlewood conjecture, *An. Univ.*

București Mat., **49**(2000) 163–166; MR **2003c**:11114.

Laurențiu Panaitopol, Checking the Hardy-Littlewood conjecture in special cases, *Rev. Roumaine Math. Pures Appl.*, **46**(2001) 465–470; MR **2003e**:11098.

Ian Richards, On the incompatibility of two conjectures concerning primes; a discussion of the use of computers in attacking a theoretical problem, *Bull. Amer. Math. Soc.*, **80**(1974) 419–438.

Herschel F. Smith, On a generalization of the prime pair problem, *Math. Tables Aids Comput.*, **11**(1957) 249–254; *MR* **20** #833.

Warut Roonguthai, Large prime quadruplets, *M500* **153**(Dec.1996) 4–5.

Charles W. Trigg, A large prime quadruplet, *J. Recreational Math.*, **14** (1981/82) 167.

Sheng-Gang Xie, The prime 4-tuplet problem (Chinese. English summary), *Sichuan Daxue Xuebao*, **26**(1989) 168–171; *MR* **91f**:11066.

**OEIS:** A008407, A020497-020498, A023193, A066081.

## A10 ギルブレス予想

数列 $d_n^k$ を $d_n^1 = d_n$, $d_n^{k+1} = |d_{n+1}^k - d_n^k|$ で定義する.すなわち,素数列の差の絶対値を次々に取ったものとする (図2). N. L. ギルブレスはすべての $k$ に対し,$d_1^k = 1$ を予想した.(ヒュー・ウィリアムズは,プロートがはるか以前にこのことを証明したと述べている.)キルグローヴ-ラルストンは,この予想を $k < 63419$ まで検証した.オドルィシュコは,$\pi(10^{13}) \approx 3 \cdot 10^{11}$ までの素数について検証した.最初の 635 個の差を調査すれば十分であった.

ハラード・クロフトらは,この予想自体は素数と何の関係もないものであり,2 と奇数からなる任意の数列は,増加も速すぎず,間隙も大きすぎないから,この数列に対し予想がなりたつと示唆している.オドルィシュコもこの点を議論している.

R. B. Killgrove & K. E. Ralston, On a conjecture concerning the primes, *Math. Tables Aids Comput.*, **13**(1959) 121–122; *MR* **21** #4943.

Andrew M. Odlyzko, Iterated absolute values of differences of consecutive primes, *Math. Comput.*, **61**(1993) 373–380; *MR* **93k**:11119.

F. Proth, Sur la série des nombres premiers, *Nouv. Corresp. Math.*, **4**(1878) 236–240.

```
1  2  3  4  5  6  7  8  9 10 11 12 13 14 15 16 17 18 19 20 21 22 23 24
 2  3  5  7 11 13 17 19 23 29 31 37 41 43 47 53 59 61 67 71 73 79 83 89
  1  2  2  4  2  4  2  4  6  2  6  4  2  4  6  6  2  6  4  2  6  4  6
   1  0  2  2  2  2  2  2  4  4  2  2  2  2  0  4  4  2  2  4  2  2
    1  2  0  0  0  0  0  2  0  2  0  0  0  2  4  0  2  0  2  2  0
     1  2  0  0  0  0  2  2  2  2  0  0  0  2  4  2  2  2  0  2
      1  2  0  0  2  0  0  0  2  0  2  0  2  2  0  0  2  2
       1  2  0  0  2  0  0  0  2  2  2  2  2  2  0  2  0
        1  2  0  2  0  2  0  0  0  0  2  2  2  2
         1  2  2  2  2  2  2  0  0  0  2  0  0  0  0
          1  0  0  0  0  0  2  0  0  2  2  0  0  0
```

図2 素数列の差の絶対値列

OEIS: A036261-036262, A036277, A054977.

## A11 増加,減少する素数の間隔

素数の比はしだいに減少していくから,いささか不規則的にではあるが,$d_m < d_{m+1}$ が無限回起こる.エルデーシュ-トゥランは,$d_n > d_{n+1}$ も無限回起こることを証明した.$d_n > d_{n+1}$ となる $n$ の値が正の密度をもつことを示しているが,$d_n$ が 3 個続いて減少あるいは増加するような $n$ が無限回あるかどうかはわかってない.無限個存在しないと仮定すれば,すべての $i$ と $n > n_0$ に対し,$d_{n+2i} > d_{n+2i+1}$ かつ $d_{n+2i+1} < d_{n+2i+2}$ となるような $n_0$ が存在するはずである.エルデーシュは,このような $n_0$ が存在しないことの証明に 100 ドル賭けている.エルデーシュ-トゥランは,$k > k_0$ に対し,$(-1)^r(d_{k+r+1} - d_{k+r})$ が常に同じ符号をもつことはないことを証明しようとしたが,果たせなかった.

P. Erdős, On the difference of consecutive primes, *Bull. Amer. Math. Soc.*, **54**(1948) 885–889; *MR* **10**, 235.
P. Erdős & P. Turán, On some new questions on the distribution of prime numbers, *Bull. Amer. Math. Soc.*, **54**(1948) 371–378; *MR* **9**, 498.
Laurenţiu Panaitopol, Erdős-Turán problem for prime numbers in arithmetic progression, *Math. Rep. (Bucur.)*, **1(51)**(1999) 595–599; *MR* **2002d**:11112.

## A12 擬似素数 (psp), オイラー擬似素数 (epsp), 強擬似素数 (spsp)

ポメランス-セルフリッジ-ワーグスタッフは,$a^{n-1} \equiv 1 \bmod n$ となる奇数の合成数 $n$ を,底 $a$ の擬似素数 (psp($a$)) とよんでいる.この用語が導入されたのは,これまで汎用されてきた「合成数の擬似素数」という生硬な用語に換えるためである.奇数の合成数 $n$ で,$n$ と互いに素なすべての $a$ に対し,psp($a$) であるものをカーマイケル数 (**A13** 参照) とよぶ.奇数の合成数 $n$ で,$a \perp n$ かつ $a^{(n-1)/2} \equiv \left(\frac{a}{n}\right) \bmod n$,ここで $\left(\frac{a}{n}\right)$ はヤコビ記号 (**F5** 参照) をみたすものを底 $a$ のオイラー擬似素数 (epsp($a$)) とよぶ.最後に,奇数の合成数 $n$ で,$n - 1 = d \cdot 2^s$,$d$ は奇数,をみたし,$a^d \equiv 1 \bmod n$ となるものを底 $a$ の強擬似素数 (spsp($a$)) とよぶ ($a^d \equiv 1 \bmod n$ でないとき,ある $r$,$0 \leq r < s$ に対し,$a^{d \cdot 2^r} \equiv -1 \bmod n$ となる).

図 3 はこれらの集合の間の関係およびそれぞれの集合の最小元も含めたヴェン図である.

$x$ より小の psp(2) 数,epsp(2) 数,spsp(2) 数,カーマイケル数の数をそれぞれ,$P_2(x)$,$E_2(x)$,$S_2(x)$,$C(x)$ と表すとき,ポメランス-セルフリッジ-ワーグスタッフは,以下の値を与えた.この表は,ピンチにより $10^{13}$ まで拡張された.ピンチはまた色々ランダムに

A12. 擬似素数 (psp), オイラー擬似素数 (epsp), 強擬似素数 (spsp)

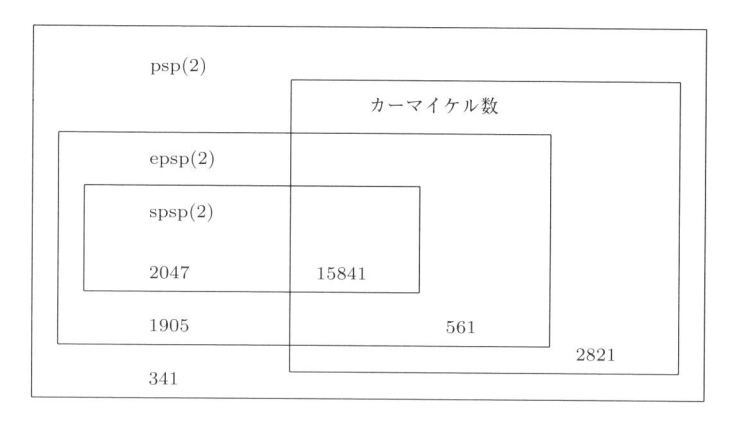

```
┌─────────────────────────────────────────────┐
│  psp(2)                                     │
│           ┌──────────────────────────────┐  │
│           │         カーマイケル数         │  │
│     ┌─────┼──────────┐                   │  │
│     │ epsp(2)        │                   │  │
│     │   ┌────────────┼──────┐            │  │
│     │   │ spsp(2)    │      │            │  │
│     │   │            │      │            │  │
│     │   │  2047      │15841 │            │  │
│     │   └────────────┼──────┘            │  │
│     │  1905          │         561       │  │
│     └────────────────┘                   │  │
│                                    2821  │  │
│      341                                 │  │
└─────────────────────────────────────────────┘
```

図 3 psp 数の集合の相互関係. それぞれの最小数を記した.

観察結果を述べている: $10^{13}$ までの双子擬似素数は 4369, 4371 である. $10^{13}$ までの平方因子を含む擬似素数は 54 個あり, それらは $1194649 = 1093^2$ と $12327121 = 3511^2$ の倍数であるなど. また, 他に平方数の psp があるかどうかも問うている.

| $x$ | $10^4$ | $10^5$ | $10^6$ | $10^7$ | $10^8$ | $10^9$ | $10^{10}$ | $10^{11}$ | $10^{12}$ | $10^{13}$ |
|---|---|---|---|---|---|---|---|---|---|---|
| $P_2(x)$ | 22 | 78 | 245 | 750 | 2057 | 5597 | 14884 | 38975 | 101629 | 264239 |
| $E_2(x)$ | 12 | 36 | 114 | 375 | 1071 | 2939 | 7706 | 20417 | 53332 | 139597 |
| $S_2(x)$ | 5 | 16 | 46 | 162 | 488 | 1282 | 3291 | 8607 | 22412 | 58897 |
| $C(x)$ | 7 | 16 | 43 | 105 | 255 | 646 | 1547 | 3605 | 8241 | 19279 |

その底が最初の $k$ 個の素数, $0 < k \leq 7$ であるような最小の spsp は 2047, 1373653, 25326001, 3215031751, 2152302898747, 3474749660383, 341550071728321 である. この最後の数は spsp (19) でもある. ジャン-タンは, $3825123056546413051 = 149491 \cdot 747451 \cdot 34233211$ が $k = 9, 10, 11$ に対する spsp の候補であろうと予想している.

レーマーとエルデーシュは, 十分大きい $x$ に対し,
$$c_1 \ln x < P_2(x) < x \exp\{-c_2(\ln x \ln \ln x)^{1/2}\}$$
を示し, ポメランスはこれらの限界を
$$\exp\{(\ln x)^{5/14}\} < P_2(x) < x \exp\{(-\ln x \ln \ln \ln x)/2 \ln \ln x\}$$
まで改良した. また, 発見的論法により, 真の評価は上限で 2 を除いたものであることを示唆している. 下限の指数 5/14 は, ポメランス自身がフリードランダーの結果を用いて 85/207 に改良した.

$2^n \equiv 2 \bmod n$ となるような偶数の例もあり,レーマーは $161038 = 2 \cdot 73 \cdot 1103$ を見出した.ビーガーはこのような例が無限個あることを示した.レーマーの例の後に続くいくつかは $215326, 2568226, 3020626, 7866046, 9115426, 49699666, 143742226, \ldots$ である.

$F_n$ をフェルマー数 $2^{2^n}+1$ とするとき,チポラは $k > 1$, $n_1 < n_2 < \ldots < n_k < 2^{n_1}$ のとき,$F_{n_1} F_{n_2} \cdots F_{n_k}$ が $\mathrm{psp}(2)$ であることを示した.

$P_n^{(a)}$ で $n$ 番目の $\mathrm{psp}(a)$ を表すとき,シュミーチェクは $\sum 1/P_n^{(2)}$ が収束することを,モンコフスキは $\sum 1/\ln P_n^{(a)}$ が発散することを示した.ロトキェーヴィッチの著した小冊子があり,58 の問題と 20 の予想が述べてある.たとえば問題 #22 は,$2^N - 2$ の形の擬似素数があるかというものである.ウェイン・マクダニエルは,$N = 465794$ がこれをみたすことに注意した.ロトキェーヴィッチは,合同式 $2^{n-2} \equiv 1 \bmod n$ が無限個の合成数の解をもつことを証明した.シェン・モク・コンは,100 万以下で,この解を 5 個見つけた.どれも末尾が 7 で終わるものである.マクダニエルとジャン・ミン・ジーは,$73 \cdot 48544121$ と $524287 \cdot 13264529$ の例を与えた.どちらの例も末尾が 3 で終わることもあることを示している.

セルフリッジ-ワーグスタフ-ポメランスは共同で賞金 \$500.00 + \$100.00 + \$20.00 を $n \equiv 3$ または $7 \bmod 10$ で $n$ が $2^n - 2$ とフィボナッチ数 $u_{n+1}$ (**A3** 参照) を割るようなものを見つけることに,また \$20.00 + \$100.00 + \$500.00 を存在しないことの証明に提供している.

シェン・モク・コンは,$2^{n-k} \equiv 1 \bmod n$ が無限に多くの合成数の解 $n$ をもつような $k$ が無限個存在することを示し,キシュ-フォンは $k \geq 2$ に対し,これがなりたち,2 の代わりに底 $a \geq 2$ としたものもなりたつことを示した.

対 $(b,c)$ に付随するルーカス数列 $V_n = V_n(b,c)$ は,$V_0 = 2$, $V_1 = b$, $V_{n+2} = bV_{n+1} - cV_n$ で定義される.任意の素数 $p$ と整数 $m$ に対し,$V_p(m,-1) \equiv m \pmod{p}$ である.奇数の合成数で $V_n(m,-1) \equiv m \pmod{n}$ なる $n$ を第 $m$ 種のフィボナッチ擬似素数という.強フィボナッチ擬似素数は,すべての $m$ に対し,第 $m$ 種であるようなフィボナッチ擬似素数である.$n$ が強フィボナッチ擬似素数であるためには,平方因子無縁で,$n$ を割る各 $p$ に対し,$p-1$ が $n-1$ を割らなければならない.したがって $n$ はカーマイケル数でなければならない [**A13**].

ソマーは,偶数のフィボナッチ擬似素数が存在すれば,それは $> 28 \cdot 10^{12}$ でなければならないことを示した.

リチャード・ピンチは,パラメータ $c = -1$ の強ディクソン擬似素数の最小のもの $17 \cdot 31 \cdot 41 \cdot 43 \cdot 89 \cdot 97 \cdot 167 \cdot 331$ を見出した.

また,3 階の回帰式 I$a_{n+3} = a_n + a_{n+1}$ で生成されるペリン数列

$$a_0 = 3, 0, 2, 3, 2, 5, 5, 7, 10, 12, 17, 22, 29, 39, 51, 68, 90, 119, 158, 209, \ldots.$$

は $p$ が素数のとき,$p$ は $a_p$ を割るという興味深い性質をもつ.これからペリン擬似素数の概念が生ずる:最初の 2 つは $271441 = 521^2$ と $904631 = 7 \cdot 13 \cdot 9941$ である.ア

A12. 擬似素数 (psp), オイラー擬似素数 (epsp), 強擬似素数 (spsp)

ダムズ-シャンクスはより強い制限をつけたペリン擬似素数を定義し (それによると, 上の 271441 も 904631 も除かれる), $S, I, Q$ の 3 種類に分類した. クルツ-シャンクス-ウィリアムズは $< 10^9$ の 55 個の $S$-ペリン擬似素数をリストアップした. またアルノーは, $< 10^{14}$ には $I$ タイプも $Q$ タイプも存在しないことを示した.

$L > 0$ と $M \ne 0$ が互いに素で, $\alpha, \beta$ が $z^2 - \sqrt{L}z + M = 0$ の根のとき, $D = L - 4M$ とし, レーマー数列 $P_n$ を $P_n = (\alpha^n - \beta^n)/(\alpha^e - \beta^e)$ で定義する. ここで $e$ は $n$ が奇数か偶数かにより $e = 1$ または 2 である. また $V_n = (\alpha^n + \beta^n)/(\alpha + \beta)^{2-e}$ とおく. 各 $n$ に対し, 奇数 $d$ と $s$ を $n - \left(\frac{DL}{n}\right) = d \cdot 2^s$ で定義する. 奇数の合成数 $n$ は, $n \perp DL$ で, $n$ が $P_d$ を割るか $0 \le r < s$ の $r$ に対し, $n$ が $V_{d \cdot 2^r}$ を割るとき, 底 $\alpha$, $\beta$ の強レーマー擬似素数とよばれる. ロトキェーヴィッチは, $\alpha/\beta$ が 1 の根でないとき, すべての A.P. $ax + b, a \perp b$ は底 $\alpha, \beta$ の奇数の強レーマー擬似素数を無限個含むことを証明した.

スタン・ワゴンは, ダニエル・ブライヘンバッヒャーの $10^{17}$ までの擬似素数の表で, $n = 134670080641 = 211873 \cdot 635617$ は, $k = 2, 3, 5$ に対し, $k$-強擬似素数であるが, $k = 6$ に対してはそうでないことを注意した. したがって, $n$ が合成数であるという性質を「目撃する強擬似素数」は素数ではなく, 6 である.

シャイアム・サンダー・グプタは, 底 2 の回文擬似素数に興味をもって, 101101, 129921, 1837381 を見出した. 最初の数はカーマイケル数である. 2002 年 3 月と 10 月に, 127665878878566721 と $1037998220228997301 = 41 \cdot 101 \cdot 211 \cdot 251 \cdot 757 \cdot 1321 \cdot 4733$ を追加した.

William Adams & Daniel Shanks, Strong primality tests that are not sufficient, *Math. Comput.*, **39**(1982) 255–300.

Richard André-Jeannin, On the existence of even Fibonacci pseudoprimes with parameters $P$ and $Q$, *Fibonacci Quart.*, **34**(1996) 75–78; *MR* **96m**:11013.

F. Arnault, The Rabin-Monier theorem for Lucas pseudoprimes, *Math. Comput.*, **66**(1997) 869–881; *MR* **97f**:11009.

Steven Arno, A note on Perrin pseudoprimes, *Math. Comput.*, **56**(1991) 371–376. 371–376; *MR* **91k**:11011.

N. G. W. H. Beeger, On even numbers $m$ dividing $2^m - 2$, *Amer. Math. Monthly*, **58**(1951) 553–555; *MR* **13**, 320.

Jerzy Browkin, Some new kinds of pseudoprimes, *Math. Comput.*, **73**(2004) 1031–1037.

Paul S. Bruckman, On the infinitude of Lucas pseudoprimes, *Fibonacci Quart.*, **32** (1994) 153–154; *MR* **95c**:11011.

Paul S. Bruckman, Lucas pseudoprimes are odd, *Fibonacci Quart.*, **32** (1994) 155–157; *MR* **95c**:11012.

Paul S. Bruckman, On a conjecture of Di Porto and Filipponi, *Fibonacci Quart.*, **32**(1994) 158–159; *MR* **95c**:11013.

Paul S. Bruckman, Some interesting subsequences of the Fibonacci and Lucas pseudoprimes, *Fibonacci Quart.*, **34**(1996) 332–341; *MR* **97e**:11022.

Bui Minh-Phong, On the distribution of Lucas and Lehmer pseudoprimes. Festscrift for the 50th birthday of Karl-Heinz Indlekofer, *Ann. Univ. Sci. Budapest. Sect. Comput.*, **14**(1994) 145–163; *MR* **96d**:11106.

Walter Carlip, Eliot Jacobson & Lawrence Somer, Pseudoprimes, perfect numbers and a problem of Lehmer, *Fibonacci Quart.*, **36**(1998) 361–371; *MR* **99g**:11013.

R. D. Carmichael, On composite numbers $P$ which satisfy the Fermat congruence $a^{P-1} \equiv 1 \bmod P$, *Amer. Math. Monthly*, **19**(1912) 22–27.

M. Cipolla, Sui numeri composti $P$ che verificiano la congruenza di Fermat, $a^{P-1} \equiv 1 \pmod{P}$, *Annali di Matematica*, **9**(1904) 139–160.

John H. Conway, Richard K. Guy, William A. Schneeberger & N. J. A. Sloane, The primary pretenders, *Acta. Arith.*, **78**(1997) 307–313; *MR* **97k**:11004.

Adina Di Porto, Nonexistence of even Fibonacci pseudoprimes of the 1st kind, *Fibonacci Quart.*, **31**(1993) 173–177; *MR* **94d**:11007.

L. A. G. Dresel, On pseudoprimes related to generalized Lucas sequences, *Fibonacci Quart.*, **35**(1997) 35–42; *MR* **98b**:11010.

P. Erdős, On the converse of Fermat's theorem, *Amer. Math. Monthly*, **56** (1949) 623–624; *MR* **11**, 331.

P. Erdős, On almost primes, *Amer. Math. Monthly*, **57**(1950) 404–407; *MR* **12**, 80.

P. Erdős, P. Kiss & A. Sárközy, A lower bound for the counting function of Lucas pseudoprimes, *Math. Comput.*, **51**(1988) 259–279; *MR* **89e**:11011.

P. Erdős & C. Pomerance, The number of false witnesses for a composite number, *Math. Comput.*, **46**(1986) 259–279; *MR* **87i**:11183.

J. B. Friedlander, Shifted primes without large prime factors, in *Number Theory and Applications*, (Proc. NATO Adv. Study Inst., Banff, 1988), Kluwer, Dordrecht, 1989, 393–401;

Horst W. Gerlach, On liars and witnesses in the strong pseudoprimality test, *New Zealand J. Math.*, **24**(1995) 5–15.

Daniel M. Gordon & Carl Pomerance, The distribution of Lucas and elliptic pseudoprimes, *Math. Comput.*, **57**(1991) 825–838; *MR* **92h**:11081; corrigendum **60**(1993) 877; *MR* **93h**:11108.

S. Gurak, Pseudoprimes for higher-order linear recurrence sequences, *Math. Comput.*, **55**(1990) 783–813.

S. Gurak, On higher-order pseudoprimes of Lehmer type, *Number Theory (Halifax NS, 1994)* 215–227, *CMS Conf. Proc.*, **15**, Amer. Math. Soc., 1995; *MR* **96f**:11167.

Hideji Ito, On elliptic pseudoprimes, *Mem. College Ed. Akita Univ. Natur. Sci.*, **46**(1994) 1–7; *MR* **95e**:11009.

Gerhard Jaeschke, On strong pseudoprimes to several bases, *Math. Comput.*, **61**(1993) 915–926; *MR* **94d**:11004.

I. Joó, On generalized Lucas pseudoprimes, *Acta Math. Hungar.*, **55**(1990) 315–322.

I. Joó & Phong Bui-Minh, On super Lehmer pseudoprimes, *Studia Sci. Math. Hungar.*, **25**(1990) 121–124; *MR* **92d**:11109.

Kim Su-Hee & Carl Pomerance, The probability that a random probable prime is composite, *Math. Comput.*, **53**(1989) 721–741; *MR* **90e**:11190.

Péter Kiss & Phong Bui-Minh, On a problem of A. Rotkiewicz, *Math. Comput.*, **48**(1987) 751–755; *MR* **88d**:11004.

G. Kowol, On strong Dickson pseupoprimes, *Appl. Algebra Engrg. Comm. Comput.*, **3**(1992) 129–138; *MR* **96g**:11005.

D. H. Lehmer, On the converse of Fermat's theorem, *Amer. Math. Monthly*, **43**(1936) 347–354; II **56**(1949) 300–309; *MR* **10**, 681.

Rudolf Lidl, Winfried B. Müller & Alan Oswald, Some remarks on strong Fibonacci pseudoprimes, *Appl. Algebra Engrg. Comm. Comput.*, **1**(1990) 59–65; *MR* **95k**:11015.

Andrzej Mąkowski, On a problem of Rotkiewicz on pseudoprime numbers, *Elem. Math.*, **29**(1974) 13.

A. Mąkowski & A. Rotkiewicz, On pseudoprime numbers of special form, *Colloq. Math.*, **20**(1969) 269–271; *MR* **39** #5458.

Wayne L. McDaniel, Some pseudoprimes and related numbers having special forms, *Math. Comput.*, **53**(1989) 407–409; *MR* **89m**:11006.

F. Morain, Pseudoprimes: a survey of recent results, *Eurocode '92, Springer Lecture Notes*, **339**(1993) 207–215; *MR* **95c**:11172.

Siguna Müller, On strong Lucas pseudoprimes, *Contributions to general algebra*, **10** (*Klagenfurt*, 1997) 237–249, Heyn, Klagenfurt, 1998; *MR* **99k**:11008.

Siguna Müller, A note on strong Dickson pseudoprimes, *Appl. Algebra Engrg. Comm. Comput.*, **9**(1998) 247–264; *MR* **99j**:11008.

Winfried B. Müller & Alan Oswald, Generalized Fibonacci pseudoprimes and probablr primes, *Applications of Fibonacci numbers*, *Vol.*5 (*St. Andrews*, 1992), 459–464, Kluwer Acad. Publ. Dordrecht, 1993; *MR* **95f**:11105.

R. Perrin, Item 1484, *L'Intermédiaire des mathématicians*, **6**(1899) 76–77; see also E. Malo, *ibid.*, **7**(1900) 312 & E. B. Escott, *ibid.*, **8**(1901) 63–64.

Richard G. E. Pinch, The pseudoprimes up to $10^{13}$, *Algorithmic Number Theory* (*Leiden*, 2000), *Springer Lecture Notes in Comput. Sci.*, **1838**(2000) 459–473; *MR* **2002g**:11177.

Carl Pomerance, A new lower bound for the pseudoprime counting function, *Illinois J. Math.*, **26**(1982) 4–9; *MR* **83h**:10012.

Carl Pomerance, On the distribution of pseudoprimes, *Math. Comput.*, **37** (1981) 587–593; *MR* **83k**:10009.

Carl Pomerance, Two methods in elementary analytic number theory, in *Number Theory and Applications*, (Proc. NATO Adv. Study Inst., Banff, 1988), Kluwer, Dordrecht, 1989, 135–161.

Carl Pomerance, John L. Selfridge & Samuel S. Wagstaff, The pseudoprimes to $25 \cdot 10^9$, *Math. Comput.*, **35**(1980) 1003–1026; *MR* **82g**:10030.

A. Rotkiewicz, *Pseudoprime Numbers and their Generalizations*, Student Association of the Faculty of Sciences, Univ. of Novi Sad, 1972; *MR* **48** #8373; *Zbl.* **324**: 10007.

A. Rotkiewicz, Sur les diviseurs composés des nombres $a^n - b^n$, *Bull. Soc. Roy. Sci. Liège*, **32**(1963) 191–195; *MR* **26** #3645.

A. Rotkiewicz, Sur les nombres pseudopremiers de la forme $ax + b$, *Comptes Rendus Acad. Sci. Paris*, **257**(1963) 2601–2604; *MR* **29** #61.

A. Rotkiewicz, Sur les formules donnant des nombres pseudopremiers, *Colloq. Math.*, **12**(1964) 69–72; *MR* **29** #3416.

A. Rotkiewicz, Sur les nombres pseudopremiers de la forme $nk + 1$, *Elem. Math.*, **21**(1966) 32–33; *MR* **33** #112.

A. Rotkiewicz, On Euler-Lehmer pseudoprimes and strong Lehmer pseudoprimes with parameters $L$, $Q$ in arithmetic progressions, *Math. Comput.*, **39**(1982) 239–247; *MR* **83k**:10004.

A. Rotkiewicz, On the congruence $2^{n-2} \equiv 1 \pmod{n}$, *Math. Comput.*, **43** (1984) 271–272; *MR* **85e**:11005.

A. Rotkiewicz, On strong Lehmer pseudoprimes in the case of negative discriminant in arithmetic progressions, *Acta Arith.*, **68**(1994) 145–151; *MR* **96h**:11008.

A. Rotkiewicz, Arithmetical progressions formed by $k$ different Lehmer pseudoprimes, *Rend. Circ. Mat. Palermo* (2), **43**(1994) 391–402; *MR* **96f**:11026.

A. Rotkiewicz, On Lucas pseudoprimes of the form $ax^2 + bxy + cy^2$, *Applications of Fibonacci numbers*, Vol. 6 (*Pullman WA*, 1994), 409–421, Kluwer Acad. Publ. Dordrecht, 1996; *MR* **97d**:11008.

A. Rotkiewicz, On the theorem of Wójcik, *Glasgow Math. J.*, **38**(1996) 157–162; *MR* **97i**:11010.

A. Rotkiewicz, On Lucas pseudoprimes of the form $ax^2 + bxy + cy^2$ in arithmetic progressions $AX + B$ with a prescribed value of the Jacobi symbol, *Acta Math. Inform. Univ. Ostraviensis*, **10**(2002) 103–109; *MR* **2003i**:11004.

A. Rotkiewicz & K. Ziemak, On even pseudoprimes, *Fibonacci Quart.*, **33** (1995) 123–125; *MR* **96c**:11005.

Shen Mok-Kong, On the congruence $2^{n-k} \equiv 1 \pmod{n}$, *Math. Comput.*, **46**(1986) 715–716; *MR* **87e**:11005.

Lawrence Somer, On even Fibonacci pseudoprimes, *Applications of Fibonacci numbers*,

4(1990), Kluwer, 1991, 277–288; *MR* **94b**:11014.

George Szekeres, Higher order pseudoprimes in primality testing, *Combinatorics, Paul Erdős is eighty*, Vol.2 (*Keszthely*, 1993) 451–458, *Bolyai Soc. Math. Stud.*, **2**, János Bolyai Math. Soc., Budapest, 1996.

K. Szymiczek, On prime numbers $p$, $q$ and $r$ such that $pq$, $pr$ and $qr$ are pseudoprimes, *Colloq. Math.*, **13**(1964–65) 259–263; *MR* **31** #4757.

K. Szymiczek, On pseudoprime numbers which are products of distinct primes, *Amer. Math. Monthly*, **74**(1967) 35–37; *MR* **34** #5746.

S. S. Wagstaff, Pseudoprimes and a generalization of Artin's conjecture, *Acta Arith.*, **41**(1982) 151–161; *MR* **83m**:10004.

Masataka Yorinaga, Search for absolute pseudoprime numbers (Japanese), *Sûgaku*, **31** (1979) 374–376; *MR* **82c**:10008.

Zhang Zhen-Xiang, Finding strong pseudoprimes to several bases, *Math. Comput.*, **70**(2001) 863–872; *MR* **2001g**:11009.

Zhang Zhen-Xiang & Min Tang, Finding strong pseudoprimes to several bases, II, *Math. Comput.*, **72**(2003) 2085–2097; *MR* **2004c**:11008.

**OEIS:** A001262, A001567, A005935-005939, A006935, A006945, A006970, A047713.

## A13 カーマイケル数

カーマイケル数は (**A12** で導入されたように,奇数の合成数で,$n$ と互いに素なすべての $a$ に対し,psp$(a)$ —底 $a$ に関する擬似素数) 少なくとも 3 個の奇素数の積でなければならない. 1899 年に既にコーセルトは,$n$ がカーマイケル数であるための必要十分条件を与えている: $n$ が平方因子無縁で,$n$ を割る各素数 $p$ に対し,$(p-1) \mid (n-1)$ なることがその条件である. 最小のカーマイケル数は $561 = 3 \cdot 11 \cdot 17$ であり,より一般に $p = 6k+1$, $q = 12k+1$, $r = 18k+1$ がすべて素数のとき,$pqr$ はカーマイケル数である. このような素数のトリプルは無限個あると思われるが,現段階ではわれわれの手の届かない問題である. アルフォード-グランヴィル-ポメランスは (別の方法で) カーマイケル数が無限個存在することを示した. すなわち,$x$ より小のカーマイケル数の個数 $C(x)$ は $x^\beta$ より大である. ここで

$$\beta = \frac{5}{12}\left(1 - \frac{1}{2\sqrt{e}}\right) > 0.290306 > \frac{2}{7}$$

である. エルデーシュは,$x \to \infty$ のとき,$(\ln C(x))/\ln x \to 1$ を予想し,クネーデルの結果を改良した

$$C(x) < x \exp\{-c \ln x \ln \ln \ln x / \ln \ln x\}$$

を得ている. 続いてポメランス-セルフリッジ-ワグスタフ (**A12** 参照) は,$c = 1 - \epsilon$ にとれることを示し,また逆向きの不等式が $c = 2 + \epsilon$ でなりたつことを示すヒューリスティックな議論を提出し,エルデーシュの予想の信憑性を支持した.

彼らはまた,$< 25 \cdot 10^9$ の範囲に 2163 個のカーマイケル数を発見した. ジェシュケは

$25 \cdot 10^9$ から $10^{12}$ までに 6075 個のカーマイケル数を発見した．これらのうち 7 個は 8 個の素因子をもつ．リチャード・ピンチは，これらの記録を少し訂正し，次の表を得た．

| 8241 | 19279 | 44706 | 105212 | 246683 | 個のカーマイケル数 |
| --- | --- | --- | --- | --- | --- |
| $< 10^{12}$ | $10^{13}$ | $10^{14}$ | $10^{15}$ | $10^{16}$ | |

適度な大きさの例として

$$2013745337604001 = 17 \cdot 37 \cdot 41 \cdot 131 \cdot 251 \cdot 571 \cdot 4159$$

がある．J. R. ヒルは $p = 5 \cdot 10^{19} + 371, q = 2p - 1, r = 1 + (p-1)(q+2)/433$ のとき，大きなカーマイケル数 $pqr$ を発見した．ワグスタフは 321 桁の例を，ウッズ-ワイニーマンは 432 桁の例を与えている．デューブナーは，これらの記録を塗り替える自分自身の記録をも更新し続けている．3710 桁のカーマイケル数の例は，$N = PQR$ で，$P = 6M+1, Q = 12M+1, R = 1 + (PQ-1)/X$ は素数．ここで $M = (TC-1)^A/4$，$T$ は 47 までの奇素数すべての積，$C = 141847, A = 41, X = 123165$ である．しかし，ギュンター・レー-ヴォルフガング・ニーブアは，1101518 個以上の素因子を含み，16142049 桁のカーマイケル数を生成する新しいアルゴリズムを開発して，上述の記録を一掃してしまった．

デイヴィッド・ブロードハーストは，(最小個数) 3 個の素因子をもつ 60351 桁のカーマイケル数を発見して，以前のカーモディの 30052 桁の記録を破った．ハーヴェイ・デューブナーは，4 個の素因子をもつ 3003 桁のカーマイケル数を発見して，それまでの記録 1093 桁を更新した．

アルフォード-グランヴィル-ポメランスは，$p|n$ から $(p^2-1)|(n-1)$ が従うというより強い条件をみたすカーマイケル数が無限個存在することを示した．しかし，例を与えることはできなかった．シド・グラハムは 18 個の例を見つけた．最小のものは

$$58939832899903953347000370720 01$$
$$= 29 \cdot 31 \cdot 37 \cdot 43 \cdot 53 \cdot 67 \cdot 79 \cdot 89 \cdot 97 \cdot 151 \cdot 181 \cdot 191 \cdot 419 \cdot 881 \cdot 883$$

である．リチャード・ピンチはそれ以前に最小の

$$443372888629441 = 17 \cdot 31 \cdot 41 \cdot 43 \cdot 89 \cdot 97 \cdot 167 \cdot 331$$

を見出していた．グラハムは，少し弱い条件 $\frac{p^2-1}{2} \mid (n-1)$ をみたす 17 個のカーマイケル数を発見した．

グランヴィルは，$C_k(x)$ で $x$ より小で $k$ 個の素因子をもつカーマイケル数の個数を表すとき，$C_k(x) \ll x^{1/k+o(1)}, x \to \infty$ を予想した．バラスブラマニアン-ナタラジは $C_3(x) \ll x^{5/14+o(1)}$ を示している．

マルコは，各 $k \geq 3$ に対し，シンツェル予想 (**A2**) から，$k$ 個の異なる素因子をもつカーマイケル数が無限個存在することが従うことを示している．

ピンチは，ジェシュの与えた例に加えて 6 個の素因子をもつカーマイケル数をもう 1 つ，7 個の素因子の例をさらに 2 つ与え，それ以前に提出されていた表の齟齬を論じて

いる. さらに, $p\mid n$ から $p-1\mid n-1$ (すなわちカーマイケル数) かつ $p+1\mid n+1$ の両方がしたがうような $n$ があるかどうかを問題にしている. $10^{16}$ までには 1 つもない. 上述のグランヴィル予想の精密化は, $C_k(x)$ が「本質的に」$x^{1/k}$ か, つまり $\ln C_k(x)$ が, 上下に $1/k$ 倍 $\ln x$ でおさえられるか:

$$¿ \quad \ln C_k(x) = (1/k)\ln x + O(\ln\ln x) \quad ?$$

である.

ジャン・ミン・ジーは, 1000 個以上の素因子をもつカーマイケル数を見出し, レー-ニーブュアは, これを 100 万まで上げた. アルフォード-グランサムは $3 \leq k \leq 19565220$ の各 $k$ に対し, $k$ 個の素因子を含むカーマイケル数が存在することを示している.

W. R. Alford & Jon Grantham, There are Carmichael numbers with many prime factors, preprint, 2000.

W. Red Alford, Andrew Granville & Carl Pomerance, On the difficulty of finding reliable witnesses, in *Algorithmic Number Theory (Ithaca, NY, 1994)*, 1–16, *Lecture Notes in Comput. Sci.*, **877**, Springer, Berlin, 1994; *MR* **96d**:11136.

W. Red Alford, Andrew Granville & Carl Pomerance, There are infinitely many Carmichael numbers, *Ann. of Math.*(2), **139**(1994) 703–722; *MR* **95k**:11114.

François Arnault, Constructing Carmichael numbers which are strong pseudoprimes to several bases, *J. Symbolic Comput.*, **20**(1995) 151–161; *MR* **96k**:11153.

Robert Baillie & Samuel S. Wagstaff, Lucas pseudoprimes, *Math. Comput.*, **35**(1980) 1391–1417.

Ramachandran Balasubramanian & S. V. Nagaraj, Density of Carmichael numbers with three prime factors, *Math. Comput.*, **66**(1997) 1705–1708; *MR* **98d**:11110.

N. G. W. H. Beeger, On composite numbers $n$ for which $a_{n-1} \equiv 1 \bmod n$ for every $a$ prime to $n$, *Scripta Math.*, **16**(1950) 133–135.

R. D. Carmichael, Note on a new number theory function, *Bull. Amer. Math. Soc.*, **16**(1909–10) 232–238.

Harvey Dubner, A new method for producing large Carmichael numbers, *Math. Comput.*, **53**(1989) 411–414; *MR* **89m**:11013.

Harvey Dubner, Carmichael numbers and Egyptian fractions, *Math. Japon.*, **43**(1996) 411–419; *MR* **97d**:11011.

Harvey Dubner, Carmichael numbers of the form $(6m+1)(12m+1)(18m+1)$, *J. Integer Seq.*, **5**(2002) A02.2.1, 8pp. (electronic); *MR* **2003g**:11144.

H. J. A. Duparc, On Carmichael numbers, *Simon Stevin*, **29**(1952) 21–24; *MR* **14**, 21f.

P. Erdős, On pseudoprimes and Carmichael numbers, *Publ. Math. Debrecen*, **4**(1956) 201–206; *MR* **18**, 18.

Andrew Granville, Prime testing and Carmichael numbers, *Notices Amer. Math. Soc.*, **39**(1992) 696–700.

Andrew Granville & Carl Pomerance, Two contradictory conjectures concerning Carmichael numbers, *Math. Comput.*, **71**(2002) 883–908; *MR* **2003d**:11148.

D. Guillaume, Table de nombres de Carmichael inférieurs à $10^{12}$, preprint, May 1991.

D. Guillaume & F. Morain, Building Carmichael numbers with a large number of prime factors and generalization to other numbers, preprint June, 1992.

Jay Roderick Hill, Large Carmichael numbers with three prime factors, Abstract 79T-A136, *Notices Amer. Math. Soc.*, **26**(1979) A-374.

Gerhard Jaeschke, The Carmichael numbers to $10^{12}$, *Math. Comput.*, **55** (1990) 383–389; *MR* **90m**:11018.

I. Joó & Phong Bui-Minh, On super Lehmer pseudoprimes, *Studia Sci. Math. Hungar.*, **25**(1990)

121–124.

W. Keller, The Carmichael numbers to $10^{13}$, *Abstracts Amer. Math. Soc.*, **9**(1988) 328–329.

W. Knödel, Eine obere Schranke für die Anzahl der Carmichaelschen Zahlen kleiner als $x$, *Arch. Math.*, **4**(1953) 282–284; *MR* **15**, 289 (and see *Math. Nachr.*, **9**(1953) 343–350).

A. Korselt, Problème chinois, *L'intermédiaire des math.*, **6**(1899) 142–143.

D. H. Lehmer, Strong Carmichael numbers, *J. Austral. Math. Soc. Ser. A*, **21**(1976) 508–510.

G. Löh, Carmichael numbers with a large number of prime factors, *Abstracts Amer. Math. Soc.*, **9**(1988) 329; II (with W. Niebuhr) **10**(1989) 305.

Günter Löh & Wolfgang Niebuhr, A new algorithm for constructing large Carmichael numbers, *Math. Comput.*, **65**(1996) 823–836; *MR* **96g**:11123.

František Marko, A note on pseudoprimes with respect to abelian linear recurring sequence, *Math. Slovaca*, **46**(1996) 173–176; *MR* **97k**:11009.

Rex Matthews, Strong pseudoprimes and generalized Carmichael numbers, *Finite fields: theory, applications and algorithms (Las Vegas NV 1993)*, 227–223, *Contemp. Math.*, **168** Amer. Math. Soc., 1994; *MR* **95g**:11125.

Siguna M. S. Müller, Carmichael numbers and Lucas tests, *Finite fields: theory, applications and algorithms (Waterloo ON, 1997)* 193–202, *Contemp. Math.*, **225**, Amer. Math. Soc., 1999; *MR* **99m**:11008.

R. G. E. Pinch, The Carmichael numbers up to $10^{15}$, *Math. Comput.*, **61** (1993) 381–391; *MR* **93m**:11137.

A. J. van der Poorten & A. Rotkiewicz, On strong pseudoprimes in arithmetic progressions, *J. Austral. Math. Soc. Ser. A*, **29**(1980) 316–321.

S. S. Wagstaff, Large Carmichael numbers, *Math. J. Okayama Univ.*, **22** (1980) 33–41; *MR* **82c**:10007.

H. C. Williams, On numbers analogous to Carmichael numbers, *Canad. Math. Bull.*, **20**(1977) 133–143.

Dale Woods & Joel Huenemann, Larger Carmichael numbers, *Comput. Math. Appl.*, **8**(1982) 215–216; *MR* **83f**:10017.

Masataka Yorinaga, Numerical computation of Carmichael numbers, I, II, *Math. J. Okayama Univ.*, **20**(1978) 151–163, **21**(1979) 183–205; *MR* **80d**:10026, **80j**:10002.

Masataka Yorinaga, Carmichael numbers with many prime factors, *Math. J. Okayama Univ.*, **22**(1980) 169–184; *MR* **81m**:10018.

Zhang Ming-Zhi, A method for finding large Carmichael numbers, *Sichuan Daxue Xuebao*, **29**(1992) 472–479; *MR* **93m**:11009.

Zhang Zhen-Xiang, A one-parameter quadratic-base version of the Baillie-PSW probable prime test, *Math. Comput.*, **71**(2002) 1699–1734.

Zhu Wen-Yu, Carmichael numbers that are strong pseudoprimes to some bases, *Sichuan Daxue Xuebao*, **34**(1997) 269–275.

**OEIS:** A001567, A002997, A033502, A046025.

## A14 「良」素数と素数グラフ

エルデーシュとストラウスは,素数 $p_n$ が $1 \leq i \leq n-1$ のすべての $i$ に対し,$p_n^2 > p_{n-i}p_{n+i}$ をみたすとき,$p_n$ を良素数とよんだ.5, 11, 17, 29 がその例である.ポメランスは,「素数グラフ」(**A5** 参照) を用いて,良素数が無限個存在することを示し,さらに次のような問題を提出した.$p_n$ が良素数であるような添字 $n$ の集合の密度は 0

か？ $1 \leq i \leq n-1$ のすべての $i$ に対し,$p_n p_{n+1} > p_{n-i} p_{n+1+i}$ となるような $n$ は無限個存在するか？ $1 \leq i \leq n-1$ のすべての $i$ に対し,$p_n + p_{n+1} > p_{n-i} + p_{n+1+i}$ となる $n$ は無限個存在するか？ $1 \leq i \leq n-1$ のすべての $i$ に対し,$2p_n < p_{n-i} + p_{n+i}$ となる $n$ の集合の密度は $0$ か？(ポメランス自身はこのような $n$ が無限個存在することを示した.) $\limsup\{\min_{0<i<n}(p_{n-i}+p_{n+i})-2p_n\}=\infty$ か？

エルデーシュは良素数の別の定義を与えた. すなわち,$2r \leq p-3$ のすべての偶数が,$p$ より小の 2 個の素数の差で表されるとき,$p$ を良素数とよぶ. (良素数でない素数を不良素数とよぶ.) 最初の不良素数は 97 である. セルフリッジ-ブレックスミスは $10^{37}$ 以下の良素数の表を作成した.

**OEIS:** A028388, A046868-046869.

## A15 連続する素数の積の合同

1979 年 10 月 31 日付けの手紙でエルデーシュは,$3 \cdot 4 \equiv 5 \cdot 6 \cdot 7 \equiv 1 \bmod 11$ に注意し,
$$\prod_{i=1}^{k_1}(a+i) \equiv \prod_{i=1}^{k_2}(a+k_1+i) \equiv \prod_{i=1}^{k_3}(a+k_1+k_2+i) \equiv 1 \bmod p$$
をみたす整数 $a, k_1, k_2, k_3$ が存在するような最小の素数 $p$ を見つける問題を提出した. さらに,任意個の合同式に対してもそのような素数が存在するであろうと予想している.

モンコフスキは,次表 (**F11** 参照) の行 $n=5,6$ に対応する例を送付してきた. 表を使えば他の例も見つけることができると述べている. W. ナルキェーヴィッチもこれらの例とともともに,$n=7,8,9$ に対応する例を送付してきた. ランドン・ノルとチャック・シモンズは,問題を次の連立合同式

$$q_1! \equiv q_2! \equiv \ldots \equiv q_n! \bmod p$$

の解を求める問題に少し一般化し,$n$ 項の場合に解があるような最小素数を与えている.

| $n$ | $p$ | $q_1$ | $q_2$ | $q_3$ | $q_4$ | $q_5$ | $q_6$ | $q_7$ | $q_8$ | $q_9$ | $q_{10}$ | $q_{11}$ |
|---|---|---|---|---|---|---|---|---|---|---|---|---|
| 1 | 2 | 0 | | | | | | | | | | |
| 2 | 2 | 0 | 1 | | | | | | | | | |
| 3 | 5 | 0 | 1 | 3 | | | | | | | | |
| 4 | 17 | 0 | 1 | 5 | 11 | | | | | | | |
| 5 | 17 | 0 | 1 | 5 | 11 | 15 | | | | | | |
| 6 | 23 | 0 | 1 | 4 | 8 | 11 | 21 | | | | | |
| 7 | 71 | 8 | 10 | 20 | 52 | 62 | 64 | 71 | | | | |
| 8 | 599 | 29 | 51 | 123 | 184 | 251 | 290 | 501 | 540 | | | |
| 9 | 599 | 29 | 51 | 123 | 184 | 251 | 290 | 501 | 540 | 556 | | |
| 10 | 3011 | 0 | 1 | 611 | 723 | 749 | 805 | 2205 | 2261 | 2287 | 2399 | |
| 11 | 3011 | 0 | 1 | 611 | 723 | 749 | 805 | 2205 | 2261 | 2287 | 2399 | 3009 |

Andrzej Mąkowski, On a number-theoretic problem of Erdős, *Elem. Math.*, **38** (1983) 101–102.

## A16　ガウス素数とアイゼンシュタイン-ヤコビ素数

　素数の定義は，有理整数環だけでなく，他の代数的整数環でも可能である．ガウス整数 $a+bi$, $a,b$ は整数，$i^2=-1$ のなす環における素数はガウス素数とよばれ，有理素数における問題の多くは，ガウス素数に対しても定式化できる．ガウスの整数環は，順序と同伴元を無視すれば一意分解性がなりたつという意味で有理整数環に類似している．ここで，同伴元とは，単数 ($\pm 1, \pm i$) の違いのものをいう．たとえば，7 の同伴元は 7, $-7$, $7i$, $-7i$ である．

　$4k-1$ の形の素数 3, 7, 11, 19, 23, ... はガウスの整数環においても素数であるが，他の素数はガウス素数の積に分解する:

$$2 = (1+i)(1-i), \quad 5 = (2+i)(2-i) = -(2i-1)(2i+1), \quad その他$$

[訳注：ここで $-(2i-1)$ は $2+i$ の同伴元だから，一意分解がなりたっていることに注意]

$$13 = (2+3i)(2-3i), \quad 17 = (4+i)(4-i), \quad 29 = (5+2i)(5-2i), \ldots$$

ガウス素数 $\pm 1 \pm i$, $\pm 1 \pm 2i$, $\pm 2 \pm i$, $\pm 3$, $\pm 3i$, $\pm 2 \pm 3i$, $\pm 3 \pm 2i$, $\pm 4 \pm i$, $\pm 1 \pm 4i$, $\pm 5 \pm 2i$, $\pm 2 \pm 5i$, ... を複素平面上にプロットすれば美しい図形 (図 4) になる．このパターンは床のタイル敷き，テーブルクロスの織りなどに使われてきた．

　モーツキンとゴードンは，原点から出発して，有限の歩幅で，ガウス素数を「踏み石」として使いながら無限遠点に「歩いて」行けるかという問題を出した．おそらく否であろう．ジョーダン-ラブングは，歩幅が少なくとも 4 必要であることを示した．

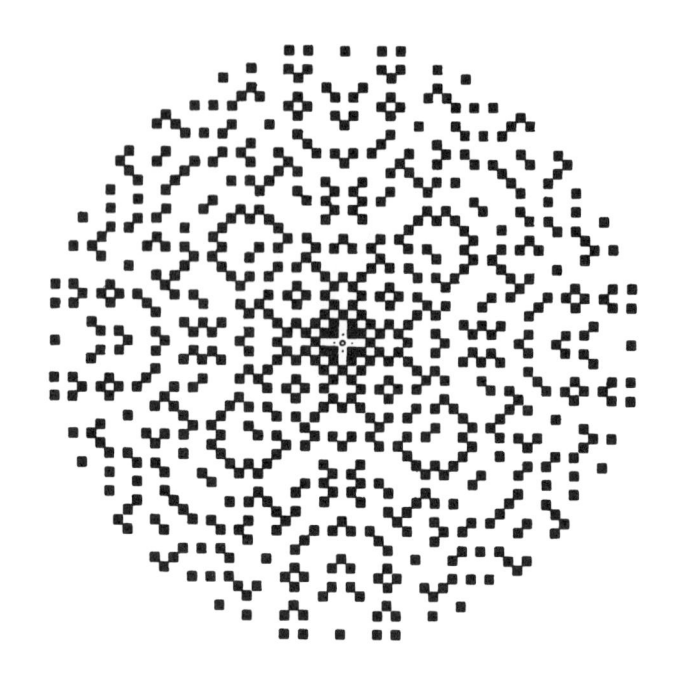

図 4　ノルム $< 1000$ のガウス素数

ゲスナー-ワゴン-ウィックは，幅 $\sqrt{26}$ の堀を作り出した．

ホーグランドは，アイゼンシュタイン-ヤコビ素数の場合に対応する問題では非有界な歩幅が必要であろうと論じている．

**アイゼンシュタイン-ヤコビ整数**は，$a + b\omega$, $a$, $b$ は整数，$\omega$ は 1 の原始 3 乗根 $\omega^2 + \omega + 1 = 0$, の形の数であり，やはり一意分解環をなす．アイゼンシュタイン-ヤコビ素数も平面上で美しいパターンを描く (図 5)．この場合，単数が $\pm 1$, $\pm \omega$, $\pm \omega^2$ の 6 個であるから，6 重対称性をなす．2 と $6k - 1$ の形の有理素数 (5, 11, 17, 23, 29, 41, ...) はアイゼンシュタイン-ヤコビ整数環でも素数のままであるが，アイゼンシュタイン-ヤコビ素数 3 と $6k + 1$ の形の有理素数は分解する:

$$3 = (1 - \omega)(1 - \omega^2), \quad 7 = (2 - \omega)(2 - \omega^2), \quad 13 = (3 - \omega)(3 - \omega^2),$$
$$19 = (3 - 2\omega)(3 - 2\omega^2), \quad 31 = (5 - \omega)(5 - \omega^2), \quad 37 = (4 - 3\omega)(4 - 3\omega^2), \ldots.$$

ジョン・リーチはガウス素数およびアイゼンシュタイン-ヤコビ素数のなす長い等差数列を見つけることを問題にし，図 4 で 9 個，図 5 で 12 個の列を見出した．後に，10 個のガウス素数のなす等差数列

$$-8 - 13i, \ -3 - 8i, \ 2 - 3i, \ 7 + 2i, \ \ldots, \ 37 + 32i$$

を発見した．最後の 3 項は図 4 の外にある．

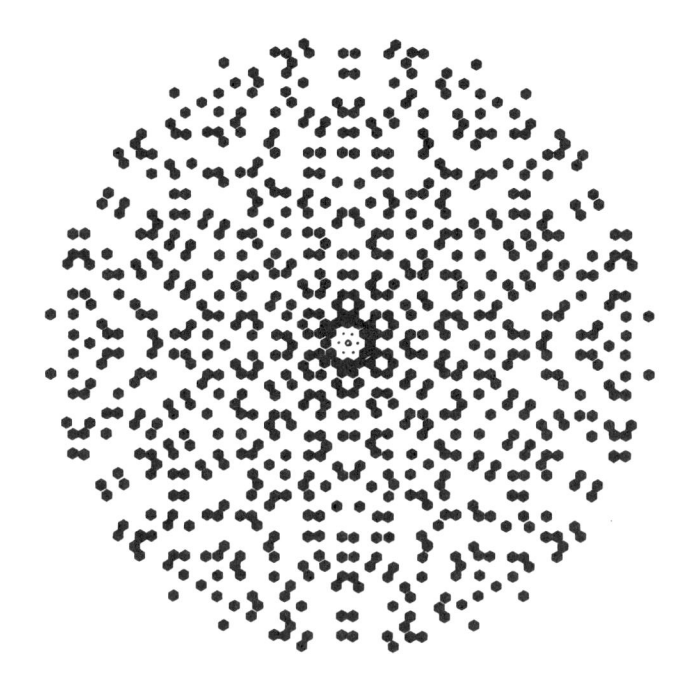

図 5 アイゼンシュタイン-ヤコビ素数

Jan Kristian Haugland, A walk on complex primes (Norwegian), *Normat*, **43**(1995) 168–170, 192; *MR* **96h**:11105.

Guediri Hedy, Sur le répartition des nombres de Gauss dans une progression arithmétique, *Math. Montisnigri*, **4**(1995) 19–26.

Ellen Gethner, Stan Wagon & Brian Wick, A stroll through the Gaussian primes, *Amer. Math. Monthly*, **105**(1998) 327–337; *MR* **99b**:11006.

J. H. Jordan & J. R. Rabung, A conjecture of Paul Erdős concerning Gaussian primes, *Math. Comput.*, **24**(1970) 221–223.

John Renze, Stan Wagon & Brian Wick, The Gaussian zoo, *Experiment. Math.*, **10**(2001) 161–173; *MR* **2002g**:11110.

**OEIS:** A004016, A027206, A035019, A055025-055029, A055664-055668, A064152.

## A17　素数の表示式

数論における賢者の石は，$p_n$ あるいは $\pi(x)$ の表示式，ないしは，素数性の判定条件であろう．$(p-1)! \equiv -1 \pmod{p}$ のときに限り $p$ は素数であるというウィルソンの定理は，唯一の素数判定条件であろう ($p > 2$ が素数であるのは，$\prod_{d=1}^{p-1}(2^d - 1) \equiv p \bmod 2^p - 1$ のときに限るというヴァンティーンゲムの結果はウィルソンの定理と同値であろうか？)

が，実際の計算には役立たない．C. P. ウィランと C. P. ウォーメルは，ウィルソンの公式を用いて，初等関数のみを含む素数の表示式を独立に得ているが，ここに記すにはあまりにも煩雑である．マン-シャンクス・アルゴリズムは興味深いが，より実用には遠い．マティヤセーヴィッチら論理学の専門家は，ウィルソンの定理とヒルベルトの第 10 問題の解を用いて，その値域の正の値がすべて素数であるような多項式を作り出している．

ボリス・ステーチキンの以下の 3 定理は記録しておくに値する．これらは，

$$S(n) = \#\left\{m \,:\, 2 \leq m \leq n,\ (m-1)\left|\left\lfloor\frac{n(m-1)}{m}\right\rfloor\right.\right\}$$

という関数に基づいたものである．

(1) $S(n) = d(n)$ (約数の個数) ならば $n-1$ は素数である．
(2) $S(n) + S(n+1) = 2d(n)$ のとき $n \pm 1$ は双子素数である (**A8** 参照).
(3) $p < q$ が奇素数ならば $S(q) - S(q-1) + S(q-2) - \ldots - S(p+1) = 0$.

この話題に関しては数多くの論文があり，その深さ・目的は多岐に及ぶ．以下の項目を分けて考えるのが望ましい．

1. $x$ の関数としての $\pi(x)$.
2. $n$ の関数としての $p_n$.
3. $n$ が素数であるための必要十分条件．
4. その定義域のすべての点で素数値をとる関数．
5. その (正値の) 値域が素数のみからなるか，すべての素数を含むような関数．
6. その値域が高密度の素数を含む関数．
7. $n$ の最大の素因子 $(P)n$ の表示式．
8. $n$ の素因子の表示式．
9. $n$ より小さい最大の素数の表示式．
10. $p_1, p_2, \ldots, p_n$ による $p_{n+1}$ の表示式．
11. 素数を生成するアルゴリズム，その他 ....

これらの項目，それぞれの例は以下の文献中にある．オイラーの有名な多項式 $n^2+n+41$ は既に **A1** で述べたが，ある意味でこれが最良である．しかし，正の判別式をもつ 2 次式でより長い素数値の列 (その中のあるものは負である) を与えるものが知られている．ギルバート・ファングは，$47n^2 - 1701n + 10181, 0 \leq n \leq 42, \Delta = 979373$ を，ラッセル・ルビーは，$36n^2 - 810n + 2753, 0 \leq n \leq 44, \Delta = 2^2 3^2 7213$ を与えている．

オイラーの多項式の最初の 10000 個の値のうち 581 個は素数である．エドガー・カーストの $2n^2 - 199$ は 598 個の素数値をとる．また 1991 年 1 月 1 日付けの手紙で，スティーヴン・ウィリアムズは，$2n^2 - 1000n - 2609$ は 602 個の素数値をとることを知らせてきた．これらの多項式は最初の 10000 個の値のうち，それぞれ 4148 個，4373 個，4141 個が素数値である．しかし重要なのは最初の多くの値中に多くの素数値があるということではなく (どの場合でもその比は 0 に近づくから)，漸近密度である．ハー

ディー-リトルウッド予想 (**A1** 参照) が正しいとすれば，漸近密度は常に $c\sqrt{n}/\ln n$ であって，できることは $c$ の値をなるべく大きくすることである．シャンクスはオイラーの多項式の場合に $c=3.3197732$ を計算した．ビーガーは，$n^2+n+27941$ に対して，$c=3.6319998$ を求めた．ファン・ウィリアムズ (**A1** および **A1** の参考文献参照) は多項式 $n^2+n+132874279528931$ に対し，$c=5.0870883$ を求めた．

$\Delta$ を 2 次式の判別式とするとき，ルジャンドル記号 (**F5** 参照) $\left(\frac{\Delta}{p}\right)$ は，小さい素数値に対しては，1 の値をとることがほとんどない．

シェルピンスキは，$n$ が素数のとき，フェルマーの小定理から，
$$1^{n-1}+2^{n-1}+\ldots+(n-1)^{n-1}+1$$
が $n$ で割れることにも注意している．逆は正しいか？ ギューガはこれが正しいと予想し，$n \leq 10^{1000}$ まで検証し，ベドッチは $n \leq 10^{1700}$ まで検証している．ギューガは，反例があるとすれば，カーマイケル数 (**A12**, **A13**)，すなわち，$p|n$ なら $(p-1)|(n-1)$ となる $n$ であり，さらに
$$\sum_{p|n}\frac{1}{p}-\frac{1}{n}$$
が整数であるようなものでなければならず，したがって，$n$ は少なくとも 8 個の異なる素因子をもたなければならないことに注意した．最後の条件は
$$nB_{n-1} \equiv -1 \bmod n$$
と同値である．[訳注：フォン・シュタウト-クラウゼンの定理参照．] ここで $B_k$ はベルヌーイ数で，テイラー展開 $x/(e^x-1)=\sum_{k\geq 0}B_k x^k/k!$ の係数として定められる (**D2** 参照)．

ベイトマン-ダイアモンドによい解説がある．

ボーウェン兄弟とギルゲンソーンは 10 個の未解決問題を述べている．最初のものは，ギューガ予想で，次の形で述べてある：ギューガ数であり，カーマイケル数であるような数は存在しないこと，あるいはより一般に，ギューガ数はカーマイケル数でないことを示せ．10 番目はベルヌーイ数予想に関するもので，吾郷孝視によるとしている．ここでギューガ数 $n$ は合成数であって，そのすべての素因子 $p$ が $p|(\frac{n}{p}-1)$ をみたすものである．ギューガ列とは，有限増加列 $\{n_1,\ldots,n_m\}$ で，
$$\sum_{i=1}^{m}\frac{1}{n_i}-\prod_{i=1}^{m}\frac{1}{n_i} \in \mathbb{N}$$
をみたすものであり，カーマイケル列は，この条件をカーマイケル数 (**A13**) に課したものである．最小のギューガ数は，少なくとも 12055 桁の数である．ボーウェン-ウォングはこれを 13800 桁まで改良している．

吾郷は，$n$ がギューガ数なら，$n$ を割る各 $p$ と $p$ で割り切れない各 $a$ に対し，$a^{n-p} \equiv 1 \bmod p^3$ を示し，さらに，フェルマー商を $q_p(a)=(a^{p-1}-1)/p$，ギュー

ガ商を $G_p(a,n) = (a^{n-p} - 1)/p^3$ とするとき,

$$(p-1)G_p(a,n) \equiv \frac{n-p}{p^2} q_p(a) \bmod p$$

を示している.

150年間の予想に, $x^2$ と $(x+1)^2$ に常に素数が存在するというものがある. ディクソンの『歴史1』, pp.435-436, シルヴェスターとシューアの文献に関しては, エルデーシュの有名な 1934 年の論文, および 1955 年の論文参照. この予想は, 区間 $(x, x + x^{1/2}]$ 内に素数が存在するであろうという予想から導かれる. 少しやさしい問題は, $P(x)$ で $\prod_{x<n\leq x+x^{1/2}} n$ の最大の素因数を表す [訳注: **A1** の $P(x)$ ではない] とき, $P(x) > x^c$ がなりたつような $c \leq 1$ のできるだけ大きい値を求めるというものである. $c$ の値は, ラマチャンドラ, 再びラマチャンドラ (ユティラ参照), S. W. グラハム, ジャー・チャオホア, R. C. ベーカー, 再びジャー, 独立にジャーとリュー・ホン・チュアン, ベーカー・ハーマンによってそれぞれ $c = \frac{15}{26}, \frac{5}{8}, 0.66, \frac{1}{12}\sqrt{69} = 0.6922185\ldots, 0.7, 0.71, 0.723, 0.732$ が得られている.

ゲリー・マイヤーソンは

$$\#\{n \leq x : \lfloor (4/3)^n \rfloor \text{ が合成数 }\} > cx$$

となるような正の定数 $c$ が存在することを問題として提出し, 数列 $\lfloor (4/3)^n \rfloor$ [訳注: **E19** 参照] の最初の項中に現れる素数, 合成数について, 上記より精密な評価がなりたつためのヒューリスティックな根拠があると述べている. また各実数 $\alpha \neq 0$ に対し, $\lfloor 10^n \alpha \rfloor$ が合成数であるような正の整数 $n$ が存在 (したがって無限個存在) することの証明も問題にしている. 換言すれば, 前の項の末尾に (10 進法の) 数字を 1 個付け加えることによって生ずる素数の無限列は存在しないことを証明せよとなる. 底が 2~6 の場合に類似の命題が証明されたとも述べている.

Ulrich Abel & Hartmut Siebert, Sequences with large numbers of prime values, *Amer. Math. Monthly* **100**(1993) 167–169; *MR* **94b**:11092.

William W. Adams, Eric Liverance & Daniel Shanks, Infinitely many necessary and sufficient conditions for primality, *Bull. Inst. Combin. Appl.*, **3**(1991) 69–76; *MR* **90e**:11011.

Takashi Agoh, On Giuga's conjecture, *Manuscripta Math.*, **87**(1995) 501–510; *MR* **96f**:11005.

Takashi Agoh, Karl Dilcher & Ladislav Skula, Wilson quotients for composite moduli, *Math. Comput.*, **67**(1998) 843–861.

Jesús Almansa & Leonardo Prieto, New formulas for the $n$th prime, (spanish) *Lect. Math.*, **15**(1994) 227–231.

A. R. Ansari, On prime representing function, *Ganita*, **2**(1951) 81–82; *MR* **15**, 11.

R. C. Baker, The greatest prime factor of the integers in an interval, *Acta Arith.*, **47**(1986) 193–231; *MR* **88a**:11086.

R. C. Baker & Glyn Harman, Numbers with a large prime factor, *Acta Arith.*, **73**(1995) 119–145; *MR* **97a**:11138.

Thøger Bang, A function representing all prime numbers, *Norsk Mat. Tidsskr.*, **34**(1952) 117–118; *MR* **14**, 621.

V. I. Baranov & B. S. Stechkin, *Extremal Combinatorial Problems and their Applications*, Kluwer, 1993, Problem 2.22.

## A17. 素数の表示式

Paul T. Bateman & Harold G. Diamond, A hundred years of prime numbers, *Amer. Math. Monthly*, **103**(1996) 729–741.

Paul T. Bateman & Roger A. Horn, A heuristic asymptotic formula concerning the distribution of prime numbers, *Math. Comput.*, **16**(1962) 363–367; *MR* **26** #6139.

Christoph Baxa, Über Gandhis Primzahlformel, *Elem. Math.*, **47**(1992) 82–84; *MR* **93h**: 11007.

E. Bedocchi, Nota ad una congettura sui numeri primi, *Riv. Mat. Univ. Parma*(4), **11**(1985) 229–236.

David Borwein, Jonathan M. Borwein, Peter B. Borwein & Roland Girgensohn, Giuga's conjecture on primality, *Amer. Math. Monthly*, **103**(1996) 40–50; *MR* **97b**:11004.

Jonathan M. Borwein & Erick Bryce Wong, A survey of results relating to Giuga's conjecture on primality, *Advances in Mathematical Sciences*; *CRM's 25 years (Montreal, P.Q., 1994)* 13–27, *CRM Proc. Lecture Notes*, **11**, Amer. Math. Soc., Providence RI, 1997; *MR* **98i**:11005.

Nigel Boston & Marshall L. Greenwood, Quadratics representing primes, *Amer. Math. Monthly*, **102**(1995) 595–599; *MR* **96g**:11154.

J. Braun, Das Fortschreitungsgesetz der Primzahlen durch eine transcendente Gleichung exakt dargestelt, *Wiss. Beilage Jahresber. Fr. W. Gymn. Trier*, 1899, 96 pp.

Rodrigo de Castro Korgi, Myths and realities about formulas for calculating primes (Spanish), *Lect. Math.*, **14**(1993) 77–101; *MR* **95c**:11009.

R. Creighton Buck, Prime representing functions, *Amer. Math. Monthly*, **53**(1946) 265.

John H. Conway, Problem 2.4, *Math. Intelligencer*, **3**(1980) 45.

L. E. Dickson, *History of the Theory of Numbers*, Carnegie Institute, Washington, 1919, 1920, 1923; reprinted Stechert, New York, 1934; Chelsea, New York, 1952, 1966, Vol. I, Chap. XVIII.

Underwood Dudley, History of a formula for primes, *Amer. Math. Monthly*, **76**(1969) 23–28; *MR* **38** #4270.

Underwood Dudley, Formulas for primes, *Math. Mag.*, **56**(1983) 17–22.

D. D. Elliott, A prime generating function, *Two-Year Coll. Math. J.*, **14**(1983) 57.

David Ellis, Some consequences of Wilson's theorem, *Univ. Nac. Tucumán Rev. Ser. A*, **12**(1959) 27–29; *MR* **21** #7179.

P. Erdős, A theorem of Sylvester and Schur, *J. London Math. Soc.*, **9**(1934) 282–288; *Zbl.* **10**: 103.

P. Erdős, On consecutive integers, *Nieuw Arch. Wisk.* (3), **3**(1955) 124–128; *MR* **17**, 461f.

[For the Fung & Williams reference, see **A1**.]

Reijo Ernvall, A formula for the least prime greater than a given integer, *Elem. Math.*, **30**(1975) 13–14; *MR* **54** #12616.

Robin Forman, Sequences with many primes, *Amer. Math. Monthly* **99**(1992) 548–557; *MR* **93e**:11104.

J. M. Gandhi, Formulae for the $n$-th prime, *Proc. Washington State Univ. Conf. Number Theory*, Pullman, 1971, 96–106; *MR* **48** #218.

Betty Garrison, Polynomials with large numbers of prime values, *Amer. Math. Monthly*, **97**(1990) 316–317; *MR* **91i**:11124.

James Gawlik, A function which distinguishes the prime numbers, *Math. Today (Southend-on-Sea)* **33**(1997) 21.

Giuseppe Giuga, Sopra alcune proprietà caratteristiche dei numeri primi, *Period. Math.* (4), **23**(1943) 12–27; *MR* **8**, 11.

Giuseppe Giuga, Su una presumibile proprietà caratteristica dei numeri primi, *Ist. Lombardo Sci. Lett. Rend. Cl. Sci. Mat. Nat.*(3), **14(83)**(1950) 511–528; *MR* **13**, 725.

P. Goetgheluck, On cubic polynomials giving many primes, *Elem. Math.*, **44**(1989) 70–73; *MR* **90j**:11014.

Solomon W. Golomb, A direct interpretation of Gandhi's formula, *Amer. Math. Monthly*, **81**(1974) 752–754; *MR* **50** #7003.

Solomon W. Golomb, Formulas for the next prime, *Pacific J. Math.*, **63**(1976) 401–404; *MR* **53**

#13094.
R. L. Goodstein, Formulae for primes, *Math. Gaz.*, **51**(1967) 35–36.
H. W. Gould, A new primality criterion of Mann and Shanks, *Fibonacci Quart.*, **10**(1972) 355–364, 372; *MR* **47** #119.
S. W. Graham, The greatest prime factor of the integers in an interval, *J. London Math. Soc.* (2), **24**(1981) 427–440; *MR* **82k**:10054.
Andrew Granville, Unexpected irregularities in the distribution of prime numbers, *Proc. Internat. Congr. Math.*, Vol. 1, 2 (*Zurich*, 1994) 388–399, Birkhäuser Basel, 1995; *MR* **97d**:11139.
Andrew Granville & Sun Zhi-Wei, Values of Bernoulli polynomials, *Pacific J. Math.*, **172**(1996) 117–137; *MR* **98b**:11018.
Silvio Guiasu, Is there any regularity in the distribution of prime numbers at the beginning of the sequence of positive integers? *Math. Mag.*, **68**(1995) 110–121.
Richard K. Guy, Conway's prime producing machine, *Math. Mag.*, **56**(1983) 26–33; *MR* **84j**:10008.
G. H. Hardy, A formula for the prime factors of any number, *Messenger of Math.*, **35**(1906) 145–146.
V. C. Harris, A test for primality, *Nordisk Mat. Tidskr.*, **17**(1969) 82; *MR* **40** #4197.
E. Härtter, Über die Verallgemeinerung eines Satzes von Sierpiński, *Elem. Math.*, **16** (1961) 123–127; *MR* **24** #A1869.
Olga Higgins, Another long string of primes, *J. Recreational Math.*, **14** (1981/82) 185.
C. Isenkrahe, Ueber eine Lösung der Aufgabe, jede Primzahl als Function der vorhergehenden Primzahlen durch einen geschlossenen Ausdruck darzustellen, *Math. Ann.*, **53**(1900) 42–44.
Jia Chao-Hua, The greatest prime factor of the integers in a short interval, *Acta Math. Sinica*, **29**(1986) 815–825; *MR* **88f**:11083; II, **32**(1989) 188–199; *MR* **90m**:11135; III, *ibid.* (*N.S.*), **9**(1993) 321–336; *MR* **95c**:11107.
James P. Jones, Formula for the $n$-th prime number, *Canad. Math. Bull.*, **18**(1975) 433–434; *MR* **57** #9641.
James P. Jones, Daihachiro Sato, Hideo Wada & Douglas Wiens, Diophantine representation of the set of prime numbers, *Amer. Math. Monthly*, **83**(1976) 449–464; *MR* **54** #2615.
James P. Jones & Yuri V. Matiyasevich, Proof of recursive unsolvability of Hilbert's tenth problem, *Amer. Math. Monthly*, **98**(1991) 689–709; *MR* **92i**:03050.
Matti Jutila, On numbers with a large prime factor, *J. Indian Math. Soc.* (*N.S.*), **37**(1973) 43–53(1974); *MR* **50** #12936.
Steven Kahan, On the smallest prime greater than a given positive integer, *Math. Mag.*, **47**(1974) 91–93; *MR* **48** #10964.
Sushil Kumar Karmakar, An algorithm for generating prime numbers, *Math. Ed. (Siwan)*, **28**(1994) 175.
E. Karst, The congruence $2^{p-1} \equiv 1 \mod p^2$ and quadratic forms with a high density of primes, *Elem. Math.*, **22**(1967) 85–88.
John Knopfmacher, Recursive formulae for prime numbers, *Arch. Math. (Basel)*, **33** (1979/80) 144–149; *MR* **81j**:10008.
Masaki Kobayashi, Prime producing quadratic polynomials and class-number one problem for real quadratic fields, *Proc. Japan Acad. Ser. A Math. Sci.*, **66**(1990) 119–121; *MR* **91i**:11140.
L. Kuipers, Prime-representing functions, *Nederl. Akad. Wetensch. Proc.*, **53**(1950) 309–310 = *Indagationes Math.*, **12**(1950) 57–58; *MR* **11**, 644.
J. C. Lagarias, V. S. Miller & A. M. Odlyzko, Computing $\pi(x)$: the Meissel-Lehmer method, *Math. Comput.*, **44**(1985) 537–560.
Klaus Langmann, Eine Formel für die Anzahl der Primzahlen, *Arch. Math. (Basel)*, **25**(1974) 40; *MR* **49** #4951.
A.-M. Legendre, *Essai sur la Théorie des Nombres*, Duprat, Paris, 1798, 1808.
D. H. Lehmer, On the function $x^2 + x + A$, *Sphinx*, **6**(1936) 212–214; **7**(1937) 40.

Liu Hong-Kuan, The greatest prime factor of the integers in an interval, *Acta Arith.*, **65**(1993) 301–328; *MR* **95d**:11117.

S. Louboutin, R. A. Mollin & H. C. Williams, Class numbers of real quadratic fields, continued fractions, reduced ideals, prime-producing polynomials and quadratic residue covers, *Canad. J. Math.*, **44**(1992) 1–19.

H. B. Mann & Daniel Shanks, A necessary and sufficient condition for primality and its source, *J. Combin. Theory Ser. A*, **13**(1972) 131–134; *MR* **46** #5225.

J.-P. Massias & G. Robin, Effective bounds for some functions involving prime numbers, Preprint, Laboratoire de Théorie des Nombres et Algorithmique, 123 rue A. Thomas, 87060 Limoges Cedex, France.

Yuri V. Matiyasevich, Primes are enumerated by a polynomial in 10 variables, *Zap. Naučn. Sem. Leningrad. Otdel. Mat. Inst. Steklov*,**68**(1977) 62–82, 144–145; *MR* **58** #21534; English translation: *J. Soviet Math.*, **15**(1981) 33–44.

W. H. Mills, A prime-representing function, *Bull. Amer. Math. Soc.*, **53**(1947) 604; *MR* **8**, 567.

Richard A. Mollin, Prime valued polynomials and class numbers of quadratic fields, *Internat. J. Math. Math. Sci.*, **13**(1990) 1–11; *MR* **91c**:11060.

Richard A. Mollin, Prime-producing quadratics, *Amer. Math. Monthly*, **104**(1997) 529–544; *MR* **98h**:11113.

Richard A. Mollin & Hugh Cowie Williams, Quadratic nonresidues and prime-producing polynomials, *Canad. Math. Bull.*, **32**(1989) 474–478; *MR* **91a**:11009. [see also *Number Theory*, de Gruyter, 1989, 654–663 and *Nagoya Math. J.*, **112**(1988) 143–151.]

Leo Moser, A prime-representing function, *Math. Mag.*, **23**(1950) 163–164.

Joe L. Mott & Kermit Rose, Prime-producing cubic polynomials, *Ideal theoretic methods in commutative algebra (Columbia MO 1999)* 281–317, *Lecture Notes in Pure and Appl. Math.*, **220** Dekker, New York, 2001; *MR* **2002c**:11140.

Gerry Myerson, Problems **96:16** and **96:17**, Western Number Theory Problems, 96-12-16 & 19.

K. S. Namboodiripad, A note on formulae for the $n$-th prime, *Monatsh. Math.*, **75**(1971) 256–262; *MR* **46** #126.

T. B. M. Neill & M. Singer, The formula for the $N$th prime, *Math. Gaz.*, **49**(1965) 303.

Ivan Niven, Functions which represent prime numbers, *Proc. Amer. Math. Soc.*, **2**(1951) 753–755; *MR* **13**, 321a.

O. Ore, On the selection of subsequences, *Proc. Amer. Math. Soc.*, **3**(1952) 706–712; *MR* **14**, 256.

Joaquin Ortega Costa, The explicit formula for the prime number function $\pi(x)$, *Revista Mat. Hisp.-Amer.*(4), **10**(1950) 72–76; *MR* **12**, 392b.

Laurenţiu Panaitopol, On the inequality $p_a p_b > p_{ab}$, *Bull. Math. Soc. Sci. Math. Roumanie* (*N.S.*), **41(89)**(1998) 135–139; *MR* **2003c**:11115.

Makis Papadimitriou, A recursion formula for the sequence of odd primes, *Amer. Math. Monthly*, **82**(1975) 289; *MR* **52** #246.

Carlos Raitzin, The exact count of the prime numbers that do not exceed a given upper bound (Spanish), *Rev. Ingr.*, **1**(1979) 37–43; *MR* **82e**:10074.

K. Ramachandra, A note on numbers with a large prime factor, *J. London Math. Soc.* (2), **1**(1969) 303–306; *MR* **40** #118; II *J. Indian Math. Soc.* (*N.S.*), **34**(1970) 39–48(1971); *MR* **45** #8616.

Stephen Regimbal, An explicit formula for the $k$-th prime number, *Math. Mag.*, **48**(1975) 230–232; *MR* **51** #12676.

Paulo Ribenboim, Selling primes, *Math. Mag.*, **68**(1995) 175–182.

Paulo Ribenboim, Are there functions that generate prime numbers? *College Math. J.*, **28**(1997) 352–359; *MR* **98h**:11019.

B. Riemann, Über die Anzahl der Primzahlen unter einer gegebenen Grösse, *Monatsber. Königl. Preuss. Akad. Wiss. Berlin* 1859, 671–680; also in *Gesammelte Mathematische Werke*, Teubner, Leipzig, 1892, pp. 145–155.

J. B. Rosser & L. Schoenfeld, Approximate formulas for some functions of prime numbers, *Illinois J. Math.*, **6**(1962) 64–94.

Michael Rubinstein, A formula and a proof of the infinitude of the primes, *Amer. Math. Monthly* **100**(1993) 388–392.

W. Sierpiński, *Elementary Number Theory*, (ed. A. Schinzel) PWN, Warszawa, 1987, p. 218.

W. Sierpiński, Sur une formule donnant tous les nombres premiers, *C.R. Acad. Sci. Paris*, **235**(1952) 1078–1079; *MR* **14**, 355.

W. Sierpiński, Les binômes $x^2 + n$ et les nombres premiers, *Bull. Soc. Royale Sciences Liège*, **33**(1964) 259–260.

B. R. Srinivasan, Formulae for the $n$-th prime, *J. Indian Math. Soc. (N.S.)*, **25**(1961) 33–39; *MR* **26** #1289.

B. R. Srinivasan, An arithmetical function and an associated formula for the $n$-th prime. I, *Norske Vid. Selsk. Forh. (Trondheim)*, **35**(1962) 68–71; *MR* **27** #101.

Garry J. Tee, Simple analytic expressions for primes, and for prime pairs, *New Zealand Math. Mag.*, **9**(1972) 32–44; *MR* **45** #8601.

E. Teuffel, Eine Rekursionsformel für Primzahlen, *Jber. Deutsch. Math. Verein.*, **57**(1954) 34–36; *MR* **15**, 685.

John Thompson, A method for finding primes, *Amer. Math. Monthly*, **60** (1953) 175; *MR* **14**, 621.

P. G. Tsangaris & James P. Jones, An old theorem on the GCD and its application to primes, *Fibonacci Quart.*, **30**(1992) 194–198; *MR* **93e**:11004.

Charles Vanden Eynden, A proof of Gandhi's formula for the $n$-th prime, *Amer. Math. Monthly*, **79**(1972) 625; *MR* **46** #3425.

E. Vantieghem, On a congruence only holding for primes, *Indag. Math.(N.S.)*, **2**(1991) 253–255; *MR* **92e**:11005.

C. P. Willans, On formulae for the $N$th prime number, *Math. Gaz.*, **48**(1964) 413–415.

Erick Wong, Computations on normal families of primes, M.Sc. thesis, Simon Fraser Univ., August 1997.

C. P. Wormell, Formulae for primes, *Math. Gaz.*, **51**(1967) 36–38.

E. M. Wright, A prime representing function, *Amer. Math. Monthly*, **58**(1951) 616–618; *MR* **13**, 321b.

E. M. Wright, A class of representing functions, *J. London Math. Soc.*, **29** (1954) 63–71; *MR* **15**, 288d.

Don Zagier, *Die ersten 50 Millionen Primzahlen*, Beihefte zu Elemente der Mathematik **15**, Birkhäuser, Basel 1977.

**OEIS:** A055004, A055023, A055030-055032.

## A18　エルデーシュ-セルフリッジの素数分類法

エルデーシュ-セルフリッジは素数を次のように分類した. $p+1$ の素因子が 2 か 3 のみのとき, $p$ はクラス 1 に属し, $p+1$ のどの素因子も $\leq r-1$ のクラスに属し, 少なくとも 1 つの素因子に対して等号がなりたつとき, $p$ はクラス $r$ に属するとする. たとえば

クラス 1:　　2 3 5 7 11 17 23 31 47 53 71 107 127 191 431 647 863 971

## A18. エルデーシュ-セルフリッジの素数分類法

    1151 2591 4373 6143 6911 8191 8747 13121 15551 23327 27647 62207 ...
クラス 2:    13 19 29 41 43 59 61 67 79 83 89 97 101 109 131 137 139 149 167 179 197 199 211 223 229 239 241 251 263 269 271 281 283 293 307 317 319 359 367 373 377 383 419 439 449 461 467 499 503 509 557 563 577 587 593 599 619 641 643 659 709 719 743 751 761 769 809 827 839 881 919 929 953 967 979 991 1019 ...
クラス 3:    37 103 113 151 157 163 173 181 193 227 233 257 277 311 331 337 347 353 379 389 397 401 409 421 457 463 467 487 491 521 523 541 547 571 601 607 613 631 653 683 701 727 733 773 787 811 821 829 853 857 859 877 883 911 937 947 983 997 1009 1013 1031 ...
クラス 4:    73 313 443 617 661 673 677 691 739 757 823 887 907 941 977 1093 ...
クラス 5:    1021 1321 1381 1459 1877 2467 2503 2657 2707 3253 3313 3547 ...
クラス 6:    2917 4933 5413 7507 8167 8753 10567 10627 11047 11261 11677 ...
クラス 7:    15013 16333 22093 24841 43321 49003 52517 54721 62533 63761 ...
クラス 8:    49681 ...

である.

  クラス $r$ の素数で $n$ を超えないものの個数は任意の $\epsilon > 0$ とすべての $r$ に対し, $o(n^\epsilon)$ であることは容易に証明される. 各クラスに無限個の素数が存在することを証明せよという問題が考えられる. クラス $r$ の最小素数を $p_1^{(r)}$ で表す. $p_1^{(1)} = 2$, $p_1^{(2)} = 13$, $p_1^{(3)} = 37$, $p_1^{(4)} = 73$, $p_1^{(5)} = 1021$ であるが, エルデーシュは $(p_1^{(r)})^{1/r} \to \infty$ を予想した. 一方セルフリッジは, これは有界であろうと述べている.

  $p+1$ を $p-1$ でおきかえて同様の分類が得られる:

クラス 1:    2 3 5 7 13 17 19 37 73 97 109 163 193 433 487 577 769 1153 ...
クラス 2:    11 29 31 41 43 53 61 71 79 101 103 113 127 131 137 149 151 157 181 191 197 211 223 229 239 241 251 257 271 281 293 307 313 337 379 389 401 409 421 439 443 449 459 491 521 541 547 571 593 601 613 631 641 647 653 673 677 701 751 757 761 773 811 877 883 911 919 937 953 971 1009 1021 ...
クラス 3:    23 59 67 83 89 107 173 199 227 233 263 311 317 331 349 353 367 373 383 397 419 431 463 479 503 509 523 563 569 587 607 617 619 661 683 727 733 739 743 787 809 821 823 853 859 881 887 907 929 947 977 983 991 1031 1033 ...
クラス 4:    47 139 167 179 269 277 347 461 467 499 599 643 691 709 797 827 829 839 857 863 967 997 1013 1019 ...
クラス 5:    283 359 557 659 941 ...
クラス 6:    719 1319 ...
クラス 7:    1439 ...

この分類に対しても類似の問題が考えられる．対応するクラスも同じく稠密であるか？カニンガムチェイン (**A7**) とも関連する．

P. Erdős, Problems in number theory and combinatorics, *Congr. Numer. XVIII*, Proc. 6th Conf. Numer. Math., Manitoba, 1976, 35–58 (esp. p. 53); *MR* **80e**:10005.

**OEIS:** A005105-005113, A048135-048136.

### A19　$n - 2^k$ が素数になるような $n$ の値，$\pm p^a \pm 2^b$ の形でないような奇数

エルデーシュは，$2 \leq 2^k < n$ のすべての $k$ に対し，$n - 2^k$ が素数であるような $n$ の値は，4, 7, 15, 21, 45, 75, 105 のみであろうと予想している．ミェントカ-ワイツェンカンプはこの予想を $n < 2^{44}$ まで検証し，内山-頼永は，$2^{77}$ まで検証した．ヴォーンは，このような数はあまり多くないこと，すなわち，$x$ より小のこのタイプの数は $x \exp\{-(\ln x)^c\}$ より小であることを示したが，$x^{1-\epsilon}$ までは証明できなかった．

エルデーシュはまた，$1 \leq 2^k < n$ に対し，$n - 2^k$ がすべて平方因無縁であるような $n$ が無限個存在すると予想している (**F13** も参照)．

$2 \leq 2^k < n$ に対し，$n - 2^k$ がすべて素数になるような $n \leq x$ の個数を $A(x)$ で表すとき，フーリーは，一般リーマン予想から，計算可能な $c < 1$ に対し，$A(x) = O(x^c)$ を示し，ナルキェーヴィッチは $c < \frac{1}{2}$ に改良した．

コーエン-セルフリッジは，$p$ が素数，$a \geq 0, b \geq 1$ ですべての符号の取り方を考えるとき，$\pm p^a \pm 2^b$ の「形でない」正の最小奇数を探索した．このタイプの数は存在すれば，$2^{18}$ より大であるが，

$$6120\ 6699060672\ 7677809211\ 5601756625\ 4819576161\text{-}$$
$$6319229817\ 3436854933\ 4512406741\ 7420946855\ 8999326569$$

より小であることに注意した．

スン・チュー・ウェイは，

$$x \equiv 4786774223206688004761107 9 \bmod 66483034025018711639862527490$$

ならば，$x$ は，$p, q$ を素数として，$\pm p^a \pm q^b$ の形でないことを証明した．

クロッカーは，$p$ を素数とするとき，$2^k + 2^l + p$ の「形でない」ような奇数が無限個存在することを示した．エルデーシュは，$x$ 以下のこのタイプの奇数は $cx$ 程度であろうと予測した．$> x^\epsilon$ が証明できるか？ 被覆合同式系 (**F13**) がここで役に立たないか？ つまり，$p + 2^u + 2^v$（あるいは $p + 2^u + 2^v + 2^w$）がすべての等差数列と交わるか？ エルデーシュは，より一般に，各 $r$ に対し，素数と 2 の $r$ 乗以下のベキの和にならないような奇数が無限個存在するかどうかを問うている．無限個あるとすれば，その密度は正か？ その数列は等差数列を無限個含むか？ ギャラガーは逆方向から，各

A19. $n-2^k$ が素数になるような $n$ の値．$\pm p^a \pm 2^b$ の形でないような奇数

$\epsilon > 0$ に対し，十分大きい $r$ があって，素数と $2$ の $r$ 乗の和になるような数の劣密度が $1-\epsilon$ より大になることを証明した．

エルデーシュはまた $s$ が平方因子無縁のとき，$2^k+s$ の形でない奇数が存在するかどうかを問うた．ジャド・マクラニーは，$1.4 \cdot 10^9$ まで探したが $1$ つも見つからなかった．

$n$ を $2^k+p$ の形に表す表し方の数を $f(n)$ とし，$f(n) > 0$ となる $n$ の列を $\{a_i\}$ とする．$\{a_i\}$ の密度は存在するか？ エルデーシュは，$f(n) > c \ln \ln n$ が無限回起こることを証明したが，$f(n) = o(\ln n)$ かどうかは確定できなかった．エルデーシュは，$\limsup(a_{i+1} - a_i) = \infty$ を予想しているが，最小の法が任意に大きい被覆系が存在すればこの予想は正しい．

ヴァシーリェフ-ミサナは，すべての正の整数 $k$ に対し，$p+2^k$ が合成数であるような素数が無限個存在すること，また同様に $|p-2^k|$ が合成数であるような $p$ が無限個存在することを示した．この両方をみたすような素数 $p$ が存在するかという問題はスン・チュー・ウェイが肯定的に解決した．ブリューデルン-ペレリは，一般リーマン予想を仮定して，素数と $k$ 乗数の和にならないような，$x$ 以下の整数の数は $\ll x^{1-1/25k+\epsilon}$ であることを証明した．

カール・ポメランスは，$n=210$ のとき，$n/2 < p < n$ のすべての素数に対し，$n-p$ が素数であることに注意し，このような $n$ が他に存在するかという問いを出した．デズゥイエ-グランヴィル-ナルキェーヴィッチと協力して，後に彼はこの問題を否定的に解いた．

ハーディー-リトルウッドは，1923 年に，十分大きい整数は，平方数であるか，素数プラス平方数の形であると予想した．ダヴェンポート-ハイルブロンは，1937 年に，ほとんどすべての整数に対してこの予想を証明した．$X$ より小の数で，このような形に表されないものの数を $E(X)$ と表すとき，ワンは $E(X) \ll X^{0.99}$ を示し，リーは指数を $0.982$ に改良した．

Jörg Brüdern & Alberto Perelli, The addition of primes and power, *Canad. J. Math.*, **48**(1996) 512–526; *MR* **97h**:11118.

R. Brünner, A. Perelli & J. Pintz, The exceptional set for the sum of a prime and a square, *Acta Math. Hungar.*, **53**(1989) 347–365; *MR* **91b**:11104.

Chen Yong-Gao, On integers of the forms $k-2^n$ and $k2^n+1$, *J. Number Theory*, **89**(2001) 121–125; *MR* **2002b**:11020.

Fred Cohen & J. L. Selfridge, Not every number is the sum or difference of two prime powers, *Math. Comput.*, **29**(1975) 79–81; *MR* **51** #12758.

R. Crocker, On the sum of a prime and of two powers of two, *Pacific J. Math.*, **36**(1971) 103–107; *MR* **43** #3200.

P. Erdős, On integers of the form $2^r+p$ and some related problems, *Summa Brasil. Math.*, **2**(1947-51) 113–123; *MR* **13**, 437.

Patrick X. Gallagher, Primes and powers of 2, *Inventiones Math.*, **29**(1975) 125–142; *MR* **52** #315.

C. Hooley, *Applications of Sieve Methods*, Academic Press, 1974, Chap. VIII.

Koichi Kawada, On the representation of numbers as the sum of a prime and a $k$th power. Interdisciplinary studies on number theory (Japanese) *Sūrikaisekikenkyūsho Kōkyūroku No.* **837**(1993) 92–100; *MR* **95k**:11129.

Li Hong-Ze, The exceptional set for the sum of a prime and a square, *Acta Math. Hungar.*, **99**(2003) 123–141; *MR* **2004c**:11184.
Donald E. G. Malm, A graph of primes, *Math. Mag.*, **66**(1993) 317–320; *MR* **94k**:11132.
Walter E. Mientka & Roger C. Weitzenkamp, On $f$-plentiful numbers, *J. Combin. Theory*, **7**(1969) 374–377; *MR* **42** #3015.
W. Narkiewicz, On a conjecture of Erdős, *Colloq. Math.*, **37**(1977) 313–315; *MR* **58** #21971.
A. Perelli & A. Zaccagnini, On the sum of a prime and a $k$ th power, *Izv. Ross. Akad. Nauk Ser. Mat.*, **59**(1995) 185–200; *MR* **96f**:11134.
A. de Polignac, Recherches nouvelles sur les nombres premiers, *C. R. Acad. Sci. Paris*, **29**(1849) 397–401, 738–739.
Sun Zhi-Wei, On integers not of the form $\pm p^a \pm q^b$, *Proc. Amer. Math. Soc.*, **128**(2000) 997–1002; *MR* **2000i**:11157.
Sun Zhi-Wei & Le Mao-Hua, Integers not of the form $c(2^a + 2^b) + p^\alpha$, *Acta Arith.*, **99**(2001) 183–190; *MR* **2002e**:11043.
Sun Zhi-Wei & Yang Si-Man, A note on integers of the form $2^n + cp$, *Proc. Edinb. Math. Soc.*(2) **45**(2002) 155–160; *MR* **2002j**:11117.
Saburô Uchiyama & Masataka Yorinaga, Notes on a conjecture of P. Erdős, I, II, *Math. J. Okayama Univ.*, **19**(1977) 129–140; **20**(1978) 41–49; *MR* **56** #11929; **58** #570.
Mladen V. Vassilev-Missana, Note on "extraordinary primes", *Notes Number Theory Discrete Math.*, **1**(1995) 111–113; *MR* **97g**:11004.
R. C. Vaughan, Some applications of Montgomery's sieve, *J. Number Theory*, **5**(1973) 64–79; *MR* **49** #7222.
V. H. Vu, High order complementary bases of primes, *Integers*, **2**(2002) A12; *MR* **2003k**:11017.
Wang Tian-Ze, On the exceptional set for the equation $n = p + k^2$, *Acta Math. Sinica (N.S.)*, **11**(1995) 156–167; *MR* **97i**:11104.
A. Zaccagnini, Additive problems with prime numbers, *Rend. Sem. Mat. Univ. Politec. Torino*, **53**(1995) 471–486; *MR* **98c**:11109

## A20 対称素数と非対称素数

奇素数 $p, q$ が与えられたとき,長方形 $0 < m < p/2, 0 < n, q/2$ 内で,原点を通る対角線より下にある格子点 $(m, n)$ の個数を $S(q, p)$ で表す.そのとき,対角線より上にある格子点の個数は $S(p, q)$ で,$(-1)^{S(q,p)} = \left(\frac{q}{p}\right)$ —ルジャンドル記号 (**F5**) がなりたつ. 等式 $S(p, q) + S(q, p) = \frac{1}{4}(p-1)(q-1)$ は平方剰余の相互法則と関連している.フレッチャー-リングレン-ポメランスは,$S(p, q) = S(q, p)$ となるような対 $(p, q)$ を対称 (対) とよび,$|p-q| = (p-1, q-1)$ のとき,$(p, q)$ が対称になることを示した.対称対をなす素数を対称素数とよび,$x$ より小の対称素数の数はたかだか $x/(\ln x)^{1.027}$ であることも証明した.また,対称素数 $< x$ の個数は $x/(\ln x)^{\sigma + o(1)}$, ここで $\sigma = 2 - (1 + \ln \ln 2)/\ln 2 \approx 1.08607$ であろうと予想している.

Peter Fletcher, William Lindgren & Carl Pomerance, Symmetric and asymmetric primes, *J. Number Theory*, **58**(1996) 89–99; *MR* **97c**:11007.

# B 整除性

$d(n)$ は $n$ の正の約数の個数を，$\sigma(n)$ は $n$ の正の約数の和を，$\sigma_k(n)$ は $n$ の正の約数の $k$ 乗の和を表す．このとき，$\sigma_0(n) = d(n)$, $\sigma_1(n) = \sigma(n)$ である．$s(n)$ で $n$ の**真約数** (aliquot parts), すなわち，$n$ 以外の $n$ の約数, の和を表す．したがって $s(n) = \sigma(n) - n$ である．$n$ の異なる素因子の数を $\omega(n)$ で，重複も込めた $n$ の素因子の総数を $\Omega(n)$ で表す．

数論的関数の逐次合成関数をベキ乗の記号で表す．たとえば $s^k(n)$ は，$s^0(n) = n$, $k \geq 0$ に対しては，$s^{k+1}(n) = s(s^k(n))$ によって定義する．

$d \mid n$ は $d$ が $n$ を割ること，$e \nmid n$ は $e$ が $n$ を割らないことを表す．$p^k \| n$ は，$p^k \mid n$ かつ $p^{k+1} \nmid n$ を意味する．$[m, n]$ は連続する整数のブロック $m, m+1, \ldots, n$ を表す．

## B1 完全数

$n = s(n)$ となる整数を**完全数**という．$2^p - 1$ が素数のとき，$2^{p-1}(2^p - 1)$ が完全数であることはユークリッドの熟知するところであり，実際，偶数の完全数はこれらで尽くされることはオイラーが証明した．たとえば，$6, 28, 496, \ldots$ である．**A3** のメルセンヌ素数の表を参照．

奇数の完全数が存在するか否かは，数論における未解決問題中，名うての難問の1つである．オイラーは，奇数の完全数は，$p$ が素数，$p \equiv \alpha \equiv 1 \pmod 4$ のとき，$p^\alpha m^2$ の形であることを示した．トゥチャードは $12m + 1$ または $36m + 9$ の形であることを示した．

奇数の完全数の下からの限界は，ブレント-コーエン-テ・リーレによって $10^{300}$ まであげられている．ブランドスタインは，奇数の完全数の最大素因子は $> 500000$ であることを示し，ハッギスは2番目に大きい素因子は $> 1000$ を示した．イアヌッチは後者を $> 10000$ まで改良し，さらに3番目に大きい素因子が $> 100$ を示した．コーエンは奇数の完全数は $> 10^{20}$ の成分 (素数ベキの約数) をもつことを示し，セイヤーズは (必ずしも異なるとは限らない) 少なくとも29個の素因子があることを示した．イアヌッチ-ソリはこれを $\Omega(n) \geq 37$ まで改良している．

ポメランスはたかだか $k$ 個の異なる素因子をもつ完全数は，

$$(4k)^{(4k)^{2^{k^2}}}$$

より小さいことを示した．ヒース・ブラウンは，$\sigma(n) = an$ をみたす奇数 $n$ は $n < (4d)^{4^k}$ を示すことによって，これを大幅に改良した．ここで $d$ は $a$ の分母で，$k$ は $n$ の異なる素因子の数 $\omega(n)$ である．とくに，$k$ 個の異なる素因子をもつ奇数の完全数を $n_k$ で表せば，$n_k < 4^{4^k}$ である．ロジャー・クックは，これをさらに $n_k < C^{4^k}$ まで改良した．ここで $C = 3^{512/511} \approx 3.006$ である．また $k = 8$ のとき，$n_8 < D^{4^8}$ を得た．ここで $195 \mid n_8$ のとき $D = 2^{16/15} \approx 2.094$ で，その他のとき $D = 195^{1/7} \approx 2.123$ である．ニールセンは最近 $n_k < 2^{4^k}$ を得たと主張している．

スターニは，$n = p^\alpha M^2$ が奇数の完全数— $p$ は素数，$p \perp M$ で $p \equiv \alpha \equiv 1 \bmod 4$，$\alpha + 2$ も素数，$(\alpha + 2) \perp (p - 1)$ —のとき，$M^2 \equiv 0 \bmod \alpha + 2$ を示した．

ジョン・リーチは，デカルトの例

$$3^2 7^2 11^2 13^2 22021$$

のような奇数のギミック完全数の例を求めることを問題にした．デカルトの例は，22021 に素数のふりをさせれば完全数であることになる．

グレッグ・マーティンは 4680 が「負完全数」であることを証明している．4680 を $2^3 \cdot 3^2 \cdot (-5) \cdot (-13)$ と書けば，

$\sigma(4680) = (1 + 2 + 2^2 + 2^3)(1 + 3 + 3^2)(1 + (-5))(1 + (-13)) = 9360 = 2 \cdot 4680$

となる．負の素数ベキ因数に対し，$\sigma(-p^n) = \sum_{j=0}^{n}(-p)^j$ の式がなりたつとして，これ以外の例があるかを問うている．デニス・アイヒホーンとピーター・モンゴメリーは $-84 = 2^2(3)(-7)$，$-120 = 2^3(3)(-5)$ という例を見出し，$\sigma((-2)^5(3)(7)) = (-2)^5(3)(7)$ に注意した．マーティンは $\tilde{\sigma}(p^r) = p^r - p^{r-1} + p^{r-2} - \cdots + (-1)^r$ と定義し，$k\sigma(n) = n$ によって $\tilde{\sigma}$-$k$-完全数を定義した．$k = 2$ のとき 2, 12, 40, 252, 880, 10880, 75852 がそうであり，$k = 3$ のとき，30240 と $2^{10} 3^4 5^4 11 \cdot 13^2 \cdot 31 \cdot 61 \cdot 157 \cdot 521 \cdot 683$ を含む少なくとも 40 個がある．

4 以上の $k$ に対し，$\tilde{\sigma}$-$k$-完全数は存在するか？

$\tilde{\sigma}$-$k$-完全数は無限個存在するか？

奇数の $\tilde{\sigma}$-3-完全数は存在するか？　存在するとすれば，平方数でなければならない．

初期の多くの文献に関しては，本書の初版を参照．

Jennifer T. Betcher & John H. Jaroma, An extension of the results of Servais and Cramer on odd perfect and odd multiply perfect numbers, *Amer. Math. Monthly*, **110**(2003) 49–52; MR **2003k**:11006.

Michael S. Brandstein, New lower bound for a factor of an odd perfect number, #82T-10-240, *Abstracts Amer. Math. Soc.*, **3**(1982) 257.

Richard P. Brent & Graeme L. Cohen, A new lower bound for odd perfect numbers, *Math. Comput.*, **53**(1989) 431–437.

R. P. Brent, G. L. Cohen & H. J. J. te Riele, Improved techniques for lower bounds for odd perfect numbers, *Math. Comput.*, **57**(1991) 857–868; MR **92c**:11004.

E. Chein, An odd perfect number has at least 8 prime factors, PhD thesis, Penn. State Univ., 1979.

Chen Yi-Ze & Chen Xiao-Song, A condition for an odd perfect number to have at least 6 prime factors $\equiv$ 1 mod 3, *Hunan Jiaoyu Xueyuan Xuebao (Ziran Kexue)*, **12**(1994) 1–6; *MR* **96e**:11007.

Graeme L. Cohen, On the largest component of an odd perfect number, *J. Austral. Math. Soc. Ser. A*, **42**(1987) 280–286.

Roger Cook, Factors of odd perfect numbers, *Number Theory (Halifax NS, 1994)* 123–131, *CMS Conf. Proc.*, **15** Amer. Math. Soc., 1995; *MR* **96f**:11009.

Roger Cook, Bounds for odd perfect numbers, *Number Theory (Ottawa ON, 1996)* 67–71, *CRM Proc. Lecture Notes*, **19** Amer. Math. Soc., 1999; *MR* **2000d**:11010.

Simon Davis, A rationality condition for the existence of odd perfect numbers, *Int. J. Math. Math. Sci.*, **2003**:1261–1293; *MR* **2004b**:11007.

John A. Ewell, On necessary conditions for the existence of odd perfect numbers, *Rocky Mountain J. Math.*, **29**(1999) 165–175.

Aleksander Grytczuk & Marek Wójtowicz, There are no small odd perfect numbers, *C.R. Acad. Sci. Paris Sér. I Math.*, **328**(1999) 1101–1105.

P. Hagis, Sketch of a proof that an odd perfect number relatively prime to 3 has at least eleven prime factors, *Math. Comput.*, **40**(1983) 399–404.

P. Hagis, On the second largest prime divisor of an odd perfect number, *Lecture Notes in Math.*, **899**, Springer-Verlag, New York, 1971, pp. 254–263.

Peter Hagis & Graeme L. Cohen, Every odd perfect number has a prime factor which exceeds $10^6$, *Math. Comput.*, **67**(1998) 1323–1330; *MR* **98k**:11002.

Judy A. Holdener, A theorem of Touchard on odd perfect numbers, *Amer. Math. Monthly*, **109**(2002) 661–663; *MR* **2003d**:11012.

Douglas E. Iannucci, The second largest prime divisor of an odd perfect number exceeds ten thousand, *Math. Comput.*, **68**(1999) 1749–1760; *MR* **2000i**:11200.

Douglas E. Iannucci, The third largest prime divisor of an odd perfect number exceeds one hundred, *Math. Comput.*, **69**(2000) 867–879; *MR* **2000i**:11201.

D. E. Iannucci & R. M. Sorli, On the total number of prime factors of an odd perfect number, *Math. Comput.*, **72**(2003) 2077–2084; *MR* **2004b**:11008.

Abd El-Hamid M. Ibrahim, On the search for perfect numbers, *Bull. Fac. Sci. Alexandria Univ.*, **37**(1997) 93–95; *J. Inst. Math. Comput. Sci. Comput. Sci. Ser.*, **10**(1999) 55–57.

Paul M. Jenkins, Odd perfect numbers have a prime factor exceeding $10^7$, *Math. Comput.*, **72**(2003) 1549–1554; *MR* **2004a**:11002.

Masao Kishore, Odd perfect numbers not divisible by 3 are divisible by at least ten distinct primes, *Math. Comput.*, **31**(1977) 274–279; *MR* **55** #2727.

Masao Kishore, Odd perfect numbers not divisible by 3. II, *Math. Comput.*, **40**(1983) 405–411; *MR* **84d**:10009.

Masao Kishore, On odd perfect, quasiperfect, and odd almost perfect numbers, *Math. Comput.*, **36**(1981) 583–586; *MR* **82h**:10006.

Pace P. Nielsen, An upper bound for odd perfect numbers, *Elect. J. Combin. Number Theory*, **3**(2003) A14. http://www.integers-ejcnt.org/vol3.html

J. Touchard, On prime numbers and perfect numbers, *Scripta Math.*, **19**(1953) 35–39; *MR* **14**, 1063b.

M. D. Sayers, An improved lower bound for the total number of prime factors of an odd perfect number, M.App.Sc. Thesis, NSW Inst. Tech., 1986.

Paulo Starni, On the Euler's factor of an odd perfect number, *J. Number Theory*, **37**(1991) 366–369; *MR* **92a**:11010.

Paolo Starni, Odd perfect numbers: a divisor related to the Euler's factor, *J. Number Theory*, **44**(1993) 58–59; *MR* **94c**:11003.

**OEIS:** A000396, A058007.

| B2 | 概完全数，準完全数，擬似完全数，調和数，ウィアード数，多重完全数，超完全数 |

　奇数の完全数が存在しないことを証明しようとして果たさず苦々が貯まったゆえんでもあろうか，多くの研究者が完全数に類似の概念を導入し，関連した問題を提出したが，そのほとんどはもとの問題と同程度に手に負えないもののようである．

　$n$ が完全数のとき $\sigma(n) = 2n$ であるが，$\sigma(n) < 2n$ となるような $n$ は**不足数**とよばれる．すべての整数 $> 3$ は 2 個の不足数の和であることを証明するか，そうでないような数を見つけよという問題が $Abacus$ にある．$\sigma(n) > 2n$ となる $n$ を**過剰数**という．$\sigma(n) = 2n - 1$ となる $n$ は**概完全数**とよばれてきた．2 のベキは概完全数であるが，他に概完全数があるかどうかは未知である．$\sigma(n) = 2n + 1$ となる $n$ は**準完全数**とよばれてきた．準完全数は存在するとすれば，奇数の平方でなければならないが，存在するかどうかはわかっていない．マサオ・キショエは，$n$ が準完全数なら，$n > 10^{30}$ で $\omega(n) \geq 6$ でなければならないことを証明した．ハギス-コーエンはこれを $n > 10^{35}$, $\omega(n) \geq 7$ に改良した．カタネオが最初に $3 \nmid n$ を証明したと称していたが，後にシェルピンスキらが証明が誤っていることに注意した．クラヴィッツはその書簡の中で，より一般的予想—過剰分 $\sigma(n) - 2n$ が奇数の平方であるような $n$ は存在しないこと—を述べている．これに関連して，グレイエム・コーエンは興味深い例

$$\sigma(2^2 3^2 5^2) = 3(2^2 3^2 5^2) + 11^2$$

をあげ，$\sigma(n) = 2n + k^2$ で $n \perp k$ なら $\omega(n) \geq 4$ かつ $n > 10^{20}$ を示している．また $k < 10^{10}$ なら $\omega(n) \geq 6$ で，$k < 44366047$ のとき，$n$ は原始過剰数 (以下を参照) であることも示した．後に，条件 $n \perp k$ を緩めて，

$$n = 2 \cdot 3^2 \cdot 238897^2, \quad k = 3^2 \cdot 23 \cdot 1999$$

なる解と，$n = 2^2 \cdot 7^2 \cdot p^2$ の型の解を 5 個見出した．ここで

| $p =$ | 53 | 277 | 541 | 153941 | 358276277 |
|---|---|---|---|---|---|
| $k =$ | $7 \cdot 29$ | $5 \cdot 7 \cdot 23$ | $5 \cdot 7 \cdot 43$ | $5 \cdot 7 \cdot 103 \cdot 113$ | $5 \cdot 7 \cdot 227 \cdot 229 \cdot 521$ |

である．

　コーエンは，上の 5 個のうちの最初のものは，奇数の平方の過剰分をもつ最小の整数であることも検証した．シドニー・クラヴィッツは，その後もう 2 個の解を知らせてきた:

$$n = 2^3 \cdot 3^2 \cdot 1657^2, \quad k = 3 \cdot 11 \cdot 359,$$
$$n = 2^4 \cdot 31^2 \cdot 79922201791288 93^2, \quad k = 44498798693247589.$$

後者では $k$ が 31 で割れることに注意．エルデーシュは，定数 $C$ に対し，$|\sigma(n) - 2n| < C$ となるような大きい整数の特徴付けの問題を提出した．たとえば $n = 2^m$ がそうである．

他の無限個の族については，モンコフスキの 2 編の論文を参照．

ウォール-クルーズ-ジョンソンは，過剰数の密度は 0.2441 と 0.2909 の間にあることを証明した．また 1983 年 8 月 17 日付けの手紙でウォールはこの限界を 0.24750 と 0.24893 に狭めたと知らせてきた．エルデーシュは密度が無理数かどうかを問うた．

ポール・ツィマーマンは，マルク・デレグリーズが上記限界を $0.2477 \pm 0.0003$ に狭めたと報告している．

http://www.mathsoft.com/asolve/constant/abund/abund.html

サンダーは，十分大の $n$ に対し，$n$ と $n+(\ln n)^2$ の間に不足数が存在することを証明した．

シェルピンスキは，その約数「いくつかの」和になるような整数を擬似完全数と名づけた．たとえば $20 = 1+4+5+10$ がそうである．エルデーシュは擬似完全数が密度をもつことを示し，おそらく擬似完全数でない整数が存在するであろうが，そういう整数は $n = ab$ の形で，$a$ は過剰数，$b$ は多くの素因子を含むであろうと述べた．$b$ は $< a$ なる多くの因子をもつことができるか？

アボットは，$n \geq 3$ に対し，$n$ 個の整数 $1 \leq a_1 < a_2 < \ldots < a_n = l$ があって，各 $i$ に対し，$a_i | s = \sum a_i$ となる（したがって $s$ は擬似完全数）最小の整数 $l$ を $l(n)$ と表すとき，ある $c_1 > 0$ とすべての $n \geq 3$ に対し，$l(n) > n^{c_1 \ln \ln n}$ を，またある $c_2 > 0$ と無限個の $n$ に対し，$l(n) < n^{c_2 \ln \ln n}$ を証明した．

過剰数であるが，その真の約数がすべて不足数であるような整数を原始過剰数とよび，また擬似完全数であって，その真の約数がどれも擬似完全数でないような整数を原始擬似完全数とよぶ．$n$ のすべての正の約数の調和平均 $H(n) = nd(n)/\sigma(n)$ が整数のとき，ポメランスは，$n$ を調和数とよんだ．A. & E. ザハリオウは，これを「オア数」とよび，原始擬似完全数を「既約準完全数」とよんでいる．彼らは，擬似完全数のすべての倍数はまた擬似完全数であり，擬似完全数の集合も調和数の集合も完全数の集合を真部分集合として含むことに注意している．後者の結果はオアによるものである．$m \geq 1$ かつ $p$ が $2^m$ と $2^{m+1}$ の間の素数のとき，$2^m p$ の形の数はすべて原始擬似完全数である．しかし，770 のようにこの形でない原始完全数も存在する．調和数でないような原始擬似完全数は無限個存在する．最小の奇数の原始擬似完全数は 945 である．エルデーシュは，奇数の原始擬似完全数が無限個存在することを証明した．また，十分大の $n$ に対し，$n$ より小の原始過剰数の個数は $n \exp(-c\sqrt{\ln n \ln \ln n})$ の形の関数によって上下から評価されることを証明した．イヴィッチは，この定数 $c$ が $12^{-\frac{1}{2}} - \epsilon, 6^{\frac{1}{2}} + \epsilon$ にとれることを示した．アヴィドンは，この結果を $1 - \epsilon, 2^{\frac{1}{2}} + \epsilon$ に改良した．

ガルシアは調和数の表を拡充して，$< 10^7$ より小の 45 個をすべて発見した．さらに 200 個の大きい調和数を発見している．1 と完全数を除くと，最小の調和数は 140 である．1 以外の調和数で平方数であるものがあるか？ 調和数は無限個あるか？ 無限個あるとして，$< x$ の調和数の個数上限，下限を求めよ．カノルドは，調和数の密度は 0 であることを示した．ポメランスは $(p, q$ 素数のとき$)$，$p^a q^b$ の形の調和数は偶数の完全数であることを証明した．$n = p^a q^b r^c$ が調和数のとき，それは偶数か？

調和平均 $H(n)$ はどのような値を取るか？ 上記で提出したいくつかの問題は解決されている．すべての $>1$ の調和数は偶数であるというオア自身の予想から，奇数の完全数は存在しないことがしたがう！

コーエンは，$2^a m$ の形の調和数をすべてリストアップした．ここで，$m$ は奇数で平方因子を含まず，$1 \leq a \leq 11$ である．このうち 45 個は $a = 8$ の場合，また，$H(n) = nd(n)/\sigma(n) \leq 13$ であるような調和数がちょうど 13 個あることも示している．

$H(n) =$ 1  2  3  5  6  5  8  9  11  10  7  13  13
$n =$  1  6  28  140  270  496  672  1638  2970  6200  8128  105664  $2^{12}8191$

コーエン-ソルリは，調和数であって，それより小の調和数のユニタリー因子を含まないようなものを調和種数とよんだ．調和数が無限個存在するかどうかわかっていない以上，調和種数が無限個存在するかどうかは未知である．

後藤-柴田は，調和平均が 300 までのすべての調和数を求め，いくつかの問題を提出した：自明でない奇数の調和数はあるか？ ちょうど 3 個の異なる素因数をもつような調和種数は無限個あるか？ 有限個ならそれらをすべて見出せ．各調和数はただ 1 つの調和種数をもつか？ ベキフル (**B16**) 調和数はあるか？ 不足数であるような調和数はあるか？

正の整数 $n$ は，その正の約数の算術平均 $A(n) = \sigma(n)/d(n)$ が整数のとき算術数とよばれる．後藤-柴田は，調和数 $n$ の約数の調和平均 $H(n)$ が $n$ を割るとき，$n$ はまた算術数であることを証明した．140, 270, 672 という例を与えている．$H(n) = 3p < 300$ なるすべての例で，$n$ は算術的であることに注意し，すべての素数 $p$ に対してこれがなりたつかどうかを問うている．

ベイトマン-エルデーシュ-ポメランス-ストラウスは，算術数の場合は密度 1, $\sigma(n)/d(n)^2$ が整数であるような集合の密度は $\frac{1}{2}$, $\sigma(n)/d(n)$ の形の有理数 $r \leq x$ の集合の密度は $o(x)$ であることを証明している．また $d(n)$ が $\sigma(n)$ を「割らない」ような $n \leq x$ に関する和

$$\frac{1}{x} \sum 1$$

の漸近式を求めよという問題を提出した．彼らはまた，$d(n)$ が $s(n) = \sigma(n) - n$ を割るような整数の集合の密度は 0 であることに注意している．それは，ほとんどすべての $n$ に対し，$d(n)$ と $\sigma(n)$ は 2 の高次ベキで割れ，$n$ は 2 の低次ベキでしか割れないからである．

デイヴィッド・ウィルソンは，1998 年 8 月 27 日の電子メールで，$\sigma(n) \neq kn + 5$ を予想した．ダニエル・ホウイは，$\sigma(n) = kn + r$ であるような $n$ の値を次のようにリストアップし，$r$ が奇数のとき，それらは有限個であろうと述べている．

$r$   $\sigma(n) \equiv r \bmod n$ となる $n$ の値

2   20, 104, 464, 650, 1952, 130304, 522752

3   4, 18

```
4   9, 12, 70, 88, 1888, 4030, 5830, 32128, 521728, 1848964
6   25, 180, 8925
7   8, 196
8   10, 49, 56, 368, 836, 11096, 17816, 45356, 77744, 91388,
       128768, 254012, 388076, 2087936, 2291936
9   15
```

ベンコースキは，過剰数であるが擬似完全数でないような数をウィアード数とよんだ．たとえば，70 は

$$1 + 2 + 5 + 7 + 10 + 14 + 35 = 74$$

の部分集合の元の和にならないからウィアード数である．100 万までには 24 個の原始ウィアード数 70, 836, 4030, 5830, 7192, ... がある．非原始的ウィアード数は $70p$ ― $p$ は素数で $p > \sigma(70) = 144$ ―の形のもの; $836p$ ― $p = 421, 487, 491$，または $p$ は素数で $p \geq 557$ のものを含む．$7192 \cdot 31$ もそうである．クラヴィッツはいくつかの大きいウィアード数を見出した．ベンコースキ-エルデーシュは，ウィアード数の集合の密度が正であることを証明した．この分野の未解決問題は次のとおり: ウィアード数であるような原始過剰数は無限個存在するか？ 奇数の過剰数は擬似完全数か (すなわち，非ウィアード数か)？ $n$ がウィアード数のとき，$\sigma(n)/n$ は任意に大きいか？ ベンコースキ-エルデーシュは，この 2 つの問題は「否」であろうと予想しており，エルデーシュはそれぞれに 10 ドル，25 ドルの賞金を懸けている．

エルデーシュはまた，$\sigma(n) > 3n$ で $n$ がその異なる約数の和として重複なしで 2 通りに表せないような数，すなわち特異ウィアード数は存在するかどうかを問うた．たとえば，180 は，$\sigma(180) = 546$ をみたすが，$180 = 30 + 60 + 90$ なる表示の他に，6 を除く他のすべての約数の和としても表されるから，特異ウィアード数ではない．

実現数 $m$ は，$1 \leq n \leq \sigma(m)$ の各 $n$ が $m$ の異なる約数の和として表されるような数として定義される．たとえば $4 = 1 + 3$, $5 = 2 + 3$, $7 = 1 + 6$, $8 = 2 + 6$, $9 = 3 + 6$, $10 = 1 + 3 + 6$, $11 = 2 + 3 + 6$, $12 = 1 + 2 + 3 + 6$ より，6 は実現数である．エルデーシュは，1950 年に，実現数の集合の漸近密度は 0 であることを証明した．また，$x$ より小の実現数の個数を $P(x)$ で表すとき，ある正の数 $\alpha, \beta$ に対して，

$$x \exp(-\alpha (\ln \ln x)^2) \ll P(x) \ll x/(\ln x)^\beta$$

なることが知られている．下限はマーゲンシュタインにより，上限はハウスマン-シャピロによる．メルフィはすべての偶数は 2 個の実現数の和で表されること，および $m \pm 2$ も実現数であるような実現数 $m$ が無限個存在することを証明した．

整数 $k$ に対し，$\sigma(n) = kn$ となる $n$ は多重完全数，あるいは $k$-重完全数とよばれる．たとえば普通の完全数は 2 重完全数であり，120 は 3 重完全数である．ディクソンの『歴史』には，このような数に対する興味が昔からあったことが記録されている．レーマーは，$n$ が奇数のとき，$2n$ が 3 重完全数ならば $n$ は完全数であることに注意した．

セルフリッジらは，現在知られている 3 重完全数は 6 個であり，それらは $2^h - 1$, $h = 4, 6, 9, 10, 14, 15$ から生じることに注意した．たとえば，3 番目の数は

$$\sigma(2^8 \cdot 7 \cdot 73 \cdot 37 \cdot 19 \cdot 5) = (2^9 - 1)(2^3)(37 \cdot 2)(19 \cdot 2)(5 \cdot 2^2)(2 \cdot 3)$$

となっている．36 個の既知の 4 重完全数についても同様の解釈ができそうである．36 番目は 1929 年にプーレが見出したものである．

長年の間，$k$ 重の $k$ の最大の既知の値は 8 であったが，アラン L. ブラウンは，$k = 8$ の例を 3 個，フランクィ-ガルシアはさらに 2 個を与えた．

1992 年末および 1993 年初めに，$k = 9$ の例が半ダース，フレッド・ヘレニウスによって発見された．最小のものは

$2^{114} \cdot 3^{35} \cdot 5^{17} \cdot 7^{12} \cdot 11^4 \cdot 13^5 \cdot 17^3 \cdot 19^8 \cdot 23^2 \cdot 29^2 \cdot 31^2 \cdot 37^4 \cdot 41 \cdot 43 \cdot 47^2 \cdot 53 \cdot 61^2 \cdot 67 \cdot 71 \cdot 73 \cdot 79^2 \cdot 83^2 \cdot 89^2 \cdot 97 \cdot 103 \cdot 109 \cdot 127 \cdot 131^2 \cdot 151 \cdot 157 \cdot 167 \cdot 179^2 \cdot 197 \cdot 211 \cdot 227 \cdot 331 \cdot 347 \cdot 367 \cdot 379 \cdot 443 \cdot 523 \cdot 599 \cdot 709 \cdot 757 \cdot 829 \cdot 1151 \cdot 1699 \cdot 1789 \cdot 2003 \cdot 2179 \cdot 2999 \cdot 3221 \cdot 4271 \cdot 4357 \cdot 4603 \cdot 5167 \cdot 8011 \cdot 8647 \cdot 8713 \cdot 14951 \cdot 17293 \cdot 21467 \cdot 29989 \cdot 110563 \cdot 178481 \cdot 530713 \cdot 672827 \cdot 4036961 \cdot 218834597 \cdot 16148168401 \cdot 151871210317 \cdot 2646507710984041$

である．

1997 年 5 月 13 日にロンは 10 重完全数を，ジョージ・ウォルトマンは 2001 年 3 月 13 日に 11 重完全数を発見した．

1992 年には，$k \geq 3$ の $k$ 重完全数は 700 個しか知られていなかったが，1993 年 1 月に，フレッド・ヘレニウスによりこの数値が一挙にはね上がって，約 1150 になった．その内訳は，114 個の 7 重完全数，327 個の 8 重完全数，2 個の 9 重完全数であった．ヘレニウスは毎月のように新しい多重完全数を発見しているため，本書のどの部分にもまして，この節をアップデートしていくのは不可能である．1993 年の 3 月にはトータルが 1300 個に迫り，1993 年 9 月 8 日のシュレッペルからの手紙の追伸で 1526 であったものが，翌日彼が手紙を投函するまでに 1605 個になった．2002 年末には，8! 個の多重完全数が既知となった．その中には ($k = 1$ のときの) 1 と ($k = 2$ のときの) 39 個のメルセンヌ数が含まれている．他の数は次の通り：

| $k =$ | 3 | 4 | 5 | 6 | 7 | 8 | 9 | 10 | 11 | 計 |
|---|---|---|---|---|---|---|---|---|---|---|
|  | 6 | 36 | 65 | 245 | 516 | 1134 | 2074 | 923 | 1 | 5000 |

$k$ はいくらでも大きくなりうるか？ エルデーシュは $k = o(\ln \ln n)$ を予想しており，また，各 $k \geq 3$ に対し，$k$ 重完全数は有限個しか存在しないであろうとも示唆されているから，上記の表の最初の 5 項程度は既に完結している可能性もある．

$n$ が奇数の 3 重完全数のとき，マクダニエル，コーエン，キショエ，ブグルフ，キショエ，コーエン-ハギス，ライドリンガー，キショエはそれぞれ $\omega(n) \geq 9, 9, 10, 11, 11, 11, 12, 12$ を示した．一方，ベック-ナジャール，アレクサンダー，コーエン-ハギスはそれぞれ $n > 10^{50}, 10^{60}, 10^{70}$ を示した．コーエン-ハギスは，$n$ の最大素因子は少なくとも 100129 で，2 番目に大きい素因子は 1009 以上であることも示している．

中村滋は，ブグロフが 1966 年に奇数の $k$ 重完全数は，少なくとも $\omega$ 個の素因子を含むことを示していたと述べている．ここで $(k,\omega) = (3,11), (4,21), (5,54)$ [MR **37** #5139 & rNT A32-96 の記載は誤り]．中村は，偶数の $k$ 重完全数に対し，

$$\omega > \max\{k^3/81 + \tfrac{5}{3},\ k^5/2500 + 2.9,\ k^{10}/(14 \cdot 10^8) + 2.9999\}$$

を，奇数の $k$ 重完全数に対し

$$\omega > \max\{k^5/60 + \tfrac{47}{12},\ k^5/50 - 20.8,\ 737k^{10}/10^9 + 11.5\}$$

を証明したと主張している．これは，コーエン-ヘンディ，ライドリンガーの結果の改良である．また，ブグロフの結果を改良して，$(k,\omega) = (4,23), (5,56), (6,142), (7,373)$ を与えている．

ミノリ-ベアは，$n = 1 + k\sum d_i$ ―ここで和は $n$ のすべての真の約数，$1 < d_i < n$ にわたる―のとき，$n$ を $k$ **重超完全数**とよんだ．すなわち，$k\sigma(n) = (k+1)n + k - 1$ となるような $n$ のことである．たとえば 21, 2133, 19521 は 2 重超完全数で，325 は 3 重超完全数である．2 人は，各 $k$ に対し，$k$ 重超完全数が存在すると予想している．

コーエン-テ・リーレは，$\sigma^m(n) = kn$ となるような $n$ を $(m,k)$-**完全数**とよんだ．たとえば，完全数は $(1,2)$-完全数，$k$ 重完全数は，$(1,k)$-完全数である．$(2,2)$-完全数は以前は超完全数 (スーパーパーフェクト) とよばれていた．また $(2,k)$-完全数は $k$ 重スーパーパーフェクトとよばれていた．コーエン-テ・リーレは，$(m,n) = (2, < 10^9), (3, < 2 \cdot 10^8), (4, < 10^8)$ に対して，$(m,k)$-完全数 $n$ の表を作成し，方程式 $\sigma^2(2n) = 2\sigma^2(n)$ が無限個の解をもつことを証明した．また，固定された $m$ に対し，$(m,k)$-完全数が無限個存在するか？ 任意の $n$ はある $m$ に対し，$(m,k)$-完全数か？ などを問うている．$n \in [1,400]$ に対し，後者の問題に適合する最小の $m$ の表を作成している．

エスワラタサン-レーヴィンは，$a(n) \perp b(n), a(0) = 0$ に対し，$a(n)/b(n) = \sum_{i=1}^n 1/i$ と定義し，素数 $p$ に対して，集合 $J(p) = \{n \geq 0 : p \mid a(n)\}$ と $I(p) = \{n \geq 0 : p \nmid b(n)\}$ を考察した．$J(2) = \{0\}, J(3) = \{0,2,7,22\}$ であり，$p \geq 5$ に対し，$J(p) \supseteq \{0, p-1,\ p^2-p,\ p^2-1\}$．彼らはこの等式がなりたつための必要十分条件を与え，200 より小の素数でその条件をみたすものは 5, 13, 17, 23, 41, 67, 73, 79, 107, 113, 139, 149, 157, 179, 191, 193 であることを示した．$[I(5) = \{1,2,3,4,\ldots\}]$ は 1997 年のプットナム問題 B3 に出たものである．] このような素数は無限個あると予想されている．これに対比して，

$$J(7) = \{0, 6, 42, 48, 295, 299, 337, 341, 2096, 2390, 14675, 16735, 102728\}$$

であるが，$J(p)$ は常に有限であると予想されている．

ロン・グラハムは，$s(n) = \lfloor n/2 \rfloor$ なら $n$ は 2 であるかまたは 3 のベキであるかどうかを問うており，ルオ-シーリー-ル・マオホアが部分的解を与えた．

ある $k$ に対し，$n = \sum_{i=1}^k d_i$ で $1 = d_1 < d_2 < \ldots d_l = f(n)$ が $f(n)$ の約数の増大列であるような最小の整数を $f(n)$ とするとき，エルデーシュは $f(n) = o(n)$ かどうか

を問うた.また,$\limsup f(n)/n = \infty$ で,ほとんどすべての $n$ に対して $f(n) = o(n)$ かどうかも問題にしている.

| $n$ | 1 | 2 | 3 | 4 | 5 | 6 | 7 | 8 | 9 | 10 | 11 | 12 | 13 | 14 |
|---|---|---|---|---|---|---|---|---|---|---|---|---|---|---|
| $f(n)$ | 1 | - | 2 | 3 | - | 5 | 4 | 7 | 15 | 12 | 21 | 6 | 9 | 13 |
| $n$ | 15 | 16 | 17 | 18 | 19 | 20 | 21 | 22 | 23 | 24 | 25 | 26 | 27 | 28 |
| $f(n)$ | 8 | 12 | 30 | 10 | 42 | 19 | 18 | 20 | 57 | 14 | 36 | 46 | 30 | 12 |

エルデーシュは,自然数 $n$ の真の約数を $k$ 個の類に分かつとき,$n$ が特定の1つの類の異なるもとの和になるような最小の $n$ を $n_k$ と定義した.$n_1 = 6$ であるが,$n_2$ が存在するかどうかすらわかっていない.

H. Abbott, C. E. Aull, Ezra Brown & D. Suryanarayana, Quasiperfect numbers, *Acta Arith.*, **22**(1973) 439–447; *MR* **47** #4915; corrections, **29**(1976) 427–428.
Leon Alaoglu & Paul Erdős, On highly composite and similar numbers, *Trans. Amer. Math. Soc.*, **56**(1944) 448–469; *MR* **6**, 117b.
L. B. Alexander, Odd triperfect numbers are bounded below by $10^{60}$, M.A. thesis, East Carolina University, 1984.
M. M. Artuhov, On the problem of odd $h$-fold perfect numbers, *Acta Arith.*, **23**(1973) 249–255.
Michael R. Avidon, On the distribution of primitive abundant numbers, *Acta Arith.*, **77**(1996) 195–205; *MR* **97g**:11100.
Paul T. Bateman, Paul Erdős, Carl Pomerance & E.G. Straus, The arithmetic mean of the divisors of an integer, in *Analytic Number Theory (Philadelphia, 1980)* 197–220, *Lecture Notes in Math.*, **899**, Springer, Berlin - New York, 1981; *MR* **84b**:10066.
Walter E. Beck & Rudolph M. Najar, A lower bound for odd triperfects, *Math. Comput.*, **38**(1982) 249–251.
S. J. Benkoski, Problem E2308, *Amer. Math. Monthly*, **79**(1972) 774.
S. J. Benkoski & P. Erdős, On weird and pseudoperfect numbers, *Math. Comput.*, **28**(1974) 617–623; *MR* **50** #228; corrigendum, S. Kravitz, **29**(1975) 673.
Alan L. Brown, Multiperfect numbers, *Scripta Math.*, **20**(1954) 103–106; *MR* **16**, 12.
E. A. Bugulov, On the question of the existence of odd multiperfect numbers (Russian), *Kabardino-Balkarsk. Gos. Univ. Ucen. Zap.*, **30**(1966) 9–19.
William Butske, Lynda M. Jaje & Daniel R. Mayernik, On the equation $\sum_{p|N}(1/p)+(1/N) = 1$, pseudoperfect numbers, and perfectly weighted graphs, *Math. Comput.*, **69**(2000) 407–420; *MR* **2000i**:11053.
David Callan, Solution to Problem 6616, *Amer. Math. Monthly*, **99**(1992) 783–789.
R. D. Carmichael & T. E. Mason, Note on multiply perfect numbers, including a table of 204 new ones and the 47 others previously published, *Proc. Indiana Acad. Sci.*, **1911** 257–270.
Paolo Cattaneo, Sui numeri quasiperfetti, *Boll. Un. Mat. Ital.*(3), **6**(1951) 59–62; *Zbl.* **42**, 268.
Cheng Lin-Feng, A result on multiply perfect number, *J. Southeast Univ. (English Ed.)*, **18**(2002) 265–269.
Graeme L. Cohen, On odd perfect numbers II, multiperfect numbers and quasiperfect numbers, *J. Austral. Math. Soc. Ser. A*, **29**(1980) 369–384; *MR* **81m**:10009.
Graeme L. Cohen, The non-existence of quasiperfect numbers of certain forms, *Fibonacci Quart.*, **20**(1982) 81–84.
Graeme L. Cohen, On primitive abundant numbers, *J. Austral. Math. Soc. Ser. A*, **34**(1983) 123–137.
Graeme L. Cohen, Primitive $\alpha$-abundant numbers, *Math. Comput.*, **43**(1984) 263–270.
Graeme L. Cohen, Stephen Gretton and his multiperfect numbers, Internal Report No. 28,

School of Math. Sciences, Univ. of Technology, Sydney, Australia, Oct 1991.

G. L. Cohen, Numbers whose positive divisors have small integral harmonic mean, *Math. Comput.*, **66**(1997) 883–891; *MR* **97f**:11007.

G. L. Cohen & Deng Moujie, On a generalisation of Ore's harmonic numbers, *Nieuw Arch. Wisk.*(4), **16**(1998) 161–172; *MR* **2000k**:11008.

G. L. Cohen & H. J. J. te Riele, Iterating the sum-of-divisors function, *Experiment Math.*, **5**(1996) 91–100; errata, **6**(1997) 177; *MR* **97m**:11007.

Graeme L. Cohen & Ronald M. Sorli, Harmonic seeds, *Fibonacci Quart.*, **36**(1998) 386–390; errata, **39**(2001) 4; *MR* **99j**:11002.

G. L. Cohen & P. Hagis, Results concerning odd multiperfect numbers, *Bull. Malaysian Math. Soc.*, **8**(1985) 23–26.

G. L. Cohen & M. D. Hendy, On odd multiperfect numbers, *Math. Chronicle*, **9**(1980) 120–136; **10**(1981) 57–61.

Philip L. Crews, Donald B. Johnson & Charles R. Wall, Density bounds for the sum of divisors function, *Math. Comput.*, **26**(1972) 773–777; *MR* **48** #6042; Errata **31**(1977) 616; *MR* **55** #286.

J. T. Cross, A note on almost perfect numbers, *Math. Mag.*, **47**(1974) 230–231.

Jean-Marie De Koninck & Aleksandar Ivić, On a sum of divisors problem, *Publ. Inst. Math. (Beograd)(N.S.)* **64(78)**(1998) 9–20; *MR* **99m**:11103.

Jean-Marie De Koninck & Imre Kátai, On the frequency of $k$-deficient numbers, *Publ. Math. Debrecen*, **61**(2002) 595–602; *MR* **2004a**:11098.

Marc Deléglise, Encadrement de la densité des nombres abondants, (submitted).

P. Erdős, On the density of the abundant numbers, *J. London Math. Soc.*, **9**(1934) 278–282.

P. Erdős, Problems in number theory and combinatorics, *Congressus Numerantium XVIII*, Proc. 6th Conf. Numerical Math. Manitoba, 1976, 35–58 (esp. pp. 53–54); *MR* **80e**:10005.

A. Eswarathasan & E. Levine, $p$-integral harmonic sums, *Discrete Math.*, **91**(1991) 249–259; *MR* **93b**:11039.

Benito Franqui & Mariano García, Some new multiply perfect numbers, *Amer. Math. Monthly*, **60**(1953) 459–462; *MR* **15**, 101.

Benito Franqui & Mariano García, 57 new multiply perfect numbers, *Scripta Math.*, **20**(1954) 169–171 (1955); *MR* **16**, 447.

Mariano García, A generalization of multiply perfect numbers, *Scripta Math.*, **19**(1953) 209–210; *MR* **15**, 199.

Mariano García, On numbers with integral harmonic mean, *Amer. Math. Monthly*, **61** (1954) 89–96; *MR* **15**, 506d, 1140.

T. Goto & S. Shibata, All numbers whose positive divisors have integral harmonic mean up to 300, *Math. Comput.*, **73**(2004) 475–491.

Peter Hagis, The third largest prime factor of an odd multiperfect number exceeds 100, *Bull. Malaysian Math. Soc.*, **9**(1986) 43–49.

Peter Hagis, A new proof that every odd triperfect number has at least twelve prime factors, *A tribute to Emil Grosswald: number theory and related analysis*, 445–450 *Contemp. Math.*, **143** Amer. Math. Soc., 1993. 43–49; *MR* **93e**:11003.

Peter Hagis & Graeme L. Cohen, Some results concerning quasiperfect numbers, *J. Austral. Math. Soc. Ser. A*, **33**(1982) 275–286.

B. E. Hardy & M. V. Subbarao, On hyperperfect numbers, Proc. 13th Manitoba Conf. Numer. Math. Comput., *Congressus Numerantium*, **42**(1984) 183–198; *MR* **86c**:11006.

Miriam Hausman & Harold N. Shapiro, On practical numbers, *Comm. Pure Appl. Math.*, **37**(1984) 705–713; *MR* **86a**:11036.

B. Hornfeck & E. Wirsing, Über die Häufigkeit vollkommener Zahlen, *Math. Ann.*, **133**(1957) 431–438; *MR* **19**, 837; see also **137**(1959) 316–318; *MR* **21** #3389.

Aleksandar Ivić, The distribution of primitive abundant numbers, *Studia Sci. Math. Hungar.*,

20(1985) 183–187; *MR* **88h**:11065.

R. P. Jerrard & Nicholas Temperley, Almost perfect numbers, *Math. Mag.*, **46**(1973) 84–87.

H.-J. Kanold, Über mehrfach vollkommene Zahlen, *J. reine angew. Math.*, **194**(1955) 218–220; II **197**(1957) 82–96; *MR* **17**, 238; **18**, 873.

H.-J. Kanold, Über das harmonische Mittel der Teiler einer natürlichen Zahl, *Math. Ann.*, **133**(1957) 371–374; *MR* **19** 635f.

H.-J. Kanold, Einige Bemerkungen über vollkommene und mehrfach vollkommene Zahlen, *Abh. Braunschweig. Wiss. Ges.*, **42**(1990/91) 49–55; *MR* **93c**: 11002.

David G. Kendall, The scale of perfection, *J. Appl. Probability*, **19A**(1982) 125–138; *MR* **83d**:10007.

Masao Kishore, Odd triperfect numbers, *Math. Comput.*, **42**(1984) 231–233; *MR* **85d**:11009.

Masao Kishore, Odd triperfect numbers are divisible by eleven distinct prime factors, *Math. Comput.* **44**(1985) 261–263; *MR* **86k**:11007.

Masao Kishore, Odd triperfect numbers are divisible by twelve distinct prime factors, *J. Autral. Math. Soc. Ser. A*, **42**(1987) 173–182; *MR* **88c**:11009.

Masao Kishore, Odd integers $N$ with 5 distinct prime factors for which $2 - 10^{-12} < \sigma(N)/N < 2 + 10^{-12}$, *Math. Comput.*, **32**(1978) 303–309.

M. S. Klamkin, Problem E1445*, *Amer. Math. Monthly*, **67**(1960) 1028; see also **82**(1975) 73.

Sidney Kravitz, A search for large weird numbers, *J. Recreational Math.*, **9**(1976-77) 82–85.

Richard Laatsch, Measuring the abundancy of integers, *Math. Mag.*, **59** (1986) 84–92.

G. Lord, Even perfect and superperfect numbers, *Elem. Math.*, **30**(1975) 87–88; *MR* **51** #10213.

Luo Shi-Le & Le Mao-Hua, On Graham's problem concerning the sum of the aliquot parts (Chinese), *J. Jishou Univ. Nat. Sci. Edu.*, **20**(1999) 8–11; *MR* **2000i**:11010; and see **23**(2002) 1–3, 65; *MR* **2003g**:11002.

A. Mąkowski, Remarques sur les fonctions $\theta(n)$, $\phi(n)$ et $\sigma(n)$, *Mathesis*, **69**(1960) 302–303.

A. Mąkowski, Some equations involving the sum of divisors, *Elem. Math.*, **34**(1979) 82; *MR* **81b**:10004.

Wayne L. McDaniel, On odd multiply perfect numbers, *Boll. Un. Mat. Ital.* (4), **3**(1970) 185–190; *MR* **41** #6764.

Guiseppe Melfi, On 5-tuples of twin practical numbers, *Boll. Unione Mat. Ital. Sez. B Artic. Ric. Mat.*(8), **2**(1999) 723–734; *MR* **2000j**:11138.

W. H. Mills, On a conjecture of Ore, *Proc. Number Theory Conf.*, Boulder CO, 1972, 142–146.

D. Minoli, Issues in non-linear hyperperfect numbers, *Math. Comput.*, **34** (1980) 639–645; *MR* **82c**:10005.

Daniel Minoli & Robert Bear, Hyperperfect numbers, *Pi Mu Epsilon J.*, **6**#3(1974-75) 153–157.

Shigeru Nakamura, On $k$-perfect numbers (Japanese), *J. Tokyo Univ. Merc. Marine*(*Nat. Sci.*), **33**(1982) 43–50.

Shigeru Nakamura, On some properties of $\sigma(n)$, *J. Tokyo Univ. Merc. Marine*(*Nat. Sci.*), **35**(1984) 85–93.

John C. M. Nash, Hyperperfect numbers. *Period. Math. Hungar.*, **45**(2002) 121–122.

Oystein Ore, On the averages of the divisors of a number, *Amer. Math. Monthly*, **55**(1948) 615–619; *MR* **10**, 284a.

Seppo Pajunen, On primitive weird numbers, *A collection of manuscripts related to the Fibonacci sequence*, 18th anniv. vol., Fibonacci Assoc., 162–166.

Carl Pomerance, On a problem of Ore: Harmonic numbers (unpublished typescript); see Abstract *709-A5, *Notices Amer. Math. Soc.*, **20**(1973) A-648.

Carl Pomerance, On multiply perfect numbers with a special property, *Pacific J. Math.*, **57**(1975) 511–517.

Carl Pomerance, On the congruences $\sigma(n) \equiv a \bmod n$ and $n \equiv a \bmod \phi(n)$, *Acta Arith.*, **26**(1975) 265–272.

Paul Poulet, *La Chasse aux Nombres*, Fascicule I, Bruxelles, 1929, 9–27.

Herwig Reidlinger, Über ungerade mehrfach vollkommene Zahlen [On odd multiperfect numbers], *Österreich. Akad. Wiss. Math.-Natur. Kl. Sitzungsber. II*, **192**(1983) 237–266; *MR* **86d**:11018.

Herman J. J. te Riele, Hyperperfect numbers with three different prime factors, *Math. Comput.*, **36**(1981) 297–298.

Neville Robbins, A class of solutions of the equation $\sigma(n) = 2n + t$, *Fibonacci Quart.*, **18**(1980) 137–147 (misprints in solutions for $t = 31, 84, 86$).

Richard F. Ryan, A simpler dense proof regarding the abundancy index, *Math. Mag.*, **76**(2003) 299–301.

Richard F. Ryan, Results concerning uniqueness for $\sigma(x)/x = \sigma(p^n q^m)/p^n q^m$ and related topics, *Int. Math. J.*, **2**(2002) 497–514; *MR* **2002k**:11007.

József Sándor, On a method of Galambos and Kátai concerning the frequency of deficient numbers, *Publ. Math. Debrecen*, **39**(1991) 155–157; *MR* **92j**:11111.

M. Satyanarayana, Bounds of $\sigma(N)$, *Math. Student*, **28**(1960) 79–81.

H. N. Shapiro, Note on a theorem of Dickson, *Bull. Amer. Math. Soc.*, **55**(1949) 450–452.

H. N. Shapiro, On primitive abundant numbers, *Comm. Pure Appl. Math.*, **21**(1968) 111–118.

W. Sierpiński, Sur les nombres pseudoparfaits, *Mat. Vesnik*, **2**(17)(1965) 212–213; *MR* **33** #7296.

W. Sierpiński, *Elementary Theory of Numbers* (ed. A. Schinzel), PWN–Polish Scientific Publishers, Warszawa, 1987, pp. 184–186.

R. Steuerwald, Ein Satz über natürlich Zahlen $N$ mit $\sigma(N) = 3N$, *Arch. Math.*, **5**(1954) 449–451; *MR* **16** 113h.

D. Suryanarayana, Quasi-perfect numbers II, *Bull. Calcutta Math. Soc.*, **69** (1977) 421–426; *MR* **80m**:10003.

Charles R. Wall, The density of abundant numbers, Abstract 73T–A184, *Notices Amer. Math. Soc.*, **20**(1973) A-472.

Charles R. Wall, A Fibonacci-like sequence of abundant numbers, *Fibonacci Quart.*, **22**(1984) 349; *MR* **86d**:11018.

Charles R. Wall, Phillip L. Crews & Donald B. Johnson, Density bounds for the sum of divisors function, *Math. Comput.*, **26**(1972) 773–777.

Paul A. Weiner, The abundancy ratio, a measure of perfection, *Math. Mag.*, **73**(2000) 307–310.

Motoji Yoshitake, Abundant numbers, sum of whose divisors is equal to an integer times the number itself (Japanese), *Sūgaku Seminar*, **18**(1979) no. 3, 50–55.

Andreas & Eleni Zachariou, Perfect, semi-perfect and Ore numbers, *Bull. Soc. Math. Grèce*(N.S.), **13**(1972) 12–22; *MR* **50** #12905.

**OEIS:** A000396, A001599-001600, A002975, A005100-005101, A005231, A005820, A005835, A006036-006038, A007539, A007592-007593, A019279, A027687, A033630, A034897-034898, A038536, A045768, A046060-046061, A050413-050415, A071395.

## B3 ユニタリー完全数

$d$ が $n$ の約数で，$d \perp n/d$ のとき $d$ を $n$ のユニタリー約数とよぶ．それ自身を除くすべてのユニタリー約数の和になるような数 $n$ をユニタリー完全数という．奇数のユニタリー完全数は存在せず，スッバラオは，偶数の方も有限個であろうと予想している．

スッバラオ-カーリッツ-エルデーシュはこの問題の解決に賞金を 10 ドルずつ懸けており，スッバラオは新しい例 1 つにつき，10 セント $n = 2^a m$ で，$m$ は奇数，$r$ 個の異なる素因子をもつとき，スッバラオらは，$2 \cdot 3, 2^2 \cdot 3 \cdot 5, 2 \cdot 3^2 \cdot 5, 2^6 \cdot 3 \cdot 5 \cdot 7 \cdot 13$ を除くと，$a \leq 10$ または $r \leq 6$ に対し，ユニタリー完全数は存在しないことを示した．S. W. グラハムは，上述の 4 個の例のうち 1 番目と 4 番目は，$2^a m$ の形で $m$ が奇数かつ平方因子無縁なユニタリー完全数の唯一のものであることを示し，ジェニファー・デボアは，3 番目のものが $2^a 3^2 m$ の形で，$m \perp 6$ かつ平方無縁のユニタリー完全数の唯一のものであることを示した．

ウォールは，ユニタリー完全数

$$2^{18} \cdot 3 \cdot 5^4 \cdot 7 \cdot 11 \cdot 13 \cdot 19 \cdot 37 \cdot 79 \cdot 109 \cdot 157 \cdot 313$$

を発見し，これが 5 番目のものであることを示している．ウォールはまた，他のユニタリー完全数は，その奇数部分が $2^{15}$ より大でなければならないことも証明した．フライは，$N = 2^m p_1^{a_1} \ldots p_r^{a_r}$ がユニタリー完全数で $N \perp 3$ なら，$m > 144$，$r > 144$，$N > 10^{440}$ を示した．

ピーター・ハギスは，**ユニタリー多重完全数**を研究した．奇数のものは存在しない．$\sigma^*(n)$ で $n$ のユニタリー約数の和を表すとき，$\sigma^*(n) = kn$ で $n$ が $t$ 個の異なる奇数の素因子をもつなら，$k = 4$ または 6 のとき $n > 10^{110}$，$t \geq 51$ かつ $2^{49} | n$ であり，$k \geq 8$ のとき，$n > 10^{663}$ かつ $t \geq 247$ となる．一方，$k$ が奇数で $k \geq 5$ のとき，$n > 10^{461}$，$t \geq 166$ かつ $2^{166} | n$ となる．

シータラマヤー-スッバラオは，$\sigma^*(\sigma^*(n)) = 2n$ がなりたつとき，$n$ をユニタリースーパー完全数とよんだ．$10^8$ 以下のものを 22 個発見している．

コーエンは，整数 $n$ の約数 $d$ が $d \perp n/d$ をみたすとき，**1 項約数**とよび，$d$ と $n/d$ の，最大 $(k-1)$ 項公約数が 1 $((d, n/d)_{k-1} = 1$ と書く$)$ のとき，$d$ を $n$ の **$k$ 項約数**とよび，$d |_k n$ と記した．この記法の下では，$d | n, d \parallel n$ はそれぞれ，$d |_0 n, d |_1 n$ と書かれる．また，$p^x |_{y-1} p^y$ のとき，$p^x$ を $p^y (y > 0)$ の**無限項約数**と名づけている．$k$ 項約数の概念により，これまでに知られている概念を無限項約数の場合に考えることができる．$n$ の無限項約数の和を $\sigma_\infty(n)$ で表すとき，コーエンは $\sigma_\infty(n) = kn$ で $k = 2$ の 14 個の無限項完全数を見出した．また $k = 3$ のものを 13 個，$k = 4$ のものを 7 個，$k = 5$ のものを 2 個見出した．奇数の無限項完全数は存在せず，3 で割れないようなものもないであろうと予想している．

スーリャナーラーヤナ (同じ $k$ 項約数という用語を使っている) とアラディはユニタリー約数の「異なる」一般化をしていることに注意．

K. Alladi, On arithmetic functions and divisors of higher order, *J. Austral. Math. Soc. Ser. A*, **23**(1977) 9–27.

Eckford Cohen, Arithmetical functions associated with the unitary divisors of an integer, *Math. Z.*, **74**(1960) 66–80; *MR* **22** #3707.

Eckford Cohen, The number of unitary divisors of an integer, *Amer. Math. Monthly*, **67**(1960) 879–880; *MR* **23** # A124.

Graeme L. Cohen, On an integer's infinitary divisors, *Math. Comput.*, **54** (1990) 395–411.

Graeme Cohen & Peter Hagis, Arithmetic functions associated with the infinitary divisors of an integer, *Internat. J. Math. Math. Sci.*, (to appear).

J. L. DeBoer, On the non-existence of unitary perfect numbers of certain type, *Pi Mu Epsilon J.* (submitted).

H. A. M. Frey, Über unitär perfekte Zahlen, *Elem. Math.*, **33**(1978) 95–96; *MR* **81a**:10007.

S. W. Graham, Unitary perfect numbers with squarefree odd part, *Fibonacci Quart.*, **27**(1989) 317–322; *MR* **90i**:11003.

Peter Hagis, Lower bounds for unitary multiperfect numbers, *Fibonacci Quart.*, **22**(1984) 140–143; *MR* **85j**:11010.

Peter Hagis, Odd nonunitary perfect numbers, *Fibonacci Quart.*, **28** (1990) 11–15; *MR* **90k**:11006.

Peter Hagis & Graeme Cohen, Infinitary harmonic numbers, *Bull. Austral. Math. Soc.*, **41**(1990) 151–158; *MR* **91d**:11001.

József Sándor, On Euler's arithmetical function, *Proc. Alg. Conf. Braşov 1988*, 121–125.

V. Sitaramaiah & M. V. Subbarao, On the equation $\sigma^*(\sigma^{ast}(n)) = 2n$, *Utilitas Math.*, **53**(1998) 101–124; *MR* **99a**:11009.

V. Sitaramaiah & M. V. Subbarao, On unitary multiperfect numbers, *Nieuw Arch. Wisk.*(4), **16**(1998) 57–61; *MR* **99h**:11008.

V. Siva Rama Prasad & D. Ram Reddy, On unitary abundant numbers, *Math. Student*, **52**(1984) 141–144 (1990) *MR* **91m**:11002.

V. Siva Rama Prasad & D. Ram Reddy, On primitive unitary abundant numbers, *Indian J. Pure Appl. Math.*, **21**(1990) 40–44; *MR* **91f**:11004.

M. V. Subbarao, Are there an infinity of unitary perfect numbers? *Amer. Math. Monthly*, **77**(1970) 389–390.

M. V. Subbarao & D. Suryanarayana, Sums of the divisor and unitary divisor functions, *J. reine angew. Math.*, **302**(1978) 1–15; *MR* **80d**:10069.

M. V. Subbarao & L. J. Warren, Unitary perfect numbers, *Canad. Math. Bull.*, **9**(1966) 147–153; *MR* **33** #3994.

M. V. Subbarao, T. J. Cook, R. S. Newberry & J. M. Weber, On unitary perfect numbers, *Delta*, **3**#1(Spring 1972) 22–26.

D. Suryanarayana, The number of $k$-ary divisors of an integer, *Monatsh. Math.*, **72**(1968) 445–450.

Charles R. Wall, The fifth unitary perfect number, *Canad. Math. Bull.*, **18**(1975) 115–122. See also *Notices Amer. Math. Soc.*, **16**(1969) 825.

Charles R. Wall, Unitary harmonic numbers, *Fibonacci Quart.*, **21**(1983) 18–25.

Charles R. Wall, On the largest odd component of a unitary perfect number, *Fibonacci Quart.*, **25**(1987) 312–316; *MR* **88m**:11005.

**OEIS:** A002827, A034460, A034448.

## B4 親 和 数

異なる2整数 $m, n$ が，それぞれ互いの真約数和になる，すなわち，$\sigma(m) = \sigma(n) = m+n$ のとき，これらを親和数とよぶ．親和数の対は，数千 (2003 年には「100 万」程度) 個知られており，最小の親和数の対の小さい方，220 は，『創世記』xxxii, 14 節に既に現れており，初期には，ギリシャ人，アラブ人たちの興味の対象となり，その後も多くの民族の関心をひき続けてきた．その歴史については，リー-マダチーの論文参照．キ

ング・ジェームス聖書中の『創世記』においては，200 名の女性と 20 名の男性の婚和として言及されている．アヴィエズリ・フレンケルはその著『モーゼの五書』中で，最小の親和数の対は，『創世記』xxxii, 15 節に現れるとしており，『エズラ書』viii, 20 節および，『年代記』第 1 巻 xv, 6 節に現れる 220 および，『ネヘミア書』xi, 18 節の 284 については，親和数としての概念が確定していると述べている．フレンケルはまた，この 3 カ所は親和的な関係にあることに注意している．すなわち，これらはすべてレヴィ族に関係したものであり，レヴィ族のレヴィという名そのものが，レヴィの母が，夫と親和的な関係をもちたいという望みに由来しているゆえんである (『創世記』xxix, 34 節).

親和数 (のペア) が無限個存在するかどうかはわかっていないが，そうであろうと予想されており，実際，エルデーシュは，$m < n < x$ の親和数 $(m, n)$ の個数 $A(x)$ は，少なくとも $x^{1-\epsilon}$ であろうと予想し，カノルドの結果を改良して，$A(x) = o(x)$ を証明した．エルデーシュの方法により，さらに $A(x) \leq cx/\ln\ln\ln x$ まで得ることができる．ポメランスは，これをさらに改良して，

$$A(x) \leq x \exp\{-c(\ln\ln\ln x \ln\ln\ln\ln x)^{1/2}\}$$

を得た．エルデーシュは，すべての $k$ に対し，$A(x) = o(x/(\ln x)^k)$ を予想したが，ポメランスは，予想より強力な

$$A(x) \leq x \exp\{-(\ln x)^{1/3}\}$$

という結果を得た．これから，親和数の逆数の和が有限であるという以前には知られていなかった結果が得られた．さらに，自分の方法をモディファイすれば，もう少し強い結果

$$A(x) \ll x \exp\{-c(\ln x \ln\ln x)^{1/3}\}$$

が得られることも注意している．

ヘルマン・テ・リーレは，対の小さい方が $10^{10}$ であるような 1427 個の親和数をすべて見出し，$A(x)(\ln x)^3/x^{1/2}$ の値が「174.6 に非常に近いところに留まる」と述べているが，筆者の感じでは，より強力な望遠鏡を使えば，指数 1/2 をさらに 1 に近く取らねばならないようである．またモウズ-モウズは，$2 \cdot 10^{11}$ を超えるところまで徹底サーチを続行した．

テ・リーレの発見した 32, 40, 81, 152 桁の大きい親和数の対のいくつかは，1975 年版『ブリタニカ百科事典年鑑』の「数学」の項でカプランスキーが言及している．それまで知られていた最大の親和数は，25 桁のものであった．最近テ・リーレは，92 個の既知の親和数の「マザー」リストから，桁数が 38 桁に及ぶ 2000 個の新しい対を構成した，さらに，239 桁から 282 桁に及ぶものを 5 対発見している．1993 年の半ば頃までに知られていた最大の親和数の対は，1041 桁のものであり，それは，1988 年 6 月に当時ドルトムントの学生であったホルガー・ウィートハウスが発見したものであった．1997 年 10 月 4 日にマリアノ・ガルシアが，対のどちらもが 4829 桁の親和数の対を発見し，まもなく 5577 桁まで伸張した．これらは，前年 8 月にフランク・ズウィアースが発見し

ていた3766桁を超えるものである．2003年6月6日にポール・ジョブリングは，8684桁の親和数の対 $(abp^{145}q_1, aqp^{145}q_2)$ の発見を報じた．ここで，

$a = 3^3 \cdot 5^2 \cdot 19 \cdot 31 \cdot 757 \cdot 3329,$

$b = 1511 \cdot 72350721629 \cdot 2077116867246979,$

$p = 45429917356066511510417717001,$

$q = 23289695567423383588532403020784378057919,$

$q_1 = 23289695567468813505888470813589479577492\underline{0} \cdot p^{145} - 1,$

$q_2 = 22722472723425107330268223380\underline{0} \cdot p^{145} - 1$

である．

　エルヴィン J. リーは，$(2^n pq, 2^n rs)$ の型の親和数の対の満たすべき条件を半ダースほども与えた．ここで，$p, q, r, s$ は，しかるべき形の素数であり，たとえば，

$p = 3 \cdot 2^{n-1} - 1, \quad q = 35 \cdot 2^{n+1} - 29, \quad r = 7 \cdot 2^{n-1} - 1, \quad s = 15 \cdot 2^{n+1} - 13$

などである．しかし，これらの素数が同時に見つかることは，非常にまれな事象である．
　ボルホ-ホフマン-テ・リーレは，一般タビット法則の浸透および実際の計算実行の両面でかなりの進歩を示した．上述の1427個の親和数の対のうち，17個を除き，$m+n \equiv 0 \bmod 9$ をみたす．最小の例外は，プーレの対

$$2^4 \cdot 331 \cdot \begin{cases} 19 \cdot 6619 \\ 199 \cdot 661 \end{cases}$$

であり，$m+n \equiv 5 \bmod 9$ をみたす：テ・リーレは，$m, n$ が偶数で，$m+n \equiv 3 \bmod 9$ であるような最初の例

$$2^4 \cdot \begin{cases} 19^2 \cdot 103 \cdot 1627 \\ 3847 \cdot 16763 \end{cases} \quad \text{および} \quad 2^2 \cdot 19 \cdot \begin{cases} 13^2 \cdot 37 \cdot 43 \cdot 139 \\ 41 \cdot 151 \cdot 6709 \end{cases}$$

を与えた．

　$m, n$ が異なる偶奇性をもつような親和数のペアが存在するかどうかは知られていない．また，$m \perp n$ であるような親和数のペアの存在も知られていない．ブラットレー-マッキーは，すべての奇数の親和数のペアは，どちらも3で割れると予想したが，バッティアト-ボルホが，36桁から73桁の間で15個の反例を作り出した．1987年5月15日付けの手紙で，テ・リーレは，33桁の例

$$5 \cdot 7^2 \cdot 11^2 \cdot 13 \cdot 17 \cdot 19^3 \cdot 23 \cdot 37 \cdot 181 \begin{cases} 101 \cdot 8693 \cdot 19479382229 \\ 365147 \cdot 47307071129 \end{cases}$$

を知らせてきた (本書第2版では誤って引用されている)．これは，このようなペアのうち，最小のものであるか？ 奇数の親和数のペアでその片方のみが3で割れるようなものが存在するか？ 異なる最小の素因子をもつようなペアは見つかっていない．

河本泰利は，ペアのどちらもが 30 と互いに素であるようなペアを発見した．たとえば，

$7^2 \cdot 11 \cdot 13^2 \cdot 17^4 \cdot 19^3 \cdot 23 \cdot 29^2 \cdot 31 \cdot 37 \cdot 43 \cdot 59 \cdot 61 \cdot 67 \cdot 83 \cdot 97 \cdot 139 \cdot 173 \times$
$181 \cdot 331 \cdot 349 \cdot 577 \times 661 \cdot 1321 \cdot 4349 \cdot 11093 \cdot 41519 \cdot 43973 \cdot 44371 \cdot 88741 \times$
$15223567 \cdot 91341401 \cdot 264271333 \cdot 1281651920873 \cdot 47031498888355607 \times$
$41277542598611381429 \cdot 48707500266361430 08621 \times$
$179 \cdot 1525663971924884048614628301903295821727019$

あるいは

$2746195149464791287506330943425932 47910863599$

チャールズ・ウォールの昔の予想に，奇数の親和数のペアは，モヂュロー 4 で非合同であるというものがある．

『数学マジックショー』(Vintage Books, 1978), 169 ページで，マーティン・ガードナーは，親和数のベキ根に関する予想を述べている．リーは，$(2^n pqr, 2^n stu)$ が親和数の対で，その和が 9 で割れないならば，各数は，モジュロー 9 で 7 と合同であるという形で，この予想を一部証明した．

ユニタリー親和数とは，それぞれのユニタリー約数の総和が，その和 $m+n$ に等しいような対 $(m,n)$ のことであり，ピーター・ハギス-マリアノ・ガルシアによって研究された．親和数の対が平方因子無縁，それは，ユニタリー親和数の対を意味する．ハギスは，76 個の平方因子無縁の親和数の対と 32 個の平方因子を含むものを見出した．そのうち，最小のものは (114,126) である．ユニタリー親和数の対が無限個存在するどうか，とくに (197340,286500) や (241110,242730) のような「双子」ペアが無限個存在するかどうかを問うている．ハギスがあげている他の双子ユニタリー親和数の対の和 $2^{11} \cdot 3^5 \cdot 5^4 \cdot 7 \cdot 11$ がそうであるように，これら 2 対の和 483840 は，非常に滑らかな数である．互いに素な対は存在しないと予想しており，平方因子をもつような奇数の対の例をあげることを問題にしている (それは当然親和数ではない)．

2004 年 1 月 30 日，河本泰利は，317 桁の対

$2^4 \cdot 3 \cdot 5^4 \cdot 7^5 \cdot 11 \cdot 13 \cdot 19^2 \cdot 23 \cdot 29 \cdot 31 \cdot 97 \cdot 101 \cdot 127 \cdot 137 \cdot 151 \cdot 181 \cdot 191 \cdot 227 \times$
$251 \cdot 313^2 \cdot 1523 \cdot 17569 \cdot 18119 \cdot 22193 \cdot 42767 \cdot 133157 \cdot 1594471 \cdot 3592427 \times$
$12755767 \cdot 16563721580414291 \cdot 36921333442849 19899954037 \cdot$
$11076400032854759699862110 99 \cdot 509326829322602570550995760607650943$

の

$75670937417528358898185123022994616 3884862251 \times$
$10645931718799413777310016871802685274740167876616026961701 76449715407 \bigstar$
$15800242987$

または

$53 \cdot 140131365588015479441083561153693732 07909921 \times$
$10645931718799413777310016871802685424680729055792589963661174 93160636 \bigstar$
$59704331051$

倍を発表した.

コーエン-テ・リーレは,ある整数 $k \geq 1$ に対し,$\phi(a) = \phi(b) = (a+b)/k$ が成り立つとき,$(a,b)$ を,乗法因子 $k$ をもつ $\phi$-親和数とよんだ.ここで,$\phi$ は,オイラーの関数である (**B36** 参照). 2 人は,大きい方が $\leq 10^9$ であるようなすべての対を求め,最大公約数が平方因子無縁のペア 812 個を見出した.

J. Alanen, O. Ore & J. G. Stemple, Systematic computations on amicable numbers, *Math. Comput.*, **21**(1967) 242–245; *MR* **36** #5058.

M. M. Artuhov, On some problems in the theory of amicable numbers (Russian), *Acta Arith.*, **27**(1975) 281–291.

S. Battiato, *Über die Produktion von 37803 neuen befreundeten Zahlenpaaren mit der Brütermethode*, Master's thesis, Wuppertal, June 1988.

Stefan Battiato & Walter Borho, Breeding amicable numbers in abundance II, *Math. Comput.*, **70**(2001) 1329–1333; *MR* **2002b**:11011.

S. Battiato & W. Borho, Are there odd amicable numbers not divisible by three? *Math. Comput.*, **50**(1988) 633–636; *MR* **89c**:11015.

W. Borho, On Thabit ibn Kurrah's formula for amicable numbers, *Math. Comput.*, **26**(1972) 571–578.

W. Borho, Befreundete Zahlen mit gegebener Primteileranzahl, *Math. Ann.*, **209**(1974) 183–193.

W. Borho, Eine Schranke für befreundete Zahlen mit gegebener Teileranzahl, *Math. Nachr.*, **63**(1974) 297–301.

W. Borho, Some large primes and amicable numbers, *Math. Comput.*, **36** (1981) 303–304.

W. Borho & H. Hoffmann, Breeding amicable numbers in abundance, *Math. Comput.*, **46**(1986) 281–293.

P. Bratley & J. McKay, More amicable numbers, *Math. Comput.*, **22**(1968) 677–678; *MR* **37** #1299.

P. Bratley, F. Lunnon & J. McKay, Amicable numbers and their distribution, *Math. Comput.*, **24**(1970) 431–432.

B. H. Brown, A new pair of amicable numbers, *Amer. Math. Monthly*, **46** (1939) 345.

Graeme L. Cohen, Stephen F. Gretton & Peter Hagis, Multiamicable numbers, *Math. Comput.*, **64**(1995) 1743–1753; *MR* **95m**:11012.

Graeme L. Cohen & H. J. J. te Riele, On $\phi$-amicable pairs, *Math. Comput.*, **67**(1998) 399–411; *MR* **98d**:11009.

Patrick Costello, Four new amicable pairs, *Notices Amer. Math. Soc.*, **21** (1974) A-483.

Patrick Costello, Amicable pairs of Euler's first form, *Notices Amer. Math. Soc.*, **22**(1975) A-440.

Patrick Costello, Amicable pairs of the form $(i,1)$, *Math. Comput.*, **56**(1991) 859–865; *MR* **91k**:11009.

Patrick Costello, New amicable pairs of type (2,2) and type (3,2), *Math. Comput.*, **72**(2003) 489–497; *MR* **2003i**:11006.

P. Erdős, On amicable numbers, *Publ. Math. Debrecen*, **4**(1955) 108–111; *MR* **16**, 998.

P. Erdős & G. J. Rieger, Ein Nachtrag über befreundete Zahlen, *J. reine angew. Math.*, **273**(1975) 220.

E. B. Escott, Amicable numbers, *Scripta Math.*, **12**(1946) 61–72; *MR* **8**, 135.

L. Euler, De numeris amicabilibus, *Opera Omnia*, Ser.1, Vol.2, Teubner, Leipzig & Berlin, 1915, 63–162.

M. García, New amicable pairs, *Scripta Math.*, **23**(1957) 167–171; *MR* **20** #5158.

Mariano García, New unitary amicable couples, *J. Recreational Math.*, **17** (1984-5) 32–35.

Mariano García, Favorable conditions for amicability, *Hostos Community Coll. Math. J.*, New

York, Spring 1989, 20–25.

Mariano García, $K$-fold isotopic amicable numbers, *J. Recreational Math.*, **19**(1987) 12–14.

Mariano Garcia, New amicable pairs of Euler's first form with greatest common factor a prime times a power of 2, *Nieuw Arch. Wisk.*(4), **17**(1999) 25–27; *MR* **2000d**:11158.

Mariano Garcia, A million new amicable pairs, *J. Integer seq.*, **4**(2001) no.2 Article 01.2.6 3pp.(electronic).

Mariano Garcia, The first known type (7,1) amicable pair, *Math. Comput.*, **72**(2003) 939–940; *MR* **2003j**:11007.

A. A. Gioia & A. M. Vaidya, Amicable numbers with opposite parity, *Amer. Math. Monthly*, **74**(1967) 969–973; correction **75**(1968) 386; *MR* **36** #3711, **37** #1306.

Peter Hagis, On relatively prime odd amicable numbers, *Math. Comput.*, **23**(1969) 539–543; *MR* **40** #85.

Peter Hagis, Lower bounds for relatively prime amicable numbers of opposite parity, *Math. Comput.*, **24**(1970) 963–968.

Peter Hagis, Relatively prime amicable numbers of opposite parity, *Math. Mag.*, **43**(1970) 14–20.

Peter Hagis, Unitary amicable numbers, *Math. Comput.*, **25**(1971) 915–918.

H.-J. Kanold, Über die Dichten der Mengen der vollkommenen und der befreundeten Zahlen, *Math. Z.*, **61**(1954) 180–185; *MR* **16**, 337.

H.-J. Kanold, Über befreundete Zahlen I, *Math. Nachr.*, **9**(1953) 243–248; II *ibid.*, **10** (1953) 99–111; *MR* **15**, 506.

H.-J. Kanold, Über befreundete Zahlen III, *J. reine angew. Math.*, **234**(1969) 207–215; *MR* **39** #122.

E. J. Lee, Amicable numbers and the bilinear diophantine equation, *Math. Comput.*, **22**(1968) 181–187; *MR* **37** #142.

E. J. Lee, On divisibility by nine of the sums of even amicable pairs, *Math. Comput.*, **23**(1969) 545–548; *MR* **40** #1328.

E. J. Lee & J. S. Madachy, The history and discovery of amicable numbers, part 1, *J. Recreational Math.*, **5**(1972) 77–93; part 2, 153–173; part 3, 231–249.

O. Ore, *Number Theory and its History*, McGraw-Hill, New York, 1948, p. 89.

Carl Pomerance, On the distribution of amicable numbers, *J. reine angew. Math.*, **293/294**(1977) 217–222; II **325**(1981) 183–188; *MR* **56** #5402, **82m**: 10012.

P. Poulet, 43 new couples of amicable numbers, *Scripta Math.*, **14**(1948) 77.

H. J. J. te Riele, Four large amicable pairs, *Math. Comput.*, **28**(1974) 309–312.

H. J. J. te Riele, On generating new amicable pairs from given amicable pairs, *Math. Comput.*, **42**(1984) 219–223.

Herman J. J. te Riele, New very large amicable pairs, in *Number Theory* Noordwijkerhout 1983, *Springer Lecture Notes in Math.*, **1068**(1984) 210–215.

H. J. J. te Riele, Computation of all the amicable pairs below $10^{10}$, *Math. Comput.*, **47**(1986) 361–368 & S9–S40.

H. J. J. te Riele, A new method for finding amicable pairs, in *Mathematics of Computation 1943–1993* (Vancouver, 1993), *Proc. Sympos. Appl. Math.* **48**(1994) 577–581; *MR* **95m**:11013.

H. J. J. te Riele, W. Borho, S. Battiato, H. Hoffmann & E.J. Lee, *Table of Amicable Pairs between $10^{10}$ and $10^{52}$*, Centrum voor Wiskunde en Informatica, Note NM-N8603, Stichting Math. Centrum, Amsterdam, 1986.

Charles R. Wall, *Selected Topics in Number Theory*, Univ. of South Carolina Press, Columbia SC, 1974, P.68.

Dale Woods, Construction of amicable pairs, #789-10-21, *Abstracts Amer. Math. Soc.*, **3**(1982) 223.

S. Y. Yan, 68 new large amicable pairs, *Comput. Math. Appl.*, **28**(1994) 71–74; *MR* **96a**:11008; errata, **32**(1996) 123–127; *MR* **97h**:11005.

S. Y. Yan & T. H. Jackson, A new large amicable pair, *Comput. Math. Appl.*, **27**(1994) 1–3; *MR* **94m**:11012.

## B5 準親和数または伴侶数

ガルシアは，
$$\sigma(m) = \sigma(n) = m + n + 1$$
の関係にある対 $(m,n)$, $m < n$ を 準親和数と名づけた．たとえば，(48,75), (140,195), (1575,1648), (1050,1925), (2024,2295) がそうである．ルーファス・アイザックスは，準親和数 $m$, $n$ のそれぞれが，他の真の約数 (すなわち，1 とそれ自身を除く) であることに鑑みて，よりふさわしく，伴侶数と命名した．

モンコフスキは，伴侶数および
$$\sigma(a) = \sigma(b) = \sigma(c) = a + b + c$$
で定義される **3 重親和数**の例を与えた．たとえば，$2^2 3^2 5 \cdot 11$, $2^5 3^2 7$, $2^2 3^2 71$ である．1992 年 7 月 20 日の手紙で河本泰利は，
$$\sigma(a) = \sigma(b) = \sigma(c) = \sigma(d) = a + b + c + d$$
がなりたつとき，4 元集合 $\{a, b, c, d\}$ を **4 重親和数**とよんだ．3 の倍数でない例として
$$a = x \cdot 173 \cdot 1933058921 \cdot 149 \cdot 103540742849$$
$$b = x \cdot 173 \cdot 1933058921 \cdot 15531111427499$$
$$c = 336352252427 \cdot 149 \cdot 103540742849$$
$$d = 336352252427 \cdot 15531111427499$$
をあげている．ここで，$x$ は，
$5^9 \cdot 7^2 \cdot 11^4 \cdot 17^2 \cdot 19 \cdot 29^2 \cdot 67 \cdot 71^2 \cdot 109 \cdot 131 \cdot 139 \cdot 179 \cdot 307 \cdot 431 \cdot 521 \cdot 653 \cdot 1019 \cdot 1279 \cdot 2557 \cdot 3221 \cdot 5113 \cdot 6949$
と完全数 $2^{p-1} M_p$ の積であり，$p > 3$ で，$M_p = 2^p - 1$ は，メルセンヌ素数 (**A3** 参照) である．

ハギス-ロードは，$m < 10^7$ の伴侶数 46 対をすべて求めた．それらはすべて異なる偶奇性をもつ．$m, n$ が，偶奇性が等しい伴侶数の対は知られていない．そのような対があるとすれば，$m > 10^{10}$ でなければならない．$m \perp n$ ならば，$mn$ は 4 個の異なる素因数を含み，$mn$ が奇数ならば，$mn$ は少なくとも 21 個の素因数を含む．

ベック-ナジャルは，そのような対を「簡約」親和数と，また，
$$\sigma(m) = \sigma(n) = m + n - 1$$

をみたすような対 $m, n$ を「拡大」親和数とよんだ. 2 人は 11 個の拡大親和数を見出した. $n < 10^5$ の範囲をチェックしたが, 簡約親和数も拡大「ユニタリー」親和数も社交数 (**B8** 参照) もなかった.

Walter E. Beck & Rudolph M. Najar, More reduced amicable pairs, *Fibonacci Quart.*, **15**(1977) 331–332; *Zbl.* **389**.10004.

Walter E. Beck & Rudolph M. Najar, Fixed points of certain arithmetic functions, *Fibonacci Quart.*, **15**(1977) 337–342; *Zbl.* **389**.10005.

Walter E. Beck & Rudolph M. Najar, Reduced and augmented amicable pairs to $10^8$, *Fibonacci Quart.*, **31**(1993) 295–298; *MR* **94g**:11005.

Peter Hagis & Graham Lord, Quasi-amicable numbers, *Math. Comput.*, **31** (1977) 608–611; *MR* **55** #7902; *Zbl.* **355**.10010.

M. Lal & A. Forbes, A note on Chowla's function, *Math. Comput.*, **25**(1971) 923–925; *MR* **45** #6737; *Zbl.* **245**.10004.

Andrzej Mąkowski, On some equations involving functions $\phi(n)$ and $\sigma(n)$, *Amer. Math. Monthly*, **67**(1960) 668–670; correction **68**(1961) 650; *MR* **24** #A76.

**OEIS:** A003502-003503, A005276.

## B6 真約数和列

過剰数である整数もあれば, 不足数である整数もあるわけだから, 関数 $s(n) = \sigma(n) - n$ の合成関数を繰り返しつくるイテレート (逐次代入) によって生ずる**真約数和列** $\{s^k(n)\}$, $k = 0, 1, 2, \ldots$ を考察するのは自然であろう. カタランとディクソンは独立に, 真約数和列はすべて有界であろうと予想していたが, 現在では, 数値実験によるある程度の証拠および発見的論法によって, これら真の約数和列のあるもの, もしかすると $n$ が偶数であるようなものはほとんどすべて無限大に発散するのではと予想されている. この現代版予想に疑義がもたれていた最小の $n$ は 138 であったが, D. H. レーマーが, 最大値

$$s^{117}(138) = 179931\,895322 = 2 \cdot 61 \cdot 929 \cdot 1587569$$

に到達した後, $s^{177}(138) = 1$ で数列が終わることを示して解決した. 予想に強い疑いがもたれている次の数は 276 であって, 最初はレーマーにより膨大な計算がなされた後, ゴドウィン, セルフリッジ, ヴンダーリッチらの応援が加わって, 計算をさらに遂行し, $s^{469}(276)$ まで求められている. この値は初版に述べたものである. トーマス・ストラッペクは, この項を因数分解するとともに, さらにもう 2 つのイテレートを計算した. アンディ・ガイは, PARI プログラムを書いて, それ以前のすべての計算を検証するとともに, $s^{487}(276)$ に到達した.

その運命がいまだ定まっていない同様の数列の最初の方に,「レーマーの 6 数列」とよばれるものがあり, それらは, 276, 552, 564, 660, 840, 966 から始まるものである. われわれのプログラムによる探索で, 840 数列が, 素数 $s^{746}(840) = 601$ を含むこと, および有限列の最大値としては, 新記録に当たる

$$s^{287}(840) = 3\,463982\,260143\,725017\,429794\,136098\,072146\,586526\,240388$$

$$= 2^2 \cdot 64970467217 \cdot 6237379309797547 \cdot 2136965558478112990003$$

を発見した．この記録は，その後，ミッチェル・ディッカーマンによる 1248 数列によって凌駕された．この数列は，1075 項からなり，58 桁の最大値

$$s^{583}(1248) =$$

$$1231\,636691\,923602\,991963\,829388\,638861\,714770\,651073\,275257\,065104 = 2^4 p$$

をとる．ポール・ジマーマンはさらに，446580 数列が 4736 項目の素数 601 で終わることを示した．

ゴドウィンは，1000 から 2000 の間で始まり，最終結果が未知の 14 個の主要な数列を調べ，1848 数列が有限で終わることを見出した．われわれの探索で，さらに，2580, 2850, 4488, 4830, 6792, 7752, 8862, 9540 数列が有限で終わることが判明した．

ウィーブ・ボスマは，3556 列が有限で終わることを，ベニト-ヴェロナは，4170, 7080, 8262 列がいずれも有限で終わることを示した．最初の 4170 列は，84 桁の数で，当時最高記録であった：$s^{289}(4170) =$

$$3295610803424772127472036928633662138338387031588588223270640321920936\bigstar$$
$$90321488891836 = 2^2 \cdot 41 \cdot 97 \cdot 20374357 \cdot 1559593537 \cdot 6519660739549760813 42107\bigstar$$
$$59783228765209139515617499052349 8331163.$$

ヴォルフガング・クレイアウフミュラーは膨大な計算を行っており，その結果は，次のサイトで閲覧できる．

http://home.t-online.de/home/wolfgang.creyaufmueller/aliquot.

これによると，有限で終わるものは比較的少数であり，計算の限界である $10^{80}$ までに最終項が出てこない，オープンエンドのものが数多く現れている．区間 $((k-1)10^5, k \cdot 10^5)$ 中で，現在まだオープンエンドのものは

| $k =$ | 1 | 2 | 3 | 4 | 5 | 6 | 7 | 8 | 9 | 10 |
|---|---|---|---|---|---|---|---|---|---|---|
| | 922 | 975 | 938 | 877 | 917 | 971 | 958 | 971 | 982 | 985 |

である．このデータは，カタラン-ディクソン予想に相反するガイ-セルフリッジ予想を支持するものである．クレイアウフミュラーのグラフは，564 列が，あるところで危うく虎口を逃れているにせよ，非常にわれわれに確信をもたせるものである．2004 年 3 月には，レーマーの 5 数列に関する次のような統計データを載せている：

| 数列 | 276 | 552 | 564 | 660 | 966 |
|---|---|---|---|---|---|
| これまでの長さ | 1356 | 854 | 3098 | 578 | 579 |
| 桁数 | 124 | 130 | 127 | 127 | 121 |

その後の計算は，ほとんどは，ポール・ジマーマンが行った．クレイアウフミュラーは，389508 列が，7135 目のステップで 101 桁に達したところで計算を止めてしまった．

H. W. レンストラは，任意の長さの単調増加真約数和列が構成できることを証明した．

**B41** で引用されている 4 名の共著論文参照. 以下の文献の最後のものは, 数論的関数のイテレートに関する文献 60 編をあげている.

Jack Alanen, Empirical study of aliquot series, *Math. Rep.*, **133** Stichting Math. Centrum Amsterdam, 1972; see *Math. Comput.*, **28**(1974) 878–880.

Manuel Benito, Wolfgang Creyaufmüller, Juan L. Varona & Paul Zimmermann, Aliquot sequence 3630 ends after reaching 100 digits, *Experiment Math.*, **11**(2002) 201–206; *MR* **2003j**:11150.

Manuel Benito & Juan L. Varona, Advances in aliquot sequences, *Math. Comput.*, **68**(1999) 389–393; *MR* **99c**:11162.

E. Catalan, Propositions et questions diverses, *Bull. Soc. Math. France*, **16** (1887–88) 128–129.

John Stanley Devitt, Aliquot Sequences, MSc thesis, The Univ. of Calgary, 1976; see *Math. Comput.*, **32**(1978) 942–943.

J. S. Devitt, R. K. Guy & J. L. Selfridge, Third report on aliquot sequences, *Congr. Numer.* XVIII, Proc. 6th Manitoba Conf. Numer. Math., 1976, 177–204; *MR* **80d**:10001.

L. E. Dickson, Theorems and tables on the sum of the divisors of a number, *Quart. J. Math.*, **44**(1913) 264–296.

Paul Erdős, On asymptotic properties of aliquot sequences, *Math. Comput.*, **30**(1976) 641–645.

Andrew W. P. Guy & Richard K. Guy, A record aliquot sequence, in *Mathematics of Computation 1943–1993* (Vancouver, 1993), *Proc. Sympos. Appl. Math.*, (1994) Amer. Math. Soc., Providence RI, 1984.

Richard K. Guy, Aliquot sequences, in *Number Theory and Algebra*, Academic Press, 1977, 111–118; *MR* **57** #223; *Zbl.* **367**.10007.

Richard K. Guy & J. L. Selfridge, Interim report on aliquot sequences, *Congr. Numer.* V, Proc. Conf. Numer. Math., Winnipeg, 1971, 557–580; *MR* **49** #194; *Zbl.* **266**.10006.

Richard K. Guy & J. L. Selfridge, Combined report on aliquot sequences, The Univ. of Calgary Math. Res. Rep. **225**(May, 1974).

Richard K. Guy & J. L. Selfridge, What drives an aliquot sequence? *Math. Comput.*, **29**(1975) 101–107; *MR* **52** #5542; *Zbl.* **296**.10007. Corrigendum, *ibid.*, **34**(1980) 319–321; *MR* **81f**:10008; *Zbl.* **423**.10005.

Richard K. Guy & M. R. Williams, Aliquot sequences near $10^{12}$, *Congr. Numer.* XII, Proc. 4th Manitoba Conf. Numer. Math., 1974, 387–406; *MR* **52** #242; *Zbl.* **359**.10007.

Richard K. Guy, D. H. Lehmer, J. L. Selfridge & M. C. Wunderlich, Second report on aliquot sequences, *Congr. Numer.* IX, Proc. 3rd Manitoba Conf. Numer. Math., 1973, 357–368; *MR* **50** #4455; *Zbl.* **325**.10007.

H. W. Lenstra, Problem 6064, *Amer. Math. Monthly*, **82**(1975) 1016; solution **84** (1977) 580.

G. Aaron Paxson, Aliquot sequences (preliminary report), *Amer. Math. Monthly*, **63**(1956) 614. See also *Math. Comput.*, **26** (1972) 807–809.

P. Poulet, La chasse aux nombres, Fascicule I, Bruxelles, 1929.

P. Poulet, Nouvelles suites arithmétiques, *Sphinx*, Deuxième Année (1932) 53–54.

H. J. J. te Riele, A note on the Catalan-Dickson conjecture, *Math. Comput.*, **27**(1973) 189–192; *MR* **48** #3869; *Zbl.* **255**.10008.

H. J. J. te Riele, Iteration of number theoretic functions, Report NN 30/83, Math. Centrum, Amsterdam, 1983.

**OEIS:** A008885-008892, A014360-014365.

## B7 　真約数サイクル (社交数)

真約数サイクルまたは社交数．プーレは，2 つの数列を提示して，$s^k(n)$ が 1, 2 の他に 5, 28 という周期をもつことがあることを示した．$k \equiv 0, 1, 2, 3, 4 \bmod 5$ に対しては，$s^k(12496)$ は，

$$12496 = 2^4 \cdot 11 \cdot 71, \quad 14288 = 2^4 \cdot 19 \cdot 47, \quad 15472 = 2^4 \cdot 967,$$
$$14536 = 2^3 \cdot 23 \cdot 79, \quad 14264 = 2^3 \cdot 1783.$$

という値を取る．$k \equiv 0, 1, \ldots, 27 \bmod 28$ に対しては，$s^k(14316)$ は，

| 14316 | 19116 | 31704 | 47616 | 83328 | 177792 | 295488 |
|---|---|---|---|---|---|---|
| 629072 | 589786 | 294896 | 358336 | 418904 | 366556 | 274924 |
| 275444 | 243760 | 376736 | 381028 | 285778 | 152990 | 122410 |
| 97946 | 48976 | 45946 | 22976 | 22744 | 19916 | 17716 |

という値を取る．

50 年間の空白の後，高速コンピュータの発達に相まって，アンリ・コーエンは，周期 4 の真約数サイクルを 9 個発見し，ボルホ-デイヴィッド-ルートもいくつか発見した．最近，モウズ-モウズは，サイクルの最大数が $10^{10}$ の範囲で真約数サイクルを徹底探査した結果，24 個あることを確定した．その最小項は，

| 1264460 | 7169104 | 46722700 | 330003580 | 2387776550 | 4424606020 |
|---|---|---|---|---|---|
| 2115324 | 18048976 | 81128632 | 498215416 | 2717495235 | 4823923384 |
| 2784580 | 18656380 | 174277820 | 1236402232 | 2879697304 | 5373457070 |
| 4938136 | 28158165 | 209524210 | 1799281330 | 3705771825 | 8653956136 |

である．

モウズ-モウズは，これより大きい 4-サイクルを 5 個提示した．また，1990 年 9 月 1 日付けの手紙では，さらにもう 1 個示しており，その最小項は，

$$2^6 \cdot 79 \cdot 1913 \cdot 226691 \cdot 207722852483$$

である．2 人は，さらに 8-サイクルも発見している：

| 1095447416 | 1259477224 | 1156962296 | 1330251784 |
|---|---|---|---|
| 1221976136 | 1127671864 | 1245926216 | 1213138984 |

レン・ユアン・ホアは，それ以前に，4-サイクルのうち 3 個を発見しており，また，アヒム・フラメンカンプも，上述のサイクルの多くのものとともに，第 2 の 8-サイクル：

| 1276254780 | 2299401444 | 3071310364 | 2303482780 |
|---|---|---|---|
| 2629903076 | 2209210588 | 2223459332 | 1697298124 |

および 9-サイクル:
   805984760   1268997640   1803863720   2308845400   3059220620
      3367978564   2525983930   2301481286   1611969514
も発見していた．

モウズ-モウズは，任意の長さのすべてのサイクルの徹底探査を続け，最大項が，$3.6 \cdot 10^{10}$ 以下の範囲で，さらに 3 個の 4-サイクルを発見した．その最小項は

   15837081520,   17616303220,   21669628904

であり，1 個の 6-サイクルでその項がすべて奇数であるようなものも発見した:

$$21548919483 = 3^5 \cdot 7^2 \cdot 13 \cdot 17 \cdot 19 \cdot 431,$$
$$23625285957 = 3^5 \cdot 7^2 \cdot 13 \cdot 19 \cdot 29 \cdot 277,$$
$$24825443643 = 3^2 \cdot 7^2 \cdot 11 \cdot 13 \cdot 19 \cdot 20719,$$
$$26762383557 = 3^4 \cdot 7^2 \cdot 13 \cdot 19 \cdot 27299,$$
$$25958284443 = 3^2 \cdot 7^2 \cdot 13 \cdot 19 \cdot 167 \cdot 1427,$$
$$23816997477 = 3^2 \cdot 7^2 \cdot 13 \cdot 19 \cdot 218651.$$

モウズ-モウズは，$1.03 \times 10^{11}$ までの探査によって，さらに 4 個の 4-サイクルを発見した．最近のレコードは

| 長さ | 4 | 5 | 6 | 8 | 9 | 28 | 計 |
|---|---|---|---|---|---|---|---|
| 数 | 110 | 1 | 2 | 2 | 1 | 1 | 127 |

である．50 個の 4-サイクルがブランケナゲル-ボルホ-フォム・ステインによって発見された．以下の J. O. M. ペーダーセンのホームページを参照：
   http://amicable.adsl.dk/aliquot/sociable.txt
3-サイクルは存在しないであろうと予想されてきた．その一方，各 $k$ に対し，無限個の $k$-サイクルが存在するであろうという予想もある．

Karsten Blankenagel, Walter Borho & Axel vom Stein, New amicable four-cycles, *Math. Comput.*, **72**(2003) 2071–2076; *MR* **2004c**:11006.

Walter Borho, Über die Fixpunkte der $k$-fach iterierten Teilersummenfunktion, *Mitt. Math. Gesellsch. Hamburg*, **9**(1969) 34–48; *MR* **40** #7189.

Achim Flammenkamp, New sociable numbers, *Math. Comput.*, **56**(1991) 871–873.

David Moews & Paul C. Moews, A search for aliquot cycles below $10^{10}$, *Math. Comput.*, **57**(1991) 849–855; *MR* **92e**:11151.

David Moews & Paul C. Moews, A search for aliquot cycles and amicable pairs, *Math. Comput.*, **61**(1993) 935–938.

**OEIS:** A003416.

## B8　ユニタリー真約数和列

　真約数列また真約数サイクルという概念は,「ユニタリー」約数のみの和に制限した場合にも有効であり,ユニタリー真約数和列およびユニタリー社交数の概念が得られる. $\sigma(n)$, $s(n)$ のアナロジーでユニタリー約数のみの和に制限したものをそれぞれ $\sigma^*(n)$, $s^*(n)$ で表す (**B3** 参照).

　ユニタリー真約数和列 (以下,u-真約数和列) の非有界無限列は存在するか？　この問題の成否は,通常の真約数和列に関する問題よりも微妙な位置にあり,唯一真摯な考察に値する数列は,6 の奇数倍を含むものである.それは,6 が通常の真約数和数であるとともにユニタリー真約数和でもあるからであるという理由による.u-真約数和列は $3\|n$ のとき増加し,3 の高次ベキが含まれるとき減少である.どちらがより頻繁に起こるかは微妙であり決定されていない.u-真約数和列のある項が,$m$ を奇数として,$6m$ の形になれば,$\sigma^*(6m)$ は,6 の偶数倍となり,$m$ が 4 の奇数乗であるという非常にまれな場合を除き,$s^*(6m)$ が再び 6 の奇数倍になる.

　テ・リーレは,$n < 10^5$ までのすべての u-真約数和列を調査し,有限で終わらないものあるいは周期的にならないものは,89610 のみであることを確認した.後の計算で,この数列は,第 568 項で最大値

$$645\,856907\,610421\,353834 = 2 \cdot 3^2 \cdot 13 \cdot 19 \cdot 73 \cdot 653 \cdot 3047409443791$$

に達し,第 1129 項で終わることがわかった.

　含まれる素因子の数が十分大になるところまでいかなければ,何らかの定型的な現象が観察される可能性は,期待薄である.$n$ の素因子の数は,$\ln \ln n$ 程度であるから,多くの素因子を含むような数列の計算は,優にコンピュータの計算可能範囲を超えてしまう.$10^{12}$ 付近で調べられた 80 個の数列のすべてが有限で終わるか周期的になった.そのうち 1 個が $10^{23}$ を超えた.

　ユニタリー親和数 (u-親和数),ユニタリー社交数 (u-社交数) は,本来のものより,より頻繁に現れる.ラル-ティラー-サマーズは,周期 1, 2, 3, 4, 5, 6, 14, 25, 39, 65 のサイクルを見つけている.u-社交数のペアの例として,(56430,64530) と (1080150,1291050) がある.一方,(30,42,54) は 3-サイクル,(1482,1878,1890,2142,2178) は 5-サイクルである.

　コーエンは,無限項 u-社交数 (定義および文献に関しては,**B3** 参照) のペアで,小さい方が,100 万までのものを 62 個見つけている.さらに,位数 4 の無限項 u-真約数サイクルを 8 個,位数 6 のものを 3 個見つけている.位数が 17 より小で,最小数が 100 万以下のこのようなサイクルは,ただひとつ存在し,位数 11 の次のものである:

$$448800,\ 696864,\ 1124448,\ 1651584,\ 3636096,\ 6608784,$$
$$5729136,\ 3736464,\ 2187696,\ 1572432,\ 895152.$$

　デイヴィッド・ペニー-カール・ポメランスは,有界でなさそうな u-真約数のタイプ

を提示した．それは，デデキントの関数に依存したものである．**B41** 参照．実は，この
テーマはテ・リーレの学位論文の第 7 章であった．

エルデーシュは，逐次合成関数が有界になるような数論的関数を求めようとして，
$n = \prod p_i^{\alpha_i}$, $w^k(n) = w(w^{k-1}(n))$ の下で，$w(n) = n \sum 1/p_i^{\alpha_i}$ を考察することを提案
した．ここで，$w(n) \perp n$ に注意する．$w^k(n)$, $k = 1, 2, \ldots$ が有界であることが証明で
きるか？ $|\{w(n) : 1 \leq n \leq x\}| = o(x)$ であるか？

エルデーシュ-セルフリッジは，数論的関数 $f(m)$ に対し，すべての $m < n$ で
$m + f(m) \leq n$ がなりたつとき，$n$ を $f$ に対するバリアとよんだ．オイラーの $\phi$-関
数 (**B36** 参照) も $\sigma(m)$ もともに，増加速度が速すぎるため，バリアをもつことはでき
ないが，$\omega(m)$ は，無限に多くのバリアをもつであろうか？ ちなみに 2, 3, 4, 5, 6, 8,
9, 10, 12, 14, 17, 18, 20, 24, 26, 28, 30, ... は，$\omega(m)$ のバリアであり，この観察か
ら，$\Omega(m)$ は無限に多くのバリアをもつのではないかという問題に至る．セルフリッジ
は，$< 10^5$ までの数のうち，99840 が，$\Omega(m)$ の最大のバリアであることに注意してい
る．モンコフスキは，$n = 1$ は任意の関数のバリアであり，$n = 2$ は，$f(1) = 1$ である
すべての関数 $f(n)$ のバリアであることに注意している; とくに，約数の関数 $d(m)$ もこ
の中に含まれる．不等式

$$\max\{d(n-1) + n - 1, d(n-2) + n - 2\} \geq n + 2$$

は，$n \geq 7$ に対してなりたつが，$n = 6$ に対してはなりたたない．しかし，$n \geq 3$ に対
しては，$d(n-1) + n - 1 \geq n + 1$ であるから，$d(m)$ は，$\geq 3$ のバリアをもたない．

$$\max_{m<n}(m + d(m)) = n + 2$$

は無限個の解をもつか？ この予想はかなり信憑性が低い．最初の数個の解は，$n = 5, 8,$
10, 12, 24 である; ジャド・マクラニーは，$10^{10}$ 以下には他の解がないことを確認した．

Paul Erdős, A mélange of simply posed conjectures with frustratingly elusive solutions, *Math. Mag.*, **52**(1979) 67–70.

P. Erdős, Problems and results in number theory and graph theory, *Congressus Numerantium* **27**, Proc. 9th Manitoba Conf. Numerical Math. Comput., 1979, 3–21.

Richard K. Guy & Marvin C. Wunderlich, Computing unitary aliquot sequences – a preliminary report, *Congressus Numerantium* **27**, Proc. 9th Manitoba Conf. Numerical Math. Comput., 1979, 257–270.

P. Hagis, Unitary amicable numbers, *Math. Comput.*, **25**(1971) 915–918; *MR* **45** #8599.

Peter Hagis, Unitary hyperperfect numbers, *Math. Comput.*, **36**(1981) 299–301.

M. Lal, G. Tiller & T. Summers, Unitary sociable numbers, *Congressus Numerantium* **7**, Proc. 2nd Manitoba Conf. Numerical Math., 1972, 211–216: *MR* **50** #4471.

Rudolph M. Najar, The unitary amicable pairs up to $10^8$, *Internat. J. Math. Math. Sci.*, **18**(1995) 405–410; *MR* **96c**:11011.

H. J. J. te Riele, *Unitary Aliquot Sequences*, MR139/72, Mathematisch Centrum, Amsterdam, 1972; reviewed *Math. Comput.*, **32**(1978) 944–945; *Zbl.* **251**, 10008.

H. J. J. te Riele, *Further Results on Unitary Aliquot Sequences*, NW12/73, Mathematisch Centrum, Amsterdam, 1973; reviewed *Math. Comput.*, **32**(1978) 945.

H. J. J. te Riele, *A Theoretical and Computational Study of Generalized Aliquot Sequences*, MCT72, Mathematisch Centrum, Amsterdam, 1976; reviewed *Math. Comput.*, **32**(1978) 945–946; *MR* **58** #27716.

C. R. Wall, Topics related to the sum of unitary divisors of an integer, PhD thesis, Univ. of Tennessee, 1970.

**OEIS:** A005236, A068597, A087281.

## B9 超完全数

スーリャナーラーヤナは，$n$ が超完全数であることを，条件 $\sigma^2(n) = 2n$, すなわち, $\sigma(\sigma(n)) = 2n$ によって定義した．スーリャナーラーヤナ-カノルドは，偶数の超完全数は，$2^p - 1$ がメルセンヌ素数であるような $2^{p-1}$ であることを示した．そうなると，奇数の超完全数が存在するかという問題が生ずる．カノルドは，奇数の完全数 $n$ は，完全平方数であることを，ダンダパットらは，$n$ または $\sigma(n)$ が少なくとも 3 個の異なる素数で割り切れることを示した．

ボードは，より一般に，$m$-超完全数 $n$ を，$\sigma^m(n) = 2n$ なるものとして定義し，$m \geq 3$ に対しては，偶数の $m$-超完全数は存在しないことを証明した．同時に $m = 2$ の超完全数は $< 10^{10}$ の範囲に存在しないことを示した．ハンサッカー-ポメランスは，この限界を $7 \times 10^{24}$ まで上げるとともに，$n$ が奇数の超完全数ならば，$n\sigma(n)$ は少なくとも 5 個の異なる素因子を含むこと，および，$n$ または $\sigma(n)$ のどちらかの素因子は合わせて 7 個以上であることを示した．これらの結果は，ダンダパットとの共著論文においてアナウンスされたものである．

$\sigma^2(n) = 2n+1$ のとき，既述の用語に従って，$n$ を擬似超完全数とよぶことが許される．メルセンヌ素数は擬似超完全数である．他に擬似超完全数が存在するか？ $\sigma^2(n) = 2n-1$ となるような「概擬似超完全数」は存在するか？

エルデーシュは，$k \to \infty$ のとき，$(\sigma^k(n))^{1/k}$ が，ある極限値に収束するかどうかを問うた．エルデーシュ本人は，各 $n > 1$ に対し無限大に発散するであろうと予想している．

シンツェルは，各 $k$ に対し，$n \to \infty$ のとき，$\liminf \sigma^k(n)/n < \infty$ であるかどうかを問い，$k = 2$ のとき，レニュイの深い定理から結果がなりたつことに注意している．モンコフスキー-シンツェルは，$k = 2$ のとき，極限が 1 であることを初等的に証明した．一方，ヘルムート・マイヤーは篩法を用いて，$k = 3$ の場合の結果を得た．

シータラマヤー-スッバラオは，$\sigma^*(\sigma^*(n)) = 2n$ がなりたつような $n$ をユニタリー超完全数 (**u-超完全数**) と名づけ，方程式 $\sigma^*(\sigma^*(n)) = 2n + 1$ は解をもたないこと，$\sigma^*(\sigma^*(n)) = 2n - 1$ の解は，$n = 1, 3$ のみであることを示すとともに，$10^8$ 以下のすべての u-超完全数をリストアップしている：2, 9, 165, 238, 1640, 4320, 10250, 10824, 13500, 23760, 58500, 66912, 425880, 520128, 873180, 931392, 1899744, 2129400,

2253888, 3276000, 4580064, 4668300. さらに, u-超完全数は無限個存在し, 奇数のものは有限個であろうという予想も述べている. また, 方程式 $\sigma^*(\sigma^*(n)) = kn$ の $k = 3$ のときの解 $n = 10, 30, 288, 660, 720, 2146560$ および $k = 4$ のときの解 $n = 18$ を求めている.

Dieter Bode, Über eine Verallgemeinerung der volkommenen Zahlen, Dissertation, Braunschweig, 1971.
G. G. Dandapat, J. L. Hunsucker & C. Pomerance, Some new results on odd perfect numbers, Pacific J. Math., **57**(1975) 359–364; **52** #5554.
P. Erdős, Some remarks on the iterates of the $\phi$ and $\sigma$ functions, Colloq. Math., **17**(1967) 195–202.
J. L. Hunsucker & C. Pomerance, There are no odd super perfect numbers less than $7 \cdot 10^{24}$, Indian J. Math., **17**(1975) 107–120; MR **82b**:10010.
H.-J. Kanold, Über "Super perfect numbers," Elem. Math., **24**(1969) 61–62; MR **39** #5463.
Graham Lord, Even perfect and superperfect numbers, Elem. Math., **30** (1975) 87–88.
Helmut Maier, On the third iterates of the $\phi$- and $\sigma$-functions, Colloq. Math., **49**(1984) 123–130.
Andrzej Mąkowski, On two conjectures of Schinzel, Elem. Math., **31**(1976) 140–141.
A. Schinzel, Ungelöste Probleme Nr. 30, Elem. Math., **14**(1959) 60–61.
V. Sitaramaiah & M. V. Subbarao, On the equation $\sigma^*(\sigma^*(n)) = 2n$, Utilitas Math., **53**(1998) 101–124; MR **99a**:11009.
D. Suryanarayana, Super perfect numbers, Elem. Math., **24**(1969) 16–17; MR **39** #5706.
D. Suryanarayana, There is no superperfect number of the form $p^{2\alpha}$, Elem. Math., **28**(1973) 148–150; MR **48** #8374.

## B10 不可触数

エルデーシュは, $s(x) = n$ が解をもたないような $n$ が無限個存在することを証明した. このような数をアラネンは**不可触数**とよんでいる. エルデーシュは, 実は, 不可触数の集合の劣密度が正であることまで証明している. 以下に 1000 までの不可触数の表をあげておく:

2  5  52  88  96  120  124  146  162  178  188  206  210  216  238  246
248  262  268  276  288  290  292  304  306  322  324  326  336  342  372  406
408  426  430  448  472  474  498  516  518  520  530  540  552  556  562  576
584  612  624  626  628  658  668  670  714  718  726  732  738  748  750  756
766  768  782  784  792  802  804  818  836  848  852  872  892  894  896  898
902  916  926  936  964  966  976  982  996

ゴールドバッハ予想 (**C1**) が正しいとすれば, 素数 $p$, $q$ に対して, $2n + 1 = p + q + 1$ であれば, $s(pq) = 2n + 1$ となることに鑑みて, 5 が唯一の奇数の不可触数であることになる. このことを, ゴールドバッハ予想とは独立に証明できるか? 不可触数であるような偶数の連続する列で任意に長いものが存在するか? 不可触数の間の間隙はどのくらいか?

1998年8月27日付けの電子メールで，ウーター・ミューセンは，整数 $m < n$ が，$n$ の約数でもなく，互いに素でもないとき，$n$ に無関連であるとよび，$n$ に無関連な数の個数を表す関数 $W(n) = n - d(n) - \phi(n) + 1$ を定義した．$n < 14$ までの例は，4 は，6 に無関連；6 は，8，9 に無関連；4, 6, 8 は，10 に無関連；8, 9, 10 は，12 に無関連であることから，$W(6) = W(8) = W(9) = 1$ かつ $W(10) = W(12) = 3$ である．ミューセンは，以下の数のうち，$W(n)$ の値となるものがあるかどうかを問うた：

2, 13, 67, 93, 123, 133, 141, 173, 187, 193, 205, 217, 229, 245, 253, 257, 283, 285, 293, 303, 317, 319, 325, 333, 341, 389, 393, 397, 405, 415, 427, 445, 453, 467, 473, 483, 491, 493, 509, 525, 527, 533, 537, 549, 557, 571, 573, 581, 587, 589, 595, 609, 621, 635, 643, 653, 655, 667, 669, 673, 679, 685, 701, 709, 723, 765, 777, 779, 789, 797, 811, 813, 833, 843, 845, 869, 877, 893, 899, 901, 907, 915, 921, 941, 957, 973, 997, ...

フェリス・ルッソは，$s^*(x) = \sigma^*(x) - x$ で $x$ のそれ自身を除く約数を表すとき，$s^*(x) = n$ が解をもたないような数をユニタリー不可蝕数とよび，$< 1000$ までのユニタリー不可蝕数すべてを求めた：2, 3, 4, 5, 7, 374, 702, 758, 998．デイヴィッド・ウィルソンは，$\leq 10^5$ までに 862 個のユニタリー不可蝕数を見出した．$\leq x$ なるユニタリー不可蝕数の個数のよい評価はどのようなものか？

P. Erdős, Über die Zahlen der Form $\sigma(n) - n$ und $n - \phi(n)$, *Elem. Math.*, **28** (1973) 83–86; *MR* **49** #2502.

Paul Erdős, Some unconventional problems in number theory, *Astérisque*, **61** (1979) 73–82; *MR* **81h**:10001.

**OEIS:** A005114, A063948.

## B11 方程式 $m\sigma(m) = n\sigma(n)$ の解

レオ・モーザーは，$n\phi(n)$ が一意的に $n$ を定めるのにひきかえ，$n\sigma(n)$ はそうでないことに注意した．[$\phi(n)$ は，オイラーの関数である；**B36** 参照．] たとえば，$m = 12, n = 14$ に対し，$m\sigma(m) = n\sigma(n)$ である．これから，$\sigma(n)$ の乗法性により，$q \perp 42$ に対し，$m = 12q, n = 14q$ なる無限個の解が生ずる．この状況に鑑みて，モーザーは，任意の $m^* = m/d, n^* = n/d, d > 1$ に対し，$(m^*, n^*)$ が「解でない」という条件で定義された「原始」解が無限個存在するかどうかを問題とした．上述の例は，$2^p - 1, 2^q - 1$ を異なるメルセンヌ素数とするとき，集合 $m = 2^{p-1}(2^q - 1), n = 2^{q-1}(2^p - 1)$ の最小元である．したがって，このタイプの解で知られているのものは，有限個である．他の集合として，$2^p - 1$ を 3 および 31 と異なるメルセンヌ素数とするとき，$m = 2^7 \cdot 3^2 \cdot 5^2 \cdot (2^p - 1)$, $n = 2^{p-1} \cdot 5^3 \cdot 17 \cdot 31$ がある；また，このタイプで公約数 31 を除けば，$p = 5$ も原始解を与える．さらに，他の解として，$m = 2^4 \cdot 3 \cdot 5^3 \cdot 7, n = 2^{11} \cdot 5^2$ and $m = 2^9 \cdot 5$, $n = 2^3 \cdot 11 \cdot 31$ がある．$m \perp n$ であるような例として，$m = 2^5 \cdot 5, n = 3^3 \cdot 7$ がある．

$m\sigma(m) = n\sigma(n)$ のとき, $m/n$ は有界であるか?

エルデーシュは, $n$ が平方因子無縁のとき, $n\sigma(n)$ の形の整数は, 相違なることに注意するとともに, 方程式 $m\sigma(m) = n\sigma(n)$ の $m < n < x$ なる解は, $cx + o(x)$ であることも証明した. $l\sigma(l) = m\sigma(m) = n\sigma(n)$ を満たす相違なる整数 $l, m, n$ が存在するかという問いに答えて, モンコフスキ は, 相違なるメルセンヌ素数 $M_{p_i}, 1 \leq i \leq s$ に対し, $n_i = A/M_{p_i}$ のとき, $n_i\sigma(n_i)$ が定数であることに注意している. ここで, $A = \prod_{j=1}^{s} M_{p_j}$ である. 方程式 $\sigma(a)/a = \sigma(b)/b$ の原始解が無限個存在するか? 原始的という条件を加えないとき, エルデーシュは, $a < b < x$ なる解の個数が少なくとも $cx + o(x)$ であることを示した; 条件 $a \perp b$ 付きのときは, 解はまったく知られていない.

エルデーシュは, 方程式 $x\sigma(x) = n$ の解の個数は, 任意の $\epsilon > 0$ に対し, $n^{\epsilon/\ln\ln n}$ より小であると確信しており, もしかすると, $(\ln n)^c$ より小でもありうると述べている.

ジャン・マリー・デコネは, $\mathrm{rad}\, n$ で, $n$ の根基 (ラジカル), すなわち, その最大の平方因子無縁の約数を表すとき, 方程式 $\sigma(n) = (\mathrm{rad}\, n)^2$ の自明でない解が $n = 1782$ に限るかどうかを問うた:

$$\sigma(1782) = \sigma(2 \cdot 3^4 \cdot 11) = (2+1) \cdot \frac{3^5-1}{3-1} \cdot (11+1) = (2 \cdot 3 \cdot 11)^2$$

約数関数のコンヴォリューション和に関する論文 (下述) の末尾で, ハワード-ウー-スピアマン-ウィリアムズは, さらに多くの等式とラマヌジャンの $\tau$-関数との関係を求められる可能性があると述べている.

Nicolae Ciprian Bonciocat, Congruences for the convolution of divisor sum function, *Bull. Greek Math. Soc.*, **46**(2002) 161–170; *MR* **2003e**:11111.

P. Erdős, Remarks on number theory II: some problems on the $\sigma$ function, *Acta Arith.*, **5**(1959) 171–177; *MR* **21** #6348.

James G. Huard, Zhiming M. Ou, Blair K. Spearman & Kenneth S. Williams, Elementary evaluation of certain convolution sums involving divisor functions, *Number Theory for the Millenium II* (*Urbana IL*, 2000) 229–274, AKPeters, Natick MA¡ 2002.

## B12　$d(n), \sigma_k(n)$ の類似

$\sigma(n)$ の代わりに $\sigma_k(n)$ に対して前節と同様の問題が考えられる. ここで, $\sigma_k(n)$ は, $n$ の約数の $k$ 乗の和である. たとえば, $m\sigma_2(m) = n\sigma_2(n)$ であるような相違なる整数 $m, n$ が存在するかなどが考えられる. $k = 0$ のとき, $(m, n) = (18, 27), (24, 32), (56, 64), (192, 224)$ に対して, $md(m) = nd(n)$ である. 最後の対に 168 を付け加えれば, $ld(l) = md(m) = nd(n)$ をみたす相違なる整数の 3 つ組みが得られる. $p$ および $q = u + p \cdot 2^{tu}$ を素数とするとき,

$$m = 2^{qt-1}p, \qquad n = 2^{pt \cdot 2^{tu}-1}q$$

の形の原始解 $(m, n)$ は存在するものの, それらが無限個存在するかどうかは自明ではない. 他にも多くの解を構成することができる. たとえば, $(2^{70}, 2^{63} \cdot 71), (3^{19}, 3^{17} \cdot 5),$

$(5^{51}, 5^{49}\cdot 13)$ がある.

ベンチェは, $0 \leq l \leq k$ に対して, 不等式
$$\frac{n^k+1}{2} \geq \frac{\sigma_k(n)}{\sigma_{k-l}(n)} \geq \sqrt{n^l}$$
を証明し, 60 余の応用例を述べている.

Mihály Bencze, A contest problem and its application (Hungarian), *Mat. Lapok Ifjúsági Folyóirat (Románia)*, **91**(1986) 179–186.

**OEIS:** A000005, A033950, A036762-036763, A039819, A051278-051280.

## B13　方程式 $\sigma(n) = \sigma(n+1)$ の解

シェルピンスキは, $\sigma(n) = \sigma(n+1)$ が無限回起こるかどうかを問うた. ハンサッカー-ネッブ-ステアンスは, モンコフスキの表およびミェントカ-ヴォートの表を拡張して, $10^7$ までの範囲にちょうど 113 個の解

14, 206, 957, 1334, 1364, 1634, 2685, 2974, 4364, ...

を見出した. 同著者らは, ミェントカ-ヴォートの提出した問題—(あるとすれば) どのような $l$ に対して, 方程式 $\sigma(n) = \sigma(n+l)$ は無限個解をもつか—に関して統計的結果を得ている. また, $l$ が階乗数のとき, 多くの解を求めているが, $l = 15$ と $l = 69$ のときは, 2 個の解しか求まっていない. 各 $l, m$ に対し, $\sigma(n) + m = \sigma(n+l)$ をみたす $n$ が存在するかどうかという問題も提出している.

ジャド・マクラニーは, $n < 4.25 \times 10^9$ の範囲における方程式 $\sigma(n) = \sigma(n+1)$ の 832 個の解および, $\sigma(n) = \sigma(n+2)$ の解 2189 個の解を得ている. 1 つの例が
$$4236745811 = 64399 \times 65789$$
$$4236745813 = 64499 \times 65687$$
であり, $\sigma(n) = \sigma(n+2) = 4236876000 = 2^5 \cdot 3^2 \cdot 5^3 \cdot 7 \cdot 11 \cdot 23 \cdot 43$ がなりたつ. 当該範囲で, $\sigma(n) = \sigma(n+1) = \sigma(n+2)$ の解は 1 つも存在しない.

ハンサッカー-ネッブ-ステアンスは, $\sigma(n) = \sigma(n+1)$ かつ $n$ も $n+1$ も平方無縁でないとき, $n \equiv 0$ または, $-1 \bmod 4$ を予想したが, ホッカネンが反例を与えた. $n = 52586505 = 3^2 \cdot 5 \cdot 71 \cdot 109 \cdot 151$, $n+1 = 2 \cdot 7^2 \cdot 43 \cdot 12479$, $n = 164233250 = 2 \cdot 5^3 \cdot 353 \cdot 1861$, $n+1 = 3^5 \cdot 7^2 \cdot 13 \cdot 1061$.

さらに, どの $n \leq 2 \cdot 10^8$ も $\sigma(n) = \sigma(n+1) = \sigma(n+2)$ をみたさないことを注意した.

$n, n+2$ が双子素数のとき, $\sigma(n+2) = \sigma(n) + 2$ がなりたつ. モンコフスキは, 合成数の解 $n = 434, 8575, 8825$ を求めた. また, ホッカネンは, これらが, $\leq 2\cdot 10^8$ におけるすべての解であることを示した.

$\sigma_k(n)$ で,[**B12** のように]$n$ の約数の $k$ 乗の和を表すとき,対応する問題を考えることができる. [$k = 0$ のときに関しては,**B18** 参照.] $n > 7$ に対し,$\sigma_2(2n) > \sigma_2(2n+1)$ であり,また $\sigma_2(2n) > 5n^2 > (\pi^2/8)(2n-1)^2 > \sigma_2(2n-1)$ がなりたつことから,$\sigma_2(n) = \sigma_2(n+1)$ の唯一の解は,$n = 6$ であることがしたがう. $\sigma_2(24) = \sigma_2(26)$ に注意;エルデーシュは,$\sigma_2(n) = \sigma_2(n+2)$ が無限個の解をもたないのではないか,また,$\sigma_3(n) = \sigma_3(n+2)$ は解をまったくもたないのではないかと考えている.デコネは,奇数 $l$ に対し,$\sigma_2(n) = \sigma_2(n+l)$ の解は有限個であることを示した. 一方,シンツェル予想 H(**A** 参照) によれば,$l$ が偶数のとき,無限個の解が存在することがしたがう.

J.-M. De Koninck, On the solutions of $\sigma_2(n) = \sigma_2(n+l)$, *Ann. Univ. Sci. Budapest. Sect. Comput.*, **21**(2002) 127–133; *MR* **2003h**:11007.

Richard K. Guy & Daniel Shanks, A constructed solution of $\sigma(n) = \sigma(n+1)$, *Fibonacci Quart.*, **12**(1974) 299; *MR* **50** #219.

Pentti Haukkanen, Some computational results concerning the divisor functions $d(n)$ and $\sigma(n)$, *Math. Student*, **62**(1993) 166-168; *MR* **90j**:11006.

John L. Hunsucker, Jack Nebb & Robert E. Stearns, Computational results concerning some equations involving $\sigma(n)$, *Math. Student*, **41**(1973) 285–289.

W. E. Mientka & R. L. Vogt, Computational results relating to problems concerning $\sigma(n)$, *Mat. Vesnik*, **7**(1970) 35–36.

**OEIS:** A002961.

## B14 無理数値級数

$\sum_{n=1}^{\infty}(\sigma_k(n)/n!)$ は無理数であるか? $k = 1, 2$ のときは無理数である.
エルデーシュは,級数

$$\sum_{n=1}^{\infty}\frac{1}{2^n-1} = \sum_{n=1}^{\infty}\frac{d(n)}{2^n}$$

の無理数性を示し,ピーター・ボーウェンは,$q$ が 0, $\pm 1$ 以外の整数で,かつ $r$ が 0, $-q^n$ 以外の有理数のとき,

$$\sum_{n=1}^{\infty}\frac{1}{q^n+r} \quad \text{and} \quad \sum_{n=1}^{\infty}\frac{(-1)^n}{q^n+r}$$

が無理数であることを証明した.

Peter B. Borwein, On the irrationality of $\sum 1/(q^n+r)$, *J. Number Theory*, **37**(1991) 253–259.

Peter B. Borwein, On the irrationality of certain series, *Math. Proc. Cambridge Philos. Soc.*, **112**(1992) 141–146; *MR* **93g**:11074.

P. Erdős, On arithmetical properties of Lambert series, *J. Indian Math. Soc.*(*N.S.*) **12**(1948) 63–66.

P. Erdős, On the irrationality of certain series: problems and results, in *New Advances in Transcendence Theory*, Cambridge Univ. Press, 1988, pp. 102–109.

P. Erdős & M. Kac, Problem 4518, *Amer. Math. Monthly* **60**(1953) 47. Solution R. Breusch, **61**(1954) 264–265.

| **B15** | 方程式 $\sigma(q) + \sigma(r) = \sigma(q+r)$ の解 |

マックス・ラムネイ (*Eureka*, **26**(1963) 12) は，方程式 $\sigma(q) + \sigma(r) = \sigma(q+r)$ が，**B11** で述べたのと同じ意味で原始的解を無限個もつかどうかを問うた．$q+r$ が素数のとき，$(q,r) = (1,2)$ が唯一の解である．素数 $p$ に対し，$q+r = p^2$ であるとき，$q$ または $r$ のどちらかは素数であり—たとえば $q$ を素数とする—$r = 2^n k^2$ である．ここで，$n \geq 1$ かつ $k$ は奇数である．$k = 1$ のとき，$p = 2^n - 1$ がメルセンヌ素数で $q = p^2 - 2^n$ ならば，解が存在する；$n = 2, 3, 5, 7, 13, 19$ のときこの条件がなりたつ．$k = 3$ のとき，解は存在しない．$k = 5$ のときも $n < 189$ の範囲には解は存在しない．$k = 7$ のとき，$n = 1$ または 3 が次の解を与える．$(q, r, q+r) = (5231, 2 \cdot 7^2, 73^2), (213977, 2^3 \cdot 7^2, 463^2)$．他の解は，$(k,n) = (11,1) \ (11,3), (19,5), (25,1), (25,9), (49,9), (53,1), (97,5), (107,5), (131,5), (137,1), (149,5), (257,5), (277,1), (313,3), (421,3)$ である．$q + r = p^3$ かつ $p$ が素数であるような解は $\sigma(2) + \sigma(6) = \sigma(8)$,

$$\sigma(11638687) + \sigma(2^2 \cdot 13 \cdot 1123) = \sigma(227^3)$$

である．

エルデーシュは，$q+r < x$ をみたす (原始的とは限らない) 解の個数を求める問題を提出した：$cx + o(x)$ の形かそれともより高位のオーダーか？ $s_1 < s_2 < \cdots$ を，方程式 $\sigma(s_i) = \sigma(q) + \sigma(s_i - q)$ が $q < s_i$ なる解をもつような数とするとき，数列 $\{s_i\}$ の密度を求めよ．

M. Sugunamma, PhD thesis, Sri Venkataswara Univ., 1969.

| **B16** | ベキフル数，平方 (因子) 無縁数 |

エルデーシュ-セケレスは，素数 $p$ が $n$ を割れば，$p^i$ が $n$ を割る—ここで $i$ は，1 より大の与えられた整数とする—ような整数 $n$ を研究した．ゴロンブは，これらの数をベキフル数と名づけ，連続するベキフル数のペアを無限個提示した．6 は相異なる 2 個のベキフル数の差で表せないというゴロンブの予想に答えて，ヴワドゥイスワフ・ナルケーヴィッチは，$6 = 5^4 7^3 - 463^2$ であることおよび，同様の表示が無限個存在することを注意した．事実，1971 年にリチャード・スタンレイ (同時にピーター・モンゴメリーが発見したため未公刊) は，ブハースカラ (ペル) 方程式の理論 [訳注：p.103 参照] を用いて，0 以外のすべての整数は，2 つのベキフル数の差で，1 は，平方数でないベキフル数の差で無限に多くの方法で表されることを証明した．スタンレイの結果の典型的なものは，$a_1 = 39, b_1 = 1, a_n = 24335 a_{n-1} + 7176 b_{n-1}, b_n = 82524 a_{n-1} + 24335 b_{n-1}$ のとき，$2^3 (a_n)^2 - 23^3 (b_n)^2 = 1$ であるというものである．

$m, n \geq 1, p, q \geq 2$ のとき,ベキ乗数の差 $m^p - n^q$ で表されるような整数はどのようなものかという問題は,広く研究された.以下の数で,このような表示をもつものがあるか?

6, 14, 34, 42, 50, 58, 62, 66, 70, 78, 82, 86, 90, 102, 110, 114, 130, 134, 158, 178, 182, 202, 206, 210, 226, 230, 238, 246, 254, 258, 266, 274, 278, 302, 306, 310, 314, 322, ...

エルデーシュは,$u_1^{(k)} < u_2^{(k)} < \ldots$ で,そのすべての素因数の指数が $\geq k$ であるような数— $k$-フル数とよばれることがある—を表し,方程式 $u_{i+1}^{(2)} - u_i^{(2)} = 1$ が,ペル方程式 $x^2 - dy^2 = \pm 1$ から生じないような解を無限個もつかどうかを問うた.これに加えて,次のような問題も提出した.$u_i < x$ なる解の個数が $(\ln x)^c$ より小であるような定数 $c$ が存在するか? 方程式 $u_{i+1}^{(3)} - u_i^{(3)} = 1$ は解をもたないか? 連立方程式 $u_{i+2}^{(2)} - u_{i+1}^{(2)} = 1, u_{i+1}^{(2)} - u_i^{(2)} = 1$ は解をもたないか? などである.そのいくつかは,モンコフスキが解決した.

モンコフスキは,たとえば,$7^3 x^2 - 3^3 y^2 = 1$ は無限個の解をもつが,通常,ブハースカラ (ペル) 方程式とみなされないことを注意している.さらに,

$$(2^{k+1} - 1)^k, \quad 2^k(2k+1-1)^k, \quad (2^{k+1} - 1)^{k+1}$$

は,等差数列中の $k$-フル数であり,$a_1, a_2, \ldots, a_s$ が同じ公差 $d$ をもつ等差数列中の $k$-フル数であれば,$s+1$ 個の数

$$a_1(a_s + d)^k, \quad a_2(a_s + d)^k, \quad \ldots, \quad a_s(a_s + d)^k, \quad (a_s + d)^{k+1}$$

も同じ性質をもつことを示した.

$$a^k(a^l + \ldots + 1)^k + a^{k+1}(a^l + \ldots + 1)^k + \ldots + a^{k+l}(a^l + \ldots + 1)^k = a^k(a^l + \ldots + 1)^{k+1}$$

であるから,$l+1$ 個の $k$-フル数の和は,$k$-フル数になりうる.モンコフスキは,上述最後の 2 つの問題は,互いに素を仮定すると難しくなると述べている.ヒース・ブラウンは,十分大のすべての整数は,3 個のベキフル数の和であることを証明した.その証明は,2 次形式 $x^2 + y^2 + 125z^2$ が十分大のすべての整数 $n \equiv 7 \bmod 8$ を表すであろうという本人自身の予想が証明できれば大幅に短縮できる.

エルデーシュは,この予想がデューク,イワーニェッツの結果からしたがうのではないかと示唆した:実際のところは,モロスの論文参照.

$n^2 - 1$ もベキフルであるようなベキフル数 $n$ は有限個か?(**D2** のグランヴィルの参考文献参照.)

$A(x)$ を $\leq x$ なる 2 乗フル数の個数,$a_1, a_2$ を既知の定数として,$\Delta(x) = A(x) - a_1 x^{1/2} - a_2 x^{1/3}$ とするとき,リーマン予想の仮定のもとで,ツァオは $\Delta(x) = O(x^{5/33+\epsilon})$ を証明した.指数 5/33 は,ツァイによって 4/27 におきかえられた.

リュー・ホン・チュアンは,区間 $(x, x + x^{\frac{2}{3}+\mu})$ 中の 3-フル数の個数は,$\frac{11}{92} < \mu < \frac{1}{3}$ に対して,$Cx^\mu$ に漸近的に等しいことを示した.

## B16. ベキフル数，平方 (因子) 無縁数

ニタジは，$|z| \to \infty$ のとき，方程式 $x+y=z$ が互いに素な 3-フル数の解をもつであろうというエルデーシュの予想を解決した．コーンは，さらに $x, y, z$ のどれもが完全 3 乗数であるような解が無限個存在することを示した．

ガン・ユーは，4-フル数 $\leq x$ の個数に対するメンザーの評価 $x^{35/316}(\ln x)^3$ を $x^{3626/35461+\epsilon}$ に改良した．

ハックスリー-トリフォノフは，$N$ が，$\epsilon, h \geq \frac{1}{\epsilon} N^{\frac{5}{8}}(\ln N)^{\frac{5}{16}}$ に比べて十分大のとき，$N+1, \ldots, N+h$ 内の 2 乗フル数の個数は，

$$\frac{\zeta(\frac{3}{2})}{2\zeta(3)} \frac{h}{\sqrt{N}} + O\left(\frac{\epsilon h}{\sqrt{N}}\right)$$

であることを示した．それ以前に，$\frac{5}{8}$ のところがそれぞれ $\frac{2}{3}$, 0.6318, 0.6308, $\frac{49}{78}$ なる結果が，ベイトマン-グロスワルド，ヒース・ブラウン，リュー，フィラセッタ-トリフォノフによって得られていた．

$p$ が $p \equiv 1 \pmod 4$ なる素数で，$\frac{1}{2}(t+u\sqrt{p})$ を実 2 次体 $\mathbb{Q}(\sqrt{p})$ の基本単数 (すなわち，$(t, u)$ がブハースカラ方程式 $t^2 - pu^2 = 1$ の正の最小解) とするとき，アンケニー-アルティン-チャウラ予想は，任意の $p$ に対し，$p \nmid u$ を主張する．ファン・デア・ポーテン-テ・リーレ-ウィリアムズによって，$p < 10^{11}$ なるすべての $p$ に対して検証された．$p$ が素数でないとき，予想はなりたたない；ゲリー・マイヤーソンは 46 と 430 が最小の反例であると確信している．

ベキフル数とスペクトル的に対極にあるのが**平方 (因子) 無縁数**であり，重複素因子をもたないと定義される．平方因子無縁数の集合を $\{f_n\} = \{1, 2, 3, 5, 6, 7, 10, \ldots\}$ で表せば，無限に多くの $n$ に対し，$f_{n+1} - f_n = 1$ かつ $\limsup(f_{n+1} - f_n) = \infty$ であることはよく知られている．パナイトポルは，さらに

$$\limsup(\min\{f_{n+1} - f_n, f_n - f_{n-1}\}) = \infty$$

なること，および $e_n = f_{n+1} - 2f_n + f_{n-1}$ かつ $g_n = f_{n+1}^2 - 2f_n^2 + f_{n-1}^2$ ならば，$e_n < 0, e_n = 0, e_n > 0, g_n < 0, g_n > 0$ のそれぞれの場合が無限に多くの $n$ と $g_n \neq 0$ (すべての $n > 1$) に対してなりたつことを示した．パナイトポルは，各正整数 $k$ に対し，$f_{n+1} - f_n = k$ となるような指数 $n$ が存在するかどうかを問うている．

N. C. Ankeny, E. Artin & S. Chowla, The class-number of real quadratic number fields, *Ann. of Math.*(2), **56**(1952) 479–493; *MR* **14**, 251.

R. C. Baker & J. Brüdern, On sums of two squarefull numbers, *Math. Proc. Cambridge Philos. Society*, **116**(1994) 1–5; *MR* **95f**:11073.

P. T. Bateman & E. Grosswald, On a theorem of Erdős and Szekeres, *Illinois J. Math.*, **2**(1958) 88–98.

B. D. Beach, H. C. Williams & C. R. Zarnke, Some computer results on units in quadratic and cubic fields, *Proc. 25th Summer Meet. Canad. Math. Congress*, Lakehead, 1971, 609–648; *MR* **49** #2656.

Cai Ying-Chun, On the distribution of square-full integers, *Acta Math. Sinica* (*N.S.*) **13**(1997) 269–280; *MR* **98j**:11070.

Catalina Calderón & M. J. Velasco, Waring's problem on squarefull numbers, *An. Univ. București Mat.*, **44**(1995) 3–12.

Cao Xiao-Dong, The distribution of square-full integers, *Period. Math. Hungar.*, **28**(1994) 43–54; *MR* **95k**:11119.

J. H. E. Cohn, A conjecture of Erdős on 3-powerful numbers. *Math. Comput.*, **67**(1998) 439–440; *MR* **98c**:11104.

David Drazin & Robert Gilmer, Complements and comments, *Amer. Math. Monthly*, **78**(1971) 1104–1106 (esp. p. 1106).

W. Duke, Hyperbolic distribution problems and half-integral weight Maass forms, *Invent. Math.*, **92**(1988) 73–90; *MR* **89d**:11033.

P. Erdős, Problems and results on consecutive integers, *Eureka*, **38**(1975–76) 3–8.

P. Erdős & G. Szekeres, Über die Anzahl der Abelschen Gruppen gegebener Ordnung und über ein verwandtes zahlentheoretisches Problem, *Acta Litt. Sci. Szeged*, **7**(1934) 95–102; *Zbl.* **10**, 294.

S. W. Golomb, Powerful numbers, *Amer. Math. Monthly*, **77**(1970) 848–852; *MR* **42** #1780.

Ryūta Hashimoto, Ankeny-Artin-Chowla conjecture and continued fraction expansion, *J. Number Theory*, **90**(2001) 143–153; *MR* **2002e**:11149.

D. R. Heath-Brown, Ternary quadratic forms and sums of three square-full numbers, *Séminaire de Théorie des Nombres, Paris, 1986-87*, Birkhäuser, Boston, 1988; *MR* **91b**:11031.

D. R. Heath-Brown, Sums of three square-full numbers, in Number Theory, I (Budapest, 1987), *Colloq. Math. Soc. János Bolyai*, **51**(1990) 163–171; *MR* **91i**:11036.

D. R. Heath-Brown, Square-full numbers in short intervals, *Math. Proc. Cambridge Philos. Soc.*, **110**(1991) 1–3; *MR* **92c**:11090.

M.N. Huxley & O. Trifonov, The square-full numbers in an interval, *Math. Proc. Cambridge Philos. Soc.*, **119**(1996) 201–208; *MR* **96k**:11114.

Aleksander Ivić, On the asymptotic formulas for powerful numbers, *Publ. Math. Inst. Beograd (N.S.)*, **23(37)**(1978) 85–94; *MR* **58** #21977.

A. Ivić & P. Shiue, The distribution of powerful integers, *Illinois J. Math.*, **26**(1982) 576–590; *MR* **84a**:10047.

H. Iwaniec, Fourier coefficients of modular forms of half-integral weight, *Invent. Math.*, **87**(1987) 385–401; *MR* **88b**:11024.

C.-H. Jia, On square-full numbers in short intervals, *Acta Math. Sinica (N.S.)* **5**(1987) 614–621.

Ekkehard Krätzel, On the distribution of square-full and cube-full numbers, *Monatsh. Math.*, **120**(1995) 105–119; *MR* **96f**:11116.

Hendrik W. Lenstra, Solving the Pell equation, *Notices Amer. Math. Soc.*, **49**(2002) 182–192.

Liu Hong-Quan, On square-full numbers in short intervals, *Acta Math. Sinica (N.S.)*, **6**(1990) 148–164; *MR* **91g**:11105.

Liu Hong-Quan, The number of squarefull numbers in an interval, *Acta Arith.*, **64**(1993) 129–149.

Liu Hong-Quan, The number of cube-full numbers in an interval, *Acta Arith.*, **67**(1994) 1–12; *MR* **95h**:11100.

Liu Hong-Quan, The distribution of 4-full numbers, *Acta Arith.*, **67**(1994) 165–176.

Liu Hong-Quan, The distribution of square-full numbers, *Ark. Mat.*, **32**(1994) 449–454; *MR* **97a**:11146.

Andrzej Mąkowski, On a problem of Golomb on powerful numbers, *Amer. Math. Monthly*, **79**(1972) 761.

Andrzej Mąkowski, Remarks on some problems in the elementary theory of numbers, *Acta Math. Univ. Comenian.*, **50/51**(1987) 277–281; *MR* **90e**:11022.

Wayne L. McDaniel, Representations of every integer as the difference of powerful numbers, *Fibonacci Quart.*, **20**(1982) 85–87.

H. Menzer, On the distribution of powerful numbers, *Abh. Math. Sem. Univ. Hamburg*,

**67**(1997) 221–237; *MR* **98h**:11115.

Richard A. Mollin, The power of powerful numbers, *Internat. J. Math. Math. Sci.*, **10**(1987) 125–130; *MR* **88e**:11008.

Richard A. Mollin & P. Gary Walsh, On non-square powerful numbers, *Fibonacci Quart.*, **25**(1987) 34–37; *MR* **88f**:11006.

Richard A. Mollin & P. Gary Walsh, On powerful numbers, *Internat. J. Math. Math. Sci.*, **9**(1986) 801–806; *MR* **88f**:11005.

Richard A. Mollin & P. Gary Walsh, A note on powerful numbers, quadratic fields and the Pellian, *CR Math. Rep. Acad. Sci. Canada*, **8**(1986) 109–114; *MR* **87g**:11020.

Richard A. Mollin & P. Gary Walsh, Proper differences of non-square powerful numbers, *CR Math. Rep. Acad. Sci. Canada*, **10**(1988) 71–76; *MR* **89e**:11003.

L. J. Mordell, On a pellian equation conjecture, *Acta Arith.*, **6**(1960) 137–144; *MR* **22** #9470.

B. Z. Moroz, On representation of large integers by integral ternary positive definite quadratic forms, *Journées Arithmétiques (Geneva* 1991), *Astérisque*, **209**(1992), 15, 275–278; *MR* **94a**:11051.

Abderrahmane Nitaj, On a conjecture of Erdős on 3-powerful numbers, *Bull. London Math. Soc.*, **27**(1995) 317–318; *MR* **96b**:11045.

R. W. K. Odoni, On a problem of Erdős on sums of two squarefull numbers, *Acta Arith.*, **39**(1981) 145–162; *MR* **83c**:10068.

Laurenţiu Panaitopol, On square free integers, *Bull. Math. Soc. Sci. Math. Roumanie (N.S.)*, **43**(**91**)(2000) 19–23; *MR*.**2002k**:11156.

A. J. van der Poorten, H. J. J. te Riele & H. C. Williams, Computer verification of the Ankeny-Artin-Chowla conjecture for all primes less than 100 000 000 000, *Math. Comput.*, **70**(2001) 1311–1328; *MR* **2001j**:11125; corrigenda and addition, **72**(2003) 521–523; *MR* **2003g**:11162.

A. V. M. Prasad & V. V. S. Sastri, An asymptotic formula for partitions into square full numbers, *Bull. Calcutta Math. Soc.*, **86**(1993) 403–408; *MR* **96b**:11138.

Peter Georg Schmidt, On the number of square-full integers in short intervals, *Acta Arith.*, **50**(1988) 195–201; corrigendum, **54**(1990) 251–254; *MR* **89f**:11131.

R. Seibold & E. Krätzel, Die Verteilung der $k$-vollen und $l$-freien Zahlen, *Abh. Math. Sem. Univ. Hamburg*, **68**(1998) 305–320.

W. A. Sentance, Occurrences of consecutive odd powerful numbers, *Amer. Math. Monthly*, **88**(1981) 272–274.

P. Shiue, On square-full integers in a short interval, *Glasgow Math. J.*, **25** (1984) 127–134.

P. Shiue, The distribution of cube-full numbers, *Glasgow Math. J.*, **33**(1991) 287–295. *MR* **92g**:11091.

P. Shiue, Cube-full numbers in short intervals, *Math. Proc. Cambridge Philos. Soc.*, **112** (1992) 1–5; *MR* **93d**:11097.

A. J. Stephens & H. C. Williams, Some computational results on a problem concerning powerful numbers, *Math. Comput.*, **50**(1988) 619–632.

B. Sury, On a conjecture of Chowla et al., *J. Number Theory*, **72**(1998) 137–139; it MR **99f**:11005.

D. Suryanarayana, On the distribution of some generalized square-full integers, *Pacific J. Math.*, **72**(1977) 547–555; *MR* **56** #11933.

D. Suryanarayana & R. Sitaramachandra Rao, The distribution of square-full integers, *Ark. Mat.*, **11**(1973) 195–201; *MR* **49** #8948.

Charles Vanden Eynden, Differences between squares and powerful numbers, *816-11-305, Abstracts Amer. Math. Soc.*, **6**(1985) 20.

David T. Walker, Consecutive integer pairs of powerful numbers and related Diophantine equations, *Fibonacci Quart.*, **14**(1976) 111–116; *MR* **53** #13107.

Wu Jie, On the distribution of square-full and cube-full integers, *Monatsh. Math.*, **126**(1998) 339–358.

Wu Jie, On the distribution of square-full integers, *Arch. Math. (Basel)*, **77**(2001) 233–240; *MR* **2002g**:11136.

Yu Gang, The distribution of 4-full numbers, *Monatsh. Math.*, **118**(1994) 145–152; *MR* **95i**:11101.

Yuan Ping-Zhi, On a conjecture of Golomb on powerful numbers (Chinese. English summary), *J. Math. Res. Exposition*, **9**(1989) 453–456; *MR* **91c**:11009.

**OEIS:** A001694, A060355, A060859-060860, A062739.

## B17　指数完全数

$n = p_1^{a_1} p_2^{a_2} \cdots p_r^{a_r}$ とする．ストラウス-スッバラオは，$d|n$ で，$d = p_1^{b_1} p_2^{b_2} \cdots p_r^{b_r}$，ここで $b_j|a_j$ $(1 \leq j \leq r)$ のとき，$d$ を $n$ の指数約数 (e-約数) と名づけた．また，$\sigma_e(n)$ を $n$ のすべての e-約数の和とするとき，$\sigma_e(n) = 2n$ なる $n$ を e-完全数とよんだ．e-完全数の例を以下にあげておく．

$$2^2 \cdot 3^2, \quad 2^2 \cdot 3^3 \cdot 5^2, \quad 2^3 \cdot 3^2 \cdot 5^2, \quad 2^4 \cdot 3^2 \cdot 11^2, \quad 2^4 \cdot 3^3 \cdot 5^2 \cdot 11^2,$$
$$2^6 \cdot 3^2 \cdot 7^2 \cdot 13^2, \quad 2^6 \cdot 3^3 \cdot 5^2 \cdot 7^2 \cdot 13^2, \quad 2^7 \cdot 3^2 \cdot 5^2 \cdot 7^2 \cdot 13^2, \quad 2^8 \cdot 3^2 \cdot 5^2 \cdot 7^2 \cdot 139^2,$$
$$2^{19} \cdot 3^2 \cdot 5^5 \cdot 7^2 \cdot 11^2 \cdot 13^2 \cdot 19^2 \cdot 37^2 \cdot 79^2 \cdot 109^2 \cdot 157^2 \cdot 313^2.$$

$m$ が平方無縁数なら $\sigma_e(m) = m$ である．したがって，$n$ が e-完全数，$m$ は平方無縁数で $m \perp n$ のとき，$mn$ は e-完全数である．したがって，ベキフル (**B16**)e-完全数のみ考察すれば十分である．

ストラウス-スッバラオは，奇数の e-完全数は存在しないこと—実はそれより強く，任意の整数 $k > 1$ に対し，$\sigma_e(n) = kn$ をみたす奇数 $n$ は存在しないこと—を示した．2人はさらに，各 $r$ に対し，$r$ 個の素因子をもつ (ベキフル) e-完全数は有限個であり，e-多重完全数 $(k > 2)$ の場合も同様であることも示している．

3 で (同じことだが，36 で) 「割れない」e-完全数は存在するか？

ストラウス-スッバラオは，与えられた素数 $p$ で「割れない」e-完全数は有限個であろうと予想している．

e-多重完全数は存在するか？

E. G. Straus & M. V. Subbarao, On exponential divisors, *Duke Math. J.*, **41**(1974) 465–471; *MR* **50** #2053.

M. V. Subbarao, On some arithmetic convolutions, *Proc. Conf. Kalamazoo MI, 1971, Springer Lecture Notes in Math.*, **251**(1972) 247–271; *MR* **49** #2510.

M. V. Subbarao & D. Suryanarayana, Exponentially perfect and unitary perfect numbers, *Notices Amer. Math. Soc.*, **18**(1971) 798.

**OEIS** A051377, A054979-054980.

## B18  方程式 $d(n) = d(n+1)$ の解

クラウディア・スパイロウは，方程式 $d(n) = d(n+5040)$ が無限個の解をもつことを示した．ヒース・ブラウンは，そのアイデアを用いて，$d(n) = d(n+1)$ をみたす $n$ が無限個存在することを示した．ピンナーは，任意の整数 $a$ に対し，同様の結果を $d(n) = d(n+a)$ の場合に証明した．ちょうど 2 個の異なる素数の積であるような連続する整数のペアから多くの例が現れる．2 個の素数の積である連続する 3 個の整数の「3 つ組み (トリプル)」$n, n+1, n+2$ が無限個存在すると予想されている．たとえば，$n = 33, 85, 93, 141, 201, 213, 217, 301, 393, 445, 633, 697, 921, \ldots$ である．明らかに「4」個の整数の場合は起こりえないが，より長い列も許せば，同数の約数をもつ連続する整数は無限個存在する．たとえば，

$$d(242) = d(243) = d(244) = d(245) = 6$$
$$d(40311) = d(40312) = d(40313) = d(40314) = d(40315) = 8$$

である．このような整数列の長さはどのくらいか？

ホッカネン (**B13** の参考文献参照) は，5 個および 6 個の連続する整数列で同数の約数をもつものの初項 $n$ がそれぞれ 11605, 28374 であることを示した．1987 年 7 月 16 日付の手紙でステファン・ファンデメルゲルは，7 個の連続する整数列を報じてきた：$171893 = 19 \cdot 83 \cdot 109$, $171894 = 2 \cdot 3 \cdot 28649$, $171895 = 5 \cdot 31 \cdot 1109$, $171896 = 2^3 \cdot 21487$, $171897 = 3 \cdot 11 \cdot 5209$, $171898 = 2 \cdot 61 \cdot 1409$, $171899 = 7 \cdot 13 \cdot 1889$. これらはどれも 8 個の約数をもつ．1990 年にイヴォ・デュンチ-ロジャー・エッグルストンは，同様の数列で 48 個の約数をもつものの 7 個の列をいくつか，8 個の列を 2 組，9 個の列を 1 組見出した．最後の 9 個の組は，17796126877482329126044 から始まる．おそらく，最小の組ではないであろう．2002 年初めにジャド・マクラニーは，同数の約数をもつ 8 個の連続した列で初項が 1043710445721 なるものを見出した．

エルデーシュは，各 $k$ に対し，長さ $k$ の同様の列が存在すると信じているが，$n$ に依存した形で，$k$ の上界をどのように求めるかはわからないと述べている．

エルデーシュ-ポメランス-シャルケジーは，$d(n) = d(n+1)$ をみたす整数 $n \le x$ の個数は，$\ll x/(\ln \ln x)^{1/2}$ であることを，ヒルデブランドは，$\gg x/(\ln \ln x)^3$ を証明した．前者は，また，比 $d(n)/d(n+1)$ の値が $\{2^{-3}, 2^{-2}, 2^{-1}, 1, 2, 2^2, 2^3\}$ にあるような $n \le x$ の個数は，$\asymp x/(\ln \ln x)^{1/2}$ であることも示している．

エルデーシュは，$d(n+1) > d(n)$ をみたす整数 $n$ の密度が $\frac{1}{2}$ であることを示した．この結果と上述の結果を合わせて，S. チャウラの予想が確立される．ファブリコフスキ-スッバラオは，$n+1$ を $n+h$ に代えてエルデーシュの結果を一般化した．

エルデーシュは，また，

$$1 = d_1 < d_2 < \cdots < d_\tau = n$$

で $n$ の約数を大きさの順に並べたものとするとき,

$$f(n) = \sum_{1}^{\tau-1} d_i/d_{i+1}$$

と定義して, $\sum_{n=1}^{x} f(n) = (1 + o(1))x \ln x$ の証明を求めている.

エルデーシュ-マースキーは, $d(n), d(n+1), \ldots, d(n+k)$ がすべて異なるような最大の $k$ を求める問題を提出している. 本人たちの得た評価は自明なものである; おそらく $k = (\ln n)^c$ であろう.

ファルカス (**E16** の参考文献参照) は, $\frac{d(n^2)}{d(n)}$ の形の有理数の集合が, すべての奇数を含むこと, 同様に, $\frac{d(n^3)}{d(n)}$ の集合が, 3 の倍数以外のすべての整数を含むことを証明した.

P. Erdős, Problem P. 307, *Canad. Math. Bull.*, **24**(1981) 252.

Paul Erdős & Hugh L. Montgomery, Sums of numbers with many divisors, *J. Number Theory*, **75**(1999) 1–6; *MR* **99k**:11153.

Anthony D. Forbes, Fifteen consecutive integers with exactly four prime factors, *Math. Comput.*, **71**(2002) 449–452; *MR* **2002g**:11012.

P. Erdős & L. Mirsky, The distribution of values of the divisor function $d(n)$, *Proc. London Math. Soc.*(3), **2**(1952) 257–271.

P. Erdős, C. Pomerance & A. Sárközy, On locally repeated values of certain arithmetic functions, II, *Acta Math. Hungarica*, **49**(1987) 251–259; *MR* **88c**:11008.

J. Fabrykowski & M. V. Subbarao, Extension of a result of Erdős concerning the divisor function, *Utilitas Math.*, **38**(1990) 175–181; *MR* **92d**:11101.

D. R. Heath-Brown, A parity problem from sieve theory, *Mathematika*, **29** (1982) 1–6 (esp. p. 6).

D. R. Heath-Brown, The divisor function at consecutive integers, *Mathematika*, **31**(1984) 141–149.

Adolf Hildebrand, The divisors function at consecutive integers, *Pacific J. Math.*, **129** (1987) 307–319; *MR* **88k**:11062.

A. J. Hildebrand, Erdős' problems on consecutive integers, *Paul Erdős and his mathematics, I* (*Budapest*, 1999) 305–317, Bolyai Soc. Math. Stud., **11**, János Bolyai Math. Soc., Budapest, 2002; *MR* **2004b**:11142.

Kan Jia-Hai & Shan Zun, On the divisor function $d(n)$, *Mathematika*, **43**(1997) 320–322; II **46**(1999) 419–423; *MR* **98b**:11101; **2003c**:11122.

M. Nair & P. Shiue, On some results of Erdős and Mirsky, *J. London Math. Soc.*(2), **22**(1980) 197–203; and see *ibid.*, **17**(1978) 228–230.

C. Pinner, M.Sc. thesis, Oxford, 1988.

A. Schinzel, Sur un problème concernant le nombre de diviseurs d'un nombre naturel, *Bull. Acad. Polon. Sci. Ser. sci. math. astr. phys.*, **6**(1958) 165–167.

A. Schinzel & W. Sierpiński, Sur certaines hypothèses concernant les nombres premiers, *Acta Arith.*, **4**(1958) 185–208.

W. Sierpiński, Sur une question concernant le nombre de diviseurs premiers d'un nombre naturel, *Colloq. Math.*, **6**(1958) 209–210.

**OEIS:** A000005, A005237-005238, A006558, A006601, A019273, A039665, A049051.

## B19  $(m, n+1)$, $(m+1, n)$ が同じ素因数をもつペア $(m, n)$, abc 予想

モーツキン-ストラウスは，$m$ と $n+1$ の異なる素因数が一致するようなペア $(m, n)$ の研究を提案した．同様に，$n$ と $m+1$ の場合も提案している．当初はこのようなペアは，$m = 2^k + 1, n = m^2 - 1$ ($k = 0, 1, 2, \dots$) の形でなければならないと考えられていたが，コンウェイが $m = 5 \cdot 7, n+1 = 5^4 \cdot 7$ のとき，$n = 2 \cdot 3^7, m+1 = 2^2 \cdot 3^2$ を注意してから，他にこういうペアがあるかということが問題になった．

類似の問題として，エルデーシュは，$m = 2^k - 2, n = 2^k(2^k - 2)$ 以外で $m, n$ ($m < n$) が同じ素因数をもつ，あるいは $m+1, n+1$ が同じ素因数をもつペアがあるかどうかを問うている．モンコフスキは，$m = 3 \cdot 5^2, n = 3^5 \cdot 5$ に対して，$m+1 = 2^2 \cdot 19$, $n+1 = 2^6 \cdot 19$ であることを見出した．**B29** 参照．

ポメランスは，$n$ と $\sigma(n)$ が同じ素因数をもつような奇数 $n > 1$ が存在するかどうかを問うた．自身はそういう $n$ は存在しないと予想している．

最初の段落で出た例 $1 + 2 \cdot 3^7 = 5^4 7$ は，以下に述べる **abc 予想** に関連して興味深いものである．

数論の数多い古典的な問題 (ゴールドバッハ予想，双子素数予想，フェルマーの問題，ワーリング問題，カタラン予想) の困難さは，3個の整数の間に和の関係があれば，それらの素因数がすべて小さくはなれないという，積と和の相克性に起因するのである．

$A + B = C$ かつ $\gcd(A, B, C) = 1$ のとき，$ABC$ の根基 $\mathrm{rad} ABC$ — $ABC$ の最大平方無縁約数 (**B11** 参照) —を $R$ とし，またそのベキ $P$ を

$$P = \frac{\ln \max(|A|, |B|, |C|)}{\ln R}$$

と定義する．このとき，abc 予想は，与えられた $\eta > 1$ に対し，$P \geq \eta$ となるトリプル $\{A, B, C\}$ は有限個しかないと述べられる．別の述べ方では，$\limsup P = 1$ を主張する．abc 予想はわれわれの視野のはるか彼方に位置すると思われる．

ノウム・エルキースの学生の1人 ジョウ・カナプカは，$C < 2^{32}$ かつ $P > 1.2$ であるすべての例のリストを作成した．それらは 1000 個ほどあり，そのうちトップテンは，

http://www.math.unicaen.fr/~nitaj/abc.html#Ten<i>abc</i>

(豊富な文献あり) によると，

| $P$ | $A$ | $B$ | $C$ | 著者 |
|---|---|---|---|---|
| 1.62991 | 2 | $3^{10} \cdot 109$ | $23^5$ | レイサット |
| 1.62599 | $11^2$ | $3^2 \cdot 5^6 \cdot 7^3$ | $2^{21} \cdot 23$ | ド・ヴェーガー (**D10**) |
| 1.62349 | $19 \cdot 1307$ | $7 \cdot 29^2 \cdot 31^8$ | $2^8 \cdot 3^{22} \cdot 5^4$ | ブロフキン-ブジェジンスキ (B-B) |
| 1.58076 | 283 | $5^{11} \cdot 13^2$ | $2^8 \cdot 3^8 \cdot 17^3$ | B-B, ニタジ |
| 1.56789 | 1 | $2 \cdot 3^7$ | $5^4 \cdot 7$ | レーマー (**B29**) |
| 1.54708 | $7^3$ | $3^{10}$ | $2^{11} \cdot 29$ | ド・ヴェーガー |
| 1.54443 | $7^2 \cdot 41^2 \cdot 311^3$ | $11^{16} \cdot 13^2 \cdot 79$ | $2 \cdot 3^3 \cdot 5^{23} \cdot 953$ | ニタジ |
| 1.53671 | $5^3$ | $2^9 \cdot 3^{17} \cdot 13^2$ | $11^5 \cdot 17 \cdot 31^3 \cdot 137$ | モンゴメリー-テ・リーレ |
| 1.52700 | $13 \cdot 19^6$ | $2^{30} \cdot 5$ | $3^{13} \cdot 11^2 \cdot 31$ | ニタジ |
| 1.52216 | $3^{18} \cdot 23 \cdot 2269$ | $17^3 \cdot 29 \cdot 31^8$ | $2^{10} \cdot 5^2 \cdot 7^{15}$ | ニタジ |

である．

ブロフキン-ブジェジンスキは，abc 予想を，$a_1 + \cdots + a_n = 0$ ($a_1, \ldots, a_n$ は互いに素で，どの部分和も 0 でないとする) に関する **n-予想**に拡張している ($n = 3$ が abc 予想)．$R, P$ を上と同様に定義して，2 人は $\limsup P = 2n - 5$ を予想し，$\limsup P \geq 2n - 5$ を証明している．また $P > 1.4$ である abc 予想の例を数多く与えている．その方法は，整数のベキ根の有理数近似を求めるものである (上述のベストな例は，$109^{1/5}$ の良い近似が 23/9 であることに基づいている)．アブダラーマン・ニタジも同様の方法を用いている．これらの例のいくつかは，ロバート・スタイヤー (**D10**) が独立に求めている．カタランの式 $1 + 2^3 = 3^2$ は比較的弱い $P \approx 1.22629$ を与える．

abc 予想とフェルマーの問題との関係については，**D2** のグランヴィルの論文参照．実際，$A = a^p, B = b^p, C = c^p$ がフェルマーの方程式 $A + B = C$ をみたすならば，ゲルハルト・フライの楕円曲線

$$y^2 = x(x - A)(x + B)$$

は，判別式 $16(abc)^{2p}$ をもつというような関係がある．

この分野にはインセンティヴがいくつかあり，その 1 つはフェルマーの最終定理の証明であり，もう 1 つはビール賞の予告である．以下のリマークはアンドリュー・グランヴィルによる．

> この問題 (abc 予想) は数人の研究者によって最近盛んに研究されている．ダルモン-グランヴィルは，$1/x + 1/y + 1/z < 1$ なる整数 $x, y, z$ を固定するとき，$a^x + b^y = c^z$ をみたす互いに素な整数のトリプル $a, b, c$ は有限個しかないことを証明した．この定理は他の仮定なしで証明されており，$x, y, z > 2$ のとき ($x = y = z = 3$ を除き $1/x + 1/y + 1/z < 1$ だから)，$a, b, c$ は共通因子をもつという予想とよくマッチする．もちろん，この $x = y = z = 3$ の場合に解がないことは，オイラーに，おそらくフェルマーにも，既知であった．この定理に刺激されて広範なコンピュータ・サーチが行われ，きっかり 10 個の互いに素な解 $a, b, c$ で $1/x + 1/y + 1/z < 1$ なるものが見つかった．

$$1 + 2^3 = 3^2 \qquad 17^7 + 76271^3 = 21063928^2$$
$$2^5 + 7^2 = 3^4 \qquad 1414^3 + 2213459^2 = 65^7$$
$$7^3 + 13^2 = 2^9 \qquad 9262^3 + 15312283^2 = 113^7$$
$$2^7 + 17^3 = 71^2 \qquad 43^8 + 96222^3 = 30042907^2$$
$$3^5 + 11^4 = 122^2 \qquad 33^8 + 1549034^2 = 15613^3$$

上の表右欄の 5 個の大きな数値解は，ボイカース-ザギエの巧妙な計算によって見出された．このデータから，解があるのは指数のどれかが 2 のときだけであると予想する研究者もいるが，グランヴィルはこの予想自体の成立を疑っている．上記の大数値解が発見されるまで，グランヴィルとコーエンは，左の 5 個の小さな数値の解がすべての解であると信じていたため，このデータには大きなショックを受けた．そのためグランヴィルはこれですべての解が求まったと考えるだけの理由がないという感じを抱いているのである．

ダルモン-グランヴィルの用いた方法は，問題をファルティングスの定理に帰着させるものであり，このことから 2 人は常に「たかだか有限個の解」という言い方をする．[訳注：ファルティングスのフィールズ賞につながった論文のタイトル「有限性定理」から．] 最近 ダルモン-メレルおよびポーネンは，この問題を再び取り上げ，ワイルズの定理に帰着させる試みを行った (ダルモン-グランヴィルは 1995 年の論文で既に行っているが，最近の論文ではその方法がより巧妙になっている)．彼らの結果は，$x \geq 3$ のとき，$(x, x, 3)$ を指数にもつ互いに素な解は存在しないというものである．

モールディンが注意したように，abc 予想がこの問題に関係してくる．その関係を述べるために，ジェラール・テネンバウムが以前から提唱していた abc 予想のありうるべき明示的な形に言及しよう：互いに素な正の整数 $a, b, c$ に対し，$a + b = c$ となるならば $c \leq (abc$ を割る素数 $p$ の積$)^2$ となる．このとき，$a, b, c > 0$ に対して，$a^x + b^y = c^z$ と仮定すれば，予想から $c^{z/2} \leq abc < c^{z(1/x+1/y+1/z)}$ となり，$1/x + 1/y + 1/z > 1/2$ が従う．これにより，考えるべき場合は $x, y, z > 2$ で，

$(3, 3, z > 3), (3, 4, z > 3), (3, 5, z > 4), (3, 6, z > 6), (4, 4, z > 4)$

プラス有限個となる．

次の，モールディンの論文のレヴューは，アンドリュー・ブレムナーによるもので，同氏と転載を許可していただいたアメリカ数学会に感謝する．

(モールディン氏の) 記事は，高額の賞金 (この記事の執筆後，5 万ドルに確定した) のかかったビール予想に関するものである：$A, B, C, x, y, z$ を $x, y, z > 2$ なる整数とする．$A^x + B^y = C^z$ (1)，ならば，$A, B, C$ は自明でない共通素因数をもつと述べられ，予想を解決した者にこの賞金が与えられる．

この予想にまつわるおもしろい話があり，アメリカ数学会 *Notices*, 1998 年 3 月号に載せた筆者のフォローアップレターで少し詳細に触れた．アンドリュー・ビール

氏はテキサス出身で実業家として成功した人であり，数論に熱狂的な興味をもっている．ビール氏は，フェルマー問題とフェルマーの方法にとくに興味をもっていたため，1993 年のアンドリュー・ワイルスによるフェルマーの最終定理証明のニュースを聞いてから数年間の思考の末，この予想に到達したものと思われる．アマチュア数論愛好家の多くが善意の奇人であることに終わることが多い中，ビール氏の予想が，この分野の指導的研究者たちによって進行中の研究最前線の問題であることは正に驚くべきことである．実はこの予想自体は何世代も前に遡り，ヴィッゴ・ブルン [1914 年] が類似の問題を数多く提出している．その後 1980 年代に，マッサー-エステルレ-スパイローが提出した abc 予想は，この分野に大きな影響を与え続けてきたが，abc 予想によれば，ビール賞の問題は，指数が十分大のとき解をもたないということになる．また，ビール予想は，アンドリュー・グランヴィルによって，1993 年アスロマーで開催されたウェストコースト数論会議の未解決問題セッションでインプリシットな形で提出されている．$(1/p + 1/q + 1/r < 1$ のとき $2^3 + 1^7 = 3^2$, $7^3 + 13^2 = 2^9$ 以外の $x^p + y^q = z^r$ の解を求めよ．) また，ファン・デア・ポーテンの 1996 年の著書「フェルマーの最終定理ノート」にも叙述と解説がある．ワイルズがフェルマーの最終定理を証明したことによって，ビール予想の特別な場合も同時に解決したことになった．実際ダルモン-グランヴィルは，$1/x + 1/y + 1/z < 1$ のとき，$A^x + B^y = C^z$ を満たす互いに素な整数のトリプルは有限個しかないという深い結果を得ている (10 個の解が知られている [訳注：上述])．ダルモン - グランヴィルは最近，指数が $(x, x, 3), x \geq 3$ であるような方程式 (1) の解は存在しないことを証明した．

アンドリュー・ビールは，最近の文献と無縁に膨大な計算の末，上述のプロの研究者たちとは独立にこの予想に至ったのは疑いないところであるが，それでも，ビール予想というより，「ビール賞問題」とよんだ方が，否，よぶべきであるという雰囲気がある．T. S. エリオットに失礼して引用させてもらえば，予想の命名は，「猫の命名」[訳注："Old Possums's Book of Practical Cats", 1939, Faber and Faber. 邦訳『ふしぎ猫マキャヴィティ』大和書房，のことか?] と同程度に難しいのである．

**D2** も参照．

Alan Baker, Logarithmic forms and the *abc*-conjecture, *Number Theory* (*Eger*), 1996, de Gruyter, Berlin, 1998, 37–44; *MR* **99e**:11101.

Frits Beukers, The Diophantine equation $Ax^p + By^q = Cz^r$, *Duke Math. J.*, **91**(1998) 61–88: *MR* **99f**:11039.

Niklas Broberg, Some examples related to the *abc*-conjecture for algebraic number fields, *Math. Comput.*, **69**(2000) 1707–1710; *MR* **2001a**:11117.

Jerzy Browkin & Juliusz Brzeziński, Some remarks on the *abc*-conjecture, *Math. Comput.*, **62**(1994) 931–939; *MR* **94g**:11021.

Jerzy Browkin, Michael Filaseta, G. Greaves & Andrzej Schinzel, Squarefree values of polynomials and the *abc*-conjecture, *Sieve methods, exponential sums, and their applications in number theory* (*Cardiff* 1995) 65–85, London Math. Soc. Lecture Note Ser., **237**, Cambridge

Univ. Press, 1997.

Juliusz Brzeziński, *ABC* on the *abc*-conjecture, *Normat*, **42**(1994) 97–107; *MR* **95h**:11024.

Cao Zhen-Fu, A note on the Diophantine equation $a^x + b^y = c^z$, *Acta Arith.*, **91**(1999) 85–93; *MR* **2000m**:11029.

Cao Zhen-Fu & Dong Xiao-Lei, The Diophantine equation $x^2 + b^y = c^z$, *Proc. Japan Acad. Ser. A Math. Sci.*, **77**(2001) 1–4; *MR* **2002c**:11027.

Cao Zhen-Fu, Dong Xiao-Lei & Li Zhong, A new conjecture concerning the Diophantine equation $x^2 + b^y = c^z$, *Proc. Japan Acad. Ser. A Math. Sci.*, **78**(2002) 199–202.

Todd Cochran & Robert E. Dressler, Gaps between integers with the same prime factors, *Math. Comput.*, **68**(1999) 395–401; *MR* **99c**:11118.

Henri Darmon, Faltings plus epsilon, Wiles plus epsilon, and the generalized Fermat equation, *C. R. Math. Rep. Acad. Sci. Canada*, **19**(1997) 3–14; corrigendum, 64; *MR* **98h**:11034ab.

Henri Darmon & Andrew Granville, On the equations $z^m = F(x, y)$ and $Ax^p + By^q = Cz^r$. *Bull. London Math. Soc.*, **27**(1995) 513–543; *MR* **96e**:11042.

Henri Darmon & Loic Merel, Winding quotients and some variants of Fermat's last theorem, *J. reine angew. Math.*, **490**(1997) 81–100; *MR* **98h**:11076.

Johnny Edwards, A complete solution to $X^2 + Y^3 + Z^5 = 0$, 2001-Nov preprint.

Noam D. Elkies, *ABC* implies Mordell, *Internat. Math. Res. Notices*, **1991** no. 7, 99–109; *MR* **93d**:11064.

Michael Filaseta & Sergeĭ Konyagin, On a limit point associated with the *abc*-conjecture, *Colloq. Math.*, **76**(1998) 265–268; *MR* **99b**:11029.

Andrew Granville, *ABC* allows us to count squarefrees, *Internat. Math. Res. Notices*, **1998** 991–1009.

Andrew Granville & Thomas J. Tucker, It's as easy as *abc*, *Notices Amer. Math. Soc.*, **49**(2002) 1224–1231; *MR* **2003f**:11344.

Alain Kraus, On the equation $x^p + y^q = z^r$ : a survey. *Ramanujan J.*, **3**(1999), no. 3, 315–333; *MR* **2001f**:11046.

Serge Lang, Old and new conjectured diophantine inequalities, *Bull. Amer. Math. Soc.*, **23**(1990) 37–75.

Serge Lang, Die *abc*-Vermutung, *Elem. Math.*, **48** (1993) 89–99; *MR* **94g**:11044.

Michel Langevin, Cas d'égalité pour le théorème de Mason et applications de la conjecture (*abc*), *C. R. Acad. Sci. Paris Sér I math.*, **317**(1993) 441–444; *MR* **94k**:11035.

Michel Langevin, Sur quelques conséquences de la conjecture (*abc*) en arithmétique et en logique, *Rocky Mountain J. Math.*, **26**(1996) 1031–1042; *MR* **97k**:11052.

Le Mao-Hua, The Diophantine equation $x^2 + D^m = p^n$, *Acta Arith.*, **52**(1989) 255–265; *MR* **90j**:11029.

Le Mao-Hua, A note on the Diophantine equation $x^2 + b^y = c^z$, *Acta Arith.*, **71**(1995) 253–257; *MR* **96d**:11037.

Allan I. Liff, On solutions of the equation $x^a + y^b = z^c$, *Math. Mag.*, **41**(1968) 174–175; *MR* **38** #5711.

D. W. Masser, On *abc* and discriminants, *Proc. Amer. Math. Soc.*, **130**(2002) 3141–3150.

R. Daniel Mauldin, A generalization of Fermat's last theorem: the Beal conjecture and prize problem, *Notices Amer. Math. Soc.*, **44**(1997) 1436–1437; *MR* **98j**:11020 (quoted above).

Abderrahmane Nitaj, An algorithm for finding good *abc*-examples, *C. R. Acad. Sci. Paris Sér I math.*, **317**(1993) 811–815.

Abderrahmane Nitaj, Algorithms for finding good examples for the *abc* and Szpiro conjectures, *Experiment. Math.*, **2**(1993) 223–230; *MR* **95b**:11069.

Abderrahmane Nitaj, La conjecture *abc*, *Enseign. Math.*, (2), **42**(1996) 3–24; *MR* **97a**:11051.

Abderrahmane Nitaj, Aspects expérimentaux de la conjecture *abc*, *Number Theory* (*Paris* 1993-1994), 145–156, *London Math. Soc. Lecture Note Ser.*, **235**, Cambridge Univ. Press, 1996; *MR* **99f**:11041.

A. Mąkowski, On a problem of Erdős, *Enseignement Math.*(2), **14**(1968) 193.

J. Oesterlé, Nouvelles approches du "thre" de Fermat, *Sém. Bourbaki*, 2/88, exposé #694.

Bjorn Poonen, Some Diophantine equations of the form $x^n + y^n = z^m$, *Acta Arith.*, **86**(1998) 193–205; *MR* **99h**:11034.

Paulo Ribenboim, On square factors of terms in binary recurring sequences and the ABC-conjecture, *Publ. Math. Debrecen*, **59**(2001) 459–469.

Paulo Ribenboim & Peter Gary Walsh, The $ABC$-conjecture and the powerful part of terms in binary recurring sequences, *J. Number Theory*, **74**(1999) 134–147; *MR* **99k**:11047.

András Sárközy, On sums $a + b$ and numbers of the form $ab + 1$ with many prime factors, *Österreichisch-Ungarisch-Slowakisches Kolloquium über Zahlentheorie (Maria Trost, 1992)*, 141–154, *Grazer Math. Ber.*, **318** *Karl-Franzens-Univ. Graz*, 1993.

C. L. Stewart & Yu Kun-Rui, On the abc-conjecture, *Math. Ann.*, **291**(1991) 225–230; *MR* **92k**:11037; II, *Duke Math. J.*, **108**(2001) 169–181; *MR* **2002e**:11046.

Nobuhiro Terai, The Diophantine equation $a^x + b^y = c^z$, I, II, III, *Proc. Japan Acad. Ser. A Math. Sci.*, **70**(1994) 22–26; **71**(1995) 109–110; **72**(1996) 20–22; *MR* **95b**:11033; **96m**:11022; **98a**:11038.

R. Tijdeman, The number of solutions of Diophantine equations, in Number Theory, II (Budapest, 1987), *Colloq. Math. Soc. János Bolyai*, **51**(1990) 671–696.

Paul Vojta, A more general abc-conjecture, *Internat. Math. Res. Notices*, **1998** 1103–1116; *MR* **99k**:11096.

Yuan Ping-Zhi & Wang Jia-Bao, On the Diophantine equation $x^2 + b^y = c^z$, *Acta Arith.*, **84**(1998) 145–147.

**OEIS:** A027598.

## B20 カレン-ウッダール数

$n \cdot 2^n + 1$ の形で,$n = 141$ を除く $2 \le n \le 1000$ のすべての数 $n$ に対し,合成数であるようないわゆるカレン数にも興味がもたれてきた.これは,おそらく,少数の法則のよい例であろう.それは,フェルマーの小定理により,$(p-1)2^{p-1}+1$ も $(p-2)2^{p-2}+1$ も $p$ で割れるから,$n$ が小のとき,素数の密度が大きいことに鑑みて,カレン数は,合成数でありうる可能性が高いからである.さらに,ジョン・コンウェイが注意したように,$2n-1$ が $8k \pm 3$ の形の素数のとき,カレン数は,$2n-1$ で割り切れる.コンウェイは,$p$ も $p \cdot 2^p + 1$ もともに素数でありうるかどうかを問うている.ウィルフリッド・ケラーは,この注意を次のように一般化した.$C_n = n \cdot 2^n + 1$, $W_n = n \cdot 2^n - 1$, $p$ を素数とする.そのとき,ルジャンドル記号 (**F5** 参照) $\left(\frac{2}{p}\right)$ が $-1, +1$ であるのに応じて,$p$ は,$C_{(p+1)/2}$ かつ $W_{(3p-1)/2}$ を割るか $C_{(3p-1)/2}$ かつ $W_{(p+1)/2}$ を割る.既知のカレン数として,$n = 1, 141, 4713, 5795, 6611, 18496, 32292, 32469, 59656, 90825, 262419, 361275$ がある.

対応する形 $n \cdot 2^n - 1$ の数は,$n = 2, 3, 6, 30, 75, 81, 115, 123, 249, 362, 384, 462, 512$ (すなわち,$M_{521}$), $751, 822, 5312, 7755, 9531, 12379, 15822, 18885, 22971, 23005, 98726, 143018, 151023, 667071$ のとき素数である (ウッダール素数とよばれる).上述のコンウェイの問題に平行する結果として,ケラーは,3, 751, 12379 が素数である

ことを注意している.

Ingemar Jönsson, On certain primes of Mersenne-type, *Nordisk Tidskr. Informationsbehandling (BIT)*, **12** (1972) 117–118; *MR* **47** #120.
Wilfrid Keller, New Cullen primes, (92-11-20 preprint).
Hans Riesel, *En Bok om Primtal* (Swedish), Lund, 1968; supplement Stockholm, 1977; *MR* **42** #4507, **58** #10681.
Hans Riesel, *Prime Numbers and Computer Methods for Factorization*, Progress in Math., **126**, Birkhäuser, 2nd ed. 1994.

**OEIS:** A002064, A003261, A005849, A050914.

## B21 すべての $n$ に対して合成数である数 $k \cdot 2^n + 1$

$k \cdot 2^n + 1$ がいかなる正の整数 $n$ に対しても素数にならないような正の奇数 $k$ で,$x$ を超えないものの個数を $N(x)$ とするとき,シェルピンスキは,被覆合同式 (**F13** 参照) を用いて,$x \to \infty$ のとき,$N(x) \to \infty$ を示した.

たとえば,
$$k \equiv 1 \bmod 641 \cdot (2^{32} - 1) \quad \text{かつ} \quad k \equiv -1 \bmod 6700417,$$
のとき,数列 $k \cdot 2^n + 1$ ($n = 0, 1, 2, \ldots$) のどの項も素数 3, 5, 17, 257, 641, 65537, 6700417 のどれかひとつのみで割れる.また,3, 5, 7, 13, 17, 241 の少なくとも 1 つは,上記以外の $k$ のある値に対して,つねに $k \cdot 2^n + 1$ を割り切ることも示している.[訳注:以下,これらを被覆約数集合とよぶ.].

エルデーシュ-オドルィシュコは,
$$\left(\frac{1}{2} - c_1\right)x \geq N(x) \geq c_2 x$$
を証明した.

$n$ のすべての値に対して $k \cdot 2^n + 1$ が合成数であるような最小の $k$ の値はいくらか? セルフリッジは,3, 5, 7, 13, 19, 37, 73 の 1 つは,つねに $78557 \cdot 2^n + 1$ を割ること,各 $k < 383$ に対し,$k \cdot 2^n + 1$ の形の素数が存在することに注意した.ヒュー・ウィリアムズは,この形の素数 $383 \cdot 2^{6393} + 1$ を見出した.

本書の初版では,$k$ の最小値はコンピュータ計算の範囲内であろうと述べた.ケラーは,当時この予測に疑義を表明していた.ベイリー-コーマック-ウィリアムズ,ケラー,ビュエル-ヤングらが膨大な計算を行い,その後も,彼らに加えて seventeenorbust.com を含む多くの参加者が計算を続行した結果,第 2 版時の 35 通りの可能性が 12 通りまでに減じられた.最小値は,ほとんど疑いの余地なく $k = 78557$ であるようであるが,未だ以下の数のチェックの詰めの仕事が残っている.

| | | | | | | |
|---|---|---|---|---|---|---|
| 4847 | 5359 | 10223 | 19249 | 21181 | 22699 | |
| 24737 | 27653 | 28433 | 33661 | 55459 | 67607 | |

リーゼル (**B20** の文献参照) は，$k \cdot 2^n - 1$ に対応する問題を考察した．$k = 509203$, 762701, 992077 に対し，被覆約数集合は $\{3, 5, 7, 13, 17, 241\}$ であり，$k = 777149$, 790841 に対する被覆約数集合は $\{3, 5, 7, 13, 19, 37, 73\}$ である．スタントンの与えた次の 6 個の被覆約数集合でカヴァーされるような $k < 10^6$ なる $k$ の値は他に存在しない:
$\{3, 5, 7, 13, 19, 37, 73\}$, $\{3, 5, 7, 13, 19, 37, 109\}$, $\{3, 5, 7, 11, 13, 31, 41, 61, 151\}$,
$\{3, 5, 7, 11, 13, 19, 31, 37, 41, 61, 181\}$, $\{3, 5, 7, 13, 17, 241\}$, $\{3, 5, 7, 13, 17, 97, 257\}$.
$k = 509203$ すべての整数 $n > 0$ に対し，$k \cdot 2^n - 1$ がすべて合成数であるような最小の $k$ は，$k = 509203$ でありそうに思える．これの証明には，各 $k < 509203$ に対し，$k \cdot 2^n - 1$ の形の素数を見つける必要がある．多くの場合に求める素数は見つかっているが，未だ 95 個の値に対応する素数の探索が残っており，ウィルフリド・ケラーは，探索チームを組織してサーチを続行している (http://www.prothsearch.net/rieselprob.html 参照):

| | | | | | | | | |
|---|---|---|---|---|---|---|---|---|
| 2293 | 9221 | 23669 | 26773 | 31859 | 38473 | 40597 | 46663 | 65531 | 67117 |
| 71009 | 74699 | 81041 | 93839 | 93997 | 97139 | 107347 | 110413 | 113983 | 114487 |
| 121889 | 123547 | 129007 | 141941 | 143047 | 146561 | 149797 | 150847 | 152713 | 161669 |
| 162941 | 170591 | 191249 | 192089 | 192971 | 196597 | 206039 | 206231 | 215443 | 220033 |
| 226153 | 234343 | 234847 | 245561 | 250027 | 252191 | 273809 | 275293 | 304207 | 309817 |
| 315929 | 319511 | 324011 | 325123 | 325627 | 327671 | 336839 | 342673 | 342847 | 344759 |
| 345067 | 350107 | 353159 | 357659 | 362609 | 363343 | 364903 | 365159 | 368411 | 371893 |
| 384539 | 386801 | 397027 | 398023 | 402539 | 409753 | 412717 | 415267 | 417643 | 428639 |
| 444637 | 450457 | 460139 | 467917 | 469949 | 470173 | 474491 | 477583 | 485557 | 485767 |
| 494743 | 500621 | 502541 | 502573 | 504613 | | | | | |

Robert Baillie, New primes of the form $k \cdot 2^n + 1$, Math. Comput., **33**(1979) 1333–1336; MR **80h**:10009.

Robert Baillie, G. V. Cormack & H. C. Williams, The problem of Sierpiński concerning $k \cdot 2^n + 1$ Math. Comput., **37**(1981) 229–231; corrigendum, **39**(1982) 308.

Wieb Bosma, Explicit primality criteria for $h \cdot 2^k \pm 1$, Math. Comput., **61**(1993) 97–109.

D. A. Buell & J. Young, Some large primes and the Sierpiński problem, SRC Technical Report 88-004, Supercomputing Research Center, Lanham MD, May 1988.

G. V. Cormack & H. C. Williams, Some very large primes of the form $k \cdot 2^n + 1$, Math. Comput., **35**(1980) 1419–1421; MR **81i**:10011; corrigendum, Wilfrid Keller, **38**(1982) 335; MR **82k**:10011.

Paul Erdős & Andrew M. Odlyzko, On the density of odd integers of the form $(p-1)2^{-n}$ and related questions, J. Number Theory, **11**(1979) 257–263; MR **80i**:10077.

Michael Filaseta, Coverings of the integers associated with an irreducibility theorem of A. Schinzel, Number Theory for the Millenium, II (Urbana IL, 2000) 1–24, AKPeters, Natick MA, 2002; MR **2003k**:11015.

Anatoly S. Izotov, A note on Sierpiński numbers, Fibonacci Quart., **33**(1995) 206–207; MR **96f**:11020.

G. Jaeschke, On the smallest $k$ such that all $k \cdot 2^N + 1$ are composite, Math. Comput., **40**(1983) 381–384; MR **84k**:10006; corrigendum, **45**(1985) 637; MR **87b**:11009.

Wilfrid Keller, Factors of Fermat numbersand large primes of the form $k \cdot 2^n + 1$, Math. Comput., **41**(1983) 661–673; MR **85b**:11119; II (incomplete draft, 92-02-19).

Wilfrid Keller, Woher kommen die größten derzeit bekannten Primzahlen? Mitt. Math. Ges. Hamburg, **12**(1991) 211–229; MR **92j**:11006.

N. S. Mendelsohn, The equation $\phi(x) = k$, *Math. Mag.*, **49**(1976) 37–39; *MR* **53** #252.

Raphael M. Robinson, A report on primes of the form $k \cdot 2^n + 1$ and on factors of Fermat numbers, *Proc. Amer. Math. Soc.*, **9**(1958) 673–681; *MR* **20** #3097.

J. L. Selfridge, Solution of problem 4995, *Amer. Math. Monthly*, **70**(1963) 101.

W. Sierpiński, Sur un problème concernant les nombres $k \cdot 2^n + 1$, *Elem. Math.*, **15**(1960) 73–74; *MR* **22** #7983; corrigendum, **17**(1962) 85.

W. Sierpiński, *250 Problems in Elementary Number Theory*, Elsevier, New York, 1970, Problem 118, pp. 10 & 64.

R. G. Stanton, Further results on covering integers of the form $1 + k * 2^N$ by primes, *Combinatorial mathematics, VIII (Geelong, 1980), Springer Lecture Notes in Math.*, **884**(1981) 107–114; *MR* **84j**:10009.

R. G. Stanton & H. C. Williams, Further results on covering the integers $1 + k2^n$ by primes, *Combinatorial Math. VIII, Lecture Notes in Math.*, **884**, Springer-Verlag, Berlin–New York, 1980, 107–114.

Yong Gao-Chen, On integers of the forms $k^r - 2^n$ and $k^r 2^n + 1$, *J. Number Theory*, **98**(2003) 310–319; *MR* bf2003m:11004.

**OEIS:** A076336, A076337.

---

### B22　$n$ 個の大きな数の積としての $n$ の階乗

ストラウス-エルデーシュ-セルフリッジは，$n!$ を $n$ 個の数の積で表し，最小因子 $l$ をできるだけ大きくする問題を提出した．たとえば，$n = 56$, $l = 15$ に対し，

$$56! = 15 \cdot 16^3 \cdot 17^3 \cdot 18^8 \cdot 19^2 \cdot 20^{12} \cdot 21^9 \cdot 22^5 \cdot 23^2 \cdot 26^4 \cdot 29 \cdot 31 \cdot 37 \cdot 41 \cdot 43 \cdot 47 \cdot 53$$

セルフリッジは，予想を 2 つ述べた：(a) $n = 56$ を除き，$l \geq \lfloor 2n/7 \rfloor$ となる；(b) $n \geq 300000$, $l \geq n/3$ がなりたつ．後者がなりたつとき，限界 300000 はどこまで下げられるか？

ストラウスは，$n > n_0 = n_0(\epsilon)$ に対し，$l > n/(e + \epsilon)$ を証明したと見られていたが，そのナハラスには証明は見つからなかった．スターリングの公式から，この式がベストポシブルであることは明らかである．また，$l$ が，$n$ の増加関数であることも明らかである (狭義増加とは限らない)．その一方，$l$ はすべての整数値をとるわけではない．たとえば，$n = 124, 125$ のとき，$l$ の値は，それぞれ 35, 37 である．エルデーシュは，$l$ の値の間の間隔がどのくらいか，任意の長さの区間で定数でありうるかを問うた．

アラディ-グリンステッドは，$n!$ をそれぞれの大きさが，$n^{\delta(n)}$ 程度であるような素数ベキの積で表し，$\alpha(n) = \max \delta(n)$ とおくとき，$\lim_{n \to \infty} \alpha(n) = e^{c-1} = \alpha$ を示している．ここで，

$$c = \sum_{2}^{\infty} \frac{1}{k} \ln \frac{k}{k-1} \quad \text{それゆえ} \quad \alpha = 0.809394020534\ldots$$

である．

$l = \pi(n)$ として，$n! = p_1^{a_1(n)} p_2^{a_2(n)} \cdots p_l^{a_l(n)}$ のとき，エルデーシュ-グラハムは，各 $k$

に対し,指数 $a_1(n), a_2(n), \ldots, a_k(n)$ がすべて偶数であるような $n > 1$ が存在するかどうかを問うた.これに対し,ベレンドは,無限に多くの正整数 $1 = n_0 < n_1 < n_2 < \cdots$ が存在して,各 $j$ に対し,$a_1(n_j), a_2(n_j), \cdots, a_k(n_j)$ がすべて偶数になることを証明した.チェン-チュー,ルカ-スタニッツァ,サンダーの論文を参照のこと.チェンはその後,素数の集合が与えられたとき,その素因数分解が,これらの素数を含み,その指数の集合が任意の偶奇性をもつような $n!$ が無限個存在するであろうというサンダーの予想を証明した.

**D25** も参照.

K. Alladi & C. Grinstead, On the decomposition of $n!$ into prime powers, *J. Number Theory*, **9**(1977) 452–458; *MR* **56** #11934.

Daniel Berend, On the parity of exponents in the factorization of $n!$, *J. Number Theory*, **64**(1997) 13–19; *MR* **98g**:11019.

Chen Yong-Gao, On the parity of exponents in the standard factorization of $n!$, *J. Number Theory*, **100**(2003) 326–331; *MR* **2004b**:11136.

Chen Yong-Gao & Zhu Yao-Chen, On the prime power factorization of $n!$ *J. Number Theory*, **82**(2000) 1–11; *MR* **2001c**:11027.

P. Erdős, Some problems in number theory, *Computers in Number Theory*, Academic Press, London & New York, 1971, 405–414.

Paul Erdős, S. W. Graham, Aleksandar Ivić & Carl Pomerance, On the number of divisors of $n!$, *Analytic Number Theory, Vol. 1*(*Allerton Park IL*, 1995) 337–355, *Progr. Math.*, **138**, Birkhäuser Boston, 1996; *MR* **97d**:11142.

Florian Luca & Pantelimon Stănică, On the prime power factorization of $n!$ *J. Number Theory*, **102**(2003) 298–305.

J. W. Sander, On the parity of exponents in the prime factorization of factorials, *J. Number Theory*, **90**(2001) 316–328; *MR* **2002j**:11105.

## B23 等しい値の階乗積

$n! = a_1! a_2! \ldots a_r!$, $r \geq 2$, $a_1 \geq a_2 \geq \ldots \geq a_r \geq 2$ と仮定する.自明な例として $a_1 = a_2! \ldots a_r! - 1$, $n = a_2! \ldots a_r!$ がある.ディーン・ヒッカーソンは,$n \leq 410$ の範囲の自明でない例は,$9! = 7!3!3!2!$, $10! = 7!6! = 7!5!3!$, $16! = 14!5!2!$ であることを注意し,他の例がないかを問うた.ジェフリー・シャリート-マイケル・イースターは,探索範囲を $n = 18160$ まで広げた.クリス・キャドウェルは,他にあるとすれば,$n$ は $10^6$ より大であることを示した.

エルデーシュは,$P(n)$ で $n$ の最大素数約数を表すとき,$P(n(n+1))/\ln n$ が $n$ とともに無限大となることがいえれば,自明でない例が有限個しか存在しないことがいえることを注意している.

ヘー-グラハムは,方程式 $y^2 = a_1! a_2! \ldots a_r!$ を考察し,ある $y$ に対して,この方程式をみたすような整数の集合 $m = a_1 > a_2 > \ldots > a_r$ で $r \leq k$ なるものが存在するような $m$ の集合を $F_k$ とし,$D_k$ を $F_k - F_{k-1}$ として,以下のような結果を得た:ほと

んどすべての素数 $p$ に対し, $13p$ は, $F_5$ に属さない；$D_6$ の最小数は, 527 である. $D_4$ の元で, $\leq n$ なるものの個数を $D_4(n)$ で表すとき, $D_4(n)$ の増大の様子は未知である. $D_6(n) > cn$ を予想しているが, 証明はできていない.

Chris Caldwell, The Diophantine equation $A!B! = C!$, *J. Recreational Math.*, **26**(1994) 128-133.

Donald I. Cartwright & Joseph Kupka, When factorial quotients are integers, *Austral. Math. Soc. Gaz.*, **29**(2002) 19–26.

Earl Ecklund & Roger Eggleton, Prime factors of consecutive integers, *Amer. Math. Monthly*, **79**(1972) 1082–1089.

E. Ecklund, R. Eggleton, P. Erdős & J. L. Selfridge, on the prime factorization of binomial coefficients, *J. Austral. Math. Soc. Ser. A*, **26**(1978) 257–269; *MR* **80e**:10009.

P. Erdős, Problems and results on number theoretic properties of consecutive integers and related questions, *Congressus Numerantium XVI* (Proc. 5th Manitoba Conf. Numer. Math. 1975), 25–44.

P. Erdős & R. L. Graham, On products of factorials, *Bull. Inst. Math. Acad. Sinica, Taiwan*, **4**(1976) 337–355.

T. N. Shorey, On a conjecture that a product of $k$ consecutive positive integers is never equal to a product of $mk$ consecutive positive integers except for $8 \cdot 9 \cdot 10 = 6!$ and related questions, *Number Theory (Paris, 1992–1993)*, *L.M.S. Lect. Notes* **215**(1995) 231–244; *MR* **96g**:11028.

## B24 どの元も他の 2 元を割らないような最大集合

$[1, n]$ の部分集合で, どの元も他の 2 元を割らないような数の集合を考え, そのうち最大のものの元数を $f(n)$ とする. エルデーシュは, $f(n)$ がどの程度大きくなるかを問うた. $[m+1, 3m+2]$ を考えれば, $\lceil 2n/3 \rceil$ 以上なのは明らかである. D. J. クライトマンは, $[11, 30]$ から 18, 24, 30 を除いた集合を考えた. そうすると 6, 8, 9, 10 を含めることができて, $f(29) = 21$ がいえる. しかしながら, この例の一般化はできそうにない. というのは, レーベンソルドが, $n$ が大のとき,

$$0.6725n \leq f(n) \leq 0.6736n$$

を示しているからである. エルデーシュは, $\lim f(n)/n$ が無理数かどうかも問題とした.

双対的に, $\leq n$ の部分集合で, そのどの元も他の 2 元の倍数でないような最大集合元数問題も考えることができる. クライトマンの例は, この問題にも当てはまる. エルデーシュは, より一般に, $k > 2$ に対し, そのどの元も他の $k$ 個の元の倍数でないような最大集合元数問題を提出した. $k = 1$ のときの解答は, $\lceil n/2 \rceil$ である.

関連した他の問題については, **E2** 参照.

Driss Abouabdillah & Jean M. Turgeon, On a 1937 problem of Paul Erdős concerning certain finite sequences of integers none divisible by another, Proc. 15th S.E. Conf. Combin. Graph Theory Comput., Baton Rouge, 1984, *Congr. Numer.*, **43**(1984) 19–22; *MR* **86h**:11020.

Neil J. Calkin & Andrew Granville, On the number of co-prime-free sets, *Number Theory (New York, 1991–1995)*, Springer, New York, 1996, 9–18; *MR* **97j**:11006.

P. J. Cameron & P. Erdős, On the number of sets of integers with various properties, *Number*

*Theory* (*Banff*, 1988), de Gruyter, Berlin, 1990, 61–79; *MR* **92g**:11010.

P. Erdős, On a problem in elementary number theory and a combinatorial problem, *Math. Comput.*, (1964) 644–646; *MR* **30** #1087.

Kenneth Lebensold, A divisibility problem, *Studies in Appl. Math.*, **56**(1976–77) 291–294; *MR* **58** #21639.

Emma Lehmer, Solution to Problem 3820, *Amer. Math. Monthly*, **46**(1939) 240–241.

## B25 素数公比等比数列の等しい和

$p$ を素数, $r \geq 3$, $d \geq 1$ を整数とするとき, ベイトマンは, $(p^r - 1)/(p - 1)$ の形に 2 通り以上表される素数は, $31 = (2^5 - 1)/(2 - 1) = (5^3 - 1)/(5 - 1)$ が唯一のものであるかどうかを問うた. $7 = (2^3 - 1)/(2 - 1) = ((-3)^3 - 1)/(-3 - 1)$ は自明であるが, $< 10^{10}$ の範囲には他にない. $p$ が素数という条件を緩めれば, 既にグールマハティフが述べた問題に帰着し, 解は,

$$8191 = (2^{13} - 1)/(2 - 1) = (90^3 - 1)/(90 - 1)$$

である.

E. T. パーカーは, フェイト-トンプソン定理—奇数位数のすべての群は可解である—の長い証明が, 異なる奇素数 $p, q$ に対し, $(p^q - 1)/(p - 1)$ が $(q^p - 1)/(q - 1)$ を割らないということが証明できれば短縮できることに注意している. 実際, この 2 つの数は, 互いに素であると予想されてきたが, ネルソン・ステフェンスは $p = 17$, $q = 3313$ のとき, 共通因数 $2pq + 1 = 112643$ をもつことを注意した. マッキーは, $p < 53 \cdot 10^6$ の範囲で $p^2 + p + 1 \nmid 3^p - 1$ を確定した.

カール・ディルチャーは, $p^q - 1$, $q^p - 1$ が共通因数 $r$ をもてば, $r$ は $2\lambda pq + 1$ の形であるというネルソン・ステフェンスの定理に基づいて, $r < 8 \cdot 10^{10}$ の範囲ですべてのこの形の $r$ をサーチした. さらに, $1 \leq \lambda \leq 10$ かつ $p < q < 10^7$ の場合, および $p = 3$, $q < 10^{14}$ の場合も調べている.

P. T. Bateman & R. M. Stemmler, Waring's problem for algebraic number fields and primes of the form $(p^r - 1)/(p^d - 1)$, *Illinois J. Math.*, **6**(1962) 142–156; *MR* **25** #2059.

Ted Chinburg & Melvin Henriksen, Sums of $k$th powers in the ring of polynomials with integer coefficients, *Bull. Amer. Math. Soc.*, **81**(1975) 107–110; *MR* **51** #421; *Acta Arith.*, **29**(1976) 227–250; *MR* **53** #7942.

Karl Dilcher& Josh Knauer, On a conjecture of Feit and Thompson, (preprint, Williams60, Banff, May 2003).

A. Mąkowski & A. Schinzel, Sur l'équation indéterminée de R. Goormaghtigh, *Mathesis*, **68**(1959) 128–142; *MR* **22** # 9472; **70**(1965) 94–96.

N. M. Stephens, On the Feit-Thompson conjecture, *Math. Comput.*, **25**(1971) 625; *MR* **45** #6738.

## B26　$l$ 個の対ごとに素な元を含む最密集合

エルデーシュは，整数の集合 $a_i$, $1 \leq a_1 < a_2 < \cdots < a_k \leq n$ で，その中の $l$ 個の数がどれも対ごとに素でないようなものの最大元数 $k$ の問題を提起し，$k$ は，最初の $l-1$ 個の素数の一つを約数にもつような整数 $\leq n$ の個数であろうと予想した．$l=2$ のときは容易に証明でき，$l=3$ のときも難しくはないということで，一般の場合の証明に 10 ドル出すと述べている．

その元が，対ごとに $n$ 以下の最小公倍数をもつような，$[1,n]$ の最大部分集合の元数を求めるという双対的な問題も考えられる．所与の条件をみたす最大集合の元数を $g(n)$ で表すとき，エルデーシュは，

$$\frac{3}{2\sqrt{2}}n^{1/2} - 2 < g(n) \leq 2n^{1/2}$$

なることを示した．ここで，最初の不等式は，1 から $(n/2)^{1/2}$ までの整数と $(n/2)^{1/2}$ から $(2n)^{1/2}$ までの偶数をとることによって証明される．チョイは，上界を $1.638n^{1/2}$ に改良した．

Rudolf F. Ahlswede & L. G. Khachatrian, Maximal sets of numbers not containing $k+1$ pairwise coprime integers, *Acta Arith.*, **72**(1995) 77–100; *MR* **96k**:11020.

Neil J. Calkin & Andrew Granville, On the number of coprime-free sets, *Number Theory (New York, 1991–1995)* 9–18, Springer, New York, 1996; *MR* **97j**:11006.

S. L. G. Choi, The largest subset in $[1,n]$ whose integers have pairwise l.c.m. not exceeding $n$, *Mathematika*, **19**(1972) 221–230; **47** #8461.

S. L. G. Choi, On sequences containing at most three pairwise coprime integers, *Trans. Amer. Math. Soc.*, **183**(1973) 437–440; **48** #6052.

P. Erdős, Extremal problems in number theory, *Proc. Sympos. Pure Math. Amer. Math. Soc.*, **8**(1965) 181–189; *MR* **30** #4740.

## B27　$n+i$ を割らないような $n+k$ の素因数の数— $0 \leq i < k$

エルデーシュ-セルフリッジは，$0 \leq i < k$ なるどの $n+i$ も割らないような $n+k$ の素因数の数を $v(n;k)$ で表し，すべての $k \geq 0$ にわたる $v(n;k)$ の最大値を $v_0(n)$ とすると，$n$ が無限大に近づくとき，$v_0(n) \to \infty$ かどうかという問題を提出し，1, 2, 3, 4, 7, 8, 16 以外のすべての $n$ に対し，$v_0(n) > 1$ がなりたつことを示した．より一般に，すべての $k \geq l$ にわたる $v(n;k)$ の最大値を $v_l(n)$ とすると，$n$ が無限大に近づくとき，$v_l(n) \to \infty$ であるかも問うている．しかし，この場合には，$v_1(n) = 1$ が有限個の解をもつかどうかも示すことができなかった．おそらく，$v_1(n) = 1$ となる最大の $n$ は 330 であろう．

また，2 人は，$p^\alpha$ が $n+k$ を割る $p$ の最高ベキであるが，$0 \leq i < k$ に対して，$p^\alpha$ が $n+i$ を割らないような素数 $p$ の個数を $V(n;k)$ で表し，$k \geq l$ にわたる $V(n;k)$ の

最大値を $V_l(n)$ とすると, $V_1(n) = 1$ が有限個の解をもつかどうかも考えている. おそらく $n = 80$ が最大解であろう. $V_0(n) = 2$ であるような最大の $n$ の値は何か？
エルデーシュ-セルフリッジ論文にはさらに問題が載っている.

P. Erdős & J. L. Selfridge, Some problems on the prime factors of consecutive integers, *Illinois J. Math.*, **11**(1967) 428–430.
A. Schinzel, Unsolved problem 31, *Elem. Math.*, **14**(1959) 82–83.

OEIS: A059756-059757.

## B28 異なる素因数をもつ連続する整数

セルフリッジの問題に, $n$ 個の連続する整数で, それぞれが異なる 2 個の素因数をもつか, $n$ より小の重複素因数をもつようなものが存在するかというものがあり, 自身で 2 例をあげている.

第 1 例は, $a + 11 + i$ ($1 \leq i \leq n = 115$) で, $13 \leq p \leq 113$ の各 $p$ に対し, $a \equiv 0 \bmod 2^2 3^2 5^2 7^2 11^2$ かつ $a + p \equiv 0 \bmod p^2$ である.

第 2 例は, $a + 31 + i$ ($1 \leq i \leq n = 1329$) で, $37 \leq p \leq 1327$ の各 $p$ に対し, $a + p \equiv 0 \bmod p^2$ であり, しかも $a \equiv 0 \bmod 2^2 3^2 5^2 7^2 11^2 13^2 17^2 19^2 23^2 29^2 31^2$ である.

$n$ 個の連続する整数で, それぞれが $n$ より小の異なる 2 個の素数で割れるか, $< n/2$ の素数の 2 乗で割れるようなものが存在するか, という問題の方が少し困難であるが, セルフリッジの考えでは, コンピュータで解答が求まるであろうということである.

この問題は, $n$ 個の連続する整数で, それぞれが自分以外の $n - 1$ 個の積との間に合成数の共通因数をもつようなものを求めよ, という問題と関連している. 合成数の条件を緩めて, 1 より大の共通因数とすれば, $2184 + i$ ($1 \leq i \leq n = 17$) が有名な例である.

Alfred Brauer, On a property of $k$ consecutive integers, *Bull. Amer. Math. Soc.*, **47**(1941) 328–331; *MR* **2**, 248.
Ronald J. Evans, On blocks of $N$ consecutive integers, *Amer. Math. Monthly* **76**(1969) 48–49.
Ronald J. Evans, On $N$ consecutive integers in an arithmetic progression, *Acta Sci. Math. Univ. Szeged*, **33**(1972) 295–296; *MR* **47** #8408.
Heiko Harborth, Eine Eigenschaft aufeinanderfolgender Zahlen, *Arch. Math. (Basel)* **21**(1970) 50–51; *MR* **41** #6771.
Heiko Harborth, Sequenzen ganzer Zahlen, *Zahlentheorie (Tagung, Math. Forschungsinst. Oberwolfach*, 1970) 59–66; *MR* **51** #12775.
S. S. Pillai, On $m$ consecutive integers I, *Proc. Indian Acad. Sci. Sect. A*, **11**(1940) 6–12; *MR* **1**, 199; II **11**(1940) 73–80; *MR* **1**, 291; III **13**(1941) 530–533; *MR* **3**, 66; IV *Bull. Calcutta Math. Soc.*, **36**(1944) 99–101; *MR* **6**, 170.

OEIS: A059756-059757.

| B29 | $x$ は $x+1, x+2, \ldots, x+k$ の素因数によって決定されるか？ |
|---|---|

アラン R. ウッズは，すべての $x$ が，$x+1, x+2, \ldots, x+k$ の素因数 (の集合) によって一意的に決定されるような正の整数 $k$ が存在するか？　おそらく $k=3$？　という問題を提出した．

23 より小さい素数に対し，$k=2$ のとき，次の 4 通りの明確でない場合がある：$(x+1, x+2) = (2,3)$ か $(8,9)$；$(6,7)$ か $(48,49)$；$(14,15)$ か $(224,225)$；$(75,76)$ か $(1215,1216)$．最初の 3 個は，無限個の数を含む族 $(2^n-2, 2^n-1)$, $(2^n(2^n-2), (2^n-1)^2)$ に属する．**B19** 参照．

D. H. Lehmer, On a problem of Størmer, *Illinois J. Math.*, **8**(1964) 57–79; *MR* **28** #2072.

**OEIS:** A059756-059757.

| B30 | 積が平方数になるような小サイズの集合 |
|---|---|

エルデーシュ-グラハム-セルフリッジは，整数の集合 $n+1, n+2, \ldots, n+t_n$ で，そのある部分集合のすべての元の積に $n$ を掛けたものが平方数になるような最小の $t_n$ を求めよという問題を提出した．トゥーエ-ジーゲル定理によれば，$n$ が無限大に近づくときの $t_n \to \infty$ の位数は，$\ln n$ のベキより大であることがしたがう．筆者は，この最後の段落の正当性なり，文献なりをあげることを求められた．アンドリュー・グランヴィル氏から以下のコメントをいただいた：

> ポイントは，そのような部分集合が存在すれば，超楕円曲線
> $$y^2 = x(x+i_1)(x+i_2)\cdots(x+i_k)$$

—ここで $0 < i_i < i_2 < \ldots < i_k \leq t_n$ —上に整数点 $(n, m)$ が存在することになるところです．$t_n$ が無限に多くの $n$ に対し，$< T$ であるとすれば，このような曲線上に無限個の有理点 (整数点) が存在することになり，$k \geq 3$ のときは，ファルティングスの定理に，$k \geq 0$ のときは，トゥーエの定理に反することになります．そのため，$t_n \to \infty$ でなければなりません．

より困難な問題は，どの程度速く $t_n \to \infty$ となるかを評価することでしょう．これには，ファルティングスの定理なりトゥーエの定理なりの精密ヴァージョンが必要になるでしょう．とくに超楕円曲線の場合にはそうですが，トゥーエの定理のかなり精密ヴァージョンがありそうな気がします．

この問題には，きちんと詰めるのは必要でしょうが，エルキースの論文 (**B19** の文献参照) あるいはランジェヴァンの論文のおかげで，ともかく abc 予想が適用できるところはおもしろいと思います．(abc 予想の下で) ある $c > 0$ に対し，$t_n > n^c$

となるのではと思います．証明したわけではありませんが，シルヴァーマンさんが興味をもつのではないでしょうか？

ジョセフ・シルヴァーマン氏の回答

$t_n \to \infty$ を証明したグランヴィル氏の議論は結構なものと思いますが，問題は，それが，超楕円曲線は有限個の整数点をもつという事実 (トゥーエではなく，ジーゲルだと思いますが，そのジーゲルの定理) に依存していることです．エヴェーツェとの共著の私の論文の定理1が使えるのではないかと思われます．

$$f(X) = X(X+i_1)\cdots(X+i_k), \quad 0 < i_1 < \cdots < i_k$$

とし，$k=2$ の場合は別に扱えますので，$k \geq 3$ と仮定します．そうすると定理 1(b) で $K = \mathbb{Q}, m = 1, S$ を $\mathbb{Q}$ の無限遠点と $f$ の判別式 $D(f)$ を割る素数すべての集合，$s = |S| = 1 + \nu(D(f))$, $R_S$ を $\mathbb{Q}$ の $S$-整数環，$L = K = \mathbb{Q}, M = 1$, $n = 2, \kappa_n(L) = 0$ としたものを適用することができて，$Y^2 = f(X)$ の整数解が $\leq 7^{4+9s} = 7^{13+9\nu(D(f))}$ で出てくるようです．

セルフリッジ (西海岸整数論会議 問題 97:22) は，$n < a < b < r(s+1)^2$ をみたす整数 $a, b$ で，$nab$ が平方数であるようなものは存在しない，という条件をみたす $n = rs^2$ —ここで $r > 1$ は平方無縁数—の形の数は，6と392に限るという予想があると述べている．

本節冒頭の段落の逆向きの評価としてセルフリッジは，$t_n \leq \max(P(n), 3\sqrt{n})$ を示した．ここで，$P(n)$ は $n$ の最大の素因数である [訳注：既出，記号表参照].

また，別の観点から，任意の $c$ に対し，ある $n_0$ が存在して，$n > n_0$ なるすべての $n$ に対して，すべての $n < a_1 < \ldots < a_k < n + (\ln n)^c$ $(k = 1, 2, \ldots)$ にわたる積 $\prod a_i$ がすべて異なるようになるか？ エルデーシュ-グラハム-セルフリッジは，$c < 2$ に対してこの事実を証明した．

セルフリッジは，$n$ が平方数でないとき，$nt$ が平方数になるような $n$ より大の直近の整数を $t$ で表すとき，$n = 8, 392$ を除けば，$n < r < s < t$ なる $r, s$ で $nrs$ が平方数になるようなものを常に見出すことができると予想している．たとえば，$n = 240 = 2^4 3 \cdot 5$ のとき，$t = 375 = 3 \cdot 5^3$ で，$r = 243 = 3^5$, $s = 245 = 5 \cdot 7^2$ が見つかる．セルフリッジ-メエロヴィッツは，$n < 10^{30000}$ まで予想を検証した．

**D10** で言及した論文のいくつかは，この問題に関係がある．

P. Erdős & Jan Turk, Products of integers in short intervals, *Acta Arith.*, **44**(1984) 147–174; *MR* **86d**:11073.

Paul Erdős, Janice Malouf, John Selfridge & Esther Szekeres, Subsets of an interval whose product is a power, Paul Erds memorial collection. *Discrete Math.*, **200**(1999) 137–147; *MR* **2000e**:11017.

Jan-Hendrik Evertse & J. H. Silverman, Uniform bounds for the number of solutions to $Y^n = f(X)$ *Math. Proc. Cambridge Philos. Soc.*, **100**(1986) 237–248; *MR* **87k**:11034.

L. Hajdu & Ákos Pintér, Square product of three integers in short intervals, *Math. Comput.*,

68(1999) 1299–1301; **99j**:11027.

Michel Langevin, Cas d'égalité pour le théorème de Mason et applications de la conjecture ($abc$), C.R. Acad. Sci. Paris Sér. I Math., **317**(1993) 441–444; *MR* **94j**:11027.

T. N. Shorey, Perfect powers in products of integers from a block of consecutive integers, Acta Arith., **49**(1987) 71–79; *MR* **88m**:11002.

T. N. Shorey & Yu. V. Nesterenko, Perfect powers in products of integers from a block of consecutive integers, II Acta Arith., **76**(1996) 191–198; *MR* **97d**:11005.

**OEIS:** A068568.

## B31 2 項 係 数

アール・エックランド-ロジャー・エッグルトン-エルデーシュ-セルフリッジ (**B23** 参照) は, 2項係数 $\binom{n}{k} = n!/k!(n-k)!$ を積 $UV$ の形に表し, $U$ のすべての素因数は $k$ 以下, $V$ のすべての素因数は $k$ より大となるような場合を考察した. $n \geq 2k$ で $U > V$ となるような場合は有限個しかなく, $k = 3, 5, 7$ を除くすべての場合を決定している.

S. P. カレは, $n \leq 551$ で以下の条件の場合を検証し, $k = 3, n = 8, 9, 10, 18, 82, 162$; $k = 5, n = 10, 12, 28$; $k = 7, n = 21, 30, 54$ のときにすべての場合をリストアップしている.

$n \geq 2k$ なる2項係数 $\binom{n}{k}$ のほとんどは, $p \leq n/k$ なる素因数をもつ. ラカパーニュ-エルデーシュとともに行った計算の結果, セルフリッジは, $n > 17.125k$ のとき, この不等式がなりたつと予想した. 少し強い形の予想は, ちょうど4個の例外 $\binom{62}{6}$, $\binom{959}{56}$, $\binom{474}{66}$, $\binom{284}{28}$ —これらの場合, 最小素因数 $p = 19, 19, 23, 29$ をもつ—を除いて, これらの2項係数は, $p \leq n/k$ または $p \leq 17$ なる最小素因数をもつというものである.

また, 上記研究者たちは, $k \leq n$ のとき, 2項係数 $\binom{n+k}{k}$ の不足量というものを次のように定義している. $1 \leq i \leq k$ に対し, $n+i$ が $k$ より大の素因数をもつとき, $n+i = a_i b_i$ なる表示で $b_i$ の素因数は $k$ より大で, さらに $\prod a_i = k!$ とする. そうでないとき, $b_i = 1$ とし, このとき, $b_i = 1$ なる $i$ の個数を不足量とよぶ. このとき, $\binom{44}{8}$, $\binom{74}{10}$, $\binom{174}{12}$, $\binom{239}{14}$, $\binom{5179}{27}$, $\binom{8413}{28}$, $\binom{8414}{28}$, $\binom{96622}{42}$ の不足量は2である; $\binom{46}{10}$, $\binom{47}{10}$, $\binom{241}{16}$, $\binom{2105}{25}$, $\binom{1119}{27}$, $\binom{6459}{33}$ の不足量は3; $\binom{47}{11}$ の不足量は4; $\binom{284}{28}$ の不足量は9であり, 不足量が1より大の2項係数は, これ以外にないと予想している. 不足量1の2項係数は有限個か？

エルデーシュ-セルフリッジは, $n \geq 2k \geq 4$ のとき, $0 \leq i \leq k-1$ の少なくとも1つの $i$ に対し, $n-i$ が $\binom{n}{k}$ を割らないことに注意し, このような $i$ がただ1つ存在するような最小の $n_k$ 求めることを問題とした. たとえば, $n_2 = 4, n_3 = 6, n_4 = 9, n_5 = 12$ であり, $k \geq 3$ に対し, $n_k \leq k!$ である.

エルデーシュ-セルフリッジ関数 $g(k)$ は, 正の整数 $k$ に対し, $\binom{g(k)}{k}$ のすべての素因数が $k$ より大であるような最小の整数 $> k+1$ と定義される. 最初のいくつかの値は,

| $k =$ | 2 | 3 | 4 | 5 | 6 | 7 | 8 | 9 | 10 | 11 | 12 | 13 |
|---|---|---|---|---|---|---|---|---|---|---|---|---|
| $g(k) =$ | | 6 | 7 | 7 | 23 | 62 | 143 | 44 | 159 | 46 | 47 | 174 | 2239 |

である．エルデーシュ-セルフリッジ関数は単調からほど遠く，エックランド-エルデーシュ-セルフリッジは，$g(k+1)/g(k)$ の $\limsup$, $\liminf$ はそれぞれ $\infty$, $0$ であろうと予想している．その他，各 $n$ と各 $k > k_0(n)$ に対し，$g(k) > k^n$ なること，$\lim g(k)^{1/k} = 1$ なること，$g(k) < e^{c\pi(k)}$ なることも予想している．より具体的に，たとえば，$k > 35$ に対し，$g(k) > k^3$ を，$k > 100$ に対し，$g(k) > k^5$ なども予想している．同著者たちは，$l = \lfloor 6k/\ln k \rfloor$ のとき，$g(k) < k^2 L_k P_l$ を証明している．ここで，$L_k$ は $1, 2, \ldots, k$ の l.c.m. で，$P_l$ は $l$ 以下の素数の積である．一方，エルデーシュ-ラカンパーニュ-セルフリッジは，$g(k) > ck^2/\ln k$ を示した．$g(k)$ の数値表は，シャイドラー-ウィリアムズ (**B33** の参考文献参照) が $k \leq 140$ まで延長し，その後，リュークスの援助で $k \leq 200$ まで伸張した．

$$g(200) = 520\,8783889271\,0191382732$$

である．

グランヴィルは，$3 \leq k \leq n/2$ なる 2 項係数 $\binom{n}{k}$ で，ベキフル数であるようなものは有限個であることが，abc-予想からしたがうことを示した．

ハリー・ルーダーマンは，非負整数の各対 $(p, q)$ に対し，

$$\frac{(2n-p)!}{n!(n+q)!}$$

が整数であるような正の整数 $n$ が存在することを証明または，反証する問題を提出した．

優秀な数学者をして少し悩ませたものとして，$\binom{n}{r}$ が $\binom{n}{s}$, $0 < r < s \leq n/2$ と素であるようなことがあるかという問題があった．解は否定的で，等式

$$\binom{n}{s}\binom{s}{r} = \binom{n}{r}\binom{n-r}{s-r}$$

から出てくる．エルデーシュ-セケレスは，これら 2 数の g.c.d. が，常に $r$ より大であるかどうかを問うた．$r > 3$ の唯一の例として

$$\gcd\left(\binom{28}{5}, \binom{28}{14}\right) = 2^3 \cdot 3^3 \cdot 5$$

をあげている．

1998 年 1 月 12 日にデイヴィッド・ゲイルは，バークレーの学生が，2 個の 2 項係数が互いに素でないかどうかという問題を自然に 3 項係数に，さらに $k$-項係数のそれに一般化したと報じた．ここで，3 項係数は，$n = a + b + c$ のとき，$T(n; a, b, c) = n!/(a!b!c!)$ で定義される．かなり広範囲のコンピュータによる検証結果から，$0 < a, b, c < n$ のとき，「3 個」の $T(n; a, b, c)$ はすべて共通因数をもつと予想されている．ジョージ・バーグマン，ヘンドリック・レンストラらは，上記予想に関連した部分的結果を得ている．

ウォルステンホルムの定理は，$n$ が $>3$ の素数のとき，

$$\binom{2n-1}{n} \equiv 1 \bmod n^3$$

がなりたつことを主張するものである．$n<10^9$ の範囲には，合成数の解はないことがわかっている上に，実は，まったくないであろうと予想されている．$\binom{2p-1}{p-1} \equiv 1 \bmod p^4$ をみたす素数 $p$ をウォルステンホルム素数とよぶことにする．マッキントッシュは，ベルヌーイ数 $B_{p-3}$ (**A17** 参照) の分子を割るような素数はウォルステンホルム素数であることを示した．このような素数で既知のものは，16843 と 2124679 である．マッキントッシュは，無限に多くのこのタイプの数が存在し，どれも $\binom{2p-1}{p-1} \equiv 1 \bmod p^5$ をみたさないと予想している．

2 項係数の約数に関する問題・結果については，**B33** 参照．

Emre Alkan, Variations on Wolstenholme's theorem, *Amer. Math. Monthly*, **101**(1994) 1001–1004.

D. F. Bailey, Two $p^3$ variations of Lucas's theorem, *J. Number Theory*, **35**(1990) 208–215; *MR* **90f**:11008.

M. Bayat, A generalization of Wolstenholme's theorem, *Amer. Math. Monthly*, **104**(1997) 557–560 (but see Gessel reference).

Daniel Berend & Jørgen E. Harmse, On some arithmetical properties of middle binomial coefficients, *Acta Arith.*, **84**(1998) 31–41.

Cai Tian-Xin & Andrew Granville, On the residues of binomisl coefficients and their residues modulo prime powers. *Acta Math. Sin. (Engl. Ser.)*, **18**(2002) 277–288.

Chen Ke-Ying, Another equivalent form of Wolstenholme's theorem and its generalization (Chinese), *Math. Practice Theory*, **1995** 71–74; *MR* **97d**:11006.

Paul Erdős, C. B. Lacampagne & J. L. Selfridge, Estimates of the least prime factor of a binomial coefficient, *Math. Comput.*, **61**(1993) 215–224; *MR* **93k**:11013.

P. Erdős & J. L. Selfridge, Problem 6447, *Amer. Math. Monthly* **90**(1983) 710; **92**(1985) 435–436.

P. Erdős & G. Szekeres, Some number theoretic problems on binomial coefficients, *Austral. Math. Soc. Gaz.*, **5**(1978) 97–99; *MR* **80e**:10010 is uninformative.

Ira M. Gessel, Wolstenholme revisited, *Amer. Math. Monthly*, **105**(1998) 657–658; *MR* **99e**:11009.

Andrew Granville, Arithmetic properties of binomial coefficients. I. Binomial coefficients modulo prime powers, *Organic mathematics (Burnaby BC, 1995)*, *CMS Conf. Proc.*, **20**(1997) 253–276; *MR* **99h**:11016.

Andrew Granville, On the scarcity of powerful binomial coefficients, *Mathematika* **46**(1999) 397–410; *MR* **2002b**:11029.

Andrew Granville & Olivier Ramaré, Explicit bounds on exponential sums and the scarcity of squarefree binomial coefficients, *Mathematika*, **43**(1996) 73–107; *MR* **99m**:11023.

A. Grytczuk, On a conjecture of Erdős on binomial coefficients, *Studia Sci. Math. Hungar.*, **29**(1994) 241–244.

Hong Shao-Fang, A generalization of Wolstenholme's theorem, *J. South China Normal Univ. Natur. Sci. Ed.*, **1995** 24–28; *MR* **99f**:11004.

Gerhard Larcher, On the number of odd binomial coefficients, *Acta Math. Hungar.*, **71**(1996) 183–203.

Lee Dong-Hoon & Hahn Sang-Geun, Some congruences for binomial coefficients, *Class field theory—its centenary and prospect (Tokyo, 1998)* 445–461, *Adv. Stud. Pure Math.* **30** Math.

Soc. Japan, Tokyo, 2001; II Proc. Japan Acad. Ser. A Math. Sci., **76**(2000) 104–107; MR **2002k**:11024, 11025.

Grigori Kolesnik, Prime power divisors of multinomial and $q$-multinomial coefficients, J. Number Theory, **89**(2001) 179–192; MR **2002i**:11020.

Richard F. Lukes, Renate Scheidler & Hugh C. Williams, Further tabulation of the Erdős-Selfridge function, Math. Comput., **66**(1997) 1709–1717; MR **98a**:11191.

Richard J. McIntosh, A generalization of a congruential property of Lucas, Amer. Math. Monthly, **99**(1992) 231–238.

Richard J. McIntosh, On the converse of Wolstenholme's theorem, Acta Arith., **71**(1995) 381–389; MR **96h**:11002.

Marko Razpet, On divisibility of binomial coefficients, Discrete Math., **135** (1994) 377–379; MR **95j**:11014.

Harry D. Ruderman, Problem 714, Crux Math., **8**(1982) 48; **9**(1983) 58.

J. W. Sander, On prime divisors of binomial coefficients. Bull. London Math. Soc.¡ **24**(1992) no. 2 140–142; MR **93g**:11019.

J. W. Sander, Prime power divisors of multinomial coefficients and Artin's conjecture, J. Number Theory, **46**(1994) 372–384; MR **95a**:11018.

J. W. Sander, On the order of prime powers dividing $\binom{2n}{n}$, Acta Math., **174**(1995) 85–118; MR **96b**:11018.

J. W. Sander, A story of binomial coefficients and primes, Amer. Math. Monthly, **102**(1995) 802–807; MR **96m**:11015.

Renate Scheidler & Hugh C. Williams, A method of tabulating the number-theoretic function $g(k)$, Math. Comput., **59**(1992) 199, 251–257; MR **92k**:11146.

David Segal, Problem E435, partial solution by H.W. Brinkman, Amer. Math. Monthly, **48**(1941) 269–271.

**OEIS:** A034602.

## B32 グリム予想

グリムは,$n+1, n+2, \ldots, n+k$ がすべて合成数ならば,$1 \leq j \leq k$ に対し,$p_{i_j} | (n+j)$ がなりたつような相異なる素数 $p_{i_j}$ が存在すると予想した.たとえば,

1802 1803 1804 1805 1806 1807 1808 1809 1810

はそれぞれ以下の数で割れる:

53  601  41  19  43  139  113  67  181.

また

114 115 116 117 118 119 120 121 122 123 124 125 126

は以下の素数で割れる:

19  23  29  13  59  17  2  11  61  41  31  5  7.

ラマチャンドラ-ショーレイ-タイデマンは,**A2** で述べたシンツェルの予想の下で,グリム予想は有限個の例外を除いて正しいことを証明した.

エルデーシュ-セルフリッジは,各 $m$ に対し,区間 $[m+1, m+f(n)]$ に異なる整数 $a_1, a_2, \ldots, a_{\pi(n)}$ が存在して,$p_i | a_i$ となるような $n$ の最小値 $f(n)$ の評価の問題を研究

した．ここで，$p_i$ は $i$ 番目の素数である．彼らは，ポメランスとともに $n$ が大のとき，

$$(3-\epsilon)n \leq f(n) \ll n^{3/2}(\ln n)^{-1/2}$$

を証明した．

ヨウ-ジャンは，$k > 1$ に対し，$\binom{m+k}{k}$ が $\prod_{i=1}^{k} a_i$ と書けることを証明した．ここで，各 $a_i$ は，$m+i$ を割り切り，$i \neq j$ のとき，$\gcd(a_i, a_j) = 1$ である．2人はまた，グリム予想は，「$m+1, m+2, \ldots, m+k$ が合成数ならば，各 $a_i > 1$ である」という自分たちの予想の系であることを主張している．

P. Erdős, Problems and results in combinatorial analysis and combinatorial number theory, in *Proc. 9th S.E. Conf. Combin. Graph Theory, Comput.*, Boca Raton, *Congressus Numerantium* XXI, Utilitas Math. Winnipeg, 1978, 29–40.

P. Erdős & C. Pomerance, Matching the natural numbers up to $n$ with distinct multiples in another interval, *Nederl. Akad. Wetensch. Proc. Ser. A*, **83**(= *Indag. Math.*, **42**)(1980) 147–161; *MR* **81i**:10053.

Paul Erdős & Carl Pomerance, An analogue of Grimm's problem of finding distinct prime factors of consecutive integers, *Utilitas Math.*, **24**(1983) 45–46; *MR* **85b**:11072.

P. Erdős & J. L. Selfridge, Some problems on the prime factors of consecutive integers II, in *Proc. Washington State Univ. Conf. Number Theory*, Pullman, 1971, 13–21.

C. A. Grimm, A conjecture on consecutive composite numbers, *Amer. Math. Monthly*, **76**(1969) 1126–1128.

Michel Langevin, Plus grand facteur premier d'entiers en progression arithmétique, *Sém. Delange-Pisot-Poitou*, **18**(1976/77) *Théorie des nombres: Fasc.* 1, *Exp. No.* 3, Paris, 1977; *MR* **81a**:10011.

Carl Pomerance, Some number theoretic matching problems, in *Proc. Number Theory Conf.*, Queen's Univ., Kingston, 1979, 237–247.

Carl Pomerance & J. L. Selfridge, Proof of D.J. Newman's coprime mapping conjecture, *Mathematika*, **27**(1980) 69–83; *MR* **81i**:10008.

K. Ramachandra, T. N. Shorey & R. Tijdeman, On Grimm's problem relating to factorization of a block of consecutive integers, *J. reine angew. Math.*, **273**(1975) 109–124.

You Yong-Xing & Zhang Shao-Hua, A new theorem on the binomial coefficient $\binom{m+n}{n}$, *J. Math.* (*Wuhan*) **23**(2003) 146–148; *MR* **2004a**:11012.

## B33　2項係数の最大約数

2項係数 $\binom{n}{k} = n!/k!(n-k)!$ の $n$ より小なる最大約数に関して何がいえるか？　エルデーシュは，最大約数が少なくとも $n/k$ であることは容易に証明できることを注意し，任意の $c < 1$ と十分大の $n$ に対し，$cn$ と $n$ の間にあるのではないかと予想している．マリリン・フォークナーは，$p$ が $> 2k$ なる最小の素数で，$n \geq p$ ならば，$\binom{9}{2}$，$\binom{10}{3}$ を除き，$\binom{n}{k}$ は素因数 $\geq p$ をもつことを示した．アール・エックランドは，$n \geq 2k > 2$ のとき，$\binom{7}{3}$ を除く2項係数 $\binom{n}{k}$ は素因数 $p \leq n/2$ をもつことを示した．

ジョン・セルフリッジは，$n \geq k^2 - 1$ のとき，$\binom{62}{6}$ なる例外を除き，$\binom{n}{k}$ は素因数 $\leq n/k$ をもつと予想している．その最小素因数 $p$ が $\geq n/k$ かつ $p \geq 13$ をみたすよう

な 2 項係数は有限個であろう．しかし $p = 7$ であるようなものは無限個ある可能性がある．$p = 5$ なる 2 項係数が無限個存在することは，エルデーシュ-ラカンパーニュ-セルフリッジによって証明された (**B31**).

シルヴェスター，シューアが独立に発見した古典的な定理は，それぞれが $k$ より大の $k$ 個の連続する整数の積は，$k$ より大の素因数をもつことを主張する．レオ・モーザーは，シルヴェスター-シューアの定理が次の意味で $\equiv 1 \bmod 4$ なる素数に対してなりたつと予想した．すなわち，十分大 (かつ $\geq 2k$) の $n$ に対し，$\binom{n}{k}$ は，$\equiv 1 \bmod 4$ で，$k$ より大の素因数をもつ．エルデーシュは，この予想はなりたたないと考えているが，その成否を決定するのは容易ではなさそうである．これに関連して，ジョン・リーチは，14 個の整数 $280213, \ldots, 280226$ は，$4m+1 > 13$ の形の素因数をもたないことを注意している．

イラ・ゲッセルとジョン・コンウェイのおかげで，本書初版でネイル・スローンに要求されたカタラン数 $\frac{1}{n+1}\binom{2n}{n}$ の一般化は，$\frac{(n,r)}{n}\binom{n}{r}$ であると主張することができる．これは常に整数である ($n, r$ をかける．ユークリッドは，$(n, r)$ が $n, r$ の 1 次結合であることを認識していた)．これらは，一般バロット数とよばれることもあり，格子路の数を数える際に現れる．

$\binom{2n}{n}$ を割らないような $< n$ なる素数の逆数の和を $f(n)$ とするとき，エルデーシュ-グラハム-ルージャ-ストラウスは，絶対定数 $c$ が存在して，すべての $n$ に対し $f(n) < c$ であろうと予想した．エルデーシュは，また，$\binom{2n}{n}$ は，$n > 4$ に対し，平方無縁にならないと予想した．$n = 2^k$ を除き，$4 \mid \binom{2n}{n}$ であるから，

$$\binom{2^{k+1}}{2^k}$$

を考えれば十分である．シャルケジーは，十分大の $n$ に対してこの主張を証明し，サンダーは，厳密な意味で，パスカル三角形の中央付近の 2 項係数は平方無縁でないことを証明した．グランヴィル-ラマレは，$k > 300000$ が十分大に相当することを示してシャルケジーの証明を補完するとともに，$2 \leq k \leq 300000$ までコンピュータで検証した．三者は，サンダーの結果を次の意味で改良した：定数 $\delta, 0 < \delta < 1$ が存在して，十分大の $n$ に対し，$\binom{n}{k}$ が平方無縁ならば，$k$ または $n-k$ が $< n^\delta$ をみたさねばならない．さらに $k$ または $n-k$ は実は，$< (\ln n)^{2-\delta}$ でなければならず，また，ある $c > 0$ に対し，$\frac{1}{2}n > k > c(\ln n)^2$ なる平方無縁数 $\binom{n}{k}$ が無限個存在するという意味で，この評価がベストポシブルであると予想した．三者は，$\frac{1}{2}n > k > \frac{1}{5}\ln n$ に対して，このタイプの結果，すなわち，定数 $\rho_k > 0$ が存在して，$\binom{n}{k}$ が平方無縁であるような $n \leq N$ の個数は，$\sim \rho_k N$ であることを示している．また，ある $c > 0$ に対し，$\rho_k < c/k^2$ であることに鑑みて，ある定数 $\gamma > 0$ が存在して，パスカル三角形の最初の $N$ 行に並ぶ平方無縁 2 項係数の個数は $\sim \gamma N$ であろうと予想した．

エルデーシュはまた，$k > 8$ のとき，$2^k$ は，3 の異なるベキの和にならないと予想した [$2^8 = 3^5 + 3^2 + 3 + 1$ である]．この予想が正しければ，$k \geq 9$ のとき，

$$3 \mid \binom{2^{k+1}}{2^k}$$

となる．奇素数の 2 乗で割れないような最大の $\binom{2n}{n}$ は $\binom{342}{171}$ であるか？という問いに答えて，ユージーン・レヴァインは，$n = 784$, $786$ の 2 例を与えた．エルデーシュの感じでは，$n$ が大のときは，このような例はないということである．

ある素数 $p$ に対し，$p^e$ が $\binom{2n}{n}$ を割るような最大指数を $e = e(n)$ で表すとき，$n$ の増加とともに $e \to \infty$ であるかどうかはわかっていない．一方，エルデーシュは，$e > c \ln n$ の反証ができないといっている．

ロン・グラハムは，$\left(\binom{2n}{n}, 105\right) = 1$ が無限回起こるかどうかを決定する問題に 100 ドル提供した．このような $n$ を 3, 5, 7 進法で表すとき，ディジットがそれぞれ，0, 1 ; 0, 1, 2 ; 0, 1, 2, 3 に限ることは既にクンマーが認識していた．H. グプタ-S. P. カレは，$7^{10}$ より小の $n$ の 14 個の値 1, 10, 756, 757, 3160, 3186, 3187, 3250, 7560, 7561, 7651, 20007, 59548377, 59548401 を求めた．ピーター・モンゴメリー，カレらは，それより大の多くの $n$ の値を求めた．

エルデーシュ-グラハム-ルージャ-ストラウスは，任意の「2 個の」素数 $p$, $q$ に対し，$\left(\binom{2n}{n}, pq\right) = 1$ となる $n$ が無限個存在することを示した．$\binom{2n}{n}$ の最小の奇素数約数を $g(n)$ とするとき，$3160 < n < 10^{10000}$ に対して，$g(n) \leq 11$ であるが，$g(3160) = 13$ である．

値が整数になるような，より複雑な形の階乗の積および商がピコンによって考察されている．

グールドは，1889 年にエルミートが注意した

$$\frac{m}{(m,n)} \Bigm| \binom{m}{n} \qquad \text{かつ} \qquad \frac{m-n+1}{(m+1,n)} \Bigm| \binom{m}{n}$$

を再度取り上げ，

$$\frac{am+bn+c}{(rm+s, un+v)} \Bigm| \binom{m}{n}$$

なるようなより一般の $a, b, c, r, s, u, v$ を求めることを問題とした．

ジョン・マッキーは，$\binom{72-1}{72/2}$ が平方無縁であることに注意し，$n \leq 500$ の範囲で $\binom{2n-1}{n}$ が平方無縁となるのは，$n = 1, 2, 3, 4, 6, 9, 10, 12, 36$ に限ると述べている．

E. F. Ecklund, On prime divisors of the binomial coefficient, *Pacific J. Math.*, **29**(1969) 267–270.
P. Erdős, A theorem of Sylvester and Schur, *J. London Math. Soc.*, **9**(1934) 282–288.
Paul Erdős, A mélange of simply posed conjectures with frustratingly elusive solutions, *Math. Mag.*, **52**(1979) 67–70.
P. Erdős & R. L. Graham, On the prime factors of $\binom{n}{k}$, *Fibonacci Quart.*, **14**(1976) 348–352.
P. Erdős, R. L. Graham, I. Z. Ruzsa & E. Straus, On the prime factors of $\binom{2n}{n}$, *Math. Comput.*, **29**(1975) 83–92.
M. Faulkner, On a theorem of Sylvester and Schur, *J. London Math. Soc.*, **41**(1966) 107–110.
Henry W. Gould, Advanced Problem 5777*, *Amer. Math. Monthly*, **78**(1971) 202.

Henry W. Gould & Paula Schlesinger, Extensions of the Hermite G.C.D. theorems for binomial coefficients, *Fibonacci Quart.*, **33**(1995) 386–391; *MR* **97g**:11015.

Hansraj Gupta, On the parity of $(n+m-1)!(n,m)/n!m!$, *Res. Bull. Panjab Univ.* (*N.S.*), **20**(1969) 571–575; *MR* **43** #3201.

L. Moser, Insolvability of $\binom{2n}{n} = \binom{2a}{a}\binom{2b}{b}$, *Canad. Math. Bull.*, **6**(1963)167–169.

P. A. Picon, Intégrité de certains produits-quotients de factorielles, *Séminaire Lotharingien de Combinatoire (Saint-Nabor, 1992), Publ. Inst. Rech. Math. Av.*, **498**, 109–113; *MR* **95j**:11013.

P. A. Picon, Conditions d'intégrité de certains coefficients hypergéometriques: généralisation d'un théorème de Landau, *Discrete Math.*, **135**(1994) 245–263; *MR* **96f**:11015.

J. W. Sander, Prime power divisors of $\binom{2n}{n}$, *J. Number Theory*, **39**(1991) 65–74; *MR* **92i**:11097.

J. W. Sander, Prime power divisors of binomial coefficients, *J. reine angew. Math.*, **430**(1992) 1–20; *MR* **93h**:11021; reprise **437**(1993) 217–220.

J. W. Sander, On primes not dividing binomial coefficients, *Math. Proc. Cambridge Philos. Soc.*, **113**(1993) 225–232; *MR* **93m**:11099.

J. W. Sander, An asymptotic formula for $a$th powers dividing binomial coefficients, *Mathematika*, **39**(1992) 25–36; *MR* **93i**:11110.

J. W. Sander, On primes not dividing binomial coefficients, *Math. Proc. Cambridge Philos. Soc.*, **113**(1993) 225–232.

A. Sárközy, On divisors of binomial coefficients I, *J. Number Theory*, **20**(1985) 70–80; *MR* **86c**:11002.

I. Schur, Einige Sätze über Primzahlen mit Anwendungen und Irreduzibilitätsfragen I, *S.-B. Preuss, Akad. Wiss. Phys.-Math. Kl.*, **14**(1929) 125–136.

Sun Zhi-Wei, Products of binomial coefficients modulo $p^2$, *Acta Arith.*, **97**(2001) 87–98; *MR* **2002m**:11013.

J. Sylvester, On arithmetical series, *Messenger of Math.*, **21**(1892) 1–19, 87–120.

W. Utz, A conjecture of Erdős concerning consecutive integers, *Amer. Math. Monthly*, **68**(1961) 896–897.

G. Velammal, Is the binomial coefficient $\binom{2n}{n}$ squarefree? *Hardy-Ramanujan J.*, **18**(1995) 23–45; *MR* **95j**:11016.

**OEIS:** A000984, A059097.

## B34　$n-i$ が $\binom{n}{k}$ を割るような $i$ があるか？

$0 \leq i < k$ なる $i$ が存在して $n-i$ が $\binom{n}{k}$ を割る，という命題を $H_{k,n}$ で表すとき，エルデーシュは，$n \geq 2k$ のとき，命題 $H_{k,n}$ がすべての $k$ に対してなりたつかどうかを問うた．シンツェルは，反例 $n = 99215$, $k = 15$ を与えた．$H_{k,n}$ がすべての $n$ に対してなりたつという命題を $H_k$ で表すとき，シンツェルは，$k = 15, 21, 22, 33, 35$ および他の 13 個の $k$ の値に対して $H_k$ が偽であり，他のすべての $k \leq 32$ に対して $H_k$ が正しいことを示した．($H_k$ がなりたつ) $k =$ 素数ベキのときを除くその他の無限個の値に対して $H_k$ がなりたつかどうかを問うた．そうはならないであろうというのが自身の予想であり，後に，$k = 34$ に対してはなりたつが，34 と 201 の間の素数ベキでない $k$ の値に対してはなりたたないと報じている．

E. Burbacka & J. Piekarczyk, P. 217, R. 1, *Colloq. Math.*, **10**(1963) 365.
A. Schinzel, Sur un problème de P. Erdős, *Colloq. Math.*, **5**(1957–58) 198–204.

| B35 | 連続する整数の積が同じ素因数をもつとき |
|---|---|

$n, n+1, \ldots, n+f(n)$ の少なくとも1つが他の数の積を割るような最小の整数を $f(n)$ で表す．$f(k!) = k$ なることおよび $n > k!$ に対し，$f(n) > k$ なることは容易にわかるが，エルデーシュはさらに，$n$ の無限個の値に対して，

$$f(n) > \exp((\ln n)^{1/2-\epsilon})$$

がなりたつことを示した．しかし，$f(n)$ の良い上界を求めるのは困難なようである．

エルデーシュは，$k \geq l \geq 3$ のとき，$(m+1)(m+2)\cdots(m+k)$ と $(n+1)(n+2)\cdots(n+l)$ が同じ素因数を無限回含むことがあるかどうかを問うた．たとえば，$(2 \cdot 3 \cdot 4 \cdot 5 \cdot 6) \cdot 7 \cdot 8 \cdot 9 \cdot 10$ と $14 \cdot 15 \cdot 16$ または $48 \cdot 49 \cdot 50$；また $(2 \cdot 3 \cdot 4 \cdot 5 \cdot 6) \cdot 7 \cdot 8 \cdot 9 \cdot 10 \cdot 11 \cdot 12$ と $98 \cdot 99 \cdot 100$ は同じ素因数を含む．$k = l \geq 3$ に対しては，この現象は有限回しか起こらないと予想している．

$L(n; k)$ で $n+1, n+2, \ldots, n+k$ の l.c.m. を表すとき，エルデーシュは，$l > 1$, $n \geq m+k$ に対し，方程式 $L(m; k) = L(n; l)$ は有限個の解しかもたないと予想している．解の例として $L(4; 3) = L(13; 2)$ と $L(3; 4) = L(19; 2)$ がある．また，すべての $k$ ($1 \leq k < n$) に対し，$L(n; k) > L(n-k; k)$ となるような無限に多くの $n$ があるかどうかも問うている．この逆向きの不等式がなりたつような最大の $k = k(n)$ は？ エルデーシュによれば，$k(n) = o(n)$ の証明は容易であり，さらに強く，各 $\epsilon > 0$ と $n > n_0(\epsilon)$ に対し，$k(n) < n^{1/2+\epsilon}$ という主張がなりたつであろうが，証明できないとのことである．

P. Erdős, How many pairs of products of consecutive integers have the same prime factors? *Amer. Math. Monthly*, **87**(1980) 391–392.

| B36 | オイラーの (トーシャント) 関数 |
|---|---|

オイラーの関数 $\phi(n)$ は，$n$ 以下で $n$ と互いに素な自然数の個数と定義される．たとえば，$\phi(1) = \phi(2) = 1$, $\phi(3) = \phi(4) = \phi(6) = 2$, $\phi(5) = \phi(8) = \phi(10) = \phi(12) = 4$, $\phi(7) = \phi(9) = 6$ である．$\phi(n) = \phi(n+1)$ となるような無限個の連続する整数の対 $n$, $n+1$ が存在するか？ たとえば，$n = 1, 3, 15, 104, 164, 194, 255, 495, 584, 975$ は条件をみたす．各 $\epsilon > 0$ に対し，$|\phi(n+1) - \phi(n)| < n^\epsilon$ は無限個の解をもつかどうかさえわかっていない．ジャド・マクラニーは，$n < 10^{10}$ の範囲の 1267 個の $\phi(n) = \phi(n+1)$ の解を求めた．そのうち最大のものは，$n = 9985705185$ で，$\phi(n) = \phi(n+1) = 2^{11}3^57 \cdot 11$ がなりたつ．また，$\phi(n+k) = \phi(n)$ の解も求めている．シンツェルは，すべての偶

数 $k$ に対し,この方程式は無限個の解をもつと予想する一方,$k$ が奇数のときの対応する予想はなりたちそうにないとしている.事実,$k$ が3の奇数倍のとき,マクラニーが $n = 10^{10}$ まで探査したところ,ほんの少数個の解しか見つからなかった.$k = 3$ のときは,$n = 3$ と $n = 5$ である.実際,$n = 4135966808$ という特異な解を与える $k = 27$ を除き,$k \equiv 3 \pmod{6}$ なる $k$ の値のうち,13個の解を与えるものは,$k = 141$ のみであり,最大の解は,$k = 245$ のときの $n = 715$ である.$k = 27$ のときは,$n = 4135966808$ という非典型解がある.その他の $k$ の奇数値からは,未だ解が生成されつつある状況である.$k < 101$ のうちで最多の1673個の解を与えるものは,$k = 47$ のときで,最少の278個の解は,$k = 55$ のときである.最少の方は,例外があり,$k = 35$ のときの解は,29個の解しかなく,そのうち12個は $> 10^9$ であり,その1つは $n = 9423248800$ である.

シェルピンスキは,各 $k$ に対して少なくとも1つの解があることを示した.まもなく,シンツェル-ワクーリッチは,各 $k < 2 \cdot 10^{58}$ に対し,少なくとも2個の解があることを証明した.ホルトは,$k$ が偶数の場合に範囲を $k < 1.38 \cdot 10^{26595411}$ まで拡張した.

モンコフスキは,各 $k$ に対し,方程式 $\phi(n+k) = 2\phi(n)$ が少なくとも1つの解をもつことを示した.$\phi(n+k) = 3\phi(n)$ に関しては,*Amer. Math. Monthly*, **96**(1989) 63–64 中の問題 E3215 の解参照.

マクラニーによれば,$k = 3$ のとき,方程式 $\phi(n+k) = \phi(n) + \phi(k)$ の解は見つからず,$n < 10^{10}$ の範囲で $\phi(5186) = \phi(5187) = \phi(5188) = 2^5 3^4$ なる例外を除いて,$\phi(n) = \phi(n+1) = \phi(n+2)$ は解をもたないということである.他の例として $\phi(25930) = \phi(25935) = \phi(25940) = \phi(25942) = 2^7 3^4$,$\phi(404471) = \phi(404473) = \phi(404477) = 2^8 3^2 5^2 7$ も興味深い.

グラハム-ホルト-ポメランスは,素数 $p$ に対して,$n = 2(2p-1)$ なる数を考え,$2p-1$ は素数であるか,どちらも $p^{1/10}$ より大の2個の素数のベキ積であるかであるというチェンの定理を適用することにより,$|\phi(n) - \phi(n+2)| < n^{9/10}$ が無限回起こることを証明した.さらに,指数 9/10 を少し改良している.その一方,$|\phi(n) - \phi(n+1)|$ に対しては,類似の議論がなりたたないようだと述べている.おそらくこれらはまったく異なる問題なのであろう.

エルデーシュは,

$$a_1 < \cdots < a_t \leq n \quad \text{かつ} \quad \phi(a_1) < \cdots < \phi(a_t)$$

となる最長の数列を $a_1, \ldots, a_t$ とするとき,$t = \pi(n)$ を示唆した.少し弱く $t < (1 + o(1))\pi(n)$ あるいは少なくとも $t = o(n)$ は証明できないであろうか? $\sigma(n)$ に対しても同様の問題が考えられる.

ノントーシャントとは,$\phi(x) = n$ が解をもたないような $n$ の正の「偶数」値を意味する.たとえば,$n = 14, 26, 34, 38, 50, 62, 68, 74, 76, 86, 90, 94, 98$ がある.$y$ より小のこれらノントーシャントの個数 $\#(y)$ がレーマーファミリーによって計算されている:

| $y$ | $10^3$ | $10^4$ | $2\cdot 10^4$ | $3\cdot 10^4$ | $4\cdot 10^4$ | $5\cdot 10^4$ | $6\cdot 10^4$ | $7\cdot 10^4$ | $8\cdot 10^4$ | $9\cdot 10^4$ |
|---|---|---|---|---|---|---|---|---|---|---|
| $\#(y)$ | 210 | 2627 | 5515 | 8458 | 11438 | 14539 | 17486 | 20536 | 23606 | 26663 |

ジャン・ミン・ジーは，任意の正の整数 $m$ に対し，$mp$ がノントーシャントになるような素数 $p$ が存在することを示した．

非コトーシャントは，$x - \phi(x) = n$ が解をもたないような $n$ の正整数値である．たとえば，$n = 10, 26, 34, 50, 52, 58, 86, 100$ がそうである．シェルピンスキとエルデーシュは，非コトーシャントが無限個存在すると予想した．ブロフキン-シンツェルは，$2^k \cdot 509203$, $k = 1, 2, \ldots$ のどれも $x - \phi(x)$ の形にならないことを示すことによって，シェルピンスキ-エルデーシュ予想を証明した．

エルデーシュ-ホールは，$\phi(x) = n$ が解を「もつ」 $n$ の個数 $\Phi(y) = y - \#(n)$ は，$y e^{f(y)} / \ln y$ であることを証明した．ここで，$f(y)$ は，$c(\ln\ln\ln y)^2$ と $c(\ln y)^{1/2}$ の間にある．より最近，マイヤー-ポメランスは，$c \approx 0.8178$ として上述下界がなりたつことを示した．エルデーシュは，$\Phi(cy)/\Phi(y) \to c$ と予想しており，また，これが正しければ，$\Phi(y)$ の漸近式のかわりになりうべき最良のものであると考えている．

すべての $\epsilon$ に対し，$\phi(n) = m$ かつ $m < \epsilon n$ であって，しかも $t < n$ なるどの $t$ に対しても $\phi(t) = m$ でないような $n$ があるかどうかエルデーシュが昔尋ねたことがある；おそらくこのような $n$ は数多く存在するであろう．

マイケル・エッカーは，$x$ のどのような値に対して，級数 $\sum_{n=1}^{\infty} \phi(n)/n^x$, $\sum_{n=1}^{\infty} (-1)^{n+1}\phi(n)/n^x$ がそれぞれ収束するかを問うた．

デイヴィッド・エンゲルは，西海岸数論問題 003:03 において，
$\sum_{n=1}^{\infty} \frac{\phi(n)}{2^n} = 1.36763080198502235079050814621308813907489199896\ldots$
の閉じた形があるかどうかを問うた．

ドナルド・ニューマンは，$a, b, c, d$ が，$a, c > 0$, $ad - bc \neq 0$ なる非負整数のとき，$\phi(an + b) < \phi(cn + d)$ をみたす正の整数 $n$ が存在することを証明した．しかし，$n < 2\cdot 10^6$ の範囲には $\phi(30n + 1) < \phi(30n)$ をみたす $n$ は1つもない．それもそのはず，グレッグ・マーティンによれば，そのような $n$ の最小値でさえ次の1116桁の数であるから．

$n = $ 232909 8101754967 9381404968 4205233780 0048598859 6605123536 3345311075
8883445287 2315452798 4260176895 8541826348 0290710927 1610432287 6529769074
6757436240 0134090318 3559621214 7678571289 1544538210 9667040369 9088529244
6155135679 7175658080 6376638384 6220120606 1438265094 3354025008 5111624970
4645413809 3448637568 8208918750 6406746299 4246549936 9036578640 3317590359
7936930268 5371156272 2454663962 2786562195 1101808240 6922599602 0309133058
9296656888 0117910114 1606263156 5320593772 2871189137 2860899790 1791216356
1086654763 0608074012 1528236888 6801201524 7913832745 1088404280 9290483149
1212278487 9758304016 8324367515 3225518564 0249324065 4924915110 7252158598
0547438748 6893071593 6348123396 5802331725 0336638626 1895716897 4043547448
8796632179 7108144561 9618789985 4720743031 0030363607 8827273695 5511620897

B. 整 除 性

2543511024 6701964021 0458490818 1160442733 1227553783 5908215100 9160756717
8842569576 6995480382 1767317189 5383249326 8006674329 9353118643 7659910632
8654198923 7095772215 4266351039 8085481508 2886896882 0675198820 3811355236
4636120238 3915218571 0178014630 1149110878 4343253284 3935116502 5450659792
3969653616 8138977106 2175669382 7471154701 1512223204 4334740818 0047964860


J. M. Aldaz, A. Bravo, S. Gutiérrez & A. Ubis, A theorem of D. J. Newman on Euler's $\phi$ function and arithmetic progressions. *Amer. Math. Monthly*, **108**(2001) 364–367; *MR* **2002i**:11099.
Robert Baillie, Table of $\phi(n) = \phi(n+1)$, *Math. Comput.*, **30**(1976) 189–190.
Roger C. Baker & Glyn Harman, Sparsely totient numbers, *Ann. Fac. Sci. Toulouse Math.*(6), **5**(1996) 183–190; *MR* **97k**:11129.
David Ballew, Janell Case & Robert N. Higgins, Table of $\phi(n) = \phi(n+1)$, *Math. Comput.*, **29**(1975) 329–330.
Jerzy Browkin & Andrzej Schinzel, On integers not of the form $n - \phi(n)$, *Colloq. Math.*, **58**(1995) 55–58; *MR* **95m**:11106.
József Bukor & János T. Tóth, Estimation of the mean value of some arithmetical functions, *Octogon Math. Mag.*, **3**(1995) 31–32; *MR* **97a**:11013.
Cai Tian-Xin, On Euler's equation $\phi(x) = k$, *Adv. Math. (China)*, **27**(1998) 224–226.
Thomas Dence & Carl Pomerance, Euler's function in residue classes, *Ramanujan J.*, **2**(1998) 7–20; *MR* **99k**:11148.
Michael W. Ecker, Problem E-1, *The AMATYC Review*, **5**(1983) 55; comment **6**(1984)55.
N. El-Kassar, On the equations $k\phi(n) = \phi(n+1)$ and $k\phi(n+1) = \phi(n)$, *Number theory and related topics (Seoul* 1998) 95–109, Yonsei Univ. Inst. Math. Sci., Seoul 2000; *MR* **2003g**:11001.
P. Erdős, Über die Zahlen der Form $\sigma(n) - n$ und $n - \phi(n)$, *Elem. Math.*, **28**(1973) 83–86.
P. Erdős & R. R. Hall, Distinct values of Euler's $\phi$-function, *Mathematika*, **23**(1976) 1–3.
S. W. Graham, Jeffrey J. Holt & Carl Pomerance, On the solutions to $\phi(n) = \phi(n+k)$. *Number theory in progress*, Vol. 2 (Zakopane-Kościelisko, 1997), 867–882, de Gruyter, Berlin, 1999; *MR* **2000h**:11102.
Jeffrey J. Holt, The minimal number of solutions to $\phi(n) = \phi(n+k)$, *Math. Comput.*, **72**(2003) 2059–2061; *MR* **2004c**:11171.
Patricia Jones, On the equation $\phi(x) + \phi(k) = \phi(x+k)$, *Fibonacci Quart.*, **28**(1990) 162–165; *MR* **91e**:11008.
M. Lal & P. Gillard, On the equation $\phi(n) = \phi(n+k)$, *Math. Comput.*, **26**(1972) 579–582.
Antanas Laurinčikas, On some problems related to the Euler $\phi$-function, *Paul Erdős and his mathematics (Budapest,* 1999) 152–154, János Bolyai Math. Soc., Budapest 1999.
Florian Luca & Carl Pomerance, On some problems of Mąkowski-Schinzel and Erdős concerning the arithmetic functions $\phi$ and $\sigma$, *Colloq. Math.* **92**(2002) 111–130; *MR* **2003e**:11105.
Helmut Maier & Carl Pomerance, On the number of distinct values of Euler's $\phi$-function, *Acta Arith.*, **49**(1988) 263–275.
Andrzej Mąkowski, On the equation $\phi(n+k) = 2\phi(n)$, *Elem. Math.*, **29**(1974) 13.
Greg Martin, The smallest solution of $\phi(30n+1) < \phi(30n)$ is ..., *Amer. Math. Monthly*, **106**(1999) 449–452; *MR* **2000d**:11011.
Kathryn Miller, UMT **25**, *Math. Comput.*, **27**(1973) 447-448.
Donald J. Newman, Euler's $\phi$-function on arithmetic progressions, *Amer. Math. Monthly*, **104**(1997) 256–257; *MR* **97m**:11010.
Laurenţiu Panaitopol, On some properties concerning the function $a(n) = n - \phi(n)$, *Bull. Greek Math. Soc.*, **45**(2001) 71–77; *MR* **2003k**:11008.
Laurenţiu Panaitopol, On the equation $n - \phi(n) = m$, *Bull. Math. Soc. Sci. Math. Roumanie (N.S.)*, **44(92)**(2001) 97–100.

Jan-Christoph Puchta, On the distribution of totients, *Fibonacci Quart.*, **40**(2002) 68–70.

HermanJ. J. te Riele, On the size of solutions of the inequality $\phi(ax+b) < \phi(ax)$, *Public-key cryptography and computational number theory* (*Warsaw*, 2000) 249–255, de Gruyter, Berlin, 2001; *MR* **2003c**:11007.

A. Schinzel, Sur l'équation $\phi(x+k) = \phi(x)$, *Acta Arith.*, **4**(1958) 181–184; *MR* **21** #5597.

A. Schinzel & A. Wakulicz, Sur l'équation $\phi(x+k) = \phi(x)$ II, *Acta Arith.*, **5**(1959) 425–426; *MR* **23** #A831.

W. Sierpiński, Sur un propriété de la fonction $\phi(n)$, *Publ. Math. Debrecen*, **4**(1956) 184–185.

Mladen Vassilev-Missana, The numbers which cannot be values of Euler's function $\phi$, *Notes Number Theory Discrete Math.*, **2**(1996) 41–48; *MR* **97m**:11012.

Charles R. Wall, Density bounds for Euler's function, *Math. Comput.*, **26** (1972) 779–783 with microfiche supplement; *MR* **48** #6043.

Masataka Yorinaga, Numerical investigation of some equations involving Euler's $\phi$-function, *Math. J. Okayama Univ.*, **20**(1978) 51–58.

Zhang Ming-Zhi, On nontotients, *J. Number Theory*, **43**(1993) 168–173; *MR* **94c**:11004.

**OEIS:** A000010, A001274, A001494, A003275, A005277-005278, A007015, A007617, A050472-050473, A051953.

## B37　$\phi(n)$ は $n-1$ の真約数か？

D. H. レーマーは，$\phi(n)$ が $n-1$ の約数であるような $n$ の合成数値は存在しないこと，すなわち，$n$ のどの値に対しても，$\phi(n)$ は，$n-1$ の「真」約数とならないと予想した．$\phi(n)$ が $n-1$ の約数であるような合成数 $n$ が存在すれば，それはカーマイケル数 (**A13**) でなければならず，またレーマーは，それらが少なくとも 7 個の素数の積でなければならないことを示した．リューウェンスは，以下の結果を得た．$3|n$ なら，$n > 5.5 \cdot 10^{571}$ かつ $\omega(n) \geq 212$; $n$ の最小素因数が 5 ならば，$\omega(n) \geq 11$；それが 7 以上ならば，$\omega(n) \geq 13$．これは，以前のシューの結果を訂正かつ改良するものである．マサオ・キシヨエは，常に 13 個の素因数をもたねばならないことを示し，コーエン-ハッギスは，これを 14 に改良した．シヴァラマプラサド-スッバラオは，リューウェンスのバウンド 212 を $\omega(n) \geq 1850$ まで，ハッギスは，さらに $\omega(n) \geq 298848$ まで改良した．シヴァラマプラサド-ランガマは，$3|n$ で $n$ が合成数で，$M\phi(n) = n-1$, $M \neq 4$ ならば $\omega(n) \geq 5334$ となることを示した．

ポメランスは，$\phi(n) \mid n-1$ となる $x$ より小の合成数 $n$ の個数は，

$$O(x^{1/2}(\ln x)^{3/4}(\ln\ln x)^{-1/2})$$

なることを証明し，シャン・ズンは，評価に現れる指数 $\frac{3}{4}$ を $\frac{1}{2}$ に改良した．

シンツェルは，$p$ が素数のとき，$n = p$ または $2p$ ならば，$\phi(n) + 1$ が $n$ を割ることに注意し，逆が常になりたつかどうかを問うた．シーガル (コーエンとの共著論文参照) は，シンツェルの問題がレーマーの問題に帰着すること，群論に現れる問題であること，最初に提示したのは，G. ハヨシュではないかなどを注意している (ミーチの論文参照).

もっともそこには，ゴードンによると述べてあるが).

レーマーは，方程式 $\phi(n) \mid n+1$ の解として，$n = 2$, $n = 2^{2^k} - 1$ $(1 \leq k \leq 5)$, $n = n_1 = 3 \cdot 5 \cdot 17 \cdot 353 \cdot 929$, $n = n_1 \cdot 83623937$ の 8 個をあげている [$353 = 11 \cdot 2^5 + 1$, $929 = 29 \cdot 2^5 + 1$, $83623937 = 11 \cdot 29 \cdot 2^{18} + 1$, $(353 - 2^8)(929 - 2^8) = 2^{16} - 2^8 + 1$ に注意.] 因子の個数が 7 より小の解はこれらで尽くされている．ヴィクター・ミーリーは，$n = n_1 \cdot 83623937 \cdot 699296672132097$ の最大因子が素数ならば，解になりそうなことに気づいたが，ピーター・ボーウェインが 73 で割れることに注意したため解でないことが判明した．ボーウェイン兄弟-ローランド・ギルゲンソンは，これ以上解はないであろうと予想している．

**A17** で引用したエリック・ウォングの学位論文参照．

$n$ が素数のとき，$\phi(n)d(n) + 2$ は $n$ で割れるが，$n$ が $n = 4$ 以外の合成数のときもなりたつか？　スッバラオは，$n$ が素数のとき，$n\sigma(n) \equiv 2 \bmod \phi(n)$ がなりたち，合成数のときは，$n = 4, 6, 22$ に対してのみなりたつことを注意した．ジャド・マクラニーは，$n < 10^{10}$ にはどちらの問題の解もないことを検証した．

スッバラオは，$n$ の最大素数ベキ因数 $p^\alpha \| n$ にわたる積によって定義された関数 $\phi^\cdot(n) = \prod(p^\alpha - 1)$ に基づいて，レーマー予想の類似を提唱した：$\phi^\cdot(n) \mid (n-1)$ は，$n$ が素数ベキのときのみなりたつ．スッバラオはまた，「双対」レーマー予想も述べている．$\psi(n)$ がデデキンドの関数 (**B41** 参照) のとき，$\psi(n) \equiv 1 \bmod n$ がなりたつのは，$n$ が素数のときに限る，というものである．ここでもジャド・マクラニーがどちらの予想にも $< 10^{10}$ までに反例がないことを検証した．

ロン・グラハムは，次を予想した：

¿ すべての $k$ に対し，$\phi(n) \mid (n - k)$ なる $n$ が無限個存在する　?

さらに，$k = 0$, $k = 2^a$ $(a \geq 0)$ および $k = 2^a 3^b$ $(a, b > 0)$ に対して予想がなりたつことを注意している．ポメランスは，**B2** で引用した *Acta Arith.* 論文において，グラハムの予想を研究している．

Ronald Alter, Can $\phi(n)$ properly divide $n - 1$? *Amer. Math. Monthly* **80** (1973) 192–193.

G. L. Cohen & P. Hagis, On the number of prime factors of $n$ if $\phi(n) \mid n - 1$, *Nieuw Arch. Wisk.* (3), **28**(1980) 177–185.

G. L. Cohen & S. L. Segal, A note concerning those $n$ for which $\phi(n) + 1$ divides $n$, *Fibonacci Quart.*, **27**(1989) 285–286.

Aleksander Grytczuk & Marek Wójtowicz, On a Lehmer problem concerning Euler's totient function, *Proc. Japan Acad. Ser. A Math. Sci.*, **79**(2003) 136–138.

Masao Kishore, On the equation $k\phi(M) = M - 1$, *Nieuw Arch. Wisk.* (3), **25**(1977) 48–53; see also *Notices Amer. Math. Soc.*, **22**(1975) A501–502.

D. H. Lehmer, On Euler's totient function, *Bull. Amer. Math. Soc.*, **38**(1932) 745–751.

E. Lieuwens, Do there exist composite numbers for which $k\phi(M) = M - 1$ holds? *Nieuw Arch. Wisk.* (3), **18**(1970) 165–169; *MR* **42** #1750.

R. J. Miech, An asymptotic property of the Euler function, *Pacific J. Math.*, **19**(1966) 95–107; *MR* **34** #2541.

Carl Pomerance, On composite $n$ for which $\phi(n) \mid n - 1$, *Acta Arith.*, **28**(1976) 387–389; II,

*Pacific J. Math.*, **69**(1977) 177–186; *MR* **55** #7901; see also *Notices Amer. Math. Soc.*, **22**(1975) A542.

József Sándor, On the arithmetical functions $\sigma_k(n)$ and $\phi_k(n)$, *Math. Student*, **58**(1990) 49–54; *MR* **91h**:11005.

Fred. Schuh, Can $n-1$ be divisible by $\phi(n)$ when $n$ is composite? *Mathematica*, Zutphen B, **12**(1944) 102–107.

V. Siva Rama Prasad & M. Rangamma, On composite $n$ satisfying a problem of Lehmer, *Indian J. Pure Appl. Math.*, **16**(1985) 1244–1248; *MR* **87g**:11017.

V. Siva Rama Prasad & M. Rangamma, On composite $n$ for which $\phi(n)|n-1$, *Nieuw Arch. Wisk.* (4), **5**(1987) 77–81; *MR* **88k**:11008.

M. V. Subbarao, On two congruences for primality, *Pacific J. Math.*, **52**(1974) 261–268; *MR* **50** #2049.

M. V. Subbarao, On composite $n$ satisfying $\psi(n) \equiv 1 \bmod n$, Abstract 882-11-60 *Abstracts Amer. Math. Soc.*, **14**(1993) 418.

M. V. Subbarao, The Lehmer problem on the Euler totient: a Pandora's box of unsolvable problems, *Number theory and discrete mathematics (Chandigarh*, 2000) 179–187.

David W. Wall, Conditions for $\phi(N)$ to properly divide $N-1$, *A Collection of Manuscripts Related to the Fibonacci Sequence*, 18th Anniv. Vol., Fibonacci Assoc., 205–208.

Shan Zun, On composite $n$ for which $\phi(n)|n-1$, *J. China Univ. Sci. Tech.*, **15**(1985) 109–112; *MR* **87h**:11007.

**OEIS:** A051948.

## B38 方程式 $\phi(m) = \sigma(n)$ の解

$\phi(m) = \sigma(n)$ がなりたつような整数のペア $m, n$ が無限個存在するか？ $p$ が素数のとき，$\phi(p) = p-1$ かつ $\sigma(p) = p+1$ であるから，双子素数 (**A7**) が無限個存在すれば，この問いの答えは是である．$\sigma(M_p) = 2^p = \phi(2^{p+1})$ がなりたつから，メルセンヌ素数 $M_p = 2^p - 1$(**A3**) が無限個あるとしても同様である．しかしながら，これ以外にも解は存在し，ときとして，そのパターンはほとんど認識不可能である．たとえば，$\phi(780) = 192 = \sigma(105)$ など．

エルデーシュは，方程式 $\phi(x) = n!$ が解けることに注意し，($n = 2$ を除969) $\sigma(y) = n!$ もおそらく解けるであろうと述べている．チャールズ R. ウォールは，$\psi$ がデデキンドの関数 (**B41** 参照) のとき，$n \neq 2$ に対して，$\psi(n) = n!$ の解を求めている．

ジャン・マリー・デコネは，$R$ が $n$ のラジカル (**B11** 参照) のとき，$\sigma(n) = R^2$ の解は，$n = 1$ と 1782 のみであるかどうかを問うている．

Jean-Marie De Koninck, Problem 10966(b), *Amer. Math. Monthly*, **109**(2002) 759.
Le Mao-Hua, A note on primes $p$ with $\sigma(p^m) = z^n$, *Colloq. Math.*, **62**(1991) 193–196.

## B39　カーマイケル予想

カーマイケル予想は，各 $n$ に対し，$\phi(m) = \phi(n)$ がなりたつような $n$ と異なる $m$ をとることができることを主張する．実際，20 世紀初頭の数年間は，カーマイケルがこの予想を証明したと信じられていた．クリーは，$\phi(n) < 10^{400}$ と，$2^{42} \cdot 3^{47}$ で割れない $\phi(n)$ に対して予想を検証した．マサイ-ヴァレットは，クリーの限界を $10^{100000}$ まで延長し，シュラフティ-ワゴンは，さらに $10^{10900000}$ まで延ばした．ポメランスは，$p-1$ が $\phi(n)$ を割るようなすべての素数 $p$ に対し，$p^2$ が $n$ を割れば，$n$ は予想の反例を与えることを証明した．ポメランスはさらに，$p \equiv 1 \pmod{q}$ ($q$ は素数) なる最初の $k$ 個の素数がすべて $q^{k+1}$ より小ならば，自身の定理をみたす $n$ は存在しないことも証明しており (未公刊)，この結果から，自身の予想 $p_k - 1 | \prod_{i<k} p_i(p_i - 1)$ がしたがう．すべての $k$ に対してこの予想がなりたてば，上記定理をみたす $n$ は存在しないことがしたがう．

整数の**重複度**として，その整数が $\phi(n)$ の値として現れる回数と定義する．たとえば，6 は，$n = 7, 9, 14, 18$ に対してのみ $\phi(n) = 6$ だから，重複度 4 である．重複度は (たとえば，任意の奇数 $n > 1$ および $n = 14, 26, 34, \ldots$ に対して) 0 であることもあるが，カーマイケル予想によれば 1 であることはない．シェルピンスキは，1 より大のすべての整数は，重複度として現れると予想した．エルデーシュは，重複度が一度でも現れると無限回現れることを証明した．ケヴィン・フォードは，シェルピンスキの予想を証明した．さらにカーマイケル予想の反例があれば，トーシャントのうちの正の比率のものが反例になることも示している．

「偶数」$n$ に対し，$\phi(m) = \phi(n)$ がなりたつような「奇数」$m$ が存在しない例がある．ロレイン-フォスターは，これをみたす最小のものとして $n = 33817088 = 2^9 \cdot 257^2$ を与えた．

エルデーシュは，方程式 $\phi(x) = k$ が，ある $k$ に対してちょうど $s$ 個の解をもつとき，同様の $k$ が無限個存在することおよび，無限に多くの $k$ に対し，$s > k^c$ なることを証明した．このような $c$ の上限を $C$ とするとき，ウールドリッジは，$C \geq 3 - 2\sqrt{2} > 0.17157$ を示した．ポメランスは，フーリーによるブルン-ティッチマーシュ定理の改良版を用いて，$C \geq 1 - 625/512e > 0.55092$ まで改良し，イワーニェッツのさらなる改良を用いると $C > 0.55655$ まで改良でき，したがって，無限に多くの $k$ に対し $s > k^{5/9}$ がなりたつことに注意している．エルデーシュは，$C = 1$ を予想している．逆の方向で，ポメランスは，

$$s < k \exp\{-(1+o(1)) \ln k \ln \ln \ln k / \ln \ln k\}$$

を示し，発見的な議論でこれがベストポシブルであることを主張している．

R. D. Carmichael, Note on Euler's $\phi$-function, *Bull. Amer. Math. Soc.*, **28** (1922) 109–110; and see **13**(1907) 241–243.

P. Erdős, On the normal number of prime factors of $p - 1$ and some other related problems concerning Euler's $\phi$-function, *Quart. J. Math. Oxford Ser.*, **6**(1935) 205–213.

P. Erdős, Some remarks on Euler's $\phi$-function and some related problems, *Bull. Amer. Math. Soc.*, **51**(1945) 540–544.

P. Erdős, Some remarks on Euler's $\phi$-function, *Acta Arith.*, **4**(1958) 10–19; *MR* **22**#1539.

Kevin Ford, The distribution of totients, *Ramanujan J.*, **2**(1998) 67–151; *MR* **99m**:11106.

Kevin Ford, The distribution of totients, *Electron. Res. Announc. Amer. Math. Soc.*, **4**(1998) 27–34; *MR* **99f**:11125.

Lorraine L. Foster, Solution to problem E3361, *Amer. Math. Monthly* **98** (1991) 443.

Peter Hagis, On Carmichael's conjecture concerning the Euler phi function (Italian summary), *Boll. Un. Mat. Ital.* (6), **A5**(1986) 409–412.

C. Hooley, On the greatest prime factor of $p + a$, *Mathematika*, **20**(1973) 135–143.

Henryk Iwaniec, On the Brun-Tichmarsh theorem and related questions, *Proc. Queen's Number Theory Conf., Kingston, Ont. 1979*, Queen's Papers Pure Appl. Math., **54**(1980) 67 78; *Zbl.* 446.10036.

V. L. Klee, On a conjecture of Carmichael, *Bull. Amer. Math. Soc.*, **53**(1947) 1183–1186; *MR* **9**, 269.

P. Masai & A. Valette, A lower bound for a counterexample to Carmichael's conjecture, *Boll. Un. Mat. Ital. A* (6), **1** (1982) 313–316; *MR* **84b**:10008.

Carl Pomerance, On Carmichael's conjecture, *Proc. Amer. Math. Soc.*, **43** (1974) 297–298.

Carl Pomerance, Popular values of Euler's function, *Mathematika*, **27** (1980) 84–89; *MR* **81k**:10076.

Aaron Schlafly & Stan Wagon, Carmichael's conjecture on the Euler function is valid below $10^{10,000,000}$, *Math. Comput.*, **63**(1994) 415–419; *MR* **94i**:11008.

M. V. Subbarao & L.-W. Yip, Carmichael's conjecture and some analogues, in *Théorie des Nombres* (Québec, 1987), de Gruyter, Berlin–New York, 1989, 928–941 (and see *Canad. Math. Bull.*, **34**(1991) 401–404.

Alain Valette, Fonction d'Euler et conjecture de Carmichael, *Math. et Pédag.*, Bruxelles, **32**(1981) 13–18.

Stan Wagon, Carmichael's 'Empirical Theorem', *Math. Intelligencer*, **8**(1986) 61-63; *MR* **87d**:11012.

K. R. Wooldridge, Values taken many times by Euler's phi-function, *Proc. Amer. Math. Soc.*, **76**(1979) 229–234; *MR* **80g**:10008.

**OEIS:** A000010, A000142, A000203, A005100-005101, A014197, A054973, A055486-055489, A055506.

## B40  トータティヴ間の間隙

$a_1 < a_2 < \ldots < a_{\phi(n)}$ が $n$ より小で $n$ と互いに素な整数 [訳注：これらをトータティヴとよぶ] のとき，エルデーシュは，$\sum (a_{i+1} - a_i)^2 < cn^2/\phi(n)$ を予想し，その証明に 500 ドル提供した．フーリーは，$1 \leq \alpha < 2$ のとき，$\sum (a_{i+1} - a_i)^\alpha \ll n(n/\phi(n))^{\alpha-1}$ なることおよび $\sum (a_{i+1} - a_i)^2 \ll n(\ln \ln n)^2$ を証明した．ヴォーンは，予想を「平均」の形で証明し，ヴォーン-モンゴメリーが最後の賞金を獲得した．

ヤコブスタールは，最大間隙 $J(n) = \max(a_{i+1} - a_i)$ がどのように評価できるかを問うた．エルデーシュは，無限に多くの $x$ に対し，$n_1 \perp n_2$ で $J(n_1) > \ln x$, $J(n_2) > \ln x$ がなりたつような 2 個の整数 $n_1, n_2, n_1 < n_2 < x$ が存在するかどうかを問うて

いる．

また，1995年3月30日付けの手紙で，ベルナルド・レカマンは，十分大の偶数 $n$ のトータティヴの集合がピタゴラス数 [訳注：**D18** 参照] を含むかどうか，また各 $k$ に対し，長さ $k$ の等差数列を含むかどうかを問題にあげた．

P. Erdős, On the integers relatively prime to $n$ and on a number-theoretic function considered by Jacobsthal, *Math. Scand.*, **10**(1962) 163–170; *MR* **26** #3651.

R. R. Hall & P. Shiu, The distribution of totatives, *Cand. Math. Bull.*, **45**(2002); *MR* **2003a**:11005.

C. Hooley, On the difference of consecutive numbers prime to $n$, *Acta Arith.*, **8**(1962/63) 343–347; *MR* **27** #5741.

H. L. Montgomery & R. C. Vaughan, On the distribution of reduced residues, *Ann. of Math.* (2), **123**(1986) 311–333; *MR* **87g**:11119.

R. C. Vaughan, Some applications of Montgomery's sieve, *J. Number Theory*, **5**(1973) 64–79.

R. C. Vaughan, On the order of magnitude of Jacobsthal's function, *Proc. Edinburgh Math. Soc.*(2), **20**(1976/77) 329–331; *MR* **56** #11937.

## B41 $\phi$, $\sigma$ の逐次合成関数（イテレート）

ポメランスは，各正整数 $n$ に対し，$\sigma^k(n)/n$ が整数になるような正整数 $k$ が存在するかどうかを問うた．例として $(n,k) = (1,1), (2,2), (3,4), (4,2), (5,5), (6,4), (7,5), \ldots$ がある．

約数和関数およびユニタリー約数和関数の同類で，オイラーの（トーシャント）関数を補完するものとして，しばしばデデキントの名前を冠してよばれる関数 $\psi$ は次のように定義される．$n = p_1^{a_1} p_2^{a_2} \ldots p_k^{a_k}$ のとき，$\psi(n)$ で，積 $\prod p_i^{a_i-1}(p_i+1)$ を表す．すなわち，$\psi(n) = n\prod(1+p^{-1})$ とする．ここで，積は $n$ のすべての異なる素因数にわたる．デデキントの関数の逐次合成関数は，最終的に $2^a 3^b$ の形の数列になることは容易に証明できる．ここで，$b$ は一定で，$a$ は連続する項間で1増加する．$b$ が与えられたとき，この形の数列に至る変数 $n$ の値は無限個存在する．たとえば，$\psi^k(2^a 3^b 7^c) = 2^{a+4k} 3^b 7^{c-k}$ $(0 \leq k \leq c)$, $\psi^k(2^a 3^b 7^c) = 2^{a+5k-c} 3^b$ $(k > c)$ である．

合成の回数を無限大に近づけるとき，$\psi(n) - n$ の逐次合成関数が非有界になるような $n$ が存在するというテーマを扱ったものがテ・リーレの学位論文である（**B8** の参考文献）；最小の $n$ は 318 である．

$\psi$-関数と $\phi$-関数の平均 $\frac{1}{2}(\phi + \psi)$ の逐次合成関数をつくれば，素数ベキ値の項がすべて定数に等しい数列が得られる．たとえば，24, $\frac{1}{2}(8+48) = 28$, $\frac{1}{2}(12+48) = 30$, $\frac{1}{2}(8+72) = 40$, $\frac{1}{2}(16+72) = 44$, $\frac{1}{2}(20+72) = 46$, $\frac{1}{2}(22+72) = 47$, $\frac{1}{2}(46+48) = 47$, … である．チャールズ R. ウォールは，逐次合成関数が非有界になるような例を与えた：45, 48, … のような数列あるいは，50, 55, … から始めて 56, 60, 80, 88, 92, 94, 95, 96, … のように続けていく．35 項目から後の各項は，それから 7 番目の項の 2 倍である！

## B41. $\phi$, $\sigma$ の逐次合成関数 (イテレート)

$\sigma$-関数と $\phi$-関数の平均の逐次合成も考えることができる.$\phi(n)$ は,$n>2$ に対し常に偶数値をとり,$\sigma(n)$ は,$n$ が平方数か平方数の 2 倍のとき奇数値をとるから,逐次合成関数の値は,整数値でないこともある.たとえば,54, 69, 70, 84, 124, 142, 143, 144, $225\frac{1}{2}$ となる; この場合,数列に**亀裂**が生ずるということにする.$n=1$ または素数のとき,$(\sigma(n)+\phi(n))/2 = n$ となることは容易にわかる.したがって,定数列になることもある.たとえば,60, 92, 106, 107, 107, ... など.亀裂なしで,増加して無限大になるような数列があるだろうか?

$\phi$-の合成ももちろん考えることができるが,最終的には 1 になる.そこで,$\phi^k(n)=1$ となる最小の整数 $k$ を $n$ の**クラス**とよぶことにする.

| $k$ | $n$ |
|---|---|
| 1 | 2 |
| 2 | 3        4   6 |
| 3 | 5   7       8   9   10   12   14   18 |
| 4 | 11 13 15    16 19 20 21 22 24 26 ... |
| 5 | 17 23 25 29 31    32 33 34 35 37 39 40 43 ... |
| 6 | 41 47 51 53 55 59 61    64 65 67 68 69 71 73 ... |
| 7 | 83 85 89 97 101 103 107 113 115 119 121 122 123 125 128 ... |

クラスの集合の最小数の集合は,$M = \{2,3,5,11,17,41,83,\ldots\}$ である.シャピロは,集合 $M$ は,素数のみを含むと予想したが,ミルズが合成数の要素をいくつか見出した.クラス $k$ の数で $<2^k$ であるようなものの,すべての $k$ にわたる集合 $S$ は,

$$S = \{3; 5,7; 11,13,15; 17,23,25,29,31; 41,47,51,53,55,59,61; 83,85,\ldots\}$$

であり,シャピロは,$S$ の元の因子はまた $S$ の元であることを示した.カトリンは,$m$ が $M$ の奇数の元であるとき,$m$ の因数はまた $M$ の元であること,および $M$ の奇数の元が有限個のとき,$M$ の素数の元は有限個であることを証明している.そうなると,$S$ は無限個の奇数の元を含むか? $M$ はどうか? という問題が生ずる.

ピライは,$n$ のクラス $k=k(n)$ が

$$\left\lfloor \frac{\ln n}{\ln 3} \right\rfloor \leq k(n) \leq \left\lfloor \frac{\ln n}{\ln 2} \right\rfloor$$

をみたすことを証明した.一方,($2^a 3^b$ を考えることにより)$k(n)/\ln n$ が区間 $[1/\ln 3, 1/\ln 2]$ で稠密であることは容易にわかる.そこで,$k(n)$ の平均値,ノーマルオーダー (正規位数) を求める問題が出てくる.エルデーシュ-グランヴィル-ポメランス-スパイロウは,ある定数 $\alpha$ が存在して,$k(n)$ のノーマルオーダーは,$\alpha \ln n$ となるであろうと予想し,エリオット-ハルバースタム予想の下でそれを証明し,さらに,各正整数 $k$ に対し,$\phi^h(n)/\phi^{h+1}(n)$ のノーマルオーダーが $he^\gamma \ln\ln n$ であることも証明している.ここで,$\gamma$ はオイラーの定数である.エルデーシュらの上記論文には,数多くの未解決問題が述べてある: たとえば,$\sigma^k(n)$ が約数和関数の $k$ 回逐次合成のとき,以下の主張が真か偽かは未解決である.

¿ 各 $n>1$ に対し，$k\to\infty$ のとき，$\sigma^{k+1}(n)/\sigma^k(n) \to 1$ か ?
¿ 各 $n>1$ に対し，$k\to\infty$ のとき，$\sigma^{k+1}(n)/\sigma^k(n) \to \infty$ か ?
¿ 各 $n>1$ に対し，$k\to\infty$ のとき，$\left(\sigma^k(n)\right)^{1/k} \to \infty$ か ?
¿ 各 $n>1$ に対し，$n|\sigma^k(n)$ となる $k$ が存在するか ?
¿ 各 $n, m>1$ に対し，$m|\sigma^k(n)$ となる $k$ が存在するか ?
¿ 各 $n, m>1$ に対し，$\sigma^k(m)=\sigma^l(n)$ となる $k, l$ が存在するか ?

ミリアム・ハウスマンは，方程式 $n = m\phi^k(n)$ の解となる整数 $n$ を特徴づけた．解の多くは，$2^a 3^b$ の形の数であった．

フィニュケインは，$\phi(n)+1$ の逐次合成を考察し，何回合成を繰り返せば素数値に至るかを尋ねた．また，与えられた素数 $p$ に対し，逐次合成が $p$ で終わるような $n$ の分布の様子を調べよという問題も提示した．5, 8, 10, 12 が 5 に至る唯一の数列であるか？ 7, 9, 14, 15, 16, 18, 20, 24, 30 が 7 に到達する唯一のものか？ など．

エルデーシュは，$\sigma(n)-1$ の逐次合成に関して同様の問題を考えた．常に素数で終わるか，無限に大きくなるか？ $\sigma(n)-1$, $(\psi(n)+\phi(n))/2$, $(\phi(n)+\sigma(n))/2$ のどの逐次合成に対しても増加の程度が指数関数より小であることを証明できなかった．他の結果，予想に関しては，上述 4 著者論文 (エルデーシュ-グランヴィルほか) 参照．

アタナーソフは，$\phi$ と $\sigma$ の加法的類似を定義して，17 問の問題を提示しており，そのうち 3 問の解を述べている．

イアヌッチ-モウジエ-コーエンは，$n = \phi(n) + \phi^2(n) + \phi^3(n) + \cdots + 2 + 1$ がなりたつような $n$ を完全トーシャント数と名づけた．3 のベキはすべて完全トーシャント数である．三者は，$< 5 \cdot 10^9$ の範囲でさらに 30 個見出しており，そのうち最大のものは 4764161215 である．

Krassimir T. Atanassov, New integer functions, related to $\phi$ and $\sigma$ functions, *Bull. Number Theory Related Topics*, **11**(1987) 3–26; *MR* **90j**:11007.

P. A. Catlin, Concerning the iterated $\phi$-function, *Amer. Math. Monthly*, **77**(1970) 60–61.

P. Erdős, A. Granville, C. Pomerance & C. Spiro, On the normal behavior of the iterates of some arithmetic functions, in Berndt, Diamond, Halberstam & Hildebrand (editors) Analytic Number Theory, *Proc. Conf. in honor P.T. Bateman, Allerton Park, 1989*, Birkhäuser, Boston, 1990, 165–204; *MR* **92a**:11113.

P. Erdős, Some remarks on the iterates of the $\phi$ and $\sigma$ functions, *Colloq. Math.*, **17**(1967) 195–202; *MR* **36** #2573.

Paul Erdős & R. R. Hall, Euler's $\phi$-function and its iterates, *Mathematika*, **24**(1977) 173–177; *MR* **57** #12356.

Miriam Hausman, The solution of a special arithmetic equation, *Canad. Math. Bull.*, **25**(1982) 114–117.

Douglas E. Iannucci, Deng Moujie & Graeme L. Cohen, On perfect totient numbers, preprint, 2003.

H. Maier, On the third iterates of the $\phi$- and $\sigma$-functions, *Colloq. Math.*, **49**(1984) 123–130; *MR* **86d**:11006.

W. H. Mills, Iteration of the $\phi$-function, *Amer. Math. Monthly* **50**(1943) 547–549; *MR* **5**, 90.

C. A. Nicol, Some diophantine equations involving arithmetic functions, *J. Math. Anal. Appl.*, **15**(1966) 154–161.

Ivan Niven, The iteration of certain arithmetic functions, *Canad. J. Math.*, **2**(1950) 406–408; *MR* **12**, 318.

S. S. Pillai, On a function connected with $\phi(n)$, *Bull. Amer. Math. Soc.*, **35**(1929) 837–841.

Carl Pomerance, On the composition of the arithmetic functions $\sigma$ and $\phi$, *Colloq. Math.*, **58**(1989) 11–15; *MR* **91c**:11003.

Harold N. Shapiro, An arithmetic function arising from the $\phi$-function, *Amer. Math. Monthly* **50**(1943) 18–30; *MR* **4**, 188.

Charles R. Wall, Unbounded sequences of Euler-Dedekind means, *Amer. Math. Monthly* **92**(1985) 587.

Richard Warlimont, On the iterates of Euler's function, *Arch. Math. (Basel)*, **76**(2001) 345–349; *MR* **2002k**:11167.

**OEIS:** A000010, A003434, A005239, A007755, A019268, A040176, A049108.

## B42　関数 $\phi(\sigma(n))$ および $\sigma(\phi(n))$ の挙動について

エルデーシュは，ほとんどすべての $n$ に対して，$\phi(n) > \phi(n - \phi(n))$ なることおよび，無限に多くの $n$ に対して，$\phi(n) < \phi(n - \phi(n))$ なることを証明する問題を提出している．

モンコフスキ-シンツェルは $\limsup \phi(\sigma(n))/n = \infty$,

$$\limsup \phi(\phi(n))/n = \frac{1}{2}, \quad \text{かつ} \quad \liminf \sigma(\phi(n))/n \leq \frac{1}{2} + \frac{1}{2^{34} - 4}$$

を証明し，すべての $n$ に対して $\sigma(\phi(n))/n \geq \frac{1}{2}$ かどうかを問うた．2人は，$\inf \sigma(\phi(n))/n > 0$ すら証明されていないことを注意したが，この主張は，後にポメランスがブルンの方法を用いて証明した．その後グレイエム・コーエン，後にシーガルが，メインの部分を証明できたと考えたが，実は未解決のままである．

ジョン・セルフリッジ-フレッド・ホフマン-リッチ・シュレッペルは，$\phi(\sigma(n)) = n$ の24個の解を求めた：

$$2^k \text{ for } k = 0, 1, 3, 7, 15, 31; 2^2 \cdot 3; 2^8 \cdot 3^3; 2^{10} \cdot 3^3 \cdot 11^2;$$
$$2^{12} \cdot 3^3 \cdot 5 \cdot 7 \cdot 13; 2^4 \cdot 3 \cdot 5; 2^4 \cdot 3^2 \cdot 5; 2^9 \cdot 3 \cdot 5^2 \cdot 31; 2^9 \cdot 3^2 \cdot 5^2 \cdot 31;$$
$$2^5 \cdot 3^4 \cdot 5 \cdot 11; 2^5 \cdot 3^4 \cdot 5^2 \cdot 11; 2^8 \cdot 3^4 \cdot 5 \cdot 11; 2^8 \cdot 3^4 \cdot 5^2 \cdot 11; 2^5 \cdot 3^6 \cdot 7^2 \cdot 13;$$
$$2^6 \cdot 3^6 \cdot 7^2 \cdot 13; 2^{13} \cdot 3^7 \cdot 5 \cdot 7^2; 2^{13} \cdot 3^7 \cdot 5^2 \cdot 7^2; 2^{21} \cdot 3^3 \cdot 5 \cdot 11^3 \cdot 31;$$
$$2^{21} \cdot 3^3 \cdot 5^2 \cdot 11^3 \cdot 31;$$

いうまでもなくこれに対応して，$\sigma(\phi(m)) = m$ の24個の解も存在する．

テリー・レインズは，1995年1月にさらに10個の解を見出した：

$$2^8 \cdot 3^6 \cdot 7^2 \cdot 13; 2^9 \cdot 3^4 \cdot 5^2 \cdot 11^2 \cdot 31; 2^{13} \cdot 3^3 \cdot 5^4 \cdot 7^3; 2^{13} \cdot 3^8 \cdot 5 \cdot 7^3;$$
$$2^{13} \cdot 3^6 \cdot 5 \cdot 7^3 \cdot 13; 2^{13} \cdot 3^3 \cdot 5^4 \cdot 7^4; 2^{13} \cdot 3^8 \cdot 5^2 \cdot 7^3; 2^{13} \cdot 3^6 \cdot 5^2 \cdot 7^3 \cdot 13;$$
$$2^{21} \cdot 3^5 \cdot 5 \cdot 11^3 \cdot 31; 2^{21} \cdot 3^5 \cdot 5^2 \cdot 11^3 \cdot 31;$$

さらに1996年の独立記念日にグレイエム・コーエンが，次の2つを追加した．

$$2^{13} \cdot 3^5 \cdot 5^4 \cdot 7^4, \qquad 2^{24} \cdot 3^9 \cdot 5^7 \cdot 11 \cdot 13$$

他にまだあるか？無限個か？

ゴロンブは, $q > 3$ および $p = 2q - 1$ が素数で, $m \in \{2, 3, 8, 9, 15\}$ のとき, $n = pm$ が $\phi(\sigma(n)) = \phi(n)$ の解であることを注意した. このような $n$ が無限個存在することは疑いもないことであるが, 近い将来にそれが証明されそうにないことも疑いないところである. 他に解 $1, 3, 15, 45, \ldots$ がある; 解は無限個か？ ゴロンブは, $\sigma(\phi(n)) = \sigma(n)$ の解として 1, 87, 362, 1257, 1798, 5002, 9374 をあげている. さらに, $p$ および $(3^p - 1)/2$ が素数 (たとえば, $p = 3, 7, 13, 71, 103$) のとき, $n = 3^{p-1}$ が $\sigma(\phi(n)) = \phi(\sigma(n))$ の解であることも注意し, $\sigma(\phi(n)) - \phi(\sigma(n))$ が無限回正負の値をとることを証明するとともに, それぞれの値をとる比率を求めることを問題としている.

ウォルター・ニッセンは, $\sigma(\phi(n)) = \phi(\sigma(n))$ の解を少なくとも 14000 個見出した. $< 10^5$ の範囲の 12 個は, 1, 9, 225, 242, 516, 729, 3872, 13932, 14406, 17672, 18225, 20124, 21780, 29262, 29616, 45996, 65025, 76832, 92778, 95916 である.

この 2 つの双対に近い関数に関して多くの問題が考えられる. ジャン・ミン・ジーは, $n$ が素数なら, $\phi(n) + \sigma(n)$ を割るが, $n = p^\alpha$ で $\alpha > 1$ か, $n = p^\alpha q$ で $p, q$ が異なる素数のときは割らないことに注意し, $10^7$ の範囲の $\phi(n) + \sigma(n)$ を割る合成数 17 個を見出している: 312, 560, 588, 1400, 23760, 59400, 85632, 147492, 153720, 556160, 569328, 1590816, 2013216, その他 4 個.

U. Balakrishnan, Some remarks on $\sigma(\phi(n))$, *Fibonacci Quart.*, **32**(1994) 293–296; *MR* **95j**:11091.

Cao Fen-Jin, The composite number-theoretic function $\sigma(\phi(n))$ and its relation to $n$, *Fujian Shifan Daxue Xuebao Ziran Kexue Ban*, **10**(1994) 31–37; *MR* **96c**:11008.

Graeme L. Cohem, On a conjecture of Mąkowski and Schinzel, *Colloq. Math.*, **74**(1997) 1–8; *MR* **98e**:11006.

P. Erdős, Problem P. 294, *Canad. Math. Bull.*, **23**(1980) 505.

Kevin Ford & Sergei Konyagin, On two conjectures of Sierpiński concerning the arithmetic functions $\sigma$ and $\phi$, *Number Theory in Progress*, Vol. 2 (*Zakopane-Kościelisko*, 1997) 795–803, de Gruyter, Berlin, 1999; *MR* **2000d**:11120.

Kevin Ford, Sergei Konyagin & Carl Pomerance, Residue classes free of values of Euler's function, *Number Theory in Progress*, Vol. 2 (*Zakopane-Kościelisko*, 1997) 805–812, de Gruyter, Berlin, 1999; *MR* **2000f**:11120.

Solomon W. Golomb, Equality among number-theoretic functions, preprint, Oct 1992; Abstract 882-11-16, *Abstracts Amer. Math. Soc.*, **14**(1993) 415–416.

A. Grytczuk, F. Luca & M. Wójtowicz, A conjecture of Erdős concerning inequalities for the Euler totient function, *Publ. Math. Debrecen*, **59**(2001) 9–16; *MR* **2002f**:11005.

A. Grytczuk, F. Luca & M. Wójtowicz, Some results on $\sigma(\phi(n))$, *Indian J. Math.*, **43**(2001) 263–275; *MR* **2002k**:11166.

Richard K. Guy, Divisors and desires, *Amer. Math. Monthly*, **104**(1997) 359–360.

Pentti Haukkanen, On an inequality for $\sigma(n)\phi(n)$, *Octogon Math. Mag.*, **4**(1996) 3–5.

Lin Da-Zheng & Zhang Ming-Zhi, On the divisibility relation $n|(\phi(n) + \sigma(n))$, *Sichuan Daxue Xuebao*, **34**(1997) 121–123; *MR* **98d**:11010.

A. Mąkowski & A. Schinzel, On the functions $\phi(n)$ and $\sigma(n)$, *Colloq. Math.*, **13**(1964–65) 95–99; *MR* **30** #3870.

Carl Pomerance, On the composition of the arithmetic functions $\sigma$ and $\phi$, *Colloq. Math.*,

郵便はがき

|1|6|2|-|8|7|0|7|

恐縮ですが切手を貼付して下さい

東京都新宿区新小川町6-29

株式会社 朝倉書店

愛読者カード係 行

---

●本書をご購入ありがとうございます。今後の出版企画・編集案内などに活用させていただきますので,本書のご感想また小社出版物へのご意見などご記入下さい。

| フリガナ お名前 | | 男・女 　年齢　　歳 |
| --- | --- | --- |

| 　　〒　　　　　　　　　電話 ご自宅 |
| --- |

| E-mailアドレス |
| --- |

| ご勤務先 学 校 名 | (所属部署・学部) |
| --- | --- |

| 同上所在地 |
| --- |

| ご所属の学会・協会名 |
| --- |

| ご購読　・朝日 ・毎日 ・読売 新聞　・日経 ・その他(　　　) | ご購読 雑誌 (　　　　　) |
| --- | --- |

**書名**（ご記入下さい）

## 本書を何によりお知りになりましたか

1. 広告をみて（新聞・雑誌名　　　　　　　　　　　　　　）
2. 弊社のご案内
   （●図書目録●内容見本●宣伝はがき●E-mail●インターネット●他）
3. 書評・紹介記事（　　　　　　　　　　　　　　　　　　）
4. 知人の紹介
5. 書店でみて

**お買い求めの書店名**（　　　　　　　　市・区　　　　　　　書店）
　　　　　　　　　　　　　　　　　　　町・村

## 本書についてのご意見

## 今後希望される企画・出版テーマについて

**図書目録，案内等の送付を希望されますか？**　　　　・要　・不要
　　　　　・図書目録を希望する

**ご送付先**　・ご自宅　・勤務先

**E-mailでの新刊ご案内を希望されますか？**
　　　　　・希望する　・希望しない　・登録済み

ご協力ありがとうございます。ご記入いただきました個人情報については、目的以外の利用ならびに第三者への提供はいたしません。

**58**(1989) 11–15; *MR* **91c**:11003.

József Sándor, On Dedekind's arithmetical function, *Seminarul de Teoria Structurilor, Univ. Timişoara*, **51**(1988) 1–15.

József Sándor, On the composition of some arithmetic functions, *Studia Univ. Babeş-Bolyai Math.*, **34**(1989) 7–14; *MR* **91i**:11008.

József Sándor & R. Sivaramakrishnan, The many facets of Euler's totient. III. An assortment of miscellaneous topics, *Nieuw Arch. Wisk.*, **11**(1993) 97–130; *MR* **94i**:11007.

Robert C. Vaughan & Kevin L. Weis, On sigma-phi numbers, *Mathematika*, **48**(2001) 169–189 (2003).

Zhang Ming-Zhi, A divisibility problem (Chinese), *Sichuan Daxue Xuebao*, **32**(1995) 240–242; *MR* **97g**:11003.

**OEIS:** A000010, A000203, A001229, A006872, A033631, A051487-051488, A066831, A067382-0670385.

## B43　階乗数の交代和

次の数はどれも素数である:

$$3! - 2! + 1! = 5,$$
$$4! - 3! + 2! - 1! = 19,$$
$$5! - 4! + 3! - 2! + 1! = 101,$$
$$6! - 5! + 4! - 3! + 2! - 1! = 619,$$
$$7! - 6! + 5! - 4! + 3! - 2! + 1! = 4421,$$
$$8! - 7! + 6! - 5! + 4! - 3! + 2! - 1! = 35899.$$

このような素数の表示が無数にあるか？　上記より先の $n$ の値に対する $A_n = n! - (n-1)! + (n-2)! - + \ldots - (-1)^n 1!$ の因数を次に述べた:

| $n$ | $A_n$ | $n$ | $A_n$ |
|---|---|---|---|
| 9 | $79 \cdot 4139$ | 19 | $15578717622022981$ (素数) |
| 10 | $3301819$ (素数) | 20 | $8969 \cdot 210101 \cdot 1229743351$ |
| 11 | $13 \cdot 2816537$ | 21 | $113 \cdot 167 \cdot 4511191 \cdot 572926421$ |
| 12 | $29 \cdot 15254711$ | 22 | $79 \cdot 239 \cdot 56947572104043899$ |
| 13 | $47 \cdot 1427 \cdot 86249$ | 23 | $85439 \cdot 289993909455734779$ |
| 14 | $211 \cdot 1679 \cdot 229751$ | 24 | $12203 \cdot 24281 \cdot 2010359484638233$ |
| 15 | $1226280710981$ (素数) | 25 | $59 \cdot 555307 \cdot 455254005662640637$ |
| 16 | $53 \cdot 6581 \cdot 56470483$ | 26 | $1657 \cdot 234384986539153832538067$ |
| 17 | $47 \cdot 7148742955723$ | 27 | $127^2 \cdot 271 \cdot 1163 \cdot 2065633479970130593$ |
| 18 | $2683 \cdot 2261044646593$ | 28 | $61 \cdot 221171 \cdot 21820357757749410439949$ |

$n = 27$ の例でわかる通り，このタイプの数は平方無縁とは限らない．ウィルフレッド・ケラーは，$n \leq 335$ まで計算を続行した；この範囲で $A_n$ が素数になるのは，$n = 41$,

59, 61, 105, 160 のときである.

$n+1$ が $A_n$ を割るような $n$ の値が存在すれば，すべての $m>n$ に対して，$n+1$ が $A_m$ を割ることになり，素数値は有限個となる．この素数値有限問題は，$p=3612703$ がすべての $n \geq p$ なるすべての $n$ に対し $A_n$ を割ることを示して，ミオドラグ・ジュヴコヴィッチが解決した．

0! を含めるかどうかも問題となるが，含めてしまえば，すべて偶数となり，$2!-1!+0!=2$ のみが素数である．ケヴィン・ブザードはティーンエイジャーの友人から，$A_n+(-1)^n$ が $n$ で割れるのはどういう場合か聞かれたと知らせてきた．このような $n$ の集合を $\mathcal{S}$ と書けば，$a \in \mathcal{S}, b \in \mathcal{S}, a \perp b$ から $ab \in \mathcal{S}$ となり，また $c \in \mathcal{S}, d \mid c$ から $d \in \mathcal{S}$ となる．したがって，素数のみをチェックすればよい．ブザードが 160000 より小の範囲で見出したものは 2, 4, 5, 13, 37, 463 のみであり，それに基づいて，$\mathcal{S}$ は 4454060 の約数の集合ではないかと問うている．

Miodrag Živkovič, The number of primes $\sum_{i=1}^{n}(-1)^{n-i}i!$ is finite, *Math. Comput.*, **68**(1999) 403–409; *MR***99c**:11163.

**OEIS:** A000142, A001272, A002981-002982, A003422, A005165.

## B44  階乗数の和

Đ. クレパは，左階乗の記号 $!n = 0!+1!+2!+\ldots+(n-1)!$ を定義し，すべての $n>2$ に対し，$!n \not\equiv 0 \bmod n$ かどうかを問うた．スラヴィッチは $3 \leq n \leq 1000$ の範囲でなりたつことを確かめた．予想としては $(!n, n!) = 2$ があり，ワーグスタッフは $n < 50000$ の範囲で検証した．続いてミヤイロヴィッチとゴギッチは，独立に $n \leq 10^6$ まで検証した．ミヤイロヴィッチは，$K_n = !(n+1)-1 = 1!+2!+\ldots+n!$ に対して，$n \geq 2$ のとき $3 \mid K_n$，$n \geq 5$ のとき $9 \mid K_n$，$n \geq 10$ に対して $99 \mid K_n$ であることに注意している．ウィルフレッド・ケラーは，その後，$n < 10^6$ まで探査したが，$K_n$ の新しい整除性は見つからなかった．1991 年 3 月 21 日付けの手紙および 1998 年 2 月のプレプリントで，レジナルド・ボンドは，この予想の証明 (未公開) を与えた．

ミオドラグ・ジュヴコヴィッチ (**B43** の参考文献参照) は，$(54503)^2$ が !26540 を割ることを示している．それゆえ，$n>3$ のとき，$!n$ は必ずしも平方無縁でない．

L. Carlitz, A note on the left factorial function, *Math. Balkanika*, **5**(1975) 37–42.

Goran Gogić, Kurepa's hypothesis on the left factorial (Serbian), *Zb. Rad. Mat. Inst. Beograd.* (*N.S.*) **5(13)**(1993) 41–45.

Aleksandar Ivić & Žarko Mijajlović, On Kurepa's problems in number theory, Đuro Kurepa memorial volume, *Publ. Inst. Math.* (*Beograd*) (*N.S.*) **57(71)**(1995) 19–28; *MR* **97a**:11007.

Winfried Kohnen, A remark on the left-factorial hypothesis, *Univ. Beograd. Publ. Elektrotehn. Fak. Ser. Mat.*, **9**(1998) 51–53; *MR* **99m**:11005.

Đuro Kurepa, On some new left factorial propositions, *Math. Balkanika*, **4**(1974) 383–386; *MR* **58** #10716.

Ž. Mijajlović, On some formulas involving $!n$ and the verification of the $!n$-hypothesis by use of computers, *Publ. Inst. Math. (Beograd) (N.S.)* **47(61)**(1990) 24–32; *MR* **92d**:11134.

Alexandar Petojević, On Kurepa's hypothesis for the left factorial, *Filomat* No. 12, part 1 (1998) 29–37.

Zoran Šami, On generalization of functions $n!$ and $!n$, *Publ. Inst. Math. (Beograd)(N.S.)* **60(74)**(1996) 5–14; *MR* **98a**:11006.

Zoran Šami, A sequence $u_{n,m}$ and Kurepa's hypothesis on left factorial, Sympos. dedicated to memory of Đuro Kurepa, Belgrade 1996, *Sci. Rev. Ser. Sci. Eng.*, **19-20**(1996) 105–113; *MR* **98b**:11016.

V. S. Vladimirov, Left factorials, Bernoulli numbers, and the Kurepa conjecture, *Publ. Inst. Math. Beograd (N.S.)*, **72(86)**(2002) 11–22.

**OEIS:** A000142, A003422, A005165, A007489, A014144, A049782.

## B45 オイラー数

$\sec x = \sum E_n(ix)^n/n!$ の展開式の係数はオイラー数とよばれるもので，様々の組合せ論的状況で現れる．$E_0 = 1$, $E_2 = -1$, $E_4 = 5$, $E_6 = -61$, $E_8 = 1385$, $E_{10} = -50521$, $E_{12} = 2702765$, $E_{14} = -199360981$, $E_{16} = 19391512145$, $E_{18} = -2404879675441$, …．任意の素数 $p \equiv 1 \mod 8$ に対し，$E_{(p-1)/2} \not\equiv 0 \mod p$ であるか？ $p \equiv 5 \mod 8$ に対しても同様のことがなりたつか？

[訳注：最後の合同式の問題は，既にエルンファルが 1979 年にほとんど解決しており，その後 1982 年に完全解決をし，その結果は，サンダー-クリステチの著書に詳しく述べられている．本問題集では，残念ながら，相変わらず未解決と述べられており，ユアン，リュー，リュー-ジャンらが部分的・全面的に解決した旨の論文を著した．歴史的にきちんとこれまでの経緯を明らかにしたものは，リューの論文 (学士院紀要 (2008)) であり，本問題が既に 1932 年にはほとんど解決されていたことが確立された．さらに，重要なのは，合同式ではなく，対応する虚 2 次体の類数と関係するという事実であることも明らかにされた．最新の論文で，ワン-リー-リューは，1956 年のカーリッツの議論を精密化すれば，素数ベキの法に対して，上述の合同式のみならず，1923 年のニールセンの合同式も得られることに注意した．以下の追加文献参照．

L. Carlitz, A note on Euler numbers and polynomials, *Nagoya Math. J.*, **7** (1954) 35-43.

R. Ernvall, Generalized Bernoulli numbers, generalized irregular primes, and class number, Ann. Univ. Turku. Ser. A I, No. **178** (1979), 72 pp.

R. Ernvall, A conjecture on Euler numbers, Amer. Math. Monthly (1982) 431.

N. -L. Wang, J. -Z. Li, and D. -S. Liu, Euler number congruences and Dirichlet $L$-function, J. Number Theory **129** (2009) 1522-1531.

G. -D. Liu and W. -P. Zhang, Applications of an Explicit Formula for the Generalized Euler Numbers, to appear, *Acta Math. Sinica* (English Series), **24(2)** (2008) 343-352.

N. Nielsen, Traité élémentaire des nombres de Bernoulli, Gauther -Villars, Paris, 1923, 35-43.

J. Sándor and B. Crstici, Handbook of number theory II, Kluwer Academic Publishers, Dordrecht, Boston and London, 2004.

P. Yuan, A conjecture on Euler numbers, *Proc. Japan Acad. Ser. A, Math. Sci.*, **80** (2004) 180-181.] (訳注終)

V. I. Arnol'd, Bernoulli-Euler updown numbers associated with function singularities, their combinatorics and arithmetics, *Duke Math. J.*, **63**(1991) 537–555; *MR* **93b**:58020.
V. I. Arnol'd, Snake calculus and the combinatorics of the Bernoulli, Euler and Springer numbers of Coxeter groups, *Uspekhi Mat. Nauk*, **47**(1992) 3–45; transl. in *Russian Math. Surveys*, **47**(1992) 1–51; *MR* **93h**:20042.
E. Lehmer, On congruences involving Bernoulli numbers and the quotients of Fermat and Wilson, *Annals of Math.*, **39**(1938) 350–360; *Zbl.* **19**, 5.
Barry J. Powell, Advanced problem 6325, *Amer. Math. Monthly*, **87**(1980) 826.

## B46　$n$ の最大素因数 $P(n)$

$P(n)$ を $n$ の最大素因数 (**A1** 参照 [訳注：**A1**, **A17** 参照]) とするとき，エルデーシュは，$(p-1)/P(p-1) = 2^k$ または $= 2^k \cdot 3^l$ がなりたつような素数 $p$ が無限個存在するかどうかを問うている．

$n > 2$ のとき，$P(n)$, $P(n+1)$, $P(n+2)$ はすべて異なる．この 3 個の数の大小関係「小，中，大」の起こり方は 6 通りあるが，そのどの型も無限回，同じ頻度で現れることを証明せよという問題が考えられる．$n = 2^k - 2$, $2^k - 1$, $2^k$ の場合に，中，大，小のパターンが無限に多くの $k$ に対して現れる．それは，バング (あるいは，マーラー) の定理により，$k \to \infty$ のとき $P(2^k - 1) \to \infty$ であるからである．小，中，大の無限回パターンに関して，$p$ が素数のとき，$p-1, p, p+1$ で試みる．うまくいかない．$p^2 - 1$, $p^2, p^2 + 1$ はどうか？　うまくいくかもしれない．$P(p^2 + 1) < p$ であれば，$p^4 - 1, p^4$, $p^4 + 1$ でやってみる．続行していけばそのうち，各素数 $p$ に対し，$P(p^{2^k} + 1) > p$ となるような $k$ の値が見つかる．

セルフリッジは，$2^k, 2^k + 1, 2^k + 2$ として，小，大，中のパターンを確立した．タイデマンは，中，小，大のパターンに関して，次のような議論を与えた: $2^k - 1, 2^k, 2^k + 1$ から始めて，$2^{2k} - 1, 2^{2k}, 2^{2k} + 1$; $2^{4k} - 1, 2^{4k}, 2^{4k} + 1$; … のように続けていく．

マブコウトは，**D10** で引用したストーマーのクラシカルな結果を用いて，すべての $n > 3$ に対し，$P(n^4 + 1) \geq 137$ を示した．

P. Erdős & Carl Pomerance, On the largest prime factors of $n$ and $n + 1$, *Aequationes Math.*, **17**(1978) 311–321; *MR* **58** #476.
M. Mabkhout, Minoration de $P(x^4 + 1)$, *Rend. Sem. Fac. Sci. Univ. Cagliari*, **63**(1993) 135–148; *MR* **96e**:11039.

| **B47** | $2^a - 2^b$ が $n^a - n^b$ を割るのはいつか？ |

 セルフリッジは，すべての $n$ に対し，$2^2 - 2$ が $n^2 - n$ を割り，$2^{2^2} - 2^2$ が $n^{2^2} - n^2$ を，$2^{2^{2^2}} - 2^{2^2}$ が $n^{2^{2^2}} - n^{2^2}$ を割ることに注意し，$a$, $b$ がどのような場合に，すべての $n$ に対して，$2^a - 2^b$ が $n^a - n^b$ を割るか問うている．$n = 3$ の場合は，ハリー・ルーダーマンが，*Amer. Math. Monthly*, **81**(1974) 405 に問題 E2468* として述べている．ウィル・ヴェレス (同誌 **83**(1976) 288-289) は，$(b, a-b) = (0,1)$ を自明解として除いた他の 13 個の解を与えた：$(1,1)$, $(1,2)$, $(2,2)$, $(3,2)$, $(1,4)$, $(2,4)$, $(3,4)$, $(4,4)$, $(2,6)$, $(3,6)$, $(2,12)$, $(3,12)$, $(4,12)$．ポメランスは，それに関する注意を寄せ (同誌 **84**(1977) 59-60)，シンツェルの結果を用いれば，ヴェレスの結果を完成できると述べている．スン・チー-ジャン・ミン・ジーもこの問題を解決した．

A. Schinzel, On primitive prime factors of $a^n - b^n$, *Proc. Cambridge Philos. Soc.*, **58**(1962) 555–562.

Sun Qi & Zhang Ming-Zhi, Pairs where $2^a - 2^b$ divides $n^a - n^b$ for all $n$, *Proc. Amer. Math. Soc.*, **93**(1985) 218–220; *MR* **86c**:11004.

Marian Vâjâitu & Alexandru Zaharescu, A finiteness theorem for a class of exponential congruences, *Proc. Amer. Math. Soc.*, **127**(1999) 2225–2232; *MR* **99j**:11003.

| **B48** | 素数にわたる積 |

 デイヴィッド・シルヴァーマンは，$p_n$ を $n$ 番目の素数とするとき，積

$$\prod_{n=1}^{m} \frac{p_n + 1}{p_n - 1}$$

は，$m = 1, 2, 3, 4, 8$ のとき整数になることに注意し，他に整数になる場合があるかどうかを問うている．換言すれば，モンコフスキ (**B16** の参考文献) が注意しているように，どのような $n = \prod_{r=1}^{m} p_r$ に対して，$\phi(n)$ は $\sigma(n)$ を割るか？ という問題になる．たとえば，$\sigma(n) = 4\phi(n)$ のとき，$2n$ は完全数か過剰数かである：$\sigma(2n) \geq 4n$．ジャド・マクラニーは，$8 < m \leq 98222287$ の範囲，すなわち $23 \leq p < 2 \cdot 10^9$ の範囲の素数 $p$ に対して，この積が整数でないことをチェックするとともに，ソフィー・ジェルマン素数 ($2p + 1$ がまた素数であるような素数 $p$)，カニンガムチェインとの関連にも注意している (**A7**)．

 ワーグスタッフは，素数 $p$ にわたる積の値

$$\prod \frac{p^2 + 1}{p^2 - 1} = \frac{5}{2}$$

を初等的に (すなわち，リーマン $\zeta$-関数の性質を使わないで) 求めよという問題を提出した．解析的方法を用いない証明はありそうにない．実際，一見したところ，分数がキャ

ンセルすることがありそうに思えるが，分子はどれも 3 で割れないから，それはありえない．オイラーの証明は次の通り：

$$\prod \frac{p^2+1}{p^2-1} = \prod \frac{p^4-1}{(p^2-1)^2} = \prod \frac{1-p^{-4}}{(1-p^{-2})^2} = \frac{\zeta^2(2)}{\zeta(4)} = \frac{(\pi^2/6)^2}{\pi^4/90} = \frac{5}{2}.$$

証明中，$\sum n^{-k} = \prod (1-p^{-k})^{-1}$，$\sum n^{-2} = \pi^2/6$，$\sum n^{-4} = \pi^4/90$ の 3 等式を用いている．ワーグスタッフによれば，1 番目は初等的であるが，残り 2 つはそうでないことになり，$2(\sum n^{-2})^2 = 5\sum n^{-4}$ または

$$4\sum_{n=1}^{\infty} \frac{1}{n^2} \sum_{m=n+1}^{\infty} \frac{1}{m^2} = 3\sum \frac{1}{n^4}$$

の直接証明を求む，となる．

David Borwein & Jonathan M. Borwein, On an intriguing integral and some series related to $\zeta(4)$, *Proc. Amer. Math. Soc.*, **123**(1995) 1191–1198; MR **95e**:11137.

## B49 スミス数

アルバート・ウィランスキーは，義理の兄弟の電話番号

$$4937775 = 3 \cdot 5 \cdot 5 \cdot 65837$$

から思いついて，ディジットの和が，その素因数のディジットの和に等しい数をスミス数とよんだところ，ほどなく一般の興味をひくことになった．素数は，自明的にスミス数であり，4, 22, 27, 58, 85, 94, 121, ... もスミス数である．オルティカー-ウェイランドは，$3304(10^{317}-1)/9$，$2 \cdot 10^{45}(10^{317}-1)/9$ の 2 例を与え，より大きいスミス数を発見するレースがスタートした．イェーツは 10694985 桁の

$$10^{3913210}(10^{1031}-1)(10^{4594}+3 \cdot 10^{2297}+1)^{1476}$$

のスミス数を報じたが，その後，13614513-桁のものに凌駕された．

Patrick Costello, A new largest Smith number, *Fibonacci Quart.*, **40**(2002) 369–371.
Patrick Costello & Kathy Lewis, Lots of Smiths, *Math. Mag.*, **75**(2002) 223–226.
Stephen K. Doig, Math Whiz makes digital discovery, *The Miami Herald*, 1986-08-22; *Coll. Math. J.*, **18**(1987) 80.
Editorial, Smith numbers ring a bell? *Fort Lauderdale Sun Sentinel*, 86-09-16, p. 8A.
Editorial, Start with 4,937,775, *New York Times*, 86-09-02.
Kathy Lewis, Smith numbers: an infinite subset of **N**, M.S. thesis, Eastern Kentucky Univ., 1994.
Wayne L. McDaniel, The existence of infinitely many $k$-Smith numbers, *Fibonacci Quart.*, **25**(1987) 76–80.
Wayne L. McDaniel, Powerful $k$-Smith numbers, *Fibonacci Quart.*, **25**(1987) 225–228.
Wayne L. McDaniel, Palindromic Smith numbers, *J. Recreational Math.*, **19**(1987) 34–37.

Wayne L. McDaniel, Difference of the digital sums of an integer base $b$ and its prime factors, *J. Number Theory*, **31**(1989) 91–98; *MR* **90e**:11021.

Wayne L. McDaniel & Samuel Yates, The sum of digits function and its application to a generalization of the Smith number problem, *Nieuw Arch. Wisk.*(4), **7**(1989) 39–51.

Sham Oltikar & Keith Wayland, Construction of Smith numbers, *Math. Mag.*, **56**(1983) 36–37.

Ivars Peterson, In search of special Smiths, *Science News*, 86-08-16, p. 105.

Michael Smith, Cousins of Smith numbers: Monica and Suzanne sets, *Fibonacci Quart.*, **34**(1996) 102–104; *MR* **97a**:11020.

A. Wilansky, Smith numbers, *Two-Year Coll. Math. J.*, **13**(1982) 21.

Brad Wilson, For $b \geq 3$ there exist infinitely many base $b$ $k$-Smith numbers, *Rocky Mountain J. Math.*, **29**(1999) 1531–1535; *MR* **2000k**:11014.

Samuel Yates, Special sets of Smith numbers, *Math. Mag.*, **59**(1986) 293–296.

Samuel Yates, Smith numbers congruent to 4 (mod 9), *J. Recreational Math.*, **19**(1987) 139–141.

Samuel Yates, How odd the Smiths are, *J. Recreational Math.*, **19**(1987) 168–174.

Samuel Yates, Digital sum sets, in R. A. Mollin (ed.), Number Theory, *Proc. 1st Canad. Number Theory Assoc. Conf., Banff, 1988*, de Gruyter, New York, 1990, pp. 627–634; *MR* **92c**:11008.

Samuel Yates, Tracking titanics, in R. K. Guy & R. E. Woodrow (eds.), The Lighter Side of Mathematics, *Proc. Strens Mem. Conf., Calgary*, 1986, Spectrum Series, Math. Assoc. of America, Washington DC, 1994.

**OEIS:** A006753, A019506, A059754.

## B50 ルース-アーロン数

ハンク・アーロンが715号目のホームランを打って，ベーブ・ルースの記録714号を抜いたとき，カール・ポメランスが，$714 = 2 \cdot 3 \cdot 7 \cdot 17$ と $715 = 5 \cdot 11 \cdot 13$ が最初の7個の素数を含み，どちらも素因数の和が29になることに気づいた．そこで，重複も込めて加えた $n$ の素因数の和が $n+1$ のそれに等しい数をルース-アーロン数とよんだ．最初の2ダースは，5, 8, 15, 77, 125, 714, 948, 1330, 1520, 1862, 2491, 3248, 4185, 4191, 5405, 5560, 5959, 6867, 8280, 8463, 10647, 12351, 14587, 16932 である．

$x$ より小のルース-アーロン数の個数が

$$O\left(x(\ln \ln x)^4/(\ln x)^2\right)$$

であることもポメランス自身が証明している．

John L. Drost, Ruth/Aaron Pairs, *J. Recreational Math.*, **28** 120–122.

P. Erdős & C. Pomerance, On the largest prime factors of $n$ and $n+1$, *Aequationes Math.*, **17**(1978) 311–321; *MR* **58** #476.

C. Nelson, D. E. Penney & C. Pomerance, "714 and 715", *J. Recreational Math.*, **7**(1994) 87–89. C. Pomerance, Ruth-Aaron numbers revisited, *Paul Erdős and his mathematics, I (Budapest)* (1999) 567–579, *Bolyai Soc. Math. Stud.*, **11**, János Bolyai Math. Soc., Budapest, 2002.

David Wells, *The Penguin Dictionary of Curious and Interesting Numbers*, Penguin 1986, pp. 159–160.

**OEIS:** A006145, A006146, A039752, A039753, A054378.

# C 加法的数論

## C1 ゴールドバッハ予想

　数論における難問中の難問の1つにゴールドバッハ予想があげられる．これは，4より大のすべての偶数は2個の奇素数の和で表されることを主張するものである．リヒステインが，予想を $4 \cdot 10^{14}$ まで検証していたが，2003年10月3日にオリヴィエラ・エ・シルヴァが $6 \cdot 10^{16}$ まで検証したことを知った．ヴィノグラードフは，$3^{3^{15}}$ より大のすべての「奇」数は「3」個の奇素数の和で表されることを，チェン・ジン・ルンは，すべての十分大の偶数は，素数と素因数の個数がたかだか2であるような数(概素数)の和で表されることを証明した．ワン-チェンは，一般リーマン予想(GRH)の下でヴィノグラードフの $3^{3^{15}}$ を $e^{114} \approx 3.23274 \times 10^{49}$ まで縮小した．[訳注：リーマン予想については，たとえば鹿野健編著『リーマン予想』，日本評論社，2009参照．**C3** にも言及あり．]

　また，5より大のすべての奇数は素数 $p, q$ により，$p+2q$ の形に表されるであろうという予想があり，レヴィの予想とよばれている．このような表示の数は，ハーディ-リトルウッドの「予想A」(**A1**, **A8** 参照) に類似であろうと予想される．ゴールドバッハ予想の場合，偶数 $n$ を2個の奇素数の和で表す表し方の数を $N_2(n)$ とするとき，

$$N_2(n) \sim \frac{2cn}{(\ln n)^2} \prod \left( \frac{p-1}{p-2} \right)$$

で与えられるであろうと予想される．ここで，**A8** におけるように $2c \approx 1.3203$ であり，積は $n$ のすべての奇素数因子をわたる．

　スタイン-スタインは $N_2(n)$ を $n < 10^5$ まで計算し，$k < 1911$ のすべての $k$ に対し，$N_2(n) = k$ となる $n$ の値を求めた．$N_2(n)$ はすべての正整数値をとると予想されており，同著者らは $n < 10^8$ までこの予想を検証した．グランヴィル-ヴァン・デ・リューン-テ・リーレは $2 \cdot 10^{10}$ まで広げた．

　デズイエ-エフィンガー-テ・リーレ-ジノーヴィエフは，その論文を次のような問答形式で締めくくっている．

1. (ジノーヴィエフ) GRH の下で，$10^{20}$ より大のすべての奇数は3個の素数の和である．

2. (エフィンガー) GRH の下で，$n$ が 6 から $10^{20}$ の間にあれば，$n-p$ が 4 から

$1.615 \times 10^{12}$ の間にあるような素数 $p$ が存在する.

3. (デズイエ-テ・リーレ) 4 から $10^{13}$ までのすべての偶数は 2 個の素数の和である.

カニェーツキは RH の仮定の下で, すべての奇数はたかだか 5 個の素数の和であることを示し, さらに相当量の計算を行えば, 5 個のところを 4 個にできるであろうと述べている. ラマレは仮定なしで, すべての十分大きい偶数はたかだか 6 個の素数の和であることを証明している.

ヒース・ブラウン-J.-C. プフタは, すべての十分大きい偶数は, 2 個の素数ときっかり 13 個の 2 ベキの和であることを示し, GRH の下では, 13 を 7 でおきかえることができることを示している. この 13 と 7 は, それぞれ, それ以前のリーによる 1906, リュー-ワンによる 200 を改良したものである. [訳注:ピンツが条件なしで 13 を 8 でおきかえることができると報じているようである (論文は未発表).]

$x$ を超えない偶数で, 2 つの素数の和として表せない数を $E(x)$ で表すとき, 三河は, $\theta > \frac{7}{48}$ と $c > 0$ に対し,

$$E(x + x^\theta) - E(x) \ll x^\theta (lnx)^{-c}$$

を示した. [訳注:その後多くの改良の後, 現在最良の結果は, C.-H. Jia, On the exceptional set of Goldbach numbers in a short interval, Acta Arith. **77**(1996), 207-287 によるもので, $\theta > \frac{7}{108}$ を主張する.]

$\phi(n)$ でオイラーの関数 (**B36**) を表すとき, 素数 $p$ に対し, $\phi(p) = p - 1$ である. ゴールドバッハ予想がなりたてば, 各自然数 $m$ に対し,

$$\phi(p) + \phi(q) = 2m$$

となる素数 $p, q$ が存在する. ここで $p, q$ が素数という条件を緩めて, ある整数ということにすれば, 上記の方程式をみたす整数 $p, q$ が存在することを示すのはより容易なはずである. エルデーシュ-レオ-モーザーは, これが可能かどうかを問うた.

アントニオ・フィルズは, 1 から $2m$ までの円順列で, 隣接する 2 項の和が素数になるようなものを**素円列**とよんだ. $m = 1, 2, 3$ に対し, 本質的にただ 1 個, $m = 4$ に対し 2 個, $m = 5$ に対し 48 個の素円列がある. すべての $m$ に対し, 素円列が存在するか? 存在する場合, その個数の漸近式を求めよという問題が考えられる.

類似の発想で, マーガレット・ケニイは**素数ピラミッド**の問題を提出した. これは第 $n$ 行が 1 で始まり $n$ で終わる $1, 2, \ldots, n$ の順列からなり, 隣接 2 項の和が素数であるようなピラミッド型の数列である: $n$ 行目に $n$ 個の数を並べる並べ方は何通りあるか? モリス・ウォルトもこの問題を提出した. 具体的な解は, 見つかりさえすれば, ほとんどの場合は正解であるが, その証明となると, ゴールドバッハ予想とほとんど同程度の難しさであろう. 末尾の数を決めないタイプの問題は E. T. H. ワンによって以前に提出されていた.

C1. ゴールドバッハ予想

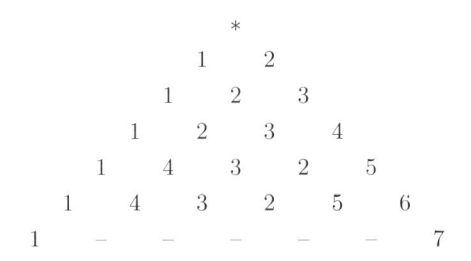

```
            *
         1     2
      1     2     3
   1     2     3     4
1     4     3     2     5
1     4     3     2     5     6
1     -     -     -     -     -     7
```

エルデーシュは，すべての偶数 $\leq p-3$ が $p$ 以下の 2 個の素数の差で表せるような素数が無限に多く存在するかどうかという問題を提出した．たとえば $p = 13$ のとき $10 = 13 - 3$, $8 = 11 - 3$, $6 = 11 - 5$, $4 = 7 - 3$, $2 = 5 - 3$ である．

ジャン・ミン・ジーは 15 年前に各素数 $n > 1$ に対し，$a + b = n$ で $a^2 + b^2$ が素数であるような $a, b$ が存在するかどうかを問うた．

R. C. Baker & Glyn Harman, The three primes theorem with almost equal summands, *R. Soc. Lond. Philos. Trans. Ser. A Math. Phys. Eng. Sci.*, **356**(1998) 763–780; *MR* **99c**:11124.

R. C. Baker, Glyn Harman & J. Pintz, The exceptional set for Goldbach's problem in short intervals, *Sieve methods, exponential sums and their applications in number theory (Cardiff, 1995)* 87–100, London Math. Soc. Lecture Note Ser., **237**, Cambridge Univ. Press, 1997; *MR* **99g**:11121.

Claus Bauer, On Goldbach's conjecture in arithmetic progressions, *Studia Math. Sci. Hungar.*, **37**(2001) 1–20; *MR* **2002c**:11124.

J. Bohman & C.-E. Froberg, Numerical results on the Goldbach conjecture, *BIT*, **15**(1975) 239–243.

Cai Ying-Chun & Lu Ming-Gao, On Chen's theorem, *Analytic number theory (Beijing/Kyoto, 1999)*, 99–119, Dev. Math., **6**(2002), Kluwer, Dordrecht; *MR* **2003a**:11130.

Chen Jing-Run, On the representation of a large even number as the sum of a prime and the product of at most two primes, *Sci. Sinica*, **16**(1973) 157–176; *MR* **55** #7959; II, **21**(1978) 421–430; *MR* **80e**:10037.

Chen Jing-Run & Wang Tian-Ze, On the Goldbach problem (Chinese), *Acta Math. Sinica*, **32**(1989) 702–718; *MR* **91e**:11108.

Chen Jing-Run & Wang Tian-Ze, The Goldbach problem for odd numbers (Chinese), *Acta Math. Sinica*, **39**(1996) 169–174; *MR* **97k**:11138.

J. G. van der Corput, Sur l'hypothèse de Goldbach pour presque tous les nombres pairs, *Acta Arith.*, **2**(1937) 266–290.

N. G. Čudakov, On the density of the set of even numbers which are not representable as the sum of two odd primes, *Izv. Akad. Nauk SSSR Ser. Mat.*, **2**(1938) 25–40.

N. G. Čudakov, On Goldbach-Vinogradov's theorem, *Ann. Math.*(2), **48** (1947) 515–545; *MR* **9**, 11.

Jean-Marc Deshouillers, G. Effinger, H. T. T. te Riele & D. Zinoviev, A complete Vinogradov 3-primes theorem under the Riemann hypothesis, Electronic Research Announcements of the AMS (www.ams.org/era), page 99

Jean-Marc Deshouillers, Andrew Granville, Władysław Narkiewicz & Carl Pomerance, An upper bound in Goldbach's problem, *Math. Comput.*, **61**(1993) 209–213; *MR* **94b**:11101.

Gunter Dufner & Dieter Wolke, Einige Bemerkungen zum Goldbachschen Problem, *Monatsh. Math.*, **118**(1994) 75–82; *MR* **95h**:11106.

T. Estermann, On Goldbach's problem: proof that almost all even positive integers are sums of two primes, *Proc. London Math. Soc.*(2), **44**(1938) 307–314.

S. Yu. Fatkina, On a generalization of Goldbach's ternary problem for almost equal summands, *Vestnik Moskov. Univ. Ser. I Mat. Mekh.*, **2001** no.2, 22–28, 70; transl. *Moscow Univ. Math. Bull.*, **56**(2001) 22–29; *MR* **2002c**:11127.

Antonio Filz, Problem 1046, *J. Recreational Math.*, **14**(1982) 64; **15**(1983) 71.

D. A. Goldston, Linnik's theorem on Goldbach numbers in short intervals, *Glasgow Math. J.*, **32**(1990) 285–297; *MR* **91i**:11134.

Dan A. Goldston, On Hardy and Littlewood's contribution to the Goldbach conjecture, *Proc. Amalfi Conf. Anal. Number Theory (Maiori* 1989), 115–155, Univ. Salerno, 1992; *MR* **94m**:11122.

A. Granville, J. van de Lune & H. J. J. te Riele, Checking the Goldbach conjecture on a vector computer, in R. A. Mollin (ed.), Number Theory and Applications, NATO ASI Series, Kluwer, Boston, 1989, pp. 423–433; *MR* **93c**:11085.

Richard K. Guy, Prime Pyramids, *Crux Mathematicorum*, **19**(1993) 97–99.

D. R. Heath-Brown & J.-C. Puchta, Integers represented as a sum of primes and powers of two, *Asian J. Math.*, **6**(2002) 535–565; *MR* **2003i**:11146.

Christopher Hooley, On an almost pure sieve, *Acta Arith.*, **66**(1994) 359–368; *MR* **95g**:11092.

Jia Chao-Hua, Goldbach numbers in short interval, I, *Sci. China Ser. A*, **38**(1995) 385–406; II, 513–523; *MR* **96f**:11130, 11131.

Jia Chao-Hua, On the exceptional set of Goldbach numbers in a short interval, *Acta Arith.*, **77**(1996) 207–287; *MR* **97e**:11126.

J. Kaczorowski, A. Perelli & J. Pintz, A note on the exceptional set for Goldbach's problem in short intervals, *Monatsh. Math.*, **116**(1993) 275–282; *MR* **95c**:11136; corrigendum, **119**(1995) 215–216.

Leszek Kaniecki, On Šnirelman's constant under the Riemann hypothesis, *Acta Arith.*, **72**(1995) 361–374; *MR* **96i**:11112.

Margaret J. Kenney, Student Math Notes, *NCTM News Bulletin*, Nov. 1986.

Li Hong-Ze, Goldbach numbers in short intervals, *Sci. China Ser. A*, **38**(1995) 641–652; *MR* **96h**:11100.

Liu Jian-Ya & Liu Ming-Chit, Representation of even integers as sums of squares of primes and powers of 2, *J. Number Theory*, **83**(2000) 202–225; *MR* **2001g**:11156.

Liu Jian-Ya & Liu Ming-Chit, Representation of even integers by cubes of primes and powers of 2, *Acta Math. Hungar.*, **91**(2001) 217–243; *MR* **2003c**:11131.

Liu Ming-Chit & Wang Tian-Ze, On the Vinogradov bound in the three primes Goldbach conjecture, *Acta Arith.*, **105**(2002) 133–175; *MR* **2003i**:11147.

Hiroshi Mikawa, On the exceptional set in Goldbach's problem, *Tsukuba J. Math.*, **16**(1992) 513–543; *MR* **94c**:11098.

Hiroshi Mikawa, Sums of two primes (Japanese), *Sūrikaisekikenkyūsho Kōkyūroku No.* **886** (1994) 149–169; *MR* **96g**:11123.

H. L. Montgomery & R. C. Vaughan, The exceptional set in Goldbach's problem, *Acta Arith.*, **27**(1975) 353–370.

Pan Cheng-Dong, Ding Xia-Xi & Wang Yuan, On the representation of every large even integer as the sum of a prime and an almost prime, *Sci. Sinica*, **18**(1975) 599–610; *MR* **57** #5897.

A. Perelli & J. Pintz, On the exceptional set for Goldbach's problem in short intervals, *J. London Math. Soc.*, **47**(1993) 41–49; *MR* **93m**:11104.

J. Pintz, & I. Z. Ruzsa, On Linnik's approximation to Goldbach's problem, I, *Acta Arith.*, **109**(2003) 169–194; *MR* **2004c**:11185.

Olivier Ramaré, On Šnirel'man's constant *Ann. Scuola Norm. Sup. Pisa Cl. Sci.*(2), **22**(1995) 645–706; *MR* **97a**:11167.

Jörg Richstein, Verifying the Goldbach conjecture up to $4 \cdot 10^{14}$, *Math. Comput.*, **70**(2001) 1745–1749 (electronic); *MR* **2002c**:11131.

Jörg Richstein, Computing the number of Goldbach partitions up to $5 \cdot 10^8$, *Algorithmic Number Theory* (*Leiden*, 2000), Springer Lecture Notes in Comput. Sci., **1838**(2000) 475–490; *MR* **2002g**:11142.

P. M. Ross, On Chen's theorem that every large even number has the form $p_1 + p_2$ or $p_1 + p_2 p_3$, *J. London Math. Soc.*(2), **10**(1975) 500–506.

Yannick Saouter, Checking the odd Goldbach conjecture up to $10^{20}$, *Math. Comput.*, **67**(1998) 863–866; *MR* **98g**:11115.

Shan Zun & Kan Jia-Hai, On the representation of a large even number as the sum of a prime and an almost prime: the prime belongs to a fixed arithmetic progression, *Acta Math. Sinica*, **40**(1997) 625–638.

Matti K. Sinisalo, Checking the Goldbach conjecture up to $4 \cdot 10^{11}$, *Math. Comput.*, **61**(1993) 931–934.

Mels Sluyser, Parity of prime numbers and Goldbach's conjecture, *Math. Sci.*, **19**(1994) 64–65; *MR* **95f**:11004.

M. L. Stein & P. R. Stein, New experimental results on the Goldbach conjecture, *Math. Mag.*, **38**(1965) 72–80; *MR* **32** #4109.

M. L. Stein & P. R. Stein, Experimental results on additive 2-bases, *Math. Comput.*, **19**(1965) 427–434.

D. I. Tolev, On the number of representations of an odd integer as the sum of three primes, one of which belongs to an arithmetic progression, *Tr. Mat. Inst. Steklova* **218**(1997) *Anal. Teor. Chisel i Prilozh.*, 415–432.

Robert C. Vaughan, On Goldbach's problem, *Acta Arith.*, **22**(1972) 21–48.

Robert C. Vaughan, A new estimate for the exceptional set in Goldbach's problem, *Proc. Symp. Pure Math.*, (Analytic Number Theory, St. Louis), Amer. Math. Soc., **24**(1972) 315–319.

I. M. Vinogradov, Representation of an odd number as the sum of three primes, *Dokl. Akad. Nauk SSSR*, **15**(1937) 169–172.

I. M. Vinogradov, Some theorems concerning the theory of primes, *Mat. Sb. N.S.*, **2(44)** (1937) 179–195.

Morris Wald, Problem 1664, *J. Recreational Math.*, **20**(1987–88) 227–228; Solution **21**(1988–89) 236–237.

Edward T. H. Wang, Advanced Problem 6189, *Amer. Math. Monthly* **85** (1978) 54 [no solution has appeared].

Wang Tian-Ze, The odd Goldbach problem for odd numbers under the generalized Riemann hypothesis, II, *Adv. in Math.*, **25**(1996) 339–346; *MR* **98h**:11125.

Wang Tian-Ze & Chen Jing-Run, An odd Goldbach problem under the general Riemann hypothesis, *Sci. China Ser. A*, **36**(1993) 682–691; *MR* **95a**:11090.

Yan Song-Y., A simple verification method for the Goldbach conjecture, *Internat. J. Math. Ed. Sci.*, **25**(1994) 681-688; *MR* **95e**:11109.

Yu Xin-He, A new approach to Goldbach's conjecture, *Fujian Shifan Daxue Xuebao Ziran Kexue Ban*, **9**(1993) 1–8; *MR* **95e**:11110.

Zhang Zhen-Feng & Wang Tian-Ze, The ternary Goldbach problem with primes in arithmetic progressions, *Acta Math. Sin.* (*Engl. Ser.*), **17**(2001) 679–696.

Dan Zwillinger, A Goldbach conjecture using twin primes, *Math. Comput.*, **33**(1979) 1071; *MR* **80b**:10071.

**OEIS:** A000341, A036440, A038133-038135, A039506-039507, A051237, A051239, A051252, A070897, A072184, A072325, A072616-072618, A072676.

## C2 隣接素数の和

$n$ を (1 個以上の) 隣接する素数の和で表す表し方の数を $f(n)$ とする．たとえば

$$5 = 2+3, \quad 41 = 11+13+17 = 2+3+5+7+11+13$$

で $f(5) = 2, f(41) = 3$ である．レオ・モーザーは，

$$\lim_{x \to \infty} \frac{1}{x} \sum_{n=1}^{x} f(n) = \ln 2$$

を示し，次のような問題を提出した: $f(n) = 1$ が無限回起こるか？ 各 $k$ に対し，$f(n) = k$ に解があるか？ 各 $k$ に対し，$f(n) = k$ となる $n$ は正の密度をもつか？ $\limsup f(n) = \infty$ か？

$1 < a_1 < a_2 < \cdots$ が整数のとき，$f(n)$ で $a_i + a_{i+1} + \cdots + a_k = n$ の解の個数を表す．エルデーシュは，$n \to \infty$ のとき $f(n) \to \infty$ となるような無限列 $1 < a_1 < a_2 < \cdots$ が存在するかどうかを問うた．エルデーシュはまた，$k > i$ という条件を課せば，有限個の $n$ を除いて $f(n) > 0$ となるかどうかすら未知であると述べている．$a_i = i$ のとき，$f(n)$ は $n$ の奇数の約数の個数であることに注意する．

ロバート・シルヴァーマン (西海岸数論会議，問題 97:10) は最初の問題で素数のベキまで許すとき，$n = 33$ が $n = \sum_{j=1}^{L} p_j^{\alpha_j}$ と表せないような最大の $n$ かどうかという問題を出した．それに関連して，$n$ が増大するとき，$n$ の表示の数を求めること，$L$ と $\alpha_j$ の挙動なども問うている．

L. Moser, Notes on number theory III. On the sum of consecutive primes, *Canad. Math. Bull.*, **6**(1963) 159–161; *MR* **28** #75.

**OEIS:** A054845, A054859, A054996-055001.

## C3 ラッキー数

ガードナーらは，エラトステネスのふるい法をモディファイして，ラッキー数を次のように定義している．自然数から偶数を除く．残りは奇数であり，1 を除くと最初の項は 3 である．その次の数 5 から初めて，3 番目ごとに出てくる数 ($6k-1$ の形のもの) を除くと

$$1, 3, 7, 9, 13, 15, 19, 21, 25, 27, 31, 33, \ldots$$

となる．3 の次の 7 に注目して，この数列から 7 番ごとに出てくる数 ($42k-23, 42k-3$ の形のもの) を除く．次に 9 番目ごとに除き，以下，このプロセスを続けるとラッキー数の列が得られる:

1, 3, 7, 9, 13, 15, 21, 25, 31, 33, 37, 43, 49, 51, 63, 67, 69, 73, 75, 79, 87, 93, 99, 105, 111, 115, 127, 129, 133, 135, 141, 151, 159, 163, 169, 171, 189, 193, 195, 201, 205, 211, 219, 223, 231, ...

素数に関する問題と類似な問題がラッキー数に対しても考えられる．たとえば，偶数 $n$ に対し，$l + m = n$ となるラッキー数 $l, m$ の個数を $L_2(n)$ で表すとき，スタイン-スタインは，$k \leq 1769$ のすべての $k$ に対し，$L_2(n) = k$ となる $n$ の値を求めている．**C1** で述べた素数に関する予想の類似が $L_2(n)$ に対しても述べられている．

ホーキンスは，ラッキー数の一般化として「ランダム素数」を議論している．ヘイドは，ランダム素数はほとんど常に素数定理およびリーマン予想をみたすことを示した．

W. E. Briggs, Prime-like sequences generated by a sieve process, *Duke Math. J.*, **30**(1963) 297–312; MR **26** #6145.

R. G. Buschman & M. C. Wunderlich, Sieve-generated sequences with translated intervals, *Canad. J. Math.*, **19**(1967) 559–570; MR **35** #2855.

R. G. Buschman & M. C. Wunderlich, Sieves with generalized intervals, *Boll. Un. Mat. Ital.*(3), **21**(1966) 362–367.

Paul Erdős & Eri Jabotinsky, On sequences of integers generated by a sieving process, I, II, *Nederl. Akad. Wetensch. Proc. Ser. A*, **61** = *Indag. Math.*, **20**(1958) 115–128; MR **21** #2628.

Verna Gardiner, R. Lazarus, N. Metropolis & S. Ulam, On certain sequences of integers generated by sieves, *Math. Mag.*, **31**(1956) 117–122; **17**, 711.

David Hawkins & W. E. Briggs, The lucky number theorem, *Math. Mag.*, **31**(1957–58) 81–84, 277–280; MR **21** #2629, 2630.

D. Hawkins, The random sieve, *Math. Mag.*, **31**(1958) 1–3.

C. C. Heyde, *Ann. Probability*, **6**(1978) 850–875.

M. C. Wunderlich, Sieve generated sequences, *Canad. J. Math.*, **18**(1966) 291–299; MR **32** #5625.

M. C. Wunderlich, A general class of sieve-generated sequences, *Acta Arith.*, **16**(1969–70) 41–56; MR **39** #6852.

M. C. Wunderlich & W. E. Briggs, Second and third term approximations of sieve-generated sequences, *Illinois J. Math.*, **10**(1966) 694–700; MR **34** #153.

**OEIS:** A000959, A049781.

## C4　ウーラム数

ウーラムは，任意の自然数 $u_1, u_2$ から始めて，それまでに出てきた異なる 2 項のただ 1 通りの和になるような数を選んで自然数の増加列を構成した．$u_1 = 1, u_2 = 2$ のときを，**U-数** (ウーラム数) とよび，以下の通りである：

1, 2, 3, 4, 6, 8, 11, 13, 16, 18, 26, 28, 36, 38, 47, 48, 53, 57, 62, 69, 72, 77, 82, 87, 97, 99, 102, 106, 114, 126, 131, 138, 145, 148, 155, 175, 177, 180, 182, 189, 197, 206, 209, 219, ...

ラカマンは，ウーラム数に関連して次の問題を提起した．

(1) 1+2=3 以外に，隣接するウーラム数 2 個の和がウーラム数になりうるか？

(2) 2 個のウーラム数の和で「表されない」ような数

$$23,\ 25,\ 33,\ 35,\ 43,\ 45,\ 67,\ 92,\ 94,\ 96,\ \ldots$$

は無限個あるか？

(3) (ウーラム) ウーラム数は正の密度をもつか？

(4) 隣接するウーラム数のペア

$$(1,2),\quad (2,3),\quad (3,4),\quad (47,48),\quad \ldots$$

は無限個あるか？

(5) ウーラム数の間に任意に大きい間隙があるか？

問 (1) に対し，フランク・オーウェンスは $u_{19} + u_{20} = 62 + 69 = 131 = u_{31}$ を注意し，問 (4) に対し，ミュラーは 2 万項まで計算し，他の例は見つからなかった．これらの項の 60% 以上は，きっかり 2 だけ異なるものであった．

デイヴィッド・ゼイトリン-ステファン・バーは，すべての自然数がウーラム数の和で表されるという意味でウーラム数は完全であることを示した．

「U-数」という用語は，アラン・ベイカーの「S-数」，「T-数」に関連して，マーラーが代数的数論で用いていることに注意．[訳注：区別のため本書ではウーラム数とよんでいる．]

ウーラム数はまた初期値 (1,2) を変更しても定義できる．キュノーは，初期値 (2,5), (2,7), (2,9) のウーラム数列は，その差からなる数列が最終的に周期的になるという意味で，正則であることを示した．フィンチは，ウーラム数列が偶数を有限個のみ含むならば，正則になることを示した．シュメレル-シュピーゲルは，$k > 1$ に対し，$(2, 2k+1)$ から始まるウーラム数列は，偶数をただ 2 項のみ含むことを示した．

ウーラム数の概念を一般化して，次のように $s$-加法数列を定義することができる．構成法はウーラム数の場合と類似であるが，ただ 1 通りのところを，各項がそれ以前の異なる 2 項のちょうど $s$ 通りの和であるとする．ウーラム数は $s = 1$ の場合である．$s = 0$ のとき，数列のどの項もそれ以前の異なる 2 項の和になることが「ない」．この数列をサムフリー (非和数列) という．**C9, C14, E12, E28, E32** 参照．$s$-加法数列をさらに一般化した $(s, t)$-加法数列も考察されている．これは，各項が，それ以前の $t$ 個の異なる項の和としてちょうど $s$ 通りに表されるものである．ウーラム数は (1,2)-加法数列で初期値が $u_1 = 1, u_2 = 2$ のものである．スティーヴン・フィンチは，これらの数列について実験を行い，いくつかの予想を立てた．たとえば，$u_1 < u_2, u_1 \perp u_2$ で $(u_1, u_2)$ から始まるウーラム数列は，(a) $(u_1, u_2) = (2, u_2), u_2 \geq 5$，(b) $(4, u_2)$，(c) $(5,6)$，(d) $u_1 \geq 6$ 偶数，(e) $u_1 \geq 7$ 奇数，$u_2$ 偶数の場合に有限個の偶数の項を含み，その他の場合は無限個含むであろうというのがその 1 つである．

Julien Cassaigne & Steven R. Finch, A class of 1-additive sequences and quadratic recurrences, *Experiment. Math.*, **4**(1995) 49–60; MR **96g**:11007.

Steven R. Finch, Conjectures about $s$-additive sequences, *Fibonacci Quart.*, **29**(1991) 209–214; *MR* **92j**:11009.

Steven R. Finch, Are 0-additive sequences always regular? *Amer. Math. Monthly*, **99** (1992) 671–673.

Steven R. Finch, On the regularity of certain 1-additive sequences, *J. Combin. Theory Ser. A*, **60**(1992) 123–130; *MR* **93c**:11009.

Steven R. Finch, Patterns in 1-additive sequences, *Experiment. Math.*, **1** (1992) 57–63; *MR* **93h**11014.

P. N. Muller, On properties of unique summation sequences, M.Sc. thesis, University of Buffalo, 1966.

Frank W. Owens, Sums of consecutive $U$-numbers, Abstract 74T-A74, *Notices Amer. Math. Soc.*, **21**(1974) A-298.

Raymond Queneau, Sur les suites $s$-additives, *J. Combin. Theory*, **12**(1972) 31–71; *MR* **46** #1741.

Bernardo Recamán, Questions on a sequence of Ulam, *Amer. Math. Monthly*, **80**(1973) 919–920.

James Schmerl & Eugene Spiegel, The regularity of some 1-additive sequences, *J. Combin. Theory Ser. A*, **66**(1994) 172–175; *MR* **95h**:11010.

S. M. Ulam, *Problems in Modern Mathematics*, Interscience, New York, 1964, p. ix.

Marvin C. Wunderlich, The improbable behaviour of Ulam's summation sequence, in *Computers and Number Theory*, Academic Press, 1971, 249–257.

David Zeitlin, Ulam's sequence $\{U_n\}$, $U_1 = 1$, $U_2 = 2$, is a complete sequence, Abstract 75T-A267, *Notices, Amer. Math. Soc.*, **22**(1975) A-707.

**OEIS:** A001857, A002858-002859, A003044-003045, A006844, A007300, A033627-033629, A054540, A072832.

## C5  項の和はどの程度数列を決定するか？

整数の (ある) 集合のすべての元対の和の集合がどの程度もとの集合を決定するかというレオ・モーザーの問題は，セルフリッジ，ストラウスらによってかなり解決された．その結果は元数が 2 のベキでないとき，和の集合によってもとの集合が定まるというものである．また $y_1, y_2, \ldots, y_s$ が $x_1, x_2, \ldots, x_{2^k}$ の和 $x_i + x_j$ $(i \neq j)$ のとき，$s = 2^{k-1}(2^k - 1)$ であるが，同じ $\{y_j\}$ を与えるような数の集合 $\{x_i\}$ が 2 個以上あるか？ $k = 3$ のとき，3 個存在することがある．たとえば

$$\{\pm 1, \pm 9, \pm 15, \pm 19\}, \quad \{\pm 2, \pm 6, \pm 12, \pm 22\}, \quad \{\pm 3, \pm 7, \pm 13, \pm 21\}$$

である．しかし 4 個以上ということはありえない．$k > 3$ に対しては，問題は未解決である．

モーザーの問題で 2 個の元の和を「3」個の元の和に替えたものは，ボーマン-リナソンによって解決され，3, 6, 27, 486 のみが例外であることが示された．$n = 27$ に対し，5 個の例をあげているが，そのうち最も簡単なものは，$\{-4, -1^{10}, 2^{16}\}$ とそのマイナスをつけたものである．ここで指数は反復して現れる回数を示す．$n = 486$ に対しては，$\{-7, -4^{56}, -1^{231}, 2^{176}, 5^{22}\}$ とそのマイナスを与えている．

「4」個の異なる元の和の問題はイーウェルによって解決された.

I. N. Baker, Solutions of the functional equation $(f(x))^2 - f(x^2) = h(x)$, *Canad. Math. Bull.*, **3**(1960) 113–120.

E. Bolker, The finite Radon transform, *Contemp. Math.*, **63**(1987) 27–50; *MR* **88b**:51009.

J. Boman, E. Bolker & P. O'Neil, The combinatorial Radon transform modulo the symmetric group, *Adv. Appl. Math.*, **12**(1991) 400–411; *MR* **92m**:05014.

Jan Boman & Svante Linusson, Examples of non-uniqueness for the combinatorial Radon transform modulo the symmetric group, *Math. Scand.*, **78**(1996) 207–212; *MR* **97g**:05014.

John A. Ewell, On the determination of sets by sets of sums of fixed order, *Canad. J. Math.*, **20**(1968) 596–611.

B. Gordon, A. S. Fraenkel & E. G. Straus, On the determination of sets by the sets of sums of a certain order, *Pacific J. Math.*, **12**(1962) 187–196; *MR* **27** #3576.

Ross A. Honsberger, A gem from combinatorics, *Bull. ICA*, **1**(1991) 56–58.

J. Lambek & L. Moser, On some two way classifications of the integers, *Canad. Math. Bull.*, **2**(1959) 85–89.

B. Liu & X. Zhang, On harmonious labelings of graphs, *Ars Combin.*, **36**(1993) 315–326.

L. Moser, Problem E1248, *Amer. Math. Monthly*, **64**(1957) 507.

J. Ossowski, On a problem of Galvin, *Congressus Numerantium*, **96**(1993) 65–74.

D. G. Rogers, A functional equation: solution to Problem 89-19*, *SIAM Review*, **32**(1990) 684–686.

J. L. Selfridge & E. G. Straus, On the determination of numbers by their sums of a fixed order, *Pacific J. Math.*, **8**(1958) 847–856; *MR* **22** #4657.

## C6 加法チェイン, ブラウアーチェイン, ハンセンチェイン

$n$ に対する加法チェインとは $1 = a_0 < a_1 < \ldots < a_r = n$ なる数列で, 第 0 項以降の項がそれ以前の (必ずしも異ならない) 2 項の和になっているものをいう. たとえば

1, 1+1, 2+2, 4+2, 6+2, 8+6 と 1, 1+1, 2+2, 4+2, 4+4, 8+6

は 14 に対する長さ 5 の加法チェインである. $n$ に対する加法チェインの最小の長さを $l(n)$ で表すとき, 未解決の重要な問題として,

$$\text{¿} \quad l(2^n - 1) \leq n - 1 + l(n) \quad ?$$

がなりたつというショルツ予想があげられる. この予想は, $n = 2^a, 2^a + 2^b, 2^a + 2^b + 2^c, 2^a + 2^b + 2^c + 2^d$ に対し, ウッツ, ギオイヤらおよびクヌースによって証明された. また, $1 \leq n \leq 18$ に対してクヌースとサーバーによって正しいことが検証された. ブラウアーは, 最短のチェインが存在するような $n$ に対して予想を証明した. 最短のチェインは, 各項がその 1 つ前の項を和因子とするもので, ブラウアーチェインとよばれる. 上述の 2 番目の例は, 4+4 が直前の 6 を使っていないからブラウアーチェインでない. ブラウアーチェインをもつ $n$ をブラウアー数という. ハンセンは非ブラウアー数が無限個存在することを証明し, $n$ がハンセンチェインの意味で最短のチェインをもつとき, ショルツ予想は正しいことを証明した. ここで, ハンセンチェインとは, 項の一部から

なる部分集合 $H$ が存在し，チェインの各項がその項より小の最大の $H$ の元を用いるようなものである．[訳注：ハンセンチェインが存在するような $n$ をハンセン数という．] 上述の 2 番目の例は，$H = \{1, 2, 4, 8\}$ とするハンセンチェインである．クヌースは，$n = 12509$ に対するハンセンチェインの例

$$1, 2, 4, 8, 16, 17, 32, 64, 128, 256, 512, 1024, 1041, 2082, 4164, 8328, 8345, 12509$$

を与えている ($H = \{1, 2, 4, 8, 16, 32, 64, 128, 256, 512, 1024, 1041, 2082, 4164, 8328, 8345\}$)．これは (32 が 17 を使っていないから) ブラウアーチェインでない．$n = 12509$ に対してはこの長さのブラウアーチェインは存在しない．

非ハンセン数は存在するか？

$l(2n) \leq l(n) + 1$ は明らかであるが，クヌースは，$l(382) = l(191) = 11$ により，真の不等号が起こることを示した．$l(2n) = l(n)$ となる最小の偶数 $n$ はサーバーの与えた 13818 であり，彼はまた連続する奇数のペア 22453, 22455 も例として見つけている．アンドリュー・グランヴィルは，$l(4n) = l(2n) = l(n)$ になる $n$ が存在するかどうかを問うている．

D. J. ニューマンは，加法 1 回 1 セント，乗法は 0 セントで行うコンピュータを考えた．このコンピュータでは，$n$ に対する加法チェインは $\log n$ でなく $(\log n)^{\frac{1}{2} + o(1)}$ セントかかることになる．ここで対数は底 2 とする．

加法チェイン $1 = a_0 < a_1 < \ldots < a_r = n$ で，$a_k = a_i + a_j$ における $(i, j)$ が $i = j$ であるか，$a_j - a_i = a_l$ なる $l$ が存在するかどちらかをみたすようなものをルーカスチェインとよぶ．クッツは，ほとんどの $n$ は $(1 - \epsilon) \log n$ より短いルーカスチェインをもたないことを証明した．ただし，対数の底は黄金比である．

よいサーヴェイおよび問題のリストは，スッバラオの論文を見よ．

Walter Aiello & M. V. Subbarao, A conjecture in addition chains related to Scholz's conjecture, *Math. Comput.*, **61**(1993) 17–23; *MR* **93k**:11015.

Hatem M. Bahig, Mohamed H. El-Zahar & Ken Nakamula, Some results for some conjectures in addition chains, *Combinatorics, computability and logic (Constanţa, 2001)* 47–54, Springer Ser. Discrete Math. Theor. Comput. Sci., 2001; *MR* **2003i**:11031.

F. Bergeron & J. Berstel, Efficient computation of addition chains, *J. Théor. Nombres Bordeaux*, **6**(1994) 21–38; *MR* **95m**:11144.

A. T. Brauer, On addition chains, *Bull. Amer. Math. Soc.*, **45**(1939) 736–739.

A. Cottrell, A lower bound for the Scholz-Brauer problem, Abstract 73T-A200, *Notices Amer. Math. Soc.*, **20**(1973) A-476.

Paul Erdős, Remarks on number theory III. On addition chains, *Acta Arith.*, **6**(1960) 77–81.

R. P. Giese, PhD thesis, University of Houston, 1972.

R. P. Giese, A sequence of counterexamples of Knuth's modification of Utz's conjecture, Abstract 72T-A257, *Notices Amer. Math. Soc.*, **19**(1972) A-688.

A. A. Gioia & M. V. Subbarao, The Scholz-Brauer problem in addition chains II, *Congr. Numer. XXII*, Proc. 8th Manitoba Conf. Numer. Math. Comput. 1978, 251–274; *MR* **80i**: 10078; *Zbl*. 408.10037.

A. A. Gioia, M. V. Subbarao & M. Sugunamma, The Scholz-Brauer problem in addition chains, *Duke Math. J.*, **29**(1962) 481–487; *MR* **25** #3898.

W. Hansen, Zum Scholz-Brauerschen Problem, *J. reine angew. Math.*, **202**(1959) 129–136; *MR* **25** #2027.

Kevin Hebb, Some problems on addition chains, thesis, Univ. of Alberta, 1974.

A. M. Il'in, On additive number chains (Russian), *Problemy Kibernet.*, **13** (1965) 245–248.

H. Kato, On addition chains, PhD dissertation, Univ. Southern California, June 1970.

Donald Knuth, *The Art of Computer Programming*, Vol. 2, Addison-Wesley, Reading MA, 1969, 398–422.

D. J. Newman, Computing when multiplications cost nothing, *Math. Comput.*, **46**(1986) 255–257.

Arnold Scholz, Aufgabe 253, *Jber. Deutsch. Math.-Verein. II*, **47**(1937) 41–42 (supplement).

Rolf Sonntag, Theorie der Addition Sketten, PhD Technische Universität Hannover, 1975.

K. B. Stolarsky, A lower bound for the Scholz-Brauer problem, *Canad. J. Math.*, **21**(1969) 675–683; *MR* **40** #114.

M. V. Subbarao, Addition chains – some results and problems, in R. A. Mollin (ed.) Number Theory and Applications, NATO ASI Series, Kluwer, Boston, 1989, pp. 555–574; *MR* **93a**:11105.

E. G. Straus, Addition chains of vectors, *Amer. Math. Monthly* **71**(1964) 806–808.

E. G. Thurber, The Scholz-Brauer problem on addition chains, *Pacific J. Math.*, **49**(1973) 229–242; *MR* **49** #7233.

E. G. Thurber, On addition chains $l(mn) \le l(n) - b$ and lower bounds for $c(r)$, *Duke Math. J.*, **40**(1973) 907–913.

E. G. Thurber, Addition chains and solutions of $l(2n) = l(n)$ and $l(2^n - 1) = n + l(n) - 1$, *Discrete Math.*, **16**(1976) 279–289; *MR* **55** #5570; *Zbl.* **346**.10032.

W. R. Utz, A note on the Scholz-Brauer problem in addition chains, *Proc. Amer. Math. Soc.*, **4**(1953) 462–463; *MR* **14**, 949.

C. T. Wyburn, A note on addition chains, *Proc. Amer. Math. Soc.*, **16**(1965) 1134.

**OEIS:** A003064.

## C7 マネーチェンジ問題

$(a_1, a_2, \ldots, a_n) = 1$ で $0 < a_1 < a_2 < \cdots < a_n$ の $n\ (\ge 2)$ 個の整数が与えられ $N$ が十分大のとき，$N = \sum_{i=1}^n a_i x_i$ は，非負整数解 $x_i$ をもつ．有名なフロベニウスのコイン問題は，上述の解がないような最大の $N = g(a_1, a_2, \ldots, a_n)$ を求めよというものである．シルヴェスターは，$g(a_1, a_2) = (a_1 - 1)(a_2 - 1) - 1$ を示し，上の形に表せない整数の個数は $(a_1 - 1)(a_2 - 1)/2$ であることを示した．

表示不可能な整数の $m$ 乗の和を $S_m(a_1, a_2)$ と表すとき，シルヴェスターの結果は $S_0(a_1, a_2) = (a_1 - 1)(a_2 - 1)/2)$ と述べられる．ブラウン-シューは $S_1(a, b)$ を計算し，レドセトはすべての非負の $m$ に対し，$S_m(a_1, a_2)$ を計算した．

$n = 3$ の場合は，連分数アルゴリズムを用いて，セルマー-ベイヤーによって明示的な形で解決された．その結果はレドセト，後にグリーンベルグによって簡単化された．$n \ge 4$ の場合には一般的な公式は知られていない．ロバーツは $a_i$ が等差数列中にあるときの $g$ の値を求めた．

$g$ の上限も研究されており，1942 年にブラウアーは，$g(a_1, a_2, \ldots, a_n) \le$

$\sum_{i=1}^{n} a_i(d_{i-1}/d_i - 1)$ を示した. ここで, $d_i = (a_1, a_2, \ldots, a_i)$ である. エルデーシュ-グラハムは,

$$g(a_1, a_2, \ldots, a_n) \leq 2a_{n-1}\lfloor a_n/n \rfloor - a_n$$

を示し (これは $n = 2$ で $a_2$ が奇数のときベストポシブルである), さらに

$$\gamma(n,t) = \max_{\{a_i\}} g(a_1, a_2, \ldots, a_n)$$

と定義した—ここで最大値は, $(a_1, a_2, \ldots, a_n) = 1$ のすべての $0 < a_1 < a_2 < \cdots < a_n \leq t$ に関してとる. 上述定数は $\gamma(n,t) < 2t^2/n$ と述べられる. さらに $\gamma(n,t) \geq t^2/(n-1) - 5t$ を証明している. ルーウィンは, $\gamma(3,t) = \lfloor (t-2)^2/2 \rfloor - 1$ および $n \geq 3$ に対し, 一般に, $g(a_1, a_2, \ldots, a_n) \leq \lfloor (a_{n-1} - 1)(a_n - 2)/2 \rfloor - 1$ を示した.

コンウェイの銀貨ゲームは, 2人のプレーヤーが交互に, その場にあるコインからできるデノミは許されないとして, 相手の指定したデノミ (それ以前より低い金額) をその場のコインから造幣する. 1を指定したほうが負けである. [訳注: R. L. スティーヴンソン作『びんの子鬼』を連想させる.] ハチングスは, 戦略的解読—したがって, 構成的でない—議論によって, 最初に素数 $p \geq 5$ を出すのが勝利する方法であることを証明した. 次の手をどうするかはほとんどわかっておらず, 他に勝利に直結する最初の一手があるかどうかも不明である. あるとすれば, それは2-スムーズ または3-スムーズで $\geq 16$ である. [訳注: その素因子がいずれも $p$ 以下のとき, 整数は $p$-スムーズとよばれる.]

Matthias Beck, Ricardo Diaz & Sinai Robins, The Frobenius problem, rational polytopes, and Fourier-Dedekind sums, *J. Number Theory*, **96**(2002) 1–21; *MR* **2003j**:11117.

Matthias Beck, Ira M. Gessel & Takao Komatsu, The polynomial part of a restricted partition function related to the Frobenius problem, *Electron. J. Combin.*, **8**(2001) N7, 5 pp.; *MR* **2002f**:05017.

E. R. Berlekamp, J. H. Conway & R. K. Guy, The Emperor and his money, chap.18 of *Winning Ways for your Mathematical Plays*, 2nd ed., AKPeters, Natick MA, 2003.

Alfred Brauer, On a problem of partitions, *Amer. J. Math.*, **64**(1942) 299–312.

A. Brauer & J. E. Shockley, On a problem of Frobenius, *J. reine angew. Math.*, **211**(1962) 215–220; *MR* **26** #6113.

T. C. Brown & Peter Shiue Jau-Shyong, A remark related to the Frobenius problem, *Fibonacci Quart.*, **31**(1993) 32–36; *MR* **93k**:11018.

Chen Qing-Hua[2] & Liu Yu-Ji, A result on the Frobenius problem, *Fujian Shifan Daxue Xuebao Ziran Kexue Ban*, **11**(1995) 33–37; *MR* **97k**:11016.

Frank Curtis, On formulas for the Frobenius number of a numerical semigroup, *Math. Scand.*, **67**(1990) 190–192; *MR* **92e**:11019.

J. L. Davison, On the linear Diophantine problem of Frobenius, *J. Number Theory*, **48**(1994) 353–363; *MR* **95j**:11033.

J. Dixmier, Proof of a conjecture of Erdős and Graham concerning the problem of Frobenius, *J. Number Theory*, **34**(1990) 198–209; *MR* **91g**:11007.

P. Erdős & R. L. Graham, On a linear diophantine problem of Frobenius, *Acta Arith.*, **21**(1972) 399–408; *MR* **47** #127.

Harold Greenberg, Solution to a linear diophantine equation for nonnegative integers, *J. Algorithms*, **9**(1988) 343–353; *MR* **89j**:11122.

B. R. Heap & M. S. Lynn, On a linear Diophantine problem of Frobenius: An improved algorithm, *Numer. Math.*, **7**(1965) 226–231; *MR* **31** #1227.

Mihály Hujter & Béla Vizári, The exact solutions to the Frobenius problem with three variables, *J. Ramanujan Math. Soc.*, **2**(1987) 117–143; *MR* **89f**:11039.

S. M. Johnson, A linear diophantine problem, *Canad. J. Math.*, **12**(1960) 390–398; *MR* **22** #12074.

I. D. Kan, The Frobenius problem for classes of polynomial solvability, *Mat. Zametki*, **70**(2001) 845–853; *Math. Notes*, **70**(2001) 771–778; *MR* **2002k**:11034.

I. D. Kan, The Frobenius problem for classes of polynomial solvability. (Russian) *Mat. Zametki*, **70**(2001) 845–853; transl. *Math. Notes*, **70**(2001) 771–778; *MR* **2002k**:11034.

I. D. Kan, Boris S. Stechkin & I. V. Sharkov, On the Frobenius problem for three arguments, *Mat. Zametki*, **62**(1997) 626–629; transl. *Math. Notes*, **62**(1997) 521–523; *MR* **99h**:11022.

Ravi Kannan, The Frobenius problem, *Foundations of software technology and theoretical computer science (Bangalore*, 1989) 242–251, *Lecture Notes in Comput. Sci.*, **405** Springer, Berlin, 1989; *MR* **91e**:68063.

Ravi Kannan, Lattice translates of a polytope and the Frobenius problem, *Combinatorica*, **12**(1992) 161–177; *MR* **93k**:52015.

Géza Kiss, On the extremal Frobenius problem in a new aspect, *Ann. Univ. Sci. Budapest. Eötvös Sect. Math.*, **45**(2002) 139–142 (2003).

Vsevolod F. Lev, On the extremal aspect of the Frobenius problem, *J. Combin. Theory Ser. A*, **73**(1996) 111–119; *MR* **97d**:11045.

Vsevolod F. Lev, Structure theorem for multiple addition and the Frobenius problem, *J. Number Theory*, **58**(1996) 79–88; addendum **65**(1997) 96–100; *MR* **97d**:11056, **98e**:11045.

Vsevolod F. Lev & P. Y. Smeliansky, On addition of two distinct sets of integers, *Acta Arith.*, **70**(1995) 85–91.

Mordechai Lewin, On a linear diophantine problem, *Bull. London Math. Soc.*, **5**(1973) 75–78; *MR* **47** #3311.

Mordechai Lewin, An algorithm for a solution of a problem of Frobenius, *J. reine angew. Math.*, **276**(1975) 68–82; *MR* **52** #259.

Albert Nijenhuis, A minimal-path algorithm for the "money changing problem", *Amer. Math. Monthly*, **86**(1979) 832–835; correction, **87**(1980) 377; *MR* **82m**:68070ab.

Niu Xue-Feng, A formula for the largest integer which cannot be represented as $\sum_{i=1}^{s} a_i x_i$, *Heilongjiang Daxue Ziran Kexue Xuebao*, **9**(1992) 28–32; *MR* **93k**:11019.

Marek Raczunas & Piotr Chrząstowski-Wachtel, A Diophantine problem of Frobenius in terms of the least common multiple, *Discrete Math.*, **150**(1996) 347–357; *MR* **97d**:11057.

J. L. Ramírez-Alfonsín, Complexity of the Frobenius problem, *Combinatorica*, **16**(1996) 143–147; *MR* **97d**:11058.

Stefan Matthias Ritter, On a linear Diophantine problem of Frobenius: extending the basis, *J. Number Theory*, **69**(1998) 201–212; *MR* **99b**:11023.

J. B. Roberts, Note on linear forms, *Proc. Amer. Math. Soc.*, **7**(1956) 465–469.

Ø. J. Rødseth, On a linear Diophantine problem of Frobenius, *J. reine angew. Math.*, **301**(1978) 171–178; *MR* **58** #27741.

Øystein J. Rødseth, A note on T. C. Brown & P. J.-S. Shiue's paper: "A remark related to the Frobenius problem", *Fibonacci Quart.*, **32**(1994) 407–408; *MR* **95j**:11022.

Ernst S. Selmer, On the linear diophantine problem of Frobenius, *J. reine angew. Math.*, **293/294**(1977) 1–17; *MR* **56** #246.

E. S. Selmer & Ö. Beyer, On the linear diophantine problem of Frobenius in three variables, *J. reine angew. Math.*, **301**(1978) 161–170.

J. J. Sylvester, *Math. Quest. Educ. Times*, **37**(1884) 26; (not **41**(1884) 21 as in Dickson and elsewhere).

Calogero Tinaglia, Some results on a linear problem of Frobenius, *Geometry Seminars*, 1996–

1997, *Univ. Stud. Bologna*, 1998, 231–244; *MR* **99e**:11026.
Amitabha Tripathi, On a variation of the coin exchange problem for arithmetic progressions, *Integers*, **3**(2003) A1; *MR* **2003k**:11018.
Herbert S. Wilf, A circle of lights algorithm for the "money changing problem", *Amer. Math. Monthly* **85**(1978) 562–565.

## C8  部分集合の元の和が異なる集合

$k+1$ 個の元からなる整数の集合 $\{2^i : 0 \leq i \leq k\}$ の $2^{k+1}$ のすべての部分集合に対し,その元の和はすべて異なることにかんがみてエルデーシュは,正の整数 $a_1 < a_2 < \cdots < a_m \leq 2^k$ からなる集合で,そのすべての部分集合の元の和がすべて異なるような最大の $m$ を求める問題を提出し,レオ・モーザーとともに $k+1 \leq m < k + \frac{1}{2}\log k + 2$ を証明した.ここで対数の底は 2 である.ノウム・エルキースは,右辺の 2 を $\frac{1}{2}\log \pi < 0.826$ に改良した.

コンウェイ-ガイは,$u_0 = 0$, $u_1 = 1$, $u_{n+1} = 2u_n - u_{n-r}$ $(n \geq 1)$ ——ここで $r$ は $\sqrt{2n}$ に最も近い整数—— によってコンウェイ-ガイ数列を定義し,$k+2$ 個の整数からなる集合

$$A = \{a_i = u_{k+2} - u_{k+2-i} : 1 \leq i \leq k+2\}$$

が,その部分集合の元の和がすべて異なるものであると予想した ($k \leq 40$ に対しマイク・ガイにより,$k \leq 79$ に対しフレッド・ラノンにより検証された).予想を証明したという声明がいくつか出されたが,すべて誤りであった.$k \geq 21$ のとき,$u_{k+2} < 2^k$ に注意すると,求める濃度をもつ集合が一旦見つかれば,すべての元を 2 倍して 1 (あるいは任意の奇数) を添加することによって,濃度を増加させることができるから,$k \geq 21$ のとき $m \geq k+2$ がいえる.コンウェイ-ガイは,上記の $A$ が,エルデーシュの問題に対する実質的にベストポシブルの解,$m = k+2$ を与えるであろうと予想している.一方,ラノンは,一般コンウェイ-ガイ数列群を定義し,コンウェイ-ガイの数列の場合の極限 $u_n/2^n$ ($\approx 0.23512531$) より小さい極限 (たとえば 0.220963) を与えることを示した.エルデーシュは,$m = k + O(1)$ の証明または反証に 500 ドル提供した.(賞金は,R. L. グラハムを通して得られる.)

M. D. Atkinson, A. Negro & N. Santoro, Sums of lexicographically ordered sets, *Discrete Math.*, **80**(1990) 115–122.
Jaegug Bae, On subset-sum-distinct sequences, *Analytic Number Theory*, Vol. 1 (*Allerton Park*, 1995) 31–37, *Progr. Math.*, **138**, Birkhäuser Boston MA, 1996; *MR* **97d**:11016.
Jaegug Bae, An extremal problem for subset-sum-distinct sequences with congruence conditions, *Discrete Math.*, **189**(1998) 1–20; *MR* **99h**:11018.
Jaegug Bae, A compactness result for a set of subset-sum-distinct sequences, *Bull. Korean Math. Soc.*, **35**(1998) 515–525; *MR* **99k**:11018.
Jaegug Bae, On maximal subset-sum-distinct sequences, *Commun. Korean Math. Soc.*, **17**(2002) 215–220; *MR* **2003b**:11014.
Jaegug Bae, On generalized subset-sum-distinct sequences, *Int. J. Pure Appl. Math.*, **1**(2002)

343–352; *MR* **2003c**:11022.

Tom Bohman, A sum packing problem of Erdős and the Conway-Guy sequence, *Proc. Amer. Math. Soc.*, **124**(1996) 3627–3636; *MR* **97b**:11027.

Thomas A. Bohman, A construction for sets of integers with distinct subset sums, *Electronic J. Combin.*, **5**(1998) *no.* 1, *Res. Paper* 3, 14*pp*.

Peter Borwein & Michael J. Mossinghoff, Newman polynomials with prescribed vanishing and integer sets with distinct subset sums, *Math. Comput.*, **72**(2003) 787–800.

Chen Yong-Gao, Distinct subset sums and an inequality for convex functions, *Proc. Amer. Math. Soc.*, **128**(2000) 2897–2898; *MR* **2000m**:11023.

J. H. Conway & R. K. Guy, Sets of natural numbers with distinct sums, *Notices Amer. Math. Soc.*, **15**(1968) 345.

J. H. Conway & R. K. Guy, Solution of a problem of P. Erdős, *Colloq. Math.*, **20**(1969) 307.

P. Erdős, Problems and results in additive number theory, *Colloq. Théorie des Nombres, Bruxelles*, 1955, Liège & Paris, 1956, 127–137, esp. p. 137.

Noam Elkies, An improved lower bound on the greatest element of a sum-distinct set of fixed order, *J. Combin. Theory Ser. A*, **41**(1986) 89–94; *MR* **87b**:05012.

P. E. Frenkel, Integer sets with distinct subset sums, *Proc. Amer. Math. Soc.*, **126**(1998) 3199–3200.

Martin Gardner, Number 5, *Science Fiction Puzzle Tales*, Penguin, 1981.

Hansraj Gupta, Some sequences with distinct sums, *Indian J. Pure Math.*, **5**(1974) 1093–1109; *MR* **57** #12440.

Richard K. Guy, Sets of integers whose subsets have distinct sums, *Ann. Discrete Math.* **12**(1982) 141–154

Y. O. Hamidoune, The representation of some integers as a subset sum, *Bull. London Math. Soc.*, **26**(1994) 557–563.

B. Lindström, On a combinatorial problem in number theory, *Canad. Math. Bull.*, **8**(1965) 477–490.

B. Lindström, Om et problem av Erdős for talfoljder, *Nordisk. Mat. Tidskrift*, **16**1-2(1968) 29–30, 80.

W. Fred Lunnon, Integer sets with distinct subset-sums, *Math. Comput.*, **50**(1988) 297–320.

Roy Maltby, Bigger and better subset-sum-distinct sets, *Mathematika*, **44**(1997) 56–60; *MR* 98i:11012.

Melvyn B. Nathanson, Inverse theorems for subset sums, *Trans. Amer. Math. Soc.*, **347**(1995) 1409–1418.

Paul Smith, Problem E 2536*, *Amer. Math. Monthly* **82**(1975) 300. Solutions and comments, **83**(1976) 484.

Joshua Von Korff, Classification of greedy subset-sum-distinct-sequences, *Discrete Math.*, **271**(2003) 271–282.

## C9　対の和による充填

対の和 $a_i + a_j$ がすべて異なるような シドン数列 $1 \leq a_1 < a_2 < \ldots < a_m \leq n$ で $m$ が最大のとき,

$$n^{1/2}(1-\epsilon) < m \leq n^{1/2} + n^{1/4} + 1$$

が知られている.　上限は,　リンドストロームによるもので,　エルデーシュ-トゥランの結果の改良である.　下限はジンガーによる.　エルデーシュ-トゥランは $m = n^{1/2} + O(1)$

かどうかという問題を提出し，エルデーシュは解決すれば 500 ドル出すといっている．$m < n^{1/2} + C$ となる $C$ が存在すれば $C > 10.27$ であることをジャンが，$C > 13.71$ をリンドストロームが示した．

項がたかだか $n$ 個であるようなシドン数列の個数を $F(n)$ で表すとき，カメロン-エルデーシュは，$F(n)$ の評価を問題にした．上述の $m$ に対し，$F(n)/2^m \to \infty$ かどうかもわかっておらず，ただ上限は $\infty$ であることのみ既知である．$F(n) < n^{\epsilon\sqrt{n}}$ であろうと予測したが，アロンとカルキン-トムソンにより進展があった: $F(n) = O(2^{n/2+o(n)})$ を示している．素数 $p$ を法としたときの対応する問題に対して，レフ-シェーンは

$$2^{\lfloor (p-2)/3 \rfloor}(p-1) \leq F(\mathbb{Z}_p) \leq 2^{0.498p}$$

を示した．

カメロン-エルデーシュなら，極大シドン数列 (それ以上の $a \leq n$ を付け加えられないようなシドン数列) の個数の評価も問題にするであろう．

群 $G$ においてサムフリー集合 (**C14**) の族を $\mathrm{SF}(G)$ で表すとき，カメロン-エルデーシュは，$\mathbb{Z}_n$ のサムフリー集合の個数 $|\mathrm{SF}(n)|$ は $O(2^{n/2})$ であろうと予想した．アロンとカルキンの論文では，$O(2^{n/2+o(n)})$ が示されており，特殊な場合にレフ-シェーンがこれを改良して

$$2^{\lfloor \frac{p-2}{3} \rfloor}(p-1)(1 + O(2^{-\epsilon p})) \leq |\mathrm{SF}(Z^p)| \leq 2^{0.498p}$$

を得ている．2003 年 4 月にベン・グリーンによって，カメロン-エルデーシュ予想は完全解決された．

シドン数列 $\{a_i\}$ が無限に続いていくとき，エルデーシュ-トゥランは，$\limsup a_k/k^2 = \infty$ を示し，$\liminf a_k/k^2 < \infty$ となるような数列を見出した．アイタイ-コムロシュ-セメレディは，$a_k < ck^3/\ln k$ をみたすものが存在することを証明した．

エルデーシュ-レニュイは，$a_i + a_j = t$ の解が $\leq c$ であるような数列で $a_k < k^{2+\epsilon}$ をみたすものが存在することを証明した．

エルデーシュは，$\sum_{i=1}^{x} a_i^{-1/2} < c(\ln x)^{1/2}$ に注意し，これがベストポシブルかどうかを問うている．また，$x \to \infty$ のとき，

$$\frac{1}{\ln x} \sum_{a_i + a_j \leq x} \frac{1}{a_i + a_j} \to 0$$

かどうかも問題とし，おそらく

$$\sum_{a_i + a_j < x} \frac{1}{a_i + a_j} < c_1 \ln \ln x$$

ではないかと示唆している．左辺は $> c_2 \ln \ln x$ であることもわかっている．

エルデーシュはまた，シドン数列 $a_1 < a_2 < \ldots < a_k$ を延長して，完全差分列 (**C10**) にできるかどうかを問うている．すなわち，

$$a_1 < a_2 < \ldots < a_k < a_{k+1} < \ldots < a_{p+1} = p^2 + p + 1$$

で，その差分 $a_u - a_v$, $1 \leq u, v \leq p+1$, $u \neq v$ が法 $p^2 + p + 1$ の 0 以外の剰余をちょうど1回表すようにできるかどうかである．

シドン数列を延長して

$$a_1 < a_2 < \ldots < a_k < a_{k+1} < \ldots < a_n, \quad a_n < (1 + o(1))n^2$$

となるように，すなわち，漸近的にできるだけ稠密にできるかどうかさえ決定できていない．

$a_1 < a_2 < \ldots < a_n$ を任意の整数列とするとき，部分列として，シドン数列 $a_{i_1}, \ldots, a_{i_m}$ で $m = (1 + o(1))n^{\frac{1}{2}}$ なるものを含むか？ コムロシュ-スリョク-セメレディ (**E11**) は $m > cn^{\frac{1}{2}}$ に対してこのことを証明した．

$f(n)$ を $n = a_i + a_j$ の解の個数とするとき，

$$\lim f(n) / \ln n = c$$

となるような数列 $\{a_n\}$ があるか？ エルデーシュ-トゥランは，すべての十分大の $n$ に対し $f(n) > 0$ か，すべての $k$ に対し，$a_k < ck^2$ ならば $\limsup f(n) = \infty$ であろうと予想している．エルデーシュはこの問題に 500 ドルの賞金を出している．

グラハム-スローンは，この問題をより充填問題に近い形に書き直している：すなわち，$k$ 元の整数の集合 $A = \{0 = a_1 < a_2 < \cdots < a_k\}$ が存在して，$a_i + a_j$, $i < j$ [$i \leq j$] が区間 $[0, v]$ に属し，$[0, v]$ の各元をたかだか1回表すような最小の $v$ を $v_\alpha(k)$ [$v_\beta(k)$] で表すとする．$v_\beta$ に付属する集合 $A$ はしばしば $B_2$-列とよばれる (**E28**)．

グラハム-スローンは，表3に示す $v_\alpha, v_\beta$ の値を求め，エルデーシュ-トゥランの方法を修正して用いると，上下の限界

$$2k^2 - O(k^{3/2}) < v_\alpha, v_\beta < 2k^2 + O(k^{36/23})$$

が得られることに注意している．

表3 $v_\alpha, v_\beta$ の値と例集合

| $k$ | $v_\alpha(k)$ | $A$ の例 | $v_\beta(k)$ | $A$ の例 |
|---|---|---|---|---|
| 2 | 1 | {0,1} | 2 | {0,1} |
| 3 | 3 | {0,1,2} | 6 | {0,1,3} |
| 4 | 6 | {0,1,2,4} | 12 | {0,1,4,6} |
| 5 | 11 | {0,1,2,4,7} | 22 | {0,1,4,9,11} |
| 6 | 19 | {0,1,2,4,7,12} | 34 | {0,1,4,10,12,17} |
| 7 | 31 | {0,1,2,4,8,13,18} | 50 | {0,1,4,10,18,23,25} |
| 8 | 43 | {0,1,2,4,8,14,19,24} | 68 | {0,1,4,9,15,22,32,34} |
| 9 | 63 | {0,1,2,4,8,15,24,29,34} | 88 | {0,1,5,12,25,27,35,41,44} |
| 10 | 80 | {0,1,2,4,8,15,24,29,34,46} | 110 | {0,1,6,10,23,26,34,41,53,55} |

ツィレルエロは，数列 $\{a_k\}$, $a_k \ll k^2$ で和 $a_i^2 + a_j^2$ がすべて異なるものが存在する

ことを示した.

$m$ 元の整数の集合が, $n$ 元の整数の集合でその元の和がすべて異なるようなものを含むような最大の $n$ を $g(m)$ で表すとき, アボットは, 任意の定数 $c < \frac{2}{25}$ と十分大の $m$ に対し, $g(m) > cm^{1/2}$ を示した.

1956 年にエルデーシュは, 十分大のすべての整数 $n$ が, $S$ の 2 個の元の和として, $c_1 \ln n$ から $c_2 \ln n$ 回表されるような数列 $S$ の存在を証明した. その後エルデーシュ-デタリは, $S$ の $k$ 個の元の和の場合に対応する結果を得た.

**C14, C15, E12, E28, E32, F30 を参照.**

Harvey L. Abbott, Sidon sets, *Canad. Math. Bull.*, **33**(1990) 335–341; *MR* **91k**:11022.

Miklós Ajtai, János Komlós & Endre Szemerédi, A dense infinite Sidon sequence, *European J. Combin.*, **2**(1981) 1–11; *MR* **83f**:10056.

Noga Alon, Independent sets in regular graphs and sum-free subsets of finite groups, *Israel J. Math.*, **73**(1991) 247–256; *MR* **92k**:11024.

R. C. Bose & S. Chowla, Theorems in the additive theory of numbers, *Comment. Math. Helv.*, **37**(1962-63) 141–147.

John R. Burke, A remark on $B_2$-sequences in GF$[p, x]$, *Acta Arith.*, **70**(1995) 93–96; *MR* **96f**:11028.

Neil J. Calkin & Jan McDonald Thomson, Counting generalized sum-free sets, *J. Number Theory*, **68**(1998) 151–159; *MR* **98m**:11010.

Sheng Chen, A note on $B_{2k}$-sequences, *J. Number Theory*, **56**(1996) 1–3; *MR* **97a**:11035.

Fan Chung, Paul Erdős & Ronald Graham, On sparse sets hitting linear form, *Number Theory for the Millenium, I (Urbana IL, 2000)* 257–272, AKPeters, Natick MA, 2002; *MR* **2003k**:11012.

Javier Cilleruelo, $B_2$-sequences whose terms are squares, *Acta Arith.*, **55** (1990) 261–265; *MR* **91i**:11023.

J. Cilleruelo, $B_2[g]$ sequences whose terms are squares, *Acta Math. Hungar.*, **67**(1995) 79–83; *MR* **95m**:11032.

Javier Cilleruelo, New upper bounds for finite $B_h$ sequences, *Adv. Math.*, **159**(2001) 1–17; *MR* **2002g**:11023.

Javier Cilleruelo & Antonio Córdoba, $B_2[\infty]$-sequences of square numbers *Acta Arith.*, **61**(1992) 265–270; *MR* **93g**:11014.

Ben Green, The Cameron-Erdős conjecture, *Bull. London Math. Soc.*, (to appear).

Javier Cilleruelo & Jorge Jiménez-Urroz, $B_h[g]$-sequences, *Mathematika*, **47**(2000) 109–115; *MR* **2003k**:11014.

Javier Cilleruelo, Imre Z. Ruzsa & Carlos Trujillo, Upper and lower bounds for finite $B_h[g]$ sequences, *J. Number Theory* **97**(2002) 26–34; *MR* **2003i**:11033.

Javier Cilleruelo & Carlos Trujillo, Infinite $B_2[g]$ sequences, *Israel J. Math.*, **126**(2001) 263–267; *MR* **2003d**:11032.

Martin Dowd, Questions related to the Erdős-Turán conjecture, *SIAM J. Discrete Math.*, **1**(1988) 142–150; *MR* **89h**:11006.

P. Erdős, Some of my forgotten problems in number theory, *Hardy-Ramanujan J.*, **15** (1992) 34–50.

P. Erdős & R. Freud, On sums of a Sidon-sequence, *J. Number Theory*, **38**(1991) 196–205.

P. Erdős & R. Freud, On Sidon-sequences and related problems (Hungarian), *Mat. Lapok*, **2**(1991) 1–44.

P. Erdős & W. H. J. Fuchs, On a problem of additive number theory, *J. London Math. Soc.*, **31**(1956) 67–73; *MR* **17**, 586d.

Paul Erdős, Melvyn B. Nathanson & Prasad Tetali, Independence of solution sets and minimal asymptotic bases, *Acta Arith.*, **69**(1995) 243–258; *MR* **96e**:11014.

Paul Erdős, A. Sárközy & V. T. Sós, On sum sets of Sidon sets, I, *J. Number Theory*, **47**(1994) 329–347; II, *Israel J. Math.*, **90**(1995) 221–233; *MR* **96f**:11034.

P. Erdős & E. Szemerédi, The number of solutions of $m = \sum_{i=1}^{k} x_i^k$, *Proc. Symp. Pure Math. Amer. Math. Soc.*, **24**(1973) 83–90; *MR* **49** #2529.

Paul Erdős & Prasad Tetali, Representations of integers as the sum of $k$ terms, *Random Structures Algorithms*, **1**(1990) 245–261; *MR* **92c**:11012.

P. Erdős & P. Turán, On a problem of Sidon in additive number theory, and on some related problems, *J. London Math. Soc.*, **16**(1941) 212–215; *MR* **3**, 270. Addendum, **19**(1944) 208; *MR* **7**, 242.

H. Furstenberg, From the Erdős-Turán conjecture to ergodic theory—the contribution of combinatorial number theory to dynamics, *Paul Erdős and his mathematics* I (Budapest, 1999), 261–277, *Bolyai Soc. Math. Stud.*, **11**, János Bolyai Math. Soc., Budapest, 2002; *MR* **2003j**:37010.

S. Gouda & Mahmoud Abdel-Hamid Amer, A theorem on the $h$-range of $B_h$-sequences, *Ann. Univ. Sci. Budapest. Sect. Comput.*, **15**(1995) 65–69; *MR* **97k**:11026.

R. L. Graham & N. J. A. Sloane, On additive bases and harmonious graphs, *SIAM J. Alg. Discrete Math.*, **1**(1980) 382–404.

S.W. Graham, $B_h$-sequences, *Analytic Number Theory, Vol. 1 (Allerton Park, 1995)* 431–439, *Progr. Math.*, **138**, Birkhäuser Boston MA, 1996; *MR* **97h**:11019.

Ben Green, The number of squares and $B_h[g]$ sets, *Acta Arith.*, **100**(2001) 365–390; *MR* **2003d**:11033.

G. Grekos, L. Haddad, C. Helou & J. Pihko, On the Erdős-Turán conjecture, *J. Number Theory*, **102**(2003) 339–352.

Laurent Habsieger & Alain Plagne, Ensembles $B_2[2]$: l'étau se reserre, *Integers*, **2**(2002) Paper A2, 20pp.; *MR* **2002m**:11010.

H. Halberstam & K. F. Roth, *Sequences*, 2nd Edition, Springer, New York, 1982, Chapter 2.

Elmer K. Hayashi, Omega theorems for the iterated additive convolution of a nonnegative arithmetic function, *J. Number Theory*, **13**(1981) 176–191; *MR* **82k**:10067.

Martin Helm, Some remarks on the Erdős-Turán conjecture, *Acta Arith.*, **63** (1993) 373–378; *MR* **94c**:11012.

Gábor Horváth, On a theorem of Erdős and Fuchs, *Acta Arith.*, **103**(2002) 321–328; *MR* **2003k**:11019.

Gábor Horváth, On a generalization of a theorem of Erdős and Fuchs, *Acta Math. Hungar.*, **92**(2001) 83–110; *MR* **2003m**:11017.

Jia Xing-De, Some problems and results on subsets of asymptotic bases, *Qufu Shifan Daxue Xuebao Ziran Kexue Ban*, **13**(1987) 45–49; *MR* **88k**:11015.

Jia Xing-De, On the distribution of a $B_2$-sequence, *Qufu Shifan Daxue Xuebao Ziran Kexue Ban*, **14**(1988) 12–18; *MR* **89j**:11023.

Jia Xing-De, On finite Sidon sequences, *J. Number Thoery*, **44**(1993) 84–92.

F. Krückeberg, $B_2$-Folgen und verwandte Zahlenfolgen, *J. reine angew. Math.*, **206**(1961) 53–60.

Vsevolod Lev & Tomasz Schoen, Cameron-Erdős modulo a prime, *Finite Fields Appl.*, **8**(2002) 108–119; *MR* **2002k**:11029.

B. Lindström, An inequality for $B_2$-sequences, *J. Combin. Theory*, **6**(1969) 211–212; *MR* **38** #4436.

Bernt Lindström, $B_h[g]$-sequences from $B_h$-sequences. *Proc. Amer. Math. Soc.*, **128**(2000) 657–659; *MR* **2000e**:11022.

Bernt Lindström, Well distribution of Sidon sets in residue classes. *J. Number Theory*, **69**(1998) 197–200; *MR* **99c**:11021.

Bernt Lindström, Finding finite $B_2$-sequences faster, *Math. Comput.*, **67**(1998) 1173–1178; *MR* **98m**:11012.

Greg Martin & Kevin O'Bryant, Continuous Ramsey theory and Sidon sets, 70-page preprint, 2002.

M. B. Nathanson, Unique representation bases for the integers, *Acta Arith.*, **108**(2003) 1–8; *MR* **2004c**:11013.

K. G. Omel'yanov & A. A. Sapozhenko, On the number of sum-free sets in an interval of natural numbers, *Diskret. Mat.*, **14**(2002) 3–7; translation in *Discrete Math. Appl.*, **12**(2002) 319–323; *MR* **2003m**:11015.

Imre Z. Ruzsa, A just basis, *Monatsh. Math.*, **109**(1990) 145–151; *MR* **91e**:11016.

Imre Z. Ruzsa, Solving a linear equation in a set of integers I, *Acta Arith.*, **65**(1993) 259–282; *MR* **94k**:11112.

Imre Z. Ruzsa, Sumsets of Sidon sets, *Acta Arith.*, **77**(1996)353–359; *MR* **97j**:11013.

Imre Z. Ruzsa, An infinite Sidon sequence, *J. Number Theory*, **68**(1998) 63–71; *MR* **99a**:11014.

Imre Z. Ruzsa, A small maximal Sidon set, *Ramanujan J.*, **2**(1998) 55–58; *MR* **99g**:11026.

A. Sárközy, On a theorem of Erdős and Fuchs, *Acta Arith.*, **37**(1980) 333–338; *MR* **82a**:10066.

A. Sárközy, Finite addition theorems, II, *J. Number Theory*, **48**(1994) 197–218; *MR* **95k**:11010.

Tomasz Schoen, The distribution of dense Sidon subsets of $\mathbb{Z}_m$, *Arch. Math. (Basel)*, **79**(2002) 171–174; *MR* **2003f**:11022.

J. Singer, A theorem in finite projective geometry and some applications to number theory, *Trans. Amer. Math. Soc.*, **43**(1938) 377–385; *Zbl* **19**, 5.

Vera T. Sós, An additive problem in different structures, *Graph Theory, Combinatorics, Algorithms, and Applications*, (SIAM Conf., San Francisco, 1989), 1991, 486–510; *MR* **92k**:11026.

Zhang Zhen-Xiang, Finding finite $B_2$-sequences with larger $m - a_m^{1/2}$, *Math. Comput.*, **63**(1994) 403–414; *MR* **94i**:11109.

**OEIS:** A039836.

## C10 合同差分集合と誤り訂正符号

**C9**で述べたジンガーの結果は，完全差分集合，すなわち，mod $n$ の剰余の集合 $a_1$, $a_2, \ldots, a_{k+1}$ で，mod $n$ の 0 以外のすべての剰余が $a_i - a_j$ の形にただ1通りに表されるようなもの，に基づいている．例として mod 7 で $\{1,2,4\}$, mod 13 で $\{1,2,5,7\}$. 完全差分集合が存在するのは，$n = k^2 + k + 1$ のときだけであり，ジンガーは，$k$ が素数ベキのとき常に完全差分集合が存在することを証明した．マーシャル・ホールは，多くの素数ベキでない数は，上の $k$ の役割を「果たせない」ことを示し，エヴァンズ-マンは，素数ベキでないような $k$ は $k < 1600$ の範囲にないことを検証した．$k$ が素数ベキでないときには，完全差分集合は存在しないと予想されている．

与えられた有限数列で，その差分がすべて異なるとき，それを延長して完全差分集合になるようにできるか？

完全差分集合を用いてゴロンブ定規を作成することができる．差分集合の各数から 1 を引く．たとえば，上の $\{1,2,5,7\}$ から $\{0,1,4,6\}$ が得られる．これらを長さ 6 の定規の目盛とすると，1, 2, 3, 4, 5, 6 のすべての長さを測ることができる．長さ $n$ の定規に $k+1$ 個の目盛 $\{0, a_1, \ldots, a_{k-1}, n\}$ をつけた不完全定規で，色々な条件をみたすものを

考えることができる．たとえば，(a) $\binom{k+1}{2}$ 個の距離がすべて異なるもの，(b) 与えられた $n$ と $k$ に対し，異なる距離が最大個数あるもの，(c) 1 からある最大距離 $e$ までのすべての整数距離が測れるもの，などがある．$k \geq 4$ のとき，これらすべての条件をみたすようにはできないが，リーチは完全「接続」定規を考案した．下のツリーは，図に示した長さの辺をもち，1 から 1, 3, 6, 6, 15 までの距離を測ることができる．

ギッブス-スレイター-ハーバート・テイラー，ヤン-ユアン-シェンは，上述のエッジとツリーに関するリーチの結果を一般化して改良することに成功した．

| $n$ | 2 | 3 | 4 | 5 | 6 | 7 | 8 | 9 | 10 | 11 | 12 |
|---|---|---|---|---|---|---|---|---|---|---|---|
| エッジ | 1 | 3 | 6 | 9 | 13 | 18 | 24 | 29 | 37 | 45 | (51) |
| ツリー | 1 | 3 | 6 | 9 | 15 | 20 | 26 | 34 | 41 | (48) | (55) |

表の中で括弧で囲まれているものはベストポシブルとは限らないことを示す．完全接続定規は，グラフのグレースフルラベルおよび調和ラベルに関連している．これについては，**C13** を参照．

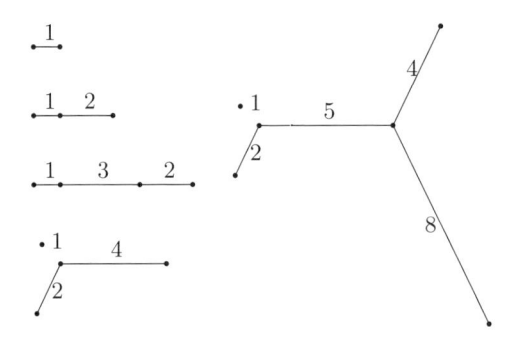

グラハム-スローンは，差分集合の問題を **C9** の合同充填問題の形で表した．mod $v$ の整数の部分集合 $A = \{0 = a_1 < a_2 < \cdots < a_k\}$ で，各 $r$ が，$i < j$ $[i \leq j]$ として，$r \equiv a_i + a_j \bmod v$ のようにたかだか 1 通りに表されるような最小の $v$ を $v_\gamma(k)$ $[v_\delta(k)]$ で表す．彼らの興味は，$v_\gamma$ を誤り訂正符号に応用することであり，$w$ 個の 1 と $k-w$ 個の 0 からなるベクトル（長さ $k$，重さ $w$ のワード）で，2 個のベクトルは少なくとも $2d$ 個の項が異なるようなものの最大個数を $A(k, 2d, w)$ と表すとき（$d = 3$ の場合），

$$A(k, 6, w) \geq \binom{k}{w} \Big/ v_\gamma(k)$$

である（一般の $d$ に対する結果は，$d - 1$ 個の元のすべての和が mod $v$ で異なるような集合を用いる）．

グラハム-スローンは，$A(k, 2d, w)$ が臨界集合の理論に関連して，エルデーシュ-ハナニ，シェーンハイム，スタントン-カルブフレイシュ-マリンによって研究されていたことに注意している．実際，$v$ 元の集合 $S$ の $k$ 元からなる部分集合で，$S$ の $t$ 元の部分

集合がすべて，たかだか 1 個の $k$ 元の部分集合に含まれているようなものの最大個数を $D(t,k,v)$ で表すとき，$D(t,k,v) = A(v, 2k-2t+2, k)$ である．
表 4 の $v_\delta$ の値はバウマートの表 6.1 から拝借した．$v_\gamma$ の値はグラハム-スローンのもので，

$$k^2 - O(k) < v_\gamma(k) < k^2 + O(k^{36/23}),$$
$$k^2 - k + 1 \leq v_\delta(k) < k^2 + O(k^{36/23})$$

という評価を与えている．$k-1$ が素数ベキのときは，下の左側は等号がなりたつ．

表4 $v_\gamma, v_\delta$ の値と例集合

| $k$ | $v_\gamma(k)$ | $A$ の例 | $v_\delta(k)$ | $A$ の例 |
|---|---|---|---|---|
| 2 | 2 | {0,1} | 3 | {0,1} |
| 3 | 3 | {0,1,2} | 7 | {0,1,3} |
| 4 | 6 | {0,1,2,4} | 13 | {0,1,3,9} |
| 5 | 11 | {0,1,2,4,7} | 21 | {0,1,4,14,16} |
| 6 | 19 | {0,1,2,4,7,12} | 31 | {0,1,3,8,12,18} |
| 7 | 28 | {0,1,2,4,8,15,20} | 48 | {0,1,3,15,20,38,42} |
| 8 | 40 | {0,1,5,7,9,20,23,35} | 57 | {0,1,3,13,32,36,43,52} |
| 9 | 56 | {0,1,2,4,7,13,24,32,42} | 73 | {0,1,3,7,15,31,36,54,63} |
| 10 | 72 | {0,1,2,4,7,13,23,31,39,59} | 91 | {0,1,3,9,27,49,56,61,77,81} |

L. D. Baumert, *Cyclic Difference Sets*, Springer Lect. Notes Math. **182**, New York, 1971.

M. R. Best, A. E. Brouwer, F. J. MacWilliams, A. M. Odlyzko & N. J. A. Sloane, Bounds for binary codes of length less than 25, *IEEE Trans. Inform. Theory*, **IT-24**(1978) 81–93.

F. T. Boesch & Li Xiao-Ming, On the length of Golomb's rulers, *Math. Appl.*, **2**(1989) 57–61; *MR* **91h**:11015.

J. H. Conway & N. J. A. Sloane, *Sphere Packings, Lattices and Groups*, Springer-Verlag, New York, 1988.

P. Erdős & H. Hanani, On a limit theorem in combinatorical analysis, *Publ. Math. Debrecen*, **10**(1963) 10–13.

T. A. Evans & H. Mann, On simple difference sets, *Sankhyā*, **11**(1951) 357–364; *MR* **13**, 899.

Richard A. Gibbs & Peter J. Slater, Distinct distance sets in a graph, *Discrete Math.*, **93**(1991) 155–165.

M. J. E. Golay, Note on the representation of 1, 2, ..., $n$ by differences, *J. London Math. Soc.*(2), **4**(1972) 729–734; *MR* **45** #6784.

R. L. Graham & N. J. A. Sloane, Lower bounds for constant weight codes, *IEEE Trans. Inform. Theory*, **IT-26**(1980) 37–43; *MR* **81d**:94026.

R. L. Graham & N. J. A. Sloane, On additive bases and harmonious graphs, *SIAM J. Algebraic Discrete Methods*, **1**(1982) 382–404; *MR* **82f**:10067.

M. Hall, Cyclic projective planes, *Duke Math. J.*, **14**(1947) 1079–1090; *MR* **9**, 370.

S. V. Konyagin & A. P. Savin, Universal rulers (Russian), *Mat. Zametki*, **45**(1989) 136–137; *MR* **90k**:51038.

John Leech, On the representation of 1, 2, ..., $n$ by differences, *J. London Math. Soc.*, **31**(1956) 160–169; *MR* **19**, 942f.

John Leech, Another tree labelling problem, *Amer. Math. Monthly* **82**(1975) 923–925.

F. J. MacWilliams & N. J. A. Sloane, *The Theory of Error-Correcting Codes*, North-Holland, 1977.

J. C. P. Miller, Difference bases: three problems in the additive theory of numbers, A. O. L. Atkin & B. J. Birch (editors) *Computers in Number Theory*, Academic Press, London, 1971, pp. 299–322; *MR* **47** #4817.

J. Schönheim, On maximal systems of k-tuples, *Stud. Sci. Math. Hungar.*, **1**(1966) 363–368.

R. G. Stanton, J. G. Kalbfleisch & R. C. Mullin, Covering and packing designs, *Proc. 2nd Conf. Combin. Math. Appl.*, Chapel Hill, 1970, 428–450.

Herbert Taylor, A distinct distance set of 9 nodes in a tree of diameter 36, *Discrete Math.*, **93**(1991) 167–168.

B. Wichmann, A note on restricted difference bases, *J. London Math. Soc.*, **38**(1963) 465–466; *MR* **28** #2080.

**OEIS:** A007187, A034470.

## C11　異なる元の和をもつ 3 タイプの集合

**C9**(シドン数列) と **E28**($B_2$-数列) の概念を一般化して，$h$ 個の元の和が異なるような集合として，$B_h$-数列を定義することができる．$[1,n]$ における $B_h$-数列の最大元数を $A_h(n)$ とするとき，ボース-チャウラは

$$A_h(n) \geq n^{1/h}(1+o(1))$$

を示した．逆向きの不等式に関して，ジャーは，$h=2k$ のとき

$$A_h(n) \leq k^{1/2k}(k!)^{1/k}n^{1/h}(1+o(1))$$

を示した．$h=2k-1$ に対して，チェンとグラハムは独立に，評価

$$A_h(n) \leq (k!)^{2/(2k-1)}n^{1/h}(1+o(1))$$

を示し，$h=3$ のときに，グラハムはもう少し良い評価

$$A_3(n) \leq \left(4-\tfrac{1}{228}\right)^{1/3}n^{1/3}(1+o(1))$$

を得ている．

マーティン・ヘルムは，$A(n) \sim \alpha n^{1/3}$ 項を含むような数列は $B_3$-数列になりえないことを示した．

無限数列の場合に，エルデーシュは，

$$¿ \quad \liminf \frac{A_h(n)}{n^{1/h}} = 0 \quad ?$$

かどうかの証明に 500 ドルの賞金を懸けた．$h=2$ のときはエルデーシュ自身が，$h=4$ のときはナッシュ，$h=6$ のときはジャーが解答した．より一般に，偶数 $h=2k$ に対し，チェンが

$$\liminf A_h(n)\left(\frac{\ln n}{n}\right)^{\frac{1}{h}} < \infty$$

を示した．$h$ が奇数のときの証明は未解決問題である．

チェン-クローヴ論文は電気工学の分野における $B_h$-数列に関する文献を収めている．

W. C. Babcock, Intermodulation interference in radio systems, *Bell Systems Tech. J.*, **32**(1953) 63–73.

R. C. Bose & S. Chowla, *Report Inst. Theory of Numbers*, Univ. of Colorado, Boulder, 1959, p. 335.

R. C. Bose & S. Chowla, Theorems in the additive theory of numbers, *Comment. Math. Helvet.*, **37**(1962-63) 141–147.

Sheng Chen, On size of finite Sidon sequences, *Proc. Amer. Math. Soc.*, (to appear).

Sheng Chen, A note on $B_{2k}$-sequences, *J. Number Theory*, bf(1994)

Sheng Chen, On Sidon sequences of even orders, *Acta Arith.*, **64**(1993) 325–330.

Chen Wen-De & Torliev Kløve, Lower bounds on multiple difference sets, *Discrete Math.*, **98**(1991) 9–21; *MR* 93a:05028.

S. W. Graham, Upper bounds for $B_3$-sequences, Abstract 882-11-25, *Abstracts Amer. Math. Soc.*, **14**(1993) 416.

S. W. Graham, Upper bounds for Sidon sequences, (preprint 1993).

D. Hajela, Some remarks on $B_h[g]$-sequences, *J. Number Theory*, **29**(1988) 311–323; *MR* **90d**:11022.

Martin Helm, On $B_{2k}$-sequences, *Acta Arith.*, **63**(1993) 367–371; *MR* **95c**:11029.

Martin Helm, A remark on $B_{2k}$-sequences, *J. Number Theory*, **49**(1994) 246–249; *MR* **96b**:11024.

Martin Helm, On $B_3$-sequences, *Analytic Number Theory, Vol. 2 (Allerton Park, 1995)* 465–469, *Progr. Math.*, **139**, Birkhäuser, Boston, 1996; *MR* **97d**:11040.

Martin Helm, On the distribution of $B_3$-sequences, *J. Number Theory*, **58** (1996) 124–129; *MR* **97d**11041.

Jia Xing-De, On $B_6$-sequences, *Qufu Shifan Daxue Xuebao Ziran Kexue Ban*, **15**(1989) 7–11; *MR* **90j**:11022.

Jia Xing-De, on $B_{2k}$-sequences, *J. Number Theory*, (to appear).

T. Kløve, Constructions of $B_h[g]$-sequences, *Acta Arith.*, **58**(1991) 65–78; *MR* **92f**:11033.

Li An-Ping, On $B_3$-sequences, *Acta Math. Sinica*, **34**(1991) 67–71; *MR* **92f:** 11037.

B. Lindström, A remark on $B_4$-sequences, *J. Combin. Theory*, **7**(1969) 276–277.

John C. M. Nash, On $B_4$-sequences, *Canad. Math. Bull.*, **32**(1989) 446–449; *MR* **91e:** 11025.

Jukka Pihko, Proof of a conjecture of Selmer, *Acta Arith.*, **65**(1993) 117–135; *MR* **94k**:11010.

Alain Plagne, Removing one element from an exact additive basis, *J. Number Theory*, **87**(2001) 306–314; *MR* **2002d**:11014.

Imre Z. Ruzsa, An infinite Sidon sequence, *J. Number Theory*, **68**(1998) 63–71; *MR* **99a**:11014.

I. Z. Ruzsa, An almost polynomial Sidon sequence, *Studia Sci. Math. Hungar.*, **38**(2001) 367–375; *MR* **2002k**:11030.

Richard Warlimont, Über eine die Basen der natürlich Zahlen betreffende Ungleichung von Alfred Stöhr, *Arch. Math. (Basel)* **62**(1994) 227–229; *MR* **94m:** 11017.

R. Windecker, Eine Abschnittsbasis dritter Ordnung, *Kongel. Norske Vidensk. Selsk. Skrifter*, **9**(1976) 1–3.

## C12 郵便切手問題

**C9**の充填問題に双対的な被覆問題は少なくともロールバッハまで遡るものである.なじみ深い形で述べれば,郵便切手の整数デノミ問題となる[訳注:**C7**参照].すなわち,整数の集合$A_k = \{a_1, a_2, \ldots, a_k\}$で$1 = a_1 < a_2 < \cdots < a_k$のうち,たかだか$h$枚が封筒に貼れる―ある限界$h$(枚)までは切手を組み合わせて貼っていける,とすると

き, $x_i \geq 0$, $\sum_{i=1}^{k} x_i \leq h$ をみたす 1 次結合 $\sum_{i=1}^{k} x_i a_i$ の形で「表せない」最小の整数 $N(h, A_k)$ は？ 切手で表せる連続する整数の個数 $n(h, A_k) = N(h, A_k) - 1$ は $A_k$ の $h$-領域 ($h$-Reichweite) とよばれる．これに関連して，$A_k$ は位数 $h$ の**加法基底**あるいは $h$-**基底**とよばれる．最初の興味は，「大域問題」，すなわち，$h, k$ が与えられたとき，最大の $h$-領域 $n(h, k) = n(h, A_k^*) = \max_{A_k} n(h, A_k)$ をもつような**極大基底** $A_k^*$ を求めることにあった．最近では，「$h$ と特定の基底 $A_k$ が与えられたとき，$n(h, A_k)$ を求めよ」という局所的問題の方にも焦点が当てられている．

局所的問題が完全に解かれているのは，$k = 2$ と $k = 3$ の場合である．$h \geq a_2 - 2$ のとき，明らかに $n(h, A_2) = (h + 3 - a_2)a_2 - 2$ である．ロドセットは，連分数展開アルゴリズムに基づく一般的な方法を考案し，$n(h, A_3)$ の決定に用いている．この方法でセルマーは，(漸近的に) 99% $A_3$ をカバーするような明示公式を導いている．

$n(h, A_2)$ に対する類似の公式を用いてシュテールは

$$n(h, 2) = \lfloor (h^2 + 6h + 1)/4 \rfloor$$

を示した．

シャリトは局所的問題は **NP**-困難問題 NP であることを示した．[訳注：NP=Non-deterministically Polynomial 非決定論的に多項式時間で．]

$k = 3$ のとき，大域的問題はホフマイスターによって解かれた．とくに $h \geq 20$ に対し，

$$n(h, 3) = \tfrac{4}{3}(\tfrac{h}{3})^3 + 6(\tfrac{h}{3})^2 + Ah + B$$

を示した．ここで $A, B$ は $h$ の法 9 の剰余から定まる．モシゲは，

$$n(h, 4) \geq 2.008 \left(\tfrac{h}{4}\right)^4 + O(h^3)$$

を示し，また，カーフェル (未発表) とともにこの限界がシャープであることを証明した．カーフェルは，極限

$$c_k = \lim_{h \to \infty} \frac{n(h, k)}{(h/k)^k}$$

がすべての $k \geq 1$ に対して存在することも示している．コルスドルフは，

$$n(h, 5) \geq 3.06 \left(\tfrac{h}{5}\right)^5 + O(h^4)$$

を示した．

ムローズは，すべての正の整数 $h - 1, h_2, k_1, k_2$ に対し，

$$n(h_1 + h_2, k_1 + k_2) \geq (n(h_1, k_1) + 1) \cdot (n(h_2, k_2) + 1) \qquad (*)$$

を示し，$k_i$ ($i = 1, 2$) が固定されており，

$$n(h, k_i) \geq \alpha_i \left(\frac{h}{k_i}\right)^{k_i} + O(h^{k_i - 1})$$

のとき，

$$n(h, k_1 + k_2) \geq \alpha_1 \alpha_2 \left(\frac{h}{k_1 + k_2}\right)^{k_1+k_2} + O(h^{k_1+k_2-1})$$

なることを導いた．したがって，$x_i$ が $k = \sum_{i=1}^{5} ix_i$ となる固定された非負の整数のとき，

$$n(h, k) \geq (3.06)^{x_5} (2.008)^{x_4} \left(\frac{4}{3}\right)^{x_3} \left(\frac{h}{k}\right)^k + O(h^{k-1})$$

となる．

$k$ が固定されているときの最良の上限はロドセトによる

$$n(h, k) \leq \frac{(k-1)^{k-2}}{(k-2)!} \left(\frac{h}{k}\right)^k + O(h^{k-1})$$

である．

固定された $h$，とくに $h = 2$ の場合が詳しく研究され，1937 年にロールバッハは，$c_1 = 1$, $c_2 = 1.9968$ として

$$c_1 \left(\frac{k}{2}\right)^2 + O(k) \leq n(2, k) \leq c_2 \left(\frac{k}{2}\right)^2 + O(k)$$

を示した．その後，いくつかの改良を経て，現在のベストの評価は (ムローズによる) $c_1 = \frac{8}{7}$ と (クロッツによる) $c_2 = 1.9208$ である．ウィンデッカーは，

$$n(3, k) \geq \frac{4}{3} \left(\frac{k}{3}\right)^3 + \frac{16}{3} \left(\frac{k}{3}\right)^2 + O(k)$$

を示した．したがって再びムローズの $(*)$ により，$y_i$ が固定された非負整数で $h = \sum_{i=1}^{3} iy_i$ のとき，

$$n(h, k) \geq \left(\frac{4}{3}\right)^{y_3} \left(\frac{8}{7}\right)^{y_2} \left(\frac{k}{h}\right)^h + O(k^{h-1})$$

となる．

グラハム-スローン (**C9, C10** 参照) は，$k$ 元の整数集合 $A = \{0 = a_1 < a_2 < \cdots < a_k\}$ が存在して，$[1, n]$ の各 $r$ が $i < j$ $[i \leq j]$ であるような $i, j$ に対して，少なくとも 1 通りは $r = a_i + a_j$ と表せるような $n$ の最大値を $n_{\alpha(k)}$ $[n_{\beta(k)}]$ と定義している．ゆえに，$n_{\beta(k)}$ は上で $n(2, k-1)$ と書かれている量を表し，$n_{\alpha(k)}$ は異なる金額の 2 枚の切手 (金額 0 も許す) のデノミ問題に対応する．

表 5 では $n_{\alpha(k)}, n_{\beta(k)}$ の値が述べてある．

より一般の $n(h, k)$ の表は，ラノンによって作成され，モシゲにより拡張され，さらに最近ではチャリスの拡大表がある．

真剣にこの型の問題を研究されたい読者は，百科全書に相当するセルマーの 3 部作を読むべきである．文献が 121 編載せてある．ドゥジャワディ-ホフマイスターは 47 編の文献を含む有用なサーベイ論文を著した．

表5 $n_{\alpha(k)}$, $n_{\beta(k)}$ の値と例集合

| k | $n_\alpha(k)$ | A の例 | $n_\beta(k)$ | A の例 |
|---|---|---|---|---|
| 2 | 1 | {0,1} | 2 | {0,1} |
| 3 | 3 | {0,1,2} | 4 | {0,1,2} |
| 4 | 6 | {0,1,2,4} | 8 | {0,1,3,4} |
| 5 | 9 | {0,1,2,3,6} | 12 | {0,1,3,5,6} |
| 6 | 13 | {0,1,2,3,6,10} | 16 | {0,1,3,5,7,8} |
| 7 | 17 | {0,1,2,3,4,8,13} | 20 | {0,1,2,5,8,9,10} |
| 8 | 22 | {0,1,2,3,4,8,13,18} | 26 | {0,1,2,5,8,11,12,13} |
| 9 | 27 | {0,1,2,3,4,5,10,16,22} | 32 | {0,1,2,5,8,11,14,15,16} |
| 10 | 33 | {0,1,2,3,4,5,10,16,22,28} | 40 | {0,1,3,4,9,11,16,17,19,20} |
| 11 | 40 | {0,1,2,4,5,6,10,13,20,27,34} | 46 | {0,1,2,3,7,11,15,19,21,22,24} |
| 12 | 47 | {0,1,2,3,6,10,14,18,21,22,23,24} | 54 | {0,1,2,3,7,11,15,19,23,25,26,28} |
| 13 | 56 | {0,1,2,4,6,7,12,14,17,21,30,39,48} | 64 | {0,1,3,4,9,11,16,21,23,28,29,31,32} |
| 14 | 65 | {0,1,2,4,6,7,12,14,17,21,30,39,48,57} | 72 | {0,1,3,4,9,11,16,20,25,27,32,33,35,36} |

M. F. Challis, Two new techniques for computing extremal $h$-bases $A_k$, *Comput. J.*, **36**(1993) 117–126. [An updating of the appendix is available from the author.]

M. Djawadi & G. Hofmeister, The postage stamp problem, *Mainzer Seminarberichte, Additive Zahlentheorie*, **3**(1993) 187–195.

P. Erdős & R. L. Graham, On bases with an exact order, *Acta Arith.*, **37**(1980) 201–207; *MR* **82e**:10093.

P. Erdős & M. B. Nathanson, Partitions of bases into disjoint unions of bases, *J. Number Theory*, **29**(1988) 1–9; *MR* **89f**:11025.

Paul Erdős & Melvyn B. Nathanson, Additive bases with many representations, *Acta Arith.*, **52**(1989) 399–406; *MR* **91e**:11015.

Georges Grekos, Extremal problems about additive bases, *Acta Math. Inform. Univ. Ostraviensis*, **6**(1998) 87–92; *MR* **2002d**:11013.

N. Hämmerer & G. Hofmeister, Zu einer Vermutung von Rohrbach, *J. reine angew. Math.*, **286/287**(1976) 239–247; *MR* **54** #10181.

G. Hofmeister, Asymptotische Abschätzungen für dreielementige extremalbasen in natürlichen Zahlen, *J. reine angew. Math.*, **232**(1968) 77–101; *MR* **38** #1068.

G. Hofmeister, Die dreielementigen Extremalbasen, *J. reine angew. Math.*, **339**(1983) 207–214.

G. Hofmeister, C. Kirfel & H. Kolsdorf, Extremale Reichweitenbasen, No. 60, Dept. Pure Math., Univ. Bergen, 1991.

Jia Xing-De, On a combinatorial problem of Erdős and Nathanson, *Chinese Ann. Math. Ser. A*, **9**(1988) 555–560; *MR* **90i**:11018.

Jia Xing-De, On the order of subsets of asymptotic bases, *J. Number Theory* **37**(1991) 37–46; *MR* **92d**:11006.

Jia Xing-De, Some remarks on minimal bases and maximal nonbases of integers, *Discrete Math.*, **122**(1993) 357–362; *MR* **94k**:11013.

Jia Xing-De & Melvyn B. Nathanson, A simple construction of minimal asymptotic bases, *Acta Arith.*, **52**(1989) 95–101; *MR* **90g**:11020.

Jia Xing-De & Melvyn B. Nathanson, Addition theorems for $\sigma$-finite groups, The Rademacher legacy to mathematics (University Park, 1992) *Contemp. Math.*, **166**, Amer. Math. Soc., 1994, 275–284.

Christoph Kirfel, Extremale asymptotische Reichweitenbasen, *Acta Arith.*, **60**(1992) 279–288; *MR* **92m**:11012.

W. Klotz, Extremalbasen mit fester Elementeanzahl, *J. reine andew. Math.*, **237**(1969) 194–

220.

W. Klotz, Eine obere Schranke für die Reichweite einer Extremalbasis zweiter Ordnung, *J. reine angew. Math.*, **238**(1969) 161–168; *MR* **40** #117, 116.

W. F. Lunnon, A postage stamp problem, *Comput. J.*, **12**(1969) 377–380; *MR* **40** #6745.

L. Moser, On the representation of 1, 2, ..., $n$ by sums, *Acta Arith.*, **6**(1960) 11–13; *MR* **23** #A133.

Robert W. Owens, An algorithm to solve the Frobenius problem, *Math. Mag.*, **76**(2003) 264–275.

L. Moser, J. R. Pounder & J. Riddell, On the cardinality of $h$-bases for $n$, *J. London Math. Soc.*, **44**(1969) 397–407; *MR* **39** #162.

S. Mossige, Algorithms for computing the $h$-range of the postage stamp problem, *Math. Comput.*, **36**(1981) 575–582; *MR* **82e**:10095.

S. Mossige, On extremal $h$-bases $A_4$, *Math. Scand.*, **61**(1987) 5–16; *MR* **89e**:11008.

Svein Mossige, The postage stamp problem: the extremal basis for $k = 4$, *J. Number Theory*, **90**(2001) 44–61; *MR* **2003c**:11009.

A. Mrose, Untere Schranken für die Reichweiten von Extremalbasen fester Ordnung, *Abh. Math. Sem. Univ. Hamburg*, **48**(1979) 118–124; *MR* **80g**:10058.

J. C. M. Nash, Some applications of a theorem of M. Kneser, *J. Number Theory*, **44**(1993) 1–8; *MR* **94k**:11015.

John C. M. Nash, Freiman's theorem answers a question of Erdős, *J. Number Theory*, **27**(1987) 7–8; *MR* **88k**:11014.

Melvyn B. Nathanson, Extremal properties for bases in additive number theory, Number Theory, Vol. I (Budapest, 1987), *Colloq. Math. Soc. János Bolyai* **51**(1990) 437–446; *MR* **91h**:11009.

H. O. Pollak, The postage stamp problem, *Consortium*, **69**(1999) 3–5.

J. Riddell & C. Chan, Some extremal 2-bases, *Math. Comput.*, **32**(1978) 630–634; *MR* **57** #16244.

Ø. Rødseth, On $h$-bases for $n$, *Math. Scand.*, **48**(1981) 165–183; *MR* **82m**: 10034.

Øystein J. Rødseth, An upper bound for the $h$-range of the postage stamp problem, *Acta Arith.* **54**(1990) 301–306; *MR* **91h**:11013.

H. Rohrbach, Ein Beitrag zur additiven Zahlentheorie, *Math. Z.*, **42**(1937) 1–30; *Zbl.* **15**, 200.

H. Rohrbach, Anwendung eines Satzes der additiven Zahlentheorie auf eine gruppentheoretische Frage, *Math. Z.*, **42**(1937) 538–542; *Zbl.* **16**, 156.

Ernst S. Selmer, On the postage stamp problem with three stamp denominations, *Math. Scand.*, **47**(1980) 29–71; *MR* **82d**:10046.

Ernst S. Selmer, The Local Postage Stamp Problem, Part I General Theory, Part II The Bases $A_3$ and $A_4$, Part III Supplementary Volume, No. 42, 44, 57, Dept. Pure Math., Univ. Bergen, (86-04-15, 86-09-15, 90-06-12) ISSN 0332-5047. (Available on request.)

Ernst S. Selmer, On Stöhr's recurrent $h$-bases for $N$, *Kongel. Norske Vidensk. Selsk.*, Skr. 3, 1986, 15 pp.

Ernst S. Selmer, Associate bases in the postage stamp problem, *J. Number Theory*, **42**(1992) 320–336; *MR* **94b**:11012.

Ernst S. Selmer & Arne Rödne, On the postage stamp problem with three stamp denominations, II, *Math. Scand.*, **53**(1983) 145–156; *MR* **85j**:11075.

Ernst S. Selmer & Björg Kristin Selvik, On Rödseth's $h$-bases $A_k = \{1, a_2, 2a_2, \ldots, (k-2)a_2, a_k\}$, *Math. Scand.*, **68**(1991) 180–186; *MR* **92k**:11010.

Jeffrey Shallit, The computational complexity of the local postage stamp problem, *SIGACT News*, **33**(2002) 90–94.

H. S. Shulz, The postage-stamp problem, number theory, and the programmable calculator, *Math. Teacher*, **92**(1999) 20–26.

Alfred Stöhr, Gelöste und ungelöste Fragen über Basen der natürlichen Zahlenreihe I, II, *J. reine angew. Math.*, **194**(1955) 40–65, 111–140; *MR* **17**, 713.

OEIS: A014616.

## C13　対応する合同被覆問題，グラフの調和ラベル

**C10** が **C9** の充填問題の合同式版であったと同様，本節は **C12** の被覆問題の合同式版である．

グラハム-スローンは，$n_\gamma(k)$ $[n_\delta(k)]$ を導入することによってつごう 8 個の関数を定義した．法 $n$ の剰余類 $k$ 元からなる集合 $A = \{0 = a_1 < a_2 < \cdots < a_k\}$ で，各 $r$ が，$i < j$ $[i \le j]$ の $i, j$ によって，$r \equiv a_i + a_j \bmod n$ のように少なくとも 1 通り以上で表されるような最大の $n$ を $n_\gamma(k)$ $[n_\delta(k)]$ で表す．

表 6　$n_\gamma$, $n_\delta$ の値と例集合

| $k$ | $n_\gamma(k)$ | $A$ の例 | $n_\delta(k)$ | $A$ の例 |
|---|---|---|---|---|
| 2 | 1 | — | 3 | {0,1} |
| 3 | 3 | {0,1,2} | 5 | {0,1,2} |
| 4 | 6 | {0,1,2,4} | 9 | {0,1,3,4} |
| 5 | 9 | {0,1,2,4,7} | 13 | {0,1,2,6,9} |
| 6 | 13 | {0,1,2,3,6,10} | 19 | {0,1,3,12,14,15} |
| 7 | 17 | {0,1,2,3,4,8,13} | 21 | {0,1,2,3,4,10,15} |
| 8 | 24 | {0,1,2,4,8,13,18,22} | 30 | {0,1,3,9,11,12,16,26} |
| 9 | 30 | {0,1,2,4,10,15,17,22,28} | 35 | {0,1,2,7,8,11,26,29,30} |
| 10 | 36 | {0,1,2,3,6,12,19,20,27,33} | | |

$v$ 個の頂点と $e \ge v$ 個の辺からなる連結グラフで頂点 $x$ に異なるラベル $l(x)$ がついており，辺 $xy$ のラベルを $l(x) + l(y)$ とするとき，辺のラベルが法 $e$ の剰余類の完全代表系をなすようなものを調和グラフとよんだ．($e = v - 1$ のときの) ツリーも，1 つの頂点のラベルのみをダブらせて，辺のラベルが $\bmod\, v - 1$ の剰余類の完全代表系をなすとき，調和ツリーとよばれる．合同被覆問題との関係は，頂点の数が $v$ 個の任意の調和グラフの辺の最大個数が $n_\gamma(v)$ であるということである．

たとえば，図 6 から，集合 {0,1,2,4,7} によって $n_\gamma(5) = 9$ が実現され，したがって，頂点 5 個の調和グラフには最大数 9 個の辺が存在する (図6)．

グラハム-スローンは，調和グラフをグレースフルグラフ (優美グラフ) と比較参照している．グレースフルグラフ (あるいはグラフがグレースフルである) とは，頂点のラベルが $[0, e]$ から選ばれ，辺のラベルがすべて $|l(x) - l(y)|$ ——これらはすべて異なる $[1, e]$ の値をとる——から計算できるものをいう．

ツリーは調和かつグレースフルと予想されているが，いまだ証明されていない．サイクル $C_n$ は $n$ が奇数のとき調和で，$n \equiv 0$ または $3 \bmod 4$ のとき，グレースフルである．フレンドシップグラフあるいは風車グラフは，$n \not\equiv 2 \bmod 4$ のとき調和であり，$n \equiv 0$ または $1 \bmod 4$ のとき，グレースフルである．扇グラフおよび車輪グラフは，

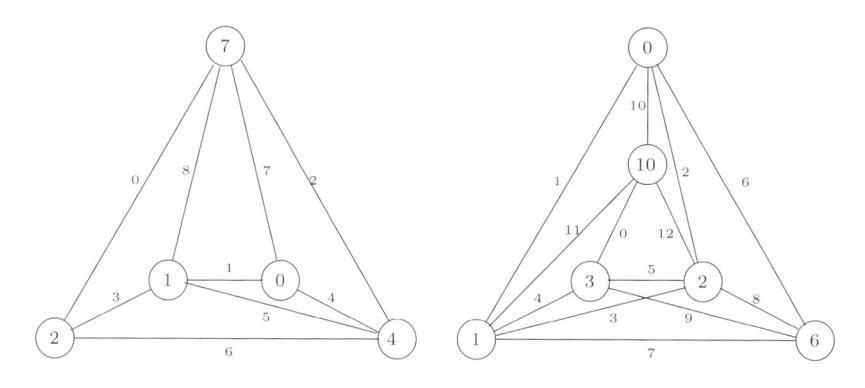

図 6　最大調和グラフ

ピーターセングラフと同様，調和かつグレースフルである．5 個のプラトン立体のグラフは当然グレースフルである．すべて調和的であろうと予測するであろうが，立方体と正八面体のグラフは調和的でない．ジョセフ・ガリャンは，グラフのラベリングの文献をアップデートし続けている．

Joseph A. Gallian, A survey – recent results, conjectures and open problems in labeling graphs, *J. Graph Theory*, **13**(1989) 491–504; *MR* **90k**:05132.
B. Liu & X. Zhang, On harmonious labelings of graphs, *Ars Combin.*, **36**(1993) 315–326.

## C14　和が属さないような最大集合

**和が属さないよう (サムフリー) な最大集合．** $a_1, a_2, \ldots, a_n$ が任意の異なる自然数のとき，そのうちから $l$ を選んで，$1 \leq j < k \leq l, 1 \leq m \leq n$ に対して，$a_{i_j} + a_{i_k} \neq a_m$ となるような最大の $l$ を $l(n)$ と表す．ここで $j \neq k$ となるのは，$j = k$ のときは，$\{a_i = 2^i \mid 1 \leq i \leq n\}$ となって，$l(n) = 0$ となるからである．クラーナーの注意により，$l(n) > c \ln n$ である．一方，集合 $\{2^i + 0, \pm 1 \mid 1 < i \leq s + 1\}$ は $l(3s) < s + 3$ を示し，それゆえ $l(n) < \frac{1}{3}n + 3$ がしたがう．セルフリッジは，集合 $\{(3m+t)2^{m-i} \mid -i < t < i, 1 \leq i \leq m\}$ を用いてこの結果を拡張し，$l(m^2) < 2m$ を示した．チョイはふるい法を用いて，この結果をさらに $l(n) \ll n^{0.4+\epsilon}$ に改良した．

ネイル・カルキンは，ピーター・カメロンのサーベイ論文と本人自身の学位論文が，スティーヴン・フィンチの 0-加法 (和を含まない) 数列に関係があることを注意している (**C4** の文献参照)．フィンチは，$\{3, 4, 6, 9, 10, 17\}$ から始めて，それ以前の 2 個の異なる数の和で表されないような最小の整数を付け加えていくという操作で 150 万項まで求めた．(項差が最終的に周期的というような) 規則性は見出されなかったが，それは，最初の方に，不規則的な値を大量に含むからであろうと述べている．一方，カルキンは，

フィンチの予想には反例が得られるのではないかと予想している.

この問題は次のように一般化することができる. 各 $l$ に対し, $n_0 = n_0(l)$ が存在して, $n > n_0$ に対し, $a_1, a_2, \ldots, a_n$ が群の元で, そのどの 2 元の積も単位元でない: $a_{i_1} a_{i_2} \neq e$ (ここで $i_1, i_2$ は等しくてもよい. したがって, 位数 1, 2 の元は存在せず, 逆元がそれ自身であるような元も存在しないとする) とする. このとき, $a_i$ のうち $l$ 個は, $a_{i_j} a_{i_k} \neq a_m, 1 \leq j < k \leq l, 1 \leq m \leq n$ をみたすことを示せ. $l = 3$ のときでも証明されていない.

$a_1 x_1 + \ldots + a_k x_k = x_{k+1}$ が解をもたないような集合への一般化については, フナールとモレーの論文参照.

**E12, E32 参照.**

Harvey L. Abbott, On a conjecture of Funar concerning generalized sum-free sets, *Niew Arch. Wisk.*(4), **4**(1991) 249–252.

Noga Alon & Daniel J. Kleitman, Sum-free subsets, *A Tribute to Paul Erdős*, 13–26, Cambridge Univ. Press, 1990; *MR* **92f**:11020.

Jean Bourgain, Estimates related to sumfree subsets of sets of integers, *Israel J. Math.*, **97**(1997) 71–92; *MR* **97m**:11026.

Neil J. Calkin, Sum-free sets and measure spaces, PhD thesis, Univ. of Waterloo, 1988.

Neil J. Calkin, On the number of sum-free sets, *Bull. London Math. Soc.*, **22**(1990) 141–144; *MR* **91b**:11015.

Neil J. Calkin, On the structure of a random sum-free set of positive integers, *Discrete Math.*, **190**(1998) 247–257. 99f:11015

Neil J. Calkin & Peter J. Cameron, Almost odd random sum-free sets, *Combin. Probab. Comput.*, **7**(1998) 27–32; *MR* **99c**:11012.

Neil J. Calkin & Paul Erdős, On a class of aperiodic sum-free sets, *Math. Proc. Cambridge Philos. Soc.*, **120**(1996) 1–5; *MR* **97b**:11030.

Neil J. Calkin & Steven R. Finch, Conditions on periodicity for sum-free sets, *Experiment. Math.*, **5**(1996) 131–137; *MR* **98c**:11010.

Neil J. Calkin & Jan MacDonald Thomson, Counting generalized sum-free sets, *J. Number Theory*, **68**(1998) 151–159; *MR* **98m**:11010.

Peter J. Cameron, Portrait of a typical sum-free set, Surveys in Combinatorics 1987, *London Math. Soc. Lecture Notes*, **123**(1987) Cambridge Univ. Press, 13–42.

S. L. G. Choi, On sequences not containing a large sum-free subsequence, *Proc. Amer. Math. Soc.*, **41**(1973) 415–418; *MR* **48** #3910.

S. L. G. Choi, On a combinatorial problem in number theory, *Proc. London Math. Soc.*,(3) **23**(1971) 629–642; *MR* **45** #1867.

Louis Funar, Generalized sum-free sets of integers, *Nieuw Arch. Wisk.*(4) **8**(1990) 49–54; *MR* **91e**:11012.

Vsevolod Lev, Sharp estimates for the number of sum-free sets, *J. reine angew. Math.*, **555**(2003) 1–25.

Vsevolod Lev, Tomasz Łuczak & Tomasz Schoen, Sum-free sets in abelian groups, *Israel J. Math.*, **125**(2001) 347–367; *MR* **2002i**:11023.

Tomasz Łuczak & Tomasz Schoen, On infinite sum-free sets of integers, *J. Number Theory*, **66**(1997) 211–224.

Tomasz Łuczak & Tomasz Schoen, On strongly sum-free subsets of abelian groups, *Colloq. Math.*, **71**(1996) 149–151.

Pieter Moree, On a conjecture of Funar, *Nieuw Arch. Wisk.*(4) **8**(1990) 55–60; *MR* **91e**:11013.

Tomasz Schoen, The number of (2,3)-sum-free subsets of $\{1,\ldots,n\}$, *Acta Arith.*, **98**(2001) 155–163; *MR* **2002m**11014.

Anne Penfold Street, A maximal sum-free set in $A_5$, *Utilitas Math.*, **5**(1974) 85–91; *MR* **49** #7156.

Anne Penfold Street, Maximal sum-free sets in abelian groups of order divisible by three, *Bull. Austral. Math. Soc.*, **6**(1972) 317–318; *MR* **47** #5147.

P. Varnavides, On certain sets of positive density, *J. London Math. Soc.*, **34**(1959) 358–360; *MR* **21** #5595.

Edward T. H. Wang, On double-free set of integers, *Ars Combin.*, **28**(1989) 97–100; *MR* **90d**:11011.

Yap Hian-Poh, Maximal sum-free sets in finite abelian groups, *Bull. Austral. Math. Soc.*, **4**(1971) 217–223; *MR* **43** #2081 [and see *ibid*, **5**(1971) 43–54; *MR* **45** #3574; *Nanta Math.*, **2**(1968) 68–71; *MR* **38** #3345; *Canad. J. Math.*, **22**(1970) 1185–1195; *MR* **42** #1897; *J. Number Theory*, **5**(1973) 293–300; *MR* **48** #11356].

## C15  ゼロサムを含まない最大集合

エルデーシュ-ハイルブロンは，法 $m$ の異なる剰余類の集合でそのどの部分集合も 0 和を含まないようなもの (ゼロサムフリー集合) の元数の最大値 $k = k(m)$ を求めよという問題を提出した．たとえば，

$$1,\ -2,\ 3,\ 4,\ 5,\ 6$$

から $k(20) \geq 6$ がわかり，実際には等号がなりたつ．この例のパターンを見ることにより，

$$k \geq \lfloor (-1+\sqrt{8m+9})/2 \rfloor \qquad (m > 5)$$

が示される．$5 < m \leq 24$ では等号がなりたつ．しかしながら，セルフリッジは，$m$ が $2(l^2+l+1)$ の形のとき，集合

$$1,\ 2,\ \ldots,\ l-1,\ l,\ \tfrac{1}{2}m,\ \tfrac{1}{2}m+1,\ \ldots,\ \tfrac{1}{2}m+l$$

を考えることによって，

$$k \geq 2l+1 = \sqrt{2m-3}$$

なることに注意し，任意の偶数 $m$ に対しこの集合または，この集合から $l$ を除いたものが常にベストな結果を与えるであろうと予想している．たとえば $k(42) \geq 9$．

また $p$ が区間

$$\tfrac{1}{2}k(k+1) < p < \tfrac{1}{2}(k+1)(k+2)$$

の素数のとき，セルフリッジは，$k(p) = k$ で最大ゼロサムフリー集合は

$$1,\ 2,\ \ldots,\ k$$

であろうと予想している．$k(43) = 8$ がクレメント・ラムによって確認されており，したがって，$k$ は $m$ の単調関数ではない．

$k \geq \lfloor \sqrt{2m-3} \rfloor$ よりも鋭い不等式が知られている唯一の例は，$k(25) \geq \sqrt{50-1} = 7$ であり，ゼロサムフリー集合は $\{1, 6, 11, 16, 21, 5, 10\}$ である．$m$ が $25l(l+1)/2$ の

形で「奇数」ならば,ゼロサムフリー集合 $\{1, -2, 3, 4, \ldots\}$ を改良することができるが, $m$ が上述の形で「偶数」のときは,上述の (セルフリッジの) 構成法のほうが常によい結果を与える.

無限個の $m$ に対して, $k = \lfloor(-1+\sqrt{8m+9})/2\rfloor$ であるか?

$m$ がどのような値のとき,最大ゼロサムフリー集合で,その元がどれも $m$ と素にならないものが存在するか? たとえば, $m = 12$ のとき, $\{3,4,6,10\}$, $\{4,6,9,10\}$.「すべての」最大ゼロサムフリー集合がこの形であるような $m$ は存在するか?

エルデーシュ-ハイルブロンは, $p$ が素数で, $a_1, a_2, \ldots, a_k, k \geq 3(6p)^{1/2}$ が法 $p$ の異なる剰余類のとき,法 $p$ のすべての剰余類は, $\sum_{i=1}^{k} \epsilon_i a_i, \epsilon_i = 0,1$ の形に表せることを証明した.また $k > 2\sqrt{p}$ のときでもこの表示が可能であり, $2\sqrt{p}$ がベストポシブルであろうと予想した.この予想はオルソンによって証明された.エルデーシュ-ハイルブロンはさらに, $a_i + a_j, 1 \leq i < j \leq k$ の形の異なる剰余類の個数 $s$ は $\min\{p, 2k-3\}$ 以上であろうと予想した.部分的な解答がマンスフィールド,ロドセト,フライマン,ロウ-ピットマンにより与えられた後,ディアス・ダ・シルヴァ-ハミドウンが, $A^h$ で $A \subseteq \mathbb{Z}/p\mathbb{Z}, |A| = k$ なる $A$ の異なる $h$ 個の元のすべての和を表すとき, $|A^h| \geq \min\{p, hk-h^2+1\}$ を証明する形で完全解決した.ネイサンソンは証明を簡易化し,さらにルージャとともに, $A, B \subseteq \mathbb{Z}/p\mathbb{Z}, |A| = k > l = |B|$ のとき, $|\{a+b : a \in A, b \in B, a \neq b\}| \geq \min\{p, k+l-2\}$ を示した.

同じ問題をより一般の群に対して考えることができる.たとえば, $A$ が,群 $G_n = \mathbb{Z}_n \times \mathbb{Z}_n$ の長さ $g$ の元の列で,長さ $n$ の $A$ のゼロサム部分列が存在するような最小の $g$ を $s(G_n)$ と書けば, $s(G_n) > 4n-4$ が示される – $(0,0), (0,1), (1,0), (1,1)$ の $n-1$ 個ずつのコピーを含む列を考えればよい.ケムニッツは すべての $n$ に対して, $s(G_n) = 4n-3$ を予想した.ロニャイは,すべての素数 $p$ に対し, $s(G_p) \leq 4p-2$ を,ガオが素数のところを素数ベキで替えた場合に対応する結果を得た.タンガドゥライの論文も参照.

N. Alon, & M. Dubiner, Zero-sum sets of prescribed size, *Combinatorics, Paul Erdős is eighty*, Vol. 1, 33–50, *Bolyai Soc. Math. Stud.*, János Bolyai Math. Soc., Budapest, 1993; *MR* **94j**:11016.

Noga Alon, Melvyn B. Nathanson & Imre Ruzsa, Adding distinct congruence classes modulo a prime, *Amer. Math. Monthly*, **102**(1995) 250–255; *MR* **95k**:11009.

Noga Alon, Melvyn B. Nathanson & Imre Ruzsa, The polynomial method and restricted sums of congruence classes, *J. Number Theory*, **56**(1996) 404–417; *MR* **96k**:11011.

A. Bialostocki & P. Dierker, On the Erdős-Ginzburg-Ziv theorem and the Ramsey numbers for stars and matchings, *Discrete Math.*, **110**(1992) 1–8; *MR* **94a**:05147.

Arie Bialostocki, Paul Dierker & David Grynkiewicz, On some developments of the Erdős-Ginzburg-Ziv theorem, II, *Acta Arith.*, **110**(2003) 173–184.

A. Bialostocki & M. Lotspeich, Some developments of the Erdős-Ginzburg-Ziv theorem, I, *Sets, Graphs & Numbers (Budapest, 1991)*, *Colloq. Math. Soc. János Bolyai*, **60**(1992), North-Holland, Amsterdam, 97–117; *MR* **94 k**:11021.

W. Brakemeier, *Ein Beitrag zur additiven Zahlentheorie*, Dissertation, Tech. Univ. Braunschweig 1973.

W. Brakemeier, Eine Anzahlformel von Zahlen modulo $n$, *Monatsh. Math.*, **85**(1978) 277–282.

Cao Hui-Qin & Sun Zhi-Wei, On sums of distinct representatives, *Acta Arith.*, **87**(1998) 159–169; *MR* **99k**:11021.

A. L. Cauchy, Recherches sur les nombres, *J. École Polytech.*, **9**(1813) 99–116.

H. Davenport, On the addition of residue classes, *J. London Math. Soc.*, **10**(1935) 30–32.

H. Davenport, A historical note, *J. London Math. Soc.*, **22**(1947) 100–101.

J. M. Deshouillers, P. Erdős $ A. Sárközi, On additive bases, *Acta Arith.*, **30**(1976) 121–132; *MR* **54** #5165.

Jean-Marc Deshouillers & Étienne Fouvry, On additive bases, II, *J. London Math. Soc.*(2), **14**(1976) 413–422; *MR* **56** #2951.

J. A. Dias da Silva & Y. O. Hamidoune, Cyclic spaces for Grassmann derivatives and additive theory, *Bull. London Math. Soc.*, **26**(1994) 140–146; see also *Linear Algebra Appl.*, **141**(1990) 283–287; *MR* **91i**:15004.

Shalom Eliahou & Michel Kervaire, Restricted sums of sets of cardinality $1+p$ in a vector space over $F_p$, *Discrete Math.*, **235**(2001) 199–213; *MR* **2002e**:11023.

R. B. Eggleton & P. Erdős, Two combinatorial problems in group theory, *Acta Arith.*, **21**(1972) 111–116; *MR* **46** #3643.

P. Erdős, Some problems in number theory, in *Computers in Number Theory*, Academic Press, London & New York, 1971, 405–413.

P. Erdős, A. Ginzburg & A. Ziv, A theorem in additive number theory, *Bull. Res. Council Israel Sect. F Math. Phys.*, **10F**(1961/62) 41–43.

P. Erdős & H. Heilbronn, On the addition of residue classes mod $p$, *Acta Arith.*, **9**(1964) 149–159; *MR* **29** #3463.

Carlos Flores & Oscar Ordaz, On the Erdős-Ginzburg-Ziv theorem, *Discrete Math.*, **152**(1996) 321–324; *MR* **97b**:05260.

G. A. Freiman, *Foundations of a Structural Theory of Set Addition*, Transl. Math. Monographs, **37**(1973), Amer. Math. Soc., Providence RI.

Gregory A. Freiman, Lewis Low & Jane Pitman, Sumsets with distinct summands and the Erdős-Heilbronn conjecture on sums of residues. Structure theory of set addition, *Astérisque*, **258**(1999) 163–172; *MR* **2000j**:11036.

Luis Gallardo & Georges Grekos, On Brakemeier's variant of the Erdős-Ginzberg-Ziz problem, *Tatra Mt. Math. Publ.*, **20**(2000) 91–98; *MR* **2002e**:11014.

L. Gallardo, G. Grekos, L. Habsieger, B. Landreau & A. Plagne, Restricted addition in $Z/nZ$ and an application to the Erdős-Ginzburg-Ziv theorem, *J. London Math. Soc.*(2), **65**(2002) 513–523; *MR* **2003b**:11011.

L. Gallardo, G. Grekos & J. Pihko, On a variant of the Erdős-Ginzburg-Ziv problem, *Acta Arith.*, **89**(1999) 331–336; *MR* **2000k**:11026.

Gao Wei-Dong, An addition theorem for finite cyclic groups, *Discrete Math.*, **163**(1997) 257–265; *MR* **97k**:20039.

Gao Wei-Dong, Addition theorems for finite abelian groups, *J. Number Theory*, **53**(1995) 241–246; *MR* **96i**:20070.

Gao Wei-Dong, On zero-sum subsequences of restricted size, *J. Number Theory*, **61**(1996) 97–102; II. *Discrete Math.* **271**(2003) 51–59; III. *Ars Combin.*, **61**(2001) 65–72; *MR* **97m**:11027; **2003e**:11019.

Gao Wei-Dong, On the Erdős-Ginsburg-Ziv theorem—a survey, *Paul Erdős and his mathematics (Budapest)*, 1999 76–78, János Bolyai Math. Soc., Budapest 1999.

Gao Wei-Dong, Note on a zero-sum problem, *J. Combin. Theory Ser. A*, **95**(2001) 387–389; *MR* **2002i**:11016.

Gao Wei-Dong & Alfred Geroldinger, On zero-sum sequences in $Z/nZ \oplus Z/nZ$, *Electr. J. Combin. Number Theory*, **3**(2003) A8.

Gao Wei-Dong & Y. O. Hamidoune, Zero sums in abelian groups, *Combin. Probab. Comput.*,

7(1998) 261–263; *MR* **99h**:05118.

David J. Grynkiewicz, On four coloured sets with nondecreasing diameter and the Erdős-Ginzburg-Ziv theorem, *J. Combin. Theory Ser. A*, **100**(2002) 44–60; *MR* **2003i**:11032..

Y. O. Hamidoune, A. S. Lladó & O. Serra, On restricted sums, *Combin. Probab. Comput.*, **9**(2000) 513–518; *MR* **2002a**:20059.

Yahya Ould Hamidoune, Oscar Ordaz & Asdrubal Ortuño, On a combinatorial theorem of Erdős, Ginzburg and Ziv, *Combin. Probab. Comput.*, **7**(1998) 403–412; *MR* **2000c**:05146.

Yahya Ould Hamidoune & Gilles Zémor, On zero-free subset sums, *Acta Arith.*, **78**(1996) 143–152; *MR* **97k**:11023.

H. Harborth, Ein Extremalproblem für Gitterpunkte, *J. reine angew. Math.*, **262/263**(1973) 356–360; *MR* **48** #6008.

N. Hegyvári, F. Hennecart & A. Plagne, A proof of two Erdős' conjectures on restricted addition and further results, *J. reine angew. Math.*, **560**(2003) 199–220.

F. Hennecart, Additive bases and subadditive functions, *Acta Math. Hungar.*, **77**(1997) 29–40; *MR* **99a**:11013.

François Hennecart, Une propriété arithmétique des bases additives. Une critère de non-base, *Acta Arith.*, **108**(2003) 153–166; *MR* **2004c**:11012.

Hou Qing-Hu & Sun Zhi-Wei, Restricted sums in a field, *Acta Arith.*, **102**(2002) 239–249; *MR* **2003e**:11025.

A. Kemnitz, On a lattice point problem, *Ars Combin.*, **16**(1983) 151–160; *MR* **85c**:52022.

J. H. B. Kemperman, On small sumsets in an abelian group, *Acta Math.*, **103**(1960) 63–88; *MR* **22** #1615.

Vsevolod F. Lev, Restricted set addition in groups: I. The classical setting, *J. London Math. Soc.*(2), **62**(2000) 27–40; *MR* **2001g**:11024.

Li Zheng-Xue, Liu Hui-Qin & Gao Wei-Dong, A conjecture concerning the zero-sum problem, *J. Math. Res. Exposition*, **21**(2001) 619–622; *MR* **2002i**:11018.

Liu Jian-Xin & Sun Zhi-Wei, A note on the Erdős-Ginsburg-Ziv theorem, *Nanjing Daxue Xuebao Kiran Kexue Ban*, **37**(2001) 473–476; *MR* **2002j**:11014.

Henry B. Mann & John E. Olsen, Sums of sets in the elementary abelian group of type $(p,p)$, *J. Combin. Theory*, **2**(1967) 275–284.

R. Mansfield, How many slopes in a polygon? *Israel J. Math.*, **39**(1981) 265–272; *MR* **84j**:03074.

Melvyn B. Nathanson, Ballot numbers, alternating products, and the Erdős-Heilbronn conjecture, *The Mathematics of Paul Erdős*, I 199–217, *Algorithms Combin.*, **13** Springer Berlin 1997; *MR* **97i**11008.

Melvyn B. Nathanson, *Additive number theory. Inverse problems and the geometry of sumsets*, Graduate Texts in Mathematics, **165**, Springer-Verlag, New York, 1996; *MR* **98f**:11011.

M. B. Nathanson & I. Z. Ruzsa, Sums of different residues modulo a prime, 1993 preprint.

John E. Olsen, An addition theorem modulo $p$, *J. Combin. Theory*, **5**(1968) 45–52.

John E. Olsen, An addition theorem for the elementary abelian group, *J. Combin. Theory*, **5**(1968) 53–58.

Pan Hao & Sun Zhi-Wei, A lower bound for $|\{a+b\colon a\in A, b\in B, P(a,b)\neq 0\}|$, *J. Combin. Theory Ser. A* **100**(2002) 387–393; *MR* **2003k**:11016.

J. M. Pollard, A generalisation of the theorem of Cauchy and Davenport, *J. London Math. Soc.*, **8**(1974) 460–462.

J. M. Pollard, Addition properties of residue classes, *J. London Math. Soc.*, **11**(1975) 147–152.

U.-W. Rickert, *Über eine Vermutung in der additiven Zahlentheorie*, Dissertation, Tech. Univ. Braunschweig 1976.

Øystein J. Rødseth, Sums of distinct residues mod $p$, *Acta Arith.*, **65**(1993) 181–184; *MR* **94j**:11004.

Øystein J. Rødseth, On the addition of residue classes mod $p$, *Monatsh. Math.*, **121**(1996) 139–143; *MR* **97a**:11009.

Lajos Rónyai, On a conjecture of Kemnitz, *Combinatorica*, **20**(2000) 569–573; *MR* **2001k**:11025.

C. Ryavec, The addition of residue classes modulo $n$, *Pacific J. Math.*, **26** (1968) 367–373.

Sun Zhi-Wei, Restricted sums of subsets of $\mathbb{Z}$, *Acta Arith.*, **99**(2001) 41–60; *MR* **2002j**:11016.

Sun Zhi-Wei, Unification of zero-sum problems, subset sums and covers of $\mathbb{Z}$, *Electr. Res. Announcements, Amer. Math. Soc.*, **9**(2003) 51–60.

B. Sury & R. Thangadurai, Gao's conjecture on zero-sum sequences, *Proc. Indian Acad. Sci. Math. Sci.*, **112**(2002) 399–414; *MR* **2003k**:11029.

E. Szemerédi, On a conjecture of Erdős and Heilbronn, *Acta Arith.*, **17**(1970-71) 227–229.

R. Thangadurai, On a conjecture of Kemnitz, *C.R. Math. Acad. Sci. Soc. R. Can.*, **23**(2001) 39–45; *MR* **2002i**:11017.

R. Thangadurai, Non-canonical extensions of Erdős-Ginzburg-Ziv theorem, *Integers*, **2**(2002) Paper A7, 14pp.; *MR* **2003d**:11025.

R. Thangadurai, Interplay between four conjectures on certain zero-sum problems, *Expo. Math.*, **20**(2002) 215–228; *MR* **2003f**:11023.

R. Thangadurai, On certain zero-sum problems in finite abelian groups, *Current trends in number theory* (*Allahabad*, 2000) 239–254, Hindustan Book Agency, 2002; *MR* **2003f**:11031.

Wang Chao[2], Note on a variant of the Erdős-Ginzburg-Ziv problem, *Acta Arith.*, **108**(2003) 53–59; *MR* **2004c**:11020.

**OEIS:** A034463.

## C16 | 非平均集合，非整除集合

整数 $0 \leq a_1 < a_2 < \cdots < a_n \leq x$ の集合 $A$ が非平均集合であるとは，どの $a_i$ も，2個以上の元からなる $A$ のどの部分集合の算術平均にならないことを意味する．定義はエルデーシュ-ストラウスによる．非平均集合の元の最大数を $f(x)$，$[0,x]$ の整数の集合の部分集合 $B$ で，その異なるどの2つの部分集合も同じ算術平均をもたないものの元の最大数を $g(x)$，また異なる元数をもつどの2つの部分集合も同じ算術平均をもたないような集合 $B$ の元の最大数を $h(x)$ で表すとき，エルデーシュ-ストラウス，および以下に引用する著者らによって ($\log x = (\ln x)/(\ln 2)$ を底2の対数として)

$$\frac{1}{4}\log x + O(1) < \log f(x) < \frac{1}{2}(\log x + \log \ln x) + O(1)$$

$$\frac{1}{2}\log x - 1 < g(x) < \log x + O(\ln \ln x)$$

が示された．また $f(x) = \exp(c\sqrt{\ln x}) = o(x^\epsilon)$, $h(x) = (1+o(1))\log x$ が予想されている (第2版では $h(x)$ の式にミスがあった)．

エルデーシュのもともとの問題は，$[0,x]$ の整数で，どれも他の2つの和を割らないような整数の最大個数 $k(x)$ を求めよというものであった．このような集合を非整除集合とよぶ．非整除集合は明らかに非平均集合であり，それゆえ $k(x) \leq f(x)$ である．ストラウスは，$k(x) \geq \max\{f(x/f(x)), f(\sqrt{x})\}$ を示した．

$n$ 個の整数からなる集合「すべて」が，大きさ $m$ の非平均集合を含むような最大の

$m$ を $l(m)$ で表すとき,アボットは $l(n) > n^{1/13-\epsilon}$ を証明した.
**C14–16, E10–14** 参照.

H. L. Abbott, On a conjecture of Erdős and Straus on non-averaging sets of integers, *Congr. Numer. XV, Proc. 5th Brit. Combin. Conf., Aberdeen*, 1975, 1–4; *MR* **53** #10752.
H. L. Abbott, Extremal problems on non-averaging and non-dividing sets, *Pacific J. Math.*, **91**(1980) 1–12; *MR* **82j**:10005.
H. L. Abbott, On nonaveraging sets of integers, *Acta Math. Acad. Sci. Hungar.*, **40**(1982) 197–200; *MR* **84g**:10090.
H. L. Abbott, On the Erdős–Straus non-averaging set problem, *Acta Math. Hungar.* **47**(1986) 117–119; *MR* **88e**:11010.
Á. P. Bosznay, On the lower estimation of non-averaging sets, *Acta Math. Hungar.*, **53**(1989) 155–157; *MR* **90d**:11016.
Fan R. K. Chung & John L. Goldwasser, Integer sets containing no solution to $x+y=3z$, *The Mathematics of Paul Erdős, I* 218–227, *Algorithms Combin.*, **13** Springer Berlin 1997.
P. Erdős & A. Sárközy, On a problem of Straus, *Disorder in physical systems*, Oxford Univ. Press, New York, 1990, pp. 55–66; *MR* **91i**:11012.
P. Erdős & E. G. Straus, Non-averaging sets II, in *Combinatorial Theory and its Applications* II, *Colloq. Math. Soc. János Bolyai* **4**, North-Holland, 1970, 405–411; *MR* **47** #4804.
E. G. Straus, Non-averaging sets, *Proc. Symp. Pure Math.*, **19**, Amer. Math. Soc., Providence 1971, 215–222.

**OEIS:** A036779, A037021.

## C17 最小重複問題

最小重複問題 $\{a_i\}$ を $1 \le a_i \le 2n$ の $n$ 個の異なる整数の集合,$\{b_j\}$ を,$1 \le b_j \le 2n$ で $b_j \ne a_i$ であるような補助集合とする.$M_k$ を $a_i - b_j = k$ $(-2n < k < 2n)$ の解の個数,$M = \min \max_k M_k$ とする.ここで最小値は,上述のすべての整数の集合 $\{a_i\}$ に関してとる.エルデーシュは $M > n/4$ を,シャークは,それを $M > (1 - 2^{-1/2})n$ に,シフィエルチュコフスキは,$M > (4-\sqrt{6})n/5$ に改良した.レオ・モーザーは,さらに $M > \sqrt{2}(n-1)/4, M > \sqrt{4-\sqrt{15}}(n-1)$ まで改良した.上からの評価に関しては,モーツキン-ラルストン-セルフリッジが例を与えて $M < 2n/5$ を示し,エルデーシュの予想 $M = \frac{1}{2}n$ を反証した.$M \sim cn$ となる $c$ はあるか?

$M(n)$ の最初のいくつかの値は次の通り.

| $n$ | 1 | 2 | 3 | 4 | 5 | 6 | 7 | 8 | 9 | 10 | 11 | 12 | 13 | 14 | 15 |
|---|---|---|---|---|---|---|---|---|---|---|---|---|---|---|---|
| $M(n)$ | 1 | 1 | 2 | 2 | 3 | 3 | 3 | 4 | 4 | 5 | 5 | 5 | 6 | 6 | 6 |

$M(n)$ の値がこの表から $\lfloor 5(n+3)/13 \rfloor$ でありそうであるのは,少数の法則による.実際,ホーグランドは,$M(n) \le tn_0$ となるある $n_0$ があれば,$\limsup M(i)/i \le t$ で,この 'sup' は省略することができ,また上述モーザーの結果で '−1' をオミットすることができることを証明している.さらに,スウィンナートン-ダイヤーの定理を用いて,上限を $\lim M(n)/n \le 0.38200298812318988\ldots$ に改良している.

レオ・モーザーは，$\{a_i\}$ の濃度が $n$ でなく，$k$—ここである実の $\alpha$, $0 < \alpha < 1$ に対し，$k = \lfloor \alpha n \rfloor$ —の場合に対応する問題を問うている．

密接に関連した問題にチプセルの問題がある．$a_1 < a_2 < \ldots < a_n$ が任意の整数のとき，$k \geq 0$ に対し，$A_k = \{a_1+k, a_2+k, \ldots, a_n+k\}$ とする．$M_k$ を $A_0$ にない $A_k$ の元の個数とし，$M = \min_{A_0} \max_{0 < k \leq n} M_k$ とする．チプセルは，$n/2 \leq M \leq 2n/3$ を証明し，$M = 2n/3$ を予想した．カッツ-シュニッツァーは，$n \geq 26$ に対し，$M > 0.6n$ を示し，モーザー-ムルデシュワルは，連続ヴァージョンを研究している．

P. Erdős, Some remarks on number theory (Hebrew, English summary), *Riveon Lematematika*, **9**(1955) 45–48; *MR* **17**, 460.

Jan Kristian Haugland, Advances in the minimum overlap problem, *J. Number Theory*, **58**(1996) 71–78; *MR* **99c**:11031.

M. Katz & F. Schnitzer, On a problem of J. Czipszer, *Rend. Sem. Mat. Univ. Padova* **44**(1970) 85–90; *MR* **45** #8540.

L. Moser, On the minimum overlap problem of Erdős, *Acta Arith.*, **5**(1959) 117–119; *MR* **21** #5594.

L. Moser & M. G. Murdeshwar, On the overlap of a function with its translates, *Nieuw Arch. Wisk.*(3), **14**(1966) 15–18; *MR* **33** #4218.

T. S. Motzkin, K. E. Ralston & J. L. Selfridge, Minimum overlappings under translation, *Bull. Amer. Math. Soc.*, **62**(1956) 558.

S. Swierczkowski, On the intersection of a linear set with the translation of its complement, *Colloq. Math.*, **5**(1958) 185-197; *MR* **21** #1955.

## C18　$n$ 個のクイーンの問題

$n \times n$ のチェス盤でどのます目もクイーンがあるかクイーンが攻撃できるような配置にクイーンを最小限何個おけるか？　ベルジュは，この問題をグラフ理論のことばで次のように表した．$n^2$ 個の頂点をもつグラフで，2 個の頂点が同じ行，同じ列あるいは対角線にあるとき，その 2 つを結んだものの最小の外部安定集合を求めよ．ベルジュの記号では，クイーンの場合 $\beta = 5$ (図 7 左)，ビショップのとき $\beta = 8$ (図 7 中央)，ナイトのとき $\beta = 12$ (図 7 右) である．

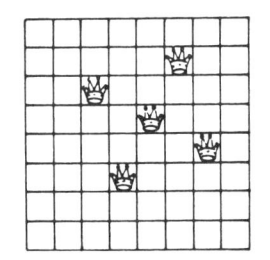

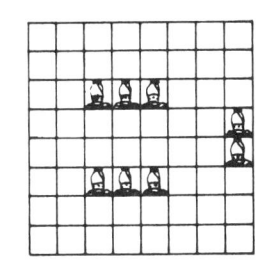

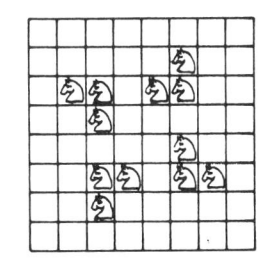

図 7　クイーン，ビショップ，ナイトによるチェス盤の最小被覆

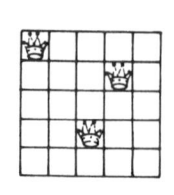

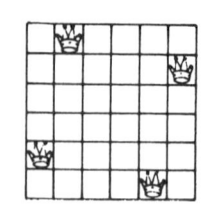

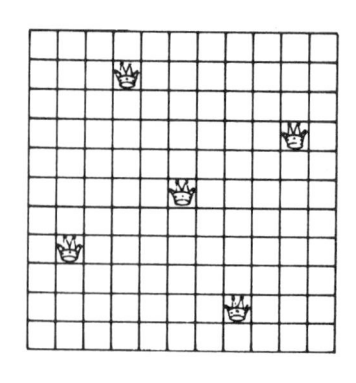

**図 8** $n = 5, 6, 11$ に対し,$n \times n$ 盤のクイーンによる被覆

駒どうしが互いを守り合うという条件はついていないが,クイーンとビショップの場合は,この条件もなりたっており,ナイトの場合にはなりたっていない.チェスのルールでは,どの駒も自分のます目を攻撃できないため,2種類の問題が生ずる.たとえば,ヴィクター・ミーリーは,クイーンが互いに守れるとすると,$6 \times 6$盤では3個のクイーン (a6, c2, e4),$7 \times 7$ 盤では 4 個で十分であることに注意している.

$n \times n$ 盤クイーン問題に対し,クライチックは,次の表を作成した.

| $n$ | 5 | 6 | 7 | 8 | 9 | 10 | 11 | 12 | 13 | 14 | 15 | 16 | 17 |
|---|---|---|---|---|---|---|---|---|---|---|---|---|---|
| クイーンの数 | 3 | 4 | 5 | 5 | 5 | 5 | 5 | 6 | 7 | 8 | 9 | 9 | 9 |

$n = 5, 6, 11$ の場合に対応する配置を図 8 に示した.

1 から $2n$ までの整数を $n$ 個の対 $a_i, b_i$ に分けて,$2n$ 個の数 $a_i \pm b_i$ が 1 個ずつ,法 $2n$ の剰余類のそれぞれに入るようにすることは不可能であることがわかる.少し条件を緩めて,$2n$ 個の数 $a_i \pm b_i$ は異なるとして,シェン-シェンは次の例を与えた.$n = 3$ のとき 1, 5; 2, 3; 4, 6; $n = 6$ のとき 1, 10; 2, 6; 3, 9; 4, 11; 5, 8; 7, 12; $n = 8$ のとき 1, 10; 2, 14; 3, 16; 4, 11; 5, 9; 6, 12; 7, 15; 8, 13. セルフリッジは $n \geq 3$ のとき常に解が存在することを示した.各 $n$ に対し,解はいくつあるか?

この問題に $b_i = i$ $(1 \leq i \leq n)$ という条件を加えると,反射クイーン問題になる: $n$ 個のクイーンを $n \times n$ のチェス盤において,どの 2 つも同じ行,列にも対角線上にもないようにせよ.ここで 0 列目の中央においた鏡による反射を対角線上にないことで代用した (図 9).

この問題に対しても,各 $n$ に対し,回転と反射によって得られる解を区別するかしないかのそれぞれの場合に,解の個数を考察することができる.

昔からある形で述べれば,$n$ 個のクイーンを互いに攻撃しないように $n \times n$ 盤に並べ,その並べ方の数 $Q(n)$ を考察せよとなる.またトロイダル盤の場合も同様の問題とその並べ方の個数 $T(n)$ が問題になる.ポリア (アーレンス論文,pp. 363–374 参照) は $n \perp 6$ のとき $T(n) > 0$ を証明した.リヴィン-ヴァルディ-ジマーマンは,

## C18. $n$ 個のクイーンの問題

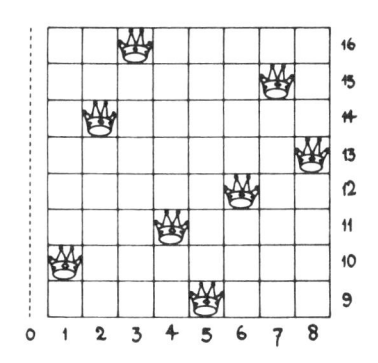

図 9 反射クイーンの問題の解

$$\lim_{\substack{n \to \infty \\ n \perp 6}} \frac{\ln T(n)}{n \ln n}, \quad \lim_{n \to \infty} \frac{\ln Q(n)}{n \ln n}$$

がどちらも正であろうと予想し, $n = 1, 2, \ldots, 20$ のときの $Q(n)$ の値を引用している.

1, 0, 0, 2, 10, 4, 40, 92, 352, 724, 2680, 14200, 73712, 365596, 2279184,

14772512, 95815104, 666090624, 4968057848, 39029188884.

また彼らは

| $n$ | 5 | 7 | 11 | 13 | 17 | 19 | 23 |
|---|---|---|---|---|---|---|---|
| $T(n)$ | 10 | 28 | 88 | 4524 | 140692 | 820496 | 128850048 |

も与えている.

対角線が他方の対角線に続いていくようなモデュラー チェス盤に対し, ヘデンは, 互いに攻撃しないクイーンの最大数を $M(n)$ とするとき, $\gcd(n,6) = 1$, $\gcd(n,12) = 2$, $\gcd(n,12) = 3$ または 4, $\gcd(n,12) = 6$, $\gcd(n,12) = 12$ に対し, $n$, $n-1$, $n-2$, $n-4 \leq M(n) \leq n-2$, $n-5 \leq M(n) \leq n-2$ をそれぞれ示した. 最初の 2 つの場合には $M(n) = n-2$ であろうと予想し, $M(24) = 22$ も示している.

マリオ・ヴェルッチは, $n$ 個のクイーンを $n \times n$ 盤においたとき,「攻撃を受けない」ます目の最大数を問うた.

| $n$ | 4 | 5 | 6 | 7 | 8 | 9 | 10 | 11 | 12 | 13 | 14 | 15 | 16 | 17 | 18 | 19 |
|---|---|---|---|---|---|---|---|---|---|---|---|---|---|---|---|---|
| max | 1 | 3 | 5 | 7 | 11 | 18 | 22 | 30 | 36 | 47 | 56 | 72 | 82 | 97 | 111 | 132 |
| $n$ | 20 | 21 | 22 | 23 | 24 | 25 | 26 | 27 | 28 | 29 | 30 | | | | | |
| max | 145 | 170 | 186 | 216 | 240 | 260 | 290 | 324 | 360 | 381 | 420 | | | | | |

を与え, $n \geq 14$ に対して示した値は「おそらく … であろう」と述べている. 彼はまた, クイーンの数が盤の辺の数に必ずしも等しくない場合に同じ問題を問うている.

W. Ahrens, *Mathematische Unterhaltungen und Spiele*, Vol. 1, B. G.Teubner, Leipzig 1921.

Claude Berge, *Theory of Graphs*, Methuen, 1962, p. 41.

Paul Berman, Problem 122, *Pi Mu Epsilon J.*, **3** (1959-64) 118, 412.

A. Bruen & R. Dixon, The $n$-queens problem, *Discrete Math.*, **12**(1975) 393–395; *MR* **51** #12555.

E. J. Cockayne & S. T. Hedetniemi, A note on the diagonal queens domination problem, DM-301-IR, Univ. of Victoria, BC, March 1984.

B. Gamble, B. Shepherd & E. T. Cockayne, Domination of chessboards by queens on a column, DM-318-IR, Univ. of Victoria, BC, July 1984.

Solomon W. Golomb & Herbert Taylor, Constructions and properties of Costas arrays, Dept. Elec. Eng., Univ. S. California, July 1981–Oct. 1983.

B. Hansche & W. Vucenic, On the $n$-queens problem, *Notices Amer. Math. Soc.*, **20**(1973) A-568.

Olof Heden, On the modular $n$-queens problem, *Discrete Math.*, **102**(1992) 155–161; *MR* **93d**:05041; II, **142**(1995) 97–106; *MR* **96e**:51007; III, **243**(2002) 135–150; *MR* **2002m**:51003.

G. B. Huff, On pairings of the first $2n$ natural numbers, *Acta テソ Arith.*, **23**(1973) 117–126.

D. A. Klarner, The problem of the reflecting queens, *Amer. Math. Monthly* **74**(1967) 953–955; *MR* **40** #7123.

Torleiv Kløve, The modular $n$-queen problem, *Discrete Math.*, **19**(1977) 289–291; *MR* **57** #2952; II, **36**(1981) 33–48; *MR* **82k**:05034.

Maurice Kraitchik, *Mathematical Recreations*, Norton, New York, 1942, 247–256.

Scott P. Nudelman, The modular $n$-queens problem in higher dimensions, *Discrete Math.*, **146**(1995) 159–167; *MR* **97b**:11028.

Patric R. J. Östergård & William D. Weakley, Values of domination numbers of the queen's graph, *Electron. J. Combin.*, **8**(2001) R29, 19pp.; *MR* **2002f**:05122.

Igor Rivin, Ilan Vardi & Paul Zimmermann, The $n$-queens problem, *Amer. Math. Monthly*, **101**(1994) 629–639; *MR* **95d**:05009.

J. D. Sebastian, Some computer solutions to the reflecting queens problem, *Amer. Math. Monthly*, **76**(1969) 399–400; *MR* **39** #4018.

J. L. Selfridge, Pairings of the first $2n$ integers so that sums and differences are all distinct, *Notices Amer. Math. Soc.*, **10**(1963) 195.

Shen Mok-Kong & Shen Tsen-Pao, Research Problem 39, *Bull. Amer. Math. Soc.*, **68** (1962) 557.

B. Shepherd, B. Gamble & E. T. Cockayne, Domination parameters for the bishops graph, DM-327-IR, Univ. of Victoria, BC, Oct. 1884.

M. Slater, Problem 1, *Bull. Amer. Math. Coc.*, **69**(1963) 333.

P. H. Spencer & E. J. Cockayne, An upper bound for the domination number of the queens graph, DM-376-IR, Univ. of Victoria, BC, June 1985.

Ilan Vardi, Computational Recreations in *Mathematica*©, Addison-Wesley, Redwood City CA, 1991, Chap. 6.

**OEIS:** A000170, A002562, A065256.

## C19 弱独立数列は,強独立数列の有限個の和集合であるか?

正の整数 $a_1 < a_2 < \cdots < a_k$ の集合で,$\sum c_i a_i = 0$ ($c_i$ はすべてが 0 ではない整数) のとき,少なくとも 1 つの $c_i < -1$ となるとき,セルフリッジはこの数列を独立とよんだ.引き出し論法により,$k$ 個の正の整数が独立なら,$a_1 \geq 2^{k-1}$ が容

易に示される．セルフリッジは，次の問題に 10 ドル提供している: $k$ 個の独立な数列 $a_i = 2^k - 2^{k-i}$ $(1 \leq i \leq k)$ は最大数が $2^k$ より小であるような唯一の集合か？ この数列は $a_1 = 2^{k-1}$ となる唯一のものである．

正の整数の (無限) 列 $\{a_i\}$ は，$\epsilon_i = 0, \pm 1$ で有限個を除いて $\epsilon_i = 0$ であるような任意の関係式 $\sum \epsilon_i a_i = 0$ からすべての $i$ に対し，$\epsilon_i = 0$ がしたがうとき，**弱独立**であるといわれる．$\epsilon_i = 0, \pm 1, \pm 2$ まで許して同じ関係がなりたつとき，$\{a_i\}$ は**強独立**であるという．リチャード・ホールは，任意の弱独立列は強独立列の有限個の和集合であるかどうかを問うている．

J. L. Selfridge, Problem 123, *Pi Mu Epsilon J.*, **3**(1959-64) 118, 413–414.

## C20 | 平方数の和

整数を $s$ 個の平方数の和で表す表し方の数の公式を求める問題が問われてから久しい．しかし，最近，志村は，$2 \leq s \leq 8$ の場合の公式を与えた．このうち，$s$ が奇数の場合は新しいものである．スティーヴン・ミルンは $s = 4n^2$, $s = 4n(n+1)$ の場合を与えた．チャン-チュアの論文も参照．

ポール・トゥランは，互いに素な 4 個の平方数の和で表される正の整数，すなわち，$n = x_1^2 + x_2^2 + x_3^2 + x_4^2$ で $x_i \perp x_j$ $(1 \leq i < j \leq 4)$ となるような $n$ の特徴づけの問題を提出した．リーチは，$x_i$ のうちたかだか 1 個が偶数であり，それゆえ，$n \equiv 3, 4, 7 \mod 8$ であることに注意した．同様に，$n \equiv 2 \mod 3$ の数はこのように表せない．

トゥランは，またすべての正の整数はたかだか 5 個の互いに素な平方数の和で表せるであろうと予想したが，モンコフスキ (**B5** の参考文献) が，$k \geq 2$ のとき，$4^k(24l + 15)$ はこのように表せないことを注意した．また，$3n = x_1^2 + \ldots + x_5^2$ とすれば，$x_i$ のうち 2 個が 3 で割れなければならないから，「ちょうど」5 個の互いに素な平方数の和で表されないような任意に大きい整数が存在する．実際，$24k + 7$ の形の素数 2 個の積は 10 個より少ない互いに素な平方数の和では表せない．リーチは 9 個がレコードかどうかを問うている．

256 個の例—そのうち最大のものは 1167 である—を除き，すべての整数はたかだか 5 個の「合成数」の平方和として表される．

$p$ を $p \geq 5$ の素数とするとき，チャウラは，すべての正の整数は，集合 $\{(p^2-1)/24\}$ のたかだか 4 個の元の平方の和で表せると予想した．4 個の元を必要とする最小の数は 33 である．

これらの問題を，ライトが以前に得た少し容易な場合の結果と比較するとよい．ライトの結果は，たとえば $\lambda_1, \ldots, \lambda_4$ が和が 1 であるような実数のとき，十分大きい奇数の約数をもつようなすべての $n$ は，$n = m_1^2 + \ldots + m_4^2$ と表され，$|m_i^2 - \lambda_i n| = o(n)$ なることを主張する．5 個あるいはそれ以上の平方数の場合にも，3 個の平方数の場合

(この場合，当然 $n$ は $4^k(8l+7)$ の形でない) にも同様の結果を得ている.

「異なる」平方数の和としての表示: 0 も平方数の 1 つと考えるとき, ゴードン・ポールの定理 2, 3 を引用して，筆者は，それ以前の結果を訂正・明瞭化した. ゴードン・ポールの定理はより広く知られる価値がある.

4 個の正の平方数 $\geq 0$ の和で表せない整数 $> 0$ は, $4^h a$ の形のもので, $h = 0, 1, 2, \ldots$, $a = 1, 3, 5, 7, 9, 11, 13, 15, 17, 19, 23, 25, 27, 31, 33, 37, 43, 47, 55, 67, 73, 97, 103$ または $2, 6, 10, 18, 22, 34, 58, 82$ である.

異なる 5 個の平方数の和で表されないような整数 $> 0$ は, 1–29, 31–38, 40–45, 47–49, 52, 53, 56, 58–61, 64, 67–69, 72, 73, 76, 77, 80, 83, 89, 92, 96, 97, 101, 104, 108, 112, 124, 128, 136, 137, 188, 224 である.

0 を平方数と考えないときに，ハルター・コッホは，412 より大で，8 で割れないすべての整数は，4 個の異なる (0 でない) 平方数の和であり，また 157 より大のすべての奇数もそうであることを証明した. ハルター・コッホはまた, 245 より大のすべての整数は 5 個の異なる (0 でない) 平方数の和であり, 333 より大のすべての整数は, 6 個の同様の和, 390 より大のすべての整数は 7 個, 462 より大の整数はすべて 8 個, ..., 1036 より大の整数はすべて 12 個の同様の平方和であることも示した. ベイトマン-ヒルデブランド-パーディは，ハルター・コッホの論文の続編を著した.

ステファン・ポルプスキィは，キャッセルスの結果を用いて R. E. ドレスラーの問題を肯定的に解決した. 正の整数 $k$ に対し，十分大のすべての整数は異なる素数の $k$ 乗の和になるか？

また，色々な種類の多角形数のできるだけ少ない個数の和として表せるかという問題が考えられる. たとえば，ガウスの有名な 1796 年 7 月 10 日の日記に

$$\text{EΥPHKA!} \qquad \text{num} = \triangle + \triangle + \triangle$$

という記述がある. すなわち，すべての整数が 3 個の三角数 [訳注: $\frac{1}{2}m(m+1)$ の形の数] の和で表されることを発見したのである. [訳注: むろんアルキメデスの浮力発見時のことばのもじりである. 文献中のアンドリュースの論文のタイトルにもあり, この後 7 行の記述は **D3** の記述とまったく同様であるが，そのまま訳してある.] 六角数 $r(2r-1)$ に対しても，負のランクの六角数 $r(2r+1)$ まで許せば，答は同じであるが，負のランクのものを除けば, 11 と 26 を表すためには，正のランクの六角数が 6 個必要である. すべての十分大きい整数は, 3 個の六角数の和で表せるか？ 同じことであるが, 十分大の $8n+3$ の形の数は, $4r-1 \; (r>0)$ の形の数の 3 個の平方数の和で表されるか？ 五角数 $\frac{1}{2}r(3r-1)$ の場合に対応する問題は, $24n+3$ の形の十分大きいすべての整数は, $6r-1$ の形の 3 個の平方数の和で表されるか？ となる.

シンツェル-シェルピンスキは, 2 個の連続する平方数の和で表される素数が無限個存在すること，それゆえ, 2 個の正の三角数の和でないような三角数が無限個存在することを予想している.

マイケル・ヒルシュホルンは, 4 個の異なる奇数の平方数の和はすべて 4 個の異なる

偶数の平方数の和になるというゴスパーの予想を証明した．$n \equiv 4 \bmod 8$ のとき（したがって，[訳注：上記ハルター・コッホの定理より] 少なくとも 4 個の奇数の平方和への分解が可能），$n$ を 4 個の異なる奇数の平方数の和に分割する数は，4 個の異なる偶数の平方数の和への分割の数の 2 倍マイナス 3 個の異なる偶数の平方数の和への分割の数に等しい．

カプランスキー-エルキースは，$z$ が負の値もとれるとき，すべての整数は $x^2 + y^2 + z^3$ の形に書けることを示した．また，$y, z$ を正の整数に限るとき，$n = x^2 + y^3 + z^3$ の形に書けない例外数は有限個であると予想した．

G. E. Andrews, EΥPHKA! num = △ + △ + △, *J. Number Theory*, **23**(1986) 285–293.

Paul T. Bateman, Adolf Hildebrand & George B. Purdy, Expressing a positive integer as a sum of a given number of distinct squares of positive integers, *Acta Arith.*, **67**(1994)349–380; *MR* **95j**:11092.

Claus Bauer, A note on sums of five almost equal prime squares, *Arch. Math. (Basel)* **69**(1997) 20–30; *MR* **98c**:11110.

Claus Bauer, Liu Ming-Chit & Zhan Tao, On a sum of three prime squares, *J. Number Theory)*, **85**(2000) 336–359; *MR* **2002e**:11135.

Jan Bohman, Carl-Erik Fröberg & Hans Riesel, Partitions in squares, *BIT*, **19**(1979) 297–301; see Gupta's *MR* **80k**:10043.

Jörg Brüdern & Étienne Fouvry, Lagrange's four squares theorem with almost prime variables, *J. reine angew. Math.*, **454**(1994) 59–96; *MR* **96e**:11125.

J. W. S. Cassels, On the representation of integers as the sums of distinct summands taken from a fixed set, *Acta Sci. Math. Szeged*, **21**(1960) 111–124; *MR* **24** #A103.

Chan Heng-Huat & Chua Kok-Seng, Representations of integers as sums of 32 squares, *Ramanujan J.*, (to appear)

Noam Elkies & Irving Kaplansky, Problem 10426, *Amer. Math. Monthly*, **102**(1995) 70; solution, Andrew Adler, **104**(1997) 574.

John A. Ewell, On sums of triangular numbers and sums of squares, *Amer. Math. Monthly*, **99**(1992) 752–757; *MR* **93j**:11021.

Andrew Granville & Zhu Yi-Liang, Representing binomial coefficients as sums of squares, *Amer. Math. Monthly* **97**(1990) 486–493; *MR* **92b**:11009.

Emil Grosswald & L. E. Mattics, Solutions to problem E 3262, *Amer. Math. Monthly*, **97**(1990) 240–242.

F. Halter-Koch, Darstellung natürliche Zahlen als Summe von Quadraten, *Acta Arith.*, **42**(1982) 11–20; *MR* **84b**:10025.

D. R. Heath-Brown & D. I. Tolev, Lagrange's four squares theorem with one prime and three almost-prime variables, *J. reine angew. Math.*, **558**(2003) 159–224; *MR* **2004c**:11180.

Michael D. Hirschhorn, On partitions into four distinct squares of equal parity, *Australas. J. Combin.*, **24**(2001) 285–291; *MR* **2002f**:05019.

Michael D. Hirschhorn, On sums of squares, *Austral. Math. Soc. Gaz.*, **29**(2002) 86–87.

Michael D. Hirschhorn, Comment on 'Dissecting squares', Note 87.33 *Math. Gaz.*, **87**(Jul 2003) 286–287.

Michael D. Hirschhorn & James A. Sellers, On representations of a number as a sum of three triangles, *Acta Arith.*, **77**(1996) 289–301; *MR* **97e**:11119.

Michael D. Hirschhorn & James A. Sellers, Some relations for partitions into four squares, *Special functions (Hong Kong, 1999)* 118–124, World Sci. Publishing, River Edge NJ, 2000; *MR* **2001k**:11201.

James G. Huard & Kenneth S. Williams, Sums of sixteen squares, *Far East J. Mat. Sci,*, **7**(2002)

147–164; *MR* **2003m**:11059.

James G. Huard & Kenneth S. Williams, Sums of twelve squares, *Acta Arith.*, **109**(2003) 195–204; *MR* **2004a**:11029.

Lin Jia-Fu, The number of representations of an integer as a sum of eight triangular numbers, *Chinese Quart. J. Math.*, **15**(2000) 66–68; *MR* **2002e**:11049.

Liu Jian-Ya & Zhan Tao, On sums of five almost equal prime squares, *Acta Arith.*, **77**(1996) 369–383; *MR* **97g**:11113; II, *Sci. China Ser.*, **41**(1998) 710–722; *MR* **99h**:11115.

Stephen C. Milne, Infinite families of exact sums of squares formulas, Jacobi elliptic functions, continued fractions, and Schur functions. Reprinted from *Ramanujan J.*, **6**(2002) 7–149; *MR* **2003m**:11060. With a preface by George E. Andrews. *Developments in Mathematics*, **5**, Kluwer Academic Publishers, Boston MA, 2002; see also *Proc. Nat. Acad. Sci. U.S.A.*, **93**(1996) 15004–15008; *MR* **99k**:11162.

Hugh L. Montgomery & Ulrike M. A. Vorhauer, Greedy sums of distinct squares, *Math. Comput.*, **73**(2004) 493–513.

G. Pall, On sums of squares, *Amer. Math. Monthly*, **40**(1933) 10–18.

V. A. Plaksin, Representation of numbers as a sum of four squares of integers, two of which are prime, *Soviet Math. Dokl.*, **23**(1981) 421–424; transl. of *Dokl. Akad. Nauk SSSR*, **257**(1981) 1064–1066; *MR* **82h**:10027.

Štefan Porubský, Sums of prime powers, *Monatsh. Math.*, **86**(1979) 301–303.

A. Schinzel & W. Sierpiński, *Acta Arith.*, **4**(1958) 185–208; erratum, **5**(1959) 259; *MR* **21** #4936.

W. Sierpiński, Sur les nombres triangulaires qui sont sommes de deux nombres triangulaires, *Elem. Math.*, **17**(1962) 63–65.

Goro Shimura, The representation of integers as sums of squares, *Amer. J. Math.*, **124**(2002) 1059–1081; *MR* **20031**:11049.

R. P. Sprague, Über zerlegungen in ungleiche Quadratzahlen, *Math. Z.*, **51** (1949) 289–290; *MR* **10** 283d.

E. M. Wright, The representation of a number as a sum of five or more squares, *Quart. J. Math. Oxford*, **4**(1933) 37–51, 228–232.

E. M. Wright, The representation of a number as a sum of four 'almost proportional' squares, *Quart. J. Math. Oxford*, **7**(1936) 230–240.

E. M. Wright, Representation of a number as a sum of three or four squares, *Proc. London Math. Soc.*(2), **42**(1937) 481–500.

**OEIS:** A002808, A0224702, A055075, A055078.

## C21 高次ベキ和

異なる自然数の $k$ 乗の和で「表せない」ような最大の整数を $s_k$ で表すとき,スプラーグは $s_2 = 128$ を示し,グラハムは $s_3 = 12758$ をレポートした.リンは独自の方法で $s_4 = 5134240$ を示した.カム・パターソンは,ふるい法とリッヒャルトの結果を用いて,$s_5 = 67898771$ を得た.

ブリューデルンは,十分大のすべての $n$ は,17個の異なるベキ $x_1^2 + x_2^3 + \cdots + x_{17}^{18}$ で表せることを証明した.フォードはこれを 15 に,後に 14 にまで改良した.

ブリューデルンは,ほとんどすべての正の整数 $m \equiv 4 \bmod 18$ は,3個の素数の3乗と $P_4$ の3乗の和で表せることを示した.ここで $P_r$ はたかだか $r$ 個の素因数を含む [訳

注：概素数である C1 参照]．川田は $P_3$ に改良した．

Jörg Brüdern, Sums of squares and higher powers, I. II. *J. London Math. Soc.* (2), **35**(1987) 233–243, 244–250; *MR* **88f**:11096.

Jörg Brüdern, A problem in additive number theory, *Math. Proc. Cambridge Philos. Soc.*, **103**(1988) 27–33; *MR* **89c**:11150.

Jörg Brüdern, *Ann. Sci. École Norm. Sup.*, **28**(1995) 461–476; *MR* **96e**:11126.

Stephan Daniel, On gaps between numbers that are sums of three cubes, *Mathematika*, **44**(1997) 1–13; *MR* **98c**:11105.

Kevin B. Ford, The representation of numbers as sums of unlike powers, *J. London Math. Soc.* (2), **51**(1995) 14–26; *MR* **96c**:11115.

Kevin B. Ford, The representation of numbers as sums of unlike powers, II, *J. Amer. Math. Soc.*, **9**(1995) 919–940; *MR* **97g**:11111.

R. L. Graham, Complete sequences of polynomial values, *Duke Math. J.*, **31**(1964) 275–285; *MR* **29** #63.

Koichi Kawada, Note on the sums of cubes of primes and an almost prime, *Arch. Math. (Basel)* **69**(1997) 13–19; *MR* **98f**:11105.

Lin Shen, Computer experiments on sequences which form integral bases, in J. Leech (editor) *Computational Problems in Abstract Algebra*, 365–370, Pergamon, 1970.

Cameron Douglas Patterson, *The Derivation of a High Speed Sieve Device*, PhD thesis, The Univ. of Calgary, March 1992.

H. E. Richert, Über zerlegungen in paarweise verschiedene zahlen, *Norsk Mat. Tidskrift*, **31**(1949) 120–122.

Fernando Rodriguez Villegas & Don Zagier, Which primes are sums of two cubes? *Number Theory (Halifax NS, 1994)* 295–306, *CMS Conf. Proc.*, **15**, Amer. Math. Soc., 1995.

R. P. Sprague, Über zerlegungen in $n$-te Potenzen mit lauter verschiedenen Grundzahlen, *Math. Z.*, **51**(1948) 466–468; *MR* **10** 514h.

# D ディオファンタス方程式

「ディオファンタス方程式論を一言で表現すれば，整数係数の多項式型方程式 $f(x_1, x_2, \cdots, x_n) = 0$ の有理数・整数解研究ということになり，過去何世紀を遡ってみても，プロアマを問わずこれほど多くの数学者を引き付けた分野は絶無であり，これほど多量の論文が発表された分野もまた皆無である.」

上述のくだりは，1969 年，ロンドン・アカデミック社刊のモーデルの著書『ディオファンタス方程式論』序文からの引用であり，本章では，他章に増して取捨選択的にならざるをえないことを予見している．興味をひかれた読者は，このモーデルの書を参照されるとよい．モーデルの書は，現在までにわかっていることすべておよび多数の未解決問題が網羅されており，解説は完璧でありながら平易であり，一読の価値がある．代数曲線上の有理点の理論はかなり整備されているといってよい状況であるから，一般論が未だ十分でない高次元の場合に局限して議論を進める．

## D1　等ベキ数の和，オイラーの予想

「この定理 (フェルマーの最終定理) が一般化できそうだと考えた幾何学者は過去数多く存在したようである．和または差がまた立方数であるような 2 個の立方数が存在しないのと同様，その和が 4 乗数になるような 3 個の 4 乗数は存在せず，その和が 4 乗数になるためには，少なくとも 4 個の 4 乗数を必要とするであろうことはほとんど確実であると思われるにもかかわらず，今日まで何人もかくなる 4 個の 4 乗数を発見していない．同様に，その和が 5 乗数であるような 4 個の 5 乗数は存在しないであろうと思われる．高次の場合も類似の結果が予想される．」

上述のオイラーの叙述 [訳注：以下オイラーの予想として言及] が初めて修正されたのは 1911 年のことであり，R. ノリーが以下の 4 個の 4 乗数を発見した．
$$30^4 + 120^4 + 272^4 + 315^4 = 353^4$$
それから 50 年後，ランダー-パーキンは 5 乗数の場合に予想の反例
$$27^5 + 84^5 + 110^5 + 133^5 = 144^5$$

を与えた.

ノウム・エルキースが 4 乗数の場合にオイラーの予想を反証したことは，そのニュースが全国紙を飾ったことから広く知られている．最初の項が

$$2682440^4 + 15365639^4 + 18796760^4 = 20615673^4$$

であるような解の無限族が，$x^4 - y^4 = z^4 + t^2$ のパラメータ解で $u = -5/8$ なるジェミャネンコの発見した楕円曲線から生ずる．$u = -9/20$ に対応する最小解

$$95800^4 + 217519^4 + 414560^4 = 422481^4$$

はその後ロジャー・フライが見出した．正の階数をもつ曲線を与え，それゆえ他の解の族を与えるような $u$ の値は無限個存在する．

ヤン・クビチェクの解は，3 個の 3 乗数の和を 3 乗数で表すものであるが，古典的な F. ヴィエタの与えた解と一致する (ディクソンの『歴史 2』, pp. 550–551[**A17**] 参照).

シムチャ・ブルードゥノは $a^5 + b^5 + c^5 + d^5 = e^5$ のパラメータ解があるか？ という問題を提出した．[上述の解は，$e \leq 765$ であるような唯一のものである．] $a^4 + b^4 + c^4 + d^4 = e^4$ のパラメータ解があるか？ 6 次以上のベキに対し，オイラー予想に対する反例があるか？ $a^6 + b^6 + c^6 + d^6 + e^6 = f^6$ の解はあるか？ $s = 4, 5$ に対し，$a_1^s + \ldots + a_{s-1}^s = b^s$ は解をもつが，$n \geq 6$ に対しては，$a_1^s + \ldots + a_s^s = b^s$ の解すら知られていない．

$a_i > 0, b_i > 0$ のとき，同次ベキの同数個の等しい和

$$\sum_{i=1}^m a_i^s = \sum_{i=1}^m b_i^s$$

のパラメータ解は，$2 \leq s \leq 4$ かつ $m = 2$ および $s = 5, 6$ かつ $m = 3$ のときに得られている．$s = 7$ かつ $m = 4$ のとき，数値解を求めることができるか？ $s = 5, m = 2$ のとき，$a^5 + b^5 = c^5 + d^5$ の非自明解が存在するかどうかは知られていない．デリック・レーマーは，一時，25 桁程度の大きさの和に対して解があるのではないかと考えたが，ブレア・ケリーが，和が $\leq 1.02 \times 10^{26}$ まで調べたところ非自明解は見つからなかった．

1997 年にボブ・シェア-エド・ザイデルは，

$$14132^5 + 220^5 = 14068^5 + 6237^5 + 5027^5$$

を発見した．最近では，スコット I. チェイスが

$$966^8 + 539^8 + 81^8 = 954^8 + 725^8 + 481^8 + 310^8 + 158^8$$

を発見した．「ハーディー・ラマヌジャン数」$1729 = 1^3 + 12^3 = 9^3 + 10^3$ を最初に発見したのは，ベシーのベルナール・フレニクルで 1657 年のことである．コンウェイによると,

> 「... 1729 は，すべての整数を同じ回数だけ表すような 4 変数の整数値 2 次形式の非同値なペアの最小の判別式である．これを発見したのはシーマンで，彼は後に 3 個以下の変数の等スペクトル形式は存在しないことも証明している．」

ということである．1729 はまた 3 番目のカーマイケル数 (**A13** 参照) であり，ポメランスは，2 番目のカーマイケル数 1105 は，2 個の平方数としての表示がそれ以下のどの数よりも多いという性質をもつことに注意している．グランヴィルは，最初のカーマイケル数 561 に対して読者が同様の特徴を述べることを求めている．

ここで少し脱線する．リーチは，1957 年に 3 個の等ベキ和をもつ数
$$87539319 = 167^3 + 436^3 = 228^3 + 423^3 = 255^3 + 414^3$$
を発見した．1991 年には，ローゼンシュティール，ダーディス-ローゼンシュティールが，6963472309248 は 4 個の等ベキ和をもつことを発見した：
$$2421^3 + 19083^3 = 5436^3 + 18948^3 = 10200^3 + 18072^3 = 13322^3 + 16630^3.$$
ハーディー-ライト「数論入門」の定理 412 は，このような和の個数は任意に大きくできることを主張するが，5 個以上の等ベキ和の最小例は未知である．負の整数まで許せば，ランドール・ラスバンが例を与えている：
$$6017193 = 166^3 + 113^3 = 180^3 + 57^3 = 185^3 - (68)^3$$
$$= 209^3 - (146)^3 = 246^3 - (207)^3$$
$$1412774811 = 963^3 + 804^3 = 1134^3 - (357)^3 = 1155^3 - (504)^3$$
$$= 1246^3 - (805)^3 = 2115^3 - (2004)^3 = 4746^3 - (4725)^3$$
$$11302198488 = 1926^3 + 1608^3 = 1939^3 + 1589^3 = 2268^3 - (714)^3$$
$$= 2310^3 - (1008)^3 = 2492^3 - (1610)^3 = 4230^3 - (4008)^3$$
$$= 9492^3 - (9450)^3$$

モーデルとマーラーは $n = x^3 + y^3$ の解の個数が $> c(\ln n)^\alpha$ でありうることを示し，シルヴァーマンは，$\alpha$ の値を $\frac{1}{4}$ から $\frac{1}{3}$ に改良するとともに，3 乗数のペアが互いに素という仮定を付け加えれば，解の個数が $< c^{r(n)}$ で抑えられるような定数 $c$ が存在することを示した．ここで $r(n)$ は楕円曲線 $x^3 + y^3 = n$ のランクである．実際に解を求めるのは証明よりさらに困難である．既知の最大表現個数は，1983 年に P. ヴォイタが発見した
$$15170835645 = 517^3 + 2468^3 = 709^3 + 2456^3 = 1733^3 + 2152^3$$
である．しかし，予想通り，まもなくこれを凌駕する例が発見された．スチュワート・ガスコワーニュとダンカン・ムーアは独立に次の例を見出した：
$$1801049058342701083 = 1216102^3 + 1366353^3 = 1165884^3 + 600259^3$$
$$= 1207602^3 + 341995^3 = 1216500^3 + 92227^3$$
負の整数まで許すとき，ラスバンは 3 乗無縁数の例
$$16776487 = 220^3 + 183^3 = 255^3 + 58^3 = 256^3 + (-9)^3 = 292^3 + (-201)^3$$
を与えている．

1997 年 10 月 6 日に，デイヴィッド・ウィルソンは，2 個の 3 乗数の和の形に 4 通りの異なる方法 (そのうち少なくとも 1 組は互いに素) で表される最小数を与えた：

6963472309248, 12625136269928, 21131226514944, 26059452841000, 74213505639000, 95773976104625, 159380205560856, 174396242861568, 300656502205416, 376890885439488, 521932420691227, 573880096718136.

少なくとも1組が互いに素という条件を除けば，さらに次のような例がある：

55707778473984, 101001090159424, 169049812119552, 188013752349696.

ウィルソンは，2個の3乗数の和として $k$ 通りの異なる表示をもつ最小の整数 (タクシー数) を Taxicab($k$) と表している．したがって，Taxicab(1) = 2 = $1^3 + 1^3$，Taxicab(2) = 1729 = $9^3 + 10^3 = 1^3 + 12^3$，Taxicab(3) = 87539319 = $167^3 + 436^3 = 228^3 + 423^3 = 255^3 + 414^3$，Taxicab(4) = 6963472309248 = $2421^3 + 19083^3 = 5436^3 + 18948^3 = 10200^3 + 18072^3 = 13322^3 + 16630^3$ などであり，これらは，OEIS [訳注：第3版の序参照] の第 A011541 項として掲載されている．さらに，Taxicab(5) = 48988659276962496 = $38787^3 + 365757^3 = 107839^3 + 362753^3 = 205292^3 + 342952^3 = 221424^3 + 336588^3 = 231518^3 + 331954^3$ を見出している．証明をペンディングとすると，ラスバンは，

$$24153319581254312065344$$
$$= 28906206^3 + 582162^3 = 28894803^3 + 3064173^3$$
$$= 28657487^3 + 8519281^3 = 27093208^3 + 16218068^3$$
$$= 26590452^3 + 17492496^3 = 26224366^3 + 18289922^3$$
$$= 56461300^3 - 53813536^3 = 49162964^3 - 45576680^3$$

の最初の3行を用いることによって，Taxicab(6) を見出したことになる．アンドリュー・ブレムナーは，$n = 2, 3, 4, 5$ に対して，楕円曲線 $x^3 + y^3 =$ Taxicab($n$) のランクを計算し，それぞれ 2, 4, 5, 4 に等しいことを示した．

1998年12月18日にダニエル・ベルンシュタインは，2個の (必ずしも正とは限らない) 3乗数の和として8通りの表示をもつ最小の正整数 137513849003496，および，互いに素な2個の3乗数の和として5通りの表示をもつ最小正整数 506433677359393 を報じた．

635318657 = $133^4 + 134^4 = 59^4 + 158^4$ はオイラーの知るところであった．リーチは，これが最小の例であることを示した．3個以上の同様な等ベキ和は未知である．

$a^4 + b^4 = c^4 + d^4$ のパラメータ解 (**D22** 参照) を生成する方法が知られており，自明な解 $(\lambda, 1, \lambda, 1)$ から，これまでに公表されたすべての解 (ただし次数 $6n + 1$ の解のみ) を生成する．ここで，ブルードノの質問に答えておくが，$6n + 1$ は素数とは限らない．次数 25 の解は出てこないが，49 は出てくる．より最近になって，アジャイチョードリーが次数 25 のパラメータ解を見出した．

スウィンナートン-ダイヤーは，現有解から新しい解を生成する別の方法を開発し，対称性も加えると，この2種類の方法ですべての「非特異」パラメータ解—すなわち，特異点をもたない曲線上の点に対応する解—を生成することができることを証明した．［斉

次方程式 $F(x, y, z) = 0$ によって定義される曲線上の点が**特異点**であるとは，その点で $\frac{\partial F}{\partial x} = \frac{\partial F}{\partial y} = \frac{\partial F}{\partial z} = 0$ がなりたつことをいう．] さらにスウィンナートン-ダイヤー法は，与えられた次数のすべての非特異解を有限のステップで見出すプロセスを与えるという意味で構成的である．非特異解はすべて奇数次数をもち，十分大のすべての奇数次数が現れる．しかし，残念ながらこれですべてではなく，特異解も存在する．スウィンナートン-ダイヤーは，特異解を生成する方法も開発しているが，それですべての特異解が生成されると信ずる理由はない．したがって，すべてのパラメータ解を記述するには，まったく新しいアイデアが必要になりそうである．特異解の中には 偶数次数のものもあり，こちらの場合に十分大のすべての偶数次数が現れると予想している (おそらく証明もできるであろう)．

同じ意味でアンドリュー・ブレムナー法は，$a^6 + b^6 + c^6 = d^6 + e^6 + f^6$ の解で方程式
$$a^2 + ad - d^2 = f^2 + fc - c^2$$
$$b^2 + be - e^2 = d^2 + da - a^2$$
$$c^2 + cf - f^2 = e^2 + eb - b^2$$
をみたす「すべての」パラメータ解を見出すことができる (この第 2 の条件は，見かけほど，一般性を失うものではない)．$a^6 + b^6 + c^6 = d^6 + e^6 + f^6$ の解の多くはまた $a^2 + b^2 + c^2 = d^2 + e^2 + f^2$ をみたし，この 2 方程式の既知の同時解はすべて (符号を適当に選ぶことによって) 上述 3 方程式をみたす．たとえば，スッバラオが見出した最小解 $(a, b, c, d, e, f) = (3, 19, 22, -23, 10, -15)$ がそうである．反例があるか？ ピーター・モンゴメリーは，3 個の 6 乗数の等しい和で，対応する平方数の和が異なるものを 18 個リストアップした．最小の数は，
$$25^6 + 62^6 + 138^6 = 82^6 + 92^6 + 135^6$$
である．

ブレムナーは，$a^5 + b^5 + c^5 = d^5 + e^5 + f^5$ の解で $a + b + c = d + e + f$ かつ $a - b = d - e$ をみたす「すべての」パラメータ解を見出す方法も得た．

トング-ツァオは，$c = 2, 17, 82, 97, 257, 337, 626, 641, 706, 881$ に対し，$x^4 + y^4 = cz^4$ の整数解を求め，他の $c < 1000$ で解をもつ可能性があるものは，$c = 226, 562, 577, 977$ であることを示した．

ハーディン-スローンは，$(a^2 + b^2 + c^2 + d^2)^3$ を 1 次形式の 6 乗数 23 個の和として表した．22 項による表示は存在しないようである．

ボブ・シェアは，任意の $a_i$ に対し，ただ 1 つの $a_i'$ が存在して $a_i + a_i' \equiv 0 \bmod p$ となるとき，和 $\sum_{i=1}^m a_i^p = 0$ ($p$ は素数) を「完全」とよんだ．$a_i \equiv 0 \bmod p$ なら $a_i' = a_i$ である．彼は $p = 3$ かつ $m < 9$，または $p = 5$ かつ $m < 7$ のとき，上述の和はすべて完全であることを証明した．

ランディ-エクルは，
$$149^7 + 123^7 + 14^7 + 10^7 = 146^7 + 129^7 + 90^7 + 15^7$$
$$(かつ \quad 194^7 + 150^7 + 14^7 + 10^7 = 192^7 + 152^7 + 132^7 + 38^7)$$

(かつ $354^7 + 112^7 + 52^7 + 19^7 = 343^7 + 281^7 + 46^7 + 35^7$)

を見出した．ここで，項の数は指数より 1 だけ大きい．ボブ・シェアも同時にこの表示を発見しており，さらに

$$121^7 + 94^7 + 83^7 + 61^7 + 57^7 + 27^7 = 125^7 + 24^7$$

とともに，より人目をひく

$$14132^5 + 220^5 = 14068^5 + 6237^5 + 5027^5$$

も見出している．ここで，項の数は指数以下である．

1997 年 8 月 11 日にジム・シーンは，

$$1716117655^4 + 8674^8 + 9817^8 = 160565765^4 + 11567^8 + 5174^8$$

を電話で知らせてきた．プロートの等式

$$m^4 + n^4 + (m+n)^4 = 2(m^2 + mn + n^2)^2$$

に基づくパラメーター解を求めたのである．

同時方程式

$$a^n + b^n + c^n = d^n + e^n + f^n$$
$$a^n b^n c^n = d^n e^n f^n$$

も人の興味をひいたことがある．$n=2$ のとき問題は少なくともビニまで遡り，デュボア・マチューは部分解を得ている．ジョン B. ケリーは最近エレガントな一般解を与えた．ステフアン・ファンデメルゲルは $n=3$ に対し 62 個の解を，$n=4$ のとき 3 個の解を与えた：$(29,66,124;22,93,116)$, $(54,61,196;28,122,189)$, $(19,217,657;9,511,589)$. $r^n + s^n = u^n + v^n$ のとき，$(ru,su,v^2;rv,sv,u^2)$ も解であることを示しており，したがって $n \leq 4$ に対して無限個の解が存在することに注意している．もっとも，彼の得た解のほとんどはこの形のものではないが．

タリー-エスコット問題は (連立) 多階方程式

$$\sum_{i=1}^{l} n_i^j = \sum_{i=1}^{l} m_i^j \quad (j=1,\ldots,k)$$

の解に関するものであり，長い歴史がある (ディクソン『歴史 2』，第 24 章 [**A17**]) およびグローデンの著書参照)．

$k=9, l=10$ のとき，レタックによる著しい例がある：$(n_i; m_i) =$

$\pm 12, \pm 11881, \pm 20231, \pm 20885, \pm 23738;\ \pm 436, \pm 11857, \pm 20449, \pm 20667, \pm 23750$.

スミスは，レタックの例は，独立解の無限族の一員であることを証明した．

ボーウェイン-リソネック-パーシヴァルは，「サイズ 10」の解をさらに 2 個見出した：

$\pm 71, \pm 131, \pm 308, \pm 180, \pm 307;\ \pm 99, \pm 100, \pm 301.\pm 188, \pm 313$

$\pm 18, \pm 245, \pm 331, \pm 471, \pm 508;\ \pm 103, \pm 189, \pm 366.\pm 452, \pm 515$

クオサ-メイリニャック-チェン・シューウェンは，それ以前にサイズ 12 の解
$$\pm 22, \pm 61, \pm 86, \pm 127, \pm 140, \pm 151;\ \pm 35, \pm 47, \pm 94, \pm 121. \pm 146, \pm 148$$
を求めていた．

Daniel J. Bernstein, Enumerating solutions to $p(a)+q(b)=r(c)+s(d)$. *Math. Comput.* **70**(2001) 389–394; *MR* **2001f**:11203.

U. Bini, Problem 3424, *L'Intermédiaire des Math.*, **15**(1908) 193.

B. J. Birch & H. P. F. Swinnerton-Dyer, Notes on elliptic curves, II, *J. reine angew. Math.*, **218**(1965) 79–108.

Peter Borwein, Petr Lisoněk & Colin Percival, Computational investigations of the Prouhet-Tarry-Escott problem, *Math. Comput.*, **72**(2003) 2063–2070; *MR* **2004c**:11042.

Andrew Bremner, A geometric approach to equal sums of sixth powers, *Proc. London Math. Soc.*(3), **43**(1981) 544–581; *MR* **83g**:14018.

Andrew Bremner, A geometric approach to equal sums of fifth powers, *J. Number Theory*, **13**(1981) 337–354; *MR* **83g**:14017.

Andrew Bremner & Richard K. Guy, A dozen difficult Diophantine dilemmas, *Amer. Math. Monthly*, **95**(1988) 31–36.

B. Brindza & Ákos Pintér, On equal values of power sums, *Acta Arith.*, **77**(1996) 97–101; *MR* **97m**:11033.

T. D. Browning, Equal sums of two $k$ th powers, *J. Number Theory*, **96**(2002), 293–318; *MR* **2003m**:11163.

T. D. Browning, Sums of four biquadrates, *Math. Proc. Cambridge Philos. Soc.*, **134**(2003), 385–395.

S. Brudno, Some new results on equal sums of like powers, *Math. Comput.*, **23**(1969) 877–880.

S. Brudno, On generating infinitely many solutions of the diophantine equation $A^6+B^6+C^6=D^6+E^6+F^6$, *Math. Comput.*, **24**(1970) 453–454.

S. Brudno, Problem 4, *Proc. Number Theory Conf. Univ. of Colorado*, Boulder, 1972, 256–257.

Simcha Brudno, Triples of sixth powers with equal sums, *Math. Comput.*, **30**(1976) 646–648.

S. Brudno & I. Kaplansky, Equal sums of sixth powers, *J. Number Theory*, **6**(1974) 401–403.

Chen Shuwen, The Prouhet-Tarry-Escott problem,
  http://member.netease.com/~chin/eslp/~TarryPrb.htm

J. Choubey, Parametric solutions of Diophantine equation with equal sums of four fourth powers, *Acta Cienc. Indica Math.*, **20**(1994) 71–72; *MR* **96g**:11025.

Ajai Choudhry, The Diophantine equation $A^4+B^4=C^4+D^4$, *Indian J. Pure Appl. Math.*, **22**(1991) 9–11; *MR* **92c**:11024.

Ajai Choudhry, Symmetric Diophantine systems, *Acta. Arith.*, **59**(1991) 291–307; *MR* **92g**:11030.

Ajai Choudhry, Multigrade chains with odd exponents, *J. Number Theory*, **42** (1992) 134–140; *MR* **94a**:11044.

Ajai Choudhry, On equal sums of sixth powers, *Indian J. Pure Appl. Math.*, **25**(1994) 834–841; *MR* **95k**:11036.

Ajai Choudhry, On the Diophantine equation $A^4+hB^4=C^4+hD^4$, *Indian J. Pure Appl. Math.*, **26**(1995) 1057–1061; *MR* **96k**:11032.

Ajai Choudhry, The Diophantine equation $X_1^5+X_2^5+2X_3^5=Y_1^5+Y_2^5+2Y_3^5$, *Ganita*, **48**(1997) 115–116; *MR* **9**:110.

Ajai Choudhry, On equal sums of fifth powers, *Indian J. Pure Appl. Math.*, **28**(1997) 1443–1450; *MR* **99c**:11032.

Ajai Choudhry, The Diophantine equation $A^4+4B^4=C^4+4D^4$, *Indian J. Pure Appl. Math.*, **29**(1998) 1127–1128; *MR* :110.

Ajai Choudhry, A Diophantine equation involving fifth powers, *Enseign. Math.*, **44**(1998) 53–55;

MR **99h**:11030.

Ajai Choudhry, On equal sums of cubes, *Rocky Mountain J. Math.*, **28**(1998) 1251–1257; MR :110.

Ajai Choudhry, On triads of squares with equal sums and equal products, *Ganita*, **49**(1998) 101–106; MR **99m**:11028.

Ajai Choudhry, The Diophantine equation $ax^5 + by^5 + cz^5 = au^5 + bv^5 + cw^5$, *Rocky Mountain J. Math.*, **29**(1999) 459–462; MR :110.

Ajai Choudhry, On equal sums of sixth powers, *Rocky Mountain J. Math.*, **30**(2000) 843–848; MR **2002e**:11036.

Ajai Choudhry, On equal sums of seventh powers, *Rocky Mountain J. Math.*, **30**(2000) 849–852; MR **2002e**:11037.

Ajai Choudhry, An elementary method of solving certain Diophantine equations, *Math. Student*, **68**(1999) 195–199; MR **2002e**:11038.

Ajai Choudhry, Ideal solutions of the Tarry-Escott problem of degree four and a related Diophantine system, *Enseign. Math.*(2) **46**(2000) 313–323; MR **2001m**:11033; and see **49**(2003) 101–108; MR **2004d**:11021 for degree five.

Ajai Choudhry, The system of simultaneous equations $\sum_{i=1}^{3} x_i^k = \sum_{i=1}^{3} y_i^k$, $k = 1$, 2 and 5 has no non-trivial solutions in integers, *Math. Student*, **70**(2001) 85–88.

Ajai Choudhry, Equal sums of like powers, *Rocky Mountain J. Math.*, **31**(2001) 115–129; MR **2001m**:11034.

Ajai Choudhry, Triads of cubes with equal sums and equal products, *Math. Student*, **70**(2001) 137–143.

Ajai Choudhry, Triads of biquadrates with equal sums and equal products, *Math. Student*, **70**(2001) 149–152.

Ajai Choudhry, On the number of representations of an integer as a sum of four integral fifth powers, *Math. Student*, **70**(2001) 215–217.

Ajai Choudhry, Triads of integers with equal sums of squares, cubes and fourth powers, *Bull. London Math. Soc.* **35**(2003) 821–824.

Jean-Joël Delorme, On the Diophantine equation $x_1^6 + x_2^6 + x_3^6 = y_1^6 + y_2^6 + y_3^6$, *Math. Comput.*, **59**(1992) 703–715; MR **93a**:11023.

V. A. Dem'janenko, L. Euler's conjecture (Russian), *Acta Arith.*, **25**(1973/74) 127–135; MR **50** #12912.

Dubouis & Mathieu, Réponse 3424, *L'Intermédiaire des Math.*, **16**(1909) 41–42, 112.

P. S. Dyer, A solution of $A^4 + B^4 = C^4 + D^4$, *J. London Math. Soc.*, **18**(1943) 2–4; MR **5**, 89e.

Randy L. Ekl, Equal sums of four seventh powers, *Math. Comput.*, **65**(1996) 1755–1756; MR **97a**:11050.

Randy L. Ekl, New results in equal sums of like powers, *Math. Comput.*, **67**(1998) 1309–1315; MR **98m**:11023.

Noam Elkies, On $A^4 + B^4 + C^4 = D^4$, *Math. Comput.*, **51**(1988) 825–835; and see Ivars Peterson, *Science News*, **133**, #5(88-01-30) 70; Barry Cipra, *Science*, **239**(1988) 464; and James Glieck, *New York Times*, 88-04-17.

Rachel Gar-el & Leonid Vaserstein, On the Diophantine equation $a^3 + b^3 + c^3 + d^3 = 0$, *J. Number Theory*, **94**(2002) 219–223; MR **200d**:11039.

A. Gérardin, *L'Intermédiare des Math.*, **15**(1908) 182; *Sphinx-Œdipe*, 1906-07 80, 128.

A. Gloden, *Mehrgradige Gleichungen*, Noordhoff, Groningen, 1944.

G. R. H. Greaves, Representation of a number by the sum of two fourth powers, *Mat. Zametki*, **55**(1994) 47–58, 188; transl. *Math. Notes* **55**(1994) 134–141; MR **95e**:11101.

R. H. Hardin & N. J. A. Sloane, Expressing $(a^2 + b^2 + c^2 + d^2)^3$ as a sum of 23 sixth powers, /JCA **68**(1994) 481–485; MR **96e**:11048.

Michael D. Hirschhorn, An amazing identity of Ramanujan, *Math. Mag.*, **68**(1995) 199–201; MR **96f**:11044.

M. A. Ivanov, The Diophantine equation $x_1^n + x_2^n + \cdots x_{r_1}^n = y_1^n + y_2^n + \cdots y_{r_2}^n$, *Rend. Sem. Mat. Univ. Politec. Torino*, **54**(1996) 25–33; *MR* **99d**:11033.

William C. Jagy & Irving Kaplansky, Sums of squares, cubes and higher powers, *Experiment. Math.*, **4**(1995) 169–173; *MR* **99a**:11046.

John B. Kelly, Two equal sums of three squares with equal products, *Amer. Math. Monthly*, **98**(1991) 527–529; *MR* **92j**:11025.

Jan Kubíček, A simple new solution to the diophantine equation $A^3 + B^3 + C^3 = D^3$ (Czech, German summary), *Časopis Pěst. Mat.*, **99**(1974) 177–178.

L. J. Lander, Geometric aspects of diophantine equations involving equal sums of like powers, *Amer. Math. Monthly*, **75**(1968) 1061–1073.

L. J. Lander & T. R. Parkin, Counterexample to Euler's conjecture on sums of like powers, *Bull. Amer. Math. Soc.*, **72**(1966) 1079; *MR* **33** #5554.

L. J. Lander, T. R. Parkin & J. L. Selfridge, A survey of equal sums of like powers, *Math. Comput.*, **21**(1967) 446–459; *MR* **36** #5060.

Leon J. Lander, Equal sums of unlike powers, *Fibonacci Quart.*, **28**(1990) 141–150; *MR* **91e**:11033.

John Leech, Some solutions of Diophantine equations, *Proc. Cambridge Philos. Soc.* **53**(1957) 778–780; *MR* **19** 837f.

Li Yuan, On the Diophantine equation $x^4 + y^4 \pm z^4 = 2c^4$, *Sichuan Daxue Xuebao*, **33**(1996) 366–368; *MR* **97f**:11023.

R. Norrie, in University of Saint Andrews 500th Anniversary Memorial Volume of Scientific Papers, published by the University of St. Andrews, 1911, 89.

Giovanni Resta & Jean-Charles Meyrignac, The smallest solutions to the Diophantine equation $x^6 + y^6 = a^6 + b^6 + c^6 + d^6 + e^6$, *Math. Comput.*, **72**(2003) 1051–1054; *MR* **2004b**:11174.

E. Rosenstiel, J. A. Dardis & C. R. Rosenstiel, The four least solutions in distinct positive integers of the Diophantine equation $s = x^3 + y^3 = z^3 + w^3 = u^3 + v^3 = m^3 + n^3$, *Bull. Inst. Math. Appl.*, **27**(1991) 155–157; *MR* **92i**:11134.

Csaba Sándor, On the equation $a^3 + b^3 + c^3 = d^3$, *Period. Math. Hungar.*, **33**(1996) 121–134; *MR* **99c**:11031.

Bob Scher, General-perfect sums, (95-11-22 preprint)

Joseph H. Silverman, Integer points on curves of genus 1, *J. London Math. Soc.*(2), **28**(1983) 1–7; *MR* **84g**:10033.

Joseph H. Silverman, Taxicabs and sums of two cubes, *Amer. Math. Monthly* **100**(1993) 331–340; *MR* **93m**:11025.

C. M. Skinner & T. D. Wooley, Sums of two $k$th powers, *J. reine angew. Math.*, **462**(1995) 57–68; *MR* **96b**:11132.

C. J. Smyth, Ideal 9th-order multigrades and Letac's elliptic curve, *Math. Comput.*, **57**(1991) 817–823.

K. Subba-Rao, On sums of sixth powers, *J. London Math. Soc.*, **9**(1934) 172–173.

Tong Rui-Zhou & Cao Yu-Shu, The Diophantine equation $x^4 + y^4 = cz^4$, *Heilongjiang Daxue Ziran Kexue Xuebo*, **11**(1994) 6–10; *MR* **96f**:11045.

Ju. D. Trusov, New series of solutions of the thirty second problem of the fifth book of Diophantus (Russian). *Ivanov. Gos. Ped. Inst. Učen. Zap.*, **44**(1969) 119–121 (and see 122–123); *MR* **47** #4925(-6).

Morgan Ward, Euler's three biquadrate problem, *Proc. Nat. Acad. Sci. U.S.A.*, **31**(1945) 125–127; *MR* **6**, 259.

Morgan Ward, Euler's problem on sums of three fourth powers, *Duke Math. J.*, **15**(1948) 827–837; *MR* **10**, 283.

A. S. Werebrusow, *L'Intermédiare des Math.*, **12**(1905) 268; **25**(1918) 139.

David W. Wilson, The fifth taxicab number is 48 988 659 276 962 496, *J. Integer Seq.*, **2**(1999), Article 99.1.9, HTML document (electronic); *MR* **2000i**:11195.

Trevor D. Wooley, Sums of two cubes, *Internat. Math. Res. Notices*, **1995** 181–184 (electronic); *MR* **96a**:11103.

Aurel J. Zajta, Solutions of the diophantine equation $A^4 + B^4 = C^4 + D^4$, *Math. Comput.*, **41**(1983) 635–659.

**OEIS:** A001235, A003824-003828, A005130, A011541, A018786-018787, A018850, A023050-023051, A047696-047697, A049405-049406, A051055, A080642.

## D2 フェルマーの問題

フェルマーの [訳注：小定理 **B20** に比して] 大定理，あるいは最終定理は，奇素数 $p$ に対し，ディオファンタス方程式

$$x^p + y^p = z^p$$

が正の整数解をもたないことを主張するものであるが，(フェルマーが予想して以来 350 年経って) ついに定理となった．証明はワイルズによるものであるが，それ以前にリベットが，楕円曲線に関する谷山-ヴェイユ予想からフェルマーの最終定理がしたがうことを示していた．(フェルマーと同じく) 余白に収まるだけの証明については **B19** 参照．

以下，それ以前の歴史をたどる．

クンマーはフェルマーの最終定理を正則素数に対して証明していた．ここで，素数 $p$ が正則であるとは，円分体 $\mathbb{Q}(\zeta_p)$ の**類数** (イデアル類群の位数) を割らないときをいう．クンマーは，また $p$ が，ベルヌーイ数 $B_2, B_4, \ldots, B_{p-3}$ の分母を割らないとき正則であることを証明していた．ここで

$$B_{2k} = (-1)^{k-1} \frac{2(2k)!}{(2\pi)^{2k}} \zeta(2k)$$

($\zeta(2k) = \sum_{n=1}^{\infty} n^{-2k}$ はリーマン $\zeta$-関数である．**A17**, **B48** など参照)．$10^6$ より小さい 78497 個の素数のうち，47627 個が正則であって，予想された密度 $e^{-1/2}$ とよく合致する．しかし，正則素数が無限個あることは未だ証明されていない．一方，イェンゼンは，非正則素数が無限個あることを証明した．素数 $p = 16843$ は $B_{p-3}$ を割り切るが，リチャード・マッキントッシュは，ビューラー-クランドール-エルンヴァル-メツェンキレと同様，$p = 2124679$ も同じ性質をもつことに注意している．

J. M. ガンディによるフェルマー予想の亜種問題について初版で述べたが，これらについてもワイルズの方法が適用され，$p \geq 11$ で $\gamma$ が素数 $3, 5, 7, 11, 13, 17, 19, 23, 29, 53, 59, \ldots$ のべキのとき

$$x^p + y^p + \gamma z^p = 0$$

は正の整数解をもたないことが証明される．

リベットの結果からメイザー-カメェンヌイ，ダルモン-メレルを経由して，$n > 2$ に対して，$x^n + y^n = 2z^n$ は，自明な $x = y = z$ を除き，正の整数解をもたないことが

したがう．

　方程式 $x^3 + y^3 = z^t$ は $t \geq 4$ のとき，無限個の**原始解** [訳注：最大公約数 1 の解] をもつことをダルモン-グランヴィルが示した．$t \geq 17$ に対し，クラウスは原始解が存在しないための判定条件を求め，それを $17 \leq t \leq 9999$ まで検証した．ブルーインは，$t = 4$ と 5 の場合に原始解がないことを証明している．

　ノウム・エルキースの発見した，フェルマーの最終定理の反例に危うくなるところであったことをあげると，

$$3472073^7 + 4627011^7 = (1+\epsilon)4710868^7 \quad \text{ここで} \quad \epsilon < 3.63615 \times 10^{-22}$$

$$280^{10} + 305^{10} = (1-\epsilon)316^{10} \quad \text{ここで} \quad \epsilon < 0.00000000232$$

$13^5 + 16^5 = 17^5 + 12$　エルキースいわく，「$13 + 16 = 17 + 12$ も偶然成り立つ」．

彼はさらにフェルマー方程式をひねった $x^3 + y^3 = nz^3$ も研究している．$n = 8837$ に対して，最小解は

(9478937992673335356289864181224522415627973189452224987008153367 9★
765536690712886433241,
989035935625737858004555742809191627480219954509897449624545958821★
14614463951 42633010,
458310906489337748228278620411038789222986263454318606175245157146★
5321225266512578677)

である．素数 $n = 5849$ はあえなく 2 位となり，最小解は

(4728618748476229625617988838113772096021241206255932896773863201 7★
1959834,
472324604570978577743542752611781670192994543891068069710838949881★
632703,
394823052249527089611374317100401433206504991092487276182417972675★
0897)

であるが，「正の」最小解は $10^4$ 桁以上の値である．

　どのような整数 $c$ に対して，$x^4 + y^4 = cz^4$ の解で $x \perp y$ かつ $z > 1$ になるものが存在するか，という問いに対し，リーチは，任意の $z = a^4 + b^4$ に対し，自明でない解を見出す方法を与えており，リーチの発見した最小のものは，$25^4 + 149^4 = 5906 \cdot 17^4$ である．ブレムナー-モートンは，5906 は，2 つの有理数の 4 乗の和となるが，2 つの整数の 4 乗の和とはならない最小の数であることを示している．

　$x^n + y^n = n!z^n$ は $n > 2$ に対して，整数解をもたないことを示せ，という問題に対し，エルデーシュ-オブラトは，$p > 2$ に対し，$x^p \pm y^p = n!$ は解をもたないことを示している．エルデーシュは，$x^4 + y^4 = n!$ は $x \perp y$ なる解をもたないと述べている．実際この条件なしで，リーチは，$n > 3$ のとき，$[n+1, 2n]$ に素数 $\equiv 3 \bmod 4$ が存在し，したがって，$n > 6$ に対し，$n!$ の (重複しない) 素因子が存在することに注意し，それ

ゆえ，$n > 6$ のとき，$n!$ は 2 つの整数の和でさえないことに注意している ($n = 0, 1, 2$ のときは除く．このときは $6! = 24^2 + 12^2$ が唯一の解である) [**D25** 参照].

グランヴィルの論文—レヴューアーが「新しい強力な波を感じた」と述べている—では，既にフェルマー予想を他のいくつかの予想に関連づけており，その中には，abc 予想 (**B19**)，エルデーシュの「ベキフル数」予想 (**B16**) も含まれている．

M. A. Bennett & C. Skinner, Ternary Diophantine equations via Galois representations and modular forms, *Canad. J. Math.*, (to appear)

Frits Beukers, The Diophantine equation $Ax^p + By^q = Cz^r$, *Duke Math. J.*, **91**(1998) 61–88; *MR* **99f**:11039.

Andrew Bremner & Patrick Morton, A new characterization of the integer 5906, *Manuscripta Math.*, **44**(1983) 187–229; *MR* **84i**:10016.

Nils Bruin, The Diophantine equations $x^2 \pm y^4 = \pm z^6$ and $x^2 + y^8 = z^3$, *Compositio Math.*, **118**(1999) 305-321; *MR* **2001d**:11035.

Nils Bruin, On powers as sums of two cubes, *Algorithmic number theory* (*Leiden* 2000) 169–184, *Springer Lecture Notes in Comput. Sci.*, **1838**; *MR* **2002f**:11029.

J. P. Buhler, R. E. Crandall & R. W. Sompolski, Irregular primes to one million, *Math. Comput.*, **59**(1992) 717–722; *MR* **93a**:11106.

J. P. Buhler, R. E. Crandall, R. Ernvall & T. Metsänkylä, Irregular primes and cyclotomic invariants to four million, *Math. Comput.*, **61**(1993) 151–153; *MR* **93k**:11014.

M. Chellali, Accélération de calcul de nombres de Bernoulli, *J. Number Theory*, **28**(1988) 347–362.

Chen Wen-Jing, On the Diophantine equations $a^x + b^y = c^z$, $a^2 + b^2 = c^2$, *J. Changsha Comm. Inst.*, **10**(1994) 1–4; *MR* **95j**:11030.

Don Coppersmith, Fermat's last theorem (case 1) and the Wieferich criterion, *Math. Comput.*, **54**(1990) 895–902; *MR* **90h**:11024.

Henri Darmon & Andrew J. Granville, On the equations $z^m = F(x, y)$ and $Ax^p + By^p = Cz^r$, *Bull. London Math. Soc.*, **17**(1995) 513–543; *MR* **96e**:11042.

Henri Darmon & Claude Levesque, Infinite sums, Diophantine equations and Fermat's last theorem, *Number theoretic methods* (*Iizuka*, 2001), 73–95, *Dev. Math.*, **8**, Kluwer Acad. Publ., Dordrecht, 2002; *MR* **2004c**:11086.

Henri Darmon & Loïc Merel, Winding quotients and some variants of Fermat's last theorem, *J. reine angew. Math.*, **490**(1997) 81–100; *MR* **98h**:11076.

Karl Dilcher & Ladislav Skula, A new criterion for the first case of Fermat's Last Theorem, *Math. Comput.*, **64**(1995) 363–392; *MR* **93c**:11034.

Harold M. Edwards, *Fermat's Last Theorem, a Genetic Introduction to Algebraic Number Theory*, Springer-Verlag, New York, 1977.

Noam D. Elkies, Wiles minus epsilon implies Fermat, in *Elliptic Curves, Modular Forms & Fermat's Last Theorem* (*Hong Kong* 1993) 79–98, *Ser. Number Theory, I, Internat. Press, Cambridge MA* 1995; *MR* **97b**:11043.

P. Erdős & R. Obláth, Über diophantische Gleichungen der form $n! = x^p \pm y^p$ and $n! \pm m! = x^p$, *Acta Litt. Sci. Szeged*, **8**(1937) 241–255; *Zbl.* **17**.004.

Gerd Faltings, The proof of Fermat's last theorem by R. Taylor and A. Wiles, *Notices Amer. Math. Soc.*, **42**(1995) 743–746; *MR* **96i**:11030.

Andrew Granville, Some conjectures related to Fermat's last theorem, *Number Theory* (*Banff*), 1988, de Gruyter, 1990, 177–192; *MR* **92k**:11036.

Andrew Granville, Some conjectures in analytic number theory and their connection with Fermat's last theorem, in *Analytic Number Theory* (*Proc. Conf. Honor Bateman*, 1989), Birkhäuser, 1990, 311–326; *MR* **92a**:11031.

Andrew Granville, On the number of solutions to the generalized Fermat equation, *Number Theory (Halifax NS 1994)* 197–207, CMS Conf. Proc., **15**, Amer. Math. Soc., 1995; *MR* **96j**:11035.

A. Granville & M. B. Monagan, The first case of Fermat's last theoerem is true for all exponents up to 714,591,416,091,389, *Trans. Amer. Math. Soc.*, **306**(1988) 329–359; *MR* **89g**:11025.

A. Grelak & Aleksander Grytczuk, *Comment. Math. Prace Mat.*, **24**(1984) 269–275; *MR* **86d**:11027.

K. Inkeri & A. J. van der Poorten, Some remarks on Fermat's conjecture, *Acta Arith.*, **36**(1980) 107-111.

Wilfrid Ivorra, Sur les équations $x^p + 2^\beta y^p = z^2$ et $x^p + 2^\beta y^p = 2z^2$, *Acta Arith.*, **108**(2003) 327–338; *MR* **2004b**:11036.

Wells Johnson, Irregular primes and cyclotomic invariants, *Math. Comput.*, **29**(1975) 113–120; *MR* **51** #12781.

Alain Kraus, Sur l'équation $a^3 + b^3 = c^p$, *Experiment. Math.*, **7**(1998) 1–13; *MR* **99f**:11040.

Le Mao-Hua, A note on Jeśmanowicz' conjecture, *Colloq. Math.*, **69**(1995) 47–51; *MR* **96g**:11029.

Le Mao-Hua, A note on the Diophantine equation $(m^3 - 3m)^x + (3m^2 - 1)^y = (m^2 + 1)^z$, *Proc. Japan Acad. Ser. A Math. Sci.*, **73**(1997) 148–149; *MR* **98m**:11021; *Publ. Math. Debrecen*, **58**(2001) 461–466; *MR* **2002b**:11044.

Le Mao-Hua, A conjecture concerning the exponential Diophantine equation $a^x + b^y = c^z$, *Heilongjiang Daxue Ziran Kexue Xuebao*, **20**(2003) 10–14.

Le Mao-Hua, On Terai's conjecture concerning the exponential Diophantine equation $a^x + b^y = c^z$, *Acta Math. Sinica*, **46**(2003) 245–250; *MR* **2004c**:11038.

D. H. Lehmer, E. Lehmer & H. S. Vandiver, An application of high-speed computing to Fermat's Last Theorem, *Proc. Nat. Acad. Sci. U.S.A.*, **40**(1954), 25–33.

R. Daniel Mauldin, A generalization of Fermat's last theorem: the Beal conjecture and prize problem, *Notices Amer. Math. Soc.*, **44**(1997) 1436–1437; *MR* 98j:11020.

M. Mignotte, On the diophantine equation $D_1 x^2 + D_2^m = 4y^n$, *Portugal. Math.*, **54**(1997) 457-460; *MR* **99a**:11039.

Satya Mohit & M. Ram Murty, Wieferich primes and Hall's conjecture, *C. R. Math. Acad. Sci. Soc. R. Can.*, **20**(1998) 29–32; *MR* **98m**:11004.

Fadwa S. Abu Muriefah, On the Diophantine equation $x^3 = dy^2 \pm q^6$, *Int. J. Math. Math. Sci.*, **28**(2001) 493–497; *MR* **2003b**:11026.

Bjorn Poonen, Some Diophantine equations of the form $x^n + y^n = z^m$, *Acta Arith.*, **86**(1998) 193–205; *MR* **99h**:11034.

Paulo Ribenboim, *13 Lectures on Fermat's Last Theorem*, Springer-Verlag, New York, Heidelberg, Berlin, 1979; see *Bull. Amer. Math. Soc.*, **4**(1981) 218–222; *MR* **81f**:10023.

Paulo Ribenboim, Fermat's last theorem, before June 23, 1993, *Number Theory (Halifax NS 1994)* 279–294, CMS Conf. Proc., **15**, Amer. Math. Soc., 1995; *MR* **96i**:11032.

K. Ribet, On modular representations of Gal($\bar{\mathbf{Q}}/\mathbf{Q}$) arising from modular forms, *Invent. Math.*, **100**(1990) 431–476.

Kenneth A. Ribet, On the equation $a^p + 2^\alpha b^p + c^p = 0$, *Acta Arith.*, **79**(1997) 7–16; *MR* **98e**:11035.

J. L. Selfridge, C. A. Nicol & H. S. Vandiver, Proof of Fermat's last theorem for all prime exponents less than 4002, *Proc. Nat. Acad. Sci., U.S.A.* **41**(1955) 970–973; *MR* **17**, 348.

Daniel Shanks & H.C. Williams, Gunderson's function in Fermat's last theorem, *Math. Comput.*, **36**(1981) 291–295.

R. W. Sompolski, The second case of Fermat's last theorem for fixed irregular prime exponents, Ph.D. thesis, Univ. Illinois Chicago, 1991.

Jiro Suzuki, On the generalized Wieferich criteria, *Proc. Japn Acad. Ser. A Math. Sci.*, **70**(1994) 230–234.

Jonathan W. Tanner & Samuel S. Wagstaff, New bound for the first case of Fermat's last theorem, *Math. Comput.*, **53**(1989) 743–750; *MR* **90h**:11028.
Richard Taylor & Andrew Wiles, Ring-theoretic properties of certain Hecke algebras, *Ann. of Math.*(2), **141**(1995) 553–572.
Samuel S. Wagstaff, The irregular primes to 125000, *Math. Comput.*, **32**(1978) 583–591; *MR* **58** #10711.
Andrew Wiles, Modular elliptic curves and Fermat's last theorem, *Ann. of Math.*(2), **141**(1995) 443–551.
John A. Zuehlke, Fermat's last theorem for Gaussian integer exponents, *Amer. Math. Monthly*, **106**(1999) 49.

## D3 表 象 数

すべての整数は,五角数 $\frac{1}{2}r(3r-1)$ 3 個の和として,また,六角数 $r(2r-1)$ 3 個の和として表される.しかし,表示を階数正,$r>0$ のものに限れば,これはなりたたない.十分大の数に限ればなりたつか? 換言すれば,十分大の $24k+3$ の形の数はすべて 3 個の $6r-1$ の形の数の 2 乗の和として表されるか? 同様に,十分大の $8k+3$ の形の数は,3 個の $4r-1$ の形の数の 2 乗の和で表されるか? ただし,$r>0$ とする [訳注:**C 20** 参照].

リチャード・ブレックスミス-ジョン・セルフリッジは,100 万までに階数正の 5 個の五角数を必要とする数を 6 個見出した,すなわち,

$$9,\ 21,\ 31,\ 43,\ 55,\ 89$$

である.また 4 個必要なものとして 204 個見出しており,最大の数は 33066 である.2 人は,これですべてを尽くしていると信じている.

階数正の六角数を 4 個必要とする数 (整数全体に対する比は? 密度 0 か?) は数多くある.中に,たとえば,

$$5, 10, 20, 25, 38, 39, 54, 65, 70, 114, 130, \ldots$$

は 5 個必要であり,11 と 26 は 6 個必要とする.5 個必要とする数は?

$k \geq 7$ として $k$-角数

$$\frac{1}{2}((k-2)r-(k-4))$$

を用いて,$r>0$ および $r$ に制限のない場合の 2 通りの問題も同様に考えられる.たとえば,$40n+27$ の形のすべての数は,3 個の $(10r \pm 3)^2$ の形の数の平方和として表されるか?など.

10 と 16 は 3 個の 7 角数の和にならない.76 もそうである.他にあるか?

チョウ-デングは,$< 4 \cdot 10^9$ までのすべての数に対して検証した結果,$> 343867$ なるすべての数は,4 個の 4 面体数の和として表されると信じるようになった.

モーデルは,著書 p. 259 において

$$6y^2 = (x+1)(x^2-x+6)$$

の整数解は $x = -1, 0, 2, 7, 15, 74$ で尽くされるかどうかを問うている.同書第 27 章の定理 1 により,解は有限個である.この方程式は,

$$y^2 = \binom{x}{0} + \binom{x}{1} + \binom{x}{2} + \binom{x}{3}$$

から出てきたものである.アンドリュー・ブレムナーは,もう 1 つの解 $(x, y) = (767, 8672)$ を見出し,これがすべてであることを証明した.しかし,結果はすでに 1971 年にリュングレンが与えていた.

マーティン・ガードナーは,表象数のうち,三角数,四角数,正四面体数,正方ピラミッド数を対象に,それらの対を等しいとおいて,類似の問題を考え,これによって生ずる 6 個の方程式のうち,"三角数 = 正方ピラミッド数" を除き,すべて解決済みであることに注意した.未解決であった方程式は,

$$3(2y+1)^2 = 8x^3 + 12x^2 + 4x + 3$$

に帰着し,解の個数はまた有限である.解は,$x = -1, 0, 1, 5, 6, 85$ ですべてか? シンツェルは,後者の問題のアヴァネーソフの肯定解を送ってきた,内山は解を再発見した.

"三角数 = 正四面体数" 問題は,2 項係数の等式に関する一般的問題 (**B31** 参照) の特殊な場合である— 方程式 $\binom{n}{2} = \binom{m}{3}$ の既知の非自明解は,$(m, n) = (10, 16), (22, 56), (36, 120)$ のみである.$(10, 21)$ 以外に,$\binom{n}{2} = \binom{m}{4}$ の非自明解があるか?

"正方ピラミッド = 正方数" はルーカスの問題である:ディオファンタス方程式

$$y^2 = x(x+1)(2x+1)/6$$

の非自明解は,$x = 24, y = 70$ のみか? ワトソンは,楕円関数を用いて,ルーカス問題を肯定的に解決し,リュングレンは,2 次体におけるブハースカラ方程式 (しばしばペル方程式ともよばれる) を用いる方法で解決した.モーデルは,初等的解を求めることを問題とした.それに応じて,マー,シュー-ツァオ,アングリン-ピンターが初等的解を発見した.

ルーカス問題の方程式は

$$(2y)^2 = 2x(2x+1)(2x+2)/6$$

と表されるから,"正方数 = 正四面体数" の非自明解は $(48, 140)$ のみであるかと問えば,上述の方程式のギミック版になる.もっとも,ピーター・モンゴメリーが指摘したように,この形では奇数の平方が含まれてくることは避けられない.現代的な手法は,$12x = X - 6, 72y = Y$ とおくと,$Y^2 = X^3 - 36X$ となり,これがジョン・クレモナの表の第 576H2 曲線であることを用いる.点 $(12, 36)$ (これから奇数の平方が生ずる) が

生成元となる．有理解は無限個存在するが，元の問題の非自明整数解はただ 1 つで，点 $(294, 5040)$ から生ずる．

最初の $n$ 個の平方数の和がまた平方数であるかどうかを問うより少し一般的に，連続する $n$ 個の平方数の和がまた平方数かどうかという問題を考える．解が肯定的であるような $n$ の集合を $S$ とすれば，$S$ は無限集合であるが密度 0 である．さらに，$S$ の平方数でない元 $n$ に対し，上述問題の解が無数に存在する．$x$ より小の $S$ の元の数を $N(x)$ とするとき，既知の最良の結果は，

$$c\sqrt{x} < N(x) = O\left(\frac{x}{\ln x}\right)$$

のようである．$1 < n < 73$ の $S$ の元および，$a$ から始まって $n$ 個の連続する平方数の和が再び平方数になるような最小の $a$ の値は次の通り：

| $n$ | 2 | 11 | 23 | 24 | 26 | 33 | 47 | 49 | 50 | 59 |
|---|---|---|---|---|---|---|---|---|---|---|
| $a$ | 3 | 18 | 7 | 1 | 25 | 7 | 539 | 25 | 7 | 22 |

さらに一般に，任意の等差数列の項の平方数の和がふたたび平方数になるかどうかを考えることもできる．K. R. S. サーストリーは，等差数列中の項が平方数のとき，これがなりたつことを注意している．

3 個の連続する整数の積になる三角数は何かという問いに答えて，ツァナキス-ド・ヴェーガーはすべての解 6, 120, 210, 990, 185136, 258474216 を与えた．同じ結果をえたモハンティの初等的証明は残念ながら正しくなかった．

リチャード・ブルースは 6.66, 666 がすべて三角数であることに注意した．ディーン・ヒッカーソンは，他の例，すなわち，整数 $1 \le d < b$ で $d$, $d(b+1)$, $d(b^2+b+1)$ がすべて三角数であるものが存在するかどうかを考え，解が肯定的であることを示した：$d$ が三角数で $b = 8d+1$ ならば，すべての $n \ge 0$ に対し，$d(b^n + b^{n-1} + \ldots + b+1)$ が三角数であることを示すのは容易である．これから生ずる解以外の解 $(d,b)$ でヒッカーソンが見出したものは $(6,10)$ と $(6,2040)$ のみである．$d \ge b$ も許せば，$(15,2)$ も解である．

幾何数列における 3 個の三角数については **D23** 参照．

ド・ヴェーガーは，$(10,21)$ 以外に $\binom{n}{2} = \binom{m}{4}$ の非自明解は存在しないことを確定した．$\binom{n}{k} = \binom{m}{l}$ に対し，ド・ヴェーガーは，$(k,l) = (3,4)$ なる解は，実質的にシルヴァーマンの著書『楕円曲線の数論』中の演習問題 9.13 であることに注意している ($X = n-1$, $2Y = m^2 - 3m$ とおく)．正整数解は $\binom{3}{3} = \binom{4}{4}$ と $\binom{7}{3} = \binom{7}{4}$ のみである．[訳注：$(k,l) = (2,3)$ に] 対応する 2 個の連続する整数の積を 3 個の連続する整数の積に等しくする問題の解は $2 \cdot 3 = 1 \cdot 2 \cdot 3$ と $14 \cdot 15 = 5 \cdot 6 \cdot 7$ のみである．$(k,l) = (2,6), (2,8), (3,6), (4,6), (4,8)$ の場合もやはり楕円曲線の考察に帰着する．

楕円曲線を用いる他の例はブレムナー-ツァナキスが研究している．2 人は $y^2 = x^3 - 7x + 10$ 上にちょうど 26 個の整数点があることを示し，$(b, c) = (172, 505), (172, 820), (112, 2320)$ に対して $y^2 = x^3 - bx + c$ も考察した．

$k = 3$ のとき $\binom{a}{k} - \binom{b}{k} = c^k$ には無数の解がある．$k = 4$ のときは解があるか？ $k = 5$

のとき, $(a,b,c) = (18, 12, 6)$ は孤立した例か？

ピンター-ド・ヴェーガーは,

$$210 = 14 \times 15 = 5 \times 6 \times 7 = \binom{21}{2} = \binom{10}{4}$$

に注意し，派生する $\binom{4}{2}$ 個のディオファンタス方程式の解をすべて求めている．

ピンターは，$\binom{x}{2} = y(y-1)(y-2)(y-3)$ の非自明解は $(-15, -2)$, $(16, -2)$, $(-15, 5)$, $(16, 5)$ のみであることを示している．

ハイドゥー-ピンターは，ここで考察したタイプの方程式2ダースについて論文を書き，すべての解を求めた．

ゲーリーは ($l \geq 4$ のときエルデーシュが確立していた) 方程式 $\binom{n}{k} = x^l$ の他の解が $k = l = 2$ および $(n, k, x, l) = (50, 3, 140, 2)$ のときにのみ存在することを示すことで完全解決した．

ルオ・ミンは，三角数で他の三角数の平方数であるものは，自明なものを除き36のみであることの簡単な証明を与えた．

グルィチュクは，エルデーシュ予想に関連した方程式

$$2\binom{x+n-1}{n} = \binom{y+n-1}{n}$$

を研究し，特殊な場合をいくつか解いている．

H. L. Abbott, P. Erdős & D. Hanson, On the number of times an integer occurs as a binomial coefficient, *Amer. Math. Monthly* **81**(1974) 256–261.

S. C. Althoen & C. Lacampagne, Tetrahedral numbers as sums of square numbers, *Math. Mag.*, **64**(1991) 104–108.

W. S. Anglin, The square pyramid puzzle, *Amer. Math. Monthly* **97**(1990) 120–124; *MR* **91e**:11026.

Krassimir T. Atanassov, Extension of one Sierpiński's problem related to the triangular numbers, *Adv. Stud. Contemp. Math. (Kyungshang)*, **5**(2002) 33–36.

È. T. Avanesov, The Diophantine equation $3y(y+1) = x(x+1)(2x+1)$ (Russian), *Volž. Mat. Sb. Vyp.*, **8**(1971) 3–6; *MR* **46** #8967.

È. T. Avanesov, Solution of a problem on figurate numbers (Russian), *Acta Arith.*, **12**(1966/67) 409–420; *MR* **35** #6619.

E. Barbette, Les sommes de $p$-ièmes puissances distinctes égales à une $p$-ième puissance, Liège, 1910, 77–104.

J. M. Barja, J. M. Molinelli & L. Blanco Ferro, Finiteness of the number of solutions of the Diophantine equation $\binom{x}{n} = \binom{y}{2}$, *Bull. Soc. Math. Belg. Sér. A*, **45**(1993) 39–43; *MR* **96a**:11027.

Laurent Beeckmans, Squares expressible as the sum of consecutive squares, *Amer. Math. Monthly*, **101**(1994) 437–442; *MR* **95c**:11033.

Michael A. Bennett, Lucas's square pyramid problem revisited, *Acta Arith.*, **105**(2002) 341–347; *MR* **2003g**:11028.

David W. Boyd & Hershey H. Kisilevsky, The diophantine equation $u(u+1)(u+2)(u+3) = v(v+1)(v+2)$, *Pacific J. Math.*, **40**(1972) 23–32; *MR* **46** #5238.

Andrew Bremner, An equation of Mordell, *Math. Comput.*, **29**(1975) 925–928; *MR* **51** #10219.

Andrew Bremner & Nicholas Tzanakis, Integer points on $y^2 = x^3 - 7x + 10$, *Math. Comput.*, **41**(1983) 731–741.

A. Bremner, R. J. Stroeker & N. Tzanakis, On sums of consecutive squares. J. Number Theory, **62**(1997) 39–70; *MR* **97k**:11082.

B. Brindza, Ákos Pintér & S. Turjányi, On equal values of pyramidal and polygonal numbers, *Indag. Math.* (*N.S.*), **9**(1998) 183–185.

Jasbir S. Chahal & Jaap Top, Triangular numbers and elliptic curves, *Rocky Mountain J. Math.*, **26**(1996) 937–949.

Chou Chung-Chiang & Deng Yue-Fan, Decomposing 40 billion integers by four tetrahedral numbers, *Math. Comput.*, **66**(1997) 893–901; *MR* **97i**:11123.

J. E. Cremona, *Algorithms for Modular Elliptic Curves*, Cambridge Univ. Press, 1992. [Information for conductor 702, inadvertently omitted from the tables, is obtainable from the author.]

Ion Cucurezeanu, An elementary solution of Lucas' problem, *J. Number Theory*, **44**(1993) 9-12.

H. E. Dudeney, *Amusements in Mathematics*, Nelson, 1917, 26, 167.

William Duke, Some old problems and new results about quadratic forms, *Notices Amer. Math. Soc.*, **44**(1997) 190–195.

P. Erdős, On a Diophantine equation, *J. London Math. Soc.*, **26**(1951) 176–178; *MR* **12**, 804d.

Raphael Finkelstein, On a Diophantine equation with no non-trivial integral solution, *Amer. Math. Monthly*, **73**(1966) 471–477; *MR* **33** #4004.

Martin Gardner, Mathematical games, On the patterns and the unusual properties of figurate numbers, *Sci. Amer.*, **231** No. 1 (July, 1974) 116–120.

P. Goetgheluck, Infinite families of solutions of the equation $\binom{n}{k} = 2\binom{a}{b}$, *Math. Comput.*, **67**(1998) 1727–1733; *MR* **99a**:11019.

Charles M. Grinstead, On a method of solving a class of Diophantine equations, *Math. Comput.*, **32**(1978) 936–940; *MR* **58** #10724.

A. Grytczuk, On a conjecture of Erdős on binomial coefficients, *Studia Sci. Math. Hungar.*, **29**(1994) 241–244; *MR* **95g**:11013.

Richard K. Guy, Every number is expressible as the sum of how many polygonal numbers? *Amer. Math. Monthly*, **101**(1994) 169–172; *MR* **95k**:11041.

K. Győry, On the Diophantine equation $\binom{n}{k} = x^l$, *Acta Arith.*, **80**(1997) 289–295; *MR* **98f**:11028.

L. Hajdu & Ákos Pintér, Combinatorial diophantine equations, (preprint late 1997?)

Heiko Harborth, Fermat-like binomial equations, in Applications of Fibonacci Numbers, Kluwer, 1988, 1–5.

Michael D. Hirschhorn & James A. Sellers, On representations of a number as a sum of three triangles, *Acta Arith.*, **77**(1996) 289–301.

Masanobu Kaneko & Katsuichi Tachibana, When is a polygonal pyramid number again polygonal? *Rocky Mountain J. Math.*, **32**(2002) 149–165; *MR* **2003b**:11025..

T. Krausz, A note on equal values of polygonal numbers, *Publ. Math. Debrecen*, **54**(1999) 321–325.

Masato Kuwata & Jaap Top, An elliptic surface related to sums of consecutive squares, *Exposition. Math.*, **12**(1994) 181–192.

Moshe Laub, O. P. Lossers & L. E. Mattics, Problem 6552 and solution, *Amer. Math. Monthly* **97**(1990) 622–625.

Le Mao-Hua, A note on the Diophantine equation $\binom{k}{2} - 1 = q^n + 1$, *Colloq. Math.*, **76**(1998) 31–34; *MR* **99a**:11038.

D. A. Lind, The quadratic field $\mathcal{Q}(\sqrt{5})$ and a certain Diophantine equation, *Fibonacci Quart.*, **6**(1968) 86–93.

W. Ljunggren, New solution of a problem proposed by E. Lucas, *Norsk Mat. Tidskr.*, **34**(1952) 65–72; *MR* **14**, 353h.

W. Ljunggren, A diophantine problem, *J. London Math. Soc.* (2), **3**(1971) 385–391; *MR* **45** #171.

E. Lucas, Problem 1180, *Nouv. Ann. Math.*(2), **14**(1875) 336.

Ma De-Gang, An elementary proof of the solution to the Diophantine equation $6y^2 = x(x+1)(2x+1)$, *Sichuan Daxue Xuebao*, **4**(1985) 107–116; *MR* **87e**:11039.

R. A. MacLeod & I. Barrodale, On equal products of consecutive integers, *Canad. Math. Bull.*, **13**(1970) 255–259.

Maurice Mignotte, Complete resolution of some families of Diophantine equations, *Number theory (Eger* 1996) 383–399, de Gruyter, Berlin, 1998; *MR* **99d**:11026.

Luo Ming, On the Diophantine equation $(x(x-1)/2)^2 = y(y-1)/2$, *Fibonacci Quart.*, **34**(1996) 277-279; *MR* **97a**:11048.

S. P. Mohanty, Integer points of $y^2 = x^3 - 4x + 1$, *J. Number Theory*, **30**(1988) 86-93; *MR* **90e**:11041a; but see A. Bremner, **31**(1989) 373; **90e**:11041b.

Louis Joel Mordell, On the integer solutions of $y(y+1) = x(x+1)(x+2)$, *Pacific J. Math.*, **13**(1963) 1347–1351.

Ken Ono, Sinai Robins & Patrick T. Wahl, On the representations of integers as sums of triangular numbers, *Aequationes Math.*, **50**(1995) 73–94; *MR* **96i**:11044.

Ákos Pintér, A note on the Diophantine equation $\binom{x}{4} = \binom{y}{2}$, *Publ. Math. Debrecen*, **47**(1995) 411–415; *MR* **961**:11027.

Ákos Pintér, On the equation $\binom{x}{2} = y(y-1)(y-2)(y-3)$, *Publ. Math. Debrecen*, (submitted) (199) –; *MR* :110.

Ákos Pintér & B. M. M. de Weger, $210 = 14 \times 15 = 5 \times 6 \times 7 = \binom{21}{2} = \binom{10}{4}$, *Publ. Math. Debrecen*, **51**(1997) 175–189; *MR* **98k**:11032.

H. E. Saltzer & N. Levine, Tables of integers not exceeding 1000000 that are not expressible as the sum of four tetrahedral numbers, *Math. Tables Aids Comput.*, **12**(1958) 141–144; *MR* **20** #6194.

David Singmaster, How often does an integer occur as a binomial coefficient? *Amer. Math. Monthly* **78**(1971) 385–386.

David Singmaster, Repeated binomial coefficients and Fibonacci numbers, *Fibonacci Quart.*, **13** (1975) 295–298.

V. Siva Rama Prasad & B. Srinivasa Rao, Triangular numbers in the associated Pell sequence and Diophantine equations, $x^2(x+1)^2 = 8y^2 \pm 4$, *Indian J. Pure Appl. Math.*, **33**(2002) 1643–1648; *MR* **2004c**:11033.

C. M. Skinner & T. D. Wooley, Sums of two $k$-th powers, *J. reine angew. Math.*, **462**(1995) 57–68. 96b 11132

R. J. Stroeker, On the sum of consecutive cubes being a perfect square, *Compositio Math.*, **97**(1995) 295–307; *MR* **96i**:11038.

Roelof J. Stroeker & B. M. M. de Weger, Elliptic binomial diophantine equations, MaT **68**(1999) 1257–1281; *MR* **99i**:11122.

Craig A. Tovey, Multiple occurrences of binomial coefficients, *Fibonacci Quart.*, **23**(1985) 356–358.

Nikos Tzanakis, Explicit solution of a class of quartic Thue equations, *Acta Arith.*, **64**(1993) 271–283; *MR* **94e**:11022.

N. Tzanakis & B. M. M. de Weger, How to explicitly solve a Thue-Mahler equation, *Compositio Math.*, **84**(1992) 223–288; *MR* **93k**:11025; corrections, **89** (1993) 241–242.

Nikos Tzanakis, Explicit solution of a class of quartic Thue equations, *Acta Arith.*, **64**(1993) 271–283; *MR* **94e**:11022.

N. Tzanakis & B. M. M. de Weger, On the practical solution of the Thue equation, *J. Number Theory*, **31**(1989) 99-132; *MR* **90c**:11018.

Saburô Uchiyama, Solution of a Diophantine problem, *Tsukuba J. Math.*, **8**(1984) 131–137; *MR* **86i**:11010.

Richard Warlimont, On natural numbers as sums of consecutive $h$th powers, *J. Number Theory*, **68**(1998) 87–98.

G. N. Watson, The problem of the square pyramid, *Messenger of Math.*, **48**(1918/19) 1–22.

B. M. M. de Weger, A binomial diophantine equation, Report 9476/B, Econometric Institue, Erasmus Univerity Rotterdam, 94-12-13; *Quart. J. Math. Oxford Ser.*,

Benjamin M. M. de Weger, Equal binomial coefficients: some elementary considerations, *J. Number Theory*, **63**(1997) 373–386; *MR* **98b**:11027.

Z. Y. Xu & Cao Zhen-Fu, On a problem of Mordell, *Kexue Tongbao*, **30**(1985) 558–559.

**OEIS:** A001219, A047694-047695.

## D4 ワーリング問題, $l$ 個の $k$ 乗数の和

すべての整数が $k$ 乗数 $l$ 個の和で表せるような最小の $l$ を通常 $g(k)$ で表す.たとえば
$k =$ 2 3 4 5 6 7 8 9 10 11 12 13 14 15 16 17
$g(k) =$ 4 9 19 37 73 143 279 548 1079 2132 4223 8384 16673 33203 66190 132055
$k > 2$ に対しては,有限個の例外を除いて, $n$ をより少ない個数 $G(k)$ 個の $k$ 乗数の和で表すことができる. $g(k)$ に比べ, $G(k)$ に関する既知の事実は数少なく, $G(2) = 4$, $4 \leq G(3) \leq 7$, $G(4) = 16$, $G(5) \leq 18$ がわかっている程度である.おそらく $G(3) = 4$ であろうと思われる. **D5** の第一段落参照.また 1996 年に,リー・ホンゼは $G(16) \leq 111$ を示した.

$r_{k,l}(n)$ で $n = \sum_{i=1}^{l} x_i^k$ の「自然数」解 $x_i$ の個数を表すとするとき,ハーディー-リトルウッドの予想 K から,任意の $\epsilon > 0$ に対し, $r_{k,k}(n) = O(n^\epsilon)$ がしたがう. $k = 2$ のときこれは周知の事実であり,十分大きい $n$ に対して

$$r_{2,2}(n) < n(1+\epsilon) \ln 2 / \ln \ln n$$

がなりたつことまでわかっている.右辺の $\ln 2$ はこれ以上小さくできないこともわかっている.マーラーは,無限に多くの $n$ に対して $r_{3,3} > c_1 n^{1/12}$ を証明して, $k = 3$ のときに仮説 K からの帰結を反証した.

エルデーシュは,すべての $n$ に対し, $r_{3,3} < c_2 n^{1/12}$ もありうると考えているが,この方向では何も知られていない. $k \geq 3$ に対しては,仮説 K はおそらくなりたたないであろうが,十分大の $x$ に対して, $\sum_{n=1}^{x} (r_{k,k}(n))^2 < x^{1+\epsilon}$ がなりたつことは大いにありそうである.

S. チャウラは, $k \geq 5$ に対し $r_{k,k}(n) \neq O(1)$ を証明し,エルデーシュとともに,すべての $k \geq 2$ と無限に多くの $n$ に対し,

$$r_{k,k} > \exp(c_k \ln n / \ln \ln n)$$

を証明した.

無限に多くの $n$ に対し,モーデルは, $r_{3,2}(n) \neq O(1)$ を,マーラーは, $r_{3,2}(n) > (\ln n)^{1/4}$ を証明した. $r_{3,2}(n)$ に対する自明でない上界は知られていない.ジャン・ラグランジュは, $\limsup r_{4,2}(n) \geq 2$ と $\limsup r_{4,3}(n) = \infty$ がなりたつことを証明した.

$l$ 個の $k$ 乗数の和として表される $n \leq x$ の個数 $A_{k,l}(x)$ を評価するのは非常に困難な問題である．ランダウは

$$A_{2,2}(x) = (c + o(1))x/(\ln x)^{1/2}$$

を，エルデーシュ-マーラーは，$k > 2$ のとき $A_{k,2} > c_k x^{2/k}$ を，フーリーは，$A_{k,2} > (c_k + o(1))x^{2/k}$ がなりたつことをそれぞれ証明した．$l < k$ のとき，$A_{k,l} > c_{k,l} x^{l/k}$ であり，かつすべての $\epsilon$ に対し，$A_{k,k} > x^{1-\epsilon}$ であることはほとんど確実と思われるが，まだ証明はされていない．

上述チャウラ-エルデーシュの結果から，すべての $k$ に対し $n_k = p^3 + q^3 + r^3$ の解の個数が $k$ より大であるような $n_k$ が存在することが従う．4 個以上の項の場合に対応する結果は知られていない．

ヴォーン-ウーリーの概説は 162 編の参考文献をあげている．

デイヴィッド・ウィルソンは，$1 \leq k \leq 10$ に対し，相異なる正の $k$ 乗数の和となる最小の $k$ 乗数のリストを作成した．

$3^1 = 1^1 + 2^1$, $5^2 = 3^2 + 4^2$, $6^3 = 3^3 + 4^3 + 5^3$, $15^4 = 4^4 + 6^4 + 8^4 + 9^4 + 14^4$, $12^5 = 4^5 + 5^5 + 6^5 + 7^5 + 9^5 + 11^5$, $25^6 = 1^6 + 2^6 + 3^6 + 5^6 + 6^6 + 7^6 + 8^6 + 9^6 + 10^6 + 12^6 + 13^6 + 15^6 + 16^6 + 17^6 + 18^6 + 23^6$, $40^7 = 1^7 + 3^7 + 5^7 + 9^7 + 12^7 + 14^7 + 16^7 + 17^7 + 18^7 + 20^7 + 21^7 + 22^7 + 25^7 + 28^7 + 39^7$, $84^8 = 1^8 + 2^8 + 3^8 + 5^8 + 7^8 + 9^8 + 10^8 + 11^8 + 12^8 + 13^8 + 14^8 + 15^8 + 16^8 + 17^8 + 18^8 + 19^8 + 21^8 + 23^8 + 24^8 + 25^8 + 26^8 + 27^8 + 29^8 + 32^8 + 33^8 + 35^8 + 37^8 + 38^8 + 39^8 + 41^8 + 42^8 + 43^8 + 45^8 + 46^8 + 47^8 + 48^8 + 49^8 + 51^8 + 52^8 + 53^8 + 57^8 + 58^8 + 59^8 + 61^8 + 63^8 + 69^8 + 73^8$, $47^9 = 1^9 + 2^9 + 4^9 + 7^9 + 11^9 + 14^9 + 15^9 + 18^9 + 26^9 + 27^9 + 30^9 + 31^9 + 32^9 + 33^9 + 36^9 + 38^9 + 39^9 + 43^9$, $63^{10} = 1^{10} + 2^{10} + 4^{10} + 5^{10} + 6^{10} + 8^{10} + 12^{10} + 15^{10} + 16^{10} + 17^{10} + 20^{10} + 21^{10} + 25^{10} + + 26^{10} + 27^{10} + 28^{10} + 30^{10} + 36^{10} + 37^{10} + 38^{10} + 40^{10} + 51^{10} + 62^{10}$.

Ramachandran Balasubramanian, Jean-Marc Deshouillers & François Dress, Problème de Waring pour les bicarrés II, Résultats auxiliaires pour le théorème asymptotique, *C. R. Acad. Sci. Paris Sér. I Math.*, **303**(1986) 161–163; MR **88e**:11095.

F. Bertault, Oliver Ramaré & Paul Zimmermann, On sums of seven cubes, *Math. Comput.*, **68**(1999) 1303–1310; MR **99j**:11116.

Jörg Brüdern, A sieve approach to the Waring-Goldbach problem II: on the seven cubes theorem, *Acta Arith.*, **72**(1995) 211–227; MR **97j**:11047.

Jörg Brüdern & Nigel Watt, On Waring's problem for four cubes, *Duke Math. J.*, **77**(1995) 583–606; MR **96e**:11121.

Jörg Brüdern & Trevor D. Wooley, On Waring's problem: three cubes and a sixth power, *Nagoya Math. J.*, **163**(2001) 13–53; MR **2002e**:11133.

François Castella & Alain Plagne, A distribution result for slices of sums of squares, *Math. Proc. Cambridge Philos. Soc.*, **132**(2002) 1–22.

Ajai Choudhry, On representing 1 as the sum or difference of $k$th powers of integers, *Math. Student*, **70**(2001) 205–208.

S. Chowla, The number of representations of a large number as a sum of non-negative $n$th powers, *Indian Phys.-Math. J.*, **6**(1935) 65–68; Zbl. **12**.339.

H. Davenport, Sums of three positive cubes, *J. London Math. Soc.*, **25**(1950) 339–343; MR **12**,

393.
Jean-Marc Deshouillers, François Hennecart & Bernard Landreau, Waring's problem for sixteen biquadrates – numerical results, *J. Théor. Nombres Bordeaux*, **12**(2000) 411–422; *MR* **2002b**:11133.
P. Erdős, On the representation of an integer as the sum of $k$ $k$th powers, *J. London Math. Soc.*, **11**(1936) 133–136; *Zbl.* **13**.390.
P. Erdős, On the sum and difference of squares of primes, I, II, *J. London Math. Soc.*, **12**(1937) 133–136, 168–171; *Zbl.* **16**.201, **17**.103.
P. Erdős & K. Mahler, On the number of integers that can be represented by a binary form, *J. London Math. Soc.*, **13**(1938) 134–139; *Zbl.* **13**.390.
P. Erdős & E. Szemerédi, On the number of solutions of $m = \sum_{i=1}^{k} x_i^k$, *Proc. Symp. Pure Math.*, **24** Amer. Math. Soc., Providence, 1972, 83–90; *MR* **49** #2529.
W. Gorzkowski, On the equation $x_0^2 + x_1^2 + \ldots + x_n^2 = x_{n+1}^k$, *Ann. Soc. Math. Polon. Ser. I Comment. Math. Prace Mat.*, **10**(1966) 75–79; *MR* **32** #7495.
G. H. Hardy & J. E.Littlewood, Partitio Numerorum VI: Further researches in Waring's problem,*Math. Z.*, **23**(1925) 1–37.
Koichi Kawada & Trevor D. Wooley, On the Waring-Goldbach problem for fourth and fifth powers, *Proc. London Math. Soc.*(3) **83**(2001) 1–50; *MR* **2002b**:11134.
Koichi Kawada & Trevor D. Wooley, Slim exceptional sets for sums of fourth and fifth powers, *Acta Arith.*, **103**(2002) 225–248; *MR* **2003a**:11125.
Alain Kraus, Sur l'équation $a^3 + b^3 = c^p$, *Experiment. Math.*, **7**(1998) 1–13; *MR* **99f**:11040.
Jean Lagrange, Thèse d'État de l'Université de Reims, 1976.
Li Hong-Ze, Waring's problem for sixteenth powers, *Sci. China Ser. A*, **39**(1996) 56–64; *MR* **97g**:11112
K. Mahler, On the lattice points on curves of genus 1, *Proc. London Math. Soc.*, **39**(1935) 431–466.
K. Mahler, Note on Hypothesis K of Hardy and Littlewood, *J. London Math. Soc.*, **11**(1936) 136–138.
Meng Xian-Meng, The Waring-Goldbach problem in short intervals, *Shandong Daxue Xuebao Ziran Kexue Ban* **32**(1997) 255–264; *MR* **98k**:11134.
Robert C. Vaughan & Trevor D. Wooley, Further improvements in Waring's problem, *Acta Math.*, **174**(1995) 147–240; II. Sixth powers, *Duke Math. J.*, **76**(1994) 683–710; *MR* **96j**:11129ab; III. Eighth powers, *Philos. Trans. Roy. Soc. London Ser. A* **345**(1993) 385–396; *MR* **94m**:11118; IV. Higher powers, *Acta Arith.*, **94**(2000) 203–285; *MR* **2001g**:11154.
R. C. Vaughan & T. D. Wooley, Waring's problem: a survey, *Number Theory for the Millennium III* (*Urbana IL*, 2000, 301–340; *MR* **2003j**:11116.
Van H. Vu, On a refinement of Waring's problem, *Duke Math. J.*, **105**(2000) 107–134; *MR* **2002e**:11134.
Trevor D. Wooley, Slim exceptional sets for sums of cubes, *Canad. J. Math.*, **54**(2002) 417–448; *MR* **2003a**:11131.
Trevor D. Wooley, Slim exceptional sets and the asymptotic formula in Waring's problem, *Math. Proc. Cambridge Philos. Soc.*, **134**(2003) 193–206; *MR* **2004c**:11181.

**OEIS:** A002376, A002377, A002804, A018889, A079611.

| D5 | 4 個の 3 乗数の和 |
|---|---|

すべての数は 4 個の 3 乗数の和になるか？ ジェミャネンコは，たかだか $9n\pm4$ の形の数を除くすべての数に対してこのことを証明した．リチャード・ルークスは，$n\leq 10^7$ なるすべての数の正負の 3 乗数の和としての表示を与えた．表示が '困難' であったのは 82562 であった．4 個の 3 乗数の和の表示は，数が大きくなるにつれて 'やさしく' なるように思われるから，すべての数が 4 個の 3 乗数の和になることは大いにありそうである．

4 個のうち 2 個が等しい 3 乗数の和の表示とすると，より困難な問題になる．本書旧版では $76 = x^3 + y^3 + 2z^3$ に特定して解があるかどうかを問うた．1996 年 1 月 18 日に J. H. E. コーンが $k = x^3 + y^3 + 2z^3$ の表示 $(k, x, y, z) = (76, -122171, -21167, 97135)$ と

$$(230, 27293, -14101, -20617),\ (356, 1048469, 129521, -832693),$$
$$(418, 91705, 15961, -72914),\ (428, -117091, -111433, 114332),$$
$$(445, 150439, -19178, -119321),\ (482, -11878, -2254, 9449),$$
$$(580, 89845, 85111, -87542),\ (967, 641263, 380698, -542246)$$

を電子メールで送ってきた．

小山健二は

$$(491, 13476659, 13584908, -13531000),\ (183, 4170061, -4494438, 2090533),$$
$$(931, -6942368, -23115371, 18510883)$$

を知らせてきた．したがって，$k < 1000$ で残っているものは 148, 671, 788 のみである．10000 以下にさらに 59 個の解があり，以下に引用するサイトに掲載されている．

| 1084 | 1121 | 1247 | 1444 | 1462 | 1588 | 1975 | 2246 | 2300 | 2372 |
| 2822 | 3047 | 3268 | 3307 | 3335 | 3380 | 3641 | 3676 | 3956 | 4036 |
| 4108 | 4369 | 4388 | 4819 | 4883 | 4990 | 5188 | 5279 | 5468 | 5540 |
| 5620 | 5629 | 6707 | 6980 | 7097 | 7106 | 7132 | 7177 | 7323 | 7519 |
| 7708 | 7727 | 7799 | 7853 | 7862 | 7988 | 8114 | 8380 | 8572 | 8588 |
| 8644 | 8779 | 8887 | 8968 | 9274 | 9463 | 9589 | 9724 | 9850 | |

$9n \pm 4$ の形でないすべての数は「3 個」の 3 乗数の和であるか？[訳注：冒頭のジェミャネンコの項参照] 本書第 2 版に載せていた未決定の数のリストからアンドリュー・ブレムナーは，75 と 600 を除き，コーン-ヴァサースタインは 84 を，リチャード・ルークスは 110, 435, 478 を，小山健二は 444, 501, 618, 912, 969 をそれぞれ除いた．ドン・レブルは，$30 = 2220422932^3 - 283059965^3 - 2218888517^3$ とサイト

```
http://www.asahi-net.or.jp/~KC2H-MSM/mathland/math04/cube01.htm
```

を引用した．このサイトによれば残るは次の 25 個のみである：

D. ディオファンタス方程式

33  42  52  74  114  156  165  318  366  390  420  564  579
627  633  732  758  789  795  894  906  921  933  948  975

ノウム・エルキースは 462 の表示およびそれまで未知であった数の小さい表示を知らせてきた. 私信を引用する.

...$12 = 9730705^3 - 9019406^3 - 5725013^3$ の表示は既知でしょうか？ ミラー-ウーレットが見出したのは $12 = 10^3 + 7^3 - 11^3$ のみで, 他に表示があるかどうか尋ねておりました. 上述の表示は彼らの表示以外の最初のものです. 同様に $2 = 1214928^3 + 3480205^3 - 3528875^3$ は, 等式 $2 = (6t^3+1)^3 - (6t^3-1)^3 - (6t^2)^3$ で説明できない最初のものです.

方程式 $3 = x^3 + y^3 + z^3$ は解 $(1,1,1)$ と $(4,4,-5)$ をもつ. 他に解があるか？

Antal Balog & Jörg Brüdern, Sums of three cubes in three linked three-progressions, *J. reine angew. Math.*, **466**(1995) 45–85; *MR* **96j**:11133.

Andrew Bremner, On sums of three cubes, *Number theory (Halifax NS, 1994)* 87–91, *CMS Conf. Proc.*, **15** Amer. Math. Soc., Providence RI, 1995; *MR* **96g**:11024.

Jörg Brüdern, Sums of four cubes, *Monatsh. Math.*, **107**(1989) 179–188; *MR* **90g**:11136.

Jörg Brüdern, On Waring's problem for cubes, *Math. Proc. Cambridge Philos. Soc.*, **109**(1991) 229–256; *MR* **91m**:11081.

J. W. S. Cassels, A note on the Diophantine equation $x^3+y^3+z^3 = 3$, *Math. Comput.*, **44**(1985) 265–266; *MR* **86d**:11021.

J. H. E. Cohn & L. J. Mordell, On sums of four cubes of polynomials, *J. London Math. Soc.*(2), **5**(1972) 74–78; *MR* **45** #3367.

W. Conn & L. N. Vaserstein, On sums of three integral cubes, The Rademacher legacy to mathematics (University Park, 1992), *Contemp. Math.*, **166**, Amer. Math. Soc., 1994, 285–294; *MR* **95g**:11128.

V. A. Dem'janenko, Sums of four cubes, *Izv. Vysš. Učebn. Zaved. Matematika*, **1966**(1966) 64–69; *MR* **34** #2525. [Thanks to Henri Cohen, an English translation is at http://www.math.u-bordeaux.fr/~cohen]

Leonard Eugene Dickson, Simpler proofs of Waring's Theorem on cubes with various generalizations, *Trans. Amer. Math. Soc.*, **30**(1928) 1–18.

S. W. Dolan, On expressing numbers as the sum of two cubes, *Math. Gaz.*, **66**(1982) 31–38.

W. J. Ellison, Waring's problem, *Amer. Math. Monthly*, **78**(1971) 10–36.

V. L. Gardiner, R. B. Lazarus & P. R. Stein, Solutions of the diophantine equation $x^3 + y^3 = z^3 - d$, *Math. Comput.*, **18**(1964) 408–413; *MR* **31** #119.

D. R. Heath-Brown, Searching for solutions of $x^3+y^3+z^3 = k$, *Séminaire de Théorie des Nombres, Paris*, 1989–90, 71–76, *Progr. Math.*, **102**(1992) Birkhäuser, Boston; *MR* **98f**:11025.

D. R. Heath-Brown, W. M. Lioen & H. J. J. te Riele, On solving the Diophantine equation $x^3 + y^3 + z^3 = k$ on a vector computer, *Math. Comput.*, **61**(1993) 235–244; *MR* **94f**:11132.

C. Hooley, On the representations of a number as the sum of four cubes, I, *Proc. London Math. Soc.*(3). **36**(1978) 117–140; II, **16**(1977) 424–428; *MR* **58** #21932ab.

Chao Ko, Decompositions into four cubes, *J. London Math. Soc.*, **11**(1936) 218–219.

Koichi Kawada, On the sum of four cubes, *Mathematika*, **43**(1996) 323–348; *MR* **97m**:11125.

Kenji Koyama, Tables of solutions of the Diophantine equation $x^3+y^3+z^3 = n$, *Math. Comput.*, **62**(1994) 941–942.

Kenji Koyama, On the solutions of the Diophantine equation $x^3 + y^3 + z^3 = n$, *Trans. Inst. Electron. Inform. Commun. Eng. (IEICE in Japan)*, **E78-A**(1994) 444–449.

Kenji Koyama, On searching for solutions of the Diophantine equation $x^3+y^3+2z^3=n$, *Math. Comput.*, **69**(2000) 1735–1742; *MR* **2001a**:11206.

Kenji Koyama, Yukio Tsuruoka & Hiroshi Sekigawa, On searching for solutions of the Diophantine equation $x^3+y^3+z^3=n$, *Math. Comput.*, **66**(1997) 841–851; *MR* **97m**:11041.

M. Lal, W. Russell & W. J. Blundon, A note on sums of four cubes, *Math. Comput.*, **23**(1969) 423–424; *MR* **39** #6819.

A. Mąkowski, Sur quelques problèmes concernant les sommes de quatre cubes, *Acta Arith.*, **5**(1959) 121–123; *MR* **21** #5609.

J. C. P. Miller & M. F. C. Woollett, Solutions of the diophantine equation $x^3+y^3+z^3=k$, *J. London Math. Soc.*, **30**(1955) 101–110; *MR* **16**, 797e.

L. J. Mordell, On sums of four cubes of polynomials, *Acta Arith.*, **16**(1969/1970) 365–369; *MR* **42** #230.

G. Payne & L. Vaserstein, Sums of three cubes, in *The Arithmetic of Function Fields*, de Gruyter, 1992, 443–454; *MR* **93k**:11090.

Ren Xiu-Min, Sums of four cubes of primes, *J. Number Theory*, **98**(2003) 156–171; *MR* **2003j**:11122 (and see **2002c**:11130).

Puilippe Revoy, Sur les sommes de quatre cubes, *Enseign. Math.*(2), **29**(1983) 209–220; *MR* **85m**:11058.

H. W. Richmond, *Messenger Math.*(2), **51**(1921) 177–186.

Fernando Rodríguez Villegas & Don Zagier, Which primes are sums of two cubes? *Number Theory (Halifax NS 1994)* 295–306, *CMS Conf. Proc.*, **15**, Amer. Math. Soc., Providence RI, 1995; *MR* **96g**:11049.

W. Scarowsky & A. Boyarsky, A note on the Diophantine equation $x^n+y^n+z^n=3$, *Math. Comput.*, **42**(1984) 235–237; *MR* **85c**:11029.

A. Schinzel, On sums of four cubes of polynominals, *J. London Math. Soc.*, **43**(1968) 143–145; *MR* **36** #6388.

A. Schinzel & W. Sierpiński, Sur les sommes de quatre cubes, *Acta Arith.*, **4**(1958) 20–30; *MR* **20**, #1664.

Sun Qi, On Diophantine equation $x^3+y^3+z^3=n$, *Kexue Tongbao*, **33**(1988) 2007–2010; *MR* **90g**:11033 (see also **32**(1987) 1285–1287).

R. C. Vaughan, On Waring's problem for cubes, *J. reine angew. Math.*, **365**(1986) 122–170; *MR* **87j**:11103.

Edward Maitland Wright, An easier Waring's problem, *J. London Math. Soc.*, **9**(1934) 267–272.

**OEIS:** A003072, A046041, A060464-060467.

## D6  $x^2 = 2y^4 - 1$ の初等的解

リュングレンは，$y^2 = 2x^4 - 1$ の正の整数解は $(1,1)$ と $(239,13)$ に限ることを示したが，その証明が難解であったため，モーデルは簡単あるいは初等的な証明を問題とした．スタイナー-ツァナキスのいわゆる簡易証明があるが，それを簡易化とみなすかどうかは趣味の問題であろう．彼らの方法は，代数的数の対数の1次形式の理論を使うものであるから [訳注：ゲリフォンド-ノベイカーの方法．**D10** 参照].

チェン・ジアン・ホアの解法はこれまでの方法によらないものであった．

リュングレンらは，これに類似の型の方程式を集中的に研究している．参考文献は本書初版参照．コーンは，$D \leq 400$ の範囲のすべての $D$ に対して，方程式 $y^2 = Dx^4 + 1$

を考察した．この方程式は，2曲線 $y^2 = x(x^2 - 4D)$, $Y^2 = X(X^2 + 16D)$ 上に有理点がある場合にのみ有理数解をもつ．$\pm D$ が平方数でないとき，2曲線は非特異的である．

Chen Jian-Hua, A new solution of the Diophantine equation $X^2 + 1 = 2Y^4$, *J. Number Theory*, **48**(1994) 62–74; *MR* **95i**:11019.

Chen Jian-Hua, A note on the Diophantine equation $x^2 + 1 = dy^4$, *Abh. Math. Sem. Univ. Hamburg*, **64**(1994) 1–10; *MR* **95k**:11034.

J. H. E. Cohn, The diophantine equation $y^2 = Dx^4 + 1$, I, *J. London Math. Soc.*, **42**(1967) 475–476; *MR* **35** #4158; II, *Acta Arith.*, **28**(1975/76) 273–275; *MR* **52** #8029; III, *Math. Scand.*, **42**(1978) 180–188; *MR* **80a**:10031.

W. Ljunggren, Zur Theorie der Gleichung $x^2 + 1 = Dy^4$, *Avh. Norsk. Vid. Akad. Oslo*, (1942) 1–27.

W. Ljunggren, Some remarks on the diophantine equations $x^2 - \mathcal{D}y^4 = 1$ and $x^4 - \mathcal{D}y^2 = 1$, *J. London Math. Soc.*, **41**(1966) 542–544; *MR* **33** #5555.

L. J. Mordell, The diophantine equation $y^2 = Dx^4 + 1$, *J. London Math. Soc.*, **39**(1964) 161–164; *MR* **29** #65.

Ray Steiner & Nikos Tzanakis, Simplifying the solution of Ljunggren's equation $X^2 + 1 = 2Y^4$, *J. Number Theory*, **37**(1991) 123–132; *MR* **91m**:11018.

Sun Qi & Yuan Ping-Zhi, A note on the Diophantine equation $x^4 - Dy^2 = 1$. *Sichuan Daxue Xuebao*, **34**(1997) 265–268; *MR* **98g**:11034.

## D7 和が再びベキ数になるような連続するベキ数

ルーファス・ボーウェンは，方程式

$$1^n + 2^n + \cdots + m^n = (m+1)^n$$

が非自明解をもたないと予想した．レオ・モーザーは，$m \leq 10^{1000000}$ には解はなく，$n$ が奇数のときも解がないことを示した．ジョウ-カンは探査範囲を $m \leq 10^{2000000}$ まで広げた．ヴァン・デ・リューン-テ・リーレは，ルーファスの方程式がほとんどの場合に解けないことを証明した．$n \sim m \ln 2$ に注意．

モリーは，カーリッツの結果を訂正かつ一般化して，ボーウェン方程式に応用するとともに，方程式

$$1^n + 2^n + \cdots + m^n = a(m+1)^n$$

は，$m < \max(10^{10^6}, a \cdot 10^{22})$, $n > 1$ なる整数解 $(a, m, n)$ をもたないことを示した．

井関-サンダーは，連続する平方数の和でまた平方数であるようなもの―ここで，平方数の最大のものは1000より小―をすべて見出した．井関はさらに $(x + 2i)^2$ の $i = 0$ から $n$ までの同様の和を見出している．

タイデマンは，方程式

$$1^n + 2^n + \cdots + k^n = m^n$$

に関する一般的な結果からは特殊な場合の方程式に関する結果は何も出てこないように見えると述べている．

エルデーシュは $m, n$ が整数で仮説 (K) をみたすならば, (L'), (M') がなりたつことを示せという問題を提出した. ここで

$$\text{(K)} \qquad \left(1 - \frac{1}{m}\right)^n \frac{1}{2} \left(1 - \frac{1}{m-1}\right)^n,$$

$$\text{(L')} \qquad 1^n + 2^n + cdots + (m-2)^n (m-1)^n,$$

$$\text{(M')} \qquad 1^n + 2^n + \cdots + m^n (m+1)^n$$

である. さらに次の (L), (M) がそれぞれ無限回なりたつことを示せとも述べている.

$$\text{(L)} \qquad 1^n + 2^n + \cdots + (m-1)^n m^n,$$

$$\text{(M)} \qquad 1^n + 2^n + \cdots + (m-1)^n m^n.$$

ヴァン・デ・リューンは (K) から (L') がしたがうことを証明し, ベスト-テ・リーレは, (K) から (M') がしたがうことおよび $m \leq x$ のたかだか $c \ln x$ 個の値に対して (M) がなりたつことを証明した. ヴァン・デ・リューン-テ・リーレは, (L) がほとんどすべての対 $(m, n)$ に対してなりたつことを証明した. ベスト-テ・リーレは, (K) と (M) が両方なりたつような 33 個の対 $(m, n)$ を計算した. 最小のものは

$$m = 1121626023352385, \qquad n = 777451915729368$$

である. このような対は無限個あるか?

つい最近ピーター・モリー-テ・リーレ-ウルヴァノーヴィッチがもともとのボーウェン方程式において $n$ は $2^8 \cdot 3^5 \cdot 5^4 \cdot 7^3 \cdot 11^2 \cdot 13^2 \cdot 17^2 \cdot 19^2 \cdot 23 \cdot 29 \cdot \cdots \cdot 197 \cdot 199$ で割り切れなければならず, $m$ は正則素数 (**D2** 参照) で割り切れないこと, また非正則素数 $< 1000$ でも割れないことを示した. もっと最近になって, モリーが $n$ は $< 1000$ なる素数で割り切れなければならず, したがって $n$ は $> 5.7462 \times 10^{427}$ なる整数で割り切れるというケルナーの本質的な改良を指摘した.

M. R. Best & H. J. J. te Riele, On a conjecture of Erdős concerning sums of powers of integers, *Report NW 23/76*, Mathematisch Centrum Amsterdam, 1976.

A. Bremner, R. J. Stroeker & N. Tzanakis, On sums of consecutive squares, *J. Number Theory*, **62**(1997) 39–70; *MR* **97k**:11082.

P. Erdős, Advanced problem 4347, *Amer. Math. Monthly* **56**(1949) 343.

K. Győry, R. Tijdeman & M. Voorhoeve, On the equation $1^k + 2^k + \cdots + x^k = y^z$, *Acta Arith.*, **37**(1980) 233–240.

Kiyoshi Iseki, Positive integral solutions of $x^2 + (x+2)^2 + \cdots + (x+2n)^2 = y^2$ ($1 \leq n \leq 10000$), *Math. Japonica*, **35**(1990) 1003–1012.

Kiyoshi Iseki & Lajos Sandor, Positive integral solutions of the equation $x^2 + (x+1)^2 + (x+2)^2 + \cdots + (x+n)^2 = y^2$ ($1 \leq x + n \leq 10000$), *Math. Japonica*, **35**(1990) 817–830.

M. J. Jacobson, Á. Pintér & P. G. Walsh, A computational approach for solving $y^2 = 1^k + 2^k + \cdots x^k$, *Math. Comput.*, **72**(2003) 2099–2110.

Bernd Christian Kellner, Über irreguläre Paare höherer Ordnungen [und die Vermutungen von Giuga-Agoh und Erdős-Moser], Diplomarbeit, Göttingen, 2002.

J. van de Lune, On a conjecture of Erdős (I), *Report ZW 54/75*, Mathematisch Centrum Amsterdam, 1975.

J. van de Lune & H. J. J. te Riele, On a conjecture of Erdős (II), *Report ZW 56/75*, Mathematisch Centrum Amsterdam, 1975.

J. van de Lune & H. J. J. te Riele, A note on the solvability of the diophantine equation $1^n + 2^n + \cdots + m^n = G(m+1)^n$, *Report ZW 59/75*, Mathematisch Centrum Amsterdam, 1975.

Pieter Moree, On a theorem of Carlitz-von Staudt, *C.R. Math. Rep. Acad. Sci. Canada*, **16**(1994) 166–170; *MR* **95i**:11002.

Pieter Moree, Diophantine equations od Erdős-Moser type, *Bull. Austral. Math. Soc.*, **53**(1996) 281–292; *MR* **97b**:11048.

Pieter Moree, Herman J. J. te Riele & Jerzy Urbanowicz, Divisibility properties of integers $x$, $k$ satisfying $1^k + \cdots + (x-1)^k = x^k$, *Math. Comput.*, **63**(1994) 799–815; *MR* **94m**:11041.

L. Moser, On the diophantine equation $1^n + 2^n + \cdots + (m-1)^n = m^n$, *Scripta Math.*, **19**(1953) 84–88; *MR* **14**, 950.

J. J. Schäffer, The equation $1^p + 2^p + \cdots + n^p = m^q$, *Acta Math.*, **95**(1956) 155–189; *MR* **17**, 1187.

Jerzy Urbanowicz, Remarks on the equation $1^k + 2^k + \cdots + (x-1)^k = x^k$, *Nederl. Akad. Wetensch. Indag. Math.*, **50**(1988) 343–348; *MR* **90b**:11026.

M. Voorhoeve, K. Györy & R. Tijdeman, On the diophantine equation $1^k + 2^k + \cdots + x^k + R(x) = y^z$, *Acta Math.*, **143**(1979) 1–8; *MR* **80e**:10020.

Zhou Guo-Fu & Kang Ji-Ding, On the diophantine equation $\sum_{k=1}^{m} k^n = (m+1)^n$, *J. Math. Res. Exposition*, **3**(1983) 47–48; *MR* **85m**:11020.

## D8 ピラミッド型ディオファンタス方程式

ヴンダーリッヒは，方程式 $x^3 + y^3 + z^3 = x + y + z$ の「すべての」解の (パラメーター表示) を求めることを問題とした．ベルンシュタイン，S. チャウラ，エドガー，フレンケル，オッペンハイム，シーガル，シェルピンスキが解を与えており，そのいくつかはパラメトリックである．したがって解は間違いなく無限個ある．解のうち 88 個は 13000 より少ない個数の未知数をもつ．ブレムナーはすべてのパラメーター解をイフェクティヴに決定した．

Leon Bernstein, Explicit solutions of pyramidal Diophantine equations, *Canad. Math. Bull.*, **15**(1972) 177–184; *MR* **46** #3442.

Andrew Bremner, Integer points on a special cubic surface, *Duke Math. J.*, **44**(1977) 757-765; *MR* **58** #27745.

Hugh Maxwell Edgar, Some remarks on the Diophantine equation $x^3 + y^3 + z^3 = x + y + z$, *Proc. Amer. Math. Soc.*, **16**(1965) 148–153; *MR* **30** #1094.

A. S. Fraenkel, Diophantine equations involving generalized triangular and tetrahedral numbers, in *Computers in Number Theory, Proc. Atlas Symp. No. 2*, Oxford, 1969, Academic Press, 1971, 99–114; *MR* **48** #231.

A. Oppenheim, On the Diophantine equation $x^3 + y^3 + z^3 = x + y + z$, *Proc. Amer. Math. Soc.*, **17**(1966) 493–496; *MR* **32** #5590.

A. Oppenheim, On the diophantine equation $x^3 + y^3 + z^3 = px + py - qz$, *Univ. Beograd Publ. Elektrotehn. Fac. Ser.* #235(1968); *MR* **39** #126.

S. L. Segal, A note on pyramidal numbers, *Amer. Math. Monthly* **69**(1962) 637–638; *Zbl.* **105**, 36.

W. Sierpiński, Sur une propriété des nombres tétraédraux, *Elem. Math.*, **17**(1962) 29–30; *MR* **24** #A3118.

W. Sierpiński, Trois nombres tétraédraux en progression arithmetique, *Elem. Math.*, **18**(1963) 54–55; *MR* **26** #4957.

M. Wunderlich, Certain properties of pyramidal and figurate numbers, *Math. Comput.*, **16**(1962) 482–486; *MR* **26** #6115.

## D9　カタラン予想，2個のベキの差

有限量の計算が残っていることを除き，タイデマンは，2次以上の連続するベキは $2^3$ と $3^2$ のみであるというカタランの古典的予想を確立した．この有限量の計算はコンピュータの計算範囲をはるかに超えるため，理論的なアイデアがもう少し出ない限り実行不可能であると以前に述べたが，2002年5月にプレドハ・ミハイレスクーが完全解を得たと発表した．

ベネットは，$4 \leq N \leq k \cdot 3^k$ のとき

$$\left\|\left(\frac{N+1}{N}\right)^k\right\| > 3^{-k}$$

がなりたつことを示した．ここで，$\|x\|$ は $x$ からその直近の整数までの距離を表す．

リーチは，$m, n \geq 3$ のとき $|a^m - b^n| < |a - b|$ の解があるかどうかを問うた．等号も含めるとき $|5^3 - 2^7| = 5 - 2$ および $|13^3 - 3^7| = 13 - 3$ なることに注意している．これですべてか？　共通して現れている指数 3, 7 に意味があるか？

ノウム・エルキースの「$x < 10^{18}$ における $0 < |x^3 - y^2| < x^{1/2}$ の整数解 $x, y$ の表」から引用する：

ホール予想は，正整数 $x, y$ が $k = x^3 - y^2$ が 0 でないという条件をみたすとき，$|k| > x^{1/2} - o(1)$ がなりたつことを主張する．ホール予想は，現在ではマッサー-エステルレの abc 予想の特殊な場合であることが認識されている（**B19** 参照）．ホール予想に対する既知の理論的結果は満足というにはほど遠いものであるが，ホールの論文にも既にあるように，信憑性を確かめるべくかなりの数値実験が行われた．

新しく開発したアルゴリズムによると $|k| \ll x^{1/2}$（実際のところ $|k| \ll x$）なるすべての解を，$x < N$ のとき $O(N^{1/2} + o(1))$ 時間で求めることができる．それによって，$0 < |k| < x^{1/2}$ をみたす 10 個の新しい解を見出した．そのうち 2 個は $x^{1/2}/|k|$ に対する過去の記録を塗り替えるものであり，うち 1 つは記録をおおよそ 10 倍更新するものである．

エルキースは，最初の2個の解にそれぞれ '!!' と '!' をつけて装飾を施している：

$$5853886516781223^3 - 447884928428402042307918^2 = 1641843$$

$$38115991067861271^3 - 7441505802879036345061579^2 = 30032270$$

$a_1 = 4, a_2 = 8, a_3 = 9, \dots$ が初項より高次のベキ数列のとき，チュドノフスキーは $a_{n+1} - a_n$ が $n$ が無限大に近づくとき無限大に発散することを証明したと主張している．エルデーシュは，$a_{n+1} - a_n > c'n^c$ であろうと予想しているが，現在のところ証明できる望みはないとも述べている．

　エルデーシュは，$x^k - y^l, k > 1, l > 1$ の形でない整数が無限に多く存在するかどうかを問うた．**OEIS** の A074981 からとった次の胡桃が砕けたかどうか知らせを請う：
6,14,34,42,50,58,62,66,70,78,82,86,90,102,110,114,130,134,158,178,182,202,206,210,226,230,238,246,254,258,266,274,278,290,302,306,310,314,322,326,330,358,374,378,390,394,398,402,410,418,422,426.

　カール・ルドニックは，$x^4 - y^4 = r$ の正整数解の個数を $N(r)$ で表すとき，$N(r)$ が有界かどうかを問うた．ハンズライ・グプタは，$x^4 - y^4 = u^4 - v^4$ のオイラーによるパラメーター解のスウィンナートン-ダイヤーのヴァージョン [訳注：**D1** 参照] が，ハーディー-ライト (p. 201) に述べてあり，それから $N(r)$ が 0, 1, 2 になることが無限回あることがしたがうことを注意している．たとえば $133^4 - 59^4 = 158^4 - 134^4 = 300783360$ である．$N(r) = 3$ の例としてザジタは
$$401168^4 - 17228^4 = 415137^4 - 248289^4 = 421296^4 - 273588^4$$
を与えている．$N(r)$ があることを疑問視する理由はほとんどない．

　ヒュー・エドガーは，$p, q$ が素数で $h$ が整数のとき，$p^m - q^n = 2^h$ が何個解 $(m, n)$ をもつかを問うた．例として $3^2 - 2^3 = 2^0; 3^3 - 5^2 = 2^1; 5^3 - 11^2 = 2^2; 5^2 - 3^2 = 2^4; 3^4 - 7^2 = 2^5$ がある．他に例は？　アンジジェイ・シンツェルは，ゲリフォンドとラムゼイ-ポスナーの結果から，この方程式は有限個の解をもつことがしたがうと述べている．リース・スコットは，問題解決に至る道を着実に歩んだ．最初，与えられた $(p, q, c(= 2^h))$ に対して解の個数が有限性であることがピライの結果からしたがうことに注意し，解の個数が 2 もしくは 3 である少数のリストアップされた例外的な場合を除き，解の個数がしばしば 1 以下であることを証明した．2002 年 1 月 15 日になって，本段落冒頭の方程式は，たかだか 1 個の解をもつことを証明するに至った．

　ジェローネ-ナーゲル定理は，$d > 1$ が立方無縁のとき，方程式 $x^3 + dy^3 = 1$ はたかだか 1 個の非自明解 $(x, y)$ をもち，非自明解が存在するとき，$x + y\sqrt[3]{d}$ は $\mathbf{Q}(\sqrt[3]{d})$ の基本単数かその 2 乗であり，後者の場合は有限個しかないことを主張するものである．アドンゴは，後者の場合は $d = 19, 20, 28$ のみであることを示している．

M. Aaltonen & K. Inkeri, Catalan's equation $x^p - y^q = 1$ and related congruences, *Math. Comput.*, **56**(1991) 359–370; *MR* **91g**:11025.

Harun P. K. Adongo, The Diophantine equation $3u^2 - 2 = v^6$, *J. Number Theory*, **59**(1996) 302–208; *MR* **97k**:11038.

David M. Battany, Advanced Problem 6110*, *Amer. Math. Monthly*, **83** (1976) 661.

M. Bennett, Fractional parts of powers of rational numbers, *Math. Proc. Cambridge Philos. Soc.*, **114**(1993) 191–201.

Michael A. Bennett, On consecutive integers of the form $ax^2$, $by^2$ and $cz^2$, *Acta Arith.*, **88**(1999) 363–370.

Michael A. Bennett, Rational approximation to algebraic numbers of small height: The diophantine equation $|ax^n - by^n| = 1$, *J. reine angew. Math.*, **535**(2001) 1–49; *MR* **2002d**:11079.

Michael A. Bennett & Benjamin M. M. de Weger, On the Diophantine equation $|ax^n - by^n| = 1$, *Math. Comput.*, **67**(1998) 413–438; *MR* **98c**:11024.

Frits Beukers, The Diophantine equation $Ax^p + By^q = Cz^r$, *Duke Math. J.*, **91**(1998) 61–88; *MR* **99f**:11039.

Yu. F. Bilu, Catalan's conjecture (after Mihailescu). See
http://www.ufr-mi.u-bordeaux.fr/~yuri/.

B. Brindza, J.-H. Evertse & K. Győry, *J. Austral. Math. Soc. Ser. A*, **51**(1991) 8–26; *MR* **92e**:11024.

Yann Bugeaud, Sur la distance entre deux puissances pures, *C.R. Acad. Sci. Paris Sér. I Math.*, **322**(1996) 1119–1121; *MR* **97i**:11030.

Yann Bugeaud & K. Győry, *Acta Arith.*, **74**(1996) 273–292; *MR* **97b**:11046.

Cao Zhen-Fu, Hugh Edgar's problem on exponential Diophantine equations (Chinese), *J. Math. (Wuhan)*, **9**(1989) 173–178; *MR* **90i**:11035.

Cao Zhen-Fu & Wang Du-Zheng, On the Diophantine equation $a^x - b^y = (2p)^z$ (Chinese). *Yangzhou Shiyuan Xuebao Ziran Kexue Ban*, **1987** no. 4 25–30; *MR* **90c**:11020.

Todd Cochran & Robert E. Dressler, Gaps between integers with the same prime factors, *Math. Comput.*, **68**(1999) 395–401.

Henri Darmon & Andrew Granville, On the equations $z^m = F(x, y)$ and $Ax^p + By^q = Cz^r$, *Bull. London Math. Soc.*, **27**(1995) 513–543; *MR* **96e**:11042.

Y. Domar, On the diophantine equation $|Ax^n - By^n| = 1$, $n \geq 5$, *Math. Scand.*, **2**(1954) 29–32.

P. S. Dyer, A solution of $A^4 + B^4 = C^4 + D^4$, *J. London Math. Soc.*, **18**(1943) 2–4; *MR* **5**, 89e.

Noam D. Elkies, Rational points near curves and small nonzero $|x^3 - y^2|$ via lattice reduction, *Algorithmic number theory (Leiden)*, 2000), Springer Lect. Notes Comput. Sci., **1838** 33–63; *MR* **2002g**:11035.

Gerhard Frey, Der Satz von Preda Mihăilescu: die Vermutung von Catalan ist richtig! *Mitt. Dtsch. Math.-Ver.*, **2002** 8–13; *MR* **2003j**:11034.

J. Gebel, A. Pethö & H. G. Zimmer, On Mordell's equation, *Compositio Math.*, **110**(1998) 335–367; *MR* **98m**:11049.

A. O. Gelfond, Sur la divisibilité de la différence des puissances de deux nombres entiers par une puissance d'un idéal premier, *Mat. Sbornik*, **7**(1940) 724.

A. M. W. Glass, David B. Meronk, Taihei Okada & Ray P. Steiner, A small contribution to Catalan's equation, *J. Number Theory*, **47**(1994) 131–137; *MR* **95g**:11021.

A. Granville, The latest on Catalan's conjecture, *Focus*, Math. Assoc. America, May/June 2001, 4–5.

Marshall Hall, The Diophantine equation $x^3 - y^2 = k$, in A. Atkin & B. Birch, eds., *Computers in Number Theory*, Academic Press, 1971, pp. 173–198; *MR* **48** #2061.

Aaron Herschfeld, The equation $2^x - 3^y = d$, *Bull. Amer. Math. Soc.*, **42** (1936) 231–234; *Zbl.* **14** 8a.

K. Inkeri, On Catalan's conjecture, *J. Number Theory*, **34** (1990) 142–152; *MR* **91e**:11030.

I. Jiménez Calvo, & G. Saez Moreno, Approximate power roots in $Z_m$, in George I. Davida & Yair Frankel (eds), *ISC* 2001, Springer Lect. Notes Comput. Sci., **2200** 310–323.

Alain Kraus, Sur l'équation $a^3 + c^3 = c^p$, *Experiment. Math.*, **7**(1998) 1–13; *MR* **99f**:11040.

Michel Langevin, Quelques applications de nouveaux résultats de Van der Poorten, *Sém. Delange-Pisot-Poitou*, (1975/76). *Théorie des nombres: Fasc. 2, Exp. No. G12*, Paris, 1977; *MR* **58** #16550.

Le Mao-Hua, A note on the diophantine equation $ax^m - by^n = k$, *Indag. Math.(N.S.)*, **3**(1992) 185–191; *MR* **93c**:11016.

W. J. Leveque, On the equation $a^x - b^y = 1$, *Amer. J. Math.*, **74**(1952) 325–331; *MR* **30** #56.

Florian Luca, On the equation $x^2 + 2^a \cdot 3^b = y^n$, *Int. J. Math. Math. Sci.*, **29**(2002) 239–244.

Maurice Mignotte, Sur l'équation de Catalan, *C.R. Acad. Sci. Paris Sér. I Math.*, **314**(1992) 165–168; *MR* **93e**:11044.

Maurice Mignotte, Une critère élémentaire pour l'équation de Catalan, *Math. Reports Acad. Sci. Royal Soc. Canada*, **15**(1993) 199–200.

M. Mignotte, Sur l'équation de Catalan, II, *Theor. Comput. Sci.*, **123**(1994) 145–149; *MR* **95b**:11032.

Maurice Mignotte, A criterion on Catalan's equation, *J. Number Theory*, **52**(1995) 280–283; *MR* **96b**:11042.

Maurice Mignotte, A note on the equation $ax^n - bx^n = c$, *Acta Arith.*, **75**(1996) 287–295; *MR* **9??**:110??.

M. Mignotte, Sur l'équation $x^p - y^q = 1$ lorsque $p \equiv 5 \bmod 8$, *C.R. Math. Rep. Acad. Sci. Canada*, **18**(1996) 228-232; *MR* **98e**:11041.

Maurice Mignotte, Arithmetical properties of the exponents of Catalan's equation, *Bull. Greek Math. Soc.*, **42**(1999) 85–87; *MR* **2002d**:11037.

Maurice Mignotte & Yves Roy, Catalan's equation has no new solution with either exponent less than 10651, *Experiment. Math.*, **4**(1995) 259–268; *MR* **97g**:11030.

Maurice Mignotte & Yves Roy, Minorations pour l'équation de Catalan, *C.R. Acad. Sci. Paris Sér. I Math.*, **324**(1997) 377–380; *MR* **98e**:11042.

Maurice Mignotte & Yves Roy, Lower bounds for Catalan's equation, *Ramanujan J.*, **1**(1997) 351–356; *MR* **99g**:11042.

Preda Mihăilescu, A clss number free criterion for Catalan's conjecture, *J. Number Theory*, **99**(2003) 225–231.

Trygve Nagell, Sur une classe d'équations exponentielles, *Ark. Mat.*, **3**(1958) 569–582; *MR* **21** #2621.

S. Sivasankaranarayana Pillai, On the inequality "$0 < a^x - b^y \le n$", *J. Indian Math. Soc.*, **19**(1931) 1–11; *Zbl.* **1** 268b.

S. S. Pillai, On $a^x - b^y = c$, *ibid.* (N.S.) **2**(1936) 119–122; *Zbl.* **14** 392e.

S. S. Pillai, A correction to the paper "On $A^x - B^y = C$", *ibid.* (N.S.) **2**(1937) 215; *Zbl.* **16** 348b.

Paulo Ribenboim, *Catalan's Conjecture. Are 8 and 9 the only consecutive powers?* Academic Press, Boston MA 1994; *MR* **95a**:11029.

Paulo Ribenboim, Catalan's conjecture, *Amer. Math. Monthly*, **103**(1996) 529–538.

Howard Rumsey & Edward C. Posner, On a class of exponential equations, *Proc. Amer. Math. Soc.*, **15**(1964) 974–978.

Wolfgang Schwarz, A note on Catalan's equation, *Acta Arith.*, **72**(1995) 277–279; it MR **96f**:11048.

Reese Scott, On the equations $p^x - b^y = c$ and $a^x + b^y = c^z$, *J. Number Theory*, **44**(1993) 153–165; *MR* **94k**:11038.

T. N. Shorey, *Acta Arith.*, **36**(1980) 21–25; *MR* **81h**:10023.

Ray P. Steiner, Class number bounds and Catalan's equation, *Math. Comput.*, **67**(1998) 1317–1322; *MR* **98j**:11021.

R. Tijdeman, On the equation of Catalan, *Acta Arith.*, **29**(1976) 197–209; *MR* **53** #7941.

P. Gary Walsh, On Diophantine equations of the form $(x^n - 1)(y^m - 1) = z^2$, *Tatra Mt. Math. Publ.*, **20**(2000) 87–89; *MR* **2002d**:11038.

Aurel J. Zajta, Solutions of the Diophantine equation $A^4 + B^4 = C^4 + D^4$, *Math. Comput.*, **41**(1983) 635–659, esp. p. 652; *MR* **85d**:11025.

D10 の参考文献も参照.

**OEIS:** A068583, A074981.

## D10 指数型ディオファンタス方程式

ブレンナー-フォスターは次の一般的な問題を提出した.$\{p_i\}$ が素数の有限集合で,$\epsilon_i = \pm 1$ のとき,指数型ディオファンタス方程式 $\sum \epsilon_i p_i^{x_i} = 0$ のどのような場合に初等的方法 (たとえば合同式を用いる) で解けるか? 合同式を用いる方法をより正確にいえば,上の方程式が合同式 $\sum \epsilon_i p_i^{x_i} \equiv 0 \bmod M$ と同値であるような法 $M$ が存在するための判定条件があるか? ということになる.2 人は,主として,$p_i$ の個数が 4 個から 107 個までの間の多くの特殊な場合にこの問題を解いている.いくつかの場合には,素数のうち 2 個が同じであっても初等的方法が使えるが,一般にはそうはいかない.たとえば,$3^a = 1 + 2^b + 2^c, 2^a + 3^b = 2^c + 3^d$ はどちらも 1 つの合同式に帰着させることはできない.これら 2 つの純粋指数型ディオファンタス方程式 (群論にも使われる) の解法として,タイデマンは,ベイカーの方法 (**F23** 参照) を用いるアプローチを示し,それによって,これらは解けたのである.

ヒュー・エドガーは,$p, q$ が奇素数,$x \geq 5, y \geq 2$ のとき,$1 + 3 + 3^2 + 3^3 + 3^4 = 11^2$ 以外に,$1 + q + q^2 + \ldots + q^{x-1} = p^y$ の解があるか? という問題を出した.この問題に対するブレークスルーは,リース・スコット (**D9** 参照) による.その後,スコット-スタイヤーは,任意の素数 $p, q$ と正の整数 $h$ に対し,$p^x - q^y = 2^h$ はたかだか 1 つの解しかもたないこと,およびリストアップされた数個の例外を除き,$|p^x \pm q^y| = h$ はたかだか 2 個の解 $(x, y)$ をもち,$p^x \pm q^y \pm 2^z = 0$ もたかだか 2 個の解 $(x, y, z)$ をもつことを示している.

$x, y > 1$, $n > m > 2$ のとき,
$$\frac{x^m - 1}{x - 1} = \frac{y^n - 1}{y - 1}$$
の解は,$\{x, y, m, n\} = \{5, 2, 3, 5\}, \{90, 2, 3, 13\}$ で尽くされるというグールマッティの予想は未解決である.ルー・マオ・ホアはいくつかの結果を出し,さらに $(x^m - 1)/(x - 1) = y^n + 1$ は正の整数解をもたないこと,$(x^m - 1)/(x - 1) = y^n$ は,$x$ が整数の $n$ 乗であるような解をもたないことを示し,エドガーの問題を検証した.

ミニョットは,$x^2 = 4q^n + 4q^m + 1$ に対するルー・マオ・ホアの結果とツナキス-ウルフスキルの結果を組み合わせれば,$n^2 = 2^a + 2^b + 1$ が完全に解けることに注意した.これらの結果は,$x^2 + D = 2^n$ は $D = 7, 23, 2^{k-1}$ を除きたかだか 1 個の解をもち,$D = 7, 23, 2^{k-1}$ の場合,解はそれぞれ 5 個,2 個,2 個であるというボイカースの定理に基づくものである.

**B16, B19, D2, D9, D23** 参照.

Ana-Maria Acu & Mugur Acu, On the exponential Diophantine equations of the form $a^x - b^y c^z = \pm 1$ with $a, b, c$ prime numbers, *Gen. Math.*, **8**(2000) 73–77; *MR* **2003f**:11041.

Dumitru Acu, On some exponential Diophantine equations of the form $a^x - b^y c^z = \pm 1$, *An. Univ. Timişoara Ser. Mat.-Inform.*, **34**(1996) 167–171.

Norio Adachi, An application of Frey's idea to exponential Diophantine equations, *Proc. Japan Acad. Ser. A Math. Sci.*, **70**(1994) 261–263; *MR* **95i**:11022.

Leo J. Alex, Diophantine equationsrelated to finite groups, *Comm. Algebra*, **4**(1976) 77–100; *MR* **54** #12634.

Leo J. Alex, Problem E2880, *Amer. Math. Monthly*, **88**(1981) 291.

Leo J. Alex, Problem 6411, *Amer. Math. Monthly*, **89**(1982) 788.

Leo J. Alex, The diophantine equation $3^a + 5^b = 7^c + 11^d$, *Math. Student*, **48**(1980) 134–138 (1984); *MR* **86e**:11022.

Leo J. Alex & Lorraine L. Foster, Exponential Diophantine equations, in *Théorie des nombres, Québec 1987*, de Gruyter, Berlin – New York (1989) 1–6; *MR* **90d**:11030.

Leo J. Alex & Lorraine L. Foster, On the Diophantine equation $1+x+y = z$ with $xyz = 2^r 3^s 7^t$, *Forum Math.*, **7**(1995) 645–663; *MR* **961**:11036.

Leo J. Alex & Lorraine L. Foster, On the Diophantine equation $w+x+y = z$ with $wxyz = 2^r 3^s 5^t$, *Rev. Mat. Univ. Complut. Madrid*, **8**(1995) 13–48; *MR* **961**:11035.

S. Akhtar Arif & Amal S. Al-Ali, On the Diophantine equation $ax^2 + b^m = 4y^n$, *Acta Arith.*, **103**(2002) 343–346; *MR* **2003f**:11042.

S. Akhtar Arif & Amal S. Al-Ali, On the Diophantine equation $x^2 + p^{2k+1} = 4y^n$, *Int. J. Math. Math. Sci.*, **31**(2002) 695–699; *MR* **2003g**:11030.

S. Akhtar Arif & Fadwa S. Abu Muriefah, On the Diophantine equation $x^2 + 2^k = y^n$, *Internat. J. Math. Math. Sci.*, **20**(1997) 299–304; *MR* **98b**:11032; II, *Arab J. Math. Sci.*, **7**(2001) 67–71; *MR* **2003g**:11038.

S. Akhtar Arif & Fadwa S. Abu Muriefah, The Diophantine equation $x^2 + 3^m = y^n$, *Internat. J. Math. Math. Sci.*, **21**(1998) 619–620; *MR* **99b**:11026.

S. Akhtar Arif & Fadwa S. Abu Muriefah, On the Diophantine equation $x^2 + q^{2k+1} = y^n$, *J. Number Theory*, **95**(2002) 95–100; *MR* **2003d**:11046.

M. Bennett, Effective measures of irrationality for certain algebraic numbers, *J. Austral. Math. Soc.*, **62**(1997) 329–344; *MR* **98c**:11070.

M. A. Bennett, On some exponential equations of S. S. Pillai, *Canad. J. Math.*, **53**(2001) 897–922; *MR* **2002g**:11032.

Michael A. Bennett, Pillai's conjecture revisited, *J. Number Theory*, **98**(2003) 228–235; *MR* **2003j**:11030.

Michael A. Bennett & Bruce Reznick, Positive rational solutions to $x^y = y^{mx}$: a number-theoretic excursion, *Amer. Math. Monthly*, **111**(2004) 13–21.

M. A. Bennett & C. M. Skinner, Diophantine equations via Galois representations and modular forms, *Canad. J. Math.*, (to appear)

Frits Beukers, On the generalized Ramanujan-Nagell equation, I *Acta Arith.*, **38**(1980/81) 389–410; II **39**(1981) 113–123; *MR* **83a**:10028a.

Frits Beukers, The Diophantine equation $Ax^p + By^q = Cz^r$, *Duke Math. J.*, **91**(1998) 61–88; *MR* **99f**:11039.

Yuri Bilu, On Le's and Bugeaud's papers about the equation
$ax^2 + b^{2m-1} = 4c^p$, *Monatsh. Math.*, **137**(2002) 1–3; *MR* **2004a**:11024.

Yu. F. Bilu, B. Brindza, P. Kirschenhofer, Ákos Pintér & R. F. Tichy, Diophantine euquations and Bernoulli polynomials, with an appendix by A. Schinzel, *Compositio Math.*, **131**(2002) 173–188. (filed under Pintér)

J. L. Brenner & Lorraine L. Foster, Exponential Diophantine equations, *Pacific J. Math.*, **101**(1982) 263–301; *MR* **83k**:10035.

B. Brindza, On a generalization of the Ramanujan-Nagell equation, *Publ. Math. Debrecen*, **53**(1998) 225–233; *MR* **99j**:11032.

Yann Bugeaud, On the Diophantine equation $x^2 - 2^m = \pm y^n$, *Proc. Amer. Math. Soc.*, **125**(1997) 3203–3208; *MR* **97m**:11045.

Yann Bugeaud, On the Diophantine equation $x^2 - p^m = \pm y^n$, *Acta Arith.*, **79**(1997) 213–223.

Yann Bugeaud, Linear forms in $p$-adic logarithms and the Diophantine equation $\frac{x^n-1}{x-1} = y^q$, Math. Proc. Cambridge Philos. Soc., **127**(1999) 373–381; *MR* **2000h**:11029.

Yann Bugeaud, On the Diophantine equation $a(x^n-1)/(x-1) = y^q$, *Number Theory (Turku, 1999)* 19–24, de Gruyter, 2001; *MR* **2002b**:11042.

Yann Bugeaud, On some exponential Diophantine equations, *Monatsh. Math.*, **132**(2001) 93–97; *MR* **2002c**:11026.

Yann Bugeaud, Guillaume Hanrot & Maurice Mignotte, Sur l'équation diophantienne $(x^n-1)/(x-1) = y^q$ III, *Proc. London Math. Soc.*(3), **84**(2002) 59–78; *MR* **2002h**:11027.

Yann Bugeaud & Maurice Mignotte, On integers with identical digits, *Mathematika*, **46**(1999) 411–417; *MR* **2002d**:11035.

Yann Bugeaud & Maurice Mignotte, Sur l'équation diophantienne $(x^n-1)/(x-1) = y^q$ II, *C.R. Acad. Sci. Paris Sér. I Math.*, **328**(1999) 741–744; *MR* **2001f**:11050.

Yann Bugeaud & Maurice Mignotte, On the Diophantine equation $(x^n-1)/(x-1) = y^q$ with negative $x$, *Number theory for the millennium* I (Urbana IL, 2000), 145–151, A K Peters, Natick MA, 2002; *MR* **2003k**:11053.

Yann Bugeaud & Maurice Mignotte, L'equation de Nagell-Ljunggren $\frac{x^n-1}{x-1} = y^q$. *Enseign. Math.*(2) **48**(2002) 147–168; *MR* **2003f**:11043.

Yann Bugeaud, Maurice Mignotte & Yves Roy, On the Diophantine equation $\frac{x^n-1}{x-1} = y^q$, *Pacific J. Math.*, **193**(2000) 257–268; *MR* **2001f**:11049.

Yann Bugeaud, Maurice Mignotte, Yves Roy & T. N. Shorey, The equation $(x^n-1)/(x-1) = y^q$ has no solution with $x$ square, *Math. Proc. Cambridge Philos. Soc.*, **127**(1999) 353–372; *MR* **2000h**:11027.

Yann Bugeaud & T. N. Shorey, On the number of solutions of the generalized Ramanujan-Nagell equation, *J. reine angew. Math.*, **539**(2001) 55–74; *MR* **2002k**:11041. 以下の Leu-Li, 論文参照.

Yann Bugeaud & T. N. Shorey, On the Diophantine equation $\frac{x^m-1}{x-1} = \frac{y^n-1}{y-1}$. *Pacific J. Math.*, **207**(2002) 61–75; *MR* **2003m**:11053.

Cao Zhen-Fu, The equation $a^x - b^y = (2p^s)^z$ and Hugh Edgar's problem (Chinese), *J. Harbin Inst. Tech.*, **1986**7–11; *MR* **88a**:11029.

Cao Zhen-Fu, Exponential Diophantine equations of the form $a^x + b^y = c^z$ (Chinese), *J. Harbin Inst. Tech.*, **1987** 113–121; *MR* **89k**:11016.

Cao Zhen-Fu, Hugh Edgar's problem on exponential Diophantine equations (Chinese), *J. Math. (Wuhan)*, **9**(1989) 173–178; *MR* **90i**:11035.

Cao Zhen-Fu, On the Diophantine equation $ax^2 + by^2 = p^z$, *J. Harbin Inst. Tech.*, **23**(1991) 108–111; *MR* **94a**:11041.

Cao Zhen-Fu, The Diophantine equation $cx^4 + dy^4 = z^p$, *C. R. Math. Rep. Acad. Sci. Canada*, **14**(1992) 231–234; *MR* **93i**:11036.

Cao Zhen-Fu, The Diophantine equation $Cx^2 + 2^{2m}D = k^n$ (Chinese), *Chinese Ann. Math. Ser. A*, **15**(1994) 235–240; *MR* **95h**:11028.

Cao Zhen-Fu, On the Diophantine equation $x^4 - py^2 = z^p$, *C. R. Math. Rep. Acad. Sci. Canada*, **17**(1995) 61–66; *MR* **96h**:11020.

Cao Zhen-Fu, On the Diophantine equation $x^4 - py^2 = x^p$, *C.R. Math. Rep. Acad. Sci. Canada*, **17**(1995) 61–66; *MR* **96h**:11020; corrigendum **18**(1996) 233–234; *MR* **97i**:11026.

Cao Zhen-Fu, The Diophantine equations $x^4 - y^4 = z^p$ and $x^4 - 1 = dy^q$, *C. R. Math. Rep. Acad. Sci. Canada*, **21**(1999) 23–27; *MR* **99m**:11030.

Cao Zhen-Fu, On the Diophantine equation $x^p + 2^{2m} = py^2$, *Proc. Amer. Math. Soc.*, **128**(2000) 1927–1931; *MR* **2000m**:11028.

Cao Zhen-Fu, The Diophantine equations $x^4 + y^4 = z^p$ (Chinese), *J. Ningxia Univ. Nat. Sci. Ed.*, **20**(1999) 18–21; *MR* **2000h**:11025.

Cao Zhen-Fu & Cao Yu-Shu, Solutions to the Diophantine equation

$y^2 + D^n = x^3$ (Chinese), *Heilongjiang Daxue Ziran Kexue Xuebao*, **10**(1993) 5–10; *MR* **94a**:11034.

Cao Zhen-Fu & Dong Xiao-Lei, The Diophantine equation $x^2 + b^y = c^z$, *Proc. Acad. Japan Ser. A Math. Sci.*, **77**(2001) 1–4; *MR* **2002c**:11027.

Cao Zhen-Fu & Dong Xiao-Lei, An application of a lower bound for linear forms in two logarithms to the Terai-Jeśmanowicz conjecture, *Acta Arith.*, **110**(2003) 153–164.

Cao Zhen-Fu & Pan Jia-Yu, The Diophantine equation $x^{2p} - Dy^2 = 1$ and the Fermat quotient $Q_p(m)$, *J. Harbin Inst. Tech.*, **25**(1993) 119–121; *MR* **95d**:11034.

Cao Chen-Fu & Wang Du-Zheng, On the Diophantine equation $a^x - b^y = (2p)^z$ (Chinese), *Yangzhou Shiyuan Xuebao Ziran Kexue Ban*, **1987** 25–30; *MR* **90c**:11020.

Cao Zhen-Fu & Wang Yan-Bin, On the Diophantine equation $ax^m - by^n = 4$, *J. Harbin Inst. Tech.*, **25**(1993) 111–113; *MR* **95b**:11031.

J. W. S. Cassels, On the equation $a^x - b^y = 1$ II, *Proc. Cambridge Philos. Soc.*, **56**(1960) 97–103.

Chen Xi-Geng, Guo Yong-Dong & Le Mao-Hua, On the number of solutions of the generalized Ramanujan-Nagell equation $x^2 + D = k^n$, *Acta Math. Sinica*, **41**(1998) 1249–1254; *MR* **2000b**:11030.

Chen Xi-Geng & Le Mao-Hua, On the number of solutions of the generalized Ramanujan-Nagell equation $x^2 - D = k^n$, *Publ. Math. Debrecen*, **49**(1996) 85–92; *MR* **97k**:11045.

Chen Xi-Geng & Le Mao-Hua, The Diophantine equation $(x^m - 1)(x^{mn} - 1) = y^2$, *Huaihua Shizhuan Xuebao*, **30**(2001) 11–12; *MR* **97k**:11045.

Mihai Cipu, A bound for the solutions of the Diophantine equation $D_1 x^2 + D_2^m = 4y^n$, *Proc. Japan Acad. Ser. A Math. Sci.*, **78**(2002) 179–180; *MR* **2003k**:11054.

J. H. E. Cohn, The Diophantine equation $x^2 + 19 = y^n$, *Acta Arith.*, **61**(1992) 193–197; *MR* **93e**:11041.

J. H. E. Cohn, The Diophantine equation $x^2 + 2^k = y^n$, *Arch. Math. (Basel)* **59**(1992) 341–344; *MR* **93f**:11030.

J. H. E. Cohn, The Diophantine equation $x^2 + 3 = y^n$, *Glasgow Math. J.*, **35**(1993) 203–206; *MR* **94i**:11027.

J. H. E. Cohn, The Diophantine equation $x^2 + C = y^n$, *Acta Arith.*, **65**(1993) 367–381; *MR* **94k**:11037.

J. H. E. Cohn, The Diophantine equation $x^2 + 2^k = y^n$ II, *Int. J. Math. Math. Sci.*, **22**(1999) 459–462; *MR* **2000i**:11049.

J. H. E. Cohn, The Diophantine equation $(a^n - 1)(b^n - 1) = x^2$, *Period. Math. Hungar.*, **44**(2002) 169–175; *MR*.**2003e**:11035.

J. H. E. Cohn, The Diophantine equation $x^p + 1 = py^2$, *Proc. Amer. Math. Soc.*, **131**(2003) 13–15; *MR* **2003g**:11031.

J. H. E. Cohn, The Diophantine equation $x^n = Dy^2 + 1$, *Acta Arith.*, **106**(2003) 73–83; *MR* **2003j**:11033.

Ion Cucurezeanu, The Diophantine equation $(x^n - 1)/(x - 1) = y^2$, *An. Univ. "Ovidius" Constanţa Ser. Mat.*, **1**(1993) 101–104.

Ion Cucurezeanu, On the Diophantine equation $x^2 = 4y^{m+n} + 4y^n + 1$, *Stud. Circ. Mat.*, **49**(1997) 33–34; *MR* **99m**:11033.

Deng Mou-Jie, A note on the Diophantine equation $(a^2 - b^2)^x + (2ab)^y = (a^2 + b^2)^z$, *Heilongjiang Daxue Ziran Kexue Xuebao*, **19**(2002) 8–10.

Erik Dofs, Two exponential Diophantine equations, *Glasgow Math. J.*, **39**(1997) 231–232; *MR* **98e**:11039.

Dong Xiao-Lei & Cao Zhen-Fu, The Terai-Jeśmanowicz conjecture on the equation $a^x + b^y = c^z$ (Chinese), *Chinese Ann. Math. Ser. A*, **21**(2000) 709–714; *MR* **2001i**:11035; see also *Publ. Math. Debrecen*, **61**(2002) 253–265; *MR* **2003j**:11032.

Hugh M. Edgar, Problems and some results concerning the Diophantine equation $1 + A + A^2 + \cdots + A^{x-1} = P^y$, Rocky Mountain J. Math., **15**(1985) 327–329; MR **87e**:11047.

P. Filakovszky & L. Hajdu, The resolution of the Diophantine equation $x(x+d)\cdots(x+(k-1)d) = by^2$ for fixed $d$, Acta Arith., **98**(2001) 151–154; MR **2002c**:11028.

A. Flechsenhaar, Über die Gleichung $x^y = y^x$, Unterrichts. für Math., **17**(1911) 70–73.

Lorraine L. Foster, Solution to Problem S31 [1980, 403], Amer. Math. Monthly, **89**(1982) 62.

A. F. Gilman, The Diophantine equation $x^3 + y^3 + z^3 - 3xyz = p^r$, Internat. J. Math. Ed. Sci. Tech., **28**(1997) 468–472; MR **98i**:11015.

Guo Zhi-Tang & Wu Yun-Fei, On the equation $1 + q + q^2 + \cdots + q^{n-1} = p^m$ (Chinese), J. Harbin Inst. Tech., **24**(1992) 6–9; MR **93k**:11024.

K. Győry, On the Diophantine equation $n(n+1)\cdots(n+k-1) = bx^l$, Acta Arith., **83**(1998) 87–92.

K. Győry, & Ákos Pintér, On the equation $1^k + 2^k + \cdots + x^k = y^n$, Dedicated to Professor Lajos Tamássy on the occasion of his 80th birthday, Publ. Math. Debrecen, **62**(2003) 403–414.

T. Hadano, On the diophantine equation $a^x + b^y = c^z$, Math. J. Okayama Univ., **19**(1976/77) 25–29; MR **55** #5526

A. Hausner, Algebraic number fields and the Diophantine equation $m^n = n^m$, Amer. Math. Monthly, **68**(1961) 856–861.

Christoph Hering, On the Diophantine equations $ax^2 + bx + c = c_0 c_1^{y_1} \cdots c_r^{y_r}$, Appl. Algebra Engrg. Comm. Comput., **7**(1996) 251–262.

Noriko Hiata-Kohno & Tarlok N. Shorey, On the equation $(x^m - 1)/(x - 1) = y^q$ with $x$ power, Analytic Number Theory (Kyoto,1996), 119–125, London Math. Soc. Lecture Ser., **247**(1997), Cambridge Univ. Press; MR bf2000c:11051.

S. Hurwitz, On the rational solutions to $m^n = n^m$ with $m \neq n$, Amer. Math. Monthly, **74**(1967) 298–300.

K. Inkeri, On the diophantine equation $a(x^n - 1)/(x-1) = y^m$, Acta Arith., **21**(1972) 299–311.

M. J. Jacobson, Ákos Pintér & P. Gary Walsh, A computational approach for solving $y^2 = 1^k + 2^k + \cdots + x^k$, Math. Comput., (200); MR **2004c**:11241.

Alain Kraus, Sur les équations $a^p + b^p + 15c^p = 0$ et $a^p + 3b^p + 5c^p = 0$, C. R. Acad. Sci. Paris Sér. I Math., **322**(1996) 809–812.

Alain Kraus, Une question sur les équations $x^m - y^m = Rz^n$, Compositio Math., **132**(2002) 1–26; MR **2003k**:11043.

Klaus Langmann, Unlösbarkeit der Gleichung $x^n - y^2 = az^m$ bei kleinem ggT$(n, h(-a))$, Arch. Math. (Basel) **70**(1998) 197–203.

Le Mao-Hua, A note on the Diophantine equation $x^{2p} - Dy^2 = 1$, Proc. Amer. Math. Soc., **107**(1989) 27–34; MR **90a**:11033.

Le Mao-Hua, The Diophantine equation $x^2 = 4q^n + 4q^m + 1$, Proc. Amer. Math. Soc., **106**(1989) 599–604; MR **90b**:11024.

Le Mao-Hua, On the Diophantine equation $x^2 + D = 4p^n$, J. Number Theory, **41**(1992) 87–97; MR **93b**:11037.

Le Mao-Hua, A note on the Diophantine equation $ax^m - by^n = k$, Indag. Math. (N.S.), **3**(1992) 185–191; MR **93c**:11016.

Le Mao-Hua, On the Diophantine equations $d_1 x^2 + 2^{2m} d_2 = y^n$ and $d_1 x^2 + d_2 = 4y^n$, Proc. Amer. Math. Soc., **118**(1993) 67–70; MR **93f**:11031.

Le Mao-Hua, On the Diophantine equation $(x^m - 1)/(x-1) = y^n$, Acta Math. Sinica, **36**(1993) 590–599; MR **95a**:11028.

Le Mao-Hua, A note on the Diophantine equation $(x^m - 1)/(x-1) = y^n$, Acta Arith., **64**(1993) 19–28; MR **94e**:11029.

Le Mao-Hua, On the Diophantine equation $D_1 x^2 + D_2 = 2^{n+2}$, Acta Arith., **64**(1993) 29–41; MR **94e**:11030.

Le Mao-Hua, A note on the diophantine equation $(x^m - 1)/(x - 1) = y^n + 1$, Math. Proc.

Cambridge Philos. Soc., **116**(1994) 385–389; *MR* **95h**:11030.

Le Mao-Hua, Integer solutions of exponential Diophantine equations (Chinese), *Adv. in Math. (China)*, **23**(1994) 385–395; *MR* **95i**:11023.

Le Mao-Hua, The Diophantine equation $x^2 + D^m = 2^{n+2}$, *Comment. Math. Univ. St. Paul.*, **43**(1994) 127–133.

Le Mao-Hua, On the number of solutions of the generalized Ramanujan-Nagell equation $x^2 - D = p^n$, *Publ. Math. Debrecen*, **45**(1994) 239–254; *MR* **96b**:11041.

Le Mao-Hua, On the Diophantine equation $D_1 x^2 + D_2^m = 4y^n$, *Monatsh. Math.*, **120**(1995) 121–125; *MR* **96h**:11023. But see Bilu, above.

Le Mao-Hua, On the Diophantine equation $2^n + px^2 = y^p$, *Proc. Amer. Math. Soc.*, **123**(1995) 321–326; *MR* **95c**:11038.

Le Mao-Hua, A note on the Diophantine equation $x^2 + b^y = c^z$, *Acta Arith.*, **71**(1995) 253–257; *MR* **96d**:11037.

Le Mao-Hua, A note on the generalized Ramanujan-Nagell equation, *J. Number Theory*, **50**(1995) 193–201; *MR* **96f**:11051.

Le Mao-Hua, Some exponential Diophantine equations I. The equation $D_1 x^2 - D_2 y^2 = \lambda k^z$, *J. Number Theory*, **55**(1995) 209–221; *MR* **96j**:11036.

Le Mao-Hua, A note on perfect powers of the form $x^{m-1} + \cdots + x + 1$, *Acta Arith*, **69**(1995) 91–98; *MR* **96b**:11034 [but see **83**(1998); *MR* **98k**:11030].

Le Mao-Hua, The Diophantine equations $x^2 \pm 2^m = y^n$ (Chinese), *Adv. in Math. (China)*, **25**(1996) 328–333; *MR* **98m**:11020.

Le Mao-Hua, On the Diophantine equation $D_1 x^4 - D_2 y^2 = 1$, *Acta Arith.*, **76**(1996) 1–9; *MR* **97b**:11040.

Le Mao-Hua, A note on the number of solutions of the generalized Ramanujan-Nagell equation $x^2 - D = k^n$, *Acta Arith.*, **78**(1996) 11–18; *MR* **97j**:11015.

Le Mao-Hua, A note on the number of solutions of the generalized Ramanujan-Nagell equation $D_1 x^2 + D_2 = 4p^n$, *J. Number Theory*, **62**(1997) 100–106; *MR* **97k**:11048.

Le Mao-Hua, A note on the Diophantine equation $x^2 + 7 = y^n$, *Glasgow Math. J.*, **39**(1997) 59–63; *MR* **98e**:11040.

Le Mao-Hua, On the Diophantine equation $(x^m + 1)(x^n + 1) = y^2$, *Acta Arith.*, **82**(1997) 17–26; *MR* **98h**:11036.

Le Mao-Hua, A note on the Diophantine equation $D_1 x^2 + D_2 = 2y^n$, *Publ. Math. Debrecen*, **51**(1997) 191–198; *MR* **98j**:11022.

Le Mao-Hua, On the Diophantine equation $(x^3 - 1)/(x - 1) = (y^n - 1)/(y - 1)$, *Trans. Amer. Math. Soc.*, **351**(1999) 1063–1074; *MR* **99e**:11033. 以下の Leu-Li 論文参照.

Le Mao-Hua, The number of solutions of the Diophantine equation $D_1 x^2 + 2^m D_2 = y^n$ (Chinese), *Adv. in Math. (China)*, **26**(1997) 43–49; *MR* **98g**:11038.

Le Mao-Hua, On the Diophantine equation $x^2 + D = y^n$, *Acta Math. Sinica*, **40**(1997) 839–844; *MR* **99f**:11043.

Le Mao-Hua, On the diophantine equation $(x^m + 1)(x^n + 1) = y^2$, *Acta Arith.*, **82**(1997) 17–26; *MR* **98h**:11036.

Le Mao-Hua, The Diophantine equation $x^2 + 2^m = y^n$, *Kexue Tongbao*, **42**(1997) 1255–1257.

Le Mao-Hua, A note on the Diophantine equation $x^2 + 7 = y^n$, *Glasgow Math. J.*, **39**(1997) 59–63; *MR* **98e**:11040.

Le Mao-Hua, Diophantine equation $x^2 + 2^m = y^n$, *Chinese Sci. Bull.*, **42**(1997) 1515–1517; *MR* **99h**:11036.

Le Mao-Hua, The number of solutions for a class of exponential Diophantine equations (Chinese), *J. Jishou Univ. Nat. Sci. Edu.*, **21**(2000) 27–32; *MR* **2001m**:11039.

Le Mao-Hua, The exceptional solutions of Goormaghtigh's equation $\frac{x^3-1}{x-1} = \frac{y^n-1}{y-1}$, *J. Jishou Univ. Nat. Sci. Ed.*, **22**(2001) 29–32; *MR* **2002d**:11036.

Le Mao-Hua, On Goormaghtigh's equation $\frac{x^3-1}{x-1} = \frac{y^n-1}{y-1}$, Acta Math. Sinica, **45**(2001) 505–508; MR **2003f**:11045.

Le Mao-Hua, Exeptional solutions of the exponential Diophantine equation $\frac{x^3-1}{x-1} = \frac{y^n-1}{y-1}$, J. reine angew. Math., **543**(2002) 187–192; MR **2002k**:11042.

Le Mao-Hua, An exponential Diophantine equation, J. Bull. Austral. Math. Soc., **64**(2001) 99–105; MR **2002e**:11040.

Le Mao-Hua, A note on the exponential Diophantine equations $a^x + db^y = c^z$, Tokyo J. Math., **24**(2001) 169–171; MR **2002e**:11041.

Le Mao-Hua, On Cohn's conjecture concerning the Diophantine equation $x^2 + 2^m = y^n$, Arch. Math. (Basel), **78**(2002) 26–35; MR **2002m**:11022.

Le Mao-Hua, Exceptional solutions of the exponential Diophantine equation $(x^3 - 1)/(x - 1) = (y^n - 1)/(y - 1)$, J. reine angew. Math., **543**(2002) 187–192; MR **2002k**:11042.

Le Mao-Hua, On the number of solutions of the generalized Ramanujan-Nagell equation $x^2 + D = 4p^n$, J. Jishou Univ. Nat. Sci. Ed., **23**(2002) 44–46.

Le Mao-Hua, On the Diophantine equation $x^2 + p^2 = y^n$, Publ. Math. Debrecen, **63**(2003) 67–78; MR **2004c**:11039.

Leu Ming-Guang & Li Guan-Wei, The Diophantine equation $2x^2 + 1 = 3^n$, Proc. Amer. Math. Soc., **131**(2003) 3643–3645 (electronic).

Li Fu-Zhong, On the family of diophantine equations $x^3 \pm (5^k)^3 = Dy^2$, Dongbei Shida Xuebao, **1998** 16–19.

W. Ljunggren, Noen setninger om ubestemte likninger av formen $(x^n - 1)/(x - 1) = y^q$ [New propositions about the indeterminate equation $(x^n - 1)/(x-1) = y^q$], Norske Mat. Tidsskrift, **25**(1943) 17–20.

Florian Luca, On the equation $x^2 = 4y^{m+n} \pm 4y^n + 1$, Bull. Math. Soc. Sci. Math. Roumanie ( N.S.), **42(90)**(1999) 231–235; MR **2003b**:11030.

Florian Luca, On the equation $1!^k + 2!^k + \cdots + n!^k = x^2$, Period. Math. Hungar., **44**(2002) 219–224.

Florian Luca, On the equation $x^2 + 2^a \cdot 3^b = y^n$, Int. J. Math. Math. Sci., **29**(2002) 239–244; MR **2003a**:11028.

Florian Luca, On the Diophantine equation $x^2 = 4q^m - 4q^n + 1$, Proc. Amer. Math. Soc., **131**(2003) 1339–1345; MR **2004c**:11041.

Florian Luca & Maurice Mignotte, On the equation $y^x \pm x^y = z^2$, Rocky Mountain J. Math., **30**(2000) 651–661; MR **2001h**:11040.

Florian Luca, Maurice Mignotte & Yves Roy, On the equation $x^y \pm y^x = \prod n_i!$, Glasg. Math. J., **42**(2000) 351–357; MR **2001i**:11037.

Mustapha Mabkhout, Équations diophantiennes exponentielles, Thèse, Université Louis Pasteur, Strasbourg, 1993.

A. Mąkowski & A. Schinzel, Sur l'équation indéterminée de R. Goormaghtigh, Mathesis, **68**(1959) 128–142; MR **22** #9472.

Maurice Mignotte, A note on the equation $ax^n - by^n = c$, Acta Arith., **75**(1996) 287–295; MR **97c**:11042.

Maurice Mignotte, On the Diophantine equation $\frac{x^n-1}{x-1} = y^q$, Algebraic number theory and Diophantine analysis (Graz 1998) 305–310, de Gruyter, Berlin; MR **2001g**:11043.

Maurice Mignotte & A Pethö, On the Diophantine equation $x^p - x = y^q - y$, PublṀat., **43**(1999) 207–216; MR **2000d**:11044.

Maurice Mignotte & T. N. Shorey, The equations $(x+1)\cdots(x+k) = (y+1)\cdots(y+mk), m = 5, 6$, Indag. Math. (N.S.), **7**(1996) 215–225; MR **99h**:11032.

Günter Mitas, Über die Lösungen der Gleichung $a^b = b^a$ in rationalen und in algebraischen Zahlen, Mitt. Math. Gesellsch. Hamburg, **10**(1976) 249–254; MR **58** #21930.

Mo De-Ze, Exponential Diophantine equations with four terms, II, Acta Math. Sinica, **37**(1994) 482–490; MR **96f**:11053.

Mo De-Ze & R. Tijdeman, Exponential Diophantine equations with four terms, *Indag. Math.(N.S.)*, **3**(1992) 47–57; *MR* **93d**:11035.

Fadwa S. Abu Muriefah & S. Akhtar Arif, On a Diophantine equation. *Bull. Autral. Math. Soc.*, **57**(1998) 189–198; *MR* **99a**:11035. [$x^2 + 3^{2k} = y^n$]

Fadwa S. Abu Muriefah & S. Akhtar Arif, The Diophantine equation, $x^2 + q^{2k} = y^n$ *Arab. J. Sci. Eng. Sect. A Sci.*, **26**(2001) 53–62; *MR* **2002e**:11042.

Trygve Nagell, Note sur l'équation indéterminée $(x^n - 1)/(x - 1) = y^q$, *Norsk Mat. Tidsskr.*, **1**(1920) 75–78.

S. S. Pillai, On $a^X - b^Y = b^y \pm a^x$, *J. Indian Math. Soc.*, **8**(1944) 10-13; *MR* **7** 145i.

Ákos Pintér, A note on the equation $1^k + 2^k + \cdots + (x-1)^k = y^m$, *Indag. Math. (N.S.)*, **8**(1997) 119–123; *MR* **99a**:11040.

Stanley Rabinowitz, The solution of $3y^2 \pm 2^n = x^3$, *Proc. Amer. Math. Soc.*, **69**(1978) 213–218; *MR* **58** #499.

A. Rotkiewicz & W. Złotkowski, On the Diophantine equation $1 + p^{\alpha_1} + p^{\alpha_2} + \cdots + p^{\alpha_k} = y^2$, in Number Theory, Vol. II (Budapest, 1987), North-Holland, *Colloq. Math. Soc. János Bolyai*, **51**(1990) 917–937; *MR* **91e**:11032.

N. Saradha & T. N. Shorey, The equation $(x^n - 1)/(x - 1) = y^q$ with $x$ square, *Math. Proc. Cambridge Philos. Soc.*, **125**(1999) 1–19; *MR* **99h**:11037.

Daihachiro Sato, Algebraic solution of $x^y = y^x$ ($0 < x < y$), *Proc. Amer. Math. Soc.*, **31**(1972) 316; *MR* **44** #5272.

Daihachiro Sato, A characterization of two real algebraic numbers $x$, $y$ such that $x^y = y^x$, *Sûgaku*, **24**(1972) 223–226; *MR* **58** #27891.

Reese Scott, On the generalized Pillai equation $\pm a^x \pm b^y = c$, (submitted).

Reese Scott & Robert Styer, On $p^x - q^y = c$ and related three term exponential Diophantine equations with prime bases, *J. Number Theory*, **105**(2004) 212–234.

T. N. Shorey, On the equation $z^q = (x^n - 1)/(x - 1)$, *Indag. Math.*, **48**(1986) 345–351; *MR* **87m**:11028.

T. N. Shorey, Integers with identical digits, *Acta Arith.*, **53** (1989) 187–205; *MR* **90j**:11027.

T. N. Shorey, Some exponential Diophantine equations, II, *Number Theory and Related Topics (Bombay*, 1988) 217–229, Tata Inst. Fund. Res. Stud. Math. **12**, Tata Inst. Fund. Res., Bombay, 1989; *MR* **98d**:11038.

T. N. Shorey, Some conjectures in the theory of exponential Diophantine equations, *Publ. Math. Debrecen*, **56**(2000) 631–641; *MR* **2001i**:11038.

Samir Siksek & John E. Cremona, On the Diophantine equation $x^2 + 7 = y^m$, *Acta Arith.*, **109**(2003) 143–149; *MR* **2004c**:11109.

Christopher M. Skinner, On the Diophantine equation $ap^x + bq^v = c + dp^z q^w$, *J. Number Theory*, **35**(1990) 194–207; *MR* **91h**:11021.

Jörg Stiller, The Diophantine equation $x^2 + 119 = 15 \cdot 2^n$ has exactly six solutions, *Rocky Mountain J. Math.*, **26**(1996) 295–298; *MR* **97a**:11053.

C. Størmer, Quelques théorèmes sur l'equation de Pell $x^2 - Dy^2 = 1$ et leurs applications, *Skrifter Videnskabs-seskabet (Christiania)*, I, Mat. Naturv. Kl., (1897) no. 2 (48pp.).

Robert Styer, Small two-variable exponential Diophantine equations, *Math. Comput.*, **60**(1993) 811–816.

Sun Qi & Cao Zhen-Fu On the Diophantine equation $x^p - y^p = z^2$ (Chinese), An English summary appears in *Chinese Ann. Math. Ser. B*, **7**(1986) 527; *Chinese Ann. Math. Ser. A*, **7**(1986) 514–518; *MR* **88c**:11022.

Sun Qi & Cao Zhen-Fu, On the Diophantine equations $x^2 + D^m = p^n$ and $x^2 + 2^m = y^n$ (Chinese), *Sichuan Daxue Xuebao*, **25**(1988) 164–169; *MR* **89j**:11029.

Marta Sved, On the rational solutions of $x^y = y^x$, *Math. Mag.*, **63**(1990) 30–33; *MR* **91a**:11018.

László Szalay, The equations $2^n \pm 2^m \pm 2^l = z^2$, *Indag. Math. (N.S.)*, **13**(2002) 131-142.

Nobuhiro Terai (& Kei Takakuwa), The Diophantine equation $a^x + b^y = c^z$, *Proc. Japan Acad.*

Ser. A Math. Sci., **70**(1994) 22–26; II **71**(1995) 109–110; III **72**(1996) 20–22; **73**(1997) 161–164; MR **95b**:11033; **96m**:11022; **98a**:11038; **99f**:11045.

Nobuhiro Terai, A note on certain exponential Diophantine equations, Number Theory (Eger), 1996, de Gruyter, Berlin, 1998, 479–487; MR **99d**:11032.

Nobuhiro Terai, On the exponential Diophantine equation $a^x + l^y = c^z$, Proc. Japan Acad. Ser. A Math. Sci., **77**(2001) 151–154; MR **2002j**:11029.

Nobuhiro Terai & Tei Takakuwa, A note on the Diophantine equation $a^x + b^y = c^z$, Proc. Japan Acad. Ser. A Math. Sci., **73**(1997) 161–164; MR **99f**:11045.

R. Tijdeman, Exponential Diophantine equations, Number Theory (Eger), 1996, de Gruyter Berlin, 1998, 479–487; MR **99f**:11046.

Nikos Tzanakis & John Wolfskill, The Diophantine equation $x^2 = 4q^{a/2} + 4q + 1$, J. Number Theory, **26**(1987) 96–116; MR **88g**:11009.

S. Uchiyama, On the Diophantine equation $2^x = 3^y + 13^z$, Math. J. Okayama Univ., **19**(1976/77) 31–38; MR **55** #5527.

Wang Du-Zheng & Cao Zhen-Fu, On the Diophantine equations $x^{2n} - Dy^2 = 1$ and $x^2 - Dy^{2n} = 1$ (Chinese), Yangzhou Shiyuan Ziran Kexue Xuebao, **1985** 16–18; MR **89f**:11048.

B. M. M. de Weger, Solving exponential Diophantine equations using lattice basis reduction algorithms, J. Number Theory, **26**(1987 325–367; erratum **31**(1989) 88-89; MR **88k**:11097 **90a**:11040.

Wu Ke-Jian & Le Mao-Hua, A note on the diophantine equation $x^4 - y^4 = z^p$, C.R. Math. Rep. Acad. Sci. Canada, **17**(1995) 197–200; MR **96i**:11033.

Xu Tai-Jin & Le Mao-Hua, On the Diophantine equation $D_1 x^2 + D_2 = k^n$, Publ. Math. Debrecen, **47**(1995) 293–297; MR **96h**:11025.

Yu Li & Le Mao-Hua, On the diophantine equation $(x^m - 1)/(x - 1) = y^n$, Acta Arith., **73**(1995) 363–366; MR **97m**:11023 [but see **83**(1998); MR **98k**:11030].

Yuan Ping-Zhi, A note on the Diophantine equation $(x_m - 1)/(x - 1) = y_n$ (Chinese), Acta Math. Sinica, **39**(1996) 184–189.

Yuan Ping-Zhi, Comment: "A note on perfect powers of the form $x^{m-1} + \cdots + x + 1$, [Acta Arith, **69**(1995) 91–98; MR **96b**:11034] by M. H. Le and "On the diophantine equation $(x^m - 1)/(x - 1) = y^n$, [ibid., **73**(1995) 363–366; MR **97m**:11023] by L. Yu and Le, Acta Arith., **83**(1998) 199.

Yuan Ping-Zhi, The Diophantine equation $x^2 + b^y = c^z$ (Chinese), Sichuan Daxue Xuebao, **35**(1998) 5–7; MR **99f**:11047.

Yuan Ping-Zhi, On the number of the solutions of $x^2 - D = p^n$, Sichuan Daxue Xuebao, **35**(1998) 311–316; MR **99k**:11048.

Yuan Ping-Zhi & Wang Jia-Bao, On the Diophantine equation $x^2 + b^y = c^z$, Acta Arith., **84**(1998) 145–147; MR **99b**:11028.

**D9** の参考文献も参照.

OEIS: A000961, A006549, A037087, A072633.

## D11 エジプト分数

エジプト分数 (Egyptian fraction)—別名単位分数 [訳注:分子が1の分数] は, "egy" で始まり,ハンガリー語の1を表す単語と同じだから,正しく名は体を表すというのはなかなか粋である.リンドパピルスは,われわれの時代にまで受け継がれた最古の数学書の雄であり,有理数を単位分数の和として

$$\frac{m}{n} = \frac{1}{x_1} + \frac{1}{x_2} + \cdots + \frac{1}{x_k}$$

のように表す問題が研究されている．

エジプト分数から発生した問題は数多く，その多くが未解決であることもあり，新問題も依然発生している状況であって，エジプト分数に対する関心の高さは当時に勝るとも劣らぬといってよい．そういう事情だから，以下の文献表にあげえたのは，無数の文献のほんの一部である．ブライチャーは，エジプト分数研究大要の書をものし，既定の型の表示を構成するアルゴリズムを叙述した．その中には，フィボナッチ-シルベスターアルゴリズム，エルデーシュのアルゴリズム，ゴロンブのアルゴリズム，ブライチャー自身のアルゴリズム2種類，ファーレイ分数アルゴリズム，連分数アルゴリズムがある．本書冒頭で言及したエルデーシュ-グラハム問題集の浩瀚の第4節およびポール・キャンベルから入手可能な文献参照．

エルデーシュ-ストラウスは，すべての $n > 1$ に対し，方程式

$$\frac{4}{n} = \frac{1}{x} + \frac{1}{y} + \frac{1}{z}$$

は，正の整数解をもつであろうと予想した．モーデルの書にこの問題の優れた解説があり，$n$ が 840 を法として $1^2, 11^2, 13^2, 17^2, 19^2, 23^2$ に合同のときを除き，予想がなりたつことが示されている．ベルンスタイン，オブラト，ロサッティ，シャピロ，ストラウス，山本，アラン・スウェットらがこの問題に取り組み，とくにスウェットは，5100万番目の素数である 1003162753 以下のすべての数 $n$ に対して予想を検証した．

シンツェルは，$a \perp b$ で，$b$ が，法 $a$ の平方剰余で「ない」とき，

$$\frac{4}{at+b} = \frac{1}{x(t)} + \frac{1}{y(t)} + \frac{1}{z(t)}$$

の形の表示が可能であることに注意した．ここで，$x(t), y(t), z(t)$ は，最高次の係数が正の整数であるような整数係数の $t$ の多項式である．

シェルピンスキは，

$$\frac{5}{n} = \frac{1}{x} + \frac{1}{y} + \frac{1}{z}$$

に対して，エルデーシュ-ストラウス予想に対応する予想を述べた．パラマは，$n \leq 922321$ に対して予想を確認し，スチュアートは，$n$ の範囲を，$278468k + 1$ の形でない $n \leq 1057438801$ なるすべての $n$ まで拡張した．

シンツェルは，$x, y, z$ が正の整数であるという条件を緩和し，分子の 4 と 5 を一般の $m$ でおきかえ，さらに予想のなりたつ範囲を $n > n_m$ とした．$n_m$ が $m$ より大のときもありえることは，$n_{18} = 23$ という例でわかる．シェルピンスキ-シンツェル予想は，シンツェル，シェルピンスキ，セドラチェク，パラマー，スチュワート-ウェブらによって順次 $m$ の大なる値に対して証明されてきている．とくに，スチュワート-ウェブは，$m < 36$ に対して予想を証明した．ブロイシュとスチュワートは，$m/n > 0$ かつ $n$ が奇数のとき，$m/n$ が，有限個の奇数の逆数の和であることを独立に証明した．グラハ

ムの論文も参照．ヴォーンは，$E_m(N)$ で，$m/n = 1/x + 1/y + 1/z$ が解をもたないような $n \leq N$ の個数を表すとき

$$E_m(N) \ll N \exp\{-c(\ln N)^{2/3}\}$$

がなりたつことを示した．ここで，$c$ は $m$ のみに依存して決まる．ホフマイスター-ストールは，$F_m(N)$ で $m/n = 1/x + 1/y$ が解をもたないような $n \leq N$ の個数を表すとき，

$$F_m(N) \ll N(\ln N)^{-1/\phi(m)}$$

を証明した．ここで，$\phi(m)$ はオイラーの関数である (**B36**)．

ホフマイスターは，$A_m(N)$ で $m/b = 1/n_1 + 1/n_2$ なる表示をもつ整数 $b, 1 \leq b \leq N$ の個数を表すとき，上の評価から $N \to \infty$ のとき，$A_m(N)/N \to 1$ がしたがうことに注意した．したがって，「直線」$y = m, x \geq 1$ 上のほとんど「すべての」格子点はこの表示をもつことになる．いささか逆説的ながら，ミトルバッハの次の結果がある．$a/b = 1/n_1 + 1/n_2$ なる表示をもつ格子点 $(a,b), 1 \leq a \leq b \leq N$ の個数を $B(N)$ とするとき，彼は $B(N)/\frac{1}{2}N(N+1) \to 0$ を証明した．すなわち，$N$ が大のとき，「三角形」$(1,1), (1,N), (N,N)$ 内の格子点はほとんどすべてこの表示を「もたない」．

上述のブロイシュおよびスチュワートの結果とは対照的に，スタイン，セルフリッジ，グラハムの提出した次の問題は未解決である：$x_i$ を順に非負の残余項をもつ最小の奇数に選んでいって，有理数 $m/n$ ($n$ 奇数) を $\sum 1/x_i$ の形に表すとき，和はつねに有限か？たとえば，

$$\frac{2}{7} = \frac{1}{5} + \frac{1}{13} + \frac{1}{115} + \frac{1}{10465}$$

である．

ケルテスは，この予想を $2 < m < n < 120$ に対して検証した．最も難攻不落であったのは 94/101 であり，16 項必要であった上，最後の項は 4561 桁であった．

ワゴンは，3/179 の場合は 19 項必要で，最後の項は 439492 桁であることを注意した！ 残余項の分子の列にはかなりめざましいものがある：3, 4, 5, 6, 7, 8, 9, 10, 11, 12, 13, 14, 15, 16, 17, 2, 3, 4, 1.

デイヴィッド・ベイリーは，3/2879 に奇数グリーディーアルゴリズムを用いることでワゴンの数を凌駕した：プログラムは終結するが，最後の第 21 項目は 3018195 桁である．後に 5/5809 が現れて，このプログラムでは対応できないように思われた．表示には少なくとも 22 項必要であり，最後の項は 6000 万桁以上であった．幸いそこでデイヴィッド・エプスタインが，37943838567204570000 を法として計算し，プログラム実行が終結し，残余項の分子の列が $5, 6, 7, \ldots, 29, 30, 1$ であることを証明して事なきを得た．

ブロードハーストは，2/24631 という例を見出した．残余項の分子の列のパターンは $2, 3, 4, 5, 6, \ldots, 25, 2, 3, 4, 5, 2, 1$ である．

ロン・ハーディンとネイル・スローンは，3 の倍数でないすべての奇数 $n$ は異なる正の奇数 $a, b, c$ によって $3/n = 1/a + 1/b + 1/c$ と表されると予想した．$3/4n + 1) =$

$1/(2n+1)+1/(4n+1)+1/(2n+1)(4n+1)$, $3/(6n+1) = 1/(2n+1)+1/(2n+1)(4n+1)+1/(4n+1)(6n+1)$, $3/(18k+11) = 1/(8k+5)+1/3(8k+5)+1/3(8k+5)(18k+11)$ に注意．ギャリー・マルキーとトーマス・ハゲドーンがそれぞれハーディン-スローン予想を証明した．

ジョン・リーチは，1977 年 3 月 14 日の手紙で，逆数の和が 1 であるような互いに異なる奇数の集合についてどういうことが知られているかを聞いてきた．たとえば，

$$\frac{1}{3}+\frac{1}{5}+\frac{1}{7}+\frac{1}{9}+\frac{1}{15}+\frac{1}{21}+\frac{1}{27}+\frac{1}{35}+\frac{1}{63}+\frac{1}{105}+\frac{1}{135} = 1.$$

少なくとも 9 個の元が必要であり，最大の分母は少なくとも 105 であると述べた．シェルピンスキの擬似完全数との関連にも注意 (**B2**)．

$$945 = 315 + 189 + 135 + 105 + 63 + 45 + 35 + 27 + 15 + 9 + 7$$

ピーター・シューは，2 集合

$$\{3, 5, 7, 9, 11, 15, 21, 135, 10395\}, \{3, 5, 7, 9, 11, 33, 35, 45, 55, 77, 105\}$$

によって，リーチの観察結果がオプティマルであることを確認した．

$n$ が奇数のとき $m/n$ は常に異なる奇数分母の単位分数の和で表せることが知られている．

ビークマンスは，$\frac{m}{n} = \frac{1}{n}+\cdots+\frac{1}{n}$ から始めて順に $\frac{1}{x}$ を $\frac{1}{x+1}+\frac{1}{x(x+1)}$ でおきかえていき，すべての分数が異なるようにするのは有限プロセスであるかという B. M. スチュアートの問題を肯定的に解決した．

テネンバウム-横田は，$m/n$ が，すべての分母がたかだか $4n(\ln n)^2 \log_2 n$ なる $r$ 個の単位分数の和で表され，$r \leq (1+\epsilon) \ln n / \log_2 n$ であり，$1+\epsilon$ は $1-\epsilon$ でおきかえられないことを証明した．

ヴィクター・ミーリーは 0 と 1 の間の分数 $a/b, a \perp b$ を $\frac{1}{2}, \frac{1}{3}, \frac{1}{4}, \frac{2}{3}, \frac{1}{5}, \frac{1}{6}, \frac{2}{5}, \frac{3}{4}, \cdots$ のように $a+b$ と $a$ の大きさの順に並べ，$\frac{2}{3}, \frac{4}{5}, \frac{8}{11}$ が (単位分数の和としての) 表示にそれぞれ 2, 3, 4 項必要とする列の初項であることに注意した．5, 6, 7 項必要な列の初項は何か？ ステファン・ファンデメルゲルは，1993 年 4 月 28 日の手紙で，$\frac{16}{17}$ は 5 項，$\frac{77}{79}$ は 6 項必要とすると知らせてきた．

バルボーは，1 を，互いに他を割らない 101 個の異なる正整数の逆数の和として表した．エルデーシュ-グラハムは，$n$ が平方無縁のとき，$m/n$ は $\omega \geq 3$ に対し，ちょうど $\omega$ 個の異なる素因子をもつような平方無縁数の逆数の有限和の形に常に表せることを示した．$\omega$ が 2 にとれる場合も多い．$m = n = 1$ のときには，少なくとも 38 個の整数が必要であったが，アラン・ジョンソンが，$\omega = 2$ で 48 項にまで改良した．

| 6 | 21 | 34 | 46 | 58 | 77 | 87 | 115 | 155 | 215 | 287 | 391 |
| 10 | 22 | 35 | 51 | 62 | 82 | 91 | 119 | 187 | 221 | 299 | 689 |
| 14 | 26 | 38 | 55 | 65 | 85 | 93 | 123 | 203 | 247 | 319 | 731 |
| 15 | 33 | 39 | 57 | 69 | 86 | 95 | 133 | 209 | 265 | 323 | 901 |

これが最小の集合か？ リチャード・ストングも同じく問題を解決したが，これより大の集合を用いた．

エルデーシュは，1972 年 1 月 14 日付けの手紙で $b = [2, 3, \ldots, n]$ を $2, 3, \ldots, n$ の l.c.m. として，$\frac{1}{2} + \frac{1}{3} + \ldots + \frac{1}{n} = \frac{a}{b}$ とおくとき，$\frac{1}{2} + \frac{1}{3} = \frac{5}{6}$ と $\frac{1}{2} + \frac{1}{3} + \frac{1}{4} = \frac{13}{12}$ に対し，$a \pm 1 \equiv 0 \bmod b$ なることを指摘し，また起こることがあるかどうかを尋ねた：予想では起こらないということである．$a \perp b$ が無限回起こるか？

「異なる」正整数 $x_1 < x_2 < x_3 < \ldots$ に対し，$\sum_{i=1}^{t} 1/x_i = 1$ となるとき，エルデーシュ-グラハムは，すべての集合 $\{x_i\}$ に関する最小値 $\min \max x_i$ — $m(t)$ と書く — に関する問題を述べた．たとえば $m(3) = 6$, $m(4) = 12$, $m(12) = 30$ である．定数 $c$ に対し，$m(t) < ct$ であるか？ 上の記号の下で，すべての $i$ に対して，$x_{i+1} - x_i \le 2$ でありうるか？ エルデーシュは，そうでないと予想し，解決に 10 ドル提供している．

第 2 版の $m(12)$ の値は誤りであった．上で述べた正しい値は，以下のケヴィン・ブラウンの表による [訳注：以下の表で，上述の $t$ を $k$ と書いている]:

| $k$ | 最適展開の分母 |
|---|---|
| 3 | 2 3 6 |
| 4 | 2 4 6 12 |
| 5 | 2 4 10 12 15 |
| 6 | 3 4 6 10 12 15 |
| 7 | 3 4 9 10 12 15 18 |
| 8 | 3 5 9 10 12 15 18 20 |
| 9 | 4 5 8 9 10 15 18 20 24 |
| 10 | 5 6 8 9 10 12 15 18 20 24 |
| 11 | 5 6 8 9 10 15 18 20 21 24 28 |
| 12 | 6 7 8 9 10 14 15 18 20 24 28 30 |

ダニエル・ホウイはブラウンの表を確認するとともに，同じ範囲の $k$ に対し，他の展開を与えた:

| $k$ | 最適展開の分母 |
|---|---|
| 8 | 4 5 6 9 10 15 18 20 |
| 9 | 4 6 8 9 10 12 15 18 24 |
| 11 | 5 7 8 9 10 14 15 18 20 24 28 |
| 11 | 6 7 8 9 10 12 14 15 18 24 28 |
| 12 | 4 8 9 10 12 15 18 20 21 24 28 30 |

展開式には多くのダブりがあることに注意している：実際，13-項の最適展開は 11 個，20-項の展開が 58 個，23-項展開は 37 個，28-項展開は 57 個ある．さらに $13 \le k \le 28$ に対して $m(k)$ の値も計算している．

| $k$ | 13 14 15 16 17 18 19 20 21 22 23 24 25 26 27 28 |
|---|---|
| $m(k)$ | 33 33 35 36 40 42 48 52 52 54 55 55 56 60 63 72 |

ここまで $m(k)$ は非減少であるが，どうしてそうなるかはわからないと述べている．
エルデーシュ-グラハムは，$c$ 色による整数の任意の色分けが

$$\sum \frac{1}{x_i} = 1, \quad x_1 < x_2 < \ldots \quad (有限和)$$

の単色解を与えるかどうかを問うた．$c = 2$ のときでも問題は未解決である．主張が正しいとして，整数 $1 \leq t \leq f(c)$ のすべての $c$-色分けが単色解を含むような最小の整数を $f(c)$ とおくとき，$f(c)$ を決定もしくは評価せよ．

またエルデーシュは

$$\frac{1}{x_1} + \frac{1}{x_2} + \cdots + \frac{1}{x_k} = 1, \quad x_1 < x_2 < \ldots < x_k$$

で $k$ が固定されているとき，$\max x_1$ は何かを問うた．$k$ が変動するとき，最大の分母 $x_k$ に等しくなれる整数はどのようなものか？ 素数はだめであり，他のいくつかのタイプも不適である．除外された整数は正の密度をもつか？ 密度 1 でもありうるか？ $x_k$ か $x_{k-1}$ になれる整数は何か？ $x_k$ か $x_{k-1}$ か $x_{k-2}$ になれる整数は何か？ $\liminf \frac{x_k}{x_1} > e$ であるか？ 極限は $\geq e$ であることは自明である．実際，極限はおそらく無限大であろう．各 $k$ に対し，$m(k)$ を $\max(x_k)$ とするとき，横田は，エルデーシュ-グラハムの結果を改良して，整数の増加列 $\{k\}$ で $m(k)/k \leq (\ln \ln k)^3$ なるものが存在することを証明した．$m(k)/k$ が有界であるような整数列 $\{k\}$ が存在するか？

エルデーシュはさらに，

$$\frac{1}{x_1} + \frac{1}{x_2} + \cdots + \frac{1}{x_k} = 1$$

の解のそれぞれが $\max(x_{i+1}-x_i) \geq 3$ をみたすかどうかを問うた．$\{2,3,6\}$ という例で $> 3$ は正しくないことがわかるが，おそらくこれが唯一の例外であろう．$\max(x_{i+1}-x_i) \leq c$ は有限個の解をもつであろう．$\{x_i\}$ を連続する整数のブロック $r$ 個の和集合とするとき，解の個数は有限で $r$ に依存するであろう．数列 $\frac{1}{2} + \frac{1}{3} + \frac{1}{7} + \frac{1}{43} + \cdots$ が $r$ の関数としての $\max x_k$ を与えることは竹之内によって証明された; エプシュタイン，イジュボルディン-クルリャンドチクも参照.

異なる整数 $\leq n$ の逆数の和として表される整数の集合を $N(n)$ とするとき，横田は

$$\frac{\ln n}{2}\left(1 - \frac{2\ln\ln n}{\ln n}\right)$$

までの自然数はすべて $N(n)$ に属することを示した．したがって $\#N(n) \geq (\frac{1}{2}+o(1))\ln n$ である．

エルデーシュは，$N(n)$ に属さない最小の整数および $N(n)$ に属する最大の整数の大きさを求めよという問題を提起した．クルートは，$H_n$ を調和級数の部分和 $\sum_{k \leq n} 1/k$ とするとき [訳注: **B2** の調和数 $H(n)$ と区別するため，原著では $H(n)$ となっているところを $H_n$ と書いた．$H_n$ をしばしば調和数とよぶ.], $H_n$ が整数より少し大ならば，分母がすべて $n$ 以下の単位分数の和で表される整数 $n$ の集合は $\{1, 2, \ldots, \lfloor H_n \rfloor\}$ あるいは $\{1, 2, \ldots, \lfloor H_n \rfloor - 1\}$ であることを示した．

正の密度をもつ与えられた数列 $x_1, x_2, \ldots$ は,つねに $\sum 1/x_{i_k} = 1$ をみたす部分列をもつか? すべての $i$ に対し, $x_i < ci$ のとき,そのような有限部分列が存在するか? エルデーシュはこの問題解決にまた 10 ドル提供している. $\liminf x_i/i < \infty$ のときは,解は否定的であろうと予想しており,この場合の賞金は 5 ドルである.

$N(t)$ で方程式 $1 = \sum 1/x_i$ の解 $\{x_1, x_2, \ldots, x_t\}$ の個数を, $M(t)$ でこの方程式の異なる解 $x_1 \leq x_2 \leq \ldots \leq x_t$ の個数を表すとき,シングマスターの計算で

| $t$ | 1 | 2 | 3 | 4 | 5 | 6 |
|---|---|---|---|---|---|---|
| $M(t)$ | 1 | 1 | 3 | 14 | 147 | 3462 |
| $N(t)$ | 1 | 1 | 10 | 215 | 12231 | 2025462 |

がわかっており,エルデーシュは, $M(t)$ または $N(t)$ の漸近式を求めることを問題とした.

エルデーシュ-ジョーは,すべての $n \geq 1$ に対し, $2^{\aleph_0}$ 個の数 $q$, $1 < q < 2$ が存在して, 1 が $\sum_{i=1}^{\infty} \epsilon_i q^{-i}$ の形で $\epsilon_i \in \{0, 1\}$ であるような展開をちょうど $n+1$ 個もつことを示した.

グラハムは, $n > 77$ を $t$ 個の異なる正整数 $n = x_1 + x_2 + \ldots + x_t$ に分割し, $\sum 1/x_i = 1$ となるようにできることを示した.より一般に,任意の正の有理数 $\alpha, \beta$ に対し,整数 $r(\alpha, \beta)$ ―最小値 $r$ にとることができる―が存在して, $r$ より大の任意の整数は $\beta$ より大の異なる正整数に分割し,その逆数の和が $\alpha$ であるようにできることも示した. D. H. レーマーが未発表の論文で 77 はこの形に表せないから, $r(1, 1) = 77$ であることを示したことを除けば, $r(\alpha, \beta)$ に関してほとんど情報がない状態である.

グラハムは,十分大 ($10^4$ くらいか?) の $n$ に対し, $n$ を $n = x_1^2 + x_2^2 + \ldots + x_t^2$ のように分割して $\sum 1/x_i = 1$ とできるであろうと予想している.また, $p(x)$ を「リーゾナブルな」多項式―たとえば, $x^2 + x$ は偶数値のみしかとらないから,リーゾナブルでない― とするとき, $n = p(x_1) + p(x_2) + \ldots + p(x_t)$ のような分解を考えることもできる.

各元が直近の整数を (少なくとも 1 つ) もつような整数の集合で,その集合の数の逆数の和が整数であるようなものが存在するかという L.-S. ハーンの問題に対して,ピーター・モンゴメリーは $\{1, 2, 7, 8, 13, 14, 39, 40, 76, 77, 285, 286\}$, $\{2, 3, 4, 5, 6, 7, 9, 10, 17, 18, 34, 35, 84, 85\}$ の 2 例を与えた.どちらの集合も逆数の和は 2 である.

L.-S. ハーンはまた,正整数を有限個の集合に任意の方法で分割するとき,「任意の」正の有理数がその中のある集合の有限個の元の逆数の和で表されるようなものがつねに存在するか?という問題も提出している.ここで,当該集合は,その有理数に独立に選べなければならないとする.ハーン問題のこの型の解が不可能のとき,与えられた任意の有理数に対して,逆数和がそれに等しいような集合を (数に依存した形で) つねに選ぶことができるか?

ナーゲルは,等差数列の元の逆数の和は決して整数にならないことを示した.エルデーシュ-ニーヴン論文も参照.

M. H. Ahmadi & M. N. Bleicher, On the conjectures of Erdős and Straus, and Sierpiński on

Egyptian fractions, *J. Math. Stat. Sci.*, **7**(1998) 169–185; *MR* **99k**:11049.

P. J. van Albada & J. H. van Lint, Reciprocal bases for the integers, *Amer. Math. Monthly*, **70**(1963) 170–174.

Premchand Anne, Egyptian fractions and the inheritance problem, *Coll. Math. J.*, **29**(1998) 296–300.

Michael Anshel & Dorian Goldfeld, Partitions, Egyptian fractions, and free products of finite abelian groups, *Proc. Amer. Math. Soc.*, **111**(1991) 889–899; *MR* **91h**:11104.

E. J. Barbeau, Expressing one as a sum of odd reciprocals: comments and a bibliography, *Crux Mathematicorum* (=*Eureka* (Ottawa)), **3**(1977) 178–181; and see *Math. Mag.*, **49**(1976) 34.

Laurent Beeckmans, The splitting algorithm for Egyptian fractions, *J. Number Theory*, **43**(1993) 173–185; *MR* **94a**:11043.

Leon Bernstein, Zur Lösung der diophantischen Gleichung $m/n = 1/x + 1/y + 1/z$ insbesondere im Falle $m = 4$, *J. reine angew. Math.*, **211**(1962) 1–10; *MR* **26** #77.

M. N. Bleicher, A new algorithm for the expansion of Egyptian fractions, *J. Number Theory*, **4**(1972) 342–382; *MR* **48** #2052.

M. N. Bleicher and P. Erdős, The number of distinct subsums of $\sum_1^N 1/i$, *Math. Comput.*, **29**(1975) 29–42 (and see *Notices Amer. Math. Soc.*, **20**(1973) A-516).

M. N. Bleicher and P. Erdős, Denominators of Egyptian fractions, *J. Number Theory*, **8**(1976) 157–168; *MR* **53** #7925; II, *Illinois J. Math.*, **20**(1976) 598–613; *MR* **54** #7359.

Lawrence Brenton & Robert R. Bruner, On recursive solutions of a unit fraction equation, *J. Austral. Math. Soc. Ser. A*, **57**(1994) 341–356; *MR* **95i**:11024.

Lawrence Brenton & R. Hill, On the Diophantine equation $1 = \sum (1/n_i) + 1/(\prod n_i)$ and a class of homologically trivial complex surface singularities, *Pacific J. Math.*, **133**(1988) 41–67.

Robert Breusch, A special case of Egyptian fractions, Solution to Advanced Problem 4512, *Amer. Math. Monthly*, **61**(1954) 200–201.

J. L. Brown, Note on complete sequences of integers, *Amer. Math. Monthly*, **68**(1961) 557–560.

Paul J. Campbell, Bibliography of algorithms for Egyptian fractions (preprint), Beloit Coll., Beloit WI 53511, U.S.A.

Cao Zhen-Fu, Liu Rui & Zhang Liang-Rui, On the equation $\sum_{i=1}^s 1/x_i + (1/x_1 \cdots x_s) = 1$ and Znam's problem, *J. Number Theory*, **27**(1987); *MR* **89d**:11023.

Robert Cohen, Egyptian fraction expansions, *Math. Mag.*, **46** (1973) 76–80; *MR* **47** #3300.

Ernest S. Croot, On some questions of Erdős and Graham about Egyptian fractions, *Mathematika*, **46**(1999) 359–372; *MR* **2002e**:11044.

Ernest S. Croot, On unit fractions with denominators in short intervals, *Acta Arith.*, **99**(2001) 99–114; *MR* **2002e**:11045.

Ernest S. Croot, On a coloring conjecture about unit fractions, *Ann. of Math.*(2), **157**(2003) 545–556.

Ernest S. Croot, David E. Dobbs, John B. Friedlander, Andrew J. Hetzel & Francesco Pappalardi, Binary Egyptian fractions, *J. Number Theory*, **84**(2000) 63–79; *MR* **2001f**:11052.

D. R. Curtiss, On Kellogg's Diophantine problem, *Amer. Math. Monthly*, **29**(1922) 380–387.

David E. Dobbs & Andrew J. Hetzel, Ahmes expansions of rational numbers of length two, *Internat. J. Math. Ed. Sci. Tech.*, **34**(2003) 742–751.

Christian Elsholtz, Sums of $k$ unit fractions, *Trans. Amer. Math. Soc.*, **353**(2001) 3209–3227; *MR* **2002c**:11030.

David Eppstein, Ten algorithms for Egyptian fractions, *Mathematica in Education and Research*, **4**(1995) 5–15. This article is also available on the web at
http://www.ics.uci.edu/~eppstein/numth/egypt/intro.html

P. Erdős, Egy Kürschák-féle elemi számelméleti tétel áltadanositása, *Mat. es Fys. Lapok*, **39**(1932).

P. Erdős, On arithmetical properties of Lambert series, *J. Indian Math. Soc.*, **12**(1948) 63–66.

P. Erdős, The solution in whole numbers of the equation: $1/x_1 + 1/x_2 + \cdots + 1/x_n = a/b$,

(Hungarian. Russian and English summaries), *Mat. Lapok*, **1**(1950) 192–210; *MR* **13**, 208.

P. Erdős, On the irrationality of certain series, *Nederl. Akad. Wetensch.* (*Indag. Math.*) **60**(1957) 212–219.

P. Erdős, Sur certaines séries à valeur irrationelle, *Enseignement Math.*, **4**(1958) 93–100.

P. Erdős, *Quelques problèmes de la Théorie des Nombres*, Monographies de l'Enseignement Math. No. 6, Geneva, 1963, problems 72–74.

P. Erdős, Comment on problem E2367, *Amer. Math. Monthly*, **81**(1974) 780–782.

P. Erdős, Some problems and results on the irrationality of the sum of infinite series, *J. Math. Sci.*, **10**(1975) 1–7.

P. Erdős & I. Joó, On the expansion $1 = \sum q^{-n_i}$, *Period. Math. Hungar.*, **23**(1991) 27–30; *MR* **92i**:11030.

P. Erdős & I. Joó, On the number of expansions $1 = \sum q^{-n_i}$, *Ann. Univ. Sci. Budapest. Eötvös Sect. Math.*, **35**(1992) 129–132; *MR* **94a**:11012.

P. Erdős & Ivan Niven, Some properties of partial sums of the harmonic series, *Bull. Amer. Math. Soc.*, **52**(1946) 248–251; *MR* **7**, 413.

Paul Erdős & Sherman Stein, Sums of distinct unit fractions, *Proc. Amer. Math. Soc.*, **14**(1963) 126–131.

P. Erdős & E. G. Straus, On the irrationality of certain Ahmes series, *J. Indian Math. Soc.*, **27**(1968) 129–133.

P. Erdős & E. G. Straus, Some number theoretic results, *Pacific J. Math.*, **36**(1971) 635–646.

P. Erdős & E. G. Straus, Solution of problem E2232, *Amer. Math. Monthly*, **78**(1971) 302–303.

P. Erdős & E. G. Straus, On the irrationality of certain series, *Pacific J. Math.*, **55**(1974) 85–92; *MR* **51** #3069.

P. Erdős & E. G. Straus, Solution to problem 387, *Nieuw Arch. Wisk.*, **23**(1975) 183.

A. Eswarathasan & E. Levine, $p$-Integral harmonic sums, *Discrete Math.*, **91**(1991) 249–259.

Charles N. Friedman, Sums of divisors and Egyptian fractions, *J. Number Theory*, **44**(1993) 328–339.

S. W. Golomb, An algebraic algorithm for the representation problem of the Ahmes papyrus, *Amer. Math. Monthly* **69**(1962) 785–786.

S. W. Golomb, On the sums of the reciprocals of the Fermat numbers and related irrationalities, *Canad. J. Math.*, **15**(1963) 475–478.

R. L. Graham, A theorem on partitions, *J. Austral. Math. Soc.*, **3**(1963) 435–441; *MR* **29** #64.

R. L. Graham, On finite sums of unit fractions, *Proc. London Math. Soc.* (3), **14**(1964) 193–207; *MR* **28** #3968.

R. L. Graham, On finite sums of reciprocals of distinct $n$th powers, *Pacific J. Math.*, **14**(1964) 85–92; *MR* **28** #3004.

Thomas R. Hagedorn, A proof of a conjecture on Egyptian fractions, *Amer. Math. Monthly*, **107**(2000) 62–63; *MR* **2000k**:11046.

H. S. Hahn, Old wine in new bottles: Solution to E2327, *Amer. Math. Monthly*, **79**(1972) 1138 (and see Editor's comment).

Liang-Shin Hahn, Problem E2689, *Amer. Math. Monthly*, **85**(1978) 47; Solution, Peter Montgomery & Dean Hickerson, **86**(1979) 224.

Gerd Hofmeister & Peter Stoll, Note on Egyptian fractions, *J. reine angew. Math.*, **362**(1985) 141–145; *MR* **87a**:11025.

O. T. Izhboldin & L. D. Kurlyandchik, Unit fractions, *Proc. St. Petersburg Math. Soc.*, **III**(1995) 193–200; *MR* **99m**:11024.

Allan Wm. Johnson, Letter to the Editor, *Crux Mathematicorum* (= *Eureka* (Ottawa)), **4**(1978) 190.

Ralph W. Jollensten, A note on the Egyptian problem, *Proc. Seventh Southeastern Conf. Combin., Graph Theory & Comput., Congressus Numer.*, **17**(1976), Utilitas Math. Publ. Inc., Winnipeg, 351–364.

O. D. Kellogg, On a diophantine problem, *Amer. Math. Monthly*, **28**(1921) 300–303.

Yoko Kikuchi & Shin-ichi Katayama, Some remarks on Egyptian fractions, *Math. Japon.*, **42**(1995) 127–130; *MR* **96j**:11037.

Chao Ko, Chi Sun & S. J. Chang, On equations $4/n = 1/x + 1/y + 1/z$, *Acta Sci. Natur. Szechuanensis*, **2**(1964) 21–35.

Ilias Kotsireas, The Erdős-Straus conjecture on Egyptian fractions, *Paul Erdős and his mathematics* (*Budapest*, 1999) 140–144, János Bolyai Math. Soc., Budapest 1999; *MR* **2003d**:11052.

Li De-Lang, On the equation $4/n = 1/x + 1/y + 1/z$, *J. Number Theory*, **13**(1981) 485–494; *MR* **83e**:10026.

Dana Mackenzie, Fractions to make an Egyptian scribe blanch, *Science*, **278**:5336(97-10-10) 224.

Greg Martin, Dense Egyptian fractions, *Trans. Amer. Math. Soc.*, **351**(1999) 3641–3657; *MR* **99m**:11035.

Greg Martin, Denser Egyptian fractions, *Acta Arith.*, **95**(2000) 231–260; *MR* **2001m**:11040.

F. Mittelbach, Anzahl- und Dichteuntersuchungen bei Stammbruchdarstellungen von Brüchen, Diplomarbeit, Fachbereich Mathematik, Joh. Gutenberg-Univ., Mainz, 1988.

T. Nagell, *Skr. Norske Vid. Akad. Kristiania I*, 1923, no. 13 (1924) 10–15.

D. J. Newman, Problem 76-5: an arithmetic conjecture, *SIAM Rev.*, **18**(1976) 118.

R. Obláth, Sur l'équation diophantienne $4/n = 1/x_1 + 1/x_2 + 1/x_3$, *Mathesis*, **59**(1950) 308–316; *MR* **12**, 481.

J. C. Owings, Another proof of the Egyptian fraction theorem, *Amer. Math. Monthly*, **75**(1968) 777–778.

G. Palamà, Su di una congettura di Sierpiński relativa alla possibilità in numeri naturali della $5/n = 1/x_1 + 1/x_2 + 1/x_3$, *Boll. Un. Mat. Ital.*(3) **13**(1958) 65–72; *MR* **20** #3821.

G. Palamà, Su di una congettura di Schinzel, *Boll. Un. Mat. Ital.*(3) **14**(1959) 82–94; *MR* **22** #7989.

Jukka Pihko, Remarks on the "greedy odd" Egyptian fraction algorithm, *Fibonacci Quart.*, **39**(2001) 221–227; *MR* **2002h**:11029.

G. J. Rieger, Sums of unit fractions having long continued fractions, *Fibonacci Quart.* **31**(1993) 338–340.

L. A. Rosati, Sull'equazione diofantea $4/n = 1/x_1 + 1/x_2 + 1/x_3$, *Boll. Un. Mat. Ital.*(3), **9**(1954) 59–63; *MR* **15**, 684.

J. W. Sander, On $4/n = 1/x + 1/y + 1/z$ and Rosser's sieve, *Acta Arith.*, **59**(1991) 183–204; *MR* **92j**:11031.

J. W. Sander, On $4/n = 1/x + 1/y + 1/z$ and Iwaniec's half-dimensional sieve, *J. Number Theory*, **46**(1994) 123–136; *MR* **95e**:11044.

J. W. Sander, Egyptian fractions and the Erdős-Straus conjecture, *Nieuw Arch. Wisk.*(4) **15** (1997) 43–50; *MR* **98d**:11039.

Andrzej Schinzel, Sur quelques propriétés des nombres $3/n$ et $4/n$, où $n$ est un nombre impair, *Mathesis*, **65**(1956) 219–222; *MR* **18**, 284.

A. Schinzel, Erdős's work on finite sums of unit fractions, *Paul Erdős and his Mathematics* (*Budapest*, 1999) 629–636, Bolyai Soc. Math. Stud., **11**(2002); *MR***2003k**:11055.

Andrzej Schinzel, On sums of three unit fractions with polynomial denominators, *Funct. Approx. Comment. Math.*, **28**(2000) 187–194; *MR* **2002a**:11029.

W. Schwarz, *Einführung in Siebmethoden der analytischen Zahlentheorie*, Bibl. Inst., Mannheim-Wien-Zurich, 1974; *MR* **53** #13147.

Jiří Sedláček, Über die Stammbrüche, *Časopis Pěst. Mat.*, **84**(1959) 188–197; *MR* **23** #A829.

Igor E. Shparlinski, On a question of Erdős and Graham, *Arch. Math.* (*Basel*), **78**(2002) 445–448; *MR* **2003i**:11144.

P. Shiu, Egyptian fraction representations of 1 with odd denominators, March 2004 preprint.

W. Sierpiński, Sur les décompositions de nombres rationale en fractions primaires, *Mathesis*,

**65**(1956) 16–32; *MR* **17**, 1185.

W. Sierpiński, *On the Decomposition of Rational Numbers into Unit Fractions* (Polish), Pánstwowe Wydawnictwo Naukowe, Warsaw, 1957.

W. Sierpiński, Sur une algorithme pour developper les nombres réels en séries rapidement convergentes, *Bull. Int. Acad. Sci. Cracovie Ser. A Sci. Math.*, **8**(1911) 113–117.

B. M. Stewart, Sums of distinct divisors, *Amer. J. Math.*, **76**(1954) 779–785; *MR* **16**, 336.

B. M. Stewart & W. A. Webb, Sums of fractions with bounded numerators, *Canad. J. Math.*, **18**(1966) 999–1003; *MR* **33** #7297.

R. J. Stroeker & R. Tijdeman, Diophantine equations, *Computational Methods in Number Theory, Part II*, Math. Centrum Tracts **155**, Amsterdam, 1982; *MR* **84i**:10014.

J. J. Sylvester, On a point in the theory of vulgar fractions, *Amer. J. Math.*, **3**(1880) 332–335, 387–388.

Tanzo Takenouchi, On an indeterminate equation, *Proc. Phys.-Math. Soc. Japan*(3), **3**(1921) 78–92.

Gérald Tenenbaum & Hisashi Yokota, Length and denominators of Egyptian fractions III, *J. Number Theory*, **35**(1990) 150–156; *MR* **91g**:11028.

D. G. Terzi, On a conjecture by Erdős-Straus, *BIT*, **11**(1971) 212–216.

R. C. Vaughan, On a problem of Erdős, Straus and Schinzel, *Mathematika*, **17**(1970) 193–198.

H. S. Wilf, Reciprocal bases for the integers, Res. Problem 6, *Bull. Amer. Math. Soc.*, **67**(1961) 456.

Wu Chang-Jiu & Wang Peng-Fei, Remarks on a conjecture of Erdős, *J. Chengdu Univ. Natur. Sci.*, **13**(1994) 9–10, 58.

Koichi Yamamoto, On a conjecture of Erdős, *Mem. Fac. Sci. Kyushū Univ. Ser. A*, **18**(1964) 166–167; *MR* **30** #1968; and see **19**(1965) 37–47; *MR* **31** #2203.

Hisashi Yokota, On number of integers representable as sums of unit fractions, *Canad. Math. Bull.*, **33**(1990) 235–241; *MR* **91a**:11029;

II. *J. Number Theory*, **67**(1997) 162–169; *MR* **98k**:11031; III *J. Number Theory*, **96**(2002) 351–372; *MR* **2003i**:11044.

Hisashi Yokota, On a problem of Erdős and Graham, *J. Number Theory*, **39**(1991) 327–338; *MR* **90d**:11104.

**OEIS**: A002966-002967, A006585, A028229, A030659, A051882, A069581.

## D12 マルコフ数

大方の興味をかき立てたディオファンタス方程式として次のものがある:
$$x^2 + y^2 + z^2 = 3xyz.$$
これは明らかに，キャッセルスが特異解とよぶところの解 $(1,1,1)$，$(1,1,2)$ なる解をもつ (通常の定義では，方程式で定義される多様体は，特異解 $(0,0,0)$ のみをもつ)．各未知数に関して 2 次であるから，1 つの解からもう 1 つの解が得られるため，すべての解はこの 2 つから生成される．また，特異解を除けば，すべての解の $x, y, z$ は異なる値をもち，したがって，それぞれの解は，ちょうど 3 個の隣接解をもつ (図 10)．[訳注：$z$ の値の数列] 1, 2, 5, 13, 29, 34, 89, 169, 194, 233, 433, 610, 985, ... はマルコフ数とよばれる．自明な場合を除くため $0 < x \leq y \leq z$ と仮定する (したがって，$y \geq 2$ のとき，真の不等式になる)．超がつく難問は，すべてのマルコフ数 $z$ が，ただ 1 つの整数

解 $(x,y,z)$ を定義するか, である. この意味でマルコフ数は一意的であることを証明したという論文が折々現れるが, これまでのところすべて誤りであった.

上の方程式をみたす 3 つ組み $x \leq y \leq z \leq N$ の個数を $M(N)$ とするとき, ザギエは, $M(N) = C(\ln N)^2 + O((\ln N)^{1+\epsilon})$——ここで $C \approx 0.180717105$——を示し, また, 数値計算の結果, $n$ 番目のマルコフ数 $m_n$ は, $\left(\frac{1}{3} + O(n^{-1/4+\epsilon})\right) A^{\sqrt{n}}$ であろうと予想するに至った. ここで, $A + e^{1/\sqrt{C}} \approx 10.5101504$ である. 解の不同性に関しては何の結果もないが, それが, ある連立ディオファンタス方程式が解けないことと同値であることを証明することができた.

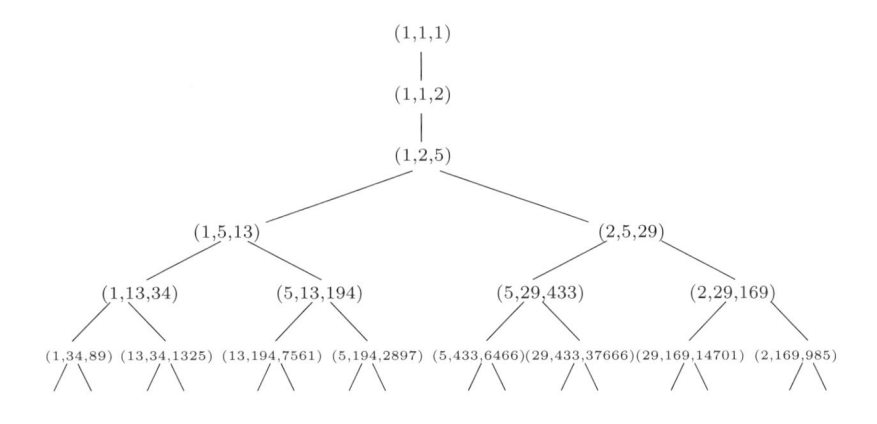

```
                        (1,1,1)
                           |
                        (1,1,2)
                           |
                        (1,2,5)
                       /        \
                (1,5,13)          (2,5,29)
               /       \          /       \
         (1,13,34) (5,13,194) (5,29,433) (2,29,169)
          /  \     /   \      /   \       /    \
  (1,34,89)(13,34,1325)(13,194,7561)(5,194,2897)(5,433,6466)(29,433,37666)(29,169,14701)(2,169,985)
    / \    / \          / \          / \          / \         / \           / \          / \
```

図 10 マルコフ解のツリー

マルコフ方程式はより一般のフルウィッツ方程式

$$x_1^2 + x_2^2 + \cdots + x_n^2 = ax_1 x_2 \cdots x_n$$

の特別の場合である. $a > n$ のとき, 解は存在せず, $a = n$ のとき, すべての整数解は $(1,1,\ldots,1)$ から生成される. $1 \leq a \leq n$ なる任意の $a$ に対し, 解の有限集合が存在して, 他のすべての解を生成する. バラガーは, 任意の $g$ に対し, 無限個の対 $(a,n)$ が存在して, 方程式が少なくとも $g$ 個の生成元を必要とすることを示した. $a = n$ のフルウィッツ方程式の解で $|x_i| \leq N$ なるものの個数を $M(n,N)$ とするとき, バラガーは, $M(n,N)$ が, すべての $\epsilon > 0$ に対し, $C(\ln N)^{\alpha(n)+\epsilon}$ のような増加の仕方をすること, $M(n,N) = \Omega((\ln N)^{\alpha(n)-\epsilon})$ および

$$\frac{2\ln n}{\ln 4} \leq \alpha(n) \leq \frac{3\ln n}{\ln 4}$$

を示した. ここで, (ザギエにより) $\alpha(3) = 2$ であるが, $\alpha(4)$ は, 2.33 と 2.64 の間にある (後に $2.43 < \alpha(4) < 2.47$ にまで改良された).

Christian Ballot, Strong arithmetic properties of the integral solutions of $X^3 + DY^3 + D^2Z^3 - 3DXYZ = 1$, where $D + M^3 \pm 1$, $M \in Z^*$, Acta Arith., **89**(1999), 259–277.

Arthur Baragar, The Hurwitz equations, Proc. Conf. Markoff Spectrum & Anal. Number Theory, Provo UT, 1991; Lect. Notes Pure Appl. Math., **147** 9–16, Dekker, New York, 1993.

Arthur Baragar, Asymptotic growth of Markoff-Hurwitz numbers, Compositio Math., **94**(1994) 1–18; MR **95i**:11025.

Arthur Baragar, Integral solutions of Markoff-Hurwitz equations, J. Number Theory, **49**(1994) 27–44; MR **95g**:11066.

Arthur Baragar, On the unicity conjecture for Markoff numbers, Canad. Math. Bull., **39**(1996) 3–9; MR **97d**:11110.

Arthur Baragar, The exponent for the Markoff-Hurwitz equations, Pacific J. Math., **182**(1998) 1–21; MR **99e**:11035.

G. V. Belyi, Markov's nubers and quadratic forms. Pontryagin Conference, 8, Algebra (Moscow, 1998), J. Math. Sci. (New York), **106**(2001) 3087–3097.

Edward B. Burger, Amanda Folsom, Alexander Pekker, Rungporn Roengpitya & Julia Snyder, On a quantitative refinement of the Lagrange spectrum, Acta Arith., **102**(2002) 55–82.

J. O. Button, The uniqueness of the prime Markoff numbers, J. London Math. Soc.(2), **58**(1998) 9–17.

J. O. Button, Markoff numbers, principal ideals and continued fraction expansions. J. Number Theory, **87**(2001) 77–95; MR **2002a**:11074.

J. W. S. Cassels, An Introduction to Diophantine Approximation, Cambridge, 1957, 27–44.

H. Cohn, Approach to Markoff's minimal forms through modular functions, Ann. Math. Princeton(2) **61**(1955) 1–12; MR **16**, 801e.

T. W. Cusick, The largest gaps in the lower Markoff spectrum, Duke Math. J., **41**(1974) 453–463; MR **57** #5902.

T. W. Cusick, On Perrine's generalized Markoff equations, Aequationes Math., **46**(1993) 203–211.

L. E. Dickson, Studies in the Theory of Numbers, Chicago Univ. Press, 1930, Chap. VII.

G. Frobenius, Über die Markoffschen Zahlen, S.-B. Preuss. Akad. Wiss. Berlin (1913) 458–487.

Norman P. Herzberg, On a problem of Hurwitz, Pacific J. Math., **50**(1974) 485–493; MR **50** #233.

A. Hurwitz, Über eine Aufgabe der unbestimmten Analysis, Arch. Math. Phys., **3**(1907) 185–196; Math. Werke, ii, 410–421.

Jeffrey C. Lagarias & Andrew D. Pollington, The continuous Diophantine mapping of Szekeres, J. Austral. Math. Soc. Ser. A, **59**(1995) 148–172; MR **96f**:11088.

A. Markoff, Sur les formes quadratiques binaires indéfinies, Math. Ann., **15**(1879) 381–409.

Frank Martini, Das Markovspektrum indefiniter quadratischer Formen, Bonner Mathematische Schriften **290**(1996) 55pp.

Serge Perrine, Sur une généralisation de la théorie de Markoff, J. Number Theory, **37**(1991) 211–230; MR **92c**:11067.

Serge Perrine, Sur des équations diophantiennes généralisant celle de Markoff, Ann. Fac. Sci. Toulouse Math(6) **6**(1997) 127–141; MR **99e**:11030.

R. Remak, Über indefinite binäre quadratische Minimalformen, Math. Ann., **92**(1924) 155–182.

R. Remak, Über die geometrische Darstellung der indefiniten binären quadratischen Minimalformen, Jber. Deutsch Math.-Verein, **33**(1925) 228–245.

D. Rosen & G. S. Patterson, Some numerical evidence concerning the uniqueness of the Markov numbers, Math. Comput., **25**(1971) 919–921.

Gerhard Rosenberger, The uniqueness of the Markoff numbers, Math. Comput., **30**(1976) 361–365; but see MR **53** #280.

Paul Schmutz, Systoles of arithmetic surfaces and the Markoff spectrum, Math. Ann., **305**(1996) 191–203; MR **97b**:11090.

Joseph H. Silverman, The Markoff equation $X^2 + Y^2 + Z^2 = aXYZ$ over quadratic imaginary fields, *J. Number Theory*, **35**(1990) 72–104; *MR* **91i**:11028.

L. Ja. Vulakh, The diophantine equation $p^2 + 2q^2 + 3r^2 = 6pqr$ and the Markoff spectrum (Russian), *Trudy Moskov. Inst. Radiotehn. Èlektron. i Avtomat. Vyp. 67 Mat.*(1973) 105–112, 152; *MR* **58** #21957.

L. Ya. Vulakh, The Markov spectra for Fuchsian groups, *Trans. Amer. Math. Soc.*, **352**(2000) 4067–4094; *MR* **2000m**:11056.

Don B. Zagier, On the number of Markoff numbers below a given bound *Math. Comput.*, **39**(1982) 709–723; *MR* **83k**:10062.

**OEIS:** A002559.

## D13 ディオファンタス方程式 $x^x y^y = z^z$

エルデーシュは，方程式 $x^x y^y = z^z$ の自明解 $y=1, x=z$ 以外のすべての解を求める問題を提出した．チャオ・コーは無限個の解を求めた．その最初の 3 個は

| $x$ | $y$ | $z$ |
|---|---|---|
| $12^6$ | $6^8$ | $2^{11} 3^7$ |
| $224^{14}$ | $112^{16}$ | $2^{68} 7^{15}$ |
| $61440^{30}$ | $30720^{32}$ | $2^{357} 15^{31}$ |

である．
これですべてか？
内山は，$4xy > z^2$ のとき，自明解が存在しないことを示し，$4xy = z^2$ のときは，コーの解がすべてであること，各 $Q = xy/z^2 < \frac{1}{4}$ に対し，たかだか有限個の解が存在し，それらはイフェクティヴに求められることなどを証明した．また，解が存在しない場合も数多く与えている．

クロード・アンダーソンは，方程式 $w^w x^x y^y = z^z$ が $1 < w < x < y < z$ なる解をもたないと予想した．しかし，チャオ・コー-スン・チーはそれ以前に任意個数の一般化に対して反例が無限個存在することを発見していた：

$$x_1 = k^{k^n(k^{n+1}-2n-k)+2n}(k^n - 1)^{2(k^n-1)}$$
$$x_2 = k^{k^n(k^{n+1}-2n-k)}(k^n - 1)^{2(k^n-1)+2}$$
$$x_3 = \cdots = x_k = k^{k^n(k^{n+1}-2n-k)+n}(k^n - 1)^{2(k^n-1)+1}$$
$$z = k^{k^n(k^{n+1}-2n-k)+n+1}$$

ここで，$k \geq 3$ のとき $n > 0$ で，$k = 2$ のとき $n > 1$ である．たとえば，$w = 3^{12} 2^6$, $x = 3^{13} 2^5$, $y = 3^{14} 2^4$, $z = 3^{14} 2^5$ である．アジャイ・チョードリーも $k=3$ のときのパラメーター解を求めていた．

Chao Ko, Note on the diophantine equation $x^x y^y = z^z$, *J. Chinese Math. Soc.*, **2**(1940) 205–207; *MR* **2**, 346.

Chao Ko & Sun Qi, On the equation $\prod_{i=1}^{k} x_i^{x_i}$, *J. Sichuan Univ.*, **2**(1964) 5–9.

W. H. Mills, An unsolved diophantine equation, *Report Inst. Theory of Numbers*, Boulder CO, 1959, 258–268.

Saburô Uchiyama, On the diophantine equation $x^x y^y = z^z$, *Trudy Mat. Inst. Steklov*, **163**(1984) 237–243; *MR* **86i**:11014.

## D14　$a_i + b_j$ が平方数になるとき

レオ・モーザーは,$2n$ 個の $a_i + b_j$ 整数がすべて平方数になるような整数 $a_1, a_2, b_j$ ($1 \le j \le n$) を求める問題を提出した.この問題は $a_2 - a_1$ を十分な数の因子をもつ合成数にすれば解ける; たとえば,$a_1 = 0$,$a_2 = 2^{2n+1}$,$b_j = (2^{2n-j} - 2^{j-1})^2$.

ジョン・リーチは,モーザーの問題の 3 個の整数 $a_1, a_2, a_3, b_j$ ($1 \le j \le n$) への拡張版も任意の $n$ について解けることを指摘している.実際,$a_1, a_2$ を $(x \pm y)^2$ とし,$a_3$ を $x^2 + \lambda xy + y^2$ の任意の値とすると,$x = u^2 - v^2$,$y = 2uv + \lambda v^2$ とおくことによって,これらはすべて平方数になる.$u, v$ の任意の 1 組の値から,平方数の 3 つ組みが生じ,それらの差は,上述の比になっている.スケール因子が整数の平方になる $u, v$ の値を求めることは,楕円曲線上の有理点を求める問題に帰着する; 任意の $n$ に対し,任意個数の有理数値 $b_j$ のスケールを同時に変えて整数 $a_1, a_2, a_3, b_j$ ($1 \le j \le n$) を与えることができる.等面積の有理数値の辺からなる直角三角形に対応する $\lambda = 0$ の場合はかなり研究が進んでいる.また $a_1 = b_1 = 0$ という場合に特殊化することもできる.$a_2, a_3$ が平方数 $p^2, q^2$ で,$q/p$ が $(u^2 - v^2)/2uv$ の形の「異なる」比 [訳注: ピタゴラス比,**D18** 参照] 2 個の積として表されるとき,$p^2 + r_j^2$,$q^2 + r_j^2$ がともに平方数であるような有理数の平方 $b_j = r_j^2$ を求めることは再び楕円曲線の問題になる.この場合も任意の $n$ に対し,スケール変換によって,$p^2 + r_j^2$ と $q^2 + r_j^2$ が整数の平方数になるような整数 $p, q, r_j$ ($1 \le j \le n$) を見出すことができる (**D20** 参照).たとえば,13/6 は $(u_1, v_1, u_2, v_2) = (9, 4, 5, 1)$,$(8, 5, 9, 1)$ なる 2 つの表示をもち,これから

$$\begin{array}{ccccc} 0^2 & 351^2 & 650^2 & 1728^2 & 3200^2 \\ 720^2 & 801^2 & 970^2 & 1872^2 & 3280^2 \\ 1560^2 & 1599^2 & 1690^2 & 2328^2 & 3560^2 \end{array}$$

が得られる.

より一般の任意数個の整数 $a_i$ ($1 \le i \le m$),$b_j$ ($1 \le j \le n$) の場合,ジャン・ラグランジュは,2 次形式 $(a, b, c) = au^2 + buv + cv^2$ の平方を成分とする次の行列を構成した.

$$\begin{bmatrix} (54, 150, 111)^2 & (56, 150, 79)^2 & (72, 234, 177)^2 & (72, 186, 57)^2 \\ (6, 78, 96)^2 & (16, 48, 56)^2 & (48, 192, 168)^2 & (48, 120, 12)^2 \\ (54, 318, 384)^2 & (56, 312, 376)^2 & (72, 360, 408)^2 & (72, 312, 372)^2 \\ (6, -50, -96)^2 & (16, 0, -56)^2 & (48, 176, 168)^2 & (48, 104, -12)^2 \end{bmatrix}$$

これから $m = n = 4$ のときの無限個の解が得られる.たとえば,$u = 2$,$v = 1$ とすれば

$$\begin{bmatrix} 627^2 & 603^2 & 933^2 & 717^2 \\ 276^2 & 216^2 & 744^2 & 444^2 \\ 1236^2 & 1224^2 & 1416^2 & 1284^2 \\ 172^2 & 8^2 & 712^2 & 388^2 \end{bmatrix}$$

が出る．

ラグランジュは，1983 年 3 月 13 日付けの手紙で行列

$$\begin{bmatrix} 59^2 & 112^2 & 144^2 & 207^2 & 592^2 & 1351^2 & 4077^2 \\ 229^2 & 248^2 & 264^2 & 303^2 & 632^2 & 1369^2 & 4083^2 \\ 499^2 & 508^2 & 516^2 & 537^2 & 772^2 & 1439^2 & 4107^2 \end{bmatrix}$$

と

$$\begin{bmatrix} 18^2 & 234^2 & 346^2 & 514^2 \\ 282^2 & 366^2 & 446^2 & 586^2 \\ 477^2 & 531^2 & 589^2 & 701^2 \\ 1122^2 & 1146^2 & 1174^2 & 1234^2 \end{bmatrix}$$

を知らせてきた．これらの例では，$a_i$, $b_j$ は平方数でない．$a_i$, $b_j$ 自身平方数のときは，**D20** に関連した図形を与え，この場合はラグランジュ-リーチがかなりの進展に成功した．2 人の得た 3 つ組みおよび 4 つ組み平方数 $a_i^2$ ($i = 1, 2, 3$), $b_j^2$ ($j = 1, 2, 3, 4$) で $a_i^2 + b_j^2$ がすべて平方数であるものから，本問題に対する $4 \times 5$ 行列

$$\begin{bmatrix} 0^2 & 7422030^2 & 8947575^2 & 22276800^2 & 44142336^2 \\ 9282000^2 & 11184530^2 & 12892425^2 & 24132200^2 & 45107664^2 \\ 26822600^2 & 27830530^2 & 28275625^2 & 34867000^2 & 51652664^2 \\ 60386040^2 & 60840450^2 & 61045335^2 & 64364040^2 & 74799864^2 \end{bmatrix}$$

が生ずる．

## D15 対の和が平方数になる数の集合

エルデーシュ-モーザー (それ以前の文献も参照) は次の類似問題も提出した．各 $n$ に対し，$n$ 個の異なる整数の集合でどの対の和も平方数であるようなものが存在するか？ $n = 3$ のときは，

$$a_1 = \tfrac{1}{2}(q^2 + r^2 - p^2), \quad a_2 = \tfrac{1}{2}(r^2 + p^2 - q^2), \quad a_3 = \tfrac{1}{2}(p^2 + q^2 - r^2)$$

ととることができ，$n = 4$ の場合は，

$$s = u^2 + p^2 = v^2 + q^2 = w^2 + r^2$$

のように 2 個の平方数の和として異なる 3 通りの方法で表されるパラメータ $s$ を用いて

$$a_4 = s - \tfrac{1}{2}(p^2 + q^2 - r^2)$$

とおいて，上の解を拡大して解決できる．

ジャン・ラグランジュは，$n=5$ の場合のきわめて一般的なパラメータ解を与え，さらにその単純化も与えた．それにより，大部分の解を得ることができるように思われる．ラグランジュは，J.-L. ニコラが計算した最初の 80 個の解を表にしている．最小のものは

$$-4878 \quad 4978 \quad 6903 \quad 12978 \quad 31122$$

であり，正の最小解 (負であるものはたかだか 1 個) は

$$7442 \quad 28658 \quad 148583 \quad 177458 \quad 763442$$

である．1972 年 5 月 19 日付けの手紙で $n=6$ の場合の解を知らせてきた：

$$-15863902 \quad 17798783 \quad 21126338 \quad 49064546 \quad 82221218 \quad 447422978.$$

実は問題は，T. ベイカーと C. ギルに遡り，前者は，対がすべて平方数であるような 5 個の整数を，後者は，3 つ組みがすべて平方数であるような 5 個の整数をそれぞれ発見していた．ギルの整数

$$1917678, 2052219, 4152603, -1981797, 70203$$

から $2850, 1410, 2010, 2022, 2478, 78, 2055, 2505, 375, 1497$ の 2 乗が生ずる．ギルは，三角関数を用いる自身の方法によれば，同じ性質をもつ 5 個の「正の」整数を見つけることが可能であるが，"公式があまりに煩雑なため，試みようという意欲を減退させる上，目標とする結果が努力に見合わないように思える" と述べている．文明の利器を用いてワゴンは，この過程を遂行し，最初に得た結果は，48 桁と 49 桁の数を含んだものであった．後に 5 つ組みでその 3 個の和がすべて平方数であるものを求めた：

$$26072323311568661931, 43744839742282591947, 118132654413675138222,$$
$$186378732807587076747, 519650114814905002347.$$

最小解は何か？

ディオファンタス V 巻 17 節に，与えられた整数を 4 個のパーツに分けて，どの 3 個のパーツの和も (有理) 平方数にする方法が述べてある．カウスラーは，$n$ 個のパーツに分け，任意 $n-1$ 個の和が平方数となるという形に一般化した．

ラグランジュは，$n$ 個の整数で，そのどの $n-1$ 個の和も平方数であるようなものを見出している．$n=3,5,8$ の場合の最小のものは，$(44,117,240)$, $(28,64,259,392,680)$, $(79,112,204,632,896,916,1828,2092)$ の平方である．

マーティン・ラバーは，$3 \times 3$ 魔方陣を 9 個の異なる平方数から構成できるかどうかを問うた．この問題は，9 個の数 $x^2, y^2, z^2, y^2+z^2-x^2, z^2+x^2-y^2, x^2+y^2-z^2, 2x^2-y^2, 2x^2-z^2, 3x^2-y^2-z^2$ がすべて異なる完全平方数であることと同値である；ジョン・ロバートソンは，これがさらに，'合同数' 型 (**D27** 参照) の楕円曲線上に，$x$-座標が A.P. にあるような他の点の群の演算に関して 2 倍であるような 3 点が存在する

ことと同値であることを示した．

ダンカン・ビュエルは 7 個の成分がすべて平方数からなる「魔方砂時計」

$$\begin{array}{ccc} a-b & a+b+c & a-c \\ & a & \\ a+c & a-b-c & a+b \end{array}$$

を探索したが，$a < 25 \cdot 10^{24}$ には見つからなかった．

ブレムナーは 7 個の成分がすべて平方数の魔方陣を発見した：

$$\begin{array}{ccc} 373^2 & 289^2 & 565^2 \\ 360721 & 425^2 & 23^2 \\ 205^2 & 527^2 & 222121 \end{array}$$

マイケル・シュヴァイツァーは，このような魔方陣の成分は少なくとも 9 桁の数でなければならないことを示し，次の例を与えた．1 本の対角線のみが条件をみたしていない：

$$\begin{array}{ccc} 127^2 & 46^2 & 58^2 \\ 2^2 & 113^2 & 94^2 \\ 74^2 & 82^2 & 97^2 \end{array} \quad \begin{array}{ccc} 188^2 & 194^2 & 118^2 \\ 4^2 & 148^2 & 254^2 \\ 226^2 & 164^2 & 92^2 \end{array} \quad \begin{array}{ccc} 282^2 & 291^2 & 174^2 \\ 6^2 & 222^2 & 381^2 \\ 339^2 & 246^2 & 138^2 \end{array}$$

どの例も成分すべての和は平方数である：$147^2, 294^2, 441^2$．これが起こるのは必然か？

アンドリュー・ブレムナーは次のような魔方陣のパラメータ族で 8 個の和のうち 7 個が一致するものを与えた．

$\{\{a,b,c\},\{d,e,f\},\{g,h,i\}\}$ で，3 行 $\{a,b,c\}, \{d,e,f\}, \{g,h,i\}$ からなる正方陣を表す．主対角線のみが条件から外れる．真の魔方陣であるためには，$t$ が計算可能な 34 次の多項式の解であるようにしなければならない．

$$\{\{t^2(1249-2032t^2+2824t^4-4576t^6-392t^8+2624t^{10}-992t^{12}+128t^{14}+16t^{16})^2,$$
$$4(-2+8t^2+t^4)^2(-1-8t^2+2t^4)^2(5-2t^2+2t^4)^2(-7+4t^2+2t^4)^2,$$
$$4t^2(-1-8t^2+2t^4)^2(5-2t^2+2t^4)^4(-7+4t^2+2t^4)^2\},$$
$$\{4t^2(-1-8t^2+2t^4)^4(5-2t^2+2t^4)^2(-7+4t^2+2t^4)^2,$$
$$t^2(1201-2728t^2+1168t^4+2384t^6+664t^8-2272t^{10}+832t^{12}-64t^{14}+16t^{16})^2,$$
$$4(-1-8t^2+2t^4)^2(5-2t^2+2t^4)^2(-7+4t^2+2t^4)^2(-2-4t^2+7t^4)^2\},$$
$$\{4(-1-8t^2+2t^4)^2(5-2t^2+2t^4)^2(-7+4t^2+2t^4)^2(2-2t^2+5t^4)^2,$$
$$4t^2(-1-8t^2+2t^4)^2(5-2t^2+2t^4)^2(-7+4t^2+2t^4)^4,$$
$$t^2(-1151+3488t^2+1240t^4-5632t^6+3448t^8-256t^{10}+352t^{12}-256t^{14}+16t^{16})^2\}\}$$

また $4 \times 4$ の平方数魔方陣も構成している：

$$\begin{array}{cccc} 37^2 & 23^2 & 21^2 & 22^2 \\ 1^2 & 18^2 & 47^2 & 17^2 \\ 38^2 & 11^2 & 13^2 & 33^2 \\ 3^2 & 43^2 & 2^2 & 31^2 \end{array}$$

成分が3乗数あるいは4乗数の3×3魔方陣が存在しないことは既にカーマイケルの研究に雌伏している．

魔方陣はプロアマを問わず多くの愛好家をもつ．デイヴィッド・コリソンの与えた次の例はそれ自身魔方陣であり，成分を2乗，3乗したものもやはり魔方陣になるという意味で「三重魔方陣」である．

| | | | | | | | | | | | | | | |
|---|---|---|---|---|---|---|---|---|---|---|---|---|---|---|
|1160|1189|539|496|672|695|57|10|11|58|631|654|515|558|1123|1152|
|531|560|675|632|43|66|1179|1132|1133|1180|2|25|651|694|494|523|
|1155|1089|422|379|831|767|92|45|91|44|790|808|403|360|1118|1126|
|832|766|99|56|1154|1090|415|368|414|367|1113|1131|80|37|795|803|
|1106|1135|411|454|716|739|27|74|75|28|757|780|473|430|1143|1172|
|409|438|717|760|19|42|1115|1162|1163|1116|60|83|779|736|446|475|
|999|1007|192|235|977|995|164|211|163|210|1018|954|173|216|1036|970|
|982|990|175|218|994|1012|181|228|180|227|1035|971|156|199|1019|953|
|183|191|991|1034|195|213|963|1010|962|1009|236|172|972|1015|220|154|
|200|208|974|1017|178|196|980|1027|979|1026|219|155|955|998|237|171|
|715|744|20|63|1107|1130|418|465|466|419|1148|1171|82|39|752|781|
|18|47|1108|1151|410|433|724|771|772|725|451|474|1170|1127|55|84|
|101|35|1153|1110|423|359|823|776|822|775|382|400|1134|1091|64|72|
|424|358|830|787|100|36|1146|1099|1145|1098|59|77|811|768|387|395|
|667|696|46|3|1165|1188|550|503|504|551|1124|1147|22|65|630|659|
|38|67|1168|1125|536|559|686|639|640|687|495|518|1144|1187|1|30|

$5\times5\times5$ 魔方立方体を構成するか構成不可能を示した者がいるか？ リッチ・シュレッペルは，$9^5$ 立方体の中心細胞は，細胞の平均値であることに注意した．その系として $9^6$ 立方体は存在しないことがしたがう．

T. Baker, *The Gentleman's Diary* or *Math. Repository*, London, 1839, 33–35, Question 1385.

Andrew Bremner, On arithmetic progressions on elliptic curves, *Experiment. Math.*, **8**(1999) 409–413; *MR* **2000k**:11068.

Andrew Bremner, On squares of squares, *Acta Arith.*, **88**(1999) 289–297; *MR* **2000f**:11031; II, **99**(2001) 289–308; *MR* **2002d**:11057.

A. Bremner, J. H. Silverman & N. Tzanakis, Integral points in arithmetic progression on $y^2 = x(x^2 - n^2)$, *J. Number Theory*, **80**(2000) 187–208; *MR* **2001i**:11066.

R. D. Carmichael, *Diophantine Analysis*, Dover, 1915, pp. 22 & 70–72.

Watne Chan & Peter Loly, Iterative compounding of square matrices to generare large order magic squares, *Math. Today*, **4**(2002) 113–118.

C. Gill, *Application of the Angular Analysis to Indeterminate Problems of Degree 2*, New York, 1848, p. 60.

John R. Hendricks, David M. Collison's trimagic square, *Math Teacher*, **95** (2002) 406.

Katalin Gyarmati, On a problem of Diophantus, *Acta Arith.*, **97**(2001) 53–65; *MR* **2002d**:11031.

C. F. Kausler, *Mém. Acad. Sci. St. Pétersbourg*, **1**(1809) 271–282.

Martin LaBar, Problem 270, *Coll. Math. J.*, **15**(1984) 69.

Jean Lagrange, Cinq nombres dont les sommes deux à deux sont des carrés, *Séminaire Delange-Pisot-Poitou (Théorie des nombres)* $12^e$ année, **20**(1970-71) 10pp.

Jean Lagrange, Six entiers dont les sommes deux à deux sont des carrés, *Acta Arith.*, **40**(1981) 91–96.

Jean Lagrange, Sets of $n$ squares of which any $n-1$ have their sum square, *Math. Comput.*, **41**(1983) 675–681.

Jean-Louis Nicolas, 6 nombres dont les sommes deux à deux sont des carrés, *Bull. Soc. Math. France*, Mém. No 49–50 (1977) 141–143; *MR* **58** #482.

John P. Robertson, Magic squares of squares, *Math. Mag.*, **69**(1996) 289–293.

Lee Sallows, The lost theorem, *Math. Intelligencer*, **19**(1997) 51–54.

A. R. Thatcher, A prize problem, *Math. Gaz.*, **61**(1977) 64.

A. R. Thatcher, Five integers which sum in pairs to squares, *Math. Gaz.*, **62**(1978) 25.

Stan Wagon, Quintuples with square triplets, *Math. Comput.*, **64**(1995) 1755–1756; *MR* **95m**:11040.

## D16 和・積ともに等しい数の3つ組み

和・積ともに等しい数の3つ組みをできるだけ多く見つけよという問題は，シンツェルによって解かれた：いくらでも多く見つかるというのが解である．ステファン・ファンデメルゲルは，過渡的に和が17116で積が $2^{10}3^35^27^211\cdot 13\cdot 19$ の3つ組みを13個見出していた．3に限らずすべての員数の，等しい和あるいは等しい積が最小である数の組を見出すのも興味深いと思われる．たとえば，4個の3つ組でこの条件をみたすもの．J. G. モールドンは，最小の等しい和が118の4個の3つ組み: (14,50,54), (15,40,63), (18,30,70), (21,25,72) および最小の等しい積が25200の4個の3つ組み: (6,56,75), (7,40,90), (9,28,100), (12,20,105) を見出している．

シンツェルの解は，楕円曲線 $y^2 = x^3 - 9x + 9$ (クレモナ書 324C1，階数 1，生成元 $(1,1)$，湾曲点 $(3, \pm 3)$) 上の点から導出されたものである．

Lorraine L. Foster & Gabriel Robins, Solution to Problem E2872, *Amer. Math. Monthly* **89**(1982) 499–500.

J. G. Mauldon, Problem E2872, *Amer. Math. Monthly*, **88**(1981) 148.

Andrzej Schinzel, Triples of positive integers with the same sum and the same product, *Serdica Math. J.*, **22**(1996) 587–588; *MR* **98g**:11033.

## D17 連続する整数のいくつかの積はベキでない

エルデーシュ-セルフリッジは，連続する整数の積はベキにならないこと，および $n \geq 2k \geq 8$ のとき，2項係数 $\binom{n}{k}$ (**B31** 参照) はベキにならないことを証明した．$k=2$ のとき，$\binom{n}{k}$ が平方数になることは無限に多く起こるが，タイデマンの方法 (**D9** 参照) によれば，この形の数は，自明な場合を除き，より高次のベキ数にはならないこと (3乗数および4乗数の場合は，モーデルの書を参照)，および $n=50$ の除き，$k=3$ からは，

ベキ数が出てこないことがおそらく示されるであろう (**D3** 参照).

エルデーシュ-グラハムは，連続する整数の 2 個あるいはそれ以上の共通項を含まないブロックの積がベキになることがあるかどうかを問うた．これに関し，ポメランスは，
$$\prod_{i=1}^{4}(a_i-1)a_i(a_i+1)$$
が $a_1 = 2^{n-1}$, $a_2 = 2^n$, $a_3 = 2^{2n-1} - 1$, $a_4 = 2^{2n} - 1$ のとき平方数であることに注意したが，エルデーシュ-グラハムは，$l \geq 4$ のとき，$\prod_{i=1}^{k}\prod_{j=1}^{l}(a_i+j)$ は有限個の場合にのみ平方数であろうと述べている．

K. R. S. シャーストリーは，2 つのブロック $(n-1)n(n+1)$, $(2n-2)(2n-1)2n$ の積が平方数になるのは $(n+1)(2n-1) = m^2$ のときのみであることに注意した．この主張は，無限個の解をもつブハースカラ方程式 (ペル方程式ともよばれる) と同値である．たとえば，$n = 74$ のとき
$$(73 \cdot 74 \cdot 75)(146 \cdot 147 \cdot 148) = 73^2 \cdot 74^2 \cdot 210^2$$
となる．

エルデーシュはまた (2 個以上の) 連続する奇数の積は (2 乗以上の) ベキになることはないかと問うている．等差数列の 4 個の連続する項の積はベキになることはないか？オイラーは，それらが平方数になることはないことを証明した．それに先立ち，フェルマーは，個々の項が平方数になることはないが，平方数でない約数は，2 個の項を割らねばならないこと，(a) 2 が，第 1 項，第 3 項を割るか，第 2 項，第 4 項を割る，または，(b) 3 が第 1 項，第 4 項を割るか，の片方あるいは両方がなりたつことを示していた．(a) 単独では，mod 8 で不可能であり，(b) 単独では，mod 3 で不可能であるが，$6t^2, u^2, 2v^2, 3w^2$ という場合がありうる．しかし，この場合は，$w^2 + t^2 = v^2$ および $w^2 + 4t^2 = u^2$ に至るから降下法によって否定される—ピタゴラス比の一方が他方の 2 倍になることはない．さらに高次ベキについては，リーチが，等差数列中に 3 個の立方数があることはないことを注意している．

シャーストリーは，どのような $k$ に対し，等差数列中の 4 個の連続する項の積が $k$-角数になるかを問うた．ここで，$r$-番目の $k$-**角数**とは
$$\tfrac{1}{2}r((k-2)r - (k-4))$$
のことである．オイラーが示したように，$k = 4$ の場合にはなりたたないが，シャーストリーは，7, 14, 37 を除くすべての $k$ に対して解を求めている．除外された 3 つの場合はなりたたないか？

サラダー-ショーレイ-タイデマンは，
$$(k+1)(k+2)\cdots(2k) = 2 \cdot 6 \cdots (4k-2), \quad k = 2, 3, 4, \ldots$$
を除き，同じ長さ $\geq 2$ の与えられた公差をもつ等差数列で，積が等しい項を含むものはたかだか有限個しか存在しないことを証明した．

ベネット-ゲーリー-ハイドゥーは，$4 \leq k \leq 11$ に対し，$k$-項の等差数列の連続する項の積は，$9 \cdot 18 \cdot 27 \cdot 36 = 54^3$ のような共通因子がある場合を除けば，ベキになることは

ないことを示した.

1993年5月7日付けのロン・グラハム宛の手紙で安部展久は,$x(x+1)\cdots(x+k) = y^2-1$が,$k=5$のときただ1つの解$(x,y)=(2,71)$をもち,$k=7$, 11のとき解をもたないと述べた. アーコシュ・ピンターは,$k$が奇数のとき, この方程式を扱う方法を開発した.

Yismaw Alemu, On the diophantine equation $x(x+1)\cdots(x+n) = y^2-1$, SINET **18**(1995) 1–22; MR **96k**:11034.

Michael A. Bennett, Kálmán Györy & Lajos Hajdu, Powers from products of consectutive terms in arithmetic progression, J. reine andew. Math., submitted June 2003.

B. Brindza, Publ. Math. Debrecen **39**(1991) 159–162; MR **92j**:11029.

Ajai Choudhry, On arithmetic progressions of equal lengths and equal products of terms, Acta Arith., **82**(1997) 95–97; MR **98j**:11004.

M. J. Cohen, The difference between the product of $n$ consecutive integers and the $n$th power of an integer, Comput. Math. Appl., **39**(2000) 139–157; MR **2002b**:11043.

Javier Barja Pérez, J. M. Molinelli & A. Blanco Ferro, Finiteness of the number of solutions of the Diophantine equation $\binom{x}{n} = \binom{y}{2}$, Bull. Soc. Math. Belg. Sér. A **45**(1993) 39–43; MR **96a**:11027.

H. Darmon & L. Merel, Winding quotients and some variants of Fermat's last theorem, J. reine angew. Math., **490**(1997) 81–100; MR **98h**:11076 .

P. Erdős, On consecutive integers, Nieuw Arch. Wisk., **3**(1955) 124–128.

P. Erdős & J. L. Selfridge, The product of consecutive integers is never a power, Illinois J. Math., **19**(1975) 292–301.

P. Filakovszki & L. Hajdu, The resolution of the Diophantine equation $x(x+d)\cdots(x+(k-1)d) = by^2$ for fixed $d$, Acta Arith., **98**(2001) 151–154; MR **2002c**:11028.

Ja. Gabovič, On arithmetic progressions with equal products of terms, (Russian) Colloq. Math. **15**(1966) 45–48; MR **33** # 2594.

K. Györy, On the diophantine equation $n(n+1)\cdots(n+k-1) = bx^l$, Acta Arith., **83**(1998) 87–92; MR **99a**:11036.

K. Györy, Power values of products of consecutive integers and binomial coefficients. Number Theory and its Applications, (Kyoto 1997) 145–156, Dev. Math., **2**, Kluwer Acad. Publ., Dordrecht 1999; MR **2001a**:11050.

G. Hanrot, N. Saradha & T. N. Shorey, Almost perfect powers in consecutive integers, Acta Arith., **99**(2001) 13–25;MR **2002m**:11021.

Jin Yuan, A note on the product of consecutive elements of an arithmetic progression, Ann. Univ. Sci. Budapest. Sect. Comput., **19**(2000) 133–141; MR **2003b**:11005.

Koh Young-Mee & Ree Sang-Wook, Divisors of the products of consecutive integers, Commun. Korean Math. Soc., **17**(2002) 541–550.

R. A. MacLeod & I. Barrodale, On equal products of consecutive integers, Canad. Math. Bull., **13**(1970) 255–259; MR **42** #193.

R. Marszalek, On the product of consecutive elements of an arithmetic progression, Monatsh. Math., **100**(1985) 215–222; MR **87f**:11010.

Richárd Obláth, Über das Produkt fünf aufeinander folgender Zahlen in einer arithmetischen Reihe, Publ. Math. Debrecen, **1**(1950) 222–226; MR **12** 590e.

Richárd Obláth, Eine Bemerkung über Produkte aufeinander folgender Zahlen, J. Indian Math. Soc. (N.S.), **15**(1951), 135–139 (1952); MR **13** 823a.

Csaba Rakaczki, On the Diophantine equation $x(x-1)\cdots(x-(m-1)) = \lambda y(y-1)\cdots(y-(n-1))+l$, Acta Arith., **110**(2003) 339–360.

N. Saradha, Squares in products with terms in an arithmetic progression. Acta Arith. 86 (1998)

27–43; *MR* **99f**:11044.

N. Saradha, On perfect powers in products with terms from arithmetic progressions, *Acta Arith.*, **82**(1997) 147–172; *MR* **99d**:11030.

N. Saradha, On blocks of arithmetic progressions with equal products. *J. Théor. Nombres, Bordeaux*, **9**(1997) 183–199; *MR* **98g**:11012.

N. Saradha & T. N. Shorey, On the ratio of two blocks of consecutive integers, *Proc. Indian Acad. Sci. Math. Sci.*, **100**(1990) 107–132; *MR* **91i**:11033.

N. Saradha & T. N. Shorey, The equations $(x+1)\cdots(x+k) = (y+1)\cdots(y+mk)$ with $m = 3, 4$, *Indag. Math. (N.S.)*, **2**(1991) 489–510; *MR* **93f**:11029.

N. Saradha & T. N. Shorey, On the equation $x(x+d_1)\cdots(x+(k-1)d_1) = y(y+d_2)\cdots(y+(mk-1)d_2)$, *K. G. Ramanathan memorial issue, Proc. Indian Acad. Sci. Math. Sci.*, **104**(1994) 1–12; *MR* **95e**:11039.

N. Saradha & T. N. Shorey, Almost perfect powers in arithmetic progression, *Acta Arith.*, **99**(2001) 363–388; *MR* **2003a**:11029.

N. Saradha & T. N. Shorey, Almost squares in arithmetic progression, *Compositio Math.*, **138**(2003) 73–111.

N. Saradha & T. N. Shorey, Almost squares and factorisations in consecutive integers, *Compositio Math.*, **138**(2003) 113–124.

N. Saradha, T. N. Shorey & R. Tijdeman, On values of a polynomial at arithmetic progressions with equal products, *Acta Arith.*, **72**(1995) 67–76; *MR* **96j**:11041.

N. Saradha, T. N. Shorey & R. Tijdeman, On arithmetic progressions with equal products, *Acta Arith.*, **68**(1994) 89–100; *MR* **96f**:11047.

N. Saradha, T. N. Shorey & R. Tijdeman, On the equation
$x(x+1)\cdots(x+k-1) = y(y+d)\cdots(y+(mk-1)d), m = 1, 2$, *Acta Arith.*, **71**(1995) 89–100; *MR* **96d**:11036.

N. Saradha, T. N. Shorey & R. Tijdeman, On arithmetic progressions of equal lengths with equal products, *Math. Proc. Cambridge Philos. Soc.*, **117**(1995) 193–201; *MR* **95j**:11029.

T. N. Shorey & R. Tijdeman, *Exponential Diophantine equations*, Cambridge Tracts in Mathematics, **87**, Cambridge University Press, 1986; *MR* **88h**:11002.

K. Szymiczek, *Elem. Math.*, **27**(1972) 11–12; *MR* **46** #130.

Hideo Wada, On the Diophantine equation $x(x+1)\cdots(x+n) + 1 = y^2$ ($17 \leq n = \text{odd} \leq 27$), *Proc. Japan Acad. Ser. A Math. Sci.*, **79**(2003) 99–100.

Yuan Ping-Zhi, On a special Diophantine equation $a\binom{x}{n} = by^r + c$, *Publ. Math. Debrecen* **44**(1994) 137–143; *MR* **95j**:11032.

## D18 完全立方体は存在するか？ 対ごとの和・差が平方数である4個の平方数

有理直方体は存在するか？ これはすこぶる悪評つきの未解決問題であって，その攻略法はほとんどすべてジョン・リーチによる．辺 $x_i$，表面対角線 $y_i$，内部対角線 $z$ がすべて整数であるような完全立方体は存在するか？ 換言すれば，同時ディオファンタス方程式

(A) $$x_{i+1}^2 + x_{i+2}^2 = y_i^2,$$
(B) $$\sum x_i^2 = z^2 \quad ?$$

の解は存在するか？(ただし，$i = 1, 2, 3$ で，必要があれば添字は3を法とする剰余類と考える)．マーティン・ガードナーは，$x_i, y_i, z$ のうち6個が整数であることがありう

るかどうかを問うた．この問題には3種類の場合がある：内部対角線 $z$ のみ無理数；辺 $x_i$ の1つのみ無理数；面対角線 $y_i$ の1つのみ無理数．

**問題1**　連立方程式 (A) の解を求める．解が
$$x_{i+1} : x_{i+2} : y_i = 2a_ib_i : a_i^2 - b_i^2 : a_i^2 + b_i^2$$
をみたす生成元 $a_i, b_i$ をもつとする．[訳注：右辺の3個の数 $2uv, u^2-v^2, u^2+v^2$ は，条件 $2 \mid uv, u > v$ の下で，今後しばしば (とくに **D21**) 登場するピタゴラス三角形—3辺とも整数の直角三角形—の解のパラメータ表示である3辺をピタゴラストリプルという．] このとき，

(C) $$\prod \frac{a_i^2 - b_i^2}{2a_ib_i} = 1$$

の整数解を求めたい．生成元の対が異なる偶奇性をもつと仮定できて，(C) を

(D) $$\frac{a_1^2 - b_1^2}{2a_1b_1} \cdot \frac{a_2^2 - b_2^2}{2a_2b_2} = \frac{\alpha^2 - \beta^2}{2\alpha\beta}$$

でおきかえてよい．たとえば

(E) $$\frac{6^2 - 5^2}{2 \cdot 6 \cdot 5} \cdot \frac{11^2 - 2^2}{2 \cdot 11 \cdot 2} = \frac{8^2 - 5^2}{2 \cdot 8 \cdot 5}$$

である．クライチクは，辺が100万より小の奇数である立方体を $241 + 18 - 2$ 個与えた．ラル-ブランドンは，(D) で $a_1, b_1; \alpha, \beta \leq 70$ として得られるすべての立方体をリストアップした．その中には $(1008, 1100, 1155), (1008, 1100, 12075)$ という珍奇な対も含まれている．リーチは，(D) で2組の対が $a_1, b_1; a_2, b_2; \alpha, \beta \leq 376$ をみたすようなすべての解のリストを作成した．

(C) において添数の順列の順序を覆せば，派生立方体が生ずる：例 (E) はオイラーに既知であった最小解 $(240, 44, 117)$ および派生立方体 $(429, 2340, 880)$ を与える．$240 \cdot 429 = 44 \cdot 2340 = 117 \cdot 880$ に注意．

(D) のパラメータ解はいくつか知られている．その最も簡単なものは，やはりオイラーによるもので，

(F) $$\alpha = 2(p^2 - q^2), \quad a_1 = 4pq, \quad b_1 = \beta = p^2 + q^2$$

である．また，$a_1, b_1$ を固定すると，(D) は平面3次曲線

$$\frac{a_1^2 - b_1^2}{2a_1b_1} = \frac{u^2 - 1}{2u} \cdot \frac{2v}{v^2 - 1}$$

に同値であり，その有理点は有限生成である．したがって，モーデルにより，1個の解から無限個の解が生ずる．しかし，すべての有理数 $a_1/b_1$ が解の中に現れるわけではなく，たとえば，$a_1/b_1 = 2$ は不可能である．ゆえに，辺の比が $3 : 4$ であるような有理直方体は存在しない．

**問題 2** 1辺のみが無理数の場合. $t+x_1^2, t+x_2^2, t+y_3^2$ がすべて平方数であるような $x_1^2+x_2^2=y_3^2$ の解を求めたい. これは,「マハトマ」誌上で問われたもので, 読者から, $x_1=124, x_2=957, t=13852800$ という解が寄せられた. ブロムヘッドは, この特殊解をパラメータ解に一般化した. 無限個の解が

(G) $\qquad (x_1,x_2,y_3)=2\xi\eta\zeta(\xi,\eta,\zeta), \qquad t=\zeta^8-6\xi^2\eta^2\zeta^4+\xi^4\eta^4$

によって与えられる. ここで, $(\xi,\eta,\zeta)$ はピタゴラストリプルである. 最も簡単な解は $\xi=5, \eta=12$ $(\zeta=13)$ から生ずる $x_1=7800, x_2=18720; t=211773121$ である. これ以前にフラッドが特殊解を与えていた.

これで話が終わるわけではなく, 新たな方程式

(H) $\qquad x_1^2+x_2^2=y_3^2, \qquad z^2=x_1^2+y_1^2=x_2^2+y_2^2$

の $z=y_3$ $(t=0)$ 以外の解を求める問題も考えられる. リーチは, $z<10^5$ の範囲で 100 個の原始解を求めた. そのうち 46 個は, $t>0$ をみたす. 方程式 (H) の生成解は

(I) $\qquad \dfrac{\alpha_1^2+\beta_1^2}{2\alpha_1\beta_1}\cdot\dfrac{2\alpha_2\beta_2}{\alpha_2^2+\beta_2^2}=\dfrac{a^2-b^2}{2ab}$

をみたすから, $x_2/x_1$ を固定したときの解は, 3 次曲線

(J) $\qquad x_1v(u^2+1)=x_2u(v^2+1)$

上の有理点に対応する. とくに自明解 $t=0$ は, いくつかの通常点に対応し, それらは, 比 $x_2/x_1$ のそれぞれに対し無限個の解を生成する. これらの解は 4 項のサイクル

(K) $\qquad \zeta^2=\xi_1^2+\eta_1^2=\xi_2^2+\eta_2^2=\xi_3^2+\eta_3^2=\xi_4^2+\eta_4^2, \qquad \xi_1\xi_3=\xi_2\xi_4,$
$\qquad \xi_1^2+\xi_2^2, \xi_2^2+\xi_3^2, \xi_3^2+\xi_4^2, \xi_4^2+\xi_1^2, \qquad$ すべて平方数

をなし, 2 個の対 $x_2/x_1$ に対応する. 翻って, これら 2 対は, (J) 上の点で $t=0$ と共線であるような 2 点に対応する. 逆にこのような点の 2 対は, 4 個の解からなるサイクルに対応する.

**問題 3** 面対角線の 1 本のみ無理数の場合. 互いに関連し合った 2 つの問題が生ずる: 1 つは, 和と差が平方数であるような整数の 3 つ組みを求めよ, というもので, もう 1 つは, 差が平方数であるような平方数の 3 つ組みを求めよ, というものである. 立方体に関する形で述べれば,

(L) $\qquad x_2^2+y_2^2=z^2, \qquad x_1^2+x_3^2=y_2^2, \qquad x_1^2+x_2^2=y_3^2$

の整数解で, 生成元が

(M) $\qquad \dfrac{\alpha_1^2-\beta_1^2}{2\alpha_1\beta_1}\cdot\dfrac{\alpha_3^2-\beta_3^2}{2\alpha_3\beta_3}=\dfrac{\alpha_2^2+\beta_2^2}{2\alpha_2\beta_2}$

をみたすものを求めよということになる. $u_i=(\alpha_i^2-\beta_i^2)^2/4\alpha_i^2\beta_i^2$ と書けば, (M) 式

は，$u_1 u_3 = 1 + u_2$ というサイクルおよびフリーズ帯パターン関連でかなり研究された方程式に帰着する．解は長さ 5 のサイクル！として出てくる．リーチは，$\alpha_1, \beta_1, \alpha_2, \beta_2 \le 50$ の範囲のパラメータに対して 35 個のサイクルをリストアップし，2 個の対が $\alpha_i, \beta_i \le 376$ をみたすすべてのサイクルを UMT に収蔵している．本問は，ナピエの法則および球面三角形の構成と密接な関係がある．

$(p^2 - q^2)/2pq$ および $(r^2 - s^2)/2rs$ の分子の積および分母の積がどちらも平方数のとき，方程式 (L) の解は $x_2^2 = z^2 - y_2^2 = (p^2 - q^2)(r^2 - s^2)$, $x_3^2 = z^2 - y_3^2 = 4pqrs$ によって与えられる．オイラーは，$p, q, r, s$ を平方数として 4 乗数の差を求めた．たとえば，$3^4 - 2^4, 9^4 - 7^4, 11^4 - 2^4$ で，そのどの対の積も平方数である．最初の対から件の方程式の解でこの形で得られる 2 番目に小さい解 (117,520,756) が得られ，そのサイクルは，—やはりオイラーの見出した—最小の (104,153,672) を含む．

また，$z^2 = x_2^2 + y_2^2 = x_3^2 + y_3^2$ を 2 個の平方数の和として 2 通りの異なる方法で表すことができる：実際，$x_3/x_1 = (\alpha_2^2 - \beta_2^2)/2\alpha_2\beta_2$, $x_2/x_1 = (\alpha_3^2 - \beta_3^2)/2\alpha_3\beta_3$ から $z^2 = 4(\alpha_2^2\alpha_3^2 + \beta_2^2\beta_3^2)(\alpha_2^2\beta_3^2 + \alpha_3^2\beta_2^2)$ となる．オイラーは，各項を平方数として，等しい面積 $\frac{1}{2}\alpha_2\alpha_3\beta_2\beta_3$ をもつ 2 個の有理直角三角形を見出した．ディオファンタスは，この問題を $\beta_2/\alpha_2 = (s+t)/2r$, $\beta_3/\alpha_3 = s/t$ として解いている．ここで $r^2 = s^2 + st + t^2$, $s = l^2 - m^2$, $t = m^2 - n^2$ である．$(l, m, n) = (1, 2, -3)$ とおけば，これらの立方体のうち，3, 4, 5 番目に小さいものを含むサイクルが得られる．リーチは，$z < 10^5$ の範囲で 89 個のサイクルを見出している．

$\alpha_1/\beta_1$ を固定するとき，方程式 (M) の非自明解は，曲線

$$(\alpha_1^2 - \beta_1^2)u(v^2 - 1) = 2\alpha_1\beta_1 v(u^2 + 1)$$

上の通常点に対応し，無限個の解を生成する．この点における接線の生成するサイクルは，非常に興味深い．

(M) と (D) は同類で，(I) と異なり，すべての比 $\alpha/\beta$ に対して非自明解をもつわけではない．たとえば，$\alpha/\beta = 2$ または 3 のとき非自明解はなく，(D) 同様，辺の比が 3：4 の立方体もなく，「派生」立方体も存在しない．

比 $(p^2 - q^2)/2pq$ の積および商が平方数になるようなパラメータ表示は他に 2 つあり，

$$p = 2m^2 \pm n^2, \qquad r = m^2 \pm 2n^2, \qquad q = s = m^2 \mp n^2$$

で与えられる．

**対の和がすべて平方数になる 4 個の平方数の組**　方程式 (C) の解はこのような平方数を 3 個与える．この解は，グラフの 3 価の頂点と表象できる．すなわち，件の頂点をノードにつなぐ 3 辺が，有理三角形の生成対を表す．1 つの解にこのような対が 1 組でもあれば，無限組ある．したがって，「ノード」価は無限大である．四面体 $K_4$ に同相な部分グラフが見つかれば，その頂点が (C) の 4 個の解を，その辺が (C) の解の対に共通な生成元に対応するノードを与えるのであるが，解のリストに見る限り，そのような部分グラフは見つからない．それどころか，サーキットになっているものさえないしだい

である．サーキットになっているものが見つからない限り，$a, b$ 対と $a \pm b$ 対を区別する必要はない．

こういうわけで，上記のような 4 個の平方数の組は知られていない．4 個の平方数で，その対の和の 5 個が平方数であるようなものを構成するのは容易である．

A. R. サッチャーは，本問を方程式 $y^2 = -x^8 + 35x^4 - 25$ の解に結び付けた．方程式の唯一の整数解は $(\pm 1, \pm 3)$ のみであるが，他に有限個の有理数解がある可能性がある．解がない場合でももとの問題の解がある可能性を排除するわけではない．

**差がすべて平方数になる 4 個の平方数の組**　本問は，前問が (C) の拡張であるのに呼応して，(M) の拡張である．A「頂点」はいまの場合「5 価」であり，5 個のノード―生成元対―に隣接している．本問の場合，辺の巡回的順序―回転という意味でない―が重要である．(M) の解の 1 つ 1 つが，3 個の「隣接」辺に対応するから，この場合，$\alpha, \beta$ と $\alpha \pm \beta$ の対を区別しなければならない：対応するノードは図 11 では 2 重線で結んである．ノード価はこの場合も無限大である．求める 4 個の平方数の組は，$K_6$ に同相な部分グラフに対応することになるであろう．これは，6 個の頂点と各辺上に 1 個ずつ 15 個のノードをもつ．これまでに見つかったただ 1 つのサイクルを図 11 にあげてあるが，このサイクルは，上記の部分グラフの一部としては「使えない」．解があるようにも思えないが，解の存在を否定する合同条件もありそうにないのが現状である．

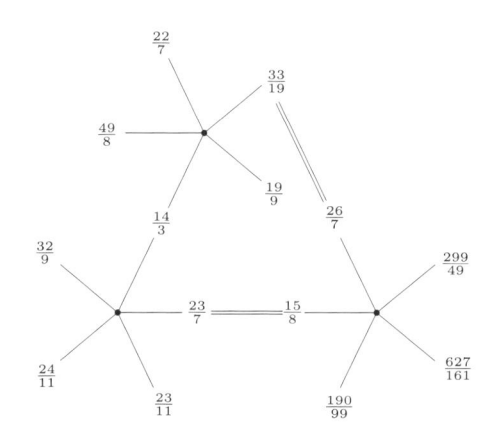

図 11　5 個の生成元対をもつ 3 個のサイクル

この場合，生成元対 $\alpha, \beta$ と $\alpha \pm \beta$ の間には必ずしも関係はないのであるが，(M) の解で両方の対を含むものは存在する．このような解から 4 個の平方数の組の列で，2 個あるいは 3 個の「連続する」項の和が平方数であるようなものが出る．どのくらい長くとれるか？　4 項より長くとるには，(M) の解の 5-サイクルの列で，それぞれが隣接する生成元対 $\alpha, \beta; \bar{\alpha}, \bar{\beta}$ を含むものが必要である．ここで $\alpha \pm \beta, \bar{\alpha} \pm \bar{\beta}$ は，それぞれ隣のサイクルに属する．リーチは，

$(56, 31)(17, 6); (23, 11)(23, 7); (15, 8)(26, 7);$

$$(33, 19)(77, 19); (48, 29)(35, 4); (39, 31)(13, 9)$$

なる列を見出した．ここで，$23, 11 = 17 \pm 6$ などであり，上記をみたす 8 項の平方数列になっている．完全立方体の辺の平方は，無限 (周期) 列をなすであろう．差がすべて平方数であるような 0 でない 4 個の平方数から，3 項ごとに定比だけ離れた数列が生じる．比が整数のときは，無限列になる．リーチはその後，

$$(14, 1)(224, 37); (261, 187)(155, 132); (287, 23)(23, 7);$$
$$(15, 8)(26, 7); (33, 19)(77, 19); (48, 29)(35, 4); (39, 31)(13, 9)$$

という，より長い「両端が極度に小さい」列を見出し，「これらは本当に端か？」と問うている．リーチは，対 $(a, b)$ は現れるが，$(a+b, a-b)$ は現れないのはなぜか証明できない．同じ長さの列を他にも得ているが，上記より長いものはない．ランドール・ラスバンは，$(14, 1)$ の前あるいは $(13, 9)$ の後に項を加えて，この列を延長するのは失敗したが，先頭の $(56, 31)$ に $(26767, 2185)(87, 25)$ あるいは $(940, 693)(87, 25)$ を先行させることで，1 つ前に述べた列を 7 項に延長した．

**完全有理立方体** 問題 1, 2, 3 の既知の数値解で完全立方体を与えるものはなく，パラメータ解の多く—たとえば (G) —から完全立方体が出てこないことが証明できる．スポーンは，ポックリントンの結果を用いて (F) から互いに派生する立方体の「1 つ」は完全立方体でないことを示した．E. Z. チェインおよびジャン・ラグランジュはそれぞれ，派生立方体が完全であることはないことを証明した．一方，既知のパラメータ解はどれも完璧ではなく，パラメータ解のみから完全立方体の存在不可能証明は出てこない．前節の問題の解は必ずしも完全立方体に直結しない．コーレックは，完全有理立方体の最小辺の長さは，$10^6$ 以上であることを証明した．ランドール・ラスバン，トブジョーン・グランランドは広範囲の探査を行い，完全有理立方体は，どの辺も長さが 333750000 より大でなければならないことを示した．探査の結果は UMT にアップロードされているが，探査中に上記 3 問の $6800 + 6380 + 6749$ 個の解が見出された．最近コーレックは，最大辺が $10^9$ より長くなければならないことを示した．リーチは，ホルスト・バーグマンの結果を拡充して，辺，面対角線，内部対角線の積が

$$2^8 \times 3^4 \times 5^3 \times 7 \times 11 \times 13 \times 17 \times 19 \times 29 \times 37$$

で割り切れなければならないことを示した．デイル・ショウルツは，5 のベキが $5^4$ まで上がることを注意した．

**未解決問題** (M) の解のサイクル 3 個で図 12 のようなグラフをなすものが存在するか？ 図中，ジョン・リーチの流儀で，辺の比を—1 つの対が両方のサイクルに属するとき—分数たとえば $\frac{x_1}{x_1}$ のように表し (たとえば図 11 の 14, 3 の対)，生成元対が 1 つのサイクルに属し，その和差が他のサイクルに属するとき，$x_2 : x_3$ のように表している (図 11 の 15, 8 および 23, 7 [訳注：図 11 では分数で表してあるから，図 12 にならって 15 : 8, 23 : 7 とすべきである])．

積商が $(m^2 - n^2)/2mn$ の形の比 $(p^2 - q^2)/2pq$ は存在するか？

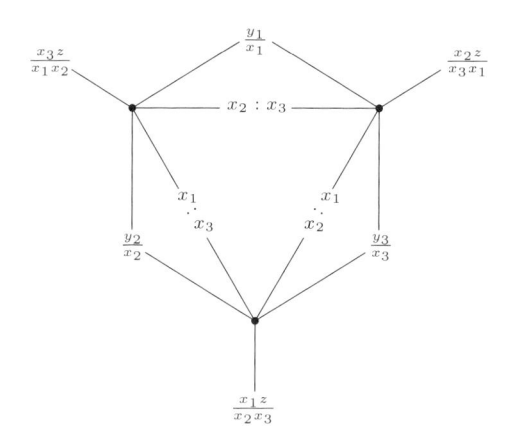

図 12 (M) の解の 3 個のサイクルでこのようなものが存在するか？

$$(a^2c^2 - b^2d^2)(a^2d^2 - b^2c^2) = (a^2b^2 - c^2d^2)^2$$

の非自明解は存在するか？ 非自明解があれば完全立方体が生ずる．(M) の解の 5-サイクルで

$$\alpha_1/\beta_1 = (p^2 - q^2)/2pq, \quad \alpha_2/\beta_2 = (r^2 + s^2)/2rs$$

のようなものが存在するか？ (C) の解のグラフには (あるとすれば) どのようなサーキットがあるか？ (M) の解のグラフにはどのようなサーキットがあるか？ (K) の形以外の (I) 解のサイクルがあるか？ 問題 1 の立方体の辺の比として可能で「ない」ものは，3/4 以外にどのようなものか？ 問題 3 ではどうか？ 辺，面対角線，内部対角線がすべて有理数であるような平行四辺形は存在するか？ ラスバンは，41 個の原始的立方体で，一方の 2 本の対角線が他方のそれと等しいようなものを見出した．それらのうち 21 個は，問題 1 の解の対で内部対角線が無理数であるものであり，13 個は問題 2 の解の対であり，3 個は問題 3 の解の対であって，面対角線が無理数であるものである．3 個は問題 1, 3 の解であり，最後のものは問題 1, 2 の解である．

ランドール・ラスバンは倦まず弛まず完全立方体なる聖杯を追い求めており，図 11 の例示したようなサイクルを 4394 個見出した．最短辺が 44 から $2^32 - 1$ までのすべての整数立方体を探査したのである．調べた 17108 個の体立方体，10022 個の辺立方体，16465 個の面立方体の (合計 43595) 中で完全立方体は見つからなかった．

**D22** の末尾参照．

Andrew Bremner, Pythagorean triangles and a quartic surface, *J. reine angew. Math.*, **318**(1980) 120–125.

Andrew Bremner, The rational cuboid and a quartic surface, *Rocky Mountain J. Math.*, **18**(1988) 105–121.

T. Bromhead, On square sums of squares, *Math. Gaz.*, **44**(1960) 219–220; *MR* **23** #A1594.

Ezra Brown, $x^4 + dx^2y^2 + y^4$: some cases with only trivial solutions — and a solution Euler missed, *Glasgow Math. J.*, **31**(1989) 297–307; *MR* **91d**:11026.

W. Burnside, Note on the symmetric group, *Messenger of Math.*, **30**(1900–01) 148–153; *J'buch* **32**, 141–142.

E. Z. Chein, On the derived cuboid of an Eulerian triple, *Canad. Math. Bull.*, **20**(1977) 509–510; *MR* **57** #12375.

W. J. A. Colman, On certain semi-perfect cuboids, *Fibonacci Quart.*, **26** (1988) 54–57 (see also 338–343).

W. J. A. Colman, A perfect cuboid in Gaussian integers, *Fibonacci Quart.*, **32**(1994) 266–268; *MR* **95e**:11038.

J. H. Conway & H. S. M. Coxeter, Triangulated polygons and frieze patterns, *Math. Gaz.*, **57**(1973) 87–94, 175–183 and refs. on pp. 93–94.

H. S. M. Coxeter, Frieze patterns, *Acta Arith.*, **18**(1971) 297–310; *MR* **44** #3980.

L. E. Dickson, *History of the Theory of Numbers*, Vol. 2, Diophantine Analysis, Washington, 1920: ch. 15, ref. 28, p. 448 and cross-refs. to pp. 446–458; ch. 19, refs 1–30, 40–45, pp. 497–502, 505–507.

Marcus Engel, Numerische Lösung eines Quaderproblems, *Wiss. Z. Pädagog. Hochsch. Erfurt/Mühlhausen Math.-Natur. Reihe*, **22**(1986) 78–86; *MR* **87m**: 11021.

P. W. Flood, *Math. Quest. Educ. Times*, **68**(1898), 53.

Martin Gardner, Mathematical Games, *Scientific Amer.*, **223**#1(Jul.1970) 118; correction, #3(Sep.1970)218.

W. Howard Joint, Cycles, Note 1767, *Math. Gaz.*, **28**(1944) 196–197.

Ivan Korec, Nonexistence of a small perfect rational cuboid, I., II., *Acta Math. Univ. Comenian.*, **42/43**(1983) 73–86, **44/45**(1984) 39–48; *MR* **85i**:11004, **86c**:11013.

Ivan Korec, Lower bounds for perfect rational cuboids, *Math. Slovaca*, **42** (1992) 565–582; *MR* **94a**:11196.

Maurice Kraitchik, On certain rational cuboids, *Scripta Math.*, **11**(1945) 317–326; *MR* **8**, 6.

Maurice Kraitchik, *Théorie des nombres*, t.3, Analyse Diophantine et applications aux cuboides rationnels, Paris, 1947.

Maurice Kraitchik, Sur les cuboides rationnels, in *Proc. Internat. Congr. Math.* 1954, Vol. 2, Amsterdam, 33–34.

Jean Lagrange, Sur le dérivé du cuboïde eulerien, *Canad. Math. Bull.*, **22** (1979) 239–241; *MR* **80h**:10022.

Jean Lagrange, Sets of $n$ squares of which any $n - 1$ have their sum square, *Math. Comput.*, **41**(1983) 675–681; *MR* **84j**:10012.

Jean Lagrange & John Leech, Pythagorean ratios in arithmetic progression II. Four Pythagorean ratios, *Glasgow Math. J.*, **36**(1994) 45–55; *MR* **99b**:11013.

M. Lal & W. J. Blundon, Solutions of the Diophantine equations $x^2 + y^2 = l^2$, $y^2 + z^2 = m^2$, $z^2 + x^2 = n^2$, *Math. Comput.*, **20**(1966) 144–147; *MR* **32** #4082.

J. Leech, The location of four squares in an arithmetical progression with some applications, in *Computers in Number Theory*, Academic Press, London, 1971, 83–98; *MR* **47** #4913.

J. Leech, The rational cuboid revisited, *Amer. Math. Monthly* **84**(1977) 518–533; corrections (Jean Lagrange) **85**(1978) 473; *MR* **58** #16492.

J. Leech, Five tables related to rational cuboids, *Math. Comput.*, **32**(1978) 657–659.

John Leech, A remark on rational cuboids, *Canad. Math. Bull.*, **24**(1981) 377–378; *MR* **83a**:10022.

John Leech, Four integers whose twelve quotients sum to zero, *Canad. J. Math.*, **38**(1986) 1261–1280; *MR* **88a**:11031; addendum 90-08-18.

J. Leech, Pythagorean ratios in arithmetic progression I. Three Pythagorean ratios, *Glasgow Math. J.*, **35**(1993) 395–407; *MR* **94h**:11002.

R. C. Lyness, Cycles, Note 1581, *Math. Gaz.*, **26**(1942) 62; Note 1847, **29** (1945) 231–233; Note

2952, **45**(1961) 207–209.

"Mahatma", Problem 78, *The A.M.A.* [J. Assist. Masters Assoc. London] **44**(1949) 188; Solutions: J. Hancock, J. Peacock, N. A. Phillips, 225.

Eliakim Hastings Moore, The cross-ratio of $n!$ Cremona-transformations of order $n-3$ in flat space of $n-3$ dimensions, *Amer. J. Math.*, **30**(1900) 279–291; *J'buch* **31**, 655.

L. J. Mordell, On the rational solutions of the indeterminate equations of the third and fourth degrees, *Proc. Cambridge Philos. Soc.*, **21**(1922) 179–192.

H. C. Pocklington, Some diophantine impossibilities, *Proc. Cambridge Philos. Soc.*, **17** (1914) 110–121, esp. p. 116.

W. W. Sawyer, Lyness's periodic sequence, Note 2951, *Math. Gaz.*, **45**(1961) 207.

Waclaw Sierpiński, Pythagorean Triangles, *Scripta Math. Studies*, **9**(1962), Yeshiva University, New York, Chap. 15, pp. 97–107.

W. Sierpiński, *A Selection of Problems in the Theory of Numbers*, Pergamon, Oxford, 1964, p. 112.

W. G. Spohn, On the integral cuboid, *Amer. Math. Monthly*, **79**(1972) 57–59; *MR* **46** #7158.

W. G. Spohn, On the derived cuboid, *Canad. Math. Bull.*, **17**(1974) 575–577; *MR* **51** #12693.

## D19 正方形の頂点から有理距離にある点

単位正方形の頂点からの距離がすべて有理数であるような点は存在するか？「3」頂点からの距離が有理数であるような自明でない (すなわち，正方形の辺上にない) 点は存在しないであろうと考えられていたが，ジョン・コンウェイとマイク・ガイは方程式

$$(s^2 + b^2 - a^2)^2 + (s^2 + b^2 - c^2)^2 = (2bs)^2$$

の無限個の整数解を発見した．ここで，$a, b, c$ は，辺の長さ $s$ の正方形の 3 頂点からの距離を表す．図 13 に示すように，その解の間には関係式が存在する．

4 番目の距離 $d$ が整数であるためには，さらに $a^2 + c^2 = b^2 + d^2$ であることが必要である．3 距離問題では，$s, a, b, c$ のうち 1 つは 3 で，1 つは 4 で，さらにもう 1 つは 5 で割り切れなければならない．4 距離問題では $s$ は 4 の倍数であり，(公約数が 1 と仮定して) $a, b, c, d$ は奇数でなければならない．$s$ が 3 の倍数 (または 4 の倍数) でないとき，$a, b, c, d$ は 3 (または 5) で割り切れなければならない．

問題を有理長方形に拡張しても $a^2 + c^2 = b^2 + d^2$ は必要である．この一般型の問題は，マーティン・ガードナーの数学パズル [Mathematical Games, *Sci. Amer.* **210** #6 (June 1964), Problem 2, p.116] のもとである；以下のドッジ論文も参照．無理数の辺をもつ正方形で 1 つの距離が無理数の類似問題がダッドニーの Canterbury Puzzles, No. 66, pp. 107–109, 212–213 に現れている．ガードナーは，レスリー J. アップトン，J. A. H. ハンターとの文通の写しを送ってきた．ハンターは，1967 年 3 月 21 日付けの手紙で，3 距離が等差数列中にある場合の無限個の解を与えた: $a = m^2 - 2mn + 2n^2$, $b = m^2 + 2n^2$, $c = m^2 + 2mn + 2n^2$, $s^2 = 2m^2(m^2 + 4n^2)$. ここで，$m = 2(u^2 + 2uv - v^2)$, $n = u^2 - 2uv - v^2$ のとき $s$ は整数である．たとえば，辺の長さ 140 の正方形の連続する頂点からの距離が 85, 99, 113 である点が存在する．この型の解では，4 番目の解は

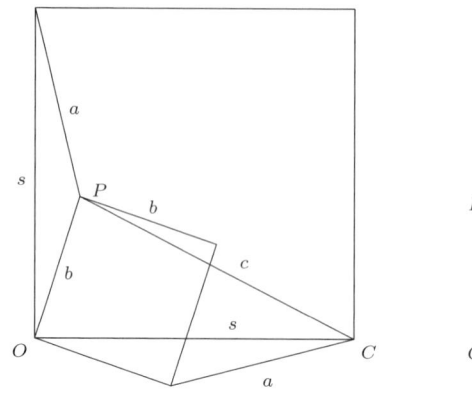

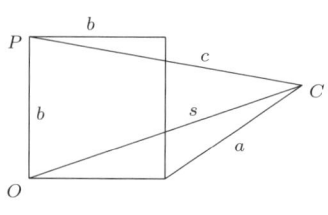

図 13　3 距離問題およびその逆問題の解

有理数になれないことが証明できる．
　ジョン・リーチは，3 距離問題の解で平面上稠密なものを見出した．これらの解はコンウェイ-ガイ解および (図 13 の意味での) ハンター解の「逆」を含んでいる．この他にも解は存在するが，ある意味で「すべての」解が判明したといってよい．それは，少しく一般の問題として，有理正方形を有理三角形に分割する問題を考えることにある．少なくとも 4 個の三角形が必要であり，頂点の並び方の候補は $\delta$-図形，$\kappa$-図形，$\nu$-図形，$\chi$-図形のちょうど 4 個である．最初の 2 つは「双対」であることが判明し，解は楕円曲線の無限族の有理点によって与えられる．ブレムナーとガイは最初の数百の解を調べ，さらに $\nu$-図形も同様に扱っている．$\chi$-図形—すなわち「4 距離問題」—は想像を絶する堅いナッツとして残ったままである．
　等辺の長さ $t$ の二等辺三角形の頂点からの距離が整数 $a, b, c$ であるような「3 距離問題」の解は無数に存在する．解のどれにおいても $a, b, c, t$ のうち 1 つが 3 で，1 つが 5 で，1 つが 7 で，1 つが 8 で割れなければならない．ジョン・リーチは，有理数の辺をもつ「任意の」三角形の頂点からの距離が有理数であるような点は三角形の存する平面で稠密であることを優雅かつ初等的に証明し，証明を知らせてきた．この結果はアルメリングによって以前に得られていた．**D21** の文献参照．アーンフリード・ケムニッツは $m = 2(u^2 - v^2), n = u^2 + 4uv + v^2$ のとき，$a = m^2 + n^2; b, c = m^2 \pm mn + n^2$ なることを証明し，点が辺にも外接円上にもないような無限個の解を与えた．コンピュータによる走査の結果，$(57, 65, 73, 112)$ がこの型の最小解であることがわかった．
　ケヴィン・バザードは，そのフェルマー-トリチェリー点が各頂点から整数距離にあるような整数辺をもつ三角形を見出す問題でパラメータ解をいくつか与えた—6 乗数の等しい和問題に対するブレムナーの方法 (**D1** の参考文献参照) に鑑みて，「すべての」パラメータ解を見出すことができるはずである．しかし，同問題で三角形をさらにヘロン三角形にするとおそらくより難しくなるであろう．ベリーは，冒頭に既述の方程式の別

表示
$$2(s^4+b^4)+a^4+c^4=2(s^2+b^2)(a^2+c^2)$$
も，二等辺三角形に対する類似問題の方程式
$$t^4+a^4+b^4+c^4=t^2a^2+t^2b^2+t^2c^2+b^2c^2+c^2a^2+a^2b^2$$
もともにクンマー面であることに注意した．ここでクンマー面とは，4次曲面でちょうど16個の特異点をもつものである．これら2つは同型ではないが，どちらも亜四面体という特殊な型の曲面である．

次の帰結がしたがう：

- クンマー面は有理的でない：すべての整数 (また有理) 解を与えるような多項式 (また有理関数) が存在しないという意味で，どちらの問題にも一般パラメータ解は存在しない．

- 1-パラメータ解の族は，曲面上のパラメータ表示可能な曲線に対応する．たとえば，(クンマー曲面上に常に存在する)16個の円錐曲線は，二等辺三角形問題における辺および外接円上の点を与え，アーンフリード・ケムニッツの解は，平面 $b+c=2a$ による切り口に対応する．

- $\delta$-$\kappa$-図形を見出すためにベレムナー-ガイの用いた楕円曲線は，クンマー曲面上のペンシルをなす．どちらの曲面も亜四面体であるから，「二等辺三角形」図形上に楕円ペンシルがあるやもしれず，そうなると類似の攻略法が可能になるかもしれない．

ベリーは，アルメリングの結果を一般化して，三角形の辺上の正方形が有理的で，少なくとも1辺が有理的ならば，正方形のすべての頂点からの距離が有理数であるような点の集合は三角形の損する平面上稠密であることを証明した．

ジェラルド・バーガムは，$x \perp y$ かつ $x$ が偶数で，$x^2+y^2=b^2$ および $x^2+(y-nx)^2=c^2$ がどちらも完全平方数であるような正の整数 $x, y$ が存在するのは $n$ がどのような整数のときかを問うた．$n=2m(2m^2+1)$ のとき，$x=4m(4m^2+1), y=mx+1$ が解である．$n=\pm 1, \pm 2, \pm 4, \pm 11, \pm p$ のときには解は存在しない．ここで，$p \equiv 3 \bmod 4$ および $p^2+4$ は素数であり，たとえば，$\pm 3, \pm 7$．バーガムは，解が存在するような $n$ の無限族をいくつか—たとえば，$t>0$ として $n=8t^2 \pm 4t+2$—見出している．$n=\pm 5, \pm 6, \pm 8, \pm 9, \pm 14, \pm 19$ に対しては解が存在する．$n=8$ のとき，$y$ が存在するような最小の $x$ の値は $x=2996760=2^3 \cdot 3 \cdot 5 \cdot 13 \cdot 17 \cdot 113$ であり，$n=19$ のときの最小の $x$ の値は 2410442371920 である．図 15(b) から見て取れるように1つの解は $n=5, x=120, y=391$ である．本問題と原問題の関係は，$(x,y)$ が，点 $P$ が原点 $O$ から距離 $b$ にあり，また $n$ を整数とするとき，1辺 $s=nx$ の正方形の原点に隣接する頂点から距離 $c$ にあるとき，その点 $P$ の座標であることである．

ロン・ヴェンスは，次のような問題が考えられることに注意した．整数辺の三角形において底辺/高さなる比になりうる整数 $n$ を見出せ．$n$ の符号は，三角形が鋭角三角形

か鈍角三角形であるかにより，± になる (たとえば $n = -29$, $x = 120$, $y = 119$ は解である)．双対問題として，底辺が高さを割るような整数辺三角形をすべて見出せる．この問題では，底辺/高さが1，2は起こりえないが，3はありうる．(たとえば，底辺 4; 辺 13, 15; 高さ 12)．高さ/底辺比 = 整数なるものが存在するとき，それを与える原始三角形が無限個存在するか？　K. R. S. シャーストリは，高さ/底辺比が 42 の (3389, 21029, 24360)，(26921, 42041, 68880) および高さ/底辺比が 1/8 および 8 の (25,26,3)，(17,113,120)(どの場合も 3 つ組みの 3 番目が底辺) なる三角形を与えている．

J. H. J. Almering, Rational quadrilaterals, *Nederl. Akad. Wetensch. Proc. Ser. A*, **66** = *Indagationes Math.*, **25**(1963) 192–199; II **68** = **27**(1965) 290–304; *MR* **26** #4963, **31** #3375.

T. G. Berry, Points at rational distance from the corners of a unit square, *Ann. Scuola Norm. Sup. Pisa Cl. Sci.*(4), **17**(1990) 505–529; *MR* **92e**:11021.

T. G. Berry, Points at rational distances from the vertices of a triangle, *Acta Arith.*, **62**(1992) 391–398.

T. G. Berry, Triangle distance problems and Kummer surfaces,

Andrew Bremner & Richard K. Guy, The delta-lambda configurations in tiling the square, *J. Number Theory*, **32**(1989) 263–280; *MR* **90g**:11031.

Andrew Bremner & Richard K. Guy, Nu-configurations in tiling the square, *Math. Comput.*, **59**(1992) 195–202, S1–S20; *MR* **93a**:11019.

Charles K. Cook & Gerald E. Bergum, Integer sided triangles whose ratio of altitude to base is an integer, *Applications of Fibonacci numbers*, Vol. 5 (*St. Andrews*, 1992), 137–142, Kluwer Acad. Publ., Dordrecht, 1993; *MR* **95c**:11015.

Clayton W. Dodge, Problem 966, *Math. Mag.*, **49**(1976) 43; partial solution **50**(1977) 166–167; comment **59**(1986) 52.

R. B. Eggleton, Tiling the plane with triangles, *Discrete Math.*, **7**(1974) 53–65.

R. B. Eggleton, Where do all the triangles go? *Amer. Math. Monthly*, **82** (1975) 499–501.

Ronald Evans, Problem E2685, *Amer. Math. Monthly*, **84**(1977) 820.

N. J. Fine, On rational triangles, *Amer. Math. Monthly*, **83**(1976) 517–521.

Richard K. Guy, Tiling the square with rational triangles, in R. A. Mollin (ed.) Number Theory & Applications, *Proc. N.A.T.O. Adv. Study Inst., Banff 1988*, Kluwer, Dordrecht, 1989, 45-101.

W. H. Hudson, Kummer's Quartic Surface, reprinted with a foreword by W. Barth, Cambridge Univ. Press, 1990.

Arnfried Kemnitz, Rational quadrangles, Proc. 21st SE Conf. Combin. Graph Theory Comput., Boca Raton 1990, *Congr. Numer.*, **76**(1990) 193–199; *MR* **92k**:11034.

J. G. Mauldon, An impossible triangle, *Amer. Math. Monthly*, **86**(1979) 785–786.

C. Pomerance, On a tiling problem of R. B. Eggleton, *Discrete Math.*, **18** (1977) 63–70.

## D20　相互距離が有理数の一般的な 6 点

本書初版で「3点が共線でなく，4点が共円でなく，相互距離がすべて有理数であるような平面上の6点は存在するか？」という問題が出された．リーチは，辺も中線もすべて有理数の三角形 (**D21** 参照) を 6 枚継ぎ合わせるとそういう形状が得られることを指摘した．そのような三角形を初めて考察したのはオイラーで，最も簡単なものは，辺

が 68, 85, 87, 中線が 158, 131, 127 の半分のものである [図 14(a)]．ハーボース-ケムニッツは，この三角形から，3 点が共線でなく，4 点が共円でなく，相互距離がすべて整数であるような平面上の 6 点図形の最小のものが出てくることを示した．同心円内で三角形を反転すると関連した図形が出てくる——こうすると 6 個の三角形は相似ではあるが合同ではなくなる．このような図形を拡張できるか？　あるいは，7 点以上の図形ができるか？　ケムニッツは，整数距離にあり——そのうち 13 の距離は異なり，最大距離は 319——非対称の 6 点を示した [図 14(b)]．

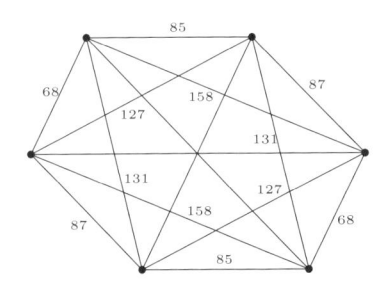

図 14(a)　有理中線をもつ三角形で
中心に関して折り返し

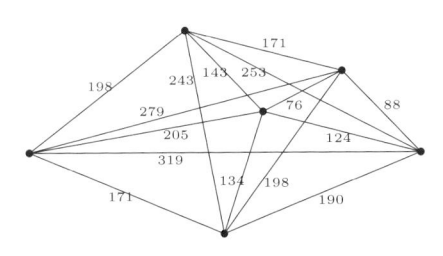

図 14(b)　整数距離にある 6 点で
13 個の距離が異なるもの

まったく正反対の極限的予想が 2 つあり，1 つは，(a) 定数 $c$ が存在して，相互間距離が有理数であるような平面上の $n$ 点のうち少なくとも $n-c$ 個は共線か共円である，というものであり，いま 1 つは，(b) (ベシコヴィッチによるとされていたが，1959 年に本人が否定している) 任意の多角形は，辺も対角線も有理数であるような多角形によって任意の精度で近似できる，というものである．(a) が正しいとして，$c$ の最大値は？

相互間距離がすべて異なる点の無限列 $\{x_i\}$ があるとき，極限点の集合を特徴づけられるか？　それらが円周上で稠密であることは既にオイラーの知るところであった．ウーラムは，点列が平面上稠密のとき，すべての距離が有理数であることはないであろうと予想した．相互間距離がすべて無理数であるような稠密な部分列を含むか？

直線とそれに垂直な直線上の 2 点で直線からの距離が 1 であるものを選ぶ．そのとき，交点から $(u^2-v^2)/2uv$ の形の数だけ離れた最初の直線上の点は，相互距離が有理数であるような点の無限集合をなす．直線外の点を中心とする円に関する反転により，円周上の稠密点集合を得る．中心も込めて，これらの点の相互距離は有理数であり，これから予想 (b) が「巡回」多角形の場合にしたがう．ピープルズ (ハッフを引用して) はこの結果を，直線とそれに垂直な直線から $\pm p, \pm q$ の距離にある 4 点の場合に拡張した．$q/p$ が $(u^2-v^2)/2uv$ の形の「異なる」2 個の比の積としての表示を 1 つもてば無限個の表示をもち，相互距離および直線外の 4 点からの距離がすべて有理数であるような無限個の点が最初の直線上にあることになる．したがって，予想 (a) の $c$ は少なくとも 4 である．直線外の 4 点の 1 つを中心とする円に関する反転によって，円周上の点の稠密集合で，中心，円に関する反転点も込めて相互距離がすべて有理数であるものを得る．し

がってこの場合，予想 (a) の $c$ は少なくとも 3 である．無限点集合の場合，これらが $c$ の最大値を与えるか？

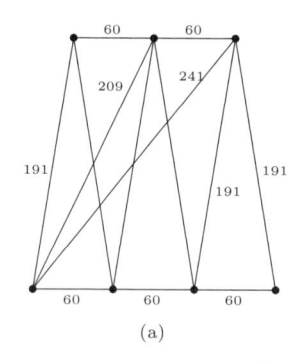

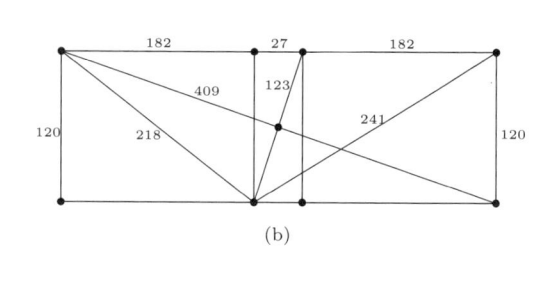

図 15 有理数距離にある点集合のリーチ図形

これらを超える $c$ の値を与える有限集合は？ リーチは，9 点集合で 4 点以上は共線でも共円でもないものを与えた．したがって，この集合の場合は $c = 5$ である．これらの点は，連立ディオファンタス方程式

$$x^2 + y^2 = \Box, \quad x^2 + z^2 = \Box, \quad x^2 + (y+z)^2 = \Box, \quad x^2 + (y-z)^2 = \Box$$

に基づいたもので，最も簡単なものは $x = 120, y = 209, z = 182$ [図 15(b)] である．

ラグランジュとリーチは，3 項の整数組の対 $a_1, a_2, a_3$ と $b_1, b_2, b_3$ の無限族で 9 個の和 $a_i^2 + b_j^2$ がすべて平方数であるものを与えた．これから，直交する 2 直線上の交点を含む 13 個の点で，$(\pm a_i, 0)$ が一方に，$(0, \pm b_j)$ が他方にあり，相互距離がすべて整数かつ，7 点以上は共線でも共円でもないものが出てくる．ゆえに，この集合の場合，$c = 6$ であり，最も簡単なものは $a_i = 952, 1800, 3536$ かつ $b_j = 960, 1785, 6630$ から出る．2 人はさらに 3 項組の一方が 4 項組に拡張された例を与えた [訳注：p.258 の最後の行列 1 行と 1 列参照]：

$$a_i = 9282000, \quad 26822600, \quad 60386040,$$
$$b_j = 7422030, \quad 8947575, \quad 22276800, \quad 44142336.$$

しかし，この例からは $c = 6$ が出るだけである．リーチはその後 3 個の別の例を見出した．16 個の和 $a_i^2 + b_j^2$ がすべて整数であるような 4 項組みの対が存在するか？ そうであれば，相互距離が整数の 17 個の整数の集合が見つかることになり，$c = 8$ となる．

ノルとベルは格子点のみを用いてどの 3 点も共線でなく，どの 4 点も共円でないような図形—**N-**クラスターとよんでいる—を探査した．2 人は，6-クラスター $(0,0)$, $(132,-720)$, $(546,-272)$, $(960,-720)$, $(1155,540)$, $(546,1120)$ を見出した．同じ 6-クラスターは独立にウィリアム・カルソー-ブライアン・ローゼンバーグも見つけている．ノルとベルは，クラスターの点の 1 つを中心とした円で，クラスター点をすべて含む最小のものを N-ク

ラスター域と名づけた．クラスター域が 20937 より小の素数 6-クラスターで非同値なものを 91 個見出しているが，7-クラスターは見つけていない．

ハーリー・フランダースは，整数辺で外接円の半径 $R \leq 51$ も整数である巡回五角形をすべて知らせてきた．最小値，最大値はそれぞれ

$R = 13$  (1,10,13,22,24)  (1,10,13,23,24)*  (10,13,22,23,24)*
$R = 51$  (6,34,48,90,94)  (6,34,48,90,98)*  (17,48,67,87,90)*

であった．ここで，*印は非凸な図形を表す．

ジョーダン-ピーターソンは，フィボナッチ数 $u_n$ を用いて，整数辺，整数対角線をもつ五角形を見出している：

$$\{u_{n-1}u_n^2, u_{n-2}u_nu_{n+1}, u_n^3, u_n^3 + (-1)^n u_{n-2};$$
$$u_{n+1}u_n^2, u_{n-1}u_nu_{n+2}, u_n^3 + (-1)^n u_{n+2}\}$$

たとえば，$n = 3$：$\{4, 6, 8, 7; 12, 10, 3\}$ ― は，辺が 4,6,4,6,4 で向かい合う対角線が 8,8,7,8,8 の整数五角形と，辺が 8,8,3,8,8 で対角線が 10,12,12,12,10 の五角形を表す．

M. Altwegg, Ein Satz über Mengen von Punkten mit ganzzahliger Entfernung, *Elem. Math.*, **7**(1952) 56–58.

D. D. Ang, D. E. Daykin & T. K. Sheng, On Schoenberg's rational polygon problem, *J. Austral. Math. Soc.*, **9**(1969) 337–344; *MR* **39** #6816.

A. S. Besicovitch, Rational polygons, *Mathematika*, **6**(1959) 98; *MR* **22** #1557.

D. E. Daykin, Rational polygons, *Mathematika*, **10**(1963) 125–131; *MR* **30** #63.

D. E. Daykin, Rational triangles and parallelograms, *Math. Mag.*, **38**(1965) 46–47.

H. Harborth, On the problem of P. Erdős concerning points with integral distances, *Annals New York Acad. Sci.*, **175**(1970) 206–207.

H. Harborth, Antwort auf eine Frage von P. Erdős nach fünf Punkten mit ganzzahligen Abständen, *Elem. Math.*, **26**(1971) 112–113.

H. Harborth & A. Kemnitz, Diameters of integral point sets, *Intuitive geometry (Siófok, 1985)*, Colloq. Math. Soc. János Bolyai, **48**(1987) 255–266, North-Holland, Amsterdam-New York; *MR* **88k**:52011.

G. B. Huff, Diophantine problems in geometry and elliptic ternary forms, *Duke Math. J.*, **15**(1948) 443–453.

James H. Jordan & Blake E. Peterson, Almost regular integer Fibonacci pentagons, *Rocky Mountain J. Math.*, **23**(1993) 243–247; *MR* **94a**:11023.

A. Kemnitz, Integral drawings of the complete graph $K_6$, in Bodendiek & Henn, *Topics in Combinatorics and Graph Theory, Essays in honour of Gerhard Ringel*, Physica-Verlag, Heidelberg, 1990, 421–429.

Jean Lagrange, Points du plan dont les distances mutuelles sont rationnelles, *Séminaire de Théorie des Nombres de Bordeaux*, 1982-1983, Exposé no. 27, Talence 1983.

Jean Lagrange, Sur une quadruple équation. *Analytic and elementary number theory* (Marseille, 1983), 107–113, Publ. Math. Orsay, 86-1, Univ. Paris XI, Orsay, 1986; *MR* **87g**:11036.

Jean Lagrange & John Leech, Two triads of squares, *Math. Comput.*, **46** (1986) 751–758; *MR* **87d**: 11018.

John Leech, Two diophantine birds with one stone, *Bull. London Math. Soc.*, **13**(1981) 561–563; *MR* **82k**:10017.

D. N. Lehmer, Rational triangles, *Annals Math. Ser. 2*, **1**(1899–1900) 97–102.

L. J. Mordell, Rational quadrilaterals, *J. London Math. Soc.*, **35**(1960) 277–282; *MR* **23** #A1593.

L. C. Noll & D. I. Bell, $n$-clusters for $1 < n < 7$, *Math. Comput.*, **53** (1989) 439–444.

W. D. Peeples, Elliptic curves and rational distance sets, *Proc. Amer. Math. Soc.*, **5**(1954) 29–33; *MR* **15** 645f.

Blake E. Peterson & James H. Jordan, The rational heart of the integer Fibonacci pentagons, *Applications of Fibonacci numbers*, *Vol. 6* (Pullman WA, 1994) 381–388; *MR* **97d**:11031.

T. K. Sheng, Rational polygons, *J. Austral. Math. Soc.*, **6**(1966) 452–459; *MR* **35** #137.

T. K. Sheng & D. E. Daykin, On approximating polygons by rational polygons, *Math. Mag.*, **38**(1966) 299–300; *MR* **34** #7463.

## D21 辺，中線，面積が整数の三角形

辺，中線，面積がすべて整数の三角形は存在するか？ 存在不可能性の証明を標榜する文献がいくつかあるが，それらは「間違った」証明であり，問題は未解決である．以下で言及するシューベルトおよびエッグルストンの証明中の誤りを見つけることによって，解決を目指す人には指針が得られるであろう．ヘロン三角形で2本の中線が有理数であるものさえありえないのではないかと考えられていた時期がある．ランドール L. ラスバン，アーンフリード・ケムニッツ，R. H. ブフホルツが実例を発見して可能性を示した．その後，ラスバンは無限個の例を発見した．これに鑑みて，有理数中線2本の三角形の無限族が無限個存在するであろうと予想するのはあながち的外れではないであろう．しかし，この予想も3有理中線三角形の存在・非存在問題と同様に未解決である．ブフホルツ-ラスバンは，$0 < x, y < 1, 2x + y > 1$ のとき，曲線 $(xy + 2)(x - y + 1) = 3$ 上の有理点は有理辺，有理面積，2有理中線三角形に対応することを証明した．

有理面積を要求しなければ多くの解が存在する．オイラーは，中線が $-2\lambda^5 + 20\lambda^3 + 54\lambda, \pm\lambda^5 + 3\lambda^4 \pm 26\lambda^3 - 18\lambda^2 \pm 9\lambda + 27$ の5次のパラメータ解

$$a = 6\lambda^4 + 20\lambda^2 - 18, \quad b, c = \lambda^5 \pm \lambda^4 - 6\lambda^3 \pm 26\lambda^2 + 9\lambda \pm 9$$

を与えた．最近，ジョージ・コウルは，対称性を除くと，5次のパラメータ解は，オイラーの解と新しい解の2つしかないことを証明した．これまでのところ，これらのパラメータ解から有理面積の三角形で退化しないものは得られていない．

ピタゴラストリプル [訳注: **D18** 参照] に関しては数多くの問題がある．たとえば，エッカートは，等しい積をもつ異なるピタゴラストリプルが存在するかどうか，すなわち

$$xy(x^4 - y^4) = zw(z^4 - w^4)$$

の0でない整数解が存在するかどうかを問うたし，プロスロは，一方が他方の「2倍」になれるかどうかを問うた．少し一般にリーチは，このタイプのトリプルの積2個の比になれる小さい整数は何かと問うた．明らかに $x, y = z \pm w$ のとき，$xy(x^4 - y^4) = 8zw(z^4 - w^4)$ である．どの積も $3 \cdot 4 \cdot 5$ で割れるから，色々可能性がありうる．たとえば，$13 = \frac{5 \cdot 12 \cdot 13}{3 \cdot 4 \cdot 5}$ から先，より玄妙な $11 = \frac{21 \cdot 220 \cdot 221}{13 \cdot 84 \cdot 85}$ および非原始的な [訳注:「原始的」の意味については p.213 参照]

$$6 = \frac{6^3 \cdot 24 \cdot 143 \cdot 145}{135 \cdot 352 \cdot 377}$$

など．これらが最小か？

リーチはさらに $x, y = z \pm w$ とおけば，一方が他方の「8倍」になることに注意している．

等しい面積をもつ原始的ピタゴラス三角形はいくつあるか？ (77,38), (78,55), (138,5) を生成元とするトリプルは，チャールズ L. シェドが 1945 年に見つけている．1986 年にラスバンは，さらに 3 個見出した：

(1610,869), (2002,1817), (2622,143); (2035,266), (3306,61), (3422,55);
(2201,1166), (2438,2035), (3565,198).

5 番目のトリプル (7238,2465), (9077,1122), (10434,731) は，ダニエル・ホウイとラスバンが独立に 1 日の差で見つけている．等面積トリプルは無限個あるか？ 等面積 4 項組は無限個あるか？ 原始的という条件を外せば，等面積のピタゴラストリプルは任意に多く存在する．

ベイラーは周囲 317460 の原始的ピタゴラストリプルを 4 個与えており，それらの生成元は (286,269), (330,151), (370,59), (390,17) である．これに刺激されてラスバンは 23 個の原始的トリプルを見出した．たとえば，生成元が

| | | | |
|---|---|---|---|
| (254082,248563) | (254930,246043) | (255398,244657) | (257686,237929) |
| (262922,222823) | (263670,220697) | (274010,192079) | (274170,191647) |
| (277134,183701) | (283974,165761) | (288002,155443) | (294690,138691) |
| (295630,136373) | (297330,132203) | (310726,100289) | (311610, 98239) |
| (323830, 70553) | (330410, 56119) | (332310, 52009) | (333370, 49727) |
| (333982, 48413) | (348270, 18437) | (351390, 12061) | |

のものはどれも周長 255426093780 である．さらに 11 個の非原始的トリプルで同じ周長のものがある．

シャーストリは，斜辺以外が三角数および平方数で，斜辺が五角数 $\frac{1}{2}n(3n-1)$ のピタゴラス三角形を求める問題を出した．(3,4,5) および (105,100,145) の他に自明でない解があるか？ 負の階数の五角数 $\frac{1}{2}n(3n+1)$ まで許すと見つかるか？

有理箱―有理直方体問題 (**D18**) がどうにも解決できそうにないことから，頂点からの距離がすべて整数であるような別の多面体を探索した研究者も現れた．たとえば，位相的に異なる凸六面体は 5 個存在し，整数距離の例がハーボース-ケミニッツ (**D20** 参照) およびピーターソン-ジョーダンによって見出された．シャーストリは有理箱問題で，平方数のかわりに三角数としたものの解を問うた．チャールズ・アシュバヒャーは，対ごとの和および総和がすべて三角数である三角数 66, 105, 105 を与えた．アルペリンは，4 個の合同な台形面および 2 個の合同な長方形面をもち，辺，面対角線，内部対角線がすべて整数であるような六面体を無限個見出した．

Roger C. Alperin, A quartic surface of integer hexahedra, *Rocky Mountain J. Math.*, **31**(2001)

37–43; *MR* **2002k**:11037.
J. H. J. Almering, Heron problems, thesis, Amsterdam, 1950.
A. S. Anema, Pythagorean triangles with equal perimeters, *Scripta Math.*, **15**(1949) 89.
Raymond A. Beauregard & E. R. Suryanarayan, Arithmetic triangles, *Math. Mag.*, **70**(1997) 105–115; *MR* **98d**:11033.
Albert H. Beiler, *Recreations in the Theory of Numbers – The Queen of Mathematics Entertains*, Dover, 1964, pp.131–132.
Ralph Heiner Buchholz, On triangles with rational altitudes, angle bisectors or medians, PhD thesis, Univ. of Newcastle, Australia, 1989.
Ralph H. Buchholz, Triangles with three rational medians, *J. Number Theory*, **97**(2002) 113–131; *MR* **2003h**:11034.
Ralph Heiner Buchholz & J. A. MacDougall, Heron quadrilaterals with sides in arithmetic or geometric progression, *Bull. Austral. Math. Soc.*, **59**(1999) 263–269; *MR* **2000c**:51019.
Ralph H. Buchholz & Randall L. Rathbun, An infinite set of Heron triangles with two rational medians, *Amer. Math. Monthly*, **104**(1997) 107–115; *MR* **98a**:51015.
Ralph Heiner Buchholz & Randall L. Rathbun, Heron triangles and elliptic curves, *Bull. Austral. Math. Soc.*, **58**(1998) 411–421; *MR* **99h**:11026.
Garikai Campbell & Edray Herber Goins, Heron triangles, Diophantine problems and elliptic curves, preprint, 2003.
George Raymond Cole, Triangles all of whose sides and medians are rational, PhD dissertation, Arizona State University, May 1991.
Ernest J. Eckert, Problem 994, *Crux Mathematicorum*, **10**(1984) 318; comment **12**(1986) 109.
H. G. Eggleston, A proof that there is no triangle the magnitudes of whose sides, area and medians are integers, Note 2204, *Math. Gaz.*, **35**(1951) 114–115.
H. G. Eggleston, Isosceles triangles with integral sides and two integral medians, Note 2347, *Math. Gaz.*, **37**(1953) 208–209.
Albert Fässler, Multiple Pythagorean number triples, *Amer. Math. Monthly* **98**(1991) 505–517; *MR* **92d**:11021.
Martin Gardner, Mathematical Games: Simple proofs of the Pythagorean theorem, and sundry other matters, *Sci. Amer.* **211**#4 (Oct. 1964) 118–126.
Hans Georg Killingbergtrø, Triangles with integral sides and rational angle ratios, *Normat*, **42**(1994) 179–180, 192.
F. L. Miksa, Pythagorean triangles with equal perimeters, *Mathematics*, **24** (1950) 52.
Blake E. Peterson & James H. Jordan, Integer hexahedra equivalent to perfect boxes, *Amer. Math. Monthly*, **102**(1995) 41–45; *MR* **95m**:52026.
E. T. Prothro, *Amer. Math. Monthly*, **95**(1988) 31.
Randall L. Rathbun, Letter to the Editor, *Amer. Math. Monthly*, **99**(1992) 283–284.
K. R. S. Sastry, Problem 1725, *Crux Mathematicorum*, **18**(1992) 75; Problem 1832, **19**(1993) 112.
H. Schubert, *Die Ganzzahligkeit in der algebraischen Geometrie*, Leipzig, 1905, 1–16.

## D22 有理ディメンションの単体

任意次元の単体でそのディメンション (長さ, 面積, 体積, 超体積) がすべて有理数であるものは (有理単体) 存在するか? 2次元では, 答えは「肯」であり, 有理辺, 有理面積をもつヘロン三角形が無限個存在する. たとえば, 辺が13, 14, 15の三角形は面積84である. 3次元でも「肯」であるが, すべての四面体が有理四面体で任意の精度で近

似できるかという新たな問題が生ずる.

ジョン・リーチは，体積が有理数になるように鋭角ヘロン三角形のコピーを 4 枚組み合わせれば，上述の四面体ができあがることを注意した．この構成は容易であり，たとえば，辺の長さが 148, 195, 203 のものが最小の例である．他にも最初のいくつかを見出している．

(533, 875, 888), (1183, 1479, 1804), (2175, 2296, 2431), (1825, 2748, 2873),

(2180, 2639, 3111), (1887, 5215, 5512), (6409, 6625, 8484), (8619, 10136, 11275).

リーチは，ディクソンの『歴史 2』，p. 224 [**A17**] の (以下にあげた) 文献を調べることを勧めている．

R. Güntsche, *Sitzungsber. Berlin Math. Gesell.*, **6**(1907) 38–53.

R. Güntsche, *Archiv Math. Phys.*(3), **11**(1907) 371.

E. Haentzschel, *Sitzungsber. Berlin Math. Gesell.*, **12**(1913) 101–108 & **17**(1918) 37–39 (& *cf.* **14**(1915) 371).

O. Schulz, Ueber Tetraeder mit rationalen Masszahlen der Kantenlängen und des Volumen, Halle, 1914, 292 pp.

ディクソンは最後に述べた文献を求めているが，入手できたのだろうか？　本物を見た人物はいるか？　ストレンス・コレクションに寄付あるいは売却してくれないものか？

リーチはまた本問が 3 次元の場合に (辺対角線 1 本を除き有理的な箱を求めよ) という **D18** 問題 3 の解答によって肯定的に解かれていることに注意している．本問は，*Crux Mathematicorum*―数学難問, **10** (1984) #3, p. 89 に問題 930 として掲載され，COPS (おそらく the Carleton (Ottawa) Problem Solvers ―カールトン (オタワ) 問題解決者―の頭文字の組合せであろう) が以下の解を与えている:

1 つの頂点に集まる 3 本の辺が互いに直交する四面体 $a = p^2q^2 - r^2s^2$, $b = 2pqrs$, $c = p^2r^2 - q^2s^2$ をとる．このとき，$a^2 + b^2$, $b^2 + c^2$ は平方数であり，

$$p^4 + s^4 = q^4 + r^4$$

が平方数ならば $a^2 + b^2 + c^2 = (p^4 + s^4)(q^4 + r^4)$ も平方数である.

[ジョン・リーチは，「のときに限る」は必ずしもなりたたないとして，行き当たりばったり的な例

$$(1^4 + 2^4)(2^4 + 13^4) = 697^2; \quad (1^4 + 2^4)(38^4 + 43^4) = 9673^2;$$
$$(1^4 + 2^4)(314^4 + 863^4) = 1275643^2; \quad (1^4 + 3^4)(9^4 + 437^4) = 1729298^2$$

をあげている．これから $(2^4 + 13^4)(38^4 + 43^4)$ の型の例がさらに出てくる.]

上述の方程式はオイラーが解いており，**D1** で言及した解は

$$p, q = x^7 + x^5y^2 - 2x^3y^4 \pm 3x^2y^5 + xy^6$$
$$r, s = x^6y \pm 3x^5y^2 - 2x^4y^3 + x^2y^5 + y^7$$

であるが,「完全解であるわけではむろんない」．

ブフホルツは，有理四面体で辺長 $\leq 156$ のものは，次の段落に述べるラスバンの表の

2番目のもので表面面積が 1800, 1890, 2016, 1170 であることを見出した. また, 有理辺をもつ「正」$d$-次元単体が有理 $d$-次元体積をもつのは, $d$ が $4k(k+1)$ または $2k^2-1$ の形のときのみであることを示している.

下の表は, ランドール・ラスバンが見出した整数辺, 有理数面積・体積の 614 個の四面体の最初の 10 個である.

| 面積 | 体積 | 辺 | | | | | |
|------|------|----|----|----|----|----|----|
| 6384 | 8064 | 160 | 153 | 25 | 39 | 56 | 120 |
| 6876 | 18144 | 117 | 84 | 51 | 52 | 53 | 80 |
| 17220 | 35280 | 225 | 200 | 65 | 119 | 156 | 87 |
| 48384 | 206976 | 318 | 221 | 203 | 42 | 175 | 221 |
| 54600 | 611520 | 203 | 195 | 148 | 203 | 195 | 148 |
| 64584 | 170016 | 595 | 429 | 208 | 116 | 276 | 325 |
| 64584 | 200928 | 595 | 507 | 116 | 208 | 275 | 176 |
| 79200 | 399168 | 468 | 340 | 232 | 65 | 225 | 297 |
| 83160 | 1034880 | 319 | 318 | 175 | 175 | 210 | 221 |

ダヴ-サムナーは, 面の面積が有理数という条件を緩めて, 体積 3 で, 対辺の対が (32,76) (33,70) (35,44) および (21,58) (32,76) (47,56) の四面体を 2 個見出した. 整数辺で同じ整数体積をもつ四面体が無限個存在するかどうかを問うている. 体積が 3 の任意の倍数であるような同タイプの四面体はあるか? 2 人は, 87 を除く 3 から 99 までの例を与えている.

対辺の対が 896, 990 で残りの 4 辺がいずれも 1073, 2 面面積が 436800 および 471240, 体積 62092800 の四面体にシェルピンスキおよびライツマンが言及している.

モハメド・アアシラは, 等しい面積および周長をもつヘロン三角形の対が無限個存在することを示した. ロナルド・ヴァン・ルーイクは (2002 年 10 月 21 日の電子メールで) 等しい面積および周長をもつヘロン三角形の集合で任意の大きさのものが存在するという結果の証明概要を知らせてきた. ランドール・ラスバンは, 周長 128700, 面積 594594000 のヘロン三角形の組を 8 個見出した:

$\{53262, 52338, 23100\}$  $\{55440, 48950, 24310\}$
$\{55530, 48750, 24420\}$  $\{55770, 48180, 24750\}$  $\{57200, 42790, 28710\}$
$\{57310, 42075, 29315\}$  $\{57420, 41250, 30030\}$  $\{57750, 36630, 34320\}$.

Mohammed Aassila, Some results on Heron triangles, *Elem. Math.*, **56**(2001) 143–146; *MR* **2002j**:11023.

Ralph Heiner Buchholz, Perfect pyramids, *Bull. Austral. Math. Soc.*, **45**(1991) 353–368.

Kevin L. Dove & John L. Sumner, Tetrahedra with integer edges and integer volume, *Math. Mag.*, **65**(1992) 104–111.

K. È. Kalyamanova, Rational tetrahedra (Russian), *Izv. Vyssh. Uchebn. Zaved. Mat.*, **1990** 73–75; *MR* **92b**:11014.

W. Lietzmann, Der pythagoreisch Lehrsatz, Leipzig, 1965, p. 91 [not in 1930 edition].

Florian Luca, Fermat primes and Heron triangles with prime power sides, *Amer. Math. Monthly*, **110**(2003) 46–49.

W. Sierpiński, *Pythagorean Triangles*, New York, 1962, p. 107.

## D23　いくつかの 4 次方程式

**D3, D6, D9, D10** も参照.

未解決のディオファンタス方程式のうちの 1 つに

$$(x^2-1)(y^2-1) = (z^2-1)^2$$

がある．ただ，$x-y=2z$ のときには，シンツェル-シェルピンスキがすべての解を求めている．ツァオ・チェン・フーは，2 以外の $l \leq 30$ に対し，$x-y=lz$ をみたす解は $|x|=|y|$ または $|z|=1$ のみであることを，ワン・ヤン・ビンは，これらが $x-y=z^2+1$ をみたすすべての解であることをそれぞれ示した．シュミーチェクも上の方程式を研究し，$x<z<y$ を仮定して自明な解を排除し，非自明解 (3,17,7) に注意した．さらに，等比数列 (G.P.) 中に 3 個連続する三角数 (**C20** 参照) を見出す問題は，目下の方程式の奇数非自明解を見出す問題と同値であることをシェルピンスキが述べていると注意している．しかし，三角数の問題は，既にジェラルディンによって次の形に解かれており，シュミーチェクは再発見したものである：$n$ 番目の三角数 $t_n$ が平方数 $m^2$ であれば，$t_{3n+4m+1}$ も平方数であり，$t_n, t_{n+2m}, t_{3n+4m+1}$ が G.P. をなす．

シュミーチェクは，(シンツェル-シェルピンスキが考察した特別な形のものを除く) 系統的でない解 (4,11,31), (2,13,97), (155,2729,48049) を求め，そのうち第 3 のものは，上述の形でない，G.P. における三角数列 $t_{77}, t_{1364}, t_{24024}$ をなすことに注意し，さらに「G.P. 中に 4 個の三角数が存在する」というシェルピンスキの問題に対して，「否」を予想している．

ロナルド・ヴァン・ルーイクは，われわれの方程式が，正数階数の楕円ファイブレーションをもつ K3 曲面を表し，したがって，曲面上の有理点は稠密であることに注意している．[専門家用にコレスポンデントの 1 人からの解説を述べておく．「次数小のパラメータ曲線を見出すために用いられるネロン-セヴェリ群の計算というかなり標準的な方法でほぼ確実に攻略できるであろう．」]

アンリ・コーエンは，$(x^2-y^2)(1-x^2y^2) = z^2$ で表される別種の K3 曲面を調べた．ダニエル・コーレイは，2002 年 10 月 25 日付けの電子メールで，この方程式の無限個のパラメータ解のいくつかを報じてきた．

橿原は

$$(x^2-1)(y^2-1) = (z^2-1)$$

のすべての解が，自明解 $(n,1,1)$, $(1,n,1)$ から生ずることを示した．

方程式 $x^2-1 = y^2(z^2-1)$ に関し，ミニョットは，$z$ が大のとき，$y$ の最大素因数

は，少なくとも $c \ln \ln y$ であることを示した．

ロン・グラハムは，ディオファンタス方程式

$$2x^2(x^2-1) = 3(y^2-1), \quad (2x-1)^2 = 2^n - 7$$

がそれぞれ $x = 0, 1, 2, 3, 6, 91$ を解にもつことを注意した．これは，少数の法則の例にすぎないか？ 明らかに真である！ ストレーカー-ド・ヴェーガーは，グラハムの方程式が1対および5個の4項組みの解をもつことを見出し，ラマヌジャン-ナーゲル方程式で，$x = -1, -2, -5, -90$ という解を「無視」する一方で，$x = 0$, $x = 1$ を解に含めるのは正当でないことも注意している．

リュングレンは $x^4 - Dy^2 = 1$ がたかだか2個の解をもつことを示した．ラー-マオ-ホアは，$\ln D > 64$ のとき，チプーは，$D \neq 1785$ のとき解がたかだか1個であることをそれぞれ証明した．

ヴェンカテシュは，$x^4 + 5x^2y^2 + y^4 = z^2$ が $xy \neq 0$ なる解をもたないことを示した．

バラガーは，片山の調べた方程式

$$x(x+1)y(y+1) = z(z+1)$$

が，マルコフ型の方程式 (**D12** 参照)

$$x^2 + y^2 + z^2 = 2xyz + 5$$

と同値であることを示し，$N$ までの解の個数を調べた．

4次ではないが，おそらく本節冒頭の方程式に示唆されたのであろう，マイケル・ベネットは，(西海岸数論問題 97:08 において) $x, y, z > 1$ なる

$$\frac{x^2-1}{y^2-1} = (z^2-1)^2$$

の解で，$m \geq 2$ のとき $(x, y, z) = (m(4m^2-3), m, 2m)$ 以外，$m \geq 1$ のとき $(8m^4 + 16m^3 + 8m^2 - 1, 2m^2 + 2m, 2m+1)$ 以外の解があるかどうかを問うた．ベネットは，2個の連立ペル (ブハースカラ) 方程式の解は3個以下であることを示し，解はたかだか2個であろうと予想している．

Mohammed Al-Kadhi & Omar Kihel, Some remarks on the Diophantine equation $(x^2-1)(y^2-1) = (z^2-1)^2$, *Proc. Japan Acad. Ser. A Math. Sci.*, **77**(2001) 155–156; *MR* **2002i**:11029.

Michael A. Bennett, On the number of solutions of simultaneous Pell equations, *J. reine angew. Math.*, **498**(1998) 173–199.

Michael A. Bennett, Solving families of simultaneous Pell equations, *J. Number Theory*, **67**(1997) 246–251; *MR* **98j**:11015.

Michael A. Bennett & P. Gary Walsh, The Diophantine equation $b^2X^4 - dY^2 = 1$, *Proc. Amer. Math. Soc.*, **127**(1999) 3481–3491; *MR* **2000b**:11025.

Michael A. Bennett & P. Gary Walsh, Simultaneous quadratic equations with few or no solutions, *Indag. Math. (N.S.)* **11**(2000) 1–12; *MR* **2002k**:11040.

Andrew Bremner & John William Jones, On the equation $x^4 + mx^2y^2 + y^4 = z^2$, *J. Number Theory*, **50**(1995) 286–298; *MR* **95k**:11032.

Richard T. Bumby, The Diophantine equation $3x^2 - 2y^2 = 1$, Math. Scand., **21**(1967) 144–148.

Cao Zhen-Fu, A study of some Diophantine equations, J. Harbin Inst. Tech., (1988) 1–7.

Cao Zhen-Fu, A generalization of the Schinzel-Sierpiński system of equations (Chinese; English summary), J. Harbin Inst. Tech., **23**(1991) 9–14; MR **93b**:11026.

Chen Jian-Hua & Paul Voutier, Complete solution of the Diophantine equation $X^2 + 1 = dY^4$ and a related family of quartic Thue equations, J. Number Theory, **62**(1997) 71–99; MR **97m**:11039.

Ajai Choudhry, On a quartic diophantine equation, Math. Student, **70**(2001) 181–183.

Mihai Cipu, Diophantine equations with at most one positive solution, Manuscripta Math., **93**(1997) 349–356; MR **98j**:11017.

J. H. E. Cohn, On the Diophantine equation $z^2 = x^4 + Dx^2y^2 + y^4$, Glasgow Math. J., **36**(1994) 283–285; MR **95k**:11035.

J. H. E. Cohn, Twelve Diophantine equations, Arch. Math. (Basel), **65**(1995) 130–133; MR **96d**:11031. [the equations $x^2 - kxy^2 \pm y^4 = \pm c$, $c = 1, 2, 4$.]

J. H. E. Cohn, The Diophantine equation $x^4 + 1 = Dy^2$, Math. Comput., **66**(1997) 1347–1351; MR **98e**:11032.

J. H. E. Cohn, The Diophantine equation $x^4 - Dy^2 = 1$, II, Acta Arith., **78**(1997) 401–403; MR **98e**:11033.

J. H. E. Cohn, The Diophantine system $x^2 - 6y^2 = -5$, $x = 2z^2 - 1$, Math. Scand., **82**(1998) 161–164; MR **99h**:11024.

Péter Filakovszky, The Diophantine equation $x^4 + kx^2y^2 + y^4 = z^2$, Math. Student, **64**(1995) 105–108.

Kenji Kashihara, The Diophantine equation $x^2 - 1 = (y^2 - 1)(z^2 - 1)$ (Japanese; English summary), Res. Rep. Anan College Tech. No. **26**(1990) 119–130; MR **91d**:11025.

Kenji Kashihara, On the Diophantine equation $x(x + 1) = y(y + 1)z^2$, Proc. Japan Acad. Ser. A Math. Sci., **72**(1996) 91; MR **97b**:11039.

Shin-ichi Katayama & Kenji Kashihara, On the structure of the integer solutions of $z^2 = (x^2 - 1)(y^2 - 1) - a$, J. Math. Tokushima Univ., **24**(1990) 1–11; MR **93c**:11013.

Le Mao-Hua, On the Diophantine equation $D_1 x^4 - D_2 y^2 = 1$, Acta Arith., **76**(1996) 1–9; MR **97b**:11040.

W. Ljunggren, Über die Gleichung $x^4 - Dy^2 = 1$, Arch. Math. Naturvid., **45**(1942) 61–70; MR **7**, 47 l.

W. Ljunggren, Sätze über unbestimmten Gleichungen, Skr. Norske Vid. Akad. Oslo, (1942) No. 9; MR **6**, 169e.

W. Ljunggren, Zur Theorie der Gleichung $x^2 + 1 = Dy^4$, Avh. Norske Vid. Akad. Oslo, (1942) No. 5; MR **8**, 6f.

W. Ljunggren, On the Diophantine Equation $Ax^4 - By^2 = C$, $(C = 1, 4)$, Math. Scand., **21**(1967) 149–158; MR **39** #6820.

Florian Luca, A generalization of the Schinzel-Sierpiński system of equations, Bull. Math. Soc. Sci. Math. Roumanie (N.S.), **41(89)**(1998) 181–195; MR **2002m**:11020,

Florian Luca & P. Gary Walsh, A generalization of a theorem of Cohn on the equation $x^3 - Ny^2 = \pm 1$, Rocky Mountain J. Math., **31**(2001) 503–509; MR **2002g**:11027.

Maurice Mignotte, A note on the equation $x^2 - 1 = y^2(z^2 - 1)$, C. R. Math. Rep. Acad. Sci. Canada, **13**(1991) 157–160; MR **92j**:11026.

Mu Shan-Zhi, The Diophantine equation $x^4 - 4x^2y^2 + y^4 = 526$, Natur. Sci. J. Harbin Normal Univ., **13**(1997) 12–15.

Paulo Ribenboim, An algorithm to determine the points with integral coordinates in certain elliptic curves, J. Number Theory, **74**(1999) 19–38; MR **99j**:11028.

A. Schinzel & W. Sierpiński, Sur l'equation diophantienne $(x^2 - 1)(y^2 - 1) = [((y - x)/2)^2 - 1]^2$, Elem. Math., **18**(1963) 132–133; MR **29** #1180.

Roel J. Stroeker & Benjamin M. M. de Weger, On a quartic Diophantine equation, Proc. Edinburgh Math. Soc.(2), **39**(1996) 97–114.

K. Szymiczek, *Elem. Math.*, **18**(1963) 132–133.

K. Szymiczek, The equation $(x^2-1)(y^2-1)=(z^2-1)^2$, *Eureka*, **35**(1972) 21–25.

Gheorghe Udrea, The Diophantine equations $x^2-k=2\cdot T_n((b^2\pm 2)/2)$, *Portugal. Math.*, **55**(1998) 255–259.

T. Venkatesh, On integer solutions of $x^4+5x^2y^2+y^4=z^2$, *Indian J. Pure Appl. Math.*, **26**(1995) 837–839; *MR* **96d**:11035.

Peter Gary Walsh, A note on Ljunggren's theorem about the Diophantine equation $aX^2-bY^4=1$, *C.R. Math. Acad. Sci. Soc. R. Can.*, **20**(1998) 113–118; *MR* **99j**:11029.

Peter Gary Walsh, The Diophantine equation $X^2-db^2Y^4=1$, *Acta. Arith.*, **87**(1998) 179–188; *MR* **2000e**:11031.

P. G. Walsh, An improved method for solving the family of Thue equations $X^4-2rX^2Y^2-sY^4=1$, *Number Theory for the Millenium III* (*Urbana IL*, 2000) 375–383, AKPeters, Natick MA, 2002; *MR* **2003k**:11052.

Wang Yan-Bin, On the Diophantine equation $(x^2-1)(y^2-1)=(z^2-1)^2$ (Chinese, English summary), *Heilongjiang Daxue Ziran Kexue Xuebao*, **1989** *no.* 4 84–85; *MR* **91e**:11028.

H. C. Williams, Note on a diophantine equation, *Elem. Math.*, **25**(1970) 123–125; *MR* **43** # 3207.

Wu Hua-Ming & Le Mao-Hua, A note on the Diophantine equation $(x^2-1)(y^2-1)=(z^2-1)^2$, *Colloq. Math.*, **71**(1996) 133–136.

Xu Xue-Wen, The Diophantine equation $y(y+1)(y+2)(y+3)=p^{2k}x(x+1)(x+2)(x+3)$, *J. Central China Normal Univ. Natur. Sci.*, **31**(1997) 257–259; *MR* **98m**:11018.

Zhong Mei & Deng Mou-Jie, The Diophantine equation $3y(y+1)(y+2)(y+3)=4x(x+1)(x+2)(x+3)(x+4)$, *Natur. Sci. J. Harbin Normal Univ.*, **12**(1996) 30–34.

## D24 和=積方程式

未知数 $k=3$ の和=積=1 方程式に関しては膨大な文献がある．簡易概括として *MR* **99a**:11034 がある．

$k>2$ のとき，方程式 $a_1a_2\cdots a_k = a_1+a_2+\cdots+a_k$ は，解 $a_1=2$, $a_2=k$, $a_3=a_4=\cdots=a_k=1$ をもつ．シンツェルは，$k=6$ および $k=24$ のとき正整数解はこれ以外にないことを示した．ミシュレヴィッチは，$k<1000$ までの数で，ちょうど 1 個の解が存在するのは，$k=2, 3, 4, 6, 24, 114$ (*Elem. Math.* および本書初版で 144 とミスプリントになっている), 174, 444 のみであることを示した．シングマスター-ベネット-ダンは，$k\leq 1440000$ の範囲で探査を行い，以下を得た．大きさ $k$ の異なる「和=積」列の個数を $N(k)$ とするとき，すべての $k>444$ に対し，$N(k)>1$ を予想した．また，12 万までの 49 個の $k$ の値に対し，$N(k)=2$ なることを確認した．そのうち最大のものは，6174, 6324 であった．このことから，$k>6324$ のとき，$N(k)>2$ を予想している．さらに同じ範囲で $N(k)=3$ となる $k$ の値を 78 個見出している．最大のものは，7220, 11874 であった．このことに鑑みて，$k>11874$ のとき $N(k)>3$ を，さらに $N(k)\to\infty$ を予想している．

$a_1a_2\cdots a_k = a_1+a_2+\cdots+a_k=1$ の有理数解に関連して，トロストが最初に和=積方程式を考えたようである．こちらの問題の $k=3$ のときの解はシェルピンスキに，

$k > 3$ のときはシンツェルによる.

1996 年 8 月 19 日,逝去の 1 カ月前になるが,エルデーシュが次のように書いてきた:

方程式
$$x_1 \cdot x_2 \cdot \cdots \cdot x_n = n(x_1 + x_2 + \cdots + x_n)$$
の正整数解 $x_i$ で $x_1 \leq x_2 \leq \ldots \leq x_n$ をみたすものについてご存じよりのことはありませんか? $n$ に対する解の個数を $f(n)$ とするとき,ある $\epsilon$ に対し,$f(n) > n^\epsilon$ はなりたちそうに思えます.すべての $m < n$ に対し $f(n) > f(m)$ となるとき,$n$ をチャンピオンと,すべての $m > n$ に対し $f(m) > f(n)$ のとき,$n$ をアンチチャンピオンとよぶことにします.アンチチャンピオンは,常に素数であるように思えますが,それは,少数の法則なのでしょう.

$a_1 < a_2 < \ldots < a_k \leq x$ を $\leq x$ なる整数列で,どれも他を割らないとします.$\max k = \lfloor (x+1)/2 \rfloor$ はもちろん周知の事実です.$A = \{a_1 < a_2 < \ldots < a_k \leq x\}$ とし,$f(A; n)$ で $a_i \leq n$ の個数を表します.$\sum_{n=1}^{x} f(A; n)$ の大きさは? 最小値は $(x^2)/6 + O(x)$ をみたす? 最大値は $x/3 \leq a_i < 2x/3$ なる整数で与えられるように思えます.

M. L. Brown, On the diophantine equation $\sum X_i = \prod X_i$, *Math. Comput.*, **42**(1984) 239–240; *MR* **85d**:11030.

Michael W. Ecker, When does a sum of positive integers equal their product? *Math. Mag.*, **75**(2002) 41–47.

M. Z. Garaev, On the Diophantine equation $(x + y + z)^3 = nxyz$, *Vestnik Moskov. Univ. Ser. I Mat. Mekh.*, **2001** 66–67, 72; transl. *Moscow Univ. Math. Bull.*, **56**(2001) 46; *MR* **2002e**:11032.

M. Misiurewicz, Ungelöste Probleme, *Elem. Math.*, **21**(1966) 90.

A. Schinzel, Triples of positive integers with the same sum and the same product, *Serdica Math. L.*, **22**(1996) 587–588; *MR* **98g**:11033.

David Singmaster, Untitled Brain Twister, *The Daily Telegraph* weekend section, 88-04-09 & 16.

David Singmaster, Mike Bennett & Andrew Dunn, Sum = product sequences, (July 1988 preprint).

E. P. Starke & others, Solution to Problem E2262 [1970, 1008] & editorial comment, *Amer. Math. Monthly* **78**(1971) 1021–1022.

E. Trost, Ungelöste Probleme, Nr. **14**, *Elem. Math.*, **11**(1956) 134–135; & **21**(1966) 90.

C. Viola, On the diophantine equations $\prod_0^k x_i - \sum_0^k x_i = n$ and $\sum_0^k \frac{1}{x_i} = \frac{a}{n}$, *Acta Arith.*, **22**(1972/3) 339–352; *MR* **48** #234.

**OEIS:** A033178-033179.

## D25  $n$ 階乗を含む方程式

$n! + 1 = x^2$ の解は $n = 4, 5, 7$ のみか? オーヴァーホルトは,この問題をスパイロウの予想に関連させた.エルデーシュ-オブラトは,方程式 $n! = x^p \pm y^p$ の解で $x \perp y$,

$p>2$ をみたすものを考察した.また $p=2$ で符号がプラスのときは,**D2** におけるリーチの注意参照; 符号がマイナスのとき,$n!$ を次のように 2 個の偶数因子の積で表す: $4! = 5^2 - 1^2 = 7^2 - 5^2$; $5! = 11^2 - 1^2 = 13^2 - 7^2 = 17^2 - 13^2 = 31^2 - 29^2$.解の個数は $\frac{1}{2}d(n!/4)$ である.

シモンズは,$(m,n) = (2,3), (3,4), (5,5), (9,6)$ に対し,$n! = (m-1)m(m+1)$ がなりたつことに注意し,他の解があるかどうか,さらに一般に $n! + x = x^k$ に既述の解以外の解があるかどうかを問うた.これは,$n!$ を $k$ 個の連続する整数の積に自明でない形 ($k \neq n + 1 - j!$) で表す問題のヴァリエーションである.**B23** 参照.

ベレンド-オスグッドは,$P(x)$ が次数 $\geq 2$ の整数係数多項式のとき,$P(x) = n!$ が整数解 $x$ をもつような $n$ の集合の密度は 0 であることを示した.

ユー-リューは,$(p-1)! + a^{p-1} = p^k$ の解は $(p,a,k) = (3,1,1), (5,1,2), (3,5,3)$ のみであることを示した.

ゾルタン・サスヴァリは,方程式

$$\frac{(n+1)(n+2)\cdots(n+k)}{(n-1)(n-2)\cdots(n-k)} = m$$

を調べた.$m=2$ のとき,解は $(n,k) = (3,1)$ のみであり,$m=3$ のとき $(n,k) = (2,1)$ のみである.$k = n-1$ および $k = n-2$ のとき,それぞれ $m=2$ 項係数 $\binom{2n-1}{n}$ およびカタラン数 $\frac{1}{n}\binom{2n-2}{n-1}$ という解が存在する.セルフリッジは,$k = n-3$ のとき解があれば,$k = n-4$ のときも解がある (たとえば $n = 7, 16, 21, 29, 43, 46, 67, 78, 89, 92, 105, 111, 127, 141, 154, 157, 171, 188, 191, \ldots$) が,逆は必ずしもなりたたない (たとえば $n = (4), 13, 19, 85, 100, 121, 199, \ldots$) ことに注意した.サスヴァリは,孤立解 $n = 101, k = 95$ を見出し,マルク・ポールハスもいくつか他の解を見出した.以下に他の例の表を述べる.表中,項 $8, 7, \ldots$ は,$k = n - i$ のときの $i$ の値である.

| $n=$ | | | | | |
|---|---|---|---|---|---|
| 211 | | | 6 | 5 | 4 | 3 |
| 552 | | | 6 | | 4 | 3 |
| 990 | | | 6 | 5 | 4 | 3 |
| 991 | 8 | 7 | | 5 | 4 | |
| 1378 | | | | 5 | 4 | |
| 2480 | | | 6 | 5 | 4 | 3 |
| 2481 | 8 | 7 | 6 | 5 | 4 | 3 |

Daniel Berend & Charles F. Osgood, On the equation $P(x) = n!$ and a question of Erdős, *J. Number Theory*, **42**(1992) 189–193; *MR* **93e**:11016.

B. Brindza & P. Erdős, On some Diophantine problems involving powers and factorials, *J. Austral. Math. Soc. Ser. A*, **51**(1991) 1–7; *MR* **92i**:11036.

H. Brocard, Question 166, *Nouv. Corresp. Math.*, **2**(1876) 287; Qu. 1532, *Nouv. Ann. Math.*(3) **4**(1885) 391.

Andrzej Bogdan Dąbrowski, On the Diophantine equation $x! + A = y^2$, *Nieuw Arch. Wisk.*,(4) **14**(1996) 321–324; *MR* **97h**:11028.

P. Erdős & R. Obláth, Über diophantische Gleichungen der Form $n! = x^p \pm y^p$ und $n! \pm m! = x^p$, *Acta Szeged*, **8**(1937) 241–255.

Hansraj Gupta, *Math. Student*, **3**(1935) 71.

Le Mao-Hua, On the Diophantine equation $x^{p-1}+(p-1)! = p^n$, *Publ. Math. Debrecen*, **48**(1996) 145–149; *MR* **96m**:11021.

M. Kraitchik, Recherches sur la Théorie des Nombres, tome 1, Gauthier-Villars, Paris, 1924, 38–41.

Florian Luca, The Diophantine equation $P(x) = n!$ and a result of M. Overholt, *Glas. Mat. Ser. III*, **37(57)**(2002) 269–273; *MR* **2003i**:11045.

Florian Luca, On the equation $1!^k + 2!^k + \cdots n!^k = x^2$, *Period. Math. Hungar.*, **44**(2002) 219–224; *MR* **2003d**:11048.

Marius Overholt, The Diophantine equation $n! + 1 = m^2$, *Bull. London Math. Soc.*, **25**(1993) 104; *MR* **93m**:11026.

Eli Passow, On the solutions of $n! = m!r!$, *Far East J. Math. Sci.*, **6**(1998) 381–389; *MR* **99i**:11025.

Richard M. Pollack & Harold N. Shapiro, The next to last case of a factorial diophantine equation, *Comm. Pure Appl. Math.*, **26**(1973) 313–325; *MR* **50** #12915.

Gustavus J. Simmons, A factorial conjecture, *J. Recreational Math.*, **1**(1968) 38.

Yu Kun-Rui & Liu De-Hua, A complete resolution of a problem of Erdős & Graham, *Rocky Mountain J. Math.*, **26**(1996) 1235–1244; *MR* **97k**:11049.

**OEIS:** A000290, A000292, A002378, A005563, A007531, A013468.

## D26 様々な形のフィボナッチ数

スタークは，どのようなフィボナッチ数 (**A3** 参照) が 2 個の立方数の和または積になるかを問うた．この問題は，類数 2 の虚 2 次体をすべて決定する問題と関連している．例として $1 = \frac{1}{2}(1^3 + 1^3)$, $8 = \frac{1}{2}(2^3 + 2^3)$, $13 = \frac{1}{2}(3^3 - 1^3)$ がある．アントニアディスは問題の体をすべて，あるディオファンタス方程式に関連付け，2 個を除きすべてを解いた．その 2 個は後にド・ヴェーガーが解決した．

コーンは，平方数のフィボナッチ数は $0, 1, 144$ に限ることを示した．ルオ・ミンは，三角数のフィボナッチ数は，$0, 1, 3, 21, 55$ のみであるというヴァーン・ホガットの予想を証明し，その後三角数のルーカス数は $1, 3, 5778$ であることも示した．ミンは，さらに上記 2 数列中の五角数はそれぞれ $1, 5$ および $2, 1, 7$ のみであることも示した．

グロスマン-ルカは，階乗の和または差で表される最大のフィボナッチ数，ルーカス数はそれぞれ $144 = 5! + 4!$, $18 = 4! - 3!$ であることを示した．

B. M. M. ド ヴェーガーは，$y^2 - y - 1$ の形の最大のフィボナッチ数は $u_{11} = 55 = 8^2 - 8 - 1$ であることを証明した．証明がトゥーエ方程式を用いた 10 ページを超えるものであるため，初等的証明を求む．このニュースを知らせてきたフラメンカンプは，初項 $v_0 = 2$, $v_1 = 1$ のルーカス数列 $v_{n+2} = v_{n+1} + v_n$ 中，2 個の連続する立方数の差であるものは，$v_1 = 1^3 - 0^3$, $v_4 = 2^3 - 1^3$, $v_{17} = 35^3 - 34^3$ に限るかという問題を述べている．

2003年11月25日にヤン・ブジョーは，Y. ブジョー-M. ミニョット-S. シクセクの3名が 0, 1, 8, 144 のみがフィボナッチ数列中の立方数であることを証明したと電子メールで知らせてきた. $-1$, $-8$ を含めてもよいであろう.

U. Alfred, On square Lucas numbers, *Fibonacci Quart.*, **2**(1964) 11–12.

Jannis A. Antoniadis, Über die Kennzeichnung zweiklassiger imaginär-quadratischer Zahlkörper durch Lösungen diophantisher Gleichungen, *J. reine angew. Math.*, **339**(1983) 27–81; *MR* **85g**:11098.

S. A. Burr, On the occurrence of squares in Lucas sequences, Abstract 63T-302, *Amer. Math. Soc. Notices*, **10**(1963) 11–12.

J. H. E. Cohn, On square Fibonacci numbers, *J. London Math. Soc.*, **39**(1964) 537–540; *MR* **29** #1166.

J. H. E. Cohn, Square Fibonacci numbers, etc., *Fibonacci Quart.*, **2**(1964) 109–113.

J. H. E. Cohn, Lucas and Fibonacci numbers and some diophantine equations, *Proc. Glasgow Math. Assoc.*, **7**(1965) 24–28; *MR* **31** #2202.

J. H. E. Cohn, Eight Diophantine equations, *Proc. London Math. Soc.*(3), **16**(1966) 153–166; addendum **17**(1967) 381; *MR* **32** #7492; **34** #5748.

J. H. E. Cohn, Five Diophantine equations, *Math. Scand.*, **21**(1967) 61–70; **39** #2702.

J. H. E. Cohn, Squares in some recurrent sequences, *Pacific J. Math.*, **41**(1972) 631–646; *MR* **47** #4914.

J. H. E. Cohn, Perfect Pell powers, *Glasgow Math. J.*, **38**(1996) 19–20; *MR* **97b**:11047.

R. Finkelstein, On Fibonacci numbers which are one more than a square, *J. reine angew. Math.*, **262/263**(1973) 171–178; *MR* **48** #3858.

R. Finkelstein, On Lucas numbers which are one more than a square, *Fibonacci Quart.*, **13**(1975) 340–342; *MR* **54** #10126.

Clemens Fuchs & Robert F. Tichy, Perfect powers in linear recurring sequences, *Acta Arith.*, **107**(2003) 9–25.

George Grossman & Florian Luca, Sums of factorials in binary recurrence series, *J. Number Theory*, **93**(2002) 87–107; *MR* **2002m**:11011.

D. G. Gryte, R. A. Kingsley & H. C. Williams, On certain forms of Fibonacci numbers, *Proc. 2nd Louisiana Conf. Combin. Graph Theory & Comput.*, *Congr. Numer.*, **3**(1971) 339–344.

V. E. Hoggatt, Problem 3, *WA St. Univ. Conf. Number Theory*, 1971, p. 225.

Jiang Ren Yi, The Lucas numbers of the form $n^2 - n - 1$, *J. Zhijiang Univ. Sci. Ed.*, **30**(2003) 121–124; *MR* **2004b**:11017.

B. Krishna Gandhi & M. Janga Reddy, Triangular numbers in the generalized associated Pell sequence, *Indian J. Pure Appl. Math.*, **34**(2003) 1237–1248.

J. C. Lagarias & D. P. Weisser, Fibonacci and Lucas cubes, *Fibonacci Quart.*, **19**(1981) 39–43; *MR* **82d**:10023.

H. London & R. Finkelstein, On Fibonacci and Lucas numbers which are perfect powers, *Fibonacci Quart.*, **7**(1969) 476–481, 487; Corr. **8**(1970) 248; *MR* **41** #144.

Florian Luca, Palindromes in Lucas sequences, *Monatsh. Math.*, **138**(2003) 209–223.

Florian Luca & P. G. Walsh, Squares in Lehmer sequences and some Diophantine applications, *Acta Arith.*, **100**(2000) 47–62; *MR* **2002h**:11024.

Luo Ming, On triangular Fibonacci numbers, *Fibonacci Quart.*, **27**(1989) 98–108; *MR* **90f**:11013.

Luo Ming, On triangular Lucas numbers, *Applications of Fibonacci numbers*, Vol. 4 (1990), 231–240, Kluwer, Dordrecht, 1991; *MR* **93i**:11016.

Luo Ming, Pentagonal numbers in the Lucas sequence, *Portugal. Math.*, **53**(1996) 325–329; *MR* **97e**:11-24; **97j**:11008.

Wayne L. McDaniel, The g.c.d. in Lucas sequences and Lehmer number sequences, *Fibonacci*

*Quart.*, **29**(1991) 24–29.

Wayne L. McDaniel, Pronic Fibonacci numbers, *Fibonacci Quart.*, **36**(1998) 56–59.

Wayne L. McDaniel, Pronic Lucas numbers, *Fibonacci Quart.*, **36**(1998) 60–62.

Wayne L. McDaniel, Perfect squares in the sequence 3, 5, 7, 11, ..., *Portugal. Math.*, **55**(1998) 349–353; *MR* **99j**:11018.

Wayne L. McDaniel & Paulo Ribenboim, Square-classes in Lucas sequences having odd parameters, *J. Number Theory*, **73**(1998) 14–27; *MR* **99j**:11017.

A. Pethö, Perfect powers in second order linear recurrences, *J. Number Theory*, **15**(1982) 5–13; *MR* **84f**:10024.

A. Pethö, Perfect powers in second order recurrences, in: *Topics in Classical Number Theory (Budapest* 1981), *Colloq. Math. Soc. János Bolyai*, **34**, North-Holland, Amsterdam, 1984, 1217–1227; *MR* **86i**:11009.

A. Pethö, Full cubes in the Fibonacci sequence, *Publ. Math. Debrecen*, **30**(1983) 117–127; *MR* **85j**:11027.

V. Siva Rama Prasad & B. Srinivasa Rao, Pentagonal numbers in the Pell sequence and Diophantine equations $2x^2 = y^2(3y-1)^2 \pm 2$, *Fibonacci Quart.*, **40**(2002) 233–241; *MR* **2003j**:11028.

Paulo Ribenboim, The terms $Cx^h$ ($h \geq 3$) in Lucas sequences: an algorithm and applications to Diophantine equations, *Acta Arith.*, **106**(2003) 105–114.

Paulo Ribenboim & Wayne L. McDaniel, Square classes of Lucas sequences, *Portugal. Math.*, **48**(1991) 469–473; *MR* **92k**:11015.

Paulo Ribenboim & Wayne L. McDaniel, The square terms in Lucas sequences, *J. Number Theory*, **58**(1996) 104–123; *MR* **99c**:11021; addendum **61**(1996) 420.

Paulo Ribenboim & Wayne L. McDaniel, The square classes in Lucas sequences with odd parameters, *C.R. Math. Rep. Acad. Sci. Canada*, **18**(1996) 223–227; *MR* **97h**:11011.

Paulo Ribenboim & Wayne L. McDaniel, Squares in Lucas sequences having an even first parameter, *Colloq. Math.*, **78**(1998) 29–34; *MR* **99j**:11019.

Neville Robbins, Fibonacci and Lucas numbers of the forms $w^2 - 1$, $w^3 \pm 1$, *Fibonacci Quart.*, **19**(1981) 369–373.

N. Robbins, On Pell numbers of the form $PX^2$, where $P$ is a prime, *Fibonacci Quart.*, **22**(1984) 340–348.

T. N. Shorey & C. L. Stewart, Pure powers in recurrence sequences and some related Diophantine equations, *J. Number Theory*, **27**(1987) 324–352; *MR* **89a**:11024.

B. Srinivasa Rao, Heptagonal numbers in the Lucas sequence and Diophantine equations $x^2(5x-3)^2 = 20y^2 \pm 16$, *Fibonacci Quart.*, **40**(2002) 319–322; *MR* **2003d**:11024; *MR* **2003d**:11024.

H. M. Stark, Problem 23, *Summer Institute on Number Theory*, Stony Brook, 1969.

Ray Steiner, On Fibonacci numbers which are one more than a square, *J. reine angew. Math.*, **262/263**(1973) 171–182.

Ray Steiner, On triangular Fibonacci numbers, *Utilitas Math.*, **9**(1976) 319–327.

László Szalay, On the resolution of the equations $U_n = \binom{x}{3}$ and $V_n = \binom{x}{3}$, *Fibonacci Quart.*, **40**(2002) 9–12; *MR* **2002j**:11008.

M. H. Tallman, Problem H23, *Fibonacci Quart.*, **1**(1963) 47.

Paul M. Voutier, Primitive divisors of Lucas and Lehmer sequences III, *Math. Proc. Cambridge Philos. Soc.*, **123**(1998) 407–419.

Charles R. Wall, On triangular Fibonacci numbers, *Fibonacci Quart.*, **23** (1985) 77–79.

B. M. M. de Weger, A diophantine equation of Antoniadis, *Number Theory and Applications* (Banff, 1988), 547–553, *NATO Adv. Sci. Inst. Ser. C: Math. Phys. Sci.*, **265**, Kluwer, 1989; *MR* **92f**:11048.

B. M. M. de Weger, A hyperelliptic Diophantine equation related to imaginary quadratic number fields with class number 2, *J. reine angew. Math.*, **427**(1992) 137–156; *MR* **93d**:11034.

B. M. M. de Weger, A curious property of the eleventh Fibonacci number, *Rocky Mountain J.*

*Math.*, **25**(1995) 977–994; *MR* **96k**:11017.

H. C. Williams, On Fibonacci numbers of the form $k^2+1$, *Fibonacci Quart.*, **13**(1975) 213–214; *MR* **52** #250.

O. Wyler, Squares in the Fibonacci series, *Amer. Math. Monthly*, **71**(1964) 220–222.

Minoru Yabuta, Perfect squares in the Lucas numbers, *Fibonacci Quart.*, **40**(2002) 460–466; *MR* **2003m**:11025.

Zhou Chi-Zhong, A general conclusion on Lucas numbers of the form $px^2$ where $p$ is a prime, *Fibonacci Quart.*, **37**(1999) 39–45; *MR* **99m**:11014.

## D27 合同数

合同数という名前は多分にミスリード的である．これらはピタゴラス三角形に関連して名づけられたもので，古い歴史をもつ．5, 6, 14 および表 7 中で CA (Congruent Arab) となっている 17 個の数，さらに 1000 より大きな 10 個のような例は，既に 1000 年以上前のアラビアの文献に登場する．合同数の意味がかなりわかるようになったのはつい最近の 20 年くらいの話であって，タネルの寄与による．

さて，合同数 $a$ は，連立不定方程式

$$x^2 + ay^2 = z^2, \quad x^2 - ay^2 = t^2$$

が同時解をもつような整数であると定義される．合同数の魅力の一部は，最小同時解の桁外れの大きさにもよっており，たとえば，合同数 $a = 101$ の場合，バスチェンは最小同時解

$$x = 20\,1524246294\,9760001961, \quad y = 1\,1817143185\,2779451900,$$
$$z = 23\,3914843530\,6225006961, \quad t = 16\,2812437072\,7269996961$$

を求めている．コンピュータおよび計算技術の発達にもかかわらず，このような難攻不落の例を計算するには時間がかかると思われる．J. A. H. ハンター，M. R. バックリー，K. ガリャスの求めた大きな数値例は本書の初版に述べてある．

合同数は，また，不定方程式

$$x^4 - a^2 y^4 = u^2$$

が解をもつような整数としても定義される．

ディクソンの『歴史 2』には，フィボナッチ (ピサのレオナルド)，ジェノッチ，ジェラルディンなど多くの古い文献が載せてあり，このうちジェラルディンは，7, 22, 41, 69, 77 と 20 個のアラビア文献の例および表 7 中 CG (Congruent Géraldin) となっている項を見出した．平方無縁の $a$ のみを考えれば十分であり，1000 より小の平方無縁の 608 個の $a$ のうち，361 個が合同数で，247 個が非合同数である．平方無縁数は，8 を法として，5, 6, 7 に合同 ($\equiv 5, 6, 7 \mod 8$) のときに限り合同数であるという長い間の予想があったが，上述したタネルの結果によりこの予想は確立された．タネルはさらに，$n$ が奇数の合同数ならば，$2x^2 + y^2 + 8z^2 = n$ をみたすトリプルの数は，$2x^2 + y^2 + 32z^2 = n$

## D27. 合 同 数

**表7** 1000 より小さい合同数 (C) と 非合同数 (N) の表. $a = 40c + r$ の形で $c$ は行, $r$ は列を表す.

| c\r | 0 | 1 | 2 | 3 | 4 | 5 | 6 | 7 | 8 | 9 | 10 | 11 | 12 | 13 | 14 | 15 | 16 | 17 | 18 | 19 | 20 | 21 | 22 | 23 | 24 | c |
|---|---|---|---|---|---|---|---|---|---|---|---|---|---|---|---|---|---|---|---|---|---|---|---|---|---|---|
| 1 | NB | C1 | □ | □ | CG | N9 | N1 | N1 | N9 | □ | N1 | □ | NJ | N1 | CG | N1 | N1 | N9 | C& | C1 | □ | □ | N1 | N9 | □ | 1 |
| 2 | NB | NB | N2 | NX | □ | NX | □ | NT | NJ | NX | NJ | CG | NT | N2 | CG | NJ | NJ | □ | NJ | NT | NX | □ | NX | NL | □ | 2 |
| 3 | N3 | N3 | N3 | N& | N3 | NJ | □ | N3 | C& | □ | N3 | □ | N3 | N3 | □ | N3 | N3 | CJ | NJ | NJ | N3 | NJ | □ | NJ | □ | 3 |
| 4 | □ | □ | □ | □ | □ | □ | □ | □ | □ | □ | □ | □ | □ | □ | □ | □ | □ | □ | □ | □ | □ | □ | □ | □ | □ | 4 |
| 5 | C5 | □ | CG | CG | □ | □ | C& | □ | CJ | □ | C& | □ | CJ | □ | C& | CJ | □ | □ | □ | C& | CJ | □ | CL | C5 | □ | 5 |
| 6 | C6 | C6 | C6 | □ | C6 | C6 | C& | CA | C6 | C& | CJ | C6 | □ | C6 | C6 | □ | CJ | CJ | □ | □ | C6 | CG | □ | C6 | CG | 6 |
| 7 | C7 | C7 | CG | C7 | C7 | □ | CJ | C& | CJ | C7 | C& | CJ | □ | C7 | CJ | C7 | CJ | □ | C7 | C7 | □ | C7 | □ | C7 | C7 | 7 |
| 8 | □ | □ | □ | □ | □ | □ | □ | □ | □ | □ | □ | □ | □ | □ | □ | □ | □ | □ | □ | □ | □ | □ | □ | □ | □ | 8 |
| 9 | □ | N1 | N9 | □ | N9 | N9 | NJ | N1 | □ | N1 | N9 | □ | N1 | C& | N9 | C& | □ | N1 | N1 | N9 | C& | N1 | NJ | □ | □ | 9 |
| 10 | NX | □ | NL | N& | CA | □ | NL | CA | NL | CG | □ | NL | NJ | NL | □ | NJ | NJ | □ | CG | NJ | CG | □ | NJ | NJ | □ | 10 |
| 11 | N3 | NB | NB | N3 | □ | N3 | N3 | C& | NJ | NJ | □ | NJ | N3 | □ | N3 | NJ | C& | □ | NJ | N3 | NJ | □ | □ | N3 | □ | 11 |
| 12 | □ | □ | □ | □ | □ | □ | □ | □ | □ | □ | □ | □ | □ | □ | □ | □ | □ | □ | □ | □ | □ | □ | □ | □ | □ | 12 |
| 13 | C5 | C5 | CG | CJ | C5 | CJ | □ | C5 | CJ | CJ | □ | C5 | □ | CJ | CL | C5 | □ | C5 | C& | C5 | CL | CL | CJ | □ | □ | 13 |
| 14 | C6 | □ | C6 | C6 | CG | C6 | C6 | □ | C6 | CJ | C& | C6 | CJ | C6 | □ | C& | CJ | CJ | C6 | C& | □ | □ | □ | □ | □ | 14 |
| 15 | CA | CG | CG | □ | C& | CG | CJ | □ | □ | C& | CJ | □ | CJ | CJ | □ | CJ | □ | CJ | □ | □ | CJ | □ | C& | □ | □ | 15 |
| 16 | □ | □ | □ | □ | □ | □ | □ | □ | □ | □ | □ | □ | □ | □ | □ | □ | □ | □ | □ | □ | □ | □ | □ | □ | □ | 16 |
| 17 | N1 | N9 | N1 | C1 | N9 | NJ | C1 | □ | N1 | NJ | N9 | C1 | NJ | N9 | N1 | □ | NJ | N9 | C& | N1 | NT | N1 | N1 | □ | □ | 17 |
| 18 | □ | NX | □ | CG | N2 | NX | NJ | NX | □ | NJ | NX | NJ | NX | □ | C& | NX | □ | NX | N2 | NJ | NT | NJ | □ | □ | NJ | 18 |
| 19 | N3 | N3 | □ | N3 | N3 | C& | NJ | CG | NJ | NX | □ | □ | N3 | □ | NJ | N3 | N3 | N3 | NJ | □ | NJ | N3 | NJ | NT | NJ | 19 |
| 20 | □ | □ | □ | □ | □ | □ | □ | □ | □ | □ | □ | □ | □ | □ | □ | □ | □ | □ | □ | □ | □ | □ | □ | □ | □ | 20 |
| 21 | CA | C5 | C5 | C& | C5 | CA | □ | □ | CJ | CJ | CJ | C5 | C5 | □ | CJ | C5 | CJ | CG | CJ | C5 | CJ | C5 | C& | C5 | □ | 21 |
| 22 | C6 | C6 | CG | C6 | C6 | C6 | C6 | □ | C6 | C& | C6 | C6 | □ | C6 | C6 | □ | CJ | CJ | C6 | CJ | C6 | CJ | C6 | CJ | C6 | 22 |
| 23 | C7 | □ | □ | C7 | C& | CJ | C7 | C7 | CJ | □ | □ | C7 | □ | C7 | CL | CG | CL | C& | CJ | C7 | □ | C7 | □ | C& | C7 | 23 |
| 24 | □ | □ | □ | □ | □ | □ | □ | □ | □ | □ | □ | □ | □ | □ | □ | □ | □ | □ | □ | □ | □ | □ | □ | □ | □ | 24 |
| 25 | □ | CA | NJ | CG | NJ | □ | CJ | NJ | □ | C& | CJ | □ | C& | NJ | □ | □ | □ | NJ | □ | □ | NJ | □ | □ | NJ | C& | 25 |
| 26 | NX | NB | NX | N2 | N& | C& | NJ | □ | NX | C& | C& | N2 | NJ | CA | NX | N2 | □ | NT | NX | NJ | NJ | C& | NJ | NJ | NJ | 26 |
| 27 | □ | N3 | N3 | □ | N& | N3 | NJ | N3 | NJ | □ | N3 | □ | NJ | □ | NJ | N3 | NT | NJ | NJ | □ | □ | N3 | N3 | N3 | C& | 27 |
| 28 | □ | □ | □ | □ | □ | □ | □ | □ | □ | □ | □ | □ | □ | □ | □ | □ | □ | □ | □ | □ | □ | □ | □ | □ | □ | 28 |
| 29 | C5 | CG | C5 | C5 | □ | C5 | C5 | C5 | CJ | C5 | CA | CJ | C5 | □ | CJ | C& | C5 | CJ | C5 | C5 | CJ | □ | □ | C& | CJ | 29 |
| 30 | CA | CA | CA | □ | CA | □ | CG | □ | CA | CJ | CG | CA | CJ | CJ | □ | C& | □ | CJ | C& | C& | □ | CJ | C& | □ | □ | 30 |
| 31 | C7 | C7 | CA | C7 | □ | C7 | CA | C7 | CJ | □ | C7 | CJ | C& | CJ | □ | C7 | C& | □ | C7 | C7 | □ | CJ | CJ | C7 | C& | 31 |
| 32 | □ | □ | □ | □ | □ | □ | □ | □ | □ | □ | □ | □ | □ | □ | □ | □ | □ | □ | □ | □ | □ | □ | □ | □ | □ | 32 |
| 33 | □ | N9 | N1 | N1 | □ | N1 | NJ | □ | NJ | NJ | NJ | □ | N1 | NJ | NJ | N1 | NJ | □ | N1 | N9 | C& | □ | N9 | N1 | N9 | 33 |
| 34 | CA | NX | N& | CA | C& | □ | N2 | NX | NJ | NX | NJ | CG | NJ | C& | NX | □ | NX | C& | NJ | NL | NX | NJ | NJ | N2 | □ | 34 |
| 35 | NB | □ | N& | NJ | NJ | NJ | □ | □ | □ | □ | □ | □ | □ | □ | □ | □ | □ | □ | □ | □ | □ | □ | □ | □ | □ | 35 |
| 36 | □ | □ | □ | □ | □ | □ | □ | □ | □ | □ | □ | □ | □ | □ | □ | □ | □ | □ | □ | □ | □ | □ | □ | □ | □ | 36 |
| 37 | C5 | CG | □ | C5 | C5 | CJ | C5 | CG | C5 | □ | CJ | C5 | CL | □ | C5 | C& | □ | C5 | C5 | □ | C5 | CL | C& | C5 | □ | 37 |
| 38 | C5 | □ | C6 | C6 | □ | C6 | C6 | C& | C6 | □ | CJ | □ | CJ | CJ | C6 | CJ | CJ | C6 | □ | C7 | CJ | C6 | □ | C6 | C6 | 38 |
| 39 | CG | C7 | C& | C& | C7 | C7 | □ | C& | C& | C7 | □ | C& | CJ | CJ | C7 | □ | CJ | C7 | CG | C& | C7 | C& | C7 | C& | □ | 39 |
| 40 | □ | □ | □ | □ | □ | □ | □ | □ | □ | □ | □ | □ | □ | □ | □ | □ | □ | □ | □ | □ | □ | □ | □ | □ | □ | 40 |
| c\r | 0 | 1 | 2 | 3 | 4 | 5 | 6 | 7 | 8 | 9 | 10 | 11 | 12 | 13 | 14 | 15 | 16 | 17 | 18 | 19 | 20 | 21 | 22 | 23 | 24 | c |

をみたすトリプルの数の 2 倍であることも示している. この逆は正しいか?

表 7 中 C5, C7 とあるのは, $\equiv 5, \equiv 7 \bmod 8$ となる素数を表し, C6 は $\equiv 3 \bmod 8$ となる素数の 2 倍 (である 6) を表す. バスチェンは以下の数は非合同数であることを注意した: $\equiv 3 \bmod 8$ の素数 (N3 と略記); この形の素数 2 個の積, すなわち $\equiv 9 \bmod 8$(N9); $\equiv 5 \bmod 8$ となる素数の 2 倍 (NX; X=10); $\equiv 5 \bmod 8$ となる素数 2 個の積の 2 倍 (NL; L=50); $\equiv 9 \bmod 16$ となる素数の 2 倍 (N2). バスチェンは他のいくつかの非合同数も与え (表 7 中で NB –Noncongruent Bastian– となっている項; $a = 1$ はフェルマーにより, 他の多くもたとえばジェノッチにより以前より知られていたが) $a$ が $\equiv 1 \bmod 8$ であるような素数で, $a = b^2 + c^2$ かつ $b + c$ が $a$ の非剰余 (**F5** 参照) のとき, $a$ は非合同数であると述べている. この条件は N1 のいくつかを説明している.

表 7 中末尾が 1, 3, 5, 7 で終わる項は, mod 8 の剰余類 1, 3, 5, 7 中の素数を表す素数表にもなっている (**A** 参照).

C&, N& がついている項は, オールター-カーツ-クボタ論文から, CJ, NJ はジャン・ラグランジュの学位論文から取ったものである.

Ronald Alter, The congruent number problem, *Amer. Math. Monthly* **87** (1980) 43–45.

R. Alter & T. B. Curtz, A note on congruent numbers, *Math. Comput.*, **28**(1974) 303–305; *MR* **49** #2527 (not #2504 as in *MR* indexes); correction **30**(1976) 198; *MR* **52** #13629.

R. Alter, T. B. Curtz & K. K. Kubota, Remarks and results on congruent numbers, *Proc. 3rd S.E. Conf. Combin. Graph Theory Comput., Congr. Numer.* **6** (1972) 27–35; *MR* **50** #2047.

L. Bastien, Nombres congruents, *Intermédiaire Math.*, **22**(1915) 231–232.

B. J. Birch, Diophantine analysis and modular functions, *Proc. Bombay Colloq. Alg. Geom.*, 1968.

J. W. S. Cassels, Diophantine equations with special reference to elliptic curves, *J. London Math. Soc.*, **41**(1966) 193–291.

L. E. Dickson, *History of the Theory of Numbers*, Vol. 2, Diophantine Analysis, Washington, 1920, 459–472.

Feng Ke-Qin, Non-congruent numbers, odd graphs and the Birch–Swinnerton-Dyer conjecture, *Acta Arith.*, **75**(1996) 71–83; *MR* **97e**:11077.

A. Genocchi, Note analitiche sopra Tre Sritti, *Annali di Sci. Mat. e Fis.*, **6**(1855) 273–317.

A. Gérardin, Nombres congruents, *Intermédiaire Math.*, **22**(1915) 52–53.

H. J. Godwin, A note on congruent numbers, *Math. Comput.*, **32** (1978) 293–295; **33** (1979) 847; *MR* **58** #495; **80c**:10018.

D. R. Heath-Brown, The size of Selmer groups for the congruent number problem, *Invent. Math.*, **111**(1993) 171–195; II **118**(1994) 331–370; *MR* **93j**:11038; **95h**:11064.

Boris Iskra, Non-congruent numbers with arbitrarily many prime factors congruent to 3 modulo 8, *Proc. Acad. Japan Ser. A Math. Sci.*, **72**(1996) 168–169; *MR* **97h**:11003.

Jean Lagrange, Thèse d'Etat de l'Université de Reims, 1976.

Jean Lagrange, Construction d'une table de nombres congruents, *Bull. Soc. Math. France Mém.* No. 49–50 (1977) 125–130; *MR* **58** #5498.

Franz Lemmermeyer, Some families of non-congruent numbers, *Acta Arith.*, **110**(2003) 15–36.

Paul Monsky, Mock Heegner points and congruent numbers, *Math. Z.*, **204** (1990) 45–68; *MR* **91e**:11059.

Paul Monsky, Three constructions of rational points on $Y^2 = X^3 \pm NX$, *Math. Z.*, **209**(1992) 445–462; *MR* **93d**:11058.

L. J. Mordell, *Diophantine Equations*, Academic Press, London, 1969, 71–72.

Fidel Ronquillo Nemenzo, All congruent numbers less than 40000, *Proc. Japan Acad. Ser. A Math. Sci.*, **74**(1998) 29–31; *MR* **99e**:11070.

Kazunari Noda & Hideo Wada, All congruent numbers less than 10000, *Proc. Japan Acad. Ser. A Math. Sci.*, **69**(1993) 175–178; *MR* **94e**:11064.

S. Roberts, Note on a problem of Fibonacci's, *Proc. London Math. Soc.*, **11**(1879–80) 35–44.

P. Serf, Congruent numbers and elliptic curves, in *Computational Number Theory* (Proc. Conf. Number Theory, Debrecen, 1989), de Gruyter, 1991, 227–238; *MR* **93g**:11068.

N. M. Stephens, Congruence properties of congruent numbers, *Bull. London Math. Soc.*, **7**(1975) 182–184; *MR* **52** #260.

Jerrold B. Tunnell, A classical diophantine problem and modular forms of weight 3/2, *Invent. Math.* **72**(1983) 323–334; *MR* **85d**:11046.

Hideo Wada & Mayako Taira, Computations of the rank of elliptic curve $y^2 = x^3 - \eta^2 x$, *Proc. Japan Acad. Ser. A Math. Sci.*, **70**(1994) 154–157; *MR* **95g**:11052.

Shin-ichi Yoshida, Some variants on the congruent number problem, *Kyushu J. Math.*, **55**(2001) 387–404.

Zhao Chun-Lai, A criterion for elliptic curves with (second) lowest 2-power in $L(1)$, *Math. Proc. Cambridge Philos. Soc.*, **121**(1997) 385–400; **131**(2001) 385–404; II bf134(2003) 407–420; *MR* **97m**:11088; **2003c**:11073.

**OEIS:** A003273, A006991, A072068-072071.

## D28 逆数ディオファンタス方程式

モデルは，方程式
$$\frac{1}{w}+\frac{1}{x}+\frac{1}{y}+\frac{1}{z}+\frac{1}{wxyz}=0$$
の整数解を求めよという問題を提出した．いくつかの論文が発表され，解のパラメータ族が与えられた．たとえば，長島高弘は，モデル方程式の次の解を送ってきた:
$(w,x,y,z)=(5,3,2,-1),\ (-7,-3,-2,1),\ (31,-5,-3,2),\ (1366,-15,7,-13),$
$(n+1,-n,-1,1)$. さらに一般に $w=xyz+1$ で
$$x=-2\epsilon h^3-\delta\epsilon h^2(n-3)+\epsilon h(n-1-2\delta\epsilon)+1,$$
$$y=2\delta\epsilon h^2+\epsilon h(n-3)-\epsilon\delta(n-1)+1,$$
$$z=-2\delta\epsilon h^2-\epsilon h(n-1)-1$$
をみたすもの．ここで $\epsilon,\delta=\pm1$ は独立にとれる．しかし，ここに述べた 4 個の 2-パラメータ解がすべての解を与えるという保証はない．

ジャンは，与えられた限界以下のすべての解を求める方法を示した．一方，クレリー・アワズラーとジュディス・ロングイヤーはすべての解を求める手続きを与える詳細な解析を行った結果を送ってきた．ロングイヤーのものは，モデルの $n=4$ にかわって $n(\geq 3)$ 個の変数 $x_i$ に関する方程式 $\sum(1/x_i)+\prod(1/x_i)=0$ を含むものである．

Lawrence Brenton & Daniel S. Drucker, On the number of solutions of $\sum_{j=1}^{s}(1/x_j)+1/(x_1\cdots x_s)=1$, J. Number Theory, **44**(1993) 25–29.

Cao Zhen-Fu, Mordell's problem on unit fractions. (Chinese. English summary) J. Math. (Wuhan) **7**(1987) 239–244; MR **90a**:11032.

Sadao Saito, A diophantine equation proposed by Mordell (Japanese. English summary), Res. Rep. Miyagi Nat. College Tech. No. 25 (1988) 101–106; II, No. 26 (1990) 159–160; MR **91c**:11016-7.

Chan Wah-Keung, Solutions of a Mordell Diophantine equation, J. Ramanujan Math. Soc., **6**(1991) 129-140; MR **93d**:11033.

Wen Zhang-Zeng, Investigation of the integer solutions of the Diophantine equation $1/w+1/x+1/y+1/z+1/wxyz=0$ (Chinese) J. Chengdu Univ. Natur. Sci., **5**(1986) 89–91; MR **89c**:11051.

Wu Wei[6], The indefinite equation $\sum_{i=1}^{k}1/x_i-1/x_1\cdots x_k=1$, Sichuan Daxue Xuebao, **34**(1997) 1–5; MR **98h**:11038.

Zhang Ming-Zhi, On the diophantine equation $\frac{1}{x}+\frac{1}{y}+\frac{1}{z}+\frac{1}{w}+\frac{1}{xyzw}=0$, Acta Math. Sinica (N.S.), **1**(1985) 221–224; MR **88a**:11033.

## D29 ディオファンタス $m$-項

$m$ 元の正整数の集合 $\{a_1,\ldots,a_m\}$ が，すべての $1\leq i<j\leq m$ に対し，$a_ia_j+n$ が完全平方であるという条件をみたすとき，性質 $D(n)$ をもつディオファンタス $m$-

項 ($D(n)$ ディオファンタス $m$-項) とよばれる．フェルマーは，$D(1)$ ディオファンタス 4-項 $\{1,3,8,120\}$ を見出した．ベイカー-ダヴェンポートは，ディオファンタス 3-項 $\{1,3,8\}$ が，ただ 1 通りにディオファンタス 4-項に拡張され，したがってディオファンタス 5-項には拡張されないことを証明した．ドゥジェラ-ペトーは，ディオファンタス対 $\{1,3\}$ が無限に多くの方法でディオファンタス 4-項に拡張されるが，ディオファンタス 5-項には拡張されないことを証明して，この結果を一般化した．ちなみに $D(1)$ ディオファンタス 5-項は知られていない．ドゥジェラは，$D(1)$ ディオファンタス 9-項は存在しないことを示した．$D(256)$ ディオファンタス 5-項および $D(2985984)$ ディオファンタス 6-項は既知であり，それぞれ $\{1,33,105,320,18240\}$ (ドゥジェラ) および $\{99,315,9920,32768,44460,19534284\}$ (ギッブス) である．

ドゥジェラ-フックス-クレメンスは，問題を整数から多項式に一般化した．すなわち，$m$ 個の多項式の $\{a_1,\ldots,a_m\}$ は，すべての $1 \leq i < j \leq m$ に対し，$a_i a_j + n$ が整数係数の多項式の平方であるとき，多項式型 $D(n)$-$m$-項であるという．このとき，$n$ が 1 次多項式のとき，多項式型 $D(n)$-$m$-項はたかだか 26 個の元をもつことを証明している．$n = 16x + 9$ のときの例 $\{x, 16x+8, 25x+14, 36x+20\}$ は 4 個の元をもつ．

ブジョー-ドゥジェラは問題を高次ベキの場合に一般化した．

A. Baker & H. Davenport, The equations $3x^2 - 2 = y^2$ and $8x^2 - 7 = z^2$, Quart. J. Math. Oxford Ser.(2), **20**(1969) 129–137; MR **40** #1333.

Yann Bugeaud & Andrej Dujella, On a problem of Diophantus for higher powers, Math. Proc. Cambridge Philos. Soc., **135**(2003) 1–10; MR **2004b**:11035.

Andrej Dujella, Some estimates of the number of Diophantine quadruples, Publ. Math. Debrecen, **53**(1998) 177–189; MR **99k**:11052.

Andrej Dujella, A note on Diophantine quintuples, Algebraic number theory and Diophantine analysis (Graz, 1998) 123–127, de Gruyter, Berlin, 2000; MR **2001f**:11044.

Andrej Dujella, Diophantine $m$-tuples and elliptic curves, 21st Journées Arithmétiques (Rome, 2001), J. Théor. Nombres Bordeaux, **13**(2001) 111–124; MR **2002e**:11069.

Andrej Dujella, An absolute bound for the size of Diophantine $m$-tuples, J. Number Theory, **89**(2001) 126–150; MR **2002g**:11026.

Andrej Dujella, On the size of Diophantine $m$-tuples, Math. Proc. Cambridge Philos. Soc., **132**(2002) 23–33; MR **2002g**:11036.

Andrej Dujella, Clemens Fuchs & Robert Tichy, Diophantine $m$-tuples for linear polynomials, Period. Math. Hungar., **45**(2002) 21–33; MR **2003j**:11026.

Andrej Dujella & Attila Pethö, A generalization of a theorem of Baker and Davenport, Quart. J. Math. Oxford Ser.(2), **49**(1998) 291–306; MR **99g**:11035.

P. Gibbs, http://arXiv.org/abs/math.NT/9902081, Some rational Diophantine sextuples. (preprint)

M. J. Jacobson & H. C. Williams, Modular arithmetic on elements of small norm in quadratic fields, Des. Codes Cryptogr., **27**(2002) 93–110; MR **2003g**: 11124.

# E 整数列

本章では排他的というほどではないにしろ，主に整数の無限列を扱う．**C** および **A** のいくつかの節と重複する部分がある．優秀な解説および問題のソースブックとして次のものがある．

H. Halberstam & K. F. Roth, *Sequences*, 2nd edition, Springer, New York, 1982.

他の文献としては

P. Erdős, A. Sárközi & E. Szemerédi, On divisibility properties of sequences of integers, in *Number Theory, Colloq. Math. Soc. János Bolyai*, **2**, North-Holland, 1970, 35–49; *MR* **43** #4790.

H. Ostmann, *Additive Zahlentheorie* I, II, Springer-Verlag, Heidelberg, 1956.

Carl Pomerance & András Sárközi, Combinatorial Number Theory, in R. Graham, M. Grötschel & L. Lovász (editors) *Handbook of Combinatorics*, North-Holland, Amsterdam, 1993.

N. J. A. Sloane, An on-line version of the encyclopedia of integer sequences, *Electron. J. Combin.*, **1**(1994), Feature 1, approx. 5 pp. (electronic); *MR* **95b**:05001.

N. J. A. Sloane, The on-line encyclopedia of integer sequences, *Notices Amer. Math. Soc.*, **50**(2003) 912–915.

N. J. A. Sloane & Simon Plouffe, *The Encyclopedia of Integer Sequences*, Academic Press, San Diego, 1995; *MR* **96a**:11001.

A. Stöhr, Gelöste und ungelöste Fragen über Basen der natürlichen Zahlenreihe I, II, *J. reine ungew. Math.*, **194**(1955) 40–65, 111–140; *MR* **17**, 713.

Paul Turán (editor), *Number Theory and Analysis; a collection of papers in honor of Edmund Landau (1877–1938)*, Plenum Press, New York, 1969 は，エルデーシュほかによる整数列に関する論文を所載している．

$\mathcal{A} = \{a_i\}$, $i = 1, 2, \ldots$ で非負整数の狭義単調増加 (無限の場合もありうる) 列を表し，$x$ を超えない $a_i$ の個数を $A(x)$ で表す．整数列の密度とは，極限が存在するとき，$\lim A(x)/x$ を表すとする．

## E1 十分大の整数がその元と素数の和で表せるような疎集合

エルデーシュは，次の問題の解答に 50 ドルを提供している：$A(x) < c \ln x$ をみたす疎集合で，$p$ を素数とするとき十分大の整数がすべて $p + a_i$ の形に表されるような集合

が存在するか？

素数のところを平方数でおきかえた類似問題に関して，レオ・モーザーは，ある定数 $c > 0$ に対し $A(x) > (1+c)\sqrt{x}$ なることを示した．一方エルデーシュは，$A(x) < c\sqrt{x}$ なる数列が存在することを示した．モーザーの得た $c$ のベストの値は 0.06 であったが，後に，アボットにより 0.147 まで，バラスブラマニアン-サウンダララージャンによって 0.245 まで，チレルエロによって 0.273 まで改良された．$r$ 乗の場合については，チレルエロが

$$A(x) > \frac{x^{1-\frac{1}{r}}}{\Gamma(2-\frac{1}{r})\Gamma(1+\frac{1}{r})}$$

を得ている．

素数のところを 2 のベキにした問題については，ルージャがエルデーシュの結果の類似を得ているが，すべての正整数が $a + 2^k$ の形に表されるような任意の数列 $A$ に対し元数が $A(x) > (1+c)\log_2 x$ をみたすような定数 $c > 0$ が存在するかどうかまではわかっていない．

H. L. Abbott, On the additive completion of sets of integers, *J. Number Theory*, **17**(1983) 135–143; *MR* **85b**:11011.

R. Balasubramanian & K. Soundarajan, On the additive completion of squares, II, *J. Number Theory*, **40**(1992) 127–129; *MR* **92m**:11020.

Javier Cilleruelo, The additive completion of $k$th powers, *J. Number Theory*, **44**(1993) 237–243; *MR* **94f**:11093.

P. Erdős, Problems and results in additive number theory, *Colloque sur la Théorie des Nombres, Bruxelles*, 1955, 127–137, Masson, Paris, 1956.

Leo Moser, On the additive completion of sets of integers, *Proc. Symp. Pure Math.*, **8**(1965) Amer. Math. Soc., Providence RI, 175–180; *MR* **31** #150.

I. Ruzsa, On a problem of P. Erdős, *Canad. Math. Bull.*, **15**(1972) 309–310; *MR* **46** #3479.

## E2  項の各対の l.c.m. が $x$ より小であるような数列の密度

数列の項の各対 $[a_i, a_j]$ の最小公倍数がたかだか $x$ であるとき，$A(x)$ の最大値はいくらか？

$$(9x/8)^{1/2} \leq \max A(x) \leq (4x)^{1/2}$$

は既知である．

ここで下界は 1 から $\sqrt{x/2}$ までのすべての整数をまずとり，次に $\sqrt{2x}$ までのすべての偶数をとることによって得られる．

また $t$ が与えられたとき，任意の対の最大公約数が $< t$ であるような $x$ より小の整数は何個あるか？ $t < n^{\frac{1}{2}+\epsilon}$ のとき，個数は $\sim \pi(n)$ であり，一方，$t = n^{\frac{1}{2}+c}$ のとき $\sim (1+c')\pi(n)$ である．

エルデーシュは元数 $B(x)$ の任意の $[1, x]$ の部分集合が対ごとに同じ最小公倍数をもつ 3 個の元を含むような最小の $B(x)$ の限界を求める問題も出している．おそらく

$B(x) = o(x)$ であろう．これと相対的に，対ごとに同じ最大公約数をもつ 3 個の元を含むような最小の数 $C(x)$ に対し，

$$¿ \quad e^{c_1(\ln x)^{1/2}} < C(x) < e^{c_2(\ln x)^{1/2}} \quad ?$$

は疑いないところであるが，エルデーシュの得た最良の結果は $C(x) < x^{3/4}$ である．

与えられた数列 $A$, $a_1 < a_2 < \ldots$ に対し，$[a_{i+1}, a_{i+2}, \ldots, a_{i+k}] < x$ であるような $i$ の個数を $F(A, x, k)$ で表すとき，エルデーシュ-セメレディはすべての $\epsilon > 0$ に対し，$F(A, x, k) < x^{\epsilon}$ となる $k$ が存在するかどうかという問題を出した．2 人は，すべての $A$ に対し $F(A, x, 3) < c_1 x^{1/3} \ln x$ を証明し，無限に多くの $x$ に対して $F(A, x, 3) > c_2 x^{1/3} \ln x$ がなりたつような $A$ が存在することを証明した．しかし，「すべての」$x$ に対して同じ評価がなりたつような $A$ が存在するかどうかは明らかでない．

グラハム-スペンサー-ウィツェンハウゼンは，$\{n, 2n, 3n\}$ が現れないためには，数列はどの程度稠密でなければならないかを問うている．

エルデーシュ-シャルケジー-セメレディの論文にはこの分野の豊富な文献および未解決問題が所載されている．**B24** の文献も参照のこと．

P. Erdős, Problem, *Mat. Lapok* **2**(1951) 233.

P. Erdős & A. Sárközy, On the divisibility properties of sequences of integers, *Proc. London Math. Soc.* (3), **21**(1970) 97–100; *MR* **42** #222.

P. Erdős, A. Sárközy & E. Szemerédi, On divisibility properties of sequences of integers, in Number Theory *Colloq. Janós Bolyai Math. Soc., Debrecen 1968*, North-Holland, Amsterdam (1970) 35–49; *MR* **43** #4790.

P. Erdős & E. Szemerédi, Remarks on a problem of the *American Mathematical Monthly*, *Mat. Lapok*, **28**(1980) 121–124; *MR* **82c**:10066.

R. L. Graham, J. H. Spencer & H. S. Witsenhausen, On extremal density theorems for linear forms, in H. Zassenhaus (ed), *Number Theory and Algebra*, Academic Press, New York, 1977, 103–109; *MR* **58** #569.

## E3　2 個の比較可能な約数をもつ数列の密度

2 個の約数 $d_1$, $d_2$ で $d_1 < d_2 < 2d_1$ をみたす比較可能約数をもつ数列

6, 12, 15, 18, 20, 24, 28, 30, 35, 36, 40, 42, 45, 48, 54, 56, 60, 63, 66, 70, 72, $\ldots$

の密度は 1 か？　エルデーシュは，密度の存在を証明した．本問は被覆合同式と関連がある (**F13**)．本書初版刊行後，本問はマイヤー-テネンバウムによって肯定的に解決された．

$\mathcal{A}$ を 1 より大の狭義単調増加数列，$\mathcal{M}(\mathcal{A}) := \{ma : a \in \mathcal{A}, m \geq 1\}$ をその倍数の集合とする．$\mathcal{M}(\mathcal{A})$ が漸近密度 1 をもつとき，$\mathcal{A}$ をベーレンド列とよぶ．エルデーシュは，中心となる問題は，与えられた数列 $\mathcal{A}$ がベーレンド列であるかどうかの判定条件を求めることであることに注意している．

H. Davenport & P. Erdős, On sequences of positive integers, *Acta Arith.*, **2**(1937) 147–151; *J.*

*Indian Math. Soc.*, **15**(1951) 19–24; *MR* **13**,326c.

P. Erdős, On the density of some sequences of integers, *Bull. Amer. Math. Soc.*, **54**(1948) 685–692; *MR* **10**, 105.

P. Erdős, R. R. Hall & G. Tenenbaum, On the densities of sets of multiples, *J. reine angew. Math.*, **454**(1994) 119–141; *MR* **95k**:11115.

R. R. Hall & G. Tenenbaum, On Behrend sequences, *Math. Proc. Cambridge Philos. Soc.*, **112**(1992) 467–482; *MR* **93h**:11026.

Helmut Maier & G. Tenenbaum, On the set of divisors of an integer, *Invent. Math.*, **76**(1984) 121–128; *MR* **86b**:11057.

I. Ruzsa & G. Tenenbaum, A note on Behrend sequences, *Acta Math. Hungar.*, **72**(1996) 327–337; *MR* **98e**:11107.

G. Tenenbaum, Uniform distribution on divisors and Behrend sequences, *Enseign. Math.*(2), **42**(1996) 153–197; *MR* **97e**:11111.

G. Tenenbaum, On block Behrend sequences, *Math. Proc. Cambridge Philos. Soc.*, **120**(1996) 355–367; *MR* **97b**:11008.

**OEIS:** A005279, A010814.

## E4 どの項も他の $r$ 個の項の積を割らない数列

数列 $\{a_i\}$ のどの元も他の $r \geq 2$ 個の元の積を割らないとき，エルデーシュは，
$$\pi(x) + c_1 x^{2/(r+1)} (\ln x)^{-2} < A(x) < \pi(x) + c_2 x^{2/(r+1)} (\ln x)^{-2}$$
を示した．ここで $\pi(x)$ は常のように $\leq x$ の素数の個数を表す．また，$a_i$ の項の $r$ 個以下の任意個数の積が異なると仮定するとき $\max A(x)$ はいくらか？　たとえば，$r \geq 3$ のとき，エルデーシュは，
$$\max A(x) < \pi(x) + O(x^{2/3+\epsilon})$$
を示している．

$r = 1$，すなわち，どの項も他の項を割らないとき，数列は**原始的**とよばれる．ジャンは，そのどの項もたかだか 4 個の素因子を含む原始数列に対し，$n > 1$ のとき，
$$\sum_{a_i \leq n} \frac{1}{a_i \ln a_i} \leq \sum_{p \leq n} \frac{1}{p \ln p}$$
を (したがって 1.64 より小なることを) 示した．ここで和はそれぞれ $n$ までのすべての項と $n$ までのすべての素数に渡る．

エルデーシュは，亡くなる 1 カ月前に以下の電子メールを送ってきた:

$a_1 < a_2 < \ldots < a_k \leq x$ を $\leq x$ なる整数列で，どの項も他の項を割らないとする．このとき，$\max k = [(x+1)/2]$ はむろん既知である．$A = \{a_1 < a_2 < \cdots < a_k \leq x\}$ とし，$a_i \leq n$ の個数を $f(A; n)$ で表す．$\sum_{n=1}^{x} f(A; n)$ はどのくらい大きくなりうるか？　最大値が $(x^2)/6 + O(x)$ で与えられるという予想は正しいか？　最大値はおそらく $x/3 \leq a_i < 2x/3$ なる整数で与えられるであろう．

P. Erdős, On sequences of integers no one of which divides the product of two others and on some related problems, *Inst. Math. Mec. Tomsk*, **2**(1938) 74–82.

P. Erdős, Extremal problems in number theory V (Hungarian), *Mat. Lapok*, **17**(1966) 135–155.

P. Erdős, On some applications of graph theory to number theory, *Publ. Ramanujan Inst.*, **1**(1969) 131–136.

P. Erdős & Zhang Zhen-Xiang, Upper bound of $\sum 1/(a_i \log a_i)$ for primitive sequences, *Proc. Amer. Math. Soc.*, **117**(1993) 891–895.

Zhang Zhen-Xiang, On a conjecture of Erdős on the sum $\sum_{p \leq n} 1/(p \log p)$, *J. Number Theory*, **39**(1991) 14–17; *MR* **92f**:11131.

Zhang Zhen-Xiang, On a problem of Erdős concerning primitive sequences, *Math. Comput.*, **60**(1993) 827–834; *MR* **93k**:11120.

## E5 与えられた集合の少なくとも1つの元で項が割れる整数列

$D(x)$ で,$x$ 以下の整数で少なくとも1つの $a_i$ で割れる——ここで $a_1 < a_2 < \cdots < a_k \leq n$ は有限列——整数の個数を表す.すべての $x > n$ に対し $D(x)/x < 2D(n)/n$ であるか? ここで,係数の2を小さくすることはできないことは,$n = 2a_1 - 1$, $x = 2a_1 < a_2$ という例からわかる.逆の方向では,各 $\epsilon > 0$ に対し,不等式 $D(x)/x > \epsilon D(n)/n$ を「みたさない」数列が存在することがわかっている.

A. S. Besicovitch, On the density of certain sequences, *Math. Ann.*, **110**(1934) 335–341.

P. Erdős, Note on sequences of integers no one of which is divisible by any other, *J. London Math. Soc.*, **10**(1935) 126–128.

## E6 項の対の和が与えられた数列の項でないような数列

$n_1 < n_2 < \cdots$ を整数列で $i \to \infty$ のとき,$n_{i+1}/n_i \to 1$ をみたし,$\{n_i\}$ は各 $d$ に対し,$d$ を法として一様分布しているとする.すなわち,$n_i \equiv c \bmod d$ なる $n_i \leq x$ の個数 $N(c, d; x)$ は各 $c$, $0 \leq c < d$ およびすべての $d$ に対し,
$$N(c, d; x)/N(1, 1; x) \to 1/d, \qquad x \to \infty$$
をみたすとする.$a_1 < a_2 < \cdots$ が無限列で,任意の $i, j, k$ に対し,$a_j + a_k \neq n_i$ がなりたつとき,エルデーシュは次を問うた: $a_j$ の密度は $\frac{1}{2}$ より小か?

A. Khalfalah, S. Lodha & E. Szemerédi, Tight bound for the density of sequence of integers the sum of no two of which is a perfect square, *Discrete Math.*, **256**(2002) 243–255; *MR* **2003e**:11007.

| E7 | 素数を含む級数・数列 |

$p_n$ が $n$ 番目の素数のとき,エルデーシュは,$\sum(-1)^n n/p_n$ が収束するかどうかを問うている.これに関し,級数 $\sum(-1)^n (n \ln n)/p_n$ は発散であることを指摘している.

また,3個の素数が与えられたとき,$a_1 < a_2 < a_3 < \ldots$ をそれらすべてのベキ積を大きさの順に並べたものとすると,$a_i$ および $a_{i+1}$ の双方が素数ベキになることが無限回起こるという予想は正しいかどうかを問うている.3個の素数を $k$ 個の素数,さらには無限個の素数にした場合はどうか? マイヤー-タイデマンは,素数の有限集合 $S$, $T$ の場合に,$S \cup T$ から生成された数列 $a_1 < a_2 < a_3 < \ldots$ に対して類似の問題を提出した.$a_i$ が $S$ の素数のベキ積で,$a_{i+1}$ が $T$ の素数のベキ積であるような $i$ が無限個存在するか?

| E8 | どの項の和も平方数でない数列 |

ポール・エルデーシュ-デイヴィッド・シルヴァーマンは,和 $a_i + a_j$ がどれも平方数でないような $k$ 個の整数 $1 \leq a_1 < a_2 < \ldots < a_k \leq n$ を考え,$k < n(1+\epsilon)/3$ であるか,あるいは,さらに強く $k < n/3 + O(1)$ がなりたつかどうかを問うた.整数 $\equiv 1 \bmod 3$ の例により,主張がなりたてば,ベストポシブルであることがわかる.2人はさらに平方数を他の数列に変えた問題も考えられると述べている.

エルデーシュ-グラハムは,その著書[訳注:「はじめに」の文献参照]の校正時に J. P. マサイアスが,

$$\equiv 1, 5, 9, 13, 14, 17, 21, 25, 26, 29, 30 \bmod 32$$

のどの2項の和も32を法として平方数でないことを発見し,したがって,$k$ は少なくとも $11n/32$ にとれることを追加している.この限界は,ラガリアス-オドルィシュコ-シーラーが,$S \subseteq \mathbb{Z}_n$ かつ $S + S$ が $\mathbb{Z}_n$ の平方数を1つも含まないならば,$|S| \leq 11n/32$ であることを証明していることに鑑みて,エルデーシュ-シルヴァーマン問題のモジュラー版に対してベストポシブルである.

J. C. Lagarias, A. M. Odlyzko & J. B. Shearer, On the density of sequences of integers the sum of no two of which is a square, I. Arithmetic progressions, *J. Combin. Theory Ser. A*, **33**(1982) 167–185; II. General sequences, **34**(1983) 123–139; *MR* **85d**:11015ab.

| E9 | 項の対の和が多くの値をとるような類への (整数の) 分割 |

絶対定数 $c$ および任意の $k$ に対し,$n_0 = n_0(k)$ が存在して,任意の $n > n_0$ に対し,$n$ 以下の整数を $k$ 個の類 $\{a_i^{(j)}\}$, $(1 \leq j \leq k)$ に分割するとき,$n$ 以下の異なる整数で,

ある $j$ に対し, $a_{i_1}^{(j)} + a_{i_2}^{(j)}$ と表されるものの個数は $cn$ より大であるというロスの予想はエルデーシュ-シャルケジー-ショーシュによって確立された.

彼らはまた, 和を積でおきかえた問題も考察しており, $k=2$ の場合は未解決である.

Noga Alon, M. Nathanson & I. Z. Ruzsa, Adding distinct congruence classes modulo a prime, *Amer. Math. Monthly*, **102**(1995) 250–255; *MR* **95k**:11009.

Y. Bilu, Addition of sets of integers of positive density, *J. Number Theory*, **64**(1997) 233–275; *MR* **98e**:11013.

P. Erdős & A. Sárközy, On a conjecture of Roth and some related problems, II, in R. A. Mollin (ed.) *Number Theory*, Proc. 1st Conf. Canad. Number Theory Assoc., Banff 1988, de Gruyter, 1990, 125–138.

P. Erdős, A. Sárközy & V. T. Sós, On a conjecture of Roth and some related problems, I, *Colloq. Math. Soc. Janos Bolyai* (1992) –

Andrew Granville & Friedrich Roesler, The set of differences of a given set, *Amer. Math. Monthly*, **106**(1999) 338–344.

I. Z. Ruzsa, Sets of sums and differences, *Sém. Théorie Nombres*, (*Paris* 1982/1983) 267–273.

I. Z. Ruzsa, On the number of sums and differences, *Acta Math. Hungar.*, **59**(1992) 439–447; *MR* **93h**:11025.

I. Z. Ruzsa, Generalized arithmetical progressions and sumsets, *Acta Math. Hungar.*, **65**(1994) 379–388; *MR* **95k**:11011.

## E10 ファン・デア・ヴェルデン定理, セメレディ定理, A.P. を含むような類への整数の分割

ファン・デア・ヴェルデンの有名な定理は, 各 $l$ に対し $n(h,l)$ 以下の整数を $h$ 個の類に分割するとき, 少なくとも1つの類が $l+1$ 項からなる等差数列 (A.P.) を含むような定数 $n(h,l)$ が存在することを主張する. より一般に, $l_0, l_1, \ldots, l_{h-1}$ が与えられたとき, $l_i+1$ 項の A.P. を含む類 $V_i (0 \leq i \leq h-1)$ が常に存在するような定数 $n(h; l_0, l_1, \ldots, l_{h-1})$ が存在する. このような $n(h,l)$ の最小値を $W(h,l)$, また一般の場合には $W(h; l_0, l_1, \ldots, l_{h-1})$ で表す.

フヴァタルは, $W(2;2,2) = 9$, $W(2;2,3) = 18$, $W(2;2,4) = 22$, $W(2;2,5) = 32$, $W(2;2,6) = 46$ を計算し, ビーラー-オニールは, $W(2;2,7) = 58$, $W(2;2,8) = 77$, $W(2;2,9) = 97$ を与えた. $W(2;3,3) = 35$ および $W(2;3,4) = 55$ はフヴァタルが発見し, $W(2;3,5) = 73$ はビーラー-オニールが見出した. スティーヴンス-シャンタラムは $W(2;4,4) = 178$ を求め, フヴァタルは $W(3;2,2,2) = 27$ を, ブラウンは $W(3;2,2,3) = 51$ を求めている. ビーラー-オニールは $W(4;2,2,2,2) = 76$ も計算している.

ファン・デア・ヴェルデン定理の証明の多くは, $W(h,l)$ の弱い評価しか与えない. エルデーシュ-ラドーは, $W(h,l) > (2lh^l)^{\frac{1}{2}}$ を示し, モーザー, シュミット, ベルレカンプは引き続いてこの下界を

$$W(h,l) > lh^{c \ln h} \quad \text{さらに} \quad W(h,l) > h^{l+1-c\sqrt{(l+1)\ln(l+1)}}$$

まで改良した. $l \geq 5$ のときモーザーの評価は, アボット-リューによって
$$W(h,l) > h^{c_s(\ln h)^s}$$
まで改良された. ここで, $s$ は $2^s \leq l < 2^{s+1}$ によって定義される. また, エヴァーツは, ベルレカンプの結果よりよい場合もある $W(h,l) > lh^l/4(l+1)^2$ を示した. $h=2$ に対し, サボーは最近 $W(2,l) > 2^l/l^\epsilon$ を証明した. 上界の方は, 大きさが 'ackermanic' のままであったが, セラーの証明が 'wowser' まで縮小した. ——これらの隠語の説明についてはグラハム-ロスチャイルド-スペンサーの書を参照のこと.

$l+1=k$ のとき, 上述の関数と深く関連する関数としてエルデーシュ-トゥランがかなり以前に導入して有名になった $r_k(n)$ がある: $n$ を超えない $r$ 項の数列 $1 \leq a_1 < a_2 < \cdots < a_r \leq n$ が $k$-項の A.P. を含むような最小の $r$ をこのように表す. $k=3$ のときの最良の限界はベーレンド, ロス, モーザーの得たものである:
$$n\exp(-c_1\sqrt{\ln n}) < r_3(n) < c_2 n/\ln\ln n$$
$k$ の値がより大のときは, ランキンが
$$r_k(n) > n^{1-c_s/(\ln n)^{s/(s+1)}}$$
を得ている. ここで, $s$ は以前とほとんど同様 $2^s < k \leq 2^{s+1}$ で定義される.

問題の大きな突破口を開いたのは, すべての $k$ に対し, $r_k(n) = o(n)$ を主張するセメレディの結果である. しかし, セメレディ自身の証明も, フルステンバーグやカッツネルソン-オルンステイン (Thouvenot 論文参照) の証明も $r_k(n)$ の評価を与えるものではない. エルデーシュは,

$$¿ \quad \text{すべての } t \text{ に対し } r_k(n) = o(n(\ln n)^{-t}) \quad ?$$

を予想した. この予想から, すべての $k$ に対し, A.P. 中に $k$ 個の素数があることがしたがう. 潜在的に個数の計量までを含んだエルデーシュの予想に関しては, **A5** 参照. この予想からセメレディ定理がしたがう.

ガウワーズらは $r_3(n) < cn/(\ln\ln n)^{2/3}$ および $r_k(n) < n/(\ln\ln\ln n)^{c_k}$ を示した.

エルデーシュ-トゥラン問題に密接に関連した別の予想にモーザーのものがある. それは, 整数を 3 進法で $n = \sum a_i 3^i$ $(a_i = 0, 1, 2)$ のように表し, $n$ に無限次元ユークリッド空間の格子点 $(a_1, a_2, a_3, \ldots)$ を対応させる写像を考察するときに現れる. その像が共線のとき整数自身も共線とよんだ; たとえば, $35 \to (2,2,0,1,0,\ldots)$, $41 \to (2,1,1,1,0,\ldots)$, $47 \to (2,0,2,1,0,\ldots)$ は共線である. モーザーの予想は, どの 3 項も共線でないような数列の密度はすべて 0 であるというものである. 整数が共線なら, それらは A.P. にあるが, 逆は必ずしもなりたたない. (たとえば, $16 \to (1,2,1,0,0,\ldots)$, $24 \to (0,2,2,0,0,\ldots)$, $32 \to (2,1,0,1,0,\ldots)$ は共線でない). したがって, モーザーの予想からロスの定理 $r_3(n) = o(n)$ がしたがう.

$n$-次元立方体内の格子点で, 各辺に 3 点があり, どの 3 点も一直線上にないような格子点の最大数を $f_3(n)$ とするとき, モーザーは, $f_3(n) > c 3^n/\sqrt{n}$ を示した. $f_3(n)/3^n$ が極限に近づくことは容易にわかる. 極限は 0 か? フヴァタルは, モーザーの結果の定数を $3/\sqrt{\pi}$ に改良し, 次の値を計算した: $f_3(1) = 2$, $f_3(2) = 6$, $f_3(3) = 16$. $f_3(4) \geq 43$

は既知であった．

より一般に，$n$-次元立方体が各辺に $k$ 個の格子点をもつとき，モーザーは，$k$ 個が共線でないような格子点の最大数 $f_k(n)$ の評価を問題とした．十分大の $n$ に対し，$k^n$ 個の格子点を $h$ 個の類へ任意に分割するとき，$k$ 個の点が一直線上にあるような類が存在することを主張するヘイルズ-ジュウェットの定理は，$n$-次元の $k$-個並び (tic-tac-toe チックタックトウ) に応用できる．整数の $k$-進展開 $\sum a_i k^i$ に格子点 $(a_0, a_1, \ldots, a_{n-1})$，$(0 \leq a_i \leq k-1)$ を対応させることによって，この定理からファン・デア・ヴェルデン定理が導かれる．任意の $c$ と十分大の $n$ に対し，$ck^n/\sqrt{n}$ 個の格子点を選んで，そのうち $k$ 個が一直線上にないようにできるかどうかは知られていない．「ある」$c$ に対して主張がなりたつことは「既知」である．以下で引用するリデルの 2 番目の論文の不等式 (4) から

$$f_k(n) > k^{n+1}/(2\pi e^3 (k-1)n)^{\frac{1}{2}}$$

となる．したがって，ある $c$ に対し，$ck^n/\sqrt{n}$ 個の点からなる「共線のない」集合をえらぶことができる．逆の方向では，$f_3(n) \leq 16 \cdot 3^{n-3}$ を得ている．またこれらの結果を得る際に，モーザーのインスピレーションが役立ったことを認めている．

グリーディーアルゴリズムを用いて A.P. を含まない数列を構成すれば，得られた数列はあまり稠密でないが，興味深いものが得られる場合もある．オドルィシュコ-スタンリーは，$a_0 = 0, a_1 = m$ なる正の整数列 $S(m)$ で，各 $a_{n+1}$ が $a_n$ より大の最小数，したがって，$a_0, a_1, \ldots, a_{n+1}$ は 3 項の A.P. を含まないようなものを構成している．たとえば

$S(1)$: 0, 1, 3, 4, 9, 10, 12, 13, 27, 28, 30, 31, 36, 37, 39, 40, 81, 82, 84, 85, 90, 91, 93, 94, 108, 109, 111, 112, 117, 118, 120, ...

$S(4)$: 0, 4, 5, 7, 11, 12, 16, 23, 26, 31, 33, 37, 38, 44, 49, 56, 73, 78, 80, 85, 95, 99, 106, 124, 128, 131, 136, 143, ...

である．$m$ が 3 のベキか 3 のベキの 2 倍のとき，オドルィシュコ-スタンリー列の個数はかなり容易に記述できる ($S(1)$ を 3-進展開する) が他の値に対してはその挙動はきわめて複雑である．増加の割合は同じであるように思われるが，いまだ証明されていない．

4 項の A.P. を含まないこのタイプの数列のうち「最も簡単な」ものは

0, 1, 2, 4, 5, 7, 8, 9, 14, 15, 16, 18, 25, 26, 28, 29, 30, 33, 36, 48, 49, 50, 52, 53, 55, 56, 57, 62, ...

である．この数列を簡単に記述できるか？ 増加速度はどのくらいか？

集合 $S$ のスパンを $\max S - \min S$ と定義するとき，$k$-項の A.P. を含まない $n$ 個の整数の集合の最小スパン $\mathrm{sp}(k,n)$ は何か？ レイナー・ローゼンタールは次の表を訂正・拡充した:

$n =$ 3 4 5 6 7 8 9 10 11 12 13 14 15 16 17 ...
$\mathrm{sp}(3,n) =$ 3 4 8 10 12 13 19 23 25 29 31 35 39 40 50 ...
$\mathrm{sp}(4,n) =$    4 5 7 8 9 12 14 16 18 20 22 24 26 27 ...

アボットは，セメレディ定理から，各 $k \geq 3$ に対し，数列 $\{\mathrm{sp}(k, n+1) - \mathrm{sp}(k, n)\}$ の非有界性がしたがうことに注意し，有界な部分列を含むかどうかを問うている．

アルフレッド・ブラウアーの論文で，**E10** から **E14** の内容に関連した，それ以前の浩瀚な文献を含むものを **F6** で引用してある．

H. L. Abbott & D. Hanson, Lower bounds for certain types of van der Waerden numbers, *J. Combin. Theory*, **12**(1972) 143–146.

H. L. Abbott & A. C. Liu, On partitioning integers into progression free sets, *J. Combin. Theory*, **13**(1972) 432–436; *MR* **46** #3325.

H. L. Abbott, A. C. Liu & J. Riddell, On sets of integers not containing arithmetic progressions of prescribed length, *J. Austral. Math. Soc.*, **18**(1974) 188–193; *MR* **57** #12441.

Noga Alon & Ayal Zaks, Progressions in sequences of nearly consecutive integers, *J. Combin. Theory Ser. A*, **84**(1998) 99–109; *MR* **99g**:11018.

Michael D. Beeler & Patrick E. O'Neil, Some new van der Waerden numbers, *Discrete Math.*, **28**(1979) 135–146; *MR* **81d**:05003.

F. A. Behrend, On sets of integers which contain no three terms in arithmetical progression, *Proc. Nat. Acad. Sci. USA* **32**(1946) 331–332; *MR* **8**, 317.

V. Bergelson & A. Leibman, Polynomial extensions of van der Waerden's and Szemerédi's theorems, *J. Amer. Math. Soc.*, **9**(1996) 725–753; *MR* **99j**:11013.

E. R. Berlekamp, A construction for partitions which avoid long arithmetic progressions, *Canad. Math. Bull.*, **11**(1968) 409–414; *MR* **38** #1066.

E. R. Berlekamp, On sets of ternary vectors whose only linear dependencies involve an odd number of vectors, *Canad. Math. Bull.*, **13**(1970) 363–366; *MR* **43** #3277.

J. Bourgain, On arithmetic progressions in sums of sets of integers, *A tribute to Paul Erdős*, 105–109, Cambridge Univ. Press, 1990; *MR* **92e**:11011.

Thomas C. Brown, Some new Van der Waerden numbers, Abstract 74T-A113, *Notices Amer. Math. Soc.*, **21**(1974) A-432.

T. C. Brown, Behrend's theorem for sequences containing no $k$-element progression of a certain type, *J. Combin. Theory Ser. A*, **18**(1975) 352–356; *MR* **51** #5543.

Tom C. Brown & Peter Shiue Jau-Shyong, On the history of van der Waerden's theorem on arithmetic progressions, *Tamkang J. Math.*, **32**(2001) 335–341; *MR* **2002h**:11012.

Tom C. Brown, Ronald L. Graham & Bruce M. Landman, On the set of common differences in van der Waerden's theorem on arithmetic progressions, *Canad. Math. Bull.*, **42**(1999) 25–36; *MR* **2000f**:11010.

Ashok K. Chandra, On the solution of Moser's problem in four dimensions, *Canad. Math. Bull.*, **16**(1973) 507–511; *MR* **50** #1944.

V. Chvátal, Some unknown van der Waerden numbers, in *Combinatorial Structures and their Applications*, Gordon and Breach, New York, 1970, 31–33; *MR* **42** #1793.

Thierry Coquand, A constructive topological proof of van der Waerden's theorem, *J. Pure Appl. Algebra* **105**(1995) 251–259; *MR* **97b**:03080.

J. A. Davis, R. C. Entringer, R. L. Graham & G. J. Simmons, On permutations containing no long arithmetic progressions, *Acta Arith.*, **34**(1977/78) 81–90; *MR* **58** #10705.

W. Deuber, On van der Waerden's theorem on arithmetic progressions, *J. Combin. Theory Ser. A*, **32**(1982) 115–118; *MR* **83e**:10082.

P. Erdős, Some recent advances and current problems in number theory, in *Lectures on Modern Mathematics*, Wiley, New York, **3**(1965) 196–244.

P. Erdős & R. Rado, Combinatorial theorems on classifications of subsets of a given set, *Proc. London Math. Soc.*(3), **2**(1952) 417–439; *MR* **16**, 445.

P. Erdős & J. Spencer, *Probabilistic Methods in Combinatorics*, Academic Press, 1974, 37–39.

P. Erdős & P. Turán, On some sequences of integers, *J. London Math. Soc.*, **11**(1936) 261–264.

F. Everts, PhD thesis, Univ. of Colorado, 1977.

H. Furstenberg, Ergodic behaviour of diagonal measures and a theorem of Szemerédi on arithmetic progressions, *J. Analyse Math.*, **31**(1977) 204–256; *MR* **58** #16583.

H. Furstenberg & E. Glasner, Subset dynamics and van der Waerden's theorem, *Topological dynamics and applications (Minneapolis MN*, 1995) 197–203, *Contemp. Math.*, **215** Amer. Math. Soc., 1998; *MR* **99d**11010.

Joseph L. Gerver & L. Thomas Ramsey, Sets of integers with no long arithmetic progressions generated by the greedy algorithm, *Math. Comput.*, **33**(1979) 1353–1359; *MR* **80k**:10053.

Joseph Gerver, James Propp & Jamie Simpson, Greedily partitioning the natural numbers into sets free of arithmetic progressions, *Proc. Amer. Math. Soc.*, **102**(1988) 765–772; *MR* **89f**:11026.

W. T. Gowers, A new proof of Szemerédi's theorem for arithmetic progressions of length four, *Geom. Funct. Anal.*, **8**(1998) 529–551; *MR* **2000d**:11019.

W. T. Gowers, A new proof of Szemerédi's theorem, *Geom. Funct. Anal.*, **11**(2001) 465–588; *MR* **2002k**:11014; erratum **11**(2001) 869.

W. T. Gowers, Arithmetic progressions in sparse sets, *Current developments in mathematics*, 2000, 149–196, Int. Press, Somerville MA, 2001; *MR* **2003a**:11011.

R. L. Graham & B. L. Rothschild, A survey of finite Ramsey theorems, *Proc. 2nd Louisiana Conf. Combin., Graph Theory, Comput., Congr. Numer.*, **3**(1971) 21–40; *MR* **47** #4805.

R. L. Graham & B. L. Rothschild, A short proof of van der Waerden's theorem on arithmetic progressions, *Proc. Amer. Math. Soc.*, **42**(1974) 385–386; *MR* **48** #8257.

Ronald L. Graham, Bruce L. Rothschild & Joel H. Spencer, *Ramsey Theory*, 2nd edition, Wiley-Interscience, 1990.

G. Hajós, Über einfache und mehrfache Bedeckungen des $n$-dimensionalen Raumes mit einem Würfelgitter. *Math. Z.*, **47**(1942) 427–467; *MR* **3**, 302b.

A. W. Hales & R. I. Jewett, Regularity and positional games, *Trans. Amer. Math. Soc.*, **106**(1963) 222–229; *MR* **26** #1265.

A. Y. Khinchin, *Three Pearls of Number Theory*, Graylock Press, Rochester NY, 1952, 11-17.

Bruce M. Landman, An upper bound for van der Waerden-like numbers using $k$ colors, *Graphs Combin.*, **9**(1993) 177–184; *MR* **94d**:11006.

Bruce M. Landman & Raymond N. Greenwell, Some new bounds and values for van der Waerden-like numbers, *Graphs Combin.*, **6**(1990) 287–291; *MR* **91k**:11023.

G. Mills, A quintessential proof of van der Waerden's theorem on arithmetic progressions, *Discrete Math.*, **47**(1983) 117–120; *MR* **84k**:05014.

L. Moser, On non-averaging sets of integers, *Canad. J. Math.*, **5**(1953) 245-252; *MR* **14**, 726d, 1278.

Leo Moser, Notes on number theory II. On a theorem of van der Waerden, *Canad. Math. Bull.*, **3**(1960) 23–25; *MR* **22** #5619.

L. Moser, Problem 21, *Proc. Number Theory Conf.*, Univ. of Colorado, Boulder, 1963, 79.

L. Moser, Problem 170, *Canad. Math. Bull.*, **13**(1970) 268.

Irene Mulvey, Recurrent ideas in number theory: the multiple Birkhoff recurrence theorem used to prove van der Waerden's theorem, *Math. Mag.*, **70**(1997) 358–361.

A. M. Odlyzko & R. P. Stanley, Some curious sequences constructed with the greedy algorithm, Bell Labs. internal memo, 1978.

Carl Pomerance, Collinear subsets of lattice-point sequences – an analog of Szemerédi's theorem, *J. Combin. Theory Ser. A*, **28**(1980) 140–149; *MR* **81m**: 10104.

Jim Propp, What are the laws of greed?, *Amer. Math. Monthly* **96**(1989) 334–336.

John R. Rabung, On applications of van der Waerden's theorem, *Math. Mag.*, **48**(1975) 142–148.

John R. Rabung, Some progression-free partitions constructed using Folkman's method, *Canad. Math. Bull.*, **22**(1979) 87–91; *MR* **51** #3092.

R. Rado, Note on combinatorial analysis, *Proc. London Math. Soc.*, **48**(1945) 122–160; *MR* **5**,

87a.

R. A. Rankin, Sets of integers containing not more than a given number of terms in arithmetical progression, *Proc. Roy. Soc. Edinburgh Sect. A*, **65** (1960/61) 332–334; *MR* **26** #95.

J. Riddell, On sets of numbers containing no $l$ terms in arithmetic progression, *Nieuw Arch. Wisk.* (3), **17**(1969) 204–209; *MR* **41** #1678.

J. Riddell, A lattice point problem related to sets containing no $l$-term arithmetic progression, *Canad. Math. Bull.*, **14**(1971) 535–538; *MR* **48** #265.

K. F. Roth, Sur quelques ensembles d'entiers, *C.R. Acad. Sci. Paris*, **234**(1952) 388–390; *MR* **13**, 724d.

K. F. Roth, On certain sets of integers, *J. London Math. Soc.*, **28**(1953) 104–109; *MR* **14**, 536; (& see **29**(1954) 20–26; *MR* **15**, 288f); *J. Number Theory*, **2**(1970) 125–142; *MR* **41** #6810; *Period. Math. Hungar.*, **2**(1972) 301–326; *MR* **51** #5546.

R. Salem & D. C. Spencer, On sets of integers which contain no three terms in arithmetic progession, *Proc. Nat. Acad. Sci.*, **28**(1942) 561–563; *MR* **4**, 131.

R. Salem & D. C. Spencer, On sets which do not contain a given number in arithmetical progession, *Nieuw Arch. Wisk.* (2), **23**(1950) 133–143; *MR* **11**, 417e.

H. Salié, Zur Verteilung natürlicher Zahlen auf elementfremde Klassen, *Ber. Verh. Sächs. Akad. Wiss. Leipzig*, **4**(1954) 2–26; *MR* **15**, 934e.

Wolfgang M. Schmidt, Two combinatorial theorems on arithmetic progressions, *Duke Math. J.*, **29**(1962) 129–140; *MR* **25** #1125.

S. Shelah, Primitive recursive bounds for van der Waerden numbers, *J. Amer. Math. Soc.*, **1**(1988) 683–697; *MR* **89a**:05017.

G. J. Simmons & H. L. Abbott, How many 3-term arithmetic progressions can there be if there are no longer ones? *Amer. Math. Monthly* **84**(1977) 633–635; *MR* **57** #3056.

R. S. Stevens & R. Shantaram, Computer generated van der Waerden partitions, *Math. Comput.*, **32**(1978) 635–636; *MR* **58** #10714.

Zoltán István Szabó, An application of Lovász' local lemma—a new lower bound for the van der Waerden number, *Random Structures Algorithms*, **1**(1990) 343–360; *MR* **92c**:11011.

E. Szemerédi, On sets of integers containing no four terms in arithmetic progression, *Acta Math. Acad. Sci. Hungar.*, **20**(1969) 89–104; *MR* **39** #6561.

E. Szemerédi, On sets of integers containing no $k$ elements in arithmetic progression, *Acta Arith.*, **27**(1975) 199–245; *MR* **51** #5547.

J. P. Thouvenot, La démonstration de Furstenberg du théorème de Szemerédi sur les progressions arithmétiques, *Lect. Notes in Math.*, Springer Berlin, **710**(1979) 221–232; *MR* **81c**:10072.

V. H. Vu, On a question of Gowers, *Ann. Comb.*, **6**(2002) 229–233; *MR* **2003k**:11013.

B. L. van der Waerden, Beweis einer Baudet'schen Vermutung, *Nieuw Arch. Wisk.* (2), **15**(1927) 212–216.

B. L. van der Waerden, How the proof of Baudet's conjecture was found, in *Studies in Pure Mathematics*, Academic Press, London, 1971, 251–260; *MR* **42** #5764 (no review).

E. Witt, Ein kombinatorische Satz der Elementargeometrie, *Math. Nachr.*, **6**(1952) 261–262; *MR* **13**, 767d.

**OEIS** A003278, A005048, A005487, A005823, A005836, A005839, A032924, A054591.

| E11 | シューアの問題，整数のサムフリーな類への分割 |
|---|---|

シューアは，$n!e$ より小の整数を $n$ 個の類にどのように分けても，方程式 $x+y=z$ が

1つの類の中で解けることを証明した. 整数 $[1, s(n)]$ の $n$ 個の類への分割が存在して, どの類においても上記方程式が解けないような最大整数を $s(n)$ とする. アボット-モーザーは, ある $c$ と十分大の $n$ に対し, 下からの評価 $s(n) > (89)^{n/4 - c \ln n}$ を得た. アボット-ハンソンは, シューア自身の評価 $s(n) \geq (3^n + 1)/2$ を改良して $s(n) > c(89)^{n/4}$ を得た. この最後の結果は, $n = 1, 2, 3$ のときは鋭いが, $n$ の値が大きくなると不十分な評価しか与えない. $s(4) = 44$ はバウマートが計算した: たとえば, 最初の 44 個の整数は 4 個の和を含まない類に分割される.

$$\{1,3,5,15,17,19,26,28,40,42,44\}, \quad \{2,7,8,18,21,24,27,33,37,38,43\},$$
$$\{4,6,13,20,22,23,25,30,32,39,41\}, \quad \{9,10,11,12,14,16,29,31,34,35,36\}.$$

その後フレードリクセンが $s(5) \geq 157$ を示し (その例については **E12** 参照), これにより, その後のシューア数の下界を改良した: $s(n) \geq c(315)^{n/5}$ $(n > 5)$.

ロバート・アーヴィングは, シューアの上界 $\lfloor n! e \rfloor$ をわずかに改良して $\lfloor n!(e - \frac{1}{24}) \rfloor$ を得た. この結果は, オサリヴァンの学位論文 (**E28** 参照) にも現れている. ユージーン・レヴァインは, これがラムゼイ数 $R(3,3,3,3) \leq 65$ であるというジョン・フォルクマンの結果から導かれる最良のものであろうと述べている. また, シンツェルは, アーヴィングの結果として言及されているが, アーヴィング自身は, それをアール・グレン・ホワイトヘッドによるものとしていることに注意している.

$s, y$ が異なるとするとき, アーヴィングは, 対応する限界が $\lfloor \frac{1}{2}(2n+1) e \cdot n! \rfloor + 2$ であることを示し, ボーンシュテインがそれを $\lfloor n! n e \rfloor + 1$ まで少し改良した.

$\{1, 2, \ldots, v\}$ の $n$ 個の部分集合への任意の分割の中に, (必ずしも異なるとは限らない) $a_1, \ldots, a_m$ で, $a_1 + \ldots + a_{m-1} = a_m$ をみたすものを含む部分集合が存在するような最小の $v$ を $v = \sigma(m, n)$ で表すとき $s(n) = \sigma(3, n)$ であり, ボイテルシュパッヒャー-ブレストヴァンスキーは, $\sigma(m, 1) = m - 1$ および $\sigma(2, n) = 1$ に注意し, $\sigma(m, 2) = m^2 - m - 1$ を証明している. 2 人は, 3 個のサムフリー部分集合があるような 6-分割および 7-分割の例を示すことによって $\sigma(3, 6) \geq 476$ および $\sigma(3, 7) \geq 1430$ を証明した. したがって, $n \geq 7$ に対し, $\sigma(3, n) \geq \frac{1}{2}(2859 \cdot 3^{n-7} + 1)$ がしたがう. さらに, 等差数列のシューア数も定義し研究している.

E. セケレス-G. セケレスおよびシェーンハイムは, ビル・サンヅが非シューア問題とよぶものを研究した. 整数 $[1, n]$ の 3 個の類への分割がアドミシブルであるとは,「異なる」類からとった $x, y, z$ は, 方程式 $x + y = z$ の解に「ならない」ときをいう. 各類の大きさが $> \frac{1}{4} n$ であるようなアドミシブル分割は存在しない.

整数を $r$ 個の類に分割するとき, ある類が 3 個の異なる整数 $x, y, z$ で $\frac{1}{x} + \frac{1}{y} = \frac{1}{z}$ をみたすものを含むという命題は正しいか? T. C. ブラウンは, $r = 2$ に対してこの命題を検証した.

Harvey L. Abbott, PhD thesis, Univ. of Alberta, 1965.

H. L. Abbott & D. Hanson, A problem of Schur and its generalizations, *Acta Arith.*, **20**(1972) 175–187; *MR* **47** #8475.

H. L. Abbott & L. Moser, Sum-free sets of integers, *Acta Arith.*, **11**(1966) 393–396; *MR* **34** #69.

L. D. Baumert, Sum-free sets, *Jet Propulsion Lab. Res. Summary, No. 36-10*, **1**(1961) 16–18.

Albrecht Beutelspacher & Walter Brestovansky, Generalized Schur numbers, in Combinatorial Theory, *Springer Lecture Notes in Math.*, **969**(1982) 30–38; *MR* **84f**:10019.

Pierre Bornsztein, On an extension of a theorem of Schur, *Acta Arith.*, **101** (2002) 395–399; *MR* **2002k**:11028.

S. L. G. Choi, The largest sum-free subsequence from a sequence of $n$ numbers, *Proc. Amer. Math. Soc.*, **39**(1973) 42–44; *MR* **47** #1771.

S. L. G. Choi, J. Komlós & E. Szemerédi, On sum-free subsequences, *Trans. Amer. Math. Soc.*, **212**(1975) 307–313; *MR* **51** #12769.

Paul Erdős, Some problems and results in number theory, in *Number Theory and Combinatorics* (Japan, 1984) World Sci. Publishing, Singapore, 1985, 65–87; *MR* **87g**:11003.

H. Fredricksen, Five sum-free sets, *Proc. 6th SE Conf. Graph Theory, Combin. & Comput., Congressus Numerantium* **14** Utilitas Math., 1975, 309–314; *MR* **52** #13715.

R. W. Irving, An extension of Schur's theorem on sum-free partitions, *Acta Arith.*, **25**(1973/74) 55–64; *MR* **49** #2418.

J. Komlós, M. Sulyok & E. Szemerédi, Linear problems in combinatorial number theory, *Acta Math. Acad. Sci. Hungar.*, **26**(1975) 113–121; *MR* **51** #342.

L. Mirsky, The combinatorics of arbitrary partitions, *Bull. Inst. Math. Appl.*, **11**(1975) 6–9; *MR* **56** #148.

J. Schönheim, On partitions of the positive integers with no $x$, $y$, $z$ belonging to distinct classes satisfying $x+y=z$, *Number Theory, Proc. 1st Conf. Canad. Number Theory Assoc., Banff* 1988, de Gruyter, 1990, 515–528; *MR* **92d**:11018.

I. Schur, Über die Kongruenz $x^m+y^m \equiv z^m$ mod $p$, *Jahresb. Deutsche Math.-Verein.*, **25**(1916) 114–117.

Esther & George Szekeres, Adding numbers, *James Cook Math. Notes*, **4** no. 35(1984) 4073–4075.

W. D. Wallis, A. P. Street & J. S. Wallis, *Combinatorics: Room Squares, Sum-free Sets, Hadamard Matrices*, Springer-Verlag, 1972.

Earl Glen Whitehead, The Ramsey number $N(3,3,3,3;2)$, *Discrete Math.*, **4**(1973) 389–396; *MR* **47** #3229.

Š. Znám, Generalisation of a number-theoretic result, *Mat.-Fyz. Časopis*, **16**(1966) 357–361; *MR* **35** #78.

Š. Znám, On $k$-thin sets and $n$-extensive graphs, *Math. Časopis*, **17**(1967) 297–307; *MR* **38** #1022.

**OEIS:** A030126, A045652.

## E12　シューアの問題：モジュラー版

シューアの問題のモジュラー版をアボット-ワンが考えた．
1から $m$ までの整数を $n$ 個の類に分割するとき，合同式
$$x + y \equiv z \bmod (m+1)$$
がどの類においても解をもたないような最大の整数 $t(n)$ で表す．そのとき，明らかに，シューアの問題における関数 $s(n)$(**E11**) に対し $t(n) \leq s(n)$ であるが，$n = 1, 2, 3$ の

ときは等号がなりたつ: $t(1) = s(1) = 1$, $t(2) = s(2) = 4$, $t(3) = s(3) = 13$. 実際, [1,13] を和を含まない集合に分割する仕方は次の 3 通りである.
$$\{1, 4, 10, 13\} \quad \{2, 3, 11, 12\} \quad \{5, 6, 8, 9\}$$
(どの場合も 7 を含まない). これらはどれも, 14 を法とした上記合同式をみたさない. 一方, バウマートの例 (**E11**) では, 2 番目の集合が唯一 $33 + 33 \equiv 21 \bmod 45$ という和を含む. バウマートは, [1,44] を 4 個のサムフリー集合に分割する方法を 112 通り見出しており, それらの中には, 45 を法としてサムフリーなものもある. したがって, $t(4) = 44$ である. 例をあげておく.
$$\{\pm 1, \pm 3, \pm 5, 15, \pm 17, \pm 19\}, \quad \{\pm 2, \pm 7, \pm 8, \pm 18, \pm 21\}$$
$$\{\pm 4, \pm 6, \pm 13, \pm 20, \pm 22, 30\}, \quad \{\pm 9, \pm 10, \pm 11, \pm 12, \pm 14, \pm 16\}.$$
アボット-ワンは, $f(n) = s(n) - \frac{1}{2}$ に対してなりたつ不等式
$$f(n_1 + n_2) \geq 2f(n_1)f(n_2)$$
を証明した. これから, シューアが得たのと同じ下界 $t(n) \geq (3^n + 1)/2$ が出てくる. 2 人は, $t(n) = s(n)$ を支持するエヴィデンスも得ている. さらに, フレドリクセンの例
$$\pm\{1, 4, 10, 16, 21, 23, 28, 34, 40, 43, 45, 48, 54, 60\},$$
$$\pm\{2, 3, 8, 9, 14, 19, 20, 24, 25, 30, 31, 37, 42, 47, 52, 65, 70\},$$
$$\pm\{5, 11, 12, 13, 15, 29, 32, 33, 35, 36, 39, 53, 55, 56, 57, 59, 77, 79\},$$
$$\pm\{6, 7, 17, 18, 22, 26, 27, 38, 41, 46, 50, 51, 75\},$$
$$\pm\{44, 49, 58, 61, 62, 63, 64, 66, 67, 68, 69, 71, 72, 73, 74, 76, 78\}$$
は $s(5) \geq 157$ を示すものであるが, これは, 158 を法としてサムフリーである. したがって, $t(5) \geq 157$ であり, また $t(n) > c(315)^{n/5}$ をもみたしている.

エルデーシュは, $n$ より小のすべての整数を $f(n)$ 個の類に分割して $n$ が 1 つの類の数の和にならないような最小の数を $f(n)$ と定義した. たとえば, $\{1, 3, 4, 5, 9\}, \{2, 6, 7, 8, 10\}$ という分割により, $f(11) = 2$ である. しかし, $f(12) = 3$ である. エルデーシュは, $f(n) < n^{1/3}/\ln n$ を証明したが, $f(n) > n^{1/3-\epsilon}$ は証明できなかった.

アロン-クライトマンは, (加法的) アーベル群の部分集合 $A$ のどの 2 元の和も $A$ に属さない, すなわち, $(A + A) \cap A$ が空集合のとき, $A$ をサムフリー (和を含まない) 集合と名づけ, アーベル群の $n$ 個の非零元の任意の集合が, 元数 $> \frac{2}{7}n$ のサムフリー部分集合を含むことを示した. 係数 $\frac{2}{7}$ が一般にベストポシブルであることは, レムトゥラ-ストリートの結果からしたがう. 特定の群の場合にはこの係数は改良できることがある. 2 人はさらに, $n$ 個の非零整数の集合は, 元数 $> \frac{1}{3}n$ のサムフリー部分集合を含むことを示している. ここで, $\frac{1}{3}$ は $\frac{12}{29}$ でおきかえることはできない. フュレディは, $\{1, 2, 3, 4, 5, 6, 8, 9, 10, 18\}$ という例によって, $\frac{1}{3}$ が $\frac{2}{5}$ でおきかえられないことを示した. $\frac{1}{3}$ はベストポシブルか?

**C9**, **C14** も参照のこと.

H. L. Abbott & E. T. H. Wang, Sum-free sets of integers, *Proc. Amer. Math. Soc.*, **67**(1977) 11-16; *MR* **58** #5571.

Noga Alon, Independent sets in regular graphs and sum-free subsets of finite groups, *Israel J. Math.*, **73**(1991) 247–256; *MR* **92k**:11024.

Noga Alon & Daniel J. Kleitman, Sum-free subsets, *A tribute to Paul Erdős*, Cambridge Univ. Press, Cambridge, 1990, 13–26; *MR* **92f**:11020.

Neil J. Calkin, On the number of sum-free sets, *Bull. London Math. Soc.*, **22**(1990) 141–144; *MR* **91b**:11015.

H. Fredricksen, Schur numbers and the Ramsey number $N(3,3,\ldots,3;2)$, *J. Combin. Theory Sec. A*, **27**(1979), 376–377; *MR* **81d**:05001.

Vsevolod F. Lev & Tomasz Schoen, Cameron-Erdős modulo a prime, *Finite Fields Appl.*, **8**(2002) 108–119; *MR* **2002k**:11029.

Vsevolod F. Lev, Tomasz Łuczak & Tomasz Schoen, Sum-free sets in abelian groups, *Israel J. Math.*, **125**(2001) 347–367; *MR* **2002i**:11023.

A. H. Rhemtulla & Anne Penfold Street, Maximum sum-free sets in elementary Abelian $p$-groups, *Canad. Math. Bull.*, **14**(1971) 73–80; *MR* **45** #2017; and see *Bull. Austral. Math. Soc.*, **2**(1970) 289–297; *MR* **41** #8519.

**OEIS:** A030126, A045652.

## E13 強サムフリー類への分割

トゥランは，$[m, 5m+3]$ の整数を任意の方法で2つに分割するとき，少なくともどちらかで，方程式 $x+y=z$ が $x \neq y$ なる解をもつこと，$[m, 5m+2]$ ではそれがなりたたないことを示した．$[m, 5m+2]$ を2個のサムフリー集合に分割する方法がただ一通りであることはズナムによって証明された．

トゥランは，$x, y$ が必ずしも等しくない場合も考察した．$[m, m+s]$ の整数を $n$ 個の類に分割するとき，そのうちの1つが $x+y=z$ の解を含むような最小の整数 $s$ を $s(m,n)$ とする．最初の問題に対応するトゥランの結果は，$s(m,2)=4m$ である．$s(n)$ を **E11** で定義した関数とするとき，明らかに $s(1,n)=s(n)-1$ であり，またアーヴィングの結果から $s(m,n) \leq m\lfloor n!(e-\frac{1}{24})-1\rfloor$ がしたがう．アボットとズナム (**E11** 参照) は，独立に $s(m,n) \geq 3s(m,n-1)+m$ なること，したがって $s(m,n) \geq m(3^n-1)/2$ に注意した．

アボット-ハンソンは，方程式 $x+y=z$ および $x+y+1=z$ のどちらも解をもたないような類を強サムフリーと名づけ，$[1,r]$ を任意の $n$ 個の類に分割するとき，その1つが上述方程式の解を含むような最小の $r$ を $r(n)$ とするとき，
$$r(m+n) \geq 2r(n)s(m)-r(n)-s(m)+1$$
を証明した．2人は，この評価を用いて $s(m,n)$ の下界を改良した；フレドリクセンの例と合せてアボット-ハンソンの方法で現在 $s(m,n) > cm(315)^{n/5}$ が得られている．

Š. Znám, Megjegyzések Turán Pál egy publikálatlan ereményéhez, *Mat. Lapok*, **14** (1963) 307–310.

# E14 ファン・デア・ヴェルデン問題とシューア問題のラドーによる一般化

ラドーは，ファン・デア・ヴェルデン問題とシューア問題の種々の一般化を考察した．たとえば，任意の自然数 $a, b, c$ に対し，区間 $[1, u]$ の整数を 2 個の類にどのように分割しようと少なくとも 1 つに $ax + by = cz$ の解が存在するような $u$ が存在することを証明している．定理には $u$ の値も与えられているが，その値は，シューアの元の問題におけると同様，ベストポシブルではない．たとえば，$2x + y = 5z$ に対し，ラドーの定理から $u = 20$ は出てくるが，結果自体は $u = 15$ でも正しい．ただし，それより小ではなりたたない：

$$\{1, 4, 5, 6, 9, 11, 14\} \quad \{2, 3, 7, 8, 10, 12, 13\}$$

のどちらも $2x + y = 5z$ の解を含まない．類を「3」個まで許せば，次の 3 個の類が $[1, 44]$ のすべての整数を含むことから，$u$ の最小の値は，45 であることがわかる．6, 7, 8, 9 などはダブって現れる．

$$\{1,4,5,6,9,11,14,16,19,20,21,24,26,29,31,34,36,39,41,44\},$$
$$\{2,3,7,8,10,12,13,15,17,18,22,23,27,28,32,33,37,38,42,43\},$$
$$\{6,7,8,9,25,30,35,40\}$$

ラドーは，非零整数係数 $a_i$ の方程式 $\sum a_i x_i = 0$ が与えられたとき，ある整数 $u(n)$ —最小と仮定してよい—が存在して，$[1, u(n)]$ の整数を $n$ 個の類にどのように分割しようと少なくとも 1 つの類に解が存在する場合，この方程式を **$n$-重正則**とよんだ．さらに，すべての $n$ に対して $n$-重のとき，方程式は**正則**であるといい，正則であるための十分条件は，$a_i$ のある部分集合に対して $\sum a_j = 0$ であることを示した．たとえば，$a_1 = a_2 = 1$, $a_3 = -1$ のとき，$u(n) = s(n)$ で，シューアの原問題に帰する．サリエとアボットは，$u(n)$ の下からの評価を研究した；参考文献に関しては **E10**, **E11** 参照．

上述の $a_1 = 2$, $a_2 = 1$, $a_3 = -5$ なる例は「正則でない」．それは，上で見たように 2-重，3-重正則ではあるが，4-重正則でないことが以下のようにしてわかるからである：すべての整数を $5^k l$ の形に表し—ここで $5 \nmid l$ とする—それらを，$k$ が偶数か奇数かにしたがって $l$ が $\equiv \pm 1$ か $\pm 2 \mod 5$ で分類した 4 個の類のどれか 1 つに収めるとき，どの類も $2x + y = 5z$ の解を含まないことが証明できる．

ラドーは，任意の $k$ に対し，$k$-正則であるが，$(k+1)$-正則でないような方程式が存在するかどうかを問うている．

方程式 $2x_1 + x_2 = 2x_3$, $x_1 + x_2 + x_3 = 2x_4$ に対し，サリエ，アボット，アボット-ハンソンは下からのよりよい評価を与えてきており，それぞれのサミットは，$u(n) > c(12)^{n/3}$, $c(10)^{n/3}$ である．

ヴェラ・ショーシュは，ラドーの方程式が，$[1, n]$ の部分集合で解をもたないようなものの最大元数を求める問題を提出した．たとえば，$a_1 = a_2 = 1$, $a_3 = -2$ に対し，答えは区間 $[n \exp(-\sqrt{\ln n}), n/(\ln n)^\alpha]$ 内にある．$a_1 = a_2 = 1$, $a_3 = a_4 = -1$ のとき，

シドン集合 (**C9** 参照) となり，元数は $\approx \sqrt{n}$ となる．$a_1 = a_2 = 1$, $a_3 = -1$ のとき，解は $n/2$ である．さらに一般に，$x_1 = x_2 = \ldots = 1$ がラドー方程式の解であるとき，最大元数が $o(n)$ であることも知られている．$\frac{1}{2} < \alpha < 1$ なるとき，最大元数は $n^\alpha$ の位数であろうか？

**E10–14** の問題と **C14–16** の問題を比較のこと．

Fan R. K. Chung & John L. Goldwasser, Integer sets containing no solution to $x + y = 3z$, *The Mathematics of Paul Erdős, I*, Springer, Berlin, 1997, 218–227; *MR* **97h**:11016.

Walter Deuber, Partitionen und lineare Gleichungssysteme, *Math. Z.*, **133** (1973) 109–123; *MR* **48** #3753.

R. Rado, Studien zur Kombinatorik, *Math. Z.*, **36**(1933) 424–480.

E. R. Williams, M. Sc. thesis, Memorial University, 1967.

## E15 ゲーベルの漸化式

F. ゲーベルは，漸化式 $x_0 = 1$,

$$x_n = (1 + x_0^2 + x_1^2 + \ldots + x_{n-1}^2)/n \qquad n = 1, 2, \ldots$$

[換言すれば，$n > 0$ に対し，$(n+1)x_{n+1} = x_n(x_n + n)$] から

$$x_1 = 2, 3, 5, 10, 28, 154, 3520, 1551880, 267593772160, \ldots$$

のようなかなり長い整数列が生成されることに注意した．しかし，ヘンドリク・レンストラが $x_{43}$ が整数でないことを見出した！

2乗のところを3乗にした漸化式は，$x_{89}$ まで整数を生成する．ヘンリー・イブステッドは，ベキ指数 $k$ の値と初期値 $a_0$ を色々変えて広汎な計算を行った．その結果を以下の表にしてある．表中の数字は，最初に非整数が現れる番号—ランク—を表す．

| $k$ | 2 | 3 | 4 | 5 | 6 | 7 | 8 | 9 | 10 | 11 |
|---|---|---|---|---|---|---|---|---|---|---|
| $x_1 = 2$ | 43 | 89 | 97 | 214 | 19 | 239 | 37 | 79 | 83 | 239 |
| $x_1 = 3$ | 7 | 89 | 17 | 43 | 83 | 191 | 7 | 127 | 31 | 389 |
| $x_1 = 4$ | 17 | 89 | 23 | 139 | 13 | 359 | 23 | 158 | 41 | 239 |
| $x_1 = 5$ | 34 | 89 | 97 | 107 | 19 | 419 | 37 | 79 | 83 | 137 |
| $x_1 = 6$ | 17 | 31 | 149 | 269 | 13 | 127 | 23 | 103 | 71 | 239 |
| $x_1 = 7$ | 17 | 151 | 13 | 107 | 37 | 127 | 37 | 103 | 83 | 239 |
| $x_1 = 8$ | 51 | 79 | 13 | 214 | 13 | 239 | 17 | 163 | 71 | 239 |
| $x_1 = 9$ | 17 | 89 | 83 | 139 | 37 | 191 | 23 | 103 | 23 | 169 |
| $x_1 = 10$ | 7 | 79 | 23 | 251 | 347 | 239 | 7 | 163 | 41 | 239 |
| $x_1 = 11$ | 34 | 601 | 13 | 107 | 19 | 478 | 37 | 79 | 31 | 389 |

ラファエル・ロビンソンは，ゲーベル列とは対照的に，漸化式

$$x_n x_{n-k} = a x_{n-p} x_{n-k+p} + b x_{n-q} x_{n-k+q} + c x_{n-r} x_{n-k+r}$$

が，$p+q+r=k$ をみたす任意の整数 $a \geq 0$，$b \geq 0$，$c \geq 0$，$p \geq 1$，$q \geq 1$，$r \geq 1$，$k$ に対して，初項 $x_0 = x_1 = \ldots = x_k = 1$ から整数を生成していくように見えることを注意した．

ゲーベル列をデイヴィッド・ボイドは $p$-進的に研究して，$x_n = f(n, x_{n-1})$ という漸化式に一般化した．ここで，$f(n,x) = x + g(x)/n$ で，$g(x)$ は整数係数の多項式である．たとえば，$g(x) = x(x-1)$ のときがゲーベル列である．ボイドは，$g(x)$ が7次の多項式で，最初の (たった！) 35530 項が整数であるような例を求めている．

ジム・プロップは，それぞれ
$$a(n)a(n-4) = a(n-1)a(n-3) + a(n-2)^2,$$
$$b(n)b(n-5) = b(n-1)b(n-4) + b(n-2)b(n-3)$$
で定義されるソモス-4列 $1, 1, 1, 1, 2, 3, 7, 23, 59, 314, \ldots$ およびソモス-5列 $1, 1, 1, 1, 1, 2, 3, 5, 11, 37, 83, \ldots$ の組合せ論的解釈が行われて，デイヴィッド・ゲイルの著書『自動蟻の跡を追って』に解説があることを周知させた．

David Boyd, Some sequences of nonintegers, *J. Integer Sequences* (submitted)
David Gale, Mathematical Entertainments, *Math. Intelligencer*, **13**(1991) No. 1, 40–43.
David Gale, *Tracking the Automatic Ant*, Springer, 1998, Chap. 1. Simple sequences with puzzling properties.
Henry Ibstedt, Some sequences of large integers, *Fibonacci Quart.*, **28**(1990) 200–203; *MR* **91h**:11011.
Janice L. Malouf, An integer sequence from a rational recursion, *Discrete Math.*, **110**(1992) 257-261; *MR* **93m**:11011.
Raphael M. Robinson, Periodicity of Somos sequences, *Proc. Amer. Math. Soc.*, **116**(1992) 613–619; *MR* **93a**:11012.
Michael Somos, Problem 1470, *Crux Mathematicorum*, **15**(1989) 208.

## E16  $3x+1$ 問題

L. コラッツは学生時代に，$a_{n+1} = a_n/2$ ($a_n$ even), $a_{n+1} = 3a_n + 1$ ($a_n$ は奇数) で定義される数列は，4, 2, 1, 4, ... (図16) というサイクルを除けば，次の意味で構造的にツリー的—すなわち，任意の整数 $a_1$ からスタートするとき，$a_n = 1$ となるような $n$ の値が存在する—かどうかを問うた．

エルデーシュは，「数学は，この種の問題を扱えるまでの発展はしていないのではないか」と述べたことがある．いずれにせよ，ジェフ・ラガリアスの1985年のマンスリー論文を見るかエリック・ローゼンダールのホームページ "On the $3x+1$ problem" にアクセスしてからアタックするのが妥当である．

2003年9月には，同年3月の記録を塗り替える以下の記録が生まれた．$a_1 = 25587533\,6134000063$ からスタートするとき，サイクルが最大
$$4830\,8572251691\,7423129398\,7863972468$$

まで到達できるというものである．しかし，もちろん，無限大まではるかに遠い道のりである．

シャローム・イライアハウは，サイクルの最小値が $>2^{40}$ のとき，その長さは，正の整数 $b$, 非負整数 $c$ および $k=301994$, $h=85137581$ に対して，$17087915b+kc$ であることを示した．ハルバイゼン-フンゲルビューラーは，イライアハウの判定条件を精密化し，オリヴェイラ・エ・シルヴァの計算結果を用いて，$3x+1$ 予想が，$3\cdot 2^{50}$ 以下の整数に対してなりたつことおよび自明でないサイクルの長さは少なくとも 102225496 であることを導出した．2003 年 9 月には，この下からの評価が 630000000 まで改良された．

クラシコフ-ラガリアスは，コンピュータ援用型証明法によって，$<x$ までの整数のうち，少なくとも $x^{0.84}$ は，その $3x+1$ 写像の下での前進軌道が 1 を含んでいることを示した．

ダニエル・ベルンシュタインは，当該予想が次の主張と同値であることを証明した：非負整数の増加列 $0 \leq d_0 < d_1 < \ldots$ に対し，2-進整数環 $\mathbb{Z}_2$ の 2 元を $Q=2^{d_0}+2^{d_1}+\ldots$, $N=\frac{-1}{3}2^{d_0}+\frac{-1}{9}2^{d_1}+\ldots$ のように定義するとき，関数 $\Phi(Q)=N$ が $\mathbb{Z}_2$ からそれ自身への全単射であることと同値である．さらに，正の整数は $\Phi((\frac{1}{3})\mathbb{Z})$ に含まれると予想した．ここで，$\mathbb{Z}$ は通常の整数である．

クランドールは，任意の奇数 $q>3$ に対し，その '$qx+1$ 問題' における軌道が 1 を含まないような整数 $m$ が存在すると予想した．たとえば，$q=5$ のとき，13, 33, 83, 13 があり，$q=181$ のとき，27, 611, 27 がある．フランコ-ポメランスは，漸近密度の意味で，クランドール予想がほとんどすべての $q$ に対してなりたつことを証明した．

関数 $T(n)=n/2$ ($n$ 偶数), $(3n+1)/2$ ($n$ 奇数) の逐次合成関数をつくっていくとき，$T^k(n)<n$ となるような最小の合成回数 $k$ として停止時刻 $s(n)$ を，$k>0$ における最大値 $T^k(n)$ として最大旅遊距離 $t(n)$ を定義することができる．$s(n)$, $t(n)$ は常に有限か？分散型計算プロジェクトサイト http://personal.computrain.nl/eric/wondrous では，$n \leq 2.52 \times 10^{17}$ まで $3x+1$ 予想を検証している．新しいループの候補としては，63 億桁が下界とされている．

$f(n)$ を定数関数または非常に緩増加な関数として，$t(n)<n^2 f(n)$ という評価がなりたつことを示唆するエヴィデンスが存在する：$t(n)/n^2$ の既知の値のうち最大のものは 7.527 で，$n=3716509988199$ のときである．76 個の記録保持数のうち 7 個のみが 1 より大の値をもつ．

$3a_n+1$ を $3a_n-1$ でおきかえる (あるいは負の整数まで許す) と，任意の列が $\{1,2\}$, $\{5,14,7,20,10\}$, $\{17,50,25,74,37,110,55,164,82,41,122,61,182,91,272,136,68,34\}$ のどれかのサイクルで終わることはありそうである．$a_1 \leq 10^8$ までこの予想は正しい．

デイヴィッド・ケイは $p|n$ のとき，$a_{n+1}=a_n/p$, $p \nmid a_n$ のとき，$a_{n+1}=a_n q+r$ と定義することによって，より一般の数列を導入し，コラッツ型問題が解けるような数 $p, q, r$ を求める問題を提示している．$(p,q,r)=(2,5,1)$ または $(2,7,1)$ のとき，任意の数列が不規則的であるにせよ急増加することはありそうであるが，何らかの結果を証明しよう

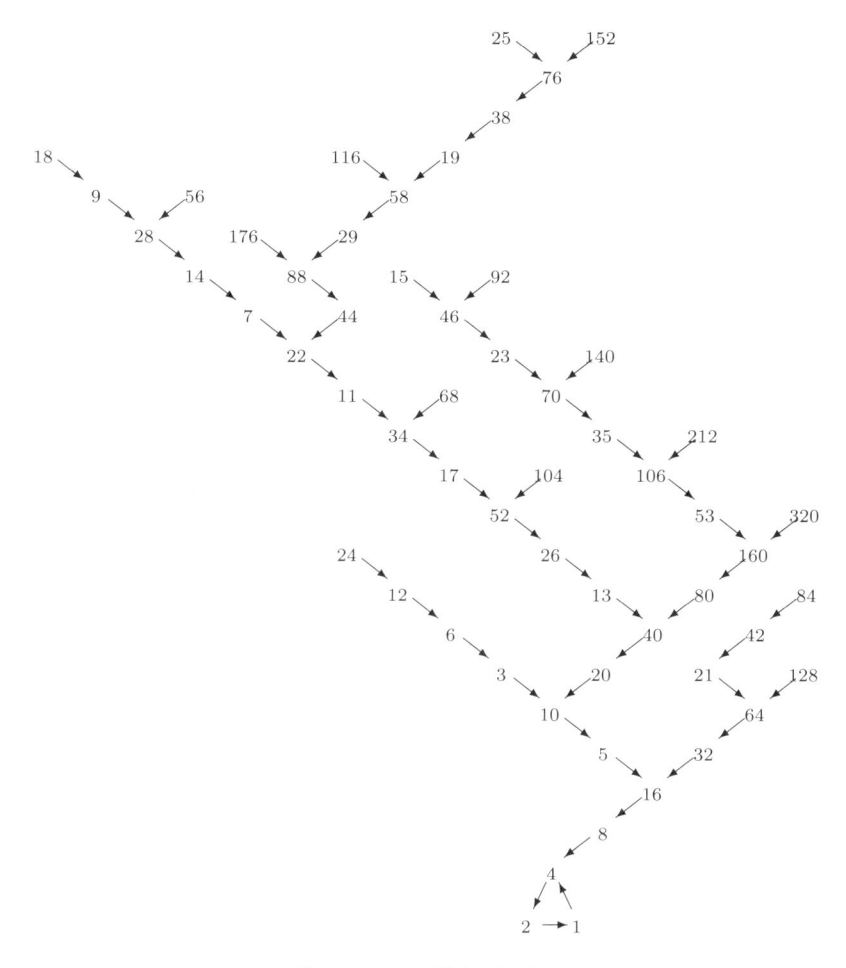

図 16 コラッツ列はツリー的か？

とすると元の問題と同じ程度に難解のようである．この問題に関する文献は膨大であり，証明を試みんとするものは，ラガリアスの著作を精査すべきである；上述のマンスリー論文および 50 ページにわたる解説付き文献表 http://arXiv.org/abs/math/0309224 を参照のこと．

$f(n)$ を $3n+1$ の最大の奇数の約数とするとき，ジミャーンは，整数 $n_i > 1$ の任意の重複列 $\{n_i\}$ に対し，
$$\prod_{i=1}^{m} n_i = \prod_{i=1}^{m} f(n_i)$$
がなりたつかどうか問うた．エルデーシュは，
$$65 \cdot 7 \cdot 7 \cdot 11 \cdot 11 \cdot 17 \cdot 17 \cdot 13 = 49 \cdot 11 \cdot 11 \cdot 17 \cdot 17 \cdot 13 \cdot 13 \cdot 5$$

を見出している.

上の $f$ とある $k \geq 1$ に対し, $n$ が $f^k(n)$ を割るとき, 整数 $n$ を自己内包的とよぶ. これがなりたち, かつコラッツ列 $n^* = f^k(n)/n$ が 1 に到達するとき,

$$\{n, f(n), \ldots, f^{k-1}(n), n^*, f(n^*), \ldots, 1\}$$

は上述の列の類似である. $n \leq 10^4$ までのコンピュータ探査により, 5 個の自己内包数 31, 83, 293, 347, 671 が発見された.

これらの写像は 1 対 1 でなく, ただ 1 つの逆写像が存在しないことがしばしばであるから, 逐次合成した値を再追跡することはできない.

ファルカスは, $n \equiv 1 \pmod 4$ のとき, $(3n+1)/2$ を $(n+1)/2$ でおきかえ, 3 のベキは割り出してしまうように修正したアルゴリズムは, 常にサイクルに到達することを証明した. たとえば,

$$55, \ 83, \ 125, \ 63, \ 7, \ 11, \ 17, \ 9, \ 1, \ 1, \ 1, \ \ldots$$

がそうである.

ファルカス自身は, 3 のベキの割り出しなしでも同じ結果がなりたつと信じている.

J.-P. Allouche, Sur la conjecture de "Syracuse-Kakutani-Collatz," *Séminaire de Théorie des Nombres*, 1978/79, Exp. No. 9, Talence, 1979; *MR* **81g**:10014.

Ştefan Andrei, Manfred Kudlek & Radu Ştefan Niculescu, Some results on the Collatz problem, *Acta Inform.*, **37**(2000) 145–160; *MR* **2002c**:11022.

David Applegate & Jeffrey C. Lagarias, Density bounds for the $3x+1$ problem, I. Tree-search method, II. Krasikov inequalities, *Math. Comput.*, **65**(1995) 411–426, 427–438; *MR* **95c**:11024–5.

David Applegate & Jeffrey C. Lagarias, The distribution of $3x+1$ trees, *Experiment. Math.*, **4**(1995) 193–209; *MR* **97e**:11033.

David Applegate & Jeffery C. Lagarias, Lower bounds for the total stopping time of $3x+1$ iterates, *Math. Comput.*, **72**(2003) 1035–1049; *MR* **2004a**:11016.

Enzo Barone, A heuristic probabilistic argument for the Collatz sequence, *Ital. J. Pure Appl. Math.*, **4**(1998) 151–153; *MR* **2000d**:11033.

Michael Beeler, William Gosper & Rich Schroeppel, Hakmem, Memo 239, Artificial Intelligence Laboratory, M.I.T., 1972, p. 64.

Lothar Berg & Günter Meinardus, Functional equations connected with the Collatz problem, *Results Math.*, **25**(1994) 1–12; *MR* **95d**:11025.

Lothar Berg & Günter Meinardus, The $3n+1$ Collatz problem and functional equations, *Rostock. Math. Kolloq.*, **48**(1995) 11–18; *MR* **99e**:11034.

Daniel J. Bernstein, A noniterative 2-adic statement of the $3N+1$ conjecture, *Proc. Amer. Math. Soc.*, **121**(1994) 405–408; *MR* **94h**:11108.

Daniel J. Bernstein & Jeffrey C. Lagarias, The $3x+1$ conjugacy map, *Canad. J. Math.*, **48**(1996) 1154–1169; *MR* **98a**:11027.

David Boyd, Which rationals are ratios of Pisot sequences? *Canad. Math. Bull.*, **28**(1985) 343–349; *MR* **86j**:11078.

Stefano Brocco, A note on Mignosi's generalization of the $(3X+1)$-problem, *J. Number Theory*, **52**(1995) 173–178; *MR* **96d**:11025.

S. Burckel, Functional equations associated with congruential functions, *Theoret. Comput. Sci.*, **123**(1994) 397–407; *MR* **94m**:11147.

Marc Chamberland, A continuous extension of the $3x+1$ problem to the real kine, *Dynam. Contin. Discrete Impuls. Systems*, **2**(1996) 495–509; *MR* **97m**:11028.

Busiso P. Chisala, Cycles in Collatz sequences, *Publ. Math. Debrecen*, **45** (1994) 35–39; *MR* **95h**:11019.

Dean Clark, Second order difference equations related to the Collatz $3n+1$ conjecture, *J. Differ. Equations Appl.*, **1**(1995) 73–85; *MR* **96e**:11031.

Dean Clark & James T. Lewis, A Collatz-type difference equation, *Proc. 26th SE Internat. Conf. Combin., Graph Theory, Comput.; Congr. Numer.*, **111**(1995) 129–135; *MR* **98b**:11008.

R. E. Crandall, On the "$3x+1$" problem, *Math. Comput.*, **32**(1978) 1281–1292; *MR* **58** #494.

J. L. Davidson, Some comments on an iteration problem, Proc. 6th Manitoba Conf. Numerical Math., 1976, *Congressus Numerantium*, **18**(1977) 155–159.

Jeffrey P. Dumont & Clifford A. Reiter, Real dynamics of a 3-power extension of the $3x+1$ function, *Dyn. Contin. Discrete Impuls. Syst. Ser. A Math. Anal.*, **10**(2003) 875–893.

S. Eliahou, The $3x+1$ problem: new lower bounds on nontrivial cycle lengths, *Discrete Math.*, **118**(1993) 45–56; *MR* **94h**:11017.

C. J. Everett, Iteration of the number-theoretic function $f(2n) = n$, $f(2n+1) = 3n+2$, *Advances in Math.*, **25**(1977) 42–45; *MR* **56** #15552.

Hershel M. Farkas, Variants of the $3N+1$ conjecture, *Proceedings on Geometry, Groups, Dynamics and Spectral Theory. In memory of Robert Brooks*. Edited Michael Entov, Yehuda Pinchover & Michah Sageev. (submitted)

P. Filipponi, On the $3n+1$ problem: something old, something new, *Rend. Mat. Appl.*(7) **11**(1991) 85–103; *MR* **92i**:11031.

Zachary Franco & Carl Pomerance, On a conjecture of Crandall concerning the $qx+1$ problem, *Math. Comput.*, **64**(1995) 1333–1336; *MR* **95j**:11019.

Gao Guo-Gang, On consecutive numbers of the same height in the Collatz problem, *Discrete Math.*, **112**(1993) 261–267; *MR* **94i**:11018.

L. E. Garner, On the Collatz $3n+1$ algorithm, *Proc. Amer. Math. Soc.*, **82**(1981) 19–22; *MR* **82j**:10090.

Lynn E. Garner, On heights in the Collatz $3n+1$ problem, *Discrete Math.*, **55**(1985) 57–64; *MR* **86j**:11005.

David Gluck & Brian D. Taylor, A new statistic for the $3x+1$ problem, *Proc. Amer. Math. Soc.*, **130**(2002) 1293–1301; *MR* **2002k**:11031.

Lorenz Halbeisen & Norbert Hungerbühler, Optimal bounds for the length of rational Collatz cycles, *Acta Arith.*, **78**(1997) 227–239; *MR* **98g**:11025.

E. Heppner, Eine Bemerkung zum Hasse-Syracuse-Algorithmus, *Arch. Math. (Basel)*, **31**(1977/79) 317–320; *MR* **80d**:10007.

I. N. Herstein & I. Kaplansky, *Matters Mathematical*, 2nd ed., Chelsea, 1978, pp. 44–45.

David C. Kay, *Pi Mu Epsilon J.*, **5**(1972) 338.

I. Korec, The $3x+1$ problem, generalized Pascal triangles and cellular automata, *Math. Slovaca*, **42**(1992) 547–563; *MR* **94g**:11019.

Ivan Korec, A density estimate for the $3x+1$ problem, *Math. Slovaca*, **44**(1994) 85–89; *MR* **95h**:11022.

I. Korec & Š. Znám, A note on the $3x+1$ problem, *Amer. Math. Monthly* **94**(1987) 771–772; *MR* **90g**:11023.

I. Krasikov, How many numbers satisfy the $3x+1$ conjecture? *Internat. J. Math. Math. Sci.*, **12**(1989) 791–796; *MR* **90k**:11013.

Ilia Krasikov & Jeffrey C. Lagarias, Bounds for the $3x+1$ problem using difference inequalities; *Acta Arith.*, **109**(2003) 237–258.

James R. Kuttler, On the $3x+1$ problem, *Adv. in Appl. Math.*, **15**(1994) 183–185.

Jeffrey C. Lagarias, The $3x+1$ problem and its generalizations, *Amer. Math. Monthly*, **92**(1985) 3–23; *MR* **86i**:11043.

Jeffrey C. Lagarias, The set of rational cycles for the $3x+1$ problem, *Acta Arith.*, **56**(1990)

33–53; *MR* **91i**:11024.

J. C. Lagarias, H. A. Porta & K. B. Stolarsky, Asymmetric tent map expansions I: eventually periodic points, *J. London Math. Soc.*, **47**(1993) 542–556; *MR* **94h**:58139; II: Purely periodic points, *Illinois J. Math.*, **38**(1994) 574–588; *MR* **96b**:58093.

Jeffrey C. Lagarias & A. Weiss, The $3x+1$ problem: two stochastic models, *Ann. Appl. Probab.*, **2**(1992) 229–261; *MR* **92k**:60159.

K. R. Matthews & A. M. Watts, A generalization of Hasse's generalization of the Syracuse algorithm, *Acta Arith.*, **43**(1984) 167–175; *MR* **85i**:11068.

K. R. Matthews & A. M. Watts, A Markov approach to the generalized Syracuse algorithm, *Acta Arith.*, **45**(1985) 29–42; *MR* **87c**:11071.

Filippo Mignosi, On a generalization of the $3x+1$ problem, *J. Number Theory*, **55**(1995) 28–45; *MR* **99m**:11016.

Tomoaki Mimuro, On certain simple cycles of the Collatz conjecture, *SUT J. Math.*, **37**(2001) 79–89; *MR* **2002j**:11018 .

Herbert Möller, Über Hasses Verallgemeinerung der Syracuse-Algorithmus (Kakutani's problem), *Acta Arith.*, **34**(1978) 219–226; *MR* **57** #16246.

Kenneth G. Monks, $3x+1$ minus the $+$, *Discrete Math. Theor. Comput. Sci.*, **5**(2002) 47–53; *MR* **2003f**:11030.

Helmut Müller, Das "$3n+1$"-Problem, *Mitt. Math. Ges. Hamburg*, **12**(1991) 231–251; *MR* **93c**:11053.

Helmut A. Müller, Über eine Klasse 2-adischer Funktionen im Zusammenhang mit dem "$3x+1$"-Problem, *Abh. Math. Sem. Univ. Hamburg*, **64**(1994) 293–302; *MR* **95e**:11032.

Tomás Oliviera e Silva, Maximum excursion and stopping time record-holders for the $3x+1$ problem: computational results, *Math. Comput.*, **68**(1999) 371–384; *MR* **2000g**:11015.

Qiu Wei-Xing, Observations on the "$3x+1$" problem, *J. Shanghai Univ. Nat. Sci.*, **3**(1997) 462–464.

Daniel A. Rawsthorne, Imitation of an iteration, *Math. Mag.*, **58**(1985) 172–176; *MR* **86i**:40001.

J. L. Rouet & M. R. Feix, A generalization of the Collatz problem. Building cycles and a stochastic approach, *J. Statist. Phys.*, **107**(2002) 1283–1298; *MR* **2003i**:11035.

J. W. Sander, On the $(3N+1)$-conjecture, *Acta Arith.*, **55**(1990) 241–248; *MR* **91m**:11052.

J. Shallit, The "$3x+1$" problem and finite automata, *Bull. Europ. Assoc. Theor. Comput. Sci.*, **46**(1991) 182–185.

J. Shallit & D. Wilson, The "$3x+1$" problem and finite automata, *Bull. Europ. Assoc. Theor. Comput. Sci.*, **46**(1991) 182–185.

Ray P. Steiner, On the "$Qx+1$ problem", $Q$ odd, *Fibonacci Quart.*, **19**(1981) 285–288; II, 293–296; *MR* **84m**:10007ab.

Kenneth B. Stolarsky, A prelude to the $3x+1$ problem, *J. Differ. Equations Appl.*, **4**(1998) 451–461; *MR* **99k**:11037.

Riho Terras, A stopping time problem on the positive integers, *Acta Arith.*, **30**(1976) 241–252; *MR* **58** #27879 (and see **35**(1979) 100–102; *MR* **80h**:10066).

Ilan Vardi, Computational Recreations in *Mathematica*©, Addison-Wesley, Redwood City CA, 1991, Chap. 7.

G. Venturini, Iterates of number-theoretic functions with periodic rational coefficients (generalization of the $3x+1$ problem), *Stud. Appl. Math.* **86**(1992) 185–218; *MR* **93b**:11102.

G. Venturini, On a generalization of the $3x+1$ problem, *Adv. in Appl. Math.*, **19**(1997) 295–305; *MR* **98j**:11013.

Stan Wagon, The Collatz problem, *Math. Intelligencer*, **7**(1985) 72–76; *MR* **86d**:11103.

Günther Wirsching, An improved estimate concerning $3n+1$ predecessor sets, *Acta Arith.*, **63**(1993) 205–210; *MR* **94e**:11018.

Günther Wirsching, A Markov chain underlying the backward Syracuse algorithm, *Rev. Roumaine Math. Pures Appl.*, **39**(1994) 915–926; *MR* **96d**:11027.

Günther Wirsching, On the combinatorial structure of $3n+1$ predecessor sets, *Discrete Math.*, **148**(1996) 265–286; *MR* **97b**:11029.

Günther J. Wirsching, *The dynamical system generated by the $3x+1$ function*, Lecture Notes in Mathematics, **1681**, Springer-Verlag, 1998; *MR* **99g**:11027.

Günther J. Wirsching, A functional differential equation and $3n+1$ dynamics, *Topics in functional differential and difference equations* (*Lisbon*, 1999), 369–378, *Fields Inst. Commun.*, **29**, AMS 2001; *MR* **2002b**:11035.

Günter J. Wirsching, Über das $3x+1$ Problem, *Elem. Math.*, **55**(2000) 142–155; *MR* **2002h**:11022.

Wu Jia-Bang, The trend of changes of the proportion of consecutive numbers of the same height in the Collatz problem, *J. Huazhong Univ. Sci. Tech.*, **20**(1992) 171–174; *MR* **94b**:11024.

Wu Jia-Bang, On the consecutive positive integers of the same height in the Collatz problem, *Math. Appl.*, **6**(1993) 150–153.

Masaji Yamada, A convergence proof about an integral sequence, *Fibonacci Quart.*, **18**(1980) 231–242; see *MR* **82d**:10026 for errors.

Zhou Chuan-Zhong, Some discussion on the $3x+1$ problem, *J. South China Normal Univ. Natur. Sci. Ed.*, **1995** 103–105; *MR* **97h**:11021.

Zhou Chuan-Zhong, Some recurrence relations connected with the $3x+1$ conjecture, *J. South China Normal Univ. Natur. Sci. Ed.*, **1997** 7–8.

**OEIS:** A001281, A003079, A003124, A005184, A006370, A006460, A006513, A006577, A006666-006667, A008873-008884, A008894-008903, A008908, A037082, A066756, A066773, A068529-068530.

## E17 置 換 列

置換列を考えると状況は変化し，より不分明となる．簡単な例としておそらくコラッツ問題の逆問題 (**E16** およびそこで引用したラガリアスの論文参照)

$$a_{n+1} = 3a_n/2 \quad (a_n \text{ は偶数}), \qquad a_{n+1} = \lfloor (3a_n+1)/4 \rfloor \quad (a_n \text{ は奇数})$$

よりヴィジュアル的に書けば，

$$2m \to 3m, \qquad 4m-1 \to 3m-1, \qquad 4m+1 \to 3m+1$$

があげられよう．定義から明らかに逆写像が存在する．したがって，これから生ずる軌道は，互いに交わらないサイクルか二重無限のチェインかである．これらのどちらも無限個存在するかどうかわかっていないし，そもそも無限チェインが存在するかどうかもわかっていない．サイクルは

$$\{1\}, \{2,3\}, \{4,6,9,7,5\}, \{44,66,99,74,111,83,62,93,70,105,79,59\}$$

のみであろうと予想されている．マイク・ガイは，TITAN (タイタン) を援用して，上記以外のサイクルは周期が 320 より大であることを示した．8 を含む以下の数列の状況はどうだろうか？

$$\ldots, 97, 73, 55, 41, 31, 23, 17, 13, 10, 15, 11, \mathbf{8},$$
$$12, 18, 27, 20, 30, 45, 34, 51, 38, 57, 43, 32, 48, 72, \ldots$$

数 8, 14, 40, 64, 80, 82, 104, 136, 172, 184, 188, 242, 256, 274, 280, 296, 352, 368,

382, 386, 424, 472, 496, 526, 530, 608, 622, 638, 640, 652, 670, 688, 692, 712, 716, 752, 760, 782, 784, 800, 814, 824, 832, 860, 878, 904, 910, 932, 964, 980, ... はそれぞれ別の列に属するか？

興味深いパラドックスが次のようにして生ずる：''前進'' 時には，いまある数が偶数なら $3/2$ を掛け，奇数なら約 $3/4$ を掛けるようにすると，公比 $3/\sqrt{8} \approx 1.060660172$ の迷走的 ''擬似幾何数列'' が得られる．一方，''後退'' 時には，いまある数が 3 の倍数のとき $2/3$ を掛け，そうでないとき，約 $4/3$ を掛けると，公比 $32^{1/3}/3 \approx 1.058267368$ の '擬似幾何数列' が得られる．2 つの公比は互いの逆数であるべきである！ 至るところ微分不可能な関数の離散アナログが生じたからこのように錯綜したのである．右 ''微係数'' は正で，左 ''微係数' は負であるという状況である．前進時には，偶数値の項の次の項は 3 の倍数であるから，数列の半数の項は 3 の倍数である！

J. H. Conway, Unpredictable iterations, in *Proc. Number Theory Conf.*, Boulder CO, 1972, 49–52; *MR* **52** #13717.
David Gale, Mathematical Entertainments, *Math. Intelligencer*, **13**(1991) No. 3, 53–55.
G. Venturini, Iterates of number theoretic functions with periodic rational coefficients (generalization of the $3x+1$ problem), *Stud. Appl. Math.*, **86**(1992) 185–218; *MR* **93b**:11102.

**OEIS:** A006368-006369.

## E18 マーラーの $Z$-数

マーラーの考えた問題に次のものがある：与えられた任意の実数 $\alpha$ に対し，$\alpha(3/2)^n$ の分数部分を $r_n$ で表すとき，すべての $n$ に対し $0 \leq r_n < \frac{1}{2}$ となるような数—$Z$-数—が存在するか？[訳注：ワーリング問題 (**D4**) 参照] おそらく存在しないであろう．マーラーは，連続する各整数の間にたかだか 1 個存在することおよび，十分大の $x$ に対し，$x$ より小のものはたかだか $x^{0.7}$ 個であることを示した．フラットは，マーラーのこの結果を改良したが，問題はオープンのままである．

類似の問題として次のものがある：すべての $n$ に対し $\lfloor (r/s)^n \rfloor$ が奇数であるような有理数 $r/s$ ($s \neq 1$) が存在するか？ タイデマンは，すべての奇数 $r > 3$ に対し，実数 $\alpha$ が存在して，すべての $n$ に対して，$\alpha(r/2)^n$ の分数部分が $[0, \frac{1}{2})$ に含まれることを証明した．

リトルウッドは，$n \to \infty$ のとき $e^n$ の分数部分が 0 に近づかないことの証明が知られていないことに注意した．

Leopold Flatto, Z-numbers and $\beta$-transformations, *Symbolic Dynamics and its Applications*, *Contemporary Math.*, **135**, Amer. Math. Soc., 1992, 181–201; *MR* **94c**:11065.
K. Mahler, An unsolved problem on the powers of 3/2, *J. Austral. Math. Soc.*, **8**(1968) 313–321; *MR* **37** #2694.
R. Tijdeman, Note on Mahler's $\frac{3}{2}$-problem, *Kongel. Norske Vidensk. Selsk. Skr.*, **16**(1972) 1–4.
[訳注：文献追加．最近多くの文献の解説付きの次の論文が出版された．]

S.- D. Adhikari and P. Rath, A roblem on the fractional parts of the powers of 3/2 and related questions, *Proc. Int. Conf.–Number Theory and Discrete Geometry*, **6**(2008) 1–12.]

## E19 分数のベキの整数部分が素数であることは無限に起こるか？

[訳注：**A17** 最後のマイヤーソン予想に関連して] フォーマン-シャピロは，$\lfloor (4/3)^n \rfloor$ の形および $\lfloor (3/2)^n \rfloor$ の形の無限に多くの数が合成数であることを証明した．A. L. ホワイトマンは，これら2つの列は無限に多くの素数を含むと予想している．フォーマン-シャピロの方法は他の分数には適用できないようである．

W. Forman & H. N. Shapiro, An arithmetic property of certain rational powers, *Comm. Pure Appl. Math.*, **20**(1967) 561–573; *MR* **35** #2852.

**OEIS:** A043037-043038, A046037-046038, A067904-067905, A070758-070759, A070761-070762.

## E20 ダヴェンポート-シンツェル列

$n$ 個の文字からなるアルファベット (数値的に表して) $[1, n]$ から文字を選んで $\ldots aa \ldots$ のような連続する反復がなく，長さが $d$ より長い

$$\ldots a \ldots b \ldots a \ldots b \ldots$$

のような交代部分列もないように列を構成し，そのような列の最大長を $N_d(n)$ とする．このとき，長さ $N_d(n)$ の列をダヴェンポート-シンツェル列 (D-S 列) とよぶ．すべての D-S 列を求め，とくに，$N_d(n)$ を求めることが問題である．アルファベットの数字が最初に現れるのが，それより小さいすべての数字より後である正規列のみ考察すれば十分である．

3種の列

$$12131323, \ 12121213131313232323,$$

$$1\ 2\ 1\ 3\ 1\ 4\ 1 \ldots 1\ \overline{n-1}\ 1\ \overline{n-1}\ \overline{n-2} \ldots 3\ 2\ n\ 2\ n\ 3\ n \ldots n\ \overline{n-1}\ n$$

から $N_4(3) \geq 8$, $N_8(3) \geq 20$, $N_4(n) \geq 5n - 8$ がそれぞれわかる．ダヴェンポート-シンツェルは，$N_1(n) = 1$, $N_2(n) = n$, $N_3(n) = 2n - 1$；および $N_4(n) = O(n \ln n / \ln \ln n)$, $\lim N_4(n)/n \geq 8$ を示し，さらに J. H. コンウェイとともに $N_4(lm+1) \geq 6lm - m - 5l + 2$ を示した．これから $N_4(n) = 5n - 8$ $(4 \leq n \leq 10)$ がしたがう．Z. コルバは $N_4(2m) \geq 11m - 13$ を示し，ミルズは $N_4(n)$ for $n \leq 21$ の値を求めた．たとえば，

$$abacadaeafafedcbgbhbhgcicigdjdjgekekgkjihflflhliljlkl$$

(ギュンター-ローテは，本書初版でミスプリがあったことを指摘している) なる列は，$N_4(12) = 53$ の証明の一部をなす．

ロゼル-スタントンは，$d$ のかわりに $n$ を固定して $N_d(2) = d$, $N_d(3) = 2\lfloor 3d/2 \rfloor - 4$ $(d > 3)$, $N_d(4) = 2\lfloor 3d/2 \rfloor + 3d - 13$ $(d > 4)$, $N_d(5) = 4\lfloor 3d/2 \rfloor + 4d - 27$ $(d > 5)$ を得た．ペテルキンは，$N_6(5) = 34$ であることから，最後の括弧の中は，$(d > 6)$ であることを指摘している．ロゼル-スタントンは，長さ $N_{2d+1}(5)$ の正規 D-S 列は，ただ 1 つであり，長さ $N_{2d+1}(4)$, $N_{2d}(5)$ のものはどちらも 2 個ずつ存在することも示している．ペテルキンは，長さ $N_5(6) = 29$ の D-S 列を 56 個見出すとともに $N_5(n) \geq 7n - 13$ $(n > 5)$ と $N_6(n) \geq 13n - 32$ $(n > 5)$ を証明した．

レニー-ドブソンは，$N_d(n)$ の上界を

$$(nd - 3n - 2d + 7)N_d(n) \leq n(d-3)N_d(n-1) + 2n - d + 2 \quad (d > 3)$$

の形で与えた．$d = 4$ の場合，これは，ロゼル-スタントンの結果である．

表 8  $N_d(n)$ の値

| $d \backslash n$ | 1 | 2 | 3 | 4 | 5 | 6 | 7 | 8 | 9 | 10 | 11 | 12 | 13 | 14 | 15 | 16 | 17 | 18 | 19 | 20 | 21 |
|---|---|---|---|---|---|---|---|---|---|---|---|---|---|---|---|---|---|---|---|---|---|
| 1 | 1 | 1 | 1 | 1 | 1 | 1 | 1 | 1 | 1 | 1 | 1 | 1 | 1 | 1 | 1 | 1 | 1 | 1 | 1 | 1 | 1 |
| 2 | 1 | 2 | 3 | 4 | 5 | 6 | 7 | 8 | 9 | 10 | 11 | 12 | 13 | 14 | 15 | 16 | 17 | 18 | 19 | 20 | 21 |
| 3 | 1 | 3 | 5 | 7 | 9 | 11 | 13 | 15 | 17 | 19 | 21 | 23 | 25 | 27 | 29 | 31 | 33 | 35 | 37 | 39 | 41 |
| 4 | 1 | 4 | 8 | 12 | 17 | 22 | 27 | 32 | 37 | 42 | 47 | 53 | 58 | 64 | 69 | 75 | 81 | 86 | 92 | 98 | 104 |
| 5 | 1 | 5 | 10 | 16 | 22 | 29 | | | | | | | | | | | | | | | |
| 6 | 1 | 6 | 14 | 23 | 34 | | | | | | | | | | | | | | | | |
| 7 | 1 | 7 | 16 | 28 | 41 | | | | | | | | | | | | | | | | |
| 8 | 1 | 8 | 20 | 35 | 53 | | | | | | | | | | | | | | | | |
| 9 | 1 | 9 | 22 | 40 | 61 | | | | | | | | | | | | | | | | |
| 10 | 1 | 10 | 26 | 47 | 73 | | | | | | | | | | | | | | | | |

セメレディは $N_d(n) < c_d n \log^* n$ を証明した．ここで，$\log^* n$ は，指数関数の $k$ 回合成の 1 における値が，$n$ を超えるのに必要な最小回数を表す緩増加関数である．より最近の結果—主にシャリアによる—では，$N_d(n)$ の位数は $\Theta(n\alpha(n))$ であることが示されている．ここで，$\alpha(n)$ はアッカーマン関数の逆関数であり，極度に緩増加である．詳細は，アガーワル-シャリア-ショーア論文参照．

P. K. Agarwal, M. Sharir & P. Shor, Sharp upper and lower bounds on the length of general Davenport-Schinzel sequences, *J. Combin. Theory Ser. A*, **52**(1989) 228–274; *MR* **90m**:11034.

H. Davenport & A. Schinzel, A combinatorial problem connected with differential equations, *Amer. J. Math.*, **87**(1965) 684–694; II, *Acta Arith.*, **17**(1970/71) 363–372; *MR* **32** #7426; **44** #2619.

Annette J. Dobson & Shiela Oates Macdonald, Lower bounds for the lengths of Davenport-Schinzel sequences, *Utilitas Math.*, **6**(1974) 251–257; *MR* **50** #9781.

Z. Füredi & P. Hajnal, Davenport-Schinzel theory of matrices, *Discrete Math.*, **103**(1992) 233–251; *MR* **93g**:05026.

D. Gardy & D. Gouyou-Beauchamps, Enumerating Davenport-Schinzel sequences, *RAIRO Inform. Théor. Appl.* **26**(1992) 387–402; *MR* **93k**:05011; see also *MR* **95h**:05008.

S. Hart & M. Sharir, Nonlinearity of Davenport-Schinzel sequences and of generalized path compression schemes, *Combinatorica*, **6**(1986) 151–177; *MR* **88f**:05004.

Martin Klazar, Generalized Davenport-Schinzel sequences: results, problems and applications, *Integers*, **2**(2002) A11, 39pp.; *MR* **2003e**:11028.

P. Komjáth, A simplified construction of nonlinear Davenport-Schinzel sequences, *J. Combin. Theory Ser. A*, **49**(1988) 262–267.

W. H. Mills, Some Davenport-Schinzel sequences, *Congress. Numer.* **9**, Proc. 3rd Manitoba Conf. Numer. Math., 1973, pp. 307–313; *MR* **50** #135.

W. H. Mills, On Davenport-Schinzel sequences, *Utilitas. Math.* **9**(1976) 87–112; *MR* **53** #10703.

R. C. Mullin & R. G. Stanton, A map-theoretic approach to Davenport-Schinzel sequences, *Pacific J. Math.*, **40**(1972) 167–172; *MR* **46** #1745.

C. R. Peterkin, Some results on Davenport-Schinzel sequences, *Congress. Numer.* **9**, Proc. 3rd Manitoba Conf. Numer. Math., 1973, pp. 337–344; *MR* **50** #136.

B. C. Rennie & Annette J. Dobson, Upper bounds for the lengths of Davenport-Schinzel sequences, *Utilitas Math.*, **8**(1975) 181–185; *MR* **52** #13624.

D. P. Roselle, An algorithmic approach to Davenport-Schinzel sequences, *Utilitas Math.*, **6**(1974) 91–93; *MR* **50** #9780.

D. P. Roselle & R. G. Stanton, Results on Davenport-Schinzel sequences, *Congress. Numer.* **1** Proc. Louisiana Conf. Combin. Graph Theory, Comput., (1970) 249–267; *MR* **43** #68.

D. P. Roselle & R. G. Stanton, Some properties of Davenport-Schinzel sequences, *Acta Arith.*, **17**(1970/71) 355–362; *MR* **44** #1641.

M. Sharir, Almost linear upper bounds on the length of generalized Davenport-Schinzel sequences, *Combinatorica*, **7**(1987) 131–143; *MR* **89f**:11037.

Micha Sharir, Improved lower bounds on the length of Davenport-Schinzel sequences, *Combinatorica*, **8**(1988) 117–124; *MR* **89j**:11024.

Micha Sharir & Pankaj K. Agarwal, *Davenport-Schinzel Sequences and their Geometric Applications*, Cambridge Univ. Press, 1995; *MR* **96e**:11034.

R. G. Stanton & D. P. Roselle, A result on Davenport-Schinzel sequences, *Combinatorial Theory and its Applications*, Proc. Colloq., Balatonfüred, 1969, North-Holland, 1970, pp. 1023–1027; *MR* **46** #3324.

R. G. Stanton & P. H. Dirksen, Davenport-Schinzel sequences, *Ars Combin.*, **1**(1976) 43–51; *MR* **53** #13106.

E. Szemerédi, On a problem of Davenport and Schinzel, *Acta Arith.*, **25** (1973/74) 213–224; *MR* **49** #244.

**OEIS:** A002004, A005004-005006, A005280-005281.

## E21 トゥーエ-モース列

トゥーエは，3個の記号からなる無限列で，連続する完全に一致する有限部分列2つを含まないものが存在すること，および2個の記号からなる無限列で，連続する完全一致有限部分列3つを含まないものが存在することを証明した．その後の多くの結果はこれらの結果の再発見であった．

完全一致有限連続部分列という条件を，互いに他の「置換」になっている連続する部分列 (置換列) という条件まで緩めるとき，ジャスティンは，2個の記号からなる無限列で，5個の置換列を含まないものを，プレザンツは，5個の記号からなる無限列で，2個

の置換列を含まないものをそれぞれ構成した.[訳注:2個の記号で5個の列を含まない型の問題を (2,5) のように表すとき] デッキングは,(2,4) 問題と (3,3) 問題を解決し,(4,2) 問題はケラネンが解決した.

フレンケル-シンプソンは,たかだか $k$ 個の異なる平方数 (隣接する2個の同じ記号列) を含む最長2項列の長さを $g(k)$ とするとき,$g(3) = \infty$ を示した.

プロダクション $\mu: 0 \to 01, 1 \to 10$ を考え,その無限固定点で1で始まるものを $t$ とする.$\{0,1\}$ 上の無限ワードが,$axaxa$ の形——ここで $a \in \{0,1\}$,$x \in \{0,1\}^*$ [訳注:ここで,$\{0,1\}^*$ はアルファベット $0,1$ の有限列——ワード——の全体を表す]——の因子を含まないとき,重複なしワードという.アルーシェ-キュリー-シャリットは,任意に指定されたプレフィックスで始まる,辞書式配列で最小の重複なし無限ワードは,存在すれば必ず $t$ のサフィックスからなるサフィックスをもつことを証明した.とくに,辞書式配列で最小の重複なし無限2項ワードは,$001001 \, t$ となる.

*Theoret. Comput. Sci.*, **218**(1999), No.1 は,ワード問題特集である.以下の文献は,シャリット氏のおかげで補強された.ここに記して感謝する.

S. Arshon, Démonstration de l'éxistence des suites asymétriques infinies (Russian. French summary), *Mat. Sb.*, **2**(44)(1937) 769–779.

Jean-Paul Allouche, André Arnold, Jean Berstel, Srečko Brlek, William Jokusch, Simon Plouffe & Bruce E. Sagan, A relative of the Thue-Morse sequence, *Discrete Math.*, **139**(1995) 455–461; *MR* **96c**:11029.

Jean-Paul Allouche, James Currie & Jeffrey Shallit, Extremal infinite overlap-free binary words, *Electron. J. Combin.*, **5**(1) R27; *MR* **99d**:68201. [can be viewed at http://www.combinatorics.org].

Jean-Paul Allouche, J. Peyrière, Wen Zhi-Xiong & Wen Zhi-Ying, Hankel determinants of the Thue-Morse sequence, *Ann. Inst. Fourier (Grenoble)*, **48**(1998) 1–27; *MR* **99a**:11024.

Jean-Paul Allouche & Jeffrey Shallit, The ubiquitous Prouhet-Thue-Morse sequence, *Sequences and their applications (Singapore, 1998)*, 1–16, Springer Ser. Discrete Math. Theor. Comput. Sci., 1999; *MR* **2002e**:11025.

M. Baake, V. Elser & U. Grimm, The entropy of square-free words, *Combinatorics and physics (Marseilles 1995)*, *Math. Comput. Modelling*, **26**(1997) 13–26; *MR* **99d**:68202.

K. A. Baker, G. F. McNulty & W. Taylor, Growth problems for avoidable words, *Theor. Comput. Sci.*, **69**(1989) 319–345.

D. A. Bean, G. Ehrenfeucht & G. McNulty, Avoidable patterns in strings of symbols, *Pacific J. Math.*, **85**(1979) 261–294.

J. Berstel, Sur la construction de mots sans carré, *Séminaire de Théorie des Nombres*, **1978–1979** 18.01–18.15; *MR* **82a**:68156.

J. Berstel, Some recent results on squarefree words, *STACS '84*, Springer Lect. Notes Comput. Sci., **166**(1984) 14–25; *MR* **86e**:68056.

J. Berstel, Langford strings are squarefree, *Bull. Europ. Assoc. Theor. Comput. Sci.*, **37**(1989) 127–129.

F. J. Brandenburg, Uniformly growing $k$-th power-free homomorphisms, *Theor. Comput. Sci.*, **23**(1983) 69–82.

C. H. Braunholtz, Solution to Problem 5030 [1962,439], *Amer. Math. Monthly*, **70**(1963) 675–676.

J. Cassaigne, Counting overlap-free binary words, *STACS '93*, Springer Lect. Notes Comput. Sci., **665**(1993) 216–225; *MR* **94j**:68152.

J. Cassaigne, Unavoidable binary patterns, *Acta Inform.*, **30**(1993) 385–395; *MR* **94m**:68155.

R. Cori & M. R. Formisano, Partially abelian squarefree words, *RAIRO Inform. Théor.*, **24**(1990) 509–520; *MR* **92e**:68154.

Max Crochemore, Sharp characterizations of squarefree morphisms, *Theor. Comput. Sci.*, **18**(1982) 221–226; *MR* **84a**:20070.

Max Crochemore, Recherche linéaire d'un carré dans un mot, *C. R. Acad. Sci. Paris Sér. I Math.*, **296**(1983) 781–784; *MR* **85a**:68058.

Max Crochemore, Michel Le Rest & Phillippe Wender, An optimal test on finite unavoidable sets of words, *Inform. Process. Lett.*, **16**(1983) 179–180; *MR* **85a**:68088.

M. Crochemore & W. Rytter, Squares, cubes, and time-space efficient string searching. *Algorithmica*, **13**(1995) 405–425; *MR* **96d**:68080.

L. J. Cummings, On the construction of Thue sequences, *Proc. 9th Southeast Conf. Combin. Comput., Congr. Numer.*, **21**(1978) 235–242; *MR* **80j**:05013.

L. J. Cummings, Overlapping substrings and Thue's problem, *Proc. 3rd Carib. Conf. Combin. Comput.*, 1981, 99–109; *MR* **84b**:68096.

Richard A. Dean, A sequence without repeats on $x$, $x^{-1}$, $y$, $y^{-1}$, *Amer. Math. Monthly*, **72**(1965) 383–385; *MR* **31** #3500.

F. Dejean, Sur un théorème de Thue, *J. Combin. Theory Ser. A*, **13**(1972) 90–99; *MR* **46** #119.

F. M. Dekking, On repetitions of blocks in binary sequences, *J. Combin. Theory Ser. A*, **20**(1976) 292–299; *MR* **55** #2739.

F. M. Dekking, Strongly non-repetitive sequences and progression-free sets, *J. Combin. Theory Ser. A*, **27**(1979) 181–185; *MR* **81b**:05027.

Gergely Dombi, Additive properties of certain sets, —it Acta Arith., **103**(2002) 137–146; *MR* **2003b**:11006.

T. Downarowicz & Y. Lacroix, Merit factors and Morse sequences, *Theor. Comput. Sci.*, **209**(1998) 377–387; *MR* **99i**:11015.

Michael Drmota & Mariusz Skalba, Rarified sums of the Thue-Morse sequence, *Trans. Amer. Math. Soc.*, **352**(2000) 609–642; *MR* **2000c**:11038.

A. Ehrenfeucht & G. Rozenberg, Repetitions in homomorphisms and languages, *ICALP '82*, Springer Lect. Notes Comput. Sci., **140**(1982) 192–196; *MR* **83m**:68135.

R. C. Entringer, D. E. Jackson & J. A. Schatz, On non-repetitive sequences, *J. Combin. Theory Ser. A*, **16**(1974) 159–164; *MR* **48** #10860.

P. Erdős, Some unsolved problems, *Magyar Tud. Akad. Mat. Kutató Int. Közl.*, **6**(1961) 221–254, esp. p. 240.

A. A. Evdokimov, Strongly asymmetric sequences generated by a finite number of symbols, *Dokl. Akad. Nauk SSSR*, **179**(1968) 1268–1271; *Soviet Math. Dokl.*, **7**(1968) 536–539; *MR* **38** #3156.

Earl Dennet Fife, Binary sequences which contain no BBb, PhD thesis, Wesleyan Univ., Middletown CT, 1976.

Nathan J. Fine & Herbert S. Wilf, Uniqueness theorem for periodic sequences, *Proc. Amer. Math. Soc.*, **16**(1965) 109–114; *MR* **30** #5124.

Aviezri S. Fraenkel & R. Jamie Simpson, How many squares must a binary sequence contain? *Electron. J. Combin.*, **2**(1995) Res. Paper 2; *MR* **96b**:11023.

Jean-Pierre Gazeau & Jacek Miękisz, A symmetry group of a Thue-Morse quasicrystal, *J. Phys. A*, **31**(1998) L435–L440; *MR* **99j**:11023.

D. Hawkins & W. E. Mientka, On sequences which contain no repetitions, *Math. Student*, **24**(1956) 185–187; *MR* **19**, 241.

G. A. Hedlund, Remarks on the work of Axel Thue on sequences, *Nordisk Mat. Tidskr.*, **15**(1967) 148–150; *MR* **37** #4454.

G. A. Hedlund & W. H. Gottschalk, A characterization of the Morse minimal set, *Proc. Amer. Math. Soc.*, **15**(1964) 70–74; *MR* **28** #1609.

J. Justin, Généralisation du théorème de van de Waerden sur les semi-groupes répétitifs, *J. Combin. Theory Ser. A*, **12**(1972) 357–367; *MR* **46** #5485.

J. Justin, Semi-groupes répétitifs, *Sém. IRIA, Log. Automat.*, 1971, 101–105, 108; *Zbl.* 274.20092.

J. Justin, Characterization of the repetitive commutative semigroups, *J. Algebra*, **21**(1972) 87–90; *MR* **46** #277; **12**(1972) 357–367; *MR* **46** #5485.

J. Karhumäki, On cube-free $\omega$-words generated by binary morphisms, *Discr. Appl. Math.*, **5**(1983) 279–297; *MR* **84j**:03081.

V. Keränen, On $k$-repetition free words generated by length uniform morphisms over a binary alphabet, *ICALP '85, Springer Lect. Notes Comput. Sci.*, **194**(1985) 338–347; *MR* **87d**:68060.

V. Keränen, On the $k$-freeness of morphisms on free monoids, *STACS '87, Springer Lect. Notes Comput. Sci.*, **247**(1987) 180–188; *MR* **88g**:68061.

V. Keränen, Abelian squares are avoidable on 4 letters, *Automata, Languages and Programming, Springer Lect. Notes Comput. Sci.*, **623**(1992) 41–52; *MR* **94j**:68244.

A. J. Kfoury, Square-free and overlap-free words, *Mathematical problems in computation theory*, Banach Centre Publications, **21**(1968) 285–297; Polish Scientific Publishers, Warsaw.

A. J. Kfoury, A linear-time algorithm to decide whether a binary word contains an overlap, *RAIRO Inform. Théor.*, **22**(1988) 135–145; *MR* **89h**:68056.

Y. Kobayashi, Repetition-free words, *Theor. Comput. Sci.*, **44**(1986) 175–197; *MR* **88a**:20084.

M. Leconte, $K$th power-free codes, *Automata on Infinite Words, Springer Lect. Notes Comput. Sci.*, **192**(1984) 172–187; *MR* **87e**:20107.

John Leech, A problem on strings of beads, *Math. Gaz.*, **41**(1957) 277–278.

W. F. Lunnon & P. A. B. Pleasants, Characterization of two-distance sequences, *J. Austral. Math. Soc. Ser. A*, **53**(1992) 198–218; *MR* **93h**:11027.

M. G. Main, An infinite square-free co-CFL, *Inform. Process. Lett.*, **20**(1985) 105–107.

M. G. Main, W. Bucher & D. Haussler, Applications of an infinite square-free co-CFL, *Theor. Comput. Sci.*, **49**(1987) 113–119.

M. G. Main & R. J. Lorentz, Linear time recognition of squarefree strings, in A. Apostolico & Z. Galil (editors), *Combinatorial Algorithms on Words*, Springer-Verlag, 1985, 271–278.

M. G. Main & R. J. Lorentz, An $O(n \log n)$ algorithm for finding all repetitions in a string, *J. Algorithms*, **5**(1984) 422–432; *MR* **85h**:68019.

Christian Mauduit & András Sárközy, On finite pseudorandom binary sequences II. The Champernowne, Rudin-Shapiro and Thue-Morse sequences, a further construction, *J. Number Theory*, **73**(1998) 256–276; *MR* **99m**:11084.

F. Mignosi & G. Pirello, Repetitions in the Fibonacci infinite word, *RAIRO Inform. Théor.*, **26**(1992) 199–204.

Marston Morse, A solution of the problem of infinite play in chess, *Bull. Amer. Math. Soc.*, **44**(1938) 632.

Marston Morse & Gustav A. Hedlund, Unending chess, symbolic dynamics and a problem in semigroups, *Duke Math. J.*, **11**(1944) 202; *MR* **5**, 202e.

J.-J. Pansiot, A propos d'une conjecture de F. Dejean sur les répétitions dans les mots, *Discr. Appl. Math.*, **7**(1984) 297–311; *MR* **85g**:05010, 68036.

P. A. B. Pleasants, Non-repetitive sequences, *Proc. Cambridge Philos. Soc.*, **68**(1970) 267–274; *MR* **42** #85.

H. Prodinger, Nonrepetitive sequences and Gray code, *Discrete Math.*, **43** (1983) 113–116; *MR* **84d**:05026.

Helmut Prodinger & Friedrich J. Urbanek, Infinite 0-1 sequences without long adjacent identical blocks, *Discrete Math.*, **28**(1979) 277–289; *MR* **84d**:05026.

E. Prouhet, Mémoire sur quelques relations entre less puissances des nombres, *C. R. Acad. Sci. Paris*, **33**(1851) 225.

A. Restivo & S. Salemi, Overlap free words on two symbols, *Automata on Infinite Words*,

*Springer Lect. Notes Comput. Sci.*, **192**(1984) 198–206; *MR* **87c**:20101.

A. Restivo & S. Salemi, Some decision results on nonrepetitive words, *Combinatorial Algorithms on Words*, Springer-Verlag, 1985, 289–295; *MR* **87g**:68041.

H. E. Robbins, On a class of recurrent sequences, *Bull. Amer. Math. Soc.*, **43**(1937) 413–417.

P. Roth, Every binary pattern of length six is avoidable on the two-letter alphabet, *Acta Inform.*, **29**(1992) 95–107; *MR* **93c**:68084.

U. Schmidt, Avoidable patterns on 2 letters, *STACS '87, Springer Lect. Notes Comput. Sci.*, **247**(1987) 189–197; *MR* **88h**:68046; *Theor. Comput. Sci.*, **63**(1989) 1–17; *MR* **90d**:68043.

P. Séébold, Morphismes itérés, mot de Morse, et mot de Fibonacci, *C. R. Acad. Sci. Paris*, **295**(1982) 439–441; *MR* **83m**:20096.

P. Séébold, Overlap-free sequences, *Automata on Infinite Words, Springer Lect. Notes Comput. Sci.*, **192**(1984) 207–215; *MR* **87f**:20082.

P. Séébold, Complément à l'étude des suites de Thue-Morse généralisées, *RAIRO Inform. Théor.*, **20**(1986) 157–181; *MR* **88i**:68051.

Jeffrey Shallit, On the maximum number of distinct factors in a binary string, *Graphs Combin.*, **9**(1993) 197–200; *MR* **94b**:05015.

R. Shelton, Aperiodic words on three symbols, *J. reine angew. Math.*, **321** (1981) 195–209; II **327**(1981) 1–11; *MR* **82m**:05004ab.

R. O. Shelton & R. P. Soni, Aperiodic words on three symbols III, *J. reine angew. Math.*, **330**(1982) 44–52; *MR* **82m**:05004c.

H. J. Shyr, A strongly primitive word of arbitrary length and its application, *Internat. J. Comput. Math.*, **6**(1977) 165–170; *MR* **57** #4671.

A. Thue, Über unendliche Zeichenreihen, *Norske Vid. Selsk. Skr. I Mat.-Nat. Kl. Christiana*, 1906, No. 7, 1–22.

A. Thue, Über die gegenseitge Lage gleicher Teile gewisser Zeichenreihen, *Norske Vid. Selsk. Skr. I Mat.-Nat. Kl. Christiana*, 1912, No. 1, 1–67.

Robert Tijdeman, On the minimum complexity of infinite words, *Indag. Math. (N.S.)*, **10**(1999) 123–129; *MR* **2000d**:11032.

Yao Jia-Yan, Généralisations de la suite de Thue-Morse, *Ann. Sci. Math. Québec*, **21**(1997) 177–189; *MR* **98k**:11108.

M. A. Zaks, A. S. Pikovskiĭ & Jürgen Kurths, On the correlation dimension of the spectral measure for the Thue-Morse sequence, *J. Statist. Phys.*, **88**(1997) 1387–1392; *MR* **98k**:11021; and see *J. Phys. A*, **32**(1999) 1523–1530; *MR* **2000c**:37007.

## E22 すべての置換列を部分列として含むサイクルと数列

ハンズライ・グプタは，$n \geq 2$ に対し，$\leq n$ 以下の正整数からなるサイクル $a_1, a_2, \ldots, a_m$ で，最初の $n$ 個の自然数の任意の置換列が少なくとも 1 つの $j, 1 \leq j \leq m$ に対し，

$$a_j, a_{j+1}, \ldots, a_1, a_2, \ldots, a_{j-1}$$

の部分列として現れるようなサイクルが存在する最小の正整数 $m = m(n)$ を求めよという問題を提出した．たとえば，$n = 5$ に対し，1, 2, 3, 4, 5, 4, 3, 2, 1, 5, 4, 5 は上述のサイクルであるから，$m(5) \leq 12$ である．グプタは $m(n) \leq \lfloor n^2/2 \rfloor$ を予想している．

モーツキン-ストラウスは ($k$ を割る 2 の最高ベキの指数を用いて) ルーラー関数を考えた．たとえば，$n = 5, 1 \leq k \leq 31$ で

1, 2, 1, 3, 1, 2, 1, 4, 1, 2, 1, 3, 1, 2, 1, 5, 1, 2, 1, 3, 1, 2, 1, 4, 1, 2, 1, 3, 1, 2, 1
である．しかし，サイクルになっていないため，$m(n) = 2^n - 1$ が得られるだけである．

## E23　A.P. による整数の被覆

$S$ を公差 $\geq k$ の A.P. (算術数列) $n$ 個の和集合——ここで $k \leq n$ とするとき，クリッテンデン-ファンデン・アインデンは，$S$ が $\leq k2^{n-k+1}$ の正整数を含めば，$S$ はすべての正整数を含むと予想し，$k = 1, 2$ の場合を証明した．予想はベストポシブルの形で述べてある．シンプソンは，$k = 3$ の場合を証明した．

R. B. Crittenden & C. L. Vanden Eynden, Any $n$ arithmetic progressions covering the first $2^n$ integers covers all integers, *Proc. Amer. Math. Soc.*, **24**(1970) 475–481; *MR* **41** #3365.

R. B. Crittenden & C. L. Vanden Eynden, The union of arithmetic progressions with differences not less than $k$, *Amer. Math. Monthly* **79**(1972) 630.

R. J. Simpson, On a conjecture of Crittenden and Vanden Eynden concerning coverings by arithmetic progressions, *J. Austral. Math. Soc. Ser. A*, **63**(1997) 396–420; *MR* **98k**:11005.

## E24　無理数化列

エルデーシュ-ストラウスは，正整数列 $\{a_n\}$ が，すべての整数列 $\{b_n\}$ に対して $\sum 1/a_n b_n$ が無理数という条件をみたすとき，無理数化列とよんだ．無理数化列はどのようなものか？　興味深い例をあげよ．底 2 の log に対し，$\limsup(\log_2 \ln a_n)/n > 1$ がなりたつとき，$\{a_n\}$ は無理数化列である．$\sum 1/n!(n+2) = \frac{1}{2}$ であるから $\{n!\}$ は無理数化列ではない．エルデーシュは，$\{2^{2^n}\}$ が無理数化列であることを証明した．$a_{n+1} = a_n^2 - a_n + 1$ で定義される数列 $2, 3, 7, 43, 1807, \ldots$ は，$b_n = 1$ ととれて，和が 1 となるから無理数化列で「はない」．著者が，1 項ずつおいて選んだスキップ数列 $2, 7, 1807, \ldots$ の無理数化性を問うたところ，ゴロンブが $2, 3, 7, 43, 1807, \ldots$ の増加速度が $\theta^{2^n}$ の程度—$\theta \approx 1.5979102$—を示したから，スキップ数列の各項が $\theta^{2^{2n}}$ であることがわかり，上述の判定条件から無理数化列であることがしたがう．

アナロジーとして，ハンチルは，正の実数列 $\{a_n\}$ が，すべての正整数列 $\{c_n\}$ に対し，$\sum (a_n c_n)^{-1}$ が超越数であるという条件をみたすとき，超越化列とよんだ．$\{a_n\}, \{b_n\}$ が正整数列で，十分大のすべての $n$ に対し，$\ln\ln a_n > u^n$，$\ln\ln b_n < v^n$ をみたす—ここで $u, v$ は実数で $u > v > 3$—とき，$\{a_n/b_n\}$ が超越化列であることを証明している．

C. Badea, *Glasgow Math. J.*, **29**(1987) 221–228; *MR* **88i**:11044

P. Erdős, On the irrationality of certain series, *Nederl. Akad. Wetensch. Proc. Ser. A* = *Indagationes Math.*, **19**(1957) 212–219; *MR* **19**, 252.

P. Erdős, On the irrationality of certain series, *Math. Student*, **36**(1968) 222–226 (1969); *MR* **41** #6787.

P. Erdős, Some problems and results on the irrationality of the sum of infinite series, *J. Math. Sci.*, **10**(1975) 1–7.

P. Erdős & E. G. Straus, On the irrationality of certain Ahmes series, *J. Indian Math. Soc.*, **27**(1963) 129–133 (1969); *MR* **41** #6787.

S. Golomb, On certain non-linear recurring sequences, *Amer. Math. Monthly*, **70**(1963) 403–405; *MR* **26** #6112.

I. J. Good, *Fibonacci Quart.*, **12**(1974) 346; *MR* **50** #4465.

Jaroslav Hančl, Transcendental sequences, *Math. Slovaca*, **46**(1996) 177–179; *MR* **97k**:11107.

Wayne L. McDaniel, The irrationality of certain series whose terms are reciprocals of Lucas sequence terms, *Fibonacci Quart.*, **32**(1994) 346–351; *MR* **95d**:11018.

Zhu Yao-Chen, Irrationality of certain series, *Acta Math. Sinica*, **40**(1997) 857–860; *MR* **99c**:11090.

## E25 ゴロンブの自己ヒストグラム列

$f(1) = 1$, $f(n)$ は，非減少整数列に $n$ の現れる回数と定義された数列

$1, 2, 2, 3, 3, 4, 4, 4, 5, 5, 5, 6, 6, 6, 6, 7, 7, 7, 7, 8, 8, 8, 8, 9, 9, 9, 9, 9, \ldots$

は，本書初版では，デイヴィッド・シルヴァーマンによるものとしていたが，ゴロンブが問題として提出し，本人および，ファン・リント，マーカス-ファインが解決していた：第 $n$ 項の漸近的表示は $\tau^{2-\tau} n^{\tau-1}$ である．ここで，$\tau$ は黄金比 $(1+\sqrt{5})/2$ である．誤差項 $E(n)$ はイラン・ヴァルディが研究し，

$$E(n) = \Omega_{\pm}\left(\frac{n^{\tau-1}}{\ln n}\right)$$

という予想を立てた．ここで，$E(n) = \Omega_{\pm}(g(n))$ は，正定数 $c_1, c_2$ が存在して，無限に多くの $n$ に対し，$E(n) > c_1 g(n)$ および $E(n) < -c_2 g(n)$ がなりたつことを意味する．本予想は，ジャン・ルク・レミーによって証明され，レミー-ペテルマンはさらに

$$E(n) = \frac{n^{\tau-1}}{\ln n} h\left(\frac{\ln \ln n}{\ln \tau}\right) + o\left(\frac{n^{\tau-1}}{\ln n}\right)$$

を証明した．ここで，$h$ は恒等的に $0$ でない関数で $h(x) = -h(x+1)$ をみたす．

ライオネル・レヴァインは，次の数列行列の各行の最後の項からなる数列を提示した．これは，ゴロンブ列と不分明ながらも類似している．

1 1
1 2
1 1 2
1 1 2 3
1 1 1 2 2 3 4
1 1 1 1 2 2 2 3 3 4 4 5 6 7
...

数列行列の各行は，その前の行を「右から左に」読むことで定義される．たとえば，5 行目は，「1 が 4 個，2 が 3 個，3 が 2 個，4 が 2 個，5 が 1 個，6 が 1 個，7 が 1 個」と読んで 6 行目に書くのである．スローンは，15 項

1, 2, 2, 3, 4, 7, 14, 42, 213, 2837, 175450, 139759600, 6837625106787, 266437144916648607844, 50800947137948882144426198650354O

まで計算し，20 項がはたして計算できるかどうか，考えあぐんでいる．

数え上げ列とは以下の条件で定義される正整数列の列 $\{S_i\}_{i=0}^{\infty}$ のことである．$S_{i+1}$ は，整数 $k$ とそれが $S_i$ に現れる回数 $m_k$ の対 $(m_k, k)$ をその大きさの順に $S_{i+1}$ 内に書きだすことによって得られる．ザウアーベルグ-シュー論文参照．

マーシャル・ホールは，すべての整数が，項の差で一意的に表せるような数列が存在することを証明した．たとえば，$a_1 = 1, a_2 = 2, a_{2n+1} = 2a_{2n}, a_{2n+2} = a_{2n+1} + r_n$ によって定義される数列

1, 2, 4, 8, 16, 21, 42, 51, 102, 112, 224, 235, 470, 486, 972, 990, 1980, 2001, ...

がそうである．ここで，$r_n$ は，$1 \leq i < j \leq 2n+1$ のとき，$a_j - a_i$ の形に表されないような最小の自然数である．他にも同様の数列が存在するであろうが，項の漸近的増加が最小である数列を求める問題は未解決である．

V. Bronstein & A. S. Fraenkel, On a curious property of counting sequences, *Amer. Math. Monthly*, **101**(1994) 560–563; *MR* **95b**:05014.

J. Browkin, Solution of a certain problem of A. Schinzel (Polish), *Prace Mat.*, **3**(1959) 205–207; *MR* **23** #A3703.

Solomon W. Golomb, Influence of data processing on the design and communication of experiments, *Radio Science*, **68D**(1964) 1021–1024.

Solomon W. Golomb, Problem 5407, *Amer. Math. Monthly*, **73**(1966) 674.

R. L. Graham, Problem E1910, *Amer. Math. Monthly*, **73**(1966) 775; remark by C. B. A. Peck, **75**(1968) 80–81.

M. Hall, Cyclic projective planes, *Duke Math. J.*, **4**(1947) 1079–1090; *MR* **9**, 370b.

Steven Kahan, A curious sequence, *Math. Mag.*, **48**(1975) 290–293; *MR* **53** #5464.

Hervé Lehning, Computer-aided or analytic proof? *Coll. Math. J.*, **21**(1990) 228–239.

Daniel Marcus & N. J. Fine, Solutions to Problem 5407, *Amer. Math. Monthly*, **74** (1967) 740–743.

Michael D. McKay & Michael S. Waterman, Self-descriptive strings, *Math. Gaz.*, **66**(1982) 1–4; *MR* **84h**:05013.

Y.-F. S. Pétermann, On Golomb's self-describing sequence, I, *J. Number Theory*, **53**(1995) 13–24; *MR* **97g**:11022; II, *Arch. Math. (Basel)* **67**(1996) 473–477; *MR* **98a**:11029.

Y.-F. S. Pétermann & Jean-Luc Rémy, Golomb's self-described sequence and functional-differential equations, *Illinois J. Math.*, **42**(1998) 420–440; *MR* **99k**:11035.

Jean-Luc Rémy, Sur la suite autodécrite de Golomb, *J. Number Theory*, **66**(1997) 1–28; *MR* **98i**:11077.

Lee Sallows & Victor L. Eijkhout, Co-descriptive strings, *Math. Gaz.*, **70**(1986) 1–10.

Jim Sauerberg & Shu Ling-Hsueh, The long and the short on counting sequences, *Amer. Math. Monthly*, **104**(1997) 306–317; *MR* **98i**:11013.

W. Sierpiński, *Elementary Theory of Numbers*, 2nd English edition (A. Schinzel) PWN, Warsaw, 1987, chap. 12,4 p. 444.

Ilan Vardi, The error term in Golomb's sequence, *J. Number Theory*, **40**(1992) 1–11; *MR*

**93d**:11103.

**OEIS:** A000002, A001462-001463, A001856, A054540.

## E26　エプシュタインの 2 乗出し入れゲーム

　リチャード・エプシュタインの 2 乗出し入れゲームは，2 人のプレーヤーが一山の豆から交互に山の中にある豆の数以下の最大 2 乗数個の豆を山に入れるか取り出すことによって行われる．数学的には，2 人のプレーヤーが交互に

$$a_{n+1} = a_n \pm \lfloor \sqrt{a_n} \rfloor^2$$

なる整数 $a_n$ をコールすることによって行われ，最初に 0 をコールした方が勝ちである．これはルーピーゲーム [訳注：loopy には「輪になる」の他に「変わった」という意味もある] であり，最初におく豆の数によるが，多くは引き分けに終わる．たとえば，最初が 2 なら，最大 2 乗数は 1 であるが，1 をコールすると相手が勝つから，1 を加えて 3 をコールする．相手は，1 を加えると負けになるから，1 を引いて 2 に戻り，引き分けになる．同様に，6 から始めると，次のような最良手の連続で引き分けとなる: 6, 10, 19!, 35, 60, 109!, 209!, 13!, 22!, 6, . . .　ここで，! は，階乗記号でなく好手を表す！

　たとえば，209 の後 405 とするのは悪手である．それは，そうとると相手が 5 をコールすることができて，5 は (一手前の (previous) 差し手が勝つ) $\mathcal{P}$-ポジションだからである．同様に，60 の次に 11 とするのは悪手である．それは，11 が，次の (next) 差し手が勝つ $\mathcal{N}$-ポジションだからである (次の差し手は 20 とする)．

　$\mathcal{P}$-ポジションの列

　　0, 5, 20, 29, 45, 80, 101, 116, 135, 145, 165, 173, 236, 257, 397, 404, 445, 477, 540, 565, 580, 629, 666, 836, 845, 885, 909, 944, 949, 954, 975, 1125, 1177, . . .

あるいは $\mathcal{N}$-ポジションの列

　　1, 4, 9, 11, 14, 16, 21, 25, 30, 36, 41, 44, 49, 52, 54, 64, 69, 71, 81, 84, 86, 92, 100, 105, 120, 121, 126, 136, 141, 144, 149, 164, 169, 174, 189, 196, 201, 208, 216, 225, 230, 245, 252, 254, 256, 261, . . .

のどちらかは正の密度をもつか？

E. R. Berlekamp, J. H. Conway & R. K. Guy, *Winning Ways for your Mathematical Plays*, Academic Press, London, 1982, Chapter 15.

**OEIS:** A005240-005241, A014586-014589, A019509.

## E27 max 列, mex 列

ロジャー・エッグルトンは，自身の修士論文の中で，与えられた有限数列 $a_0, a_1, \ldots, a_n$ を $a_{n+1} = \max_i(a_i + a_{n-i})$ を順次付け加えて拡大した無限列 **max** 列に関する研究成果を開陳した．主結果の1つとして，(第1) 階差数列は究極的に周期的であるというものがある．たとえば，1, 4, 3, 2 から始めると，7, 8, 11, 12, 15, 16, ... という max 列が得られ，その階差数列は 3, −1, −1, 5, 1, 3, 1, 3, 1, ... となる．非負整数の集合の **mex** を最小除外数 (the minimum excluded number)，すなわち，その集合に属さない最小の非負整数と定義するとき，**mex** 列の挙動はどうだろうか？ 1, 4, 3, 2 から始まる mex 列は

0, 0, 0, 0, 0, 5, 1, 1, 1, 1, 1, 6, 2, 2, 0, 0, 0, 0, 0, 5, 1, 1, 1, 1, 1, 6, ....

のようになるが，一般に mex 列は究極的に周期的であるか？

A. S. フレンケルは，実数 $\alpha$ に対し，数列 $a_i = \lfloor i\alpha \rfloor$ で，不等式

$$\max(a_{n-i} + a_i) \leq a_n \leq 1 + \min(a_{n-i} + a_i), \quad 1 \leq i < n, \quad n = 2, 3, \ldots$$

をみたすものを考察した．たとえば，$\alpha = \frac{1}{2}(1+\sqrt{5})$ から数列 1, 3, 4, 6, 8, 9, 11, 12, 14, 16, 17, 19, 21, ... が生成される．これは，$1/\alpha + 1/\beta = 1$ をみたす $\beta$ によって $b_i = \lfloor i\beta \rfloor$ から生成される数列を補完する．これらのビーティー列は合せてワイソフ対を形成する．

通常の加法を **nim** 加法—すなわち，底2に関する繰上げなしの加法，XOR—でおきかえたスプラーグ-グランディ理論を用いて **octal** ゲームを解析する際に，この種の数列が現れることがモチヴェーションをなす．この型の数列の挙動は，ほとんど未知のまま残されており，解析が進めば nim-類似ゲームに関する結果に結びつく．

S. Beatty, Problem 3173, *Amer. Math. Monthly* **33** (1926) 159 (and see J. Lambek & L. Moser, **61** (1954) 454.

E. R. Berlekamp, J. H. Conway & R. K. Guy, *Winning Ways for your Mathematical Plays*, Academic Press, London, 1982, Chapter 4.

Michael Boshernitzan & Aviezri S. Fraenkel, Nonhomogeneous spectra of numbers, *Discrete Math.*, **34**(1981) 325–327; *MR* **82d**: 10077.

Michael Boshernitzan & Aviezri S. Fraenkel, A linear algorithm for nonhomogeneous spectra of numbers, *J. Algorithms*, **5**(1984) 187–198; *MR* **85j**:11183.

R. B. Eggleton, Generalized integers, M.A. thesis, Univ. of Melbourne, 1969.

Ronald L. Graham, Lin Chio-Shih & Lin Shen, Spectra of numbers, *Math. Mag.*, **51**(1978) 174–176; *MR* **58** #10808.

**OEIS:** A067016-067018.

## E28 　$B_2$-列，ミアン-チャウラ列

無限列 $1 \leq a_1 < a_2 < \ldots$ が，どの $a_i$ も $a_i$ 以外の数列の異なる項の和にならないという条件をみたすとき A-列とよぶ．エルデーシュは，すべての A-列に対し，$\sum 1/a_i < 103$ がなりたつことを証明し，レヴァイン-オサリヴァンは，上界を 4 に改良した．2 人は，項の逆数の和が $> 2.035$ となる A-列を見出した．その後，アボット，続いてジャンが，

$$\{1, 2, 4, 8, 1+24k, 35950+24t : 1 \leq k \leq 55, 0 \leq t \leq 44\}$$

という例を与えた．この例で，逆数和の下界が 2.0648 に改良される．さらに数ブロック先までとれば，下界を 2.0649 まで押し上げるが 2.065 まではいかない．

$1 \leq a_1 < a_2 < \ldots$ が $B_2$-列 (**C9** 参照)，すなわち，項の対の和 $a_i + a_j$ がすべて異なるとき，$\sum 1/a_i$ の最大値は何か？ $i = j$ を許すか否かによって，2 つの問題が生ずる．エルデーシュはどちらも解けなかったといっている．

最も明解な $B_2$-列は，グリーディーアルゴリズム (**E10** 参照) によって次のようにして得られるものである．各項はそれ以前の項より大で，和の条件をみたすうちの最小整数; $i = j$ も許す:

$$1, 2, 4, 8, 13, 21, 31, 45, 66, 81, 97, 123, 148, 182, \ldots .$$

ミアン-チャウラは，この数列を用いて，$a_k \ll k^3$ をみたす $B_2$-列（ミアン-チャウラ列）の存在を証明した．$M$ ですべての $B_2$-列にわたる $\sum 1/a_i$ の最大値を表し，$S^*$ をミアン-チャウラ列の項の逆数の和とするとき，$M \geq S^* > 2.156$ がなりたつ．しかし，レヴァインは，$t_n = n(n+1)/2$ のとき，$M \leq \sum 1/(t_n + 1) < 2.374$ であることに注意し，$M = S^*$ かどうかを問うた．ジャンは $S^* < 2.1596$ および $M > 2.1597$ を証明して，レヴァインの予想を反証した．後者の結果は，ミアン-チャウラ列で 182 の次の項 204 を 229 でおきかえ，その後グリーディーアルゴリズムを反復していって得られる．

$a_1 < a_2 < \cdots$ を 3 項の和 $a_i + a_j + a_k$ がすべて異なるような整数の無限列とするとき，エルデーシュは，$\lim a_n/n^3 = \infty$ という自身の以前からの予想の証明・反証に 500 ドル提供している．

$m$-元の $B_2$-列すべてにわたる最大値として $K(m) = \max(m - \sqrt{a_m})$ とおく．ジャン・ジェン・シャンは，素数 $p$ に対して，$K(p)$ の下界を求めている: たとえば，$K(829) > 10.279$．求まる下界が着実に増加していっているから，エルデーシュ-トゥラン予想 $K(m) = O(1)$ は偽であるかもしれないという見方もある．

**C9, C14, E10, E32** 参照．

H. L. Abbott, On sum-free sequences, *Acta Arith.*, **48**(1987) 93–96; *MR* **88g**:11007.

P. Erdős, Problems and results in combinatorial analysis and combinatorial number theory, *Graph Theory, Combinatorics and Applications*, Vol. 1 (Kalamazoo MI, 1988) 397–406, Wiley, New York, 1991.

Jia Xing-De, On $B_{2k}$-sequences, *J. Number Theory*, **48**(1994) 183–196; *MR* **95c**:11027.

Eugene Levine, An extremal result for sum-free sequences, *J. Number Theory*, **12**(1980) 251–

257; *MR* **82d**:10078.

Eugene Levine & Joseph O'Sullivan, An upper estimate for the reciprocal sum of a sum-free sequence, *Acta Arith.*, **34**(1977) 9–24; *MR* **57** #5900.

Abdul Majid Mian & S. D. Chowla, On the $B_2$-sequences of Sidon, *Proc. Nat. Acad. Sci. India Sect. A*, **14**(1944) 3–4; *MR* **7**, 243.

J. O'Sullivan, On reciprocal sums of sum-free sequences, PhD thesis, Adelphi University, 1973.

Zhang Zhen-Xiang, A $B_2$-sequence with larger reciprocal sum, *Math. Comput.*, **60**(1993) 835–839; *MR* **93m**:11012.

Zhang Zhen-Xiang, Finding finite $B_2$-sequences with larger $m - a_m^{1/2}$, *Math. Comput.*, **61**(1993); *MR* **94i**:11109.

**OEIS:** A005282, A025582, A051788.

| E29 | 項の和・積が共に同一の類に属する数列 |
|---|---|

整数を2つの類に分類する．そのとき，$\epsilon_i$ が0か1の値をとり，有限個を除いて0のとき，和 $\sum \epsilon_i a_i$ および積 $\prod a_i^{\epsilon_i}$ がすべて同じ類に属するような数列 $\{a_i\}$ が常に存在するか？ 問題を出したのはエルデーシュであるが，ヒンドマンは否定的に解決した．

すべての和 $a_i + a_j$ および積 $a_i a_j$ が同じ類に属するような数列 $a_1 < a_2 < \cdots$ は存在するか？ グラハムは，整数 [1, 252] を2つの類に分割するとき，4個の異なる整数 $x$, $y$, $x + y$, $xy$ がすべて同じ類に属すること，および 252 がベストポシブルであることを証明した．ヒンドマンは，整数 [2, 990] を2つの類に分割するとき，1つの類が異なる4個の整数 $x$, $y$, $x + y$, $xy$ を含むことを証明した．$\geq 3$ の整数に対しては，対応する結果は得られていない．

ヒンドマンはまた，整数を2つの類に分割するとき，すべての和 $a_i + a_j$ ($i = j$ も許す) が同じ類に属するような無限列 $\{a_i\}$ が常に存在することも証明している．その一方，このような無限列が存在しないような，整数の3個の類への分割も見出している．

J. Baumgartner, A short proof of Hindman's theorem, *J. Combin. Theory Ser. A*, **17**(1974) 384–386; *MR* **50** #6873.

Neil Hindman, Finite sums with sequences within cells of a partition of $n$, *J. Combin. Theory Ser. A*, **17**(1974) 1–11; *MR* **50** #2067.

Neil Hindman, Partitions and sums and products of integers, *Trans. Amer. Math. Soc.*, **247**(1979) 227–245; *MR* **80b**:10022.

Neil Hindman, Partitions and sums and products — two counterexamples, *J. Combin. Theory Ser. A*, **29**(1980) 113–120; *MR* **82b**:05020.

| E30 | マクマホンのメジャー素数 |
|---|---|

マクマホンの "メジャー素数,"
　　1, 2, 4, 5, 8, 10, 14, 15, 16, 21, 22, 25, 26, 28, 33, 34, 35, 36, 38, 40, 42, . . .

は，数列のある項より前の 2 個あるいはそれ以上の連続する項の和をすべて除いて得られる．[訳注：英語名は primes of measurement であるが，マクマホンは major であったから，洒落でメジャーとした．]

$m_n$ でメジャー素数列の第 $n$ 項を表し，最初の $n$ 項の和を $M_n$ とするとき，ジョージ・アンドリュースは

¿ $m_n \sim n(\ln n)/\ln \ln n$ ? および ¿ $M_n \sim n^2(\ln n)/\ln \ln n)^2$ ?

を予想するとともに，おそらく少し容易な次の一連の問題を提出した．ある $\Delta < 2$ に対し，$\lim n^{-\Delta} m_n = 0$ を証明せよ；$\lim m_n/n = \infty$ を示せ；すべての $n$ に対し $m_n < p_n$ を示せ．ここで，$p_n$ は $n$ 番目の素数とする．

ジェフ・ラガリアスは，「2 個」または「3 個」の連続する項の和のみを除いた数列を提案し，得られた数列

$1, 2, 4, 5, 8, 10, 12, 14, 15, 16, 19, 20, 21, 24, 25, 27, 28, 32, 33, 34,$
$37, 38, 40, 42, 43, 44, 46, 47, 48, 51, 53, 54, 56, 57, 58, 59, 61, \ldots$

の密度が $\frac{3}{5}$ かどうかを問うた．ドン・コパースミスは，より優れたヒューリスティックスを発見して，解は「否定的」であることを示唆した．

より一般に，$1 \leq a_1 < a_2 < \cdots < a_k \leq n$ をそのどの項 $a$ もそれ以前の項の和にならない数列とするとき，ポメランスは，$\max k \geq \lfloor \frac{n+3}{2} \rfloor$ を示した．その後，ロベルト・フロイドが，$\max k \geq \frac{19}{36} n$ に改良した．2 人はエルデーシュとともに，「2 個」の連続するそれ以前の項のみを除いた場合でも $\max k \leq \frac{2}{3} n$ であることを指摘している．コパースミス-フィリップスはその後 $\max k \geq \frac{13}{24} n - O(1)$ を示し，上界を

$$\max k \leq \left(\frac{2}{3} - \epsilon\right) n + O(\ln n) \quad \text{ここで} \quad \epsilon = \frac{1}{896}$$

まで改良している．

エルデーシュは，上記数列の劣密度は 0 かどうか問うている；おそらく

¿ $\displaystyle \frac{1}{\ln x} \sum_{a_i < x} \frac{1}{a_i} \to 0$ ?

であろう．

G. E. Andrews, MacMahon's prime numbers of measurement, *Amer. Math. Monthly*, **82**(1975) 922–923.

Don Coppersmith & Steven Phillips, On a question of Erdős on subsequence sums, *SIAM J.Discrete Math.*, **9**(1996) 173–177; *MR* **97d**:05273.

Róbert Freud, *James Cook Math. Notes*, Jan. 1993.

R. L. Graham, Problem 1910, *Amer. Math. Monthly*, **73**(1966) 775; solution **75**(1968) 80–81.

Jeff Lagarias, Problem 17, W. Coast Number Theory Conf., Asilomar, 1975.

P. A. MacMahon, The prime numbers of measurement on a scale, *Proc. Cambridge Philos. Soc.*, **21**(1923) 651–654.

Štefan Porubský, On MacMahon's segmented numbers and related sequences, *Nieuw Arch. Wisk.*(3) **25**(1977) 403–408; *MR* **58** #5575.

**OEIS:** A002048-002049, A005242.

# E31 ホフスタッターの 3 数列

ダグ・ホフスタッターは，以下の興趣に富む 3 個の数列を導入した．

(a) $a_1 = a_2 = 1$ and $a_n = a_{n-a_{n-1}} + a_{n-a_{n-2}}$ for $n \geq 3$. この数列の一般的な挙動はどのようであろうか？

$$1, 1, 2, 3, 3, 4, 5, 5, 6, 6, 6, 8, 8, 8, 10, 9, 10, 11, 11,$$
$$12, 12, 12, 12, 16, 14, 14, 16, 16, 16, 16, 20, 17, 17, \ldots$$

$7, 13, 15, 18, \ldots$ のような，数列に現れない整数は無限個あるか？

(b) $b_1 = 1, b_2 = 2$ で，$n \geq 3$ に対し，$b_n$ は，$b_{n-1}$ より大で 2 個あるいはそれ以上の「連続する」項の和で表される最小の整数とするとき，数列は

$$1, 2, 3, 5, 6, 8, 10, 11, 14, 16, 17, 18, 19, 21, 22, 24, 25, 29,$$
$$30, 32, 33, 34, 35, 37, 40, 41, 43, 45, 46, 47, 49, 51, \ldots$$

となり，これは，マクマホンのメジャー素数列の一種の双対である (**E30**). 数列の増加の具合はどのようであろうか？

(c) $c_1 = 2, c_2 = 3$ とし，$c_1, \ldots, c_n$ が定義されたとき，$c_i c_j - 1 (1 \leq i < j \leq n)$ の形のすべての数を加えるとき，次の数列が得られる：

$$2, 3, 5, 9, 14, 17, 26, 27, 33, 41, 44, 50, 51, 53, 65, 69, 77,$$
$$80, 81, 84, 87, 98, 99, 101, 105, 122, 125, 129, \ldots$$

この数列はほとんどすべての整数を含むか？

ホフスタッター 3 数列の最初のものに類似な数列はコンウェイが与えている：

$$1, 1, 2, 2, 3, 4, 4, 4, 5, 6, 7, 7, 8, 8, 8, 8, 9, \ldots$$

これは，$n \geq 3$ に対し，

$$a(n) = a(a(n-1)) + a(n-a(n-1))$$

で定義される．マロウズはそのアミュージングな論文の中で難題をいくつか解いている．また，ゼイトリンは，恒等式をいくつか見出している．ヴァリエーションとして，

$$b(n) = b(b(n-1)) + b(n-1-b(n-1))$$

と定義することもできるが，コンウェイ数列と $b(n-1) = n - a(n)$ という関係にある．しかしながら，

$$c(n) = c(c(n-2)) + c(n-c(n-2))$$

とすれば，増分の挙動は非常に不規則になり，$c(n)/n$ が極限をもつかどうかさえも不明となる．

ヒグマン-タニーは，$k \geq 4$ 個の初期値 $\lfloor i/2 \rfloor$, $0 \leq i < k$ を与えて

$$e(n) = e(n-1-e(n-1)) + e(n-2-e(n-2))$$

で定義した数列はよい性質をもつことを指摘している．

R. B. J. T. Allenby & Rachael C. Smith, Some sequences resembling Hofstadter's, *J. Korean Math. Soc.*, **40**(2003) 921–932.

Ed Barbeau & Stephen Tanny, On a strange recursion of Golomb, *Electron. J. Combin.*, **3**(1996) RP8; *MR* **96k**:11024.

W. A. Beyer, R. G. Schrandt & S. M. Ulam, Computer studies of some history-dependent random processes, LA-4246, Los Alamos Nat. Lab., 1969.

J. H. Conway, The weird and wonderful chemistry of audioactive decay, in *Open Problems in Communication and Computation* (T. M. Cover & B. Gopinath, eds.), pp. 173-188, Springer-Verlag, New York, 1987; see also *Eureka*, **46**(1986) 5–16.

J. H. Conway, Some crazy sequences, videotaped talk at A.T. & T. Bell Laboratories, 88-07-15.

Peter J. Downey & Ralph E. Griswold, On a family of nested recurrences, *Fibonacci Quart.*, **22**(1984) 310–317; *MR* **86e**:11013.

P. Erdős & R. L. Graham, Old and New Problems and Results in Combinatorial Number Theory, *Monographie de L'Enseignement Mathématique, Genève*, **28**(1980) 83–84.

Yoshihiro Hamaya, On the asymptotic behavior of a delay Fibonacci equation, *Dynamic Systems and applications*, **3**(*Atlanta GA*, 1999, 273–277, Dynamic, Atlanta GA, 2001; *MR* **2002i**:11013.

Jeff Higham & Stephen Tanny, A tamely chaotic meta-Fibonacci sequence, 23rd Manitoba Conf. Numer. Math. & Comput. (Winnipeg, 1993), *Congr. Numer.*, **99**(1994) 67–94; *MR* **95h**:11013.

Jeff Higham & Stephen Tanny, More well-behaved meta-Fibonacci sequences, 24th Southeastern Conf. Combin., Graph Theory & Comput. (Boca Raton FL 1993), *Congr. Numer.*, **98**(1993) 3–17; *MR* **95a**:11021.

Douglas R. Hofstadter, *Gödel, Escher, Bach*, Vintage Books, New York, 1980, p. 137.

Mark Kac, A history-dependent random sequence defined by Ulam, *Adv. in Appl. Math.*, **10**(1989) 270–277; *MR* **91c**:11042.

Péter Kiss & Béla Zay, On a generalization of a recursive sequence, *Fibonacci Quart.*, **30**(1992) 103–109; *MR* **90e**:11022.

Tal Kubo & Ravi Vakil, On Conway's recursive sequence, *Discrete Math.*, **152**(1996) 225–252; *MR* **99c**:11015.

Colin L. Mallows, Conway's challenge sequence, *Amer. Math. Monthly*, **98** (1991) 5–20; *MR* **92e**:39007.

David Newman, Problem E3274, *Amer. Math. Monthly*, **95**(1988) 555.

Klaus Pinn, Order and chaos in Hofstadter's $Q(n)$ sequence, *Complexity*, **4**(1999) 41–46; *MR* **99k**:11036.

Stephen M. Tanny, A well-behaved cousin of the Hofstadter sequence, *Discrete Math.*, **105**(1992) 227–239; *MR* **93i**:11029.

David Zeitlin, Explicit solutions and identities for Conway's iterated sequence, *Abstracts Amer. Math. Soc.*, **12**(1991).

**OEIS:** A0004001, A005185, A005206, A005229, A005243-005244, A005374-005375, A005378-005379, A048973.

## E32 グリーディーアルゴリズムから生ずる $B_2$-列

次のディクソンの古典的問題は未解決である. $k$ 個の整数 $a_1 < a_2 < \ldots < a_k$ が与えられたとき, $n \geq k$ に対し, $a_{n+1}$ を $a_n$ より大で, $a_i + a_j, i,j \leq n$ 「の形でない」最小の整数と定義する. 数列冒頭の指定された節を除き, これらはグリーディーアルゴリ

ズムから生成されるサムフリー列である (**C9, C14, E10, E28** 参照).
このとき,階差数列 $a_{n+1} - a_n$ は究極的に周期的か？
上記数列は周期性が現れるまでに非常に時間がかかることがある.たとえば, $k = 2$ のときですら, $a_1 = 1, a_2 = 6$ ととれば,問題の数列は

$$1,6,8,10,13,15,17,22,24,29,31,33,36,38,40,45,47,52,54,56,59,61,63,68,\ldots$$

となり,ただちにパターンが見えてこなくとも許されるであろう.数列 $\{1,4,9,16,25\}$ でやってみると,82項まで不規則であった階差数列が,周期 224 の数列に落ちつくのが見られるであろう.

キュノー (**C4** における文献参照) は, $i, j \leq n$ を $i < j \leq n$ でおきかえて同様の問題を考察した.このタイプの 0-加法数列も究極的に周期的な階差数列をもつであろうと予想されている.スティーヴン・フィンチは,最初の 6 項が $\{3, 4, 6, 9, 10, 17\}$ の同様の数列の項を 1500 万項まで計算したが,階差数列が周期性をもつ様子は見られなかった.

セルマーによれば,ディクソンの問題は,次の操作で定義されるシュテール列 の $h = 2$ の場合である: $a_1 = 1$ とし, $n \geq k$ に対し, $a_{n+1}$ を, $a_n$ より大の整数で $a_1, a_2, \ldots, a_n$ のうちたかだか $h$ 個の和で「表せない」最小のものと定義する. **C12** の $h$-基底参照.大部分の場合,シュテール列の階差数列 $a_{n+1} - a_n$ は究極的に周期的であるが,精査したにもかかわらず,周期性が確立されていない例がいくつかある.

カルキン-エルデーシュは,非周期的,サムフリー列 $S$ のあるものは, $S$ の元でない数で $S$ の 2 元の和にならないものが無限個存在するという意味で不完全であることを示した.また,ディクソンを参考文献にあげている論文もディクソン問題には言及していないことを注意している.

**C14, E12** 参照.

Neil J. Calkin & Paul Erdős, On a class of aperiodic sum-free sets, *Math. Proc. Cambridge Philos. Soc.*, **120**(1996) 1–5; *MR* **97b**:11030.

Neil J. Calkin, On the number of sum-free sets, *Bull. London Math. Soc.*, **22**(1990) 141–144; *MR* **91b**:11015.

Neil J. Calkin & Steven R. Finch, Conditions on periodicity for sum-free sets, *Experiment. Math.*, **5**(1996) 131–137; *MR* **98c**:11010.

Neil J. Calkin & Andrew Granville, On the number of co-prime-free sets, *Number theory (New York, 1991–1995)*, 9–18, Springer, New York, 1996; *MR* **97j**:11006.

Neil J. Calkin & Angela C. Taylor, Counting sets of integers, no $k$ of which sum to another, *J. Number Theory*, **57**(1996) 323–327; *MR* **97d**:11015.

Neil J. Calkin & Jan McDonald Thomson, Counting generalized sum-free sets, *J. Number Theory*, **68**(1998) 151–159; *MR* **98m**:11010.

Peter J. Cameron, Portrait of a typical sum-free set, Surveys in Combinatorics 1987, *London Math. Soc. Lecture Notes*, **123**(1987) Cambridge Univ. Press, 13–42; *MR* **88k**:05138.

P. J. Cameron & P. Erdős, On the number of sets of integers with various properties, *Number theory (Banff, 1988)* 61–79, de Gruyter, Berlin, 1990; *MR* **92g**:11010.

L. E. Dickson, The converse of Waring's problem, *Bull. Amer. Math. Soc.*, **40**(1934) 711–714.

Steven R. Finch, Are 0-additive sequences always regular? *Amer. Math. Monthly*, **99**(1992) 671–673.

Ernst S. Selmer, On Stöhr's recurrent $h$-bases for $N$, *Kgl. Norske Vid. Selsk. Skrifter*, **3**(1986)

1–15.
Ernst S. Selmer & Svein Mossige, Stöhr sequences in the postage stamp problem, No. **32**(Dec. 1984) Dept. Pure Math., Univ. Bergen, ISSN 0332-5407.

## E33  単調 A.P. を含まない数列

エルデーシュ-グラハムは，数列 $\{a_i\}$ において，ある添字 $i_1 < i_2 < \cdots < i_k$ が存在して，対応する部分数列 $a_{i_j}, 1 \leq j \leq k$ が増加あるいは減少 A.P. であるとき，長さ $k$ の単調 A.P. をもつと定義した．

$M(n)$ を単調 3-項 A.P. を含まない $[1,n]$ の順列の個数とするとき，デイヴィスらは，
$$M(n) \geq 2^{n-1}, \qquad M(2n-1) \leq (n!)^2, \qquad M(2n) \leq (n+1)(n!)^2$$
を証明し，$M(n)^{1/n}$ が有界かどうかを問うた．

デイヴィスらはまた (すべての) 自然数の任意の順列は増加 3-項 A.P. を含まねばならないこと，単調 5-項 A.P. を含まない順列が存在することも証明している．単調 4-項 A.P. が必ず含まれるかどうかは未知である．

正整数を 2 重無限列に並べ替えても，単調 3-項 A.P. は必ず含まれるが，単調 4-項 A.P. は含まれないようにできる．

「どの」整数も並べ替える場合，トム・オッダは，1 重無限列の場合は，単調 7-項 A.P. が含まれる必要がないことを示した．これ以外にはほとんど未知である．

J. A. Davis, R. C. Entringer, R. L. Graham & G. J. Simmons, On permutations containing no long arithmetic progressions, *Acta Arith.*, **34**(1977) 81–90; *MR* **58** #10705.
Tom Odda, Solution to Problem E2440, *Amer. Math. Monthly* **82**(1975) 74.

## E34  ハッピー数

英国のレジナルド・アレンビーの娘が学校からハッピー数のことを教えてもらって帰ってきた．問題の発祥はロシアのようである．数列の 10 進表示の各桁の数の 2 乗を加えるという操作を繰り返していくと，

$$4 \to 16 \to 37 \to 58 \to 89 \to 145 \to 42 \to 20 \to 4$$

なるサイクルに到達するか 1 に到達するかのどちらかであることは容易に証明できる．後者の場合，初項をハッピー数とよぶ．最初の 100 個のハッピー数は，

  1   7  10  13  19  23  28  31  32  44  49  68  70  79  82  86  91  94  97 100
103 109 129 130 133 139 167 176 188 190 192 193 203 208 219 226 230 236 239 262
263 280 291 293 301 302 310 313 319 320 326 329 331 338 356 362 365 367 368 376
379 383 386 391 392 397 404 409 440 446 464 469 478 487 490 496 536 556 563 565
566 608 617 622 623 632 635 637 638 644 649 653 655 656 665 671 673 680 683 694

である．全整数のうちおおよそ 1/7 がハッピー数であるようにみえるが，その密度に関するどのような限界を求めることができるか？ 連続するハッピー数の個数は？ 任意に多いか？ 最初の対は 31, 32 であり，最初の 3 連続項 1880, 1881, 1882 である．5 連続項の例として 44488, 44489, 44490, 44491, 44492 がある．ジャド・マクラニーは最初の 4 連続項が 7842 で終わること，最初の 4 連続項は上のものであることを見出したが，$10^{12}$ 以下で 6 連続項は見つからなかった．しかし，アレンビーによれば，ヘンドリック・レンストラが，任意に長いハッピー数の連続項が存在することを証明したそうである．

ハッピー数間の距離はどのくらいか？ ハッピー数の高さを，1 に到達するまでに要する操作回数として定義できる．たとえば，高さごとの最小のハッピー数の表は

| 高さ | 0 | 1 | 2 | 3 | 4 | 5 | 6 |
|---|---|---|---|---|---|---|---|
| ハッピー数 | 1 | 10 | 13 | 23 | 19 | 7 | 356 |

のようになる．

マクラニーは，高さ 7 の最小のハッピー数が 78999 であり，高さ 8 のものは，977 桁の数 37889999999...999 であること，高さ 9 のそれは，約 $10^{977}$ 桁であることを検証した．ワラト・ルーングタイはこれらの結果を確認し，高さ 9 の最小のハッピー数

$$78889 \cdot 10^{(421 \cdot 10^{973} - 34)/9} - 1$$

を与えた．これは $(421 \cdot 10^{973} + 11)/9$ 桁の数である．

高さ $h$ の最小のハッピー数はどのくらいの大きさか？

ハッピー数の定義で 2 乗のところを 3 乗でおきかえると——少なくとも底が 10 の場合は——3 乗数が mod 9 で 0 または ±1 であるという事実が浮上してくる．2 乗ハッピー数に対応する 3 乗ハッピー数列 (1, 10, 100, 112, 121, 211, 778, ...) の密度は 0 である可能性がある．≡ 0 mod 3 の数は 153 に収束し，≡ 2 mod 3 の数は，371 または 407 に収束するから，興味の湧く対象は ≡ 1 mod 3 の数である．このタイプは，370 に収束するか，2 個の 3 項サイクル (55, 250, 133), (160, 217, 352) のどちらかに収束するか，2 個の 2 項サイクル (919, 1459), (136, 244) のどちらかに収束するか，場合により，1 に収束するかのどれかである．それぞれの場合の密度はいくらか？

ソムジット・ダッタは，4 乗数，5 乗数の場合を考察し，4 乗数の場合，$< 10^4$ の範囲の数の約 8/9 が 7 項サイクル (1138, 4179, 9219, 13139, 6725, 4339, 4514) に収束し，1/23 が 2 項サイクル (2178, 6514) に，10 のベキを除く残りの数が 8208 に収束することを注意した．

一方，5 乗数の場合に次の 12 個の非自明サイクルを見出した：

| サイクル長 | | | | | | | | | | | |
|---|---|---|---|---|---|---|---|---|---|---|---|
| 1 | 1 | 1 | 1 | 2 | 4 | 6 | 10 | 10 | 12 | 22 | 28 |
| 最小数 | | | | | | | | | | | |
| 4150 | 4151 | 54748 | 93084 | 58618 | 10933 | 8299 | 8294 | 9044 | 39020 | 9045 | 244 |

表中 (4150,4151), (9044,9045) が現れているのは非常に興味深い. 高次ベキの場合は？ 底を変えるとどうなる？ この方向でグランドマン-ティープルが少し結果を出している.

Alan F. Beardon, Sums of squares of digits, *Math. Gaz.*, **82**(1998) 379–388.
Henry Ernest Dudeney, *536 Puzzles & Curious Problems* (edited Martin Gardner), Scribner's, New York, 1967, Problem 143, pp. 43, 258–259.
Esam El-Sedy & Samir Siksek, On happy numbers, *Rocky Mountain J. Math.*, **30**(2000) 565–570; MR **2002c**:11011.
Tony Gardiner, *Discovering Mathematics*, Oxford University Press, pp. 18, 21.
H. G. Grundman & E. A. Teeple, Generalized happy numbers, *Fibonacci Quart.*, **39**(2001) 462–466; MR **2002h**:11010.
Joseph S. Madachy, *Mathematics on Vacation*, Scribner's, New York, 1966, pp. 163–165.

**OEIS:** A001273, A007770, A018785, A031177, A035497, A035502–035504, A046519.

## E35 キンバーリングシャッフル

クラーク・キンバーリングは，次のような数表を考察した:

| | | | | | | | | | | | | | | | | | | | |
|---|---|---|---|---|---|---|---|---|---|---|---|---|---|---|---|---|---|---|---|
| [1] | 2 | 3 | 4 | 5 | 6 | 7 | 8 | 9 | 10 | 11 | 12 | 13 | 14 | 15 | 16 | 17 | 18 | 19 | |
| 2 | [3] | 4 | 5 | 6 | 7 | 8 | 9 | 10 | 11 | 12 | 13 | 14 | 15 | 16 | 17 | 18 | 19 | 20 | |
| 4 | 2 | [5] | 6 | 7 | 8 | 9 | 10 | 11 | 12 | 13 | 14 | 15 | 16 | 17 | 18 | 19 | 20 | 21 | |
| 6 | 2 | 7 | [4] | 8 | 9 | 10 | 11 | 12 | 13 | 14 | 15 | 16 | 17 | 18 | 19 | 20 | 21 | 22 | |
| 8 | 7 | 9 | 2 | [10] | 6 | 11 | 12 | 13 | 14 | 15 | 16 | 17 | 18 | 19 | 20 | 21 | 22 | 23 | |
| 6 | 2 | 11 | 9 | 12 | [7] | 13 | 8 | 14 | 15 | 16 | 17 | 18 | 19 | 20 | 21 | 22 | 23 | 24 | |
| 13 | 12 | 8 | 9 | 14 | 11 | [15] | 2 | 16 | 6 | 17 | 18 | 19 | 20 | 21 | 22 | 23 | 24 | 25 | |
| 2 | 11 | 16 | 14 | 6 | 9 | 17 | [8] | 18 | 12 | 19 | 13 | 20 | 21 | 22 | 23 | 24 | 25 | 26 | |
| 18 | 17 | 12 | 9 | 19 | 6 | 13 | 14 | [20] | 16 | 21 | 11 | 22 | 2 | 23 | 24 | 25 | 26 | 27 | |

.............................................................

作り方は，一段上の列の主対角線の項を四角で囲み (消去), 四角のすぐ後の項を最初に，四角のすぐ前の項を2番目に，四角の後2番目の項を3番目に，四角の前2番目の項を4番目という具合に互い違いに，最初の数が過ぎるまで並べていき，その後の項は，順番通りに並べる．すべての数が消去されるか？

| 数 | 1 | 2 | 3 | 4 | 5 | 6 | 7 | 8 | 9 | 10 |
|---|---|---|---|---|---|---|---|---|---|---|
| 消去される列 | 1 | 25 | 2 | 4 | 3 | 22 | 6 | 8 | 10 | 5 |

| 数 | 11 | 12 | 13 | 14 | 15 | 16 | 17 | 18 | 19 | 20 |
|---|---|---|---|---|---|---|---|---|---|---|
| 消去される列 | 32 | 83 | 44 | 14 | 7 | 66 | 169 | 11 | 49595 | 9 |

| 数 | 40 | 68 | 106 | 147 |
|---|---|---|---|---|
| 消去される列 | 93167 | 181393 | 270186 | 8765242 |

| 数 | 242 | 322 | 502 | 669 |
|---|---|---|---|---|
| 消去される列 | 16509502 | 38293016 | 118850522 | 653494691 |

のようになる.

並べ方を右から左方式に変えれば, 同様な混沌的状況を示す次の表に至る.

$\boxed{1}$ 2 3 4 5 6 7 8 9 10 11 12 13 14 15 16 17 18 19
2 $\boxed{3}$ 4 5 6 7 8 9 10 11 12 13 14 15 16 17 18 19 20
2 4 $\boxed{5}$ 6 7 8 9 10 11 12 13 14 15 16 17 18 19 20 21
4 6 2 $\boxed{7}$ 8 9 10 11 12 13 14 15 16 17 18 19 20 21 22
2 8 6 9 $\boxed{4}$ 10 11 12 13 14 15 16 17 18 19 20 21 22 23
9 10 6 11 8 $\boxed{12}$ 2 13 14 15 16 17 18 19 20 21 22 23 24
8 2 11 13 6 14 $\boxed{10}$ 15 9 16 17 18 19 20 21 22 23 24 25
14 15 6 9 13 16 11 $\boxed{17}$ 2 18 19 20 21 22 23 24 25 26
11 2 16 18 13 8 9 19 $\boxed{6}$ 20 15 21 14 22 23 24 25 26 27
. . . . . . . . . . . . . . . . . . . . . . . . . . . . . . . . . . . . . . .

どちらの表にもわずかながらパターンが見られる:いくつかのナイトは, 公差 3 の等差数列を動く. たとえば, 元の表で, 各 $y \geq 0$ に対し, $n+3y$ は $x+y$ 列の $2y+1$ 番目にある. ここで, 各 $t \geq 0$ に対し,

$$n = 9 \cdot 2^t - 3t - 7, \quad 12 \cdot 2^t - 3t - 8, \quad 15 \cdot 2^t - 3t - 9$$

対応する $x = 3 \cdot 2^t - 1, \quad 4 \cdot 2^t - 1, \quad 5 \cdot 2^t - 1$.

したがって, $n+3y$ は, $2x-1 = 2y+1$ 列目で消去される. すなわち, $t = -1, 0, 1, \ldots$ に対し,

$$n = 18 \cdot 2^t - 3t - 13, \quad 24 \cdot 2^t - 3t - 14, \quad 30 \cdot 2^t - 3t - 15$$
消去される列 $6 \cdot 2^t - 3, \quad 8 \cdot 2^t - 3, \quad 10 \cdot 2^t - 3$.

Clark Kimberling, Problem 1615, *Crux Mathematicorm*, **17**#2(Feb 1991) 44.

**OEIS:** A006852, A007063, A035486, A035505, A038807.

## E36 クラナー-ラドー列

数列

1, 2, 4, 5, 8, 9, 10, 14, 15, 16, 17, 18, 20, 26, 27, 28, 29, 30, 32, 33, 34, 36, 40, 44, 47, 50, 51, 52, 53, 54, 56, 57, 58, 60, 62, 63, 64, 66, 68, 72, 80, 83, 86, 87, 88, 89, 92, 93, 94, 98, 99, 100, 101, 102, 104, 105, 106, 108, 110, 111, 112, 114, 116, 120, 122, 123, 124, 126, 128, 132, 134, 136, ...

は, $1$ を含み, $x$ を含めば, $2x, 3x+2, 6x+3$ も含むような数列のうち最も希薄なものである. このクラナー-ラドー列は, 正の密度をもつか？

このタイプの問題がいくつか次の論文で問われている.

David A. Klarner & Richard Rado, Arithmetic properties of certain recursively defined sets, *Pacific J. Math.*, **53**(1974) 445–463; In the review, *MR* **50** #9784, it was stated that a subsequent paper "Sets generated by a linear operation", same J., to appear, settles many of the conjectures stated in this paper. Did it ever appear? See also

David A. Klarner & Richard Rado, Linear combinations of sets of consecutive integers, *Amer. Math. Monthly*, **80**(1973) 985–989; *MR* **48** #8378.

David A. Klarner & Karel Post, Some fascinating integer sequences, *Discrete Math.*, **106/107**(1992) 303–309; *MR* **93i**:11031.

## E37 マウストラップ

ケイリーは, トランプの Treize に端を発する置換問題を導入し, マウストラップと名づけた.

やりかたは, 数字 $1, 2, \ldots, n$ を 1 つずつ書いたカードをシャッフル (置換) して積み重ね, 山の上から順にカウントしていき, カードの数字が順番と異なれば, カードを一番下に入れて, カウントを続ける. 順番とカードの数字が一致すれば, カードを抜き出して脇に置き, 1 からカウントを始める. すべてのカードが抜き出されるとゲームは勝ちとなり, カウントが $n+1$ になると負けとなる. ケイリーは次の 2 つの問題を提出した.

**1.** 各 $n$ に対し, ゲームが勝ちとなる $1, 2, \ldots, n$ の置換をすべて求めよ.

**2.** 各 $n$ に対し, $1 \leq i \leq n$ の各 $i$ に対し, ちょうど $i$ 枚のカードを抜き出す置換の個数を求めよ.

3 番目の問題がわれわれ自身の研究中に現れた. すべての数字が抜き出される場合を考える. 抜き出された数字の列は新たな置換である, リフォーム置換と名づける.

**3.** リフォーム置換を特徴づけよ.

置換 4213 は勝利置換で, 置換 2134 を生ぜしめる. これからリフォーム置換 3214 が生じるが, これは勝利置換でない.

**4.** 与えられた $n$ に対し, 最長のリフォーム置換は何か？

**5.** 任意長の列がありうるか？

$$1 \to 1 \to 1 \to 1 \ldots \quad \text{および} \quad 12 \to 12 \to 12 \to 12 \ldots$$

以外のサイクルがあるか？

モジュラーマウストラップ．マウストラップを $n, n+1, \ldots$ のようにカウントせず，あらためて $\ldots, n, 1, 2, \ldots$ のように（法—モジュロー $n$ で）カウントして継続することもできる．この場合，通常と同じだけは少なくとも抜き出される．実際，$n$ が素数のとき，最初の山が出鱈目の順になるか，すべてのカードが抜き出されるかであり，それゆえ，どの列もサイクルに入るか出鱈目の順序の並べ替えで終わるかのどちらかである．恒等置換 $123 \ldots n$ は常に 1-サイクルになる．非自明サイクルの例も出てくる．

**6.** 各 $k$ に対し，$k$-サイクルが存在するか？ $k$-サイクルを生じせしめる最小の $n$ の値は何か？

A. Cayley, A Problem in Permutations, *Quart. Math. J.*, **I**(1857), 79.

A. Cayley, On the Game of Mousetrap, *Quart. J. Pure Appl. Math.*, **XV** (1877), 8-10.

A. Cayley, A Problem on Arrangements, *Proc. Roy. Soc. Edinburgh*, **9**(1878) 338–342.

A. Cayley, Note on Mr. Muir's Solution of a Problem of Arrangement, *Proc. Roy. Soc. Edinburgh*, **9**(1878) 388–391.

Richard K. Guy & Richard J. Nowakowski, Mousetrap, Proc. Erdős 80 Kesthely Combin. Conf., 1993; see also *Amer. Math. Monthly*, **101**(1994) 1007–1010.

T. Muir, On Professor Tait's Problem of Arrangement, *Proc. Royal Soc. Edinburgh*, **9**(1878) 382–387.

T. Muir, Additional Note on a Problem of Arrangement, *Proc. Royal Soc. Edinburgh*, **11**(1882) 187–190.

Adolf Steen, Some Formulae Respecting the Game of Mousetrap, *Quart. J. Pure Appl. Math.*, **XV**(1878), 230-241.

Peter Guthrie Tait, *Scientific Papers*, vol. 1, Cambridge, 1898, 287.

**OEIS:** A000142, A000166, A002467-002469, A007709, A007711-007712, A028305-028306, A055459, A068106.

## E38　奇数和列

0 と 1 からなる $n$ 項数列 $\{a_1, \ldots, a_n\}$ において，$n$ 個の和 $\sum_{i=1}^{n-k} a_i a_{i+k}$, ($k = 0, 1, \ldots, n-1$) がすべて奇数のとき，**奇数和列**とよぶ．たとえば，1101 は奇数和列である．$n \geq 5$ なる奇数和列は存在しないと考えられていたが，ピーター・アレスが，無限個存在することを証明した：**o** が長さ $n$ の奇数和列で，**x**, **z** がそれぞれ $n-1$ 項，$3n-2$ 項の零列のとき，**oxozo** および **ozoxo** は長さ $7n-3$ の奇数和列である．アレスは，以下の表上段の $n$ に対し，下段にあげた個数だけ奇数和列を見出している．

| $n=$ | 1 | 4 | 12 | 16 | 24 | 25 | 36 | 37 | 40 | 45 |
|---|---|---|---|---|---|---|---|---|---|---|
| 数列の個数 | 1 | 2 | 2 | 8 | 2 | 4 | 2 | 16 | 2 | 16 |

$n \leq 50$ では他にない．たとえば，101011100011 およびその逆向きの列．アレスは，$n$ は常に法4で0または1に合同か，また，奇数和列が「存在する」とき，その個数は常に2のベキかどうかを問うた．アダム・シコラは，この問題の両方を肯定的に解決したと報じたが，既にイングリス-ワイズマンがより強力な結果を得ていた．2人は，$2n-1$ を法とする整数の乗法群 $\mathbb{Z}_{2n-1}$ における2の位数が奇数であれば，長さ $n > 1$ の奇数和列が存在することを証明していたのである．しかしながら，両者とも1977年のマクウィリアムズ-オドルィシュコの結果に完全に包含されている．

ピーター・モリーの言を借りれば，事情は次の通り：

　　...長さ $n$ の奇数和列が存在するのは，$[2n, n]$ 拡張2項循環コードが存在するときに限る—— 有名な $[24, 12, 8]$ ゴーレイコードは，$n = 12$ からこのようにして得られる．アレスの結果および問いは，既に1977年にマクウィリアムズ-オドルィシュコによって確立されている．2人は，さらに進んで，奇数和列が存在する $n$ を次の定理で特徴付けている：

　　**定理** 長さ $n$ の数列が奇数和列であるのは，$2n-1$ が $P$ に属するときに限る．ここで，$P$ は次の性質をみたす集合である：

　　(i) 整数 $r$ が $P$ に属するのは，$r$ のすべての素因数が $P$ の属するときに限る．

　　(ii) 素数 $p$ が $p \in P$ であるのは，ある $s$ に対し，$p$ が $2^{2s+1} - 1$ を割るときに限る；換言すれば，$\exp_p(a)$ を，$a^m \equiv 1 \bmod p$ なる最小の正整数 $m$ とするとき，$\exp_p(2)$ が奇数であることである． □

上記定理から，$p \equiv -1 \bmod 8$ のとき $p \in P$，$p \equiv \pm 3 \bmod 8$ のとき $p \notin P$ がしたがう．さらに定理の証明から，長さ $n$ の奇数和列が存在すれば，その構成は容易であり，その個数は2のベキであることは明らかである．これにより，アレスの問題 (ii) が解決される．

定理の後半部からは，$p \equiv 1 \bmod 8$ の形の素数の挙動は定まらない．$P$ に属することもそうでないこともある．$x$ 以下の $P$ に属する素数の数を $\pi_P(x)$ とする．$\pi(x)$ で $x$ 以下の素数の数を表すとき，マクウィリアムズ-オドルィシュコは，$x \to \infty$ のとき $\pi_P(x) \sim (7/24)\pi(x)$ を証明できたと述べている．ヴィエルテーラクの定理2は，より強力に

$$\pi_P(x) = \frac{7}{24}\pi(x) + O\left(\frac{x(\ln \ln x)^4}{(lnx)^3}\right)$$

を主張する．マクウィリアムズ-オドルィシュコ定理から，長さ $n$ の奇数和列が存在すれば，$n \equiv 0 \bmod 4$ または $n \equiv 1 \bmod 4$ であることがしたがう．これは，アレスの問題 (i) を解決する．同定理および $2^3 \equiv 1 \bmod 7$ なる事実から，$2n - 1 \in P$ のとき，$7(2n - 1) \in P$ であることがしたがう．ゆえに，長さ $n$ の奇数和列が存在すれば，長さ $7n - 3$ の奇数和列も必然的に存在しなければならない．この事実は，アレスが，奇数和列が無限個存在することを証明するために用いたものである．実は，上述の既知情報と下記の筆者論文の定理4を組み合わせれば，無限個存在主張をさらに精密化することができる．長さが $x$ を超えない奇数和列の個数を $N(x)$ と

すれば，$x \to \infty$ のとき，

$$N(x) = c\frac{x}{(\ln x)^{17/24}}\left(1 + O\left(\frac{(\ln \ln x)^5}{\ln x}\right)\right)$$

がなりたつ．ここで，$c$ は正の定数である．

モリーはさらに続けて，

$K$ が代数体のとき，$-1 = \alpha_1^2 + \cdots + \alpha_s^2$ がなりたつような $K$ 元の最小数が存在すれば，それを $s(K)$ と書いて，$K$ のシュトーフェ(レヴェル)と名づける．$m \geq 3$ に対し，$K_m := Q(e^{2\pi i/m})$ を $m$ 次円分体とする．ヒルベルトは，円分体のシュトーフェが 1, 2, 4 のどれかであることを証明した．マクウィリアムズ-オドルィシュコおよびフェイン-ゴードン-スミスの結果から，$m \geq 2$ に対し，$K_{2m-1}$ がシュトーフェ 4 をもつのは，長さ $m$ の奇数和列が存在するときに限ることがしたがう．

と述べている．モリー-ソレは長さ $n$ の奇数和列の個数を $S(n)$ とするとき，各 $e \geq 1$ に対し，$S(n) = 2^e$ がなりたつような $n$ が無限個存在すると予想している．一般リーマン予想の下で，2 人は，$2e+1$ が $\equiv 5 \bmod 8$ なる素数でないとき，この予想がなりたつことを証明した．$N_e(x)$ を $S(n) = 2^e$ がなりたつような $n \leq x$ の個数とし，この条件をみたす $n$ にわたる最大値を $r(e) = \max \omega_1(2n-1)$ とする—$\omega_1$ は，それ自身の 1 乗のみ現れる素因数の個数を表す．$r(e) \geq 1$ のとき，定数 $c_e$ が存在して

$$N_e(x) \sim c_e \frac{x}{\ln x}(\ln \ln x)^{r(e)-1}, \quad x \to \infty$$

がなりたつことも予想している．

Peter Alles, On a conjecture of J. Pelikán, *J. Combin. Theory Ser. A*, **60** (1992) 312–313; *MR* **93i**:11028.

B. Fein, B. Gordon & J. H. Smith, On the representation of $-1$ as a sum of two squares in an algebraic number field, *J. Number Theory*, **3**(1971) 310-315; *MR* **47** #8481.

Nicholas F. J. Inglis & Julian D. A. Wiseman, Very odd sequences, *J. Combin. Theory Ser. A*, **71**(1995) 85–96; *MR* **96c**:11004.

F. J. MacWilliams & A. M. Odlyzko, Pelikan's conjecture and cyclotomic cosets, *J. Combin. Theory Ser. A*, **22**(1977) 110-114; *MR* **54** #12724.

Pieter Moree, On the divisors of $a^k + b^k$, *Acta Arith.*, **80**(1997) 197–212; *MR* **98e**:11105.

J. Pelikán, Problem, in *Infinite and Finite Sets, Vol. III (Keszthely*,1973), 1549, *Colloq. Math. Soc. János Bolyai*, **10**, North-Holland, Amsterdam, 1975.

Adam Sikora, On odd sequences, preprint, 95-04-11.

K. Wiertelak, On the density of some sets of primes. IV, *Acta Arith.*, **43**(1984) 177-190; *MR* **95f**:11069.

**OEIS:** A036259, A053006.

# F その他の問題

本章は，種々の問題を寄せ集めたものであり，最初のいくつかで**格子点問題**を取り上げた．ここで格子点とは，そのユークリッド座標がすべて整数であるものである．ほとんどは平面格子点に関するものであるが，高次元に拡張できるものもいくつかある．格子点問題に関する書籍・文献をあげておく．

J. W. S. Cassels, *Introduction to the Geometry of Numbers*, Springer-Verlag, New York, 1972.
L. Fejes Tóth, *Lagerungen in der Ebene, auf der Kugel und in Raum*, Springer-Verlag, Berlin, 1953.
J. Hammer, *Unsolved Problems Concerning Lattice Points*, Pitman, 1977.
O.-H. Keller, *Geometrie der Zahlen*, Enzyklopedia der Math.Wissenschaften **12**, B. G. Teubner, Leipzig, 1954.
C. G. Lekkerkerker, *Geometry of Numbers*, Bibliotheca Mathematica **8**, Walters-Noordhoff, Groningen; North-Holland, Amsterdam, 1969.
Lin Ke-Pao & Stephen S.-T. Yau, Analysis for a sharp polynomial upper estimate of the number of positive integral points in a 4-dimensional tetrahedron, *J. reine angew. Math.*, **547**(2002) 191–205; *MR* **2003a**:11128.
C. A. Rogers, *Packing and Covering*, Cambridge Univ. Press, 1964.

## F1 ガウスの円問題

非常に難解な未解決問題の1つにガウスの円問題がある：原点中心，半径 $r$ の円の中にいくつ格子点があるか？ 格子点の数が $\pi r^2 + h(r)$ の形のとき，ハーディ-ランダウにより，$h(r) \neq o(r^{1/2}(\ln r)^{1/4})$ が知られている．$h(r) = O(r^{1/2+\epsilon})$ が予想されている．イワーニェッツ-モゾッチは $h(r) = O(r^{7/11+\epsilon})$ を示し，その方法を改良したハックスリーの結果 $h(r) = O(r^{46/73+\epsilon})$ が最良であったが，彼は，『新世紀の数論』所収の最近の論文で，46/73 を 131/208 に改良するとともに，ディリクレ約数問題においても指数を 131/416 に改良している．ここでディリクレの約数問題とは，$d(n)$ を約数関数とするとき，

$$\sum_{n=1}^{x} d(n) = x \ln x + (2\gamma - 1)x + \Delta(x)$$

における誤差 $\Delta(x)$ を評価せよという，直角双曲線の格子点問題である．[訳注：円の問

題，約数問題はほぼ平行に扱われてきた．ハックスリーの評価も半径 $\sqrt{x}$ の円内格子点とすれば，131/416 となる．]

3次元において，球および直角正四面体についても格子点問題が考えられる．F22 の直角正四面体については，以下のレーマーおよび シュー-ヤウの論文参照．後者は，任意の凸体に関するオーヴァーハーゲンの上界に対する反例をあげているが，反例になっていない．

3乗あるいは高次ベキに対する類似問題も広く研究されている．以下の文献参照．

V. Bentkus & Friedrich Götze, On the number of lattice points in a large ellipsoid, *Dokl. Akad. Nauk*, **343**(1995) 439–440; *MR* **96i**:11111.

Pavel M. Bleher & Freeman J. Dyson, Mean square limit for lattice points in a sphere, *Acta Arith.*, **68**(1994) 383–393; *MR* **96a**:11104.

Pavel M. Bleher, Cheng Zhe-Ming, Freeman J. Dyson & Joel L. Lebowitz, Distribution of the error term for the number of lattice points inside a shifted circle, *Comm. Math. Phys.*, **154**(1993) 433–469; *MR* **94g**:11081.

Chen Jing-Run, The lattice points in a circle, *Sci. Sinica*, **12**(1963) 633–649; *MR* **27** #4799.

Chen Yong-Gao & Cheng Lin-Feng, Visibility of lattice points, *Acta Arith.*, **107**(2003) 203–207.

Javier Cilleruelo, The distribution of the lattice points on circles, *J. Number Theory*, **43**(1993) 198–202; *MR* **94c**:11097.

Javier Cilleruelo, Lattice points on circles, *J. Austral. Math. Soc.*, **72**(2002) 217–222; *MR* bf2002k:11160.

K. S. Gangadharan, Two classical lattice point problems, *Proc. Cambridge Philos. Soc.*, **57**(1961) 699–721; *MR* **24** #A92.

Andrew Granville, The lattice points of an $n$-dimensional tetrahedron, *Aequationes Math.*, **41**(1991) 234–241; *MR* **92b**:11070.

James Lee Hafner, New omega theorems for two classical lattice point problems, *Invent. Math.*, **63**(1981) 181–186; *MR* **82e**:10076.

Martin Huxley, Exponential sums and lattice points. II, *Proc. London Math. Soc.*, **66**(1993) 279–301; *MR* **94b**:11100.

M. N. Huxley, *Area, lattice points, and exponential sums*, London Mathematical Society Monographs. New Series, **13**. The Clarendon Press, Oxford, 1996; *MR* **97g**:11088.

M. N. Huxley, Integer points, exponential sums and the Riemann zeta function, *Number theory for the millennium*, II (Urbana, IL, 2000) 275–290, A K Peters, Natick, MA, 2002; *MR* **2004d**:11098.

A. E. Ingham, On two classical lattice point problems, *Proc. Cambridge Philos. Soc.*, **36**(1940) 131–138; *MR* **2**, 149f.

Aleksandar Ivić, Large values of the error term in divisor problems and the mean square of the zeta-function, *Invent. Math.*, **71**(1983) 513–520; *MR* **84i**:10046.

H. Iwaniec & C. J. Mozzochi, On the divisor and circle problems, *J. Number Theory*, **29**(1988) 60–93; *MR* **89g**:11091.

I. Kátai, The number of lattice points in a circle (Russian), *Ann. Univ. Sci. Budapest. Eötvös Sect. Math.*, **8**(1965) 39–60; *MR* **33** #5587.

Ekkehard Krätzel, *Lattice points*, Mathematics and its Applications (East European Series), **33**. Kluwer, 1988; *MR* **90e**:11144.

E. Krätzel, A sum formula related to ellipsoids with applications to lattice point theory, *Abh. Math. Sem. Univ. Hamburg*, **71**(2001) 143–159.

Manfred Kühleitner & Werner Georg Nowak, On sums of two $k$th powers: a mean-square asymptotics over short intervals, *Acta Arith.*, **99**(2001) 191–203; *MR* **2002f**:11135.

M. Kühleitner & W. G. Nowak, The average number of solutions of the Diophantine equation

$U^2 + V^2 = W^3$ and related arithmetic functions,
http://arxiv.org/abs/math/0307221

M. Kühleitner, W. G. Nowak, J. Schoissengeier & T. D. Wooley, On sums of two cubes: an $\Omega_+$-estimate for the error term, *Acta Arith.*, **85**(1998) 179–195; *MR* **99g**:11119.

D. H. Lehmer, The lattice points of an $n$-dimensional tetrahedron, *Duke Math. J.*, **7**(1940) 341–353.

J. van de Lune & E. Wattel, Systematic computations on Gauss' lattice point problem (in commemoration of Johannes Gualtherus van der Corput, 1890–1975), *Summer course* 1990: *number theory and its applications*, 25–56, *CWI Syllabi*, 27, Math. Centrum, Amsterdam, 1990; *MR* **94h**:11093.

Wolfgang Müller, Lattice points in bodies with algebraic boundary, *Acta Arith.*, **108**(2003) 9–24.

Werner Georg Nowak, Sums of two $k$th powers: an omega estimate for the error term, *Arch. Math. (Basel)*, **68**(1997) 27–35; *MR* **97i**:11101; see also *Analysis*, **16**(1996) 297–304; *MR* **97g**:11116.

T. Overhagen, Zur Gitterpunktanzahl konvexer Körper im 3-dimensionalen euklidischen Raum, *Math. Ann.*, **216**(1975) 217–224; *MR* **57** #281.

K. Soundararajan, Omega results for the divisor and circle problems, *Int. Math. Res. Not.*, **2003** 1987–1998.

Xu Yijing & Stephen Yau S.-T., A sharp estimate of the number of integral points in a tetrahedron, *J. reine angew. Math.*, **423**(1992) 199–219; *MR* **93d**:11067; A sharp estimate of the number of integral points in a 4-dimensional tetrahedra, **473**(1996) 1–23; *MR* **97d**:11151.

**OEIS:** A007882.

## F2 異なる距離にある格子点

$1 \leq x, y \leq n$ なる $k$ 個の格子点 $(x,y)$ で，$\binom{k}{2}$ 個の相互間距離がすべて異なるような最大の $k$ を求めよ．$k \leq n$ であることは容易にわかる．この限界は $n \leq 7$ に対してなりたつ．たとえば $n = 7$ の場合, (1,1), (1,2), (2,3), (3,7), (4,1), (6,6), (7,7) が例を与えるが，$n$ がこれより大の場合はなりたたない．エルデーシュ-ガイは

$$n^{2/3-\epsilon} < k < cn/(\ln n)^{1/4}$$

を示し，
$$¿ \quad k < cn^{2/3}(\ln n)^{1/6} \quad ?$$
を予想した．

異なる相互間距離をもつ「最小」個の格子点で，距離のどれかをダブらずにはさらに点を追加「できない」"飽和" 配座を求める問題も考えられる．エルデーシュは，このためには少なくとも $n^{2/3-\epsilon}$ 点必要であることを注意している．1次元では，$O(n^{1/3})$ 以上改良できず，$O(n^{1/2+\epsilon})$ がベストポシブルではないかと考えている．

P. Erdős & R. K. Guy, Distinct distances between lattice points, *Elem. Math.*, **25**(1970) 121–123; *MR* **43** #7406.

## F3 4点が共円でない格子点

エルデーシュ-パーディーは，$n^2$ 個の格子点 $(x,y)$，$1 \le x,y \le n$ から，その 4 個が共円でない (同一円周上にない) ものを何個選べるかを問うた．$n^{2/3-\epsilon}$ 個以上とれることは容易に証明できるが，さらに強い主張がなりたつはずである．

上記 $n^2$ 個の格子点から $t$ 個を選んで，それらの定める $\binom{t}{2}$ 本の直線が $n^2$ 個のすべての格子点を含むような最小の $t$ は何か？ $t > cn^{2/3}$ を示すのは容易であり，その後ノガ・アロンが任意次元 $d$ に対して

$$cn^{d(d-1)/(2d-1)} \le t(n,d) \le Cn^{d(d-1)/(2d-1)} \ln n$$

を得た．

Noga Alon, Economical coverings of sets of lattice points, *Geom. Funct. Anal.*, **1**(1991) 224–230; *MR* **92g**:52017.


## F4 3点が共線でない格子点

**3 点非共線問題** $(1 \le x,y \le n)$ なる $2n$ 個の格子点 $(x,y)$ を選んで，どの 3 個も共線でないようにできるか？ $2 \le n \le 32$ および $n$ の大きい偶数値のいくつかに対してこのことは達成されている．ガイ-ケリーは以下の 4 個を予想した．

1. 長方形並の対称性をもちながら正方形の対称性をフルにもたない図形は存在しない．

2. 正方形の対称性をフルにもつ唯一の図形は図 17 にあるもののみである．$n=10$ 図形は，アクランド-フッドが初めて発見した．$n \le 60$ に対して本予想はフラメンカンプによって検証された．

3. $n$ が十分大のとき，元の問題に対する解答は「否」である．すなわち，解は有限個しかない．折り返しと回転を数えない場合，図形の総数は，

   | $n$ | 2 | 3 | 4 | 5 | 6 | 7 | 8 | 9 | 10 | 11 | 12 | 13 |
   |---|---|---|---|---|---|---|---|---|---|---|---|---|
   | # | 1 | 1 | 4 | 5 | 11 | 22 | 57 | 51 | 156 | 158 | 566 | 499 |

   であり，$n$ が大のとき，特定の対称性をもつ図形の数え上げが完成している．

4. $n$ が大のとき，どの 3 点も共線でないような格子点をたかだか $(c+\epsilon)n$ 個選ぶことができる．ここで $3c^3 = 2\pi^2$ すなわち $c \approx 1.85$ である．2004 年 3 月になって，ガボール・エルマンがもとの論文に誤謬を見つけたため，結果は $3c^2 = \pi^2$，$c \approx 1.813799$ まで改良できる．

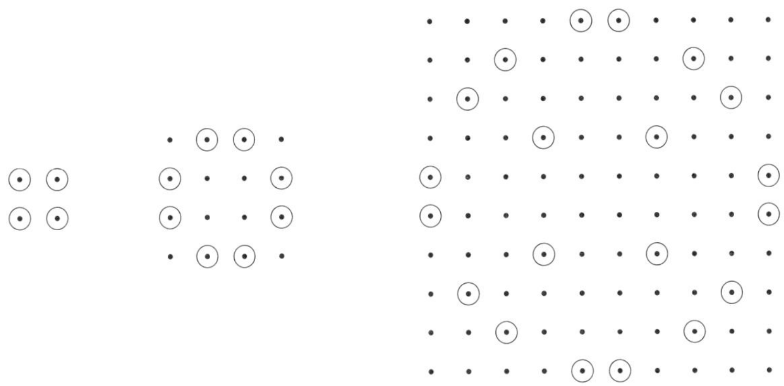

図 17　$n = 2, 4, 10$ に対するどの 3 点も共線でない $2n$ 個の格子点

逆方向では，エルデーシュが，素数 $n$ に対し，どの 3 個も共線でないような $n$ 個の格子点を選べることを証明した．また，ホールらは，$n$ が大のとき，同じ条件をみたす $(\frac{3}{2} - \epsilon)n$ 個の格子点が選べることを証明した．

座標を $[1, n]$ にもつ $n^2$ 個の格子点の集合を $S_n$ で表すとき，$S_n$ の 2 点 $(x, y)$, $(u, v)$ を結ぶ線分が他の格子点を含まないなら，この 2 点は互いに視認可能であるという．$S_n$ の各点が少なくとも 1 個の $X_n$ の点から視認できるような部分集合 $X_n \subset S_n$ の最小元数を $f(n)$ で表すとき，アボットは，十分大の $n$ に対し，

$$\frac{\ln n}{2 \ln \ln n} < f(n) < 4 \ln n$$

を示し，アドヒカリ-スブラマーニャンは，下界を

$$\frac{c \ln n \ln \ln \ln n}{\ln \ln n}$$

に改良した．

ブフホルツは，辺が $n$ の二等辺三角形格子に対して，3 点非共線問題を考えた．この場合解の個数が対称性の崩壊に伴って異なってくる．

| $n =$ | 2 | 3 | 4 | 5 | 6 | 7 | 8 | 9 | 10 | 11 | 12 | 13 | 14 | 15 | 16 | 17 |
|---|---|---|---|---|---|---|---|---|---|---|---|---|---|---|---|---|
| 数え方の# | 3 | 4 | 6 | 7 | 8 | 10 | 11 | 12 | 13 | 15 | 16 | 17 | 19 | 20 | 22 | 23 |
| D3 - 二等辺 | 1 | 1 | | | | | | 1 | | | | | | | | |
| C3 - 1/3 回転 | | | | | | | | 3 | 2 | 2 | | | | 1 | | |
| C2 - 折り返し | | | 2 | 1 | 4 | | 2 | 6 | 15 | 3 | 3 | | 7 | | | |
| C1 - 非対称 | | | | 1 | 11 | 1 | 3 | 68 | 954 | 15 | 274 | 2889 | | 5 | 199 | 1 | 4 |
| 計 | 1 | 2 | 1 | 2 | 15 | 1 | 5 | 78 | 971 | 20 | 277 | 2896 | | 5 | 200 | 1 | 4 |

位数 16 の唯一の解は

である.

T. ティーレは，エルデーシュの構成法をアレンジして，どの 3 点も共線でなく，どの 4 点も共円でない $(\frac{1}{4} - \epsilon) n$ 個の格子点を見出すことができることを示した.

3 点非共線問題は，古典的なハイルブロン問題の離散アナログである: $n$ ($\geq 3$) 個の点を単位面積の円盤（あるいは正方形，二等辺三角形等）内に配置し，そのうち 3 点のなす最小面積の三角形を最大にせよ．最大面積を $\Delta(n)$ で表すとき，ハイルブロンは，$\Delta(n) < c/n^2$ を予想したが，コムロシュ-ピンツ-セメレディが下からの評価 $\Delta(n) > (\ln n)/n^2$ を与えて反証した．ロスは，$\Delta(n) \ll 1/n(\ln \ln n)^{1/2}$ を示し，シュミットが $\Delta(n) \ll 1/n(\ln n)^{1/2}$ まで改良したが，再びロスが，$\Delta(n) \ll 1/n^{\mu-\epsilon}$ に改良した．ここで，最初は，$\mu = 2 - 2/\sqrt{5} > 1.1055$ であったところ，後に $\mu = (17 - \sqrt{65})/8 > 1.1172$ まで改良した.

$3n$ ($n \geq 2$) 個の点が単位正方形内に与えられているとき，それらが定める $n$ 個の三角形の定まり方は多様である．面積和が最小になるように定めることとし，その最小面積和の $3n$ 個の点すべての配置に関する最大値 $a^*(n)$ とする．そのとき，オドルィシュコ-ピンツ-ストラールスキーは，$n^{-1/2} \ll a^*(n) \ll n^{-1/24}$ を示した．$n$ 個の三角形に「内部どうしは共通部分がない」という条件を課せば，それらの面積が 0 に近づくかどうかも不明である.

Harvey L. Abbott, Some results in combinatorial geometry, *Discrete Math.*, **9**(1974) 199–204; *MR* **50** #1936.

Acland-Hood, *Bull. Malayan Math. Soc.*, **0**(1952-53) E11–12.

Michael A. Adena, Derek A. Holton & Patrick A. Kelly, Some thoughts on the no-three-in-line problem, Proc. 2nd Austral. Conf. Combin. Math., *Springer Lecture Notes*, **403**(1974) 6–17; *MR* **50** #1890.

Sukumar Das Adhikari & Ramachandran Balasubramanian, On a question regarding visibility of lattice points, *Mathematika*, **43**(1996) 155–158; *MR* **97k**:11105.

David Brent Anderson, Update on the no-three-in-line problem, *J. Combin. Theory Ser. A*, **27**(1979) 365–366.

W. W. Rouse Ball & H. S. M. Coxeter, *Mathematical Recreations & Essays*, 12th edition, University of Toronto, 1974, p. 189.

Francesc Comellas & J. Luis A. Yebra, New lower bounds for Heilbronn numbers, *Electron. J. Combin.*, **9**(2002) R6, 10 pp.; *MR* **2002k**:05019.

C. E. Corzatt, Some extremal problems of number theory and geometry, PhD dissertation, Univ. of Illinois, Urbana, 1976.

D. Craggs & R. Hughes-Jones, On the no-three-in-line problem, *J. Combin. Theory Ser. A*, **20**(1976) 363–364; *MR* **53** #10590.

Hallard T. Croft, Kenneth J. Falconer & Richard K. Guy, Unsolved Problems in Geometry, Springer-Verlag, New York, 1991, §**E5**.

H. E. Dudeney, *The Tribune*, 1906-11-07.

H. E. Dudeney, *Amusements in Mathematics*, Nelson, Edinburgh, 1917, pp. 94, 222.

P. Erdős, *Math. Scand.*, **10**(1962) 163–170; *MR* **26** #3651.

Achim Flammenkamp, Progress in the no-three-in-line problem, *J. Combin. Theory Ser. A*, **60**(1992) 305–311; *MR* **939**:05040.

Martin Gardner, Mathematical Games, *Sci. Amer.*, **226** #5 (May 1972) 113–114; **235** #4 (Oct 1976) 133–134; **236** #3 (Mar 1977) 139–140.

Michael Goldberg, Maximizing the smallest triangle made by $N$ points in a square, *Math. Mag.*, **45**(1972) 135–144.

R. Goldstein, K. W. Heuer & D. Winter, Partition of $S$ into $n$ triples; solution to Problem 6316, *Amer. Math. Monthly*, **89**(1982) 705–706.

Richard K. Guy, *Bull. Malayan Math. Soc.*, **0**(1952-53) E22.

Richard K. Guy & Patrick A. Kelly, The no-three-in-line problem, *Canad. Math. Bull.*, **11**(1968) 527–531.

R. R. Hall, T. H. Jackson, A. Sudbery & K. Wild, Some advances in the no-three-in-line problem, *J. Combin. Theory Ser. A*, **18**(1975) 336–341.

Heiko Harborth, Philipp Oertel & Thomas Prellberg, No-three-in-line for seventeen and nineteen, *Discrete Math.*, **73**(1989) 89–90; *MR* **90f**:05041.

P. A. Kelly, The use of the computer in game theory, M.Sc. thesis, Univ. of Calgary, 1967.

Torliev Kløve, On the no-three-in-line problem II, III, *J. Combin. Theory Ser. A*, **24**(1978) 126–127; **26**(1979) 82–83; *MR* **57** #2962; **80d**:05020.

J. Komlós, J. Pintz & E. Szemerédi, A lower bound for Heilbronn's problem, *J. London Math. Soc.*(2) **25**(1982) 13–24; *MR* **83i**:10042.

Andrew M. Odlyzko, J. Pintz & Kenneth B. Stolarsky, Partitions of planar sets into small triangles, *Discrete Math.*, **57**(1985) 89–97; *MR* **87e**:52007.

Carl Pomerance, Collinear subsets of lattice point sequences – an analog of Szemerédi's theorem, *J. Combin. Theory Ser. A*, **28**(1980) 140–149.

K. F. Roth, On a problem of Heilbronn, *J. London Math. Soc.*, **25**(1951) 198–204, esp. p. 204; II, III, *Proc. London Math. Soc.*, **25**(1972) 193–212; 543–549.

K. F. Roth, Developments in Heilbronn's triangle problem, *Advances in Math.*, **22**(1976) 364–385; *MR* **55** #2771.

Wolfgang M. Schmidt, On a problem of Heilbronn, *J. London Math. Soc.*, **4**(1971/72) 545–550; *MR* **45** #7612.

Torsten Thiele, The no-four-on-circle problem, *J. Combin. Theory Ser. A*, **71**(1995) 332–334; *MR* **96e**:52042.

Robert C. Vaughan, *Proc. Edinburgh Math. Soc.*(2), **20**(1976/77) 329–331; *MR* **56** #11937.

**OEIS:** A000755, A000769, A037185-037189, A047840.

## F5 平方剰余,シューアの予想

$p$ が素数のとき,整数 $r \neq 0$ が $p$ を法として平方剰余であるとは,合同式 $r \equiv x^2 \bmod p$ が解をもつときをいう.[訳注:そうでないとき 平方非剰余という.] 区間 $[1, p-1]$ 内に $\frac{1}{2}(p-1)$ 個,平方剰余があり,$p$ が $4k+1$ の形のとき,これらは対称に配置している.$p = 4k - 1$ のときは,$[2k, 4k-2]$ よりも $[1, 2k-1]$ の方により多くの平方剰余が存在する.既存の証明はどれもディリクレの類数公式を使うが,初等的証明は可能か?

$d$ の絶対値が小さいとき,$d$ がどの素数 $p$ に対して平方剰余であるかを記憶するのは次の表によれば容易である:

$$d = -1 \quad p = 4k+1$$
$$d = -2 \quad p = 8k+1, 3 \qquad d = 2 \quad p = 8k \pm 1$$
$$d = -3 \quad p = 6k+1 \qquad\qquad d = 3 \quad p = 12k \pm 1$$
$$d = -5 \quad p = 20k+1, 3, 7, 9 \quad d = 5 \quad p = 10k \pm 1$$
$$d = -6 \quad p = 24k+1, 5, 7, 11 \quad d = 6 \quad p = 24k \pm 1, 5$$

しかし,これら小さい $d$ の場合に,$d$ の符号に応じて平方剰余が,周期の前半にあるか,あるいは,周期の最初と最後の $\frac{1}{4}$ 区間にあるかということは,「少数の法則」の応用例にしかすぎない.

$8k+3$ の形の素数に対し,区間 $[1, 2, \ldots, 2k]$ 中に,また $8k-1$ の形の素数に対しては,区間 $[2k, 2k+1, \ldots, 4k-1]$ 中に,同数の平方剰余と平方非剰余が存在することを示したのは V. A. ルベグである.

素数 $p$ を法とする 2 次指標として,しばしばルジャンドル記号,$\left(\frac{a}{p}\right)$ が使われる.ここで,$a \perp p$ で,$a$ が平方剰余のとき,$\left(\frac{a}{p}\right) = 1$,平方非剰余のとき,$\left(\frac{a}{p}\right) = -1$ である.たとえば,$p = 4k+1, p = 4k-1$ に応じて $\left(\frac{-1}{p}\right) = 1, -1$ である [訳注:第 1 補充法則].$a \equiv c \bmod p$ のとき,$\left(\frac{a}{p}\right) = \left(\frac{c}{p}\right)$ である.次のガウスの平方剰余の相互法則が重要である:奇素数 $p, q$ に対し,$\left(\frac{p}{q}\right)\left(\frac{q}{p}\right) = (-1)^{\frac{p-1}{2} \frac{q-1}{2}}$,すなわち,$p, q$ が同時に $\equiv -1 \bmod 4$ でないとき,$\left(\frac{p}{q}\right) = \left(\frac{q}{p}\right)$ であり,同時に $\equiv -1 \bmod 4$ のとき,$\left(\frac{p}{q}\right) = -\left(\frac{q}{p}\right)$ である.これらの性質を使うと,大きな数の 2 次指標の値も容易に計算できる.たとえば,

$$\left(\frac{173}{211}\right) = \left(\frac{211}{173}\right) = \left(\frac{38}{173}\right) = \left(\frac{2}{173}\right)\left(\frac{19}{173}\right) = -\left(\frac{19}{173}\right) = -\left(\frac{173}{19}\right) = -\left(\frac{2}{19}\right) = +1$$

実際 $173 \equiv 54^2 \bmod 211$ である.[訳注:この計算には,乗法性 $\left(\frac{ab}{p}\right) = \left(\frac{a}{p}\right)\left(\frac{b}{p}\right), ab \perp$

$p$ と第2補充法則 $\left(\frac{2}{p}\right) = (-1)^{\frac{p^2-1}{8}}$ を使っている.]

ロビン・チャップマンは, 平方剰余に関するいくつかの予想を述べている. たとえば, $p = 2k+1$ が素数 $>3$ で, $\equiv 3 \pmod 4$ のとき, $(i,j)$-成分が $\left(\frac{i+j}{p}\right)$ の行列は非正則か? すなわち行列式 $= 0$ か? たとえば, $p = 11, k = 5$ のとき,

$$\begin{vmatrix} -1 & 1 & 1 & 1 & -1 \\ 1 & 1 & 1 & -1 & -1 \\ 1 & 1 & -1 & -1 & -1 \\ 1 & -1 & -1 & -1 & 1 \\ -1 & -1 & -1 & 1 & -1 \end{vmatrix} = 0$$

である.

ルジャンドル記号を正の奇数 $b$ の場合に拡張したヤコビ記号が有用である. $b = \prod p_i$ を $b$ の素因数分解 (重複を許す) とするとき, $a \perp b$ に対し, ヤコビ記号 $\left(\frac{a}{b}\right)$ を

$$\prod \left(\frac{a}{p_i}\right)$$

と定義する. ここで, $\left(\frac{a}{p_i}\right)$ はルジャンドル記号である. ヤコビ記号は, ルジャンドル記号と類似の性質をもつが, $b$ が素数でないときは, $\left(\frac{a}{b}\right) = 1$ から $a$ が $b$ を法とする平方剰余であると決論できないことに注意する.

奇素数 $p$ を法とする平方剰余 (また平方非剰余) の連続した数の最大個数を $R$ (また $N$) と表すとき, A. ブラウアーは, $p \equiv 3 \bmod 4$ に対し, $R = N < \sqrt{p}$ を示した. 一方, $p = 13$ に対し, $5, 6, 7, 8$ は平方非剰余であるから, $N = 4 > \sqrt{13}$ である. シューアは, $p$ が十分大のとき, $N < \sqrt{p}$ を予想した. ハドソンはシューアの予想を証明し, $p = 13$ は唯一の例外であろうと述べた. このことは最近ハメルによって証明された. ジャド・マクレインによる計算は $N = O(p^{1/4})$ を示唆している.

**A20** において, フレッチャー-リンドグレン-ポメランスの対称素数の概念を述べたが, 対称対をなす奇素数. 対称対 $p, q$ はまた, $(0, 0), (p/2, 0), (p/2, q/2), (0, q/2)$ を頂点とする長方形の主対角線の上下にある格子点の個数が等しいときであるとも述べられる. $p, q$ は対称対をなすといい, 対称対をなす素数を対称, そうでない素数を非対称とよんでいる. **A20** の記事に以下を追加しておく. 彼らは双子素数 (**A8**) が対称対をなすこと, 最初の 10 万個の奇素数の約 $5/6$ が対称であることを示している. また **A20** に述べた結果から, 素数定理 (**A**) に鑑みて, 漸近的にはほとんどすべての素数が非対称であることを注意している.

リベットは, $S(p)$ を $p$ を法とする平方剰余の和とするとき, $S(p)/p$ を調べる問題を提起している.

A. Brauer, Über die Verteilung der Potenzreste, *Math. Z.*, **35**(1932) 39–50; *Zbl.* **3**, 339.

Mihai Caragiu, Counting the maximal sequences of consecutive quadratic residues modulo $p$, *Rev. Roumaine Math. Pures Appl.*, **38**(1993) 745–749; *MR* **95c**:11003.

Robin Chapman, Steinitz classes of unimodular lattices, preprint, 2003-02-07.

Robin Chapman, Determinants of Legendre matrices, preprint, 2003-04-22.

Peter Fletcher, William Lindgren & Carl Pomerance, Symmetric and asymmetric primes, *J. Number Theory*, **58**(1996) 89–99.

H. Davenport, *The Higher Arithmetic*, Fifth edition, Cambridge University Press, 1982, pp.74–77.

Richard H. Hudson, On sequences of quadratic nonresidues, *J. Number Theory*, **3**(1971) 178–181; *MR* **43** #150.

Richard H. Hudson, On a conjecture of Issai Schur, *J. reine angew. Math.*, **289**(1977) 215–220; *MR* **58** #16481.

Patrick Hummel, On consecutive quadratic non-residues: a conjecture of Issai Schur (preprint, 2003).

V. A.Lebesgue, Démonstration de quelques théorèmes relatifs aux résidus et aux non-résidus quadratiques, *J. Math. Pures Appl.*, **7**(1842) 137–159.

Kenneth A. Ribet, Modular forms and Diophantine questions, *Challenges for the 21st Century* (*Singapore* 2000 162–182, World Sci. Publishing, River Edge NJ 2001; *MR* **2002i**:11030.

## F6 平方剰余のパターン

必ず現れる平方剰余のパターンはどのようなものか？ 隣り合う平方剰余の対はその1つである．それは，2, 5, 10のうち少なくとも1つは平方剰余であるから，(1,2), (4,5), (9,10)のどれかが求める対であることより容易に見てとれる．同様に，(1,3), (2,4), (4,6)の少なくとも1つは，2離れた平方剰余の対である; (1,4)は3離れた対; (1,5), (4,8), (6,10), (12,16)は4離れた対; 以下同様である．

エマ・レーマーは，十分大の「すべての」素数 $p$ に対し，$r, r+a, r+b$ がすべて $p$ を法とする平方剰余であるようなトリプルが現れるのはどのような対 $(a, b)$ かと問うた．すべての $p > p(a, b)$ に対し，それ以下の1でトリプルの存在が保証されるような最小数が存在するとき $\Omega(a, b)$ で表し，有限な数が存在しないとき $\Omega(a, b) = \infty$ とする．エマ・レーマーは，$\Omega(1, 2) = \infty$ を示し，さらに一般に $(a, b) \equiv (1, 2)$ mod 3; $(a, b) \equiv (1, 3), (2, 3), (2, 4)$ mod 5 のとき; $(a, b) \equiv (1, 5), (2, 3), (4, 6)$ mod 7 のとき，$\Omega(a, b) = \infty$ を証明した．その他の場合 $\Omega(a, b)$ は有限であるか？ エマ・レーマーは $a, b$ が平方数のときそうであると予想している．むろん，$a, b$ がどちらも平方数マイナス1のとき，$\Omega(a, b) = 1$ である．例として，$\Omega(5, 23) = 16$ を示そう．トリプル $(1, 6, 24)$，$(4, 9, 27)$ のすべてが平方剰余でなければ，6, 3 もそうでなく，したがって，2が平方剰余でなければならない．$(2, 7, 25)$，$(13, 18, 36)$ のすべてが平方剰余でなければ，7, 13 は平方非剰余でなければならない．この状況下では，$1 \leq r \leq 15$ のとき，$(r, r+5, r+23)$ のすべては平方剰余ではないが，$r = 16$ のときの $(16, 21, 39)$ は平方剰余である．

表9 (そのうち9個のエントリーは，クリス・トンプソンが修正したもの) は，$\Omega(a, b)$ の (最小) 値を与えるものと信じられている．表の値は，既知の場合を除くすべての場合に有限予想を支えるしかるべきエヴィデンスを与えている．$a, b$ の関数として上限を求

表 9 $a < b \leq 25$ に対する $\Omega(a,b)$ の値

| $a$ | $b=4$ | 5 | 6 | 7 | 8 | 9 | 10 | 11 | 12 | 13 | 14 |
|---|---|---|---|---|---|---|---|---|---|---|---|
| 1 | 45 | ∞ | 24 | 38 | ∞ | 84 | 26 | ∞ | ∞ | ∞ | ∞ |
| 2 |   | ∞ | 25 | 20 | ∞ | ∞ | ∞ | ∞ | 70 | 30 | ∞ |
| 3 | 174 | 39 | ∞ | ∞ | 1 | ∞ | 55 | ∞ | ∞ | 36 | 105 |
| 4 |   |   | ∞ | ∞ | ∞ | ∞ | 91 | 36 | ∞ | ∞ | ∞ |
| 5 |   |   |   | 49 | ∞ | ∞ | 121 | ∞ | 25 | 4 | ∞ | 28 |
| 6 |   |   |   |   | 57 | ∞ | 33 | 28 | ∞ | 24 | ∞ | 42 |
| 7 |   |   |   |   |   | ∞ | ∞ | 75 | ∞ | 74 | ∞ | ∞ |
| 8 |   |   |   |   |   |   | 66 | ∞ | ∞ | ∞ | ∞ | 26 |
| 9 |   |   |   |   |   |   |   | ∞ | 54 | ∞ | 55 | 66 |
| 10 |   |   |   |   |   |   |   |   | ∞ | 60 | 85 | ∞ |
| 11 |   |   |   |   |   |   |   |   |   | 28 | ∞ | 119 |
| 12 |   |   |   |   |   |   |   |   |   |   | ∞ | ∞ |
| 13 |   |   |   |   |   |   |   |   |   |   |   | ∞ |

| $a$ | $b=15$ | 16 | 17 | 18 | 19 | 20 | 21 | 22 | 23 | 24 | 25 |
|---|---|---|---|---|---|---|---|---|---|---|---|
| 1 | 77 | 35 | ∞ | ∞ | ∞ | ∞ | 15 | 35 | ∞ | 21 | 69 |
| 2 | 54 | ∞ | ∞ | ∞ | ∞ | 25 | 98 | ∞ | ∞ | ∞ | ∞ |
| 3 | 1 | ∞ | ∞ | 18 | 36 | 95 | ∞ | ∞ | ∞ | 1 | 51 |
| 4 | 126 | 60 | ∞ | 38 | 168 | ∞ | 90 | ∞ | ∞ | 60 | 77 |
| 5 | ∞ | ∞ | 64 | 110 | ∞ | 100 | 4 | ∞ | 16 | 64 | ∞ |
| 6 | 60 | 36 | 38 | ∞ | 62 | 78 | 60 | 78 | ∞ | 45 | ∞ |
| 7 | 27 | 9 | ∞ | ∞ | ∞ | ∞ | 70 | 42 | ∞ | ∞ | 45 |
| 8 | 1 | ∞ | ∞ | 77 | ∞ | 48 | ∞ | ∞ | 42 | 1 | ∞ |
| 9 | 57 | 66 | ∞ | 36 | 27 | 16 | 72 | ∞ | 21 | ∞ | 119 |
| 10 | 55 | ∞ | ∞ | 32 | 102 | ∞ | 77 | 26 | ∞ | 28 | 56 |
| 11 | 49 | ∞ | 39 | ∞ | ∞ | ∞ | 64 | ∞ | ∞ | 25 | ∞ |
| 12 | ∞ | 65 | 98 | ∞ | ∞ | 36 | 4 | ∞ | ∞ | ∞ | 90 |
| 13 | 42 | ∞ | ∞ | ∞ | 36 | ∞ | ∞ | ∞ | ∞ | 36 | ∞ |
| 14 | 49 | ∞ | ∞ | 42 | ∞ | 52 | 56 | ∞ | 64 | 81 | ∞ |
| 15 |   | 66 | 27 | 69 | ∞ | 49 | 25 | 99 | 110 | 1 | 105 |
| 16 |   |   | ∞ | ∞ | 102 | ∞ | 169 | 95 | ∞ | ∞ | 56 |
| 17 |   |   |   | ∞ | ∞ | 76 | 64 | ∞ | ∞ | ∞ | ∞ |
| 18 |   |   |   |   | 50 | ∞ | ∞ | ∞ | 62 | 192 | 144 |
| 19 |   |   |   |   |   | ∞ | 33 | ∞ | ∞ | 36 | 96 |
| 20 |   |   |   |   |   |   | 74 | ∞ | 40 | 25 | ∞ |
| 21 |   |   |   |   |   |   |   | 93 | ∞ | 70 | 100 |
| 22 |   |   |   |   |   |   |   |   | ∞ | ∞ | 98 |
| 23 |   |   |   |   |   |   |   |   |   | ∞ | ∞ |
| 24 |   |   |   |   |   |   |   |   |   |   | 63 |

めることができるか？

4 個の平方剰余 $r, r+a, r+b, r+c$ の場合のパターンはどうか？ もちろん，パターンが現れるためには，3 個の平方剰余のなす 4 サブパターンが現れるようにしておかねばならない．そうすると調べるべきは，$(a, b, c) = (2, 5, 6), (1, 6, 7), (1, 4, 9), (5, 6, 9),$

$(1, 6, 10)$, $(1, 7, 10)$, ... となってくる. それは, これらの場合, $\Omega(a, b)$, $\Omega(a, c)$, $\Omega(b, c)$, $\Omega(b - a, c - a)$ がどれも有限とわかっているからである. 対応する $\Omega(a, b, c)$ の値をいくつか述べれば, $\Omega(1, 4, 9) = 357$ (ピーター・モンゴメリーが初版の誤りを訂正してくれた). $\Omega(1, 4, 15) = 675$. また当然 $\Omega(3, 8, 15) = 1$ である

しかしながら, サブパターンが $\Omega(1, 6) = 24$, $\Omega(1, 7) = 38$, $\Omega(5, 6) = 49$, $\Omega(6, 7) = 57$ であるにもかかわらず, $\Omega(1, 6, 7) = \infty$ であるように思われる. 実際, $(a, b, c, d) = (1, 6, 7, 10)$ のとき, パターン $r, r + a, r + b, r + c, r + d$ は, 4個の平方剰余からなる5個のサブパターンのおのおのに対し, $\Omega(1, 6, 7) = \Omega(1, 6, 10) = \Omega(1, 7, 10) = \Omega(5, 6, 9) = \Omega(6, 7, 10) = \infty$ をみたす.

$k$ が $p - 1$ を割るような素数 $p$ のみを考え, $x^k \equiv r \bmod p$ が解をもつような $r$ を $k$-乗 (ベキ) 剰余と定義するのが慣例である. 上で, 各素数 $> 10$ が, $(9, 10)$ を超えない連続する平方剰余をもつことを注意したのと同様の方法で, ヒルデブランドは各 $k$ に対し, ある限界 $\Lambda(k, 2)$ が存在して, 十分大の各素数がこの限界以下の連続する $k$-乗剰余対をもつことを証明した. 一方, 連続する平方剰余, 4乗剰余, ... のトリプルに対してはこのような限界は存在しない. ヒルデブランドの証明の方針は, $3k + 1$ の形の素数を剰余に, $3k + 2$ の形の素数を非剰余になるようにすることである. 同様に, 2を剰余に, 奇素数をできるだけ多く非剰余にすることにより, 任意の $k$ に対し, ある限界以下の4個の連続する $k$-乗剰余が必ず現れるような限界は存在しないことがしたがう. そうすると残りは, $k$ が奇数の場合の連続するトリプル $k$-乗剰余問題となる. $k = 3$ の場合は, レーマー夫妻-ミルズ-セルフリッジが解決した.

Alfred Brauer, Combinatorial methods in the distribution of $k$th power residues, in *Probability and Statistics*, **4**, University of North Carolina, Chapel Hill, 1969, 14–37.

Adolf Hildebrand, On consecutive $k$-th power residues, *Monatsh. Math.*, **102** (1986) 103–114; *MR* **88a**:11089.

Adolf Hildebrand, On consecutive $k$-th power residues II, *Michigan Math. J.*, **38** (1991) 241–253; *MR* **92d**:11097.

D. H. Lehmer & Emma Lehmer, On runs of residues, *Proc. Amer. Math. Soc.*, **13**(1962) 102–106; *MR* **25** #2035.

D. H. Lehmer, Emma Lehmer & W. H. Mills, Pairs of consecutive powerresidues, *Canad. J. Math.*, **15**(1963) 172–177; *MR* **26** #3660.

D. H. Lehmer, Emma Lehmer, W. H. Mills & J. L. Selfridge, Machine proof of a theorem on cubic residues, *Math. Comput.*, **16**(1962) 407–415; *MR* **28** #5578.

René Peralta, On the distribution of quadratic residues andnonresidues modulo a prime number, *Math. Comput.*, **58**(1992) 433–440; *MR* **93c**:11115.

## F7　ブハースカラ方程式の3乗アナログ

ヒュー・ウィリアムズは, $p \equiv 3 \bmod 4$ のとき, ブハースカラ方程式 $x^2 - py^2 = 2$ は, 合同式 $w^2 \equiv 2 \bmod p$ が解をもつとき—すなわち $\left(\frac{2}{p}\right) = 1$ のとき—整数解を

もつことを注意し，$p \not\equiv \pm 1 \bmod 9$ の場合に 3 乗類似を求めることを問題とした: $x^3 + py^3 + p^2 z^3 - 3pxyz = 3$ は $w^3 \equiv 3 \bmod p$ のとき解をもつ．バラカンド-コーンは，$p \equiv 2$ または $5 \bmod 9$ のときにこの主張が正しいことを示した．$p \equiv 4, 7 \bmod 9$ のときはどうか？ この問題は，より一般的なバラカンド予想の特殊な場合である．もし正しければ，3 次体 $\mathbb{Q}(\sqrt[3]{p})$ の基本単数 (単数基準) を求める計算を簡略化するのに大いに有用である．ハロルド・スタークが解決したという噂があったが，本人は否定しており，問題は未解決のままである．

P.-A. Barrucand & Harvey Cohn, A rational genus, class number divisibility and unit theory for pure cubic fields, *J. Number Theory*, **2**(1970) 7–21; *MR* **40** #2643.

H. C. Williams, Improving the speed of calculating the regulator of certain pure cubic fields, *Math. Comput.*, **35**(1980) 1423–1434; *MR* **82a**:12003.

## F8  差が平方剰余であるような平方剰余集合

ギャリー・エバートは，$p^n \equiv 1 \bmod 4$ のとき，すべての対 $(i, j)$ に対し，$r_i - r_j$ が平方剰余であるような平方剰余 $r_i \bmod p^n$ の最大集合を求める問題を提出した．ファブリコフスキは，このような集合の元数は，条件をみたすすべての素数に対し，上から $p^{1/2}$ で抑えられ，十分大のすべての素数に対し，下から $(1 - \epsilon) \ln p / (2 \ln 2)$ で抑えられることを証明した．後に，すべての ($\equiv 1 \bmod 4$ なる) 素数 $p \geq 29$ に対し，下界の $\epsilon$ を取り除いている．

J. Fabrykowski, On maximal residue difference sets modulo $p$, *Canad. Math. Bull.*, **36**(1993) 144–146; *MR* **94b**:11006.

J. Fabrykowski, On quadratic residues and nonresidues in difference sets modulo $m$, *Proc. Amer. Math. Soc.*, **122**(1994) 325–331; *MR* **95a**:11003.

## F9  原 始 根

整数 $g$ が素数 $p$ に関する原始根であるとは，剰余類 $g, g^2, \ldots, g^{p-1} = 1$ がすべて異なるときをいう [訳注：$g$ は法 $p$ の剰余類体 $\mathbb{Z}_p = \mathbb{Z}/p\mathbb{Z}$ の単数群 $\mathbb{Z}_p^\times$ の (乗法的) 生成元]．たとえば，5 は 23 に関する原始根である．それは，

$$5, \ 5^2 \equiv 2, \ 5^3 \equiv 10, \quad 4, \ -3, \quad 8, \ -6, \ -7, \quad 11, \quad 9, \ -1,$$
$$-5, \quad -2, \quad -10, \ -4, \quad 3, \ -8, \quad 6, \quad 7, \ -11, \ -9, \quad 1$$

がすべて 23 を法として異なる剰余類に属するからである．

有名なアルティン予想は，平方数でない各 $g$, $g \neq -1$ に対し，$g$ を原始根とする素数 $p$ が無限個存在するというものである．フーリーは，一般リーマン予想の仮定の下でアルティン予想を証明した．グプタ-ムールティーは条件なしで無限に多くの $g$ に対して予

想を証明した．ヒース・ブラウンは，たかだか 2 個の例外素数 $p_1, p_2$ を除けば，各素数 $p$ に対し，$p$ が $q$ に関する原始根であるような素数 $q$ が無限個存在するという，注目すべき定理を証明した．たとえば，2, 3, 5 のどれかを原始根にもつような素数 $q$ が無限個存在する．

エルデーシュは，$p$ が大のとき，$q$ が $p$ に関する原始根であるような素数 $q < p$ が常に存在するかどうかを問うた．

素数 $p > 3$ が与えられたとき，ブリゾリスは，$p$ に関する原始根 $g$ および整数 $x$ ($0 < x < p$) で $x \equiv g^x \bmod p$ をみたすものが常に存在するかどうかを問うた．存在するとき，$g$ も $0 < g < p$ および $g \perp (p-1)$ をみたすようにとれるか？ ウェン・ペン・ジャンは，十分大の $p$ に対してこの問題を解決した．

2002 年 8 月 29 日付けの手紙でカール・ポメランスは次のように書いてきた：

> … 先生のいわれるブリゾリス問題は，マリアナ・キャンベルと私が解決しました．すべての素数 $p > 3$ に対し，区間 $[1, p-1]$ に $p-1$ と互いに素な原始根 $g$ が存在することを証明したのです．その結果として $g^x \equiv x \pmod{p}$ をみたす原始根 $g$ および整数 $x$ が区間 $[1, p-1]$ 内に存在することが出てきます．
> 
> また，ヴェー問題—というよりその強い形—の解決を計画しています．次の次の段落を参照ください：すべての素数 $p > 61$ および 0 でない剰余の任意の対 $a, b$ $(\bmod\ p)$ に対し，$ag + h = b \pmod{p}$ をみたす原始根が存在する．ヴェー問題は $a = -1$ の場合で，$a = 1$ はゴロムブの予想です．一般の場合はスティーヴン・コーエンが研究しています．

ピーター・モリーは，ブリゾリスの問題は，離散対数の 1-サイクル問題とみなすことができ，2-サイクル問題も考えることができることに注意している．すなわち，$0 < a < p$ なる $a$ に対し，$g^h = a \bmod p$ および $g^a = h \bmod p$ がなりたつような対 $(g, h)$ が存在するかという問題である．ジョシュア・ホルデンとの共著論文を以下にリストアップしてある．

ヴェーは，すべての素数 $p > 61$ に対し，すべての整数が $p$ に関する原始根 2 個の差で表されるかどうかを問うた．W. ナルキエーヴィチは，$p > 10^{19}$ に対して，問いは肯定的に解決されることを示した．したがって，本問 (の残り) は，理論的にはコンピュータで解決できる．

$p, q = 4p^2 + 1$ がともに素数のとき，グロリア・ガゴラは，以下の問題を提出した．すべての $p > 3$ に対し，3 は $q$ に関する原始根であるか？；$p = 193$ は，2 が $q$ に関する原始根であるような唯一の奇素数であるか？；$p = 653$ は，5 が平方剰余でも $q$ に関する原始根でもないような唯一の素数であるか？；常に $q$ に関する原始根であるような数—おそらく (十分大の $p$ に対し，たとえば $2p - 1$ のような) $p$ の関数— が存在するか？ ジャド・マクラニーは，$p = 193$ を除くすべての素数 $p < 2.5 \cdot 10^8$ に対して 2 が $q$ に関する原始根であることを検証した．

原始根の概念は，合成数を法としても拡張される—法 $n$ に関する乗法群の位数最大の整数を $n$ に関する原始根と定義する．この最大位数をカーマイケル関数 $\lambda(n)$ とよぶ．明らかに $\lambda(n) \leq \phi(n)$ であるが，$n$ が合成数のとき，大きさは劇的に小さくなることがある．たとえば，3, 7 は 10 に関する拡張された意味での原始根であるが，105 に関する原始根は $\pm\{2, 17, 23, 32, 37, 38, 47, 52\}$ でそれぞれ位数 12 である．最大位数は，$\phi(n)$ であるとは限らない．拡張された原始根の性質およびアルティン予想のアナログの異なる挙動に関してはリー-ポメランスの論文参照．

ゴロムブは，標数 $q \geq 2$ の有限体 $\mathrm{GF}(q)$ には以下の性質をもつ (必ずしも異ならない) 2 個の原始根 $\alpha, \beta$ が存在すると予想した：$\alpha + \beta = 1$ であり，$q \geq 3$ のとき $\alpha + \beta = -1$ でもある．さらに十分大の $q$ に対し，$\mathrm{GF}(q)$ のすべての 0 でない元が $\alpha + \beta$ のように表される．ジャンは，類似の問題をいくつか考察した．チャン，コーエン-マレン，ガオ，ルー，モレノ，トルオン-リードらの論文参照．

Mariana Campbell, MSc thesis, Univ. of California, Berkeley, 2003.

Chang Yan-Xun & Kang Qing-De, A representation of nonzero elements in finite field, *Sci. China Ser. A*, **34**(1991) 641–649; *MR* **92m**:11140.

Cristian Cobeli & Alexandru Zaharescu, An exponential congruence with solutions in primitive roots, *Rev. Roumaine Math. Pures Appl.*, **44**(1999) 15–22; *MR* **2002d**:11005,

C. Cobeli, M. Vâjâitu & A. Zaharescu, A class of algebraic-exponential congruences modulo $p$, *Acta Math. Univ. Comenian. (N.S.)*, **71**(2002) 113–117; *MR* **2003m**:11208.

Stephen D. Cohen, & Gary L. Mullen, Primitive elements in finite fields and Costas arrays, *Appl. Algebra Engrg. Comm. Comput.*, **2**(1991) 45–53; *MR* **94i**:11100.

Anton Dumitriu, Congruences du premier degré, *Rev. Roumaine Math. Pures Appl.*, **10**(1965) 1201–1234; *MR* **34** #126.

Paul Erdős, Carl Pomerance & Eric Schmutz, Carmichael's lambda function, *Acta Arith.*, **58**(1991) 363–385; *MR* **92g**:11093.

John B. Friedlander, Carl Pomerance & Igor E. Shparlinski, Period of the power generator and small values of Carmichael's function, *Math. Comput.*, **70**(2001) 1591–1605; *MR* **2002g**:11112.

Gao Wei Dong, On the Golomb conjecture (Chinese), *Dongbei Shida Xuebao*, **1988** 11–14; *MR* **90j**:11139.

Solomon W. Golomb, Algebraic constructions for Costas arrays, *J. Combin. Theory Ser. A*, **37**(1984) 13–21; *MR* **85f**:05031.

Rajiv Gupta & Maruti Ram Murty, A remark on Artin's conjecture, *Invent. Math.*, **78**(1984) 127–130; *MR* **86d**:11003.

D. R. Heath-Brown, Artin's conjecture for primitive roots, *Quart. J. Math. Oxford Ser.*(2) **37**(1986) 27–38; *MR* **88a**:11004.

J. Holden & P. Moree, Some heuristics and results for small cycles of the discrete logarithm, arXiv:math.NT/0401013.

J. Holden & P. Moree, New conjectures and results for small cycles of the discrete logarithm, arXiv:math.NT/0305305, to appear as: Primes and Misdemeanours, in Lectures in Honour of the Sixtieth Birthday of Prof. H. C. Williams.

C. Hooley, On Artin's conjecture, *J. reine angew. Math.*, **225**(1967) 209–220; *MR* **34** #7445.

Le Mao Hua, On Golomb's conjecture, *J. Combin. Theory Ser. A*, **54**(1990) 304–308; *MR* **91j**:11107.

Hendrik W. Lenstra, On Artin's conjecture and Euclid's algorithm in global fields, *Inventiones Math.*, **42**(1977) 201–224; *MR* **58** #576.

Li Shu-Guang & Carl Pomerance, On generalizing Artin's conjecture on primitive roots to composite moduli, *J. reine angew. Math.*, **556**(2003) 205–224; *MR* **2004c**:11177.

Li Shu-Guang & Carl Pomerance, Primitive roots: a survey, *Number theoretic methods (Iizuka, 2001)* 219–231, *Dev. Math.*, **8**, Kluwer Acad. Publ., Dordrecht, 2002; *MR* **2004a**:11106.

Greg Martin & Carl Pomerance, The normal order of iterates of the Carmichael λ-function, (2003 preprint).

Oscar Moreno, On the existence of a primitive quadratic of trace 1 over $GF(p^m)$, *J. Combin. Theory Ser. A*, **51**(1989) 104–110; *MR* **90b**:11133.

Leo Murata, On the magnitude of the least primitive root, *Astérisque No.* **198-200**(1991) 253–257; *MR* **93b**:11127.

Maruti Ram Murty & Seshadri Srinivasan, Some remarks on Artin's conjecture, *Canad. Math. Bull.*, **30**(1987) 80–85; *MR* **88e**:11094.

Francesco Pappalardi, Filip Saidak & Igor E. Shparlinski, Square-free values of the Carmichael function, *J. Number Theory*, **103**(2003) 122–131.

A. Paszkiewicz & A. Schinzel, On the least prime primitive root modulo a prime, *Math. Comput.*, **71**(2002) 1307–1321; *MR* **2003d**:11006.

Michael Szalay, On the distribution of the primitive roots of a prime, *J. Number Theory*, **7**(1975) 184–188; *MR* **51** #5524.

T. K. Truong & I. S. Reed, Golomb's conjecture is true for certain classes of finite fields, *Kexue Tongbao* (English Ed.) **28**(1983) 1310–1312; *MR* **85k**:11067.

Emanuel Vegh, Pairs of consecutive primitive roots modulo a prime, *Proc. Amer. Soc.*, **19**(1968) 1169–1170; *MR* **37** #6240.

Emanuel Vegh, Primitive roots modulo a prime as consecutive terms of an arithmetic progression, *J. reine angew. Math.*,**235**(1969) 185–188; II, **244**(1970) 185–188; III, **256**(1972) 130–137; *MR* **39** #4086; **42** #1755; **46** #7137.

Emanuel Vegh, A note on the distribution of the primitive roots of a prime, *J. Number Theory*, **3**(1971) 13–18; *MR* **44** #2694.

Samuel S. Wagstaff, Pseudoprimes and a generalization of Artin's conjecture, *Acta Arith.*, **41**(1982) 141–150; *MR* **83m**:10004.

Zhang Wen-Peng, On a problem of Brizolis (Chinese), *Pure Appl. Math.*, **11**(1995), suppl., 1–3; *MR* **98d**:11099.

Zhang Wen-Peng, On a problem related to Golomb's conjectures, *J. Syst. Sci. Complex.*, **16**(2003) 13–18; *MR* **2004c**:11179.

## F10 2のベキの剰余

グラハムは,$n$ を法とする $2^n$ の剰余を問題とした.$n > 1$ のとき,$2^n \equiv 1 \bmod n$ には解をもたない.$n$ が底2の擬似素数 (**A12** 参照) あるいは素数のとき $2^n \equiv 2 \bmod n$ である.1960 年代初期にレーマー夫妻が合同式 $2^n \equiv 3 \bmod n$ の最小解 $n = 4700063497 = 19 \cdot 47 \cdot 5263229$ を見出した.ピーター・モンゴメリーは2番目の解

63130707451134435989380140059866138830623361447484274774099906755

を見出した.むろん,$n$ は合成数でなければならず,2でも3でも割れない.実際,モンコフスキ (**B5** の文献参照) は,$\left(\frac{2}{p}\right)$ と $\left(\frac{3}{p}\right)$ が異符号のとき,すなわち,$p = 24k \pm 7$ or $\pm 11$,$n$ が $p$ で割れないことに注意している.

ロトキエーヴィッチ (**A12** 参照) は,$m$ が $2^m \equiv 3 \bmod m$ をみたすとき,$n = 2^m - 1$ は $2^{n-2} \equiv 1 \bmod n$ の解であることに注意した.

ベンコースキは，10進法で表したとき7で終わらないような $2^n \equiv 4 \pmod{n}$ の解があるかどうかを問うた．ジャン・ミン・ジーは，$n \equiv 1$ または 3 (mod 10) なる解を与え，$n \equiv 9$ (mod 10) なる解が存在するかどうかを問うた．

ヴィクター・ミーリーは，$n = 3^k$ のとき $2^n \equiv -1 \pmod{n}$ で，$n = 2, 6, 66, 946, \ldots$ のとき $2^n \equiv -2 \pmod{n}$ であると知らせてきた．シンツェルは，$2^n \equiv -2 \pmod{n}$ をみたす $n$ が無限個存在することが，シェルピンスキの『初等整数論』，第2版英語版，1987 の演習 4, p. 235 の注意の中で証明されていることを注意した．

レーマー夫妻は，$k = 1$ を除くすべての $|k| < 100$ に対し，$2^n \equiv k \pmod{n}$ の解を見出した．他の $k$ に対しても解は存在するか？

Zhang Ming-Zhi, A note on the congruence $2^{n-2} \equiv 1 \bmod n$ (Chinese. English summary), *Sichuan Daxue Xuebao*, **27** (1990) 130–131; *MR* **92b**: 11003.
[訳注：この論文ではベンコースキ論文の引用が誤っているようである．]

**OEIS:** A015910, A036236-036237.

## F11 階乗の剰余の分布

法 $p$ に関する $1!, 2!, 3!, \ldots, (p-1)!, p!$ の剰余の分布はどのようであろうか？ ほぼ $p/e$ 個の剰余類がこの形で表されない．以下の表に，$p$ の最初のいくつかの値に対して抜け落ちる値を提示する：

$p = 2$ または 3，なし． $\qquad p = 5, \{-2\}. \qquad p = 7, \{-2, -3\}.$
$p = 11, \quad \{-2, \pm 3, \pm 4\}. \qquad p = 13, \{-3, 4, -5\}.$
$p = 17, \quad \{4, 5, -6, -7, -8\}. \qquad p = 19, \{3, -5, -6, \pm 7, \pm 8\}.$
$p = 23, \quad \{-3, -4, -6, -7, -8, 10\}.$
$p = 29, \quad \{-2, -4, 7, -8, -9, -10, -11, -12, 13, -14\}.$
$p = 31, \quad \{\pm 3, 4, 8, \pm 10, 11, 12, 13, 14\}.$
$p = 37, \quad \{3, 4, \pm 5, -9, 10, 11, -14, \pm 15, -18\}.$

表中最後の2個に達するまでは，正負の項が同数だけあると思わず予想してしまいそうになる．抜け落ちる値は正負ともに無限個あるか？ $p = 23$ は，ダブリが $\pm 1$ のみという顕著な特性を有する値である．

エルデーシュの問題に答えて，ロコーフスカ-シンツェルは，$2!, 3!, \ldots, (p-1)!$ の剰余がすべて異なるとき，抜け落ちる値は $-\frac{p-1}{2}!$ の剰余であり，さらに $p \equiv 5 \bmod 8$ でなければならず，$5 < p \leq 1000$ のとき，このような $p$ の値はないことを示した．

B. Rokowska & A. Schinzel, Sur une problème de M. Erdős, *Elem. Math.*, **15**(1960) 84–85.
R. Stauduhar, Problem 7, *Proc. Number Theory Conf.*, Boulder, 1963, p. 90.

### F12　逆元と異符号であるような数はどの頻度で現れるか？

$p$ が素数のとき，各 $x$ $(0 < x < p)$ に対し，$\bar{x}$ で $0 < \bar{x} < p$ なる $x$ の逆元 $x\bar{x} \equiv 1 \bmod p$ を表す．$N_p$ を $x$ と $\bar{x}$ が異符号の場合の数とする．たとえば，$p = 13$ のとき，$(x,\bar{x}) = (1,1), \underline{(2,7)}, (3,9), (4,10), \underline{(5,8)}, \underline{(6,11)}, (12,12)$ であり，$N_{13} = 6$ である．D. H. レーマーは，$N_p$ を閉じた形で求めるなり，少なくとも自明でない主張を述べることを問題とした．$p \equiv \pm 1 \bmod 4$ に応じて $N_p \equiv 2$ または $0 \bmod 4$ である．

| $p$ | 3 | 5 | 7 | 11 | 13 | 17 | 19 | 23 | 29 | 31 | 37 | 41 | 43 | 47 | 53 | 59 | 61 |
|---|---|---|---|---|---|---|---|---|---|---|---|---|---|---|---|---|---|
| $N_p$ | 0 | 2 | 0 | 4 | 6 | 10 | 4 | 12 | 18 | 4 | 14 | 18 | 20 | 16 | 30 | 32 | 30 |

イー-ジャンは，素数 $p$ のかわりに奇数 $q > 1$ とし，$k \geq 1$ を整数とするとき，$N(k,q)$ で $(a,q) = 1$ なる剰余類 $a \bmod q$ で
$$q\left\{\frac{a^k}{q}\right\} \quad \text{および} \quad q\left\{\frac{\overline{a^k}}{q}\right\}$$
が異符号であるものの個数—ここで $\{x\}(= x - \lfloor x \rfloor)$ は $x$ の分数部分，$\bar{a}$ は $a \bmod q$ の逆元—とするとき，
$$N(k,q) = \tfrac{1}{2}\phi(q) + O_k\big(q^{3/4}d(q)^{1/2}(\log q)^2\big)$$
を証明した．

チャワドゥスは，G. テルジャーニャンの 3 予想を検証した—すなわち，$L_p$ を $\bar{x}$ と「同」符号である $x$ の集合とすれば，$p = 5, 13, 29$ のとき，$L_p$ は平方剰余のみからなり，$p = 3, 5, 7, 13$ のとき，平方剰余はすべて $L_p$ に入り，$p = 3, 7$ のとき，すべての平方非剰余が $L_p$ に入る．

ルージャ-シンツェルは，$L_p$ と平方剰余および非剰余の集合の共通部分，差集合の 4 集合の元数がそれぞれ，$\tfrac{1}{4}p + O(\sqrt{p}(\ln p)^2)$ であることを証明した．

ジャン・ウェン・ペンは，$p$ のかわりに素数とは限らない奇数 $q$ のとき，レーマー問題を考察し，$q$ が奇素数ベキおよび 2 個の素数の積のとき，$N_q = \tfrac{1}{2}\phi(q) + O(q^{1/2+\epsilon})$ を示した．

さらに
$$L(p) = \#\{n : a\bar{a} = np + 1, 1 \leq a \leq p-1\}$$
とするとき，$L(p)$ の漸近挙動を問題とした．未公刊の論文でアンドリュー・グランヴィルは，
$$\frac{p}{\ln p} \ll L(p) \ll \frac{p}{(\ln p)^{c+o(1)}}$$
を証明した．ここで，$c = 1 - \tfrac{1}{2}e\ln 2 \approx 0.057915$ である．

[訳注：シュパルリンスキーは，モジュラー双曲線 $\mathcal{H}_{a,m}$ 上の格子点を数えるという観点から，上記レーマー問題の一般化を含む多くの問題を統一的に扱い，誤差項の大幅な改良を行った．したがって以下の文献中レーマー問題に関するものは完全に凌駕され，過去のものとなった．とくに，156 ページにある次の文に注意しておく．「この分野には大

量の論文が存在するが，中には，見かけ上異なるようであるものの，その実，モジュラー双曲線に密接に関連した問題を，場合ごとにルーティーンに扱っているものがきわめて多い．」

I. Shparlinski, Distribution of points on modular hyperbolas, Proc. 4th China-Japan Seminar on Number Theory, World Sci. 2007, 155-189.]（訳注終）

S. Chaładus, An application of Nagell's estimate of the least odd quadratic non-residue, *Demonstratio Math.*, **28**(1995) 651–655; *MR* **97b**:11003.

Imre Z. Ruzsa & Andrzej Schinzel, An application of Kloosterman sums, *Compositio Math.*, **96**(1995) 323–330; *MR* **96a**:11099.

Wang Hui, Gau Li & Hu Zhi-Xing, The distribution of the difference between the D. H. Lehmer number and its inverse in the primitive roots modulo $q$, *J. Northwest Univ.*, **26**(1996) 281–284; *MR* **98e**:11111.

Wang Hui, Hu Zhi-Xing & Gau Li, The distribution of the D. H. Lehmer numbers among the primitive roots modulo $q$, *Pure Appl. Math.*, **12**(1996) 84–88; *MR* **98i**:11082.

Yuan Yi & Zhang Wen-Peng, On the generalization of a problem of D. H. Lehmer, *Kyushu J. Math.*, **56**(2002) 235–241; *MR* **2003g**:11112.

Zhang Wen-Peng, On a problem of D. H. Lehmer, *Analytic Number Theory and Related Topics* (*Tokyo*, 1991), 139–142, World Sci. Publishing, River Edge NJ, 1993; *MR* **96f**:11122.

Zhang Wen-Peng, On a problem of D. H. Lehmer and its generalization, *Compositio Math.*, **86**(1993) 307–316; *MR* **94f**:11104. II, **91**(1994) 47–56; *MR* **95f**:11079.

Zhang Wen-Peng, On a problem of D. H. Lehmer and a generalization of it, *J. Northwest Univ.*, **23**(1993) 103–108; *MR* **94f**:11099.

Zhang Wen-Peng, The distribution of D. H. Lehmer numbers in an arithmetic progression, *J. Northwest Univ.*, **24**(1994) 103–108; *MR* **96d**:11102.

Zhang Wen-Peng, On the difference between an integer and its inverse modulo $n$, *J. Number Theory*, **52**(1995) 1–6; *MR* **96f**:11123; II. *Sci. China Ser. A*, **46**(2003) 229–238; *MR* **2004a**:11100.

Zhang Wen-Peng, On the difference between a D. H. Lehmer number and its inverse modulo $q$, *Acta Arith.*, **68**(1994) 255–263; *MR* **96a**:11100.

Zhang Wen-Peng, A problem of D. H. Lehmer and its mean square value formula, *Japan J. Math.* (*N.S.*), **29**(2003) 109–116.

Zhang Wen-Peng, Zongben Xu & Yuan Yi, A problem of D. H. Lehmer and its mean square value formula, *J. Number Theory*, **103**(2003) 197–213.

## F13　被覆合同式系

　被覆合同式系とは，整数全体を被覆する合同式系 $a_i \bmod n_i$ $(1 \leq i \leq k)$ をいう．すなわち，すべての整数 $y$ は少なくとも 1 つの $i$ に対し，$y \equiv a_i \bmod n_i$ となる．たとえば 0 mod 2; 0 mod 3; 1 mod 4; 5 mod 6; 7 mod 12 がそうである．エルデーシュは，$c = n_1 < n_2 < \cdots < n_k$ で $c$ が任意に大きく取れるような被覆系の存在，非存在の証明に 500 ドルの賞金を出した．ダヴェンポート-エルデーシュ，フリードは，$c = 3$ の被覆系を見出した．スウィフトは $c = 6$，セルフリッジは $c = 8$，チャーチハウスは $c = 10$，セルフリッジは $c = 14$，クラケンバーグは $c = 18$，チョイは $c = 20$ の系を発見した．$c = 24$ は日本人 [訳注：森川良一？] によって発見された．エルデーシュは遺言で任意

の $c$ の問題の賞金を 1000 ドルに上げた. シンプソンも類似の未解決問題を述べ, 賞金を提供している.

エルデーシュが, 法 $n_i$ がすべて 1 より大の異なる奇数であるような被覆系の存在しないことの証明に 25 ドル提供すれば, セルフリッジは具体例を与えれば 900 ドル出すといっている. バーガー-フェルツェンバウム-フレンケルは, この型の被覆系 (の法の l.c.m.) は少なくとも 6 個の素因子を含まなければならないこと, および「奇数」という条件が,「最初の $r$ 個の素数で割れない」という条件に変えてよいことを証明した. シンプソン-ザイルバーガーは, 法が平方無縁の奇数ならば, それらの l.c.m. は少なくとも 18 個の素因子を含まねばならないことを証明した.

ジム・ジョーダンは, ガウス整数 (**A15**) に対する類似問題に同額程度の賞金を提供している.

エルデーシュは 210 の真の約数を使うことによって, 法 $n_i$ がすべて 1 より大の異なる整数で, 平方無縁の被覆系をつくれることに注意した:

| $a_i$ | 0 | 0 | 0 | 1 | 0 | 1 | 1 | 2 | 2 | 23 | 4 | 5 | 59 | 104 |
|---|---|---|---|---|---|---|---|---|---|---|---|---|---|---|
| $n_i$ | 2 | 3 | 5 | 6 | 7 | 10 | 14 | 15 | 21 | 30 | 35 | 42 | 70 | 105 |

クラケンバーグは, 法 2 および, 3 より大の平方無縁の法をもつ被覆系を構成した. セルフリッジは, $c=2$ のところを $c=3$ にできるかどうかを問うた. また, $n_i$ すべてがたかだか 2 個の素因子からなる平方無縁の数には取れないことも注意している. しかし, 上述の例により, 4 個以上は必要ない.

異なる法をもつ被覆系に対し, $\sum_{i=1}^{k} 1/n_i > 1$ を証明するのは単純ではあるが自明でない問題である. $n_i = 3$ または 4 のとき, この和は 1 にいくらでも近い値をとりうる. スン・チーウェイは, 異なる法のうち, 最大の $n_k$ を除いた和 $\sum_{i=1}^{k-1} 1/n_i \geq 1$ を示した. セルフリッジ-エルデーシュは, $n_1 \to \infty$ のとき, $c_{n_1} \to \infty$ ならば, $\sum 1/n_i > 1 + c_{n_1}$ を予想した.

シンツェルは, どの法も他の法を割らないような被覆系の存在を問うた. 奇数の法のみからなる被覆系が存在しなければ, このタイプは存在しないであろう.

1 つでも合同式を取り除くと, もはや整数全体をカヴァーしないような被覆系をシンプソンは極小系とよんだ. 彼は, 極小被覆系の法の l.c.m. が $\prod p_i^{\alpha_i}$ のとき, この系は少なくとも $1 + \sum \alpha_i(p_i - 1)$ 個の合同式を含むことを示した.

エルデーシュは, $d$ が固定された奇数のとき, $d \cdot 2^k + 1$ ($k = 1, 2, \ldots$) の形の数列で素数を含まないものはすべて被覆系から得られると予想した (例は **B21** にある). この予想は, 数列の項の最小素因子が有界であるとも述べられる.

シャーマン・スタインは, 無限個の合同式で, 各整数がただ 1 つの合同式をみたし, その法はすべて異なり, 逆数和 $= 1$ で, 少なくとも 1 つは 2 のベキでないようなものが存在するかという問題を提出した. クラケンバーグは, このような合同式系で法がすべて $2^i 3^j$ の形のものを発見した. イーサン・ルイスは, 法の個数が有限のとき, 2, 3 以外の素因子をもたないことを示した.

Shiro Ando & Teluhiko Hilano, A disjoint covering of the set of natural numbers consisting of sequences defined by a recurrence whose characteristic equation has a Pisot number root, *Fibonacci Quart.*, **33**(1995) 363–367; *MR* **96f**:11022.

Marc Aron Berger, Alexander Gersh Felzenbaum & A. S. Fraenkel, Necessary condition for the existence of an incongruent covering system with odd moduli, *Acta Arith.*, **45**(1986) 375–379; *MR* **87h**:11005; II. *Acta Arith.*, **48**(1987) 73–79; *MR* **88j**:11002.

Chen Yong-Gao & Štefan Porubský, Remarks on systems of congruence classes, *Acta Arith.*, **71**(1995) 1–10; *MR* **96j**:11014.

S. L. G. Choi, Covering the set of integers by congruence classes of distinct moduli, *Math. Comput.*, **25**(1971) 885–895; *MR* **45** #6744.

R. F. Churchhouse, Covering sets and systems of congruences, in *Computers in Mathematical Research*, North-Holland, 1968, 20–36; *MR* **39** #1399.

Todd Cochrane & Gerry Myerson, Covering congruences in higher dimensions, *Rocky Mountain J. Math.*, **26**(1996) 77–81; *MR* **97c**:11003.

Fred Cohen & J. L. Selfridge, Not every number is the sum or difference of two prime powers, *Math. Comput.*, **29**(1975) 79–81; *MR* **51** #12758.

P. Erdős, Some problems in number theory, in *Computers in Number Theory*, Academic Press, 1971, 405–414; esp. pp. 408–409.

J. Fabrykowski, Multidimensional covering systems of congruences, *Acta Arith.*, **43** (1984) 191-298; *MR* **85d**:11005.

Michael Filaseta, Coverings of the integers associated with an irreducibility theorem of A. Schinzel, *Number Theory for the Millenium II (Urbana IL, 2000)* 1–24, AKPeters, Natick MA,2002; *MR* **2003k**:11015.

M. Filaseta, K. Ford & S. Konyagin, On an irreducibility theorem of A. Scinzel associated with coverings of the integers, *Illinois J. Math.*, **44**(2000) 663–643; *MR* **2001g**:11032.

J. Haight, Covering systems of congruences, a negative result, *Mathematika*, **26**(1979) 53–61; *MR* **81e**:10003.

Hu Zhong & Sun Zhi-Wei, On $n$-dimensional covering systems, *Nanjing Daxue Xuebao Ziran Kehue Ban*, **37**(2001) 486–492.

J. H. Jordan, Covering classes of residues, *Canad. J. Math.*, **19**(1967) 514–519; *MR* **35** #1538.

J. H. Jordan, A covering class of residues with odd moduli, *Acta Arith.*, **13**(1967-68) 335–338; *MR* **36** #3709.

C. E. Krukenberg, PhD thesis, Univ. of Illinois, 1971, 38–77.

Ethan Lewis, Infinite covering systems of congruences which don't exist, *Proc. Amer. Math. Soc.*, **124**(1996) 355–360; *MR* **96d**:11017.

Štefan Porubský, Identities involving covering systems, I, II, *Math. Slovaca*, **44**(1994) 153–162, 555–568; *MR* **95f**:11002, **96e**:11006.

A. Schinzel, Reducibility of polynomials and covering systems of congruences, *Acta Arith.*, **13**(1967) 91–101; *MR* **36** #2596.

A. Schinzel, On homogeneous covering congruences, *Rocky Mountain J. Math.* **27**(1997) 335–342; *MR* **98b**:11003.

R. J. Simpson, Regular coverings of the integers by arithmetic progressions, *Acta Arith.*, **45**(1985) 145–152; *MR* **86j**:11004.

R. J. Simpson, Covering systems of homogeneous congruences, *Rocky Mountain J. Math.*, **28**(1998) 1125–1133; *MR* **99k**:11007.

R. J. Simpson & D. Zeilberger, Necessary conditions for distinct covering systems with square-free moduli, *Acta Arith.*, **59**(1991) 59–70; *MR* **92i:11014**.

Sun Zhi-Wei, Covering the integers by arithmetic sequences, *Acta Arith.*, **72**(1995) 109–129; *MR* **96k**:11013.

Sun Zhi-Wei, Covering the integers by arithmetic sequences II, *Trans. Amer. Math. Soc.*, **348**(1996) 4279–4320; *MR* **97c**:11011.

Sun Zhi-Wei, On covering multiplicity, *Proc. Amer. Math. Soc.*, **127**(1999) 1293–11300; *MR* **99h**:11012.

Yang Siman & Sun Zhi-Wei, Covers with less than 10 moduli and their applications, *J. Southeast Univ.*, **14**(1998) 106–114; *MR* **2000j**:11014.

Zhang Ming-Zhi, A note on covering systems of residue classes, *Sichuan Daxue Xuebao* **26**(1989) 185–188; *MR* **92c**:11003.

Stefan Znám, A survey of covering systems of congruences, *Acta Math. Univ. Comen.*, **40-41**(1982) 59–79; *MR* **84e**:10004.

## F14  完全被覆系

被覆系であって分離的 (すなわち,各整数がただ一度覆われるよう) なものを完全被覆系という.F13 の 1 行目の記号を用いるとき,被覆系が完全である必要条件 (十分条件ではない) は $\sum_{i=1}^{k} 1/n_i = 1$ かつすべての $i, j$ に対して $(n_i, n_j) > 1$ である.ダヴェンポート,マースキー,ニューマン,ラドーの 4 名のうち,メンバーの名前を冠してよばれる 1 つの定理があり,それは,異なる自然数 $> 1$ の集合が合同式の法をなせば,それらの合同式をみたさないような整数が存在するか,そのうちの 2 つ以上をみたす整数が存在することを主張するものである.証明は非常に手の込んだもので,生成関数と 1 の根を用いる.組合せ論的な証明が後に,バーガー,フェルゼンバウム-フレンケルとシンプソンによって与えられた.

本書初版で述べたように,ズナムは,0 (mod 6), 1 (mod 10), 2 (mod 15), 3, 4, 5, 7, 8, 9, 10, 13, 14, 15, 16, 19, 20, 22, 23, 25, 26, 27, 28, 29 (mod 30) という例を示して,$(n_1, n_2, \ldots, n_k) > 1$ は必要条件ではないことに注意している.ズナムは,さらに,$p$ が $n_k$ の最小の素因数のとき,$n_k = n_{k-1} = \ldots = n_{k-p+1}$ であろうという,ムィツェルスキの予想を証明した.さらに,等しい法が「対」の形でしか存在しないとき,法はすべて $2^{\alpha}3^{\beta}$ の形であろうと予想したが,後に,ズナム-バーンシュタイン-シェーンハイムとジョエル・スペンサーが

| 0, 1 | 2, 7 | 3, 8 | 13, 28 | 4, 9 | 14, 34 | 19, 39 | 59, 119 |
|---|---|---|---|---|---|---|---|
| 法 5 | 10 | 15 | 30 | 20 | 40 | 60 | 120 |

のような反例を与えた.

スタインは,等しい法がただ 1 対のみ存在し,他は異なるとき,$n_i = 2^i$ $(1 \leq i \leq k-1)$, $n_k = 2^{k-1}$ であることを証明した.ズナムは同様に,等しい法がトリプル存在し,他は異なるとき,$n_i = 2^i$ $(1 \leq i \leq k-3)$, $n_{k-2} = n_{k-1} = n_k = 3 \cdot 2^{k-3}$ であることを証明した.スン・ジューウェイとビービーは独立に,スタインの結果を拡張して,

$$\sin \pi z = -2^{k-1} \prod_{i=1}^{k} \sin \frac{\pi}{n_i}(a_i - z).$$

がなりたつとき,$a_i \bmod n_i$ は完全被覆系であることを証明した.

シンプソンは，バーンシュタイン-シェーンハイムの結果を拡張して，$p_1 < p_2 < \cdots < p_t$ がどの法も $N$ 回以上現れない完全被覆系の法を割る素数であれば，

$$p_t \leq N \prod_{i=1}^{t-1} \frac{p_i}{p_i - 1}$$

がなりたつことを示した．

解決を期待される大きな問題は，完全被覆系の特徴付けである．

ポループスキィは，$m$ 個の完全被覆系の和集合でないような「$m$ 重被覆系」の存在を問うた．より一般に，系の分割 $S = S_1 \cup S_2$ で，$S_1$ がきっかり $l$ 回，$S_2$ が $m-l$ 回，整数を被覆するような，ある $l$ $(0 < l < m)$ が存在するような系を可約とよび，そうでないとき既約とよぶことにするとき，ジャン・ミン・ジーは，ポループスキィの問題を肯定的に解決した．その解は，各 $m > 1$ に対し，既約な $m$ 重被覆系が存在するというものである．$m = 2$ のときは，S. L. G. チョイ (キェシュテールィ，1973 年) とザイルバーガーによって結果は知られていた．たとえば

1(2); 0(3); 2(6); 0,4,6,8(10); 1,2,4,7,10,13(15); 5,11,12,22,23,29(30).

すべての法が異なる無限被覆系で互いに共通部分をもたないものが存在する．法の逆数の和が 1 ならば，$\{2, 2^2, 2^3, \ldots\}$ を法として上述の系が存在し，また $2^\alpha 3^\beta$ の形の数を法とする系も上の条件をみたす．フレンケル-シンプソンは，この 2 つの型に限られるであろうと予想している．ルイスは，例外があるとすれば，その系の法を割るような異なる素数の無限集合が存在することを証明した．

ビーティー列 (**E27**) からなる被覆系についても問題が提出されている．グラハムは，$\lfloor m\alpha_i + \beta_i \rfloor$; $m \in \mathbb{Z}$; $1 \leq i \leq k$ が無限被覆系で $k > 2$，かつ，少なくとも 1 つの $\alpha_i$ が無理数ならば，$\alpha_i$ のうち 2 つは等しくなければならないことを示した．すべての $\alpha_i$ が有理数ならば

$$\left\lfloor m \frac{2^k - 1}{2^{k-i}} + 1 - 2^{i-1} \right\rfloor \qquad (1 \leq i \leq k)$$

は完全被覆系をなすため，$\alpha_i$ が等しくなることはない．フレンケルはすべての $\alpha_i$ が異なるような完全被覆系はこの形のもののみであろうと予想している．

被覆系と擬似完全数 (**B2**)，E エジプト分数 (**D11**) は互いに関連があり，最新の概説論文としてポループスキィ-シェーンハイムがあり，139 編の参考文献が掲載されている．

John Beebee, Examples of infinite, incongruent exact covers, *Amer. Math. Monthly* **95**(1988) 121–123; errata **97**(1990) 412; *MR*, **89g**:11013, **91a**:11013.

John Beebee, Some trigonometric identities related to exact covers, *Proc. Amer. Math. Soc.*, **112**(1991) 329–338; *MR*, **91i**:11013.

John Beebee, Bernoulli numbers and exact covering systems, *Amer. Math. Monthly* **99**(1992) 946–948; *MR* **93i**:11025.

John Beebee, Exact covering systems and the Gauss-Legendre multiplication formula for the gamma function, *Proc. Amer. Math. Soc.*, **120**(1994) 1061–1065; *MR* **94f**:33001.

Marc Aron Berger, Alexander Gersh Felzenbaum & A. S. Fraenkel, A non-analytic proof of the Newman-Znám result for disjoint covering systems, *Combinatorica*, **6**(1986) 235–243; *MR* **88d**:11012.

Marc Aron Berger, Alexander Gersh Felzenbaum, A. S. Fraenkel & R. Holzman, On infinite and finite covering systems, *Amer. Math. Monthly*, **98**(1991) 739–742; *MR* **92g**:11009.

N. Burshtein, On natural exactly covering systems of congruences having moduli occurring at most $N$ times, *Discrete Math.*, **14**(1976) 205–214; *MR* **53** #2886.

N. Burshtein & J. Schönheim, On exactly covering systems of congruences having moduli occurring at most twice, *Czechoslovak Math. J.*, **24**(99)(1974) 369–372; *MR* **50** #4521.

J. Dewar, On finite and infinite covering sets, in *Proc. Washington State Univ. Conf. Number Theory*, Pullman WA, 1971, 201–206; *MR* **47** #6597.

P. Erdős, On a problem concerning systems of congruences (Hungarian; English summary), *Mat. Lapok*, **3**(1952) 122–128.

A. S. Fraenkel, The bracket function and complementary sets of integers, *Canad. J. Math.*, **21**(1967) 6–27; *MR* **38** #3214.

A. S. Fraenkel, Complementing and exactly covering sequences, *J. Combin. Theory Ser. A*, **14**(1973) 8–20; *MR* **46** #8875.

A. S. Fraenkel, A characterization of exactly covering congruences, *Discrete Math.*, **4**(1973) 359–366; *MR* **47** #4906.

A. S. Fraenkel, Further characterizations and properties of exactly covering congruences, *Discrete Math.*, **12**(1975) 93–100; erratum 397; *MR* **51** #10276.

A. S. Fraenkel & R. Jamie Simpson, On infinite disjoint covering systems, *Proc. Amer. Math. Soc*, **119**(1993) 5–9; *MR* **93k**:11006.

R. L. Graham, Covering the positive integers by disjoint sets of the form $\{\lfloor n\alpha + \beta \rfloor : n = 1, 2, \ldots\}$, *J. Combin. Theory Ser. A*, **15**(1973) 354–358; *MR* **48** #3911.

R. L. Graham, Lin Shen & Lin Chio-Shih, Spectra of numbers, *Math. Mag.*, **51**(1978) 174–176; *MR* **58** #10808.

Hu Zhong & Sun Zhi-Wei[1], On $n$-dimensional covering systems, *Nanjing Daxue Xueban Ziran Kexue Ban*, **37**(2001) 486–492; *MR* **2002j**:11006.

H.Kellerer & G.Wirsching, *Discrete Math.*, **85**(1990) 191–206; *MR* **92d**:11007.

I. Korec, On a generalisation of Mycielski's and Znam's conjectures about coset decomposition of abelian groups, *Fundamenta Math.*, **85**(1974) 41–48; *MR* **50** #10025.

I. Korec, Multiples of an integer in the Pascal triangle, *Acta Math. Univ. Comenian.* (*N.S.*), **46/47**(1985) 75–81; *MR* **88b**:11004.

I. Korec, On number of cosets in nonnatural disjoint covering systems, *Colloq. Math. Soc. János Bolyai* **51** (Number Theory, Vol. 1, Budapest, 1987), North-Holland, 1990, 265–278; *MR* **91k**:11016.

Ethan Lewis, A variation on the method of Cartier and Foata via covering systems for combinatorial identities, *European J. Combin.*, **15**(1994) 491–511; *MR* **95k**:05013.

Ethan Lewis, Infinite covering systems of congruences which don't exist, *Proc. Amer. Math. Soc.*, **124**(1996) 355–360; *MR* **96d**:11017.

Ryozo Morikawa, Some examples of covering sets; On a method to construct covering sets; On eventually covering families generated by the bracket function, *Bull. Fac. Liberal Arts Nagasaki Univ.*, **21**(1981) 1–4; **22**(1981) 1–11; **23**(1982/83) 17–22; **24**(1983) 1–9; **25**(1985) 1–8; **36**(1995) 1–17; *MR* **84c**:10051; **84i**:10057; **84j**:10064; **87m**:11010,11011ab,11012; **98b**:11006.

Ryozo Morikawa, Disjointness of sequences $[\alpha_i n + \beta_i]$, $i = 1, 2$, *Proc. Japan Acad. Ser. A Math. Sci.*, **58**(1982) 269–271; *MR* **83m**:10096.

Morris Newman, Roots of unity and covering sets, *Math. Ann.*, **191**(1971) 279–282; *MR* **44** #3972 & err. p. 1633.

Břetislav Novák & Štefan Znám, Disjoint covering systems, *Amer. Math. Monthly* **81** (1974) 42–45.

I. Polách, A new necessary condition for moduli of non-natural irreducible disjoint covering system, *Acta Math. Univ. Comenian.* (*N.S.*), **63**(1994) 133–140; *MR* **96f**:11021.

Štefan Porubský, On $m$ times covering systems of congruences, *Acta Arith.*, **29**(1976) 159–169;

MR **53** #2884.

Štefan Porubský, Results and problems on covering systems of residue classes, *Mitt. Math. Sem. Giessen*, **150**(1981) 1–85; MR **83j**:10008.

Štefan Porubský, Covering systems, Kubert identities and difference equations, *Math. Slovaca*, **50**(2000) 381–413; MR **2002h**:11013.

Štefan Porubský & J. Schönheim, Covering systems of Paul Erdős, Past, present and future, *Paul Erdős and his mathematics*, I (Budapest, 1999), 581–627, Bolyai Soc. Math. Stud., **11**, János Bolyai Math. Soc., Budapest, 2002.

R. J. Simpson, Disjoint covering systems of congruences, *Amer. Math. Monthly*, **94**(1987) 865–868; MR **89b**:11006.

R. J. Simpson, Exact coverings of the integers by arithmetic progressions, *Discrete Math.*, **59**(1986) 181–190; MR **87f**:11011.

R. J. Simpson, Disjoint covering systems of rational Beatty sequences, *Discrete Math.*, **92**(1991) 361–369; MR **93b**:11023.

Sherman K. Stein, Unions of arithmetic sequences, *Math. Ann.*, **134**(1958) 289–294; MR **20** #17.

Sun Zhi-Wei, Systems of congruences with multipliers, *Nanjing Univ. J. Math. Biquarterly*, **6**(1989) 124–133; MR **90m**:11006.

Sun Zhi-Wei, Several results on systems of residue classes, *Adv. Math. (China)*, **18**(1989) 251–252;

Sun Zhi-Wei, Finite coverings of groups, *Fundamenta Math.*, **134**(1990) 37–53; MR **91g**:20031.

Sun Zhi-Wei, A theorem concerning systems of residue classes, *Acta Math. Univ. Comenianae*, **60**(1991) 123–131; MR **92f**:11007.

Sun Zhi-Wei On exactly $m$ times covers, *Israel J. Math.*, **77**(1992) 345–348; MR **93k**:11007.

Sun Zhi-Wei, Exact $m$-covers and the linear form $\sum_{s=1}^{k} x_s/n_s$, *Acta Arith.*, **81**(1997) 175–198; MR **98h**:11019.

Sun Zhi-Wei, Exact $m$-covers of groups by cosets, *European J. Combin.*, **22**(2001) 415–429; MR **2002a**:20026.

Sun Zhi-Wei, Algebraic approaches to periodic arithmetical maps, *J. Algebra*, **240**(2001) 723–743; MR **2002f**:11009.

Sun Zhi-Wei, On covering equivalence, *Analytic number theory (Beijing/Kyoto 1999)*, Dev. Math., **6**(2002) 277–302; MR **2003g**:11014.

R. Tijdeman, Fraenkel's conjecture for six sequences, *Discrete Math.*, **222** (2000) 223–234; MR **2001f**:11039.

R. Tijdeman, Exact covers of balanced sequences and Fraenkel's conjecture, *Algebraic number theory and Diophantine analysis (Graz, 1998)*, 467–483, de Gruyter, Berlin, 2000; MR **2001h**:11011.

Charles Vanden Eynden, On a problem of Stein concerning infinite covers, *Amer. Math. Monthly*, **99**(1992) 355–358; MR **93b**:11004.

Doron Zeilberger, On a conjecture of R. J. Simpson about exact covering congruences, *Amer. Math. Monthly* **96**(1989) 243; MR **90a**:11008.

Zhang Ming-Zhi, Irreducible systems of residue classes that cover every integer exactly $m$ times (Chinese, English summary), *Sichuan Daxue Xuebao*, **28**(1991) 403–408; MR **92j**:11001.

Štefan Znám, On Mycielski's problem on systems of arithmetical progressions, *Colloq. Math.*, **15**(1966) 201–204; MR **34** #134.

Štefan Znám, On exactly covering systems of arithmetic sequences, *Math. Ann.*, **180** (1969) 227–232; MR **39** #4087.

Štefan Znám, A simple characterization of disjoint covering systems, *Discrete Math.*, **12**(1975) 89–91; MR **51** #12772.

Joachim Zöllner, A disjoint system of linear recurring sequences generated by $u_{n+2} = u_{n+1} + u_n$ which contains every natural number, *Fibonacci Quart.*, **31**(1993) 162–165; MR **94e**:11011.

## F15 R. L. グラハムの問題

セゲディは,グラハムの提起した問題「$0 < a_1 < a_2 < \ldots < a_n$ から $\max_{i,j} a_i/(a_i, a_j) \geq n$ が導かれるかどうか」を (肯定的に) 解決したことによって賞を贈られた.セゲディの証明もザハレスクーの証明も十分大きい $n$ に対するものである.チェン-ポメランスは,明確な限界 $10^{4275}$ を与えたが,未だに埋めるべき溝がある.

アンドリュー・グランヴィルは筆者宛に,グラハムの予想は,バラスブラマニアン-サウンダララージャンが,第 2 著者「サウンド」が学部生のときに解いていたと知らせてきた.

Ramachandran Balasubramaniam & K. Soundararajan, On a conjecture of R. L. Graham, *Acta Arith.*, **75**(1996) 1–38; *MR* **97a**:11139.

Cai Tian-Xin, On a conjecture of Graham, *J. Hangzhou Univ. Natur. Sci. Ed.*, **19**(1992) 360–361; *MR* **94b**:11020.

Fred Cheng Yuanyou & Carl Pomerance, On a conjecture of R. L. Graham, *Rocky Mountain J. Math.*, **24**(1994) 961–975; *MR* **96b**:11009.

Paula A. Kemp, A conjecture of Graham concerning greatest common divisors, *Nieuw Arch. Wisk.*(4), **8**(1990) 61–62; *MR* **91e**:11003.

Rivka Klein, The proof of a conjecture of Graham for sequences containing primes, *Proc. Amer. Math. Soc.*, **95**(1985) 189–190; *MR* **86k**:11002.

J. W. Sander, On a conjecture of Graham, *Proc. Amer. Math. Soc.*, **102**(1988) 455–458; *MR* **89c**:11004.

R. J. Simpson, On a conjecture of R. L. Graham, *Acta Arith.*, **40**(1981/82) 209–211; *MR* **83j**:10062.

Sun Zhi-Wei, Covering the integers by arithmetic sequences, *Acta Arith.*, **72**(1995) 109–129; *MR* **96k**:11013.

Sun Zhi-Wei, Covering the integers by arithmetic sequences II, *Trans. Amer. Math. Soc.*, **348**(1996) 4279–4320; *MR* **97c**:11011.

M. Szegedy, The solution of Graham's greatest common divisor problem, *Combinatorica*, **6**(1986) 67–71; *MR* **87i**:11010.

Alexandru Zaharescu, On a conjecture of Graham, *J. Number Theory*, **27** (1987) 33–40; *MR* **88k**:11009.

## F16 $n$ を割る小さい素数のベキの積

$p < k$ なる素数で $p^a \| n$ であるものすべてにわたる積 $\prod p^a$ を $A(n, k)$ と書くとき,エルデーシュは $\max_n \min_{1 \leq i \leq k} A(n+i, k) = o(k)$ かどうかを問うた.$O(k)$ を示すことはやさしいことも注意している.

$$\min_n \max_{1 \leq i \leq k} A(n+i, k) > k^c$$

がすべての $c$ と十分大きい $k$ に対してなりたつか? 同じ条件の下で次がなりたつか?

$$\sum_{i=1}^{k} \frac{1}{A(n+i,k)} > c \ln k.$$

## F17　リーマン $\zeta$-関数に関連した級数

アルフ・ファン・デア・ポーテンは,

$$\zeta(4) \left[ = \sum_{n=1}^{\infty} \frac{1}{n^4} = \frac{\pi^4}{90} \right] = \frac{36}{17} \sum_{n=1}^{\infty} \frac{1}{n^4 \binom{2n}{n}}$$

の証明を問題として提出した．それ以前に自身を含む数人によって,

$$\frac{1}{2} \sum_{n=1}^{\infty} \frac{1}{n^4 \binom{2n}{n}} = \int_0^{\frac{\pi}{3}} \theta \left( \ln 2 \sin \frac{\theta}{2} \right)^2 d\theta = \frac{17\pi^4}{6480}$$

が示されていた．

以下の等式も知られている．

$$\sum_{n=1}^{\infty} \frac{1}{\binom{2n}{n}} = \frac{2\pi\sqrt{3}+9}{27}, \qquad \sum_{n=1}^{\infty} \frac{1}{n\binom{2n}{n}} = \frac{\pi\sqrt{3}}{9},$$

$$\zeta(2) \left[ = \sum_{n=1}^{\infty} \frac{1}{n^2} = \frac{\pi^2}{6} \right] = 3 \sum_{n=1}^{\infty} \frac{1}{n^2 \binom{2n}{n}},$$

$$2(\sin^{-1} x)^2 = \sum_{n=1}^{\infty} \frac{(2x)^{2n}}{n^2 \binom{2n}{n}}, \zeta(3) \left[ = \sum_{n=1}^{\infty} \frac{1}{n^3} \right] = \frac{5}{2} \sum_{n=1}^{\infty} \frac{(-1)^{n-1}}{n^3 \binom{2n}{n}}.$$

ゴスパーの発見した著しい等式として

$$\sum_{k \geq 1} \frac{30k-11}{4(2k-1)k^3 \binom{2k}{k}^2} = \zeta(3), \qquad \sum_{n \geq 1} \frac{2^{-n}}{1+x^{2^{-n}}} = \frac{1}{\ln x} + \frac{1}{1-x}$$

がある.

ユン・キットミンは，アペリイ数

$$\sum_{k=0}^{n} \binom{n}{k}^2 \binom{n+k}{k}$$

の合同式を証明したが，それらは (コスター-) ヴァン・ハームが予測 (一般化) していたものであった．

アルーシェは，ラドゥーの命題の一部に誤謬があることを注意している．

Jean-Paul Allouche, A remark on Apéry's numbers, *J. Comput. Appl. Math.*, **83**(1997) 123–125; *MR* **98m**:11007.

Tewodros Amdeberhan & Doron Zeilberger, q-Apéry irrationality proofs by q-WZ pairs, *Adv. in Appl. Math.*, **20**(1998) 275–283; *MR* **99d**:11074.

David H. Bailey, Jonathan Borwein & Roland Girgensohn, Experimental evaluation of Euler sums, *Experimental Math.*, **3**(1994) 17–30; *MR* **96e**:11168.

David H. Bailey, Jonathan Borwein & Roland Girgensohn, Explicit evaluation of Euler sums, *Proc. Edinburgh Math. Soc.*, **38**(1995) 277–294; *MR* **96f**:11106.

David Borwein & Jonathan M. Borwein, On an intriguing integral and some series related to $\zeta(4)$, *Proc. Amer. Math. Soc.*, **123**(1995) 1191–1198; *MR* **95e**: 11137.

Jonathan Borwein & David Bradley, Empirically determined Apéry-like formulae for $\zeta(4n+3)$, *Experiment. Math.*, **6**(1997) 181–194; *MR* **98m**:11142.

Louis Comtet, *Advanced Combinatorics*, D. Reidel, Dordrecht, 1974, p. 89.

M. J. Coster & L. Van Hamme, *J. Number Theory*, **38**(1991) 265–286; *MR* **92h**:11049.

R. E. Crandall & J. P. Buhler, On the evaluation of Euler sums, *Experimental Math.*, **3**(1994) 275–285; *MR* **96e**:11113.

John A. Ewell, A new series representation for $\zeta(3)$, *Amer. Math. Monthly*, **97**(1990) 219–220; *MR* **91d**:11103.

Ira Gessel, *J. Number Theory*, **14**(1982) 362–368; *MR* **83i**:10012.

R. William Gosper, Strip mining in the abandoned orefields of nineteenth century mathematics, *Computers in Mathematics* (Stanford CA, 1986), *Lecture Notes in Pure and Appl. Math.*, Dekker, New York, **125**(1990) 261–284; *MR* **91h**:11154.

Nobishige Kurokawa & Masato Wakayama, On $\zeta(3)$, *J. Ramanujan Math. Soc.*, **16**(2001) 205–214; *MR* **2002i**:11083.

Leonard Levin, *Polylogarithms and Associated Functions*, North-Holland, 1981 [§7.62, and foreword by van der Poorten].

Christian Radoux, *C.R. Acad. Sci. Paris Sér. A-B*, **291**(1980) A567–A569; *MR* **82g**:10031.

Christian Radoux, Some arithmetical properties of Apéry numbers, *J. Comput. Appl. Math.*, **64**(1995) 11–19; *MR* **97c**:11005.

Tanguy Rivoal, Irrationalité d'au moins un des neuf nombres $\zeta(5), \zeta(7), \ldots, \zeta(21)$, *Acta Arith.*, **103**(2002) 157–167; *MR* **2003b**:11068.

Alfred van der Poorten, A proof that Euler missed ... Apery's proof of the irrationality of $\zeta(3)$, *Math. Intelligencer*, **1**(1979) 195–203; *MR* **80i**:10054.

Alfred J. van de Poorten, Some wonderful formulas ... an introduction to polylogarithms, *Proc. Number Theory Conf.*, Queen's Univ., Kingston, 1979, 269–286; *MR* **80i**:10054.

L. Van Hamme, *Proc. Conf. p-adic analysis (Houthalen, 1987)*, Vrije Univ. Brussel, Brussels, 1986, 189–195; *MR* **89b**:11007.

Yeung Kit-Ming, On congruence for Apéry numbers, *Southeast Asian Bull. Math.*, **20**(1996) 103–110; *MR* **97a**:11010.

Wadim Zudilin, One of the numbers $\zeta(5), \zeta(7), \zeta(9), \zeta(11)$ is irrational, *Uspekhi Mat. Nauk*, **56**(2001) 149–150; *MR* **2002g**:11098.

V. V. Zudilin, One of the eight numbers $\zeta(5), \zeta(7), \ldots, \zeta(17), \zeta(19)$ is irrational, *Mat. Zametki*, **70**(2001) 472–476; *MR* **2002m**:11067.

## F18 数の有限集合の和・積集合の大きさ

(必ずしも整数とは限らない) $n$ 個の数 $a_1, a_2, \ldots, a_n$ が与えられたとき,対の和・積の集合はどのくらいの位数か?

$$|\{a_i + a_j\} \cup \{a_i a_j\}| > n^{2-\epsilon} \quad ?$$

エルデーシュ-セメレディは,位数が $n^{1+c_1}$ より大で, $n^2 \exp(-c_2 \ln n / \ln \ln n)$ より小であることを証明した. $A+A$ の位数は小であることもある,たとえば, $A = \{1, 2, \ldots, n\}$

のとき.同様に,$A = \{1, 2, \ldots, 2^{n-1}\}$ のとき,$A \cdot A$ の位数は小である.しかし,これらが同時に小ではないという予想がある.

エルデーシュは,位数が $n^{2-\epsilon}$ より大であるという命題の証明・反証に 100 ドル,より精密な限界に 250 ドルの賞金を提供している.

ネイサンソン-テネンバウムは,和の個数が小である特別の場合に予想を証明した.ネイサンソンは,$|(A+A) \cup (A \cdot A)| \geq n^{\frac{32}{31}}$ も証明している.

チャン・メイ・チューは,$|A \cdot A| < cn$ のとき,$h$-重和 $hA$ の位数が少なくとも $c_h n^h$ であることを示した.チャンとブルゲインとの共著論文およびブルゲイン-コニャーギン論文参照.

ソリモシは,$|A+A|$ または $|A \cdot A|$ が少なくとも $n^{14/11}$ であることを示した.

Jean Bourgain & Chang Mei-Chu, On multiple sum and product sets of finite sets of integers, *C. R. Math. Acad. Sci. Paris*, **337**(2003) 499–503.

Jean Bourgain & S. V. Konyagin, Estimates for the number of sums and products and for exponential sums over subgroups in fields of prime order, *C. R. Math. Acad. Sci. Paris*, **337**(2003) 75–80.

Chang Mei-Chu, New results on the Erdős-Szemerédi sum-product problems, *C. R. Math. Acad. Sci. Paris*, **336**(2003) 201–205; *MR* **2004a**:11015.

Chang Mei-Chu, The Erdős-Szemerédi problem on sum set and product set, *Ann. of Math.*(2), **157**(2003) 939–957; *MR* **2004c**:11026.

P. Erdős, Some recent problems and results in graph theory, combinatorics and number theory, *Congress. Numer.*, **17** Proc. 7th S.E. Conf. Combin. Graph Theory, Comput., Boca Raton, 1976, 3–14 (esp. p. 11).

P. Erdős & E. Szemerédi, On sums and products of integers, *Studies in Pure Mathematics*, Birkhäuser, 1983, pp. 213–218; *MR* **86m**:11011.

Jia Xing-De & Melvyn B. Nathanson, Finite graphs and the number of sums and products, *Number Theory (New York, 1991–1995)* 211–219, Springer, New York, 1996.

Melvyn B. Nathanson, On sums and products of integers, *Proc. Amer. Math. Soc.*, **125**(1997) 9–16; *MR* **97c**:11010.

Melvyn B. Nathanson & G. Tenenbaum, Inverse theorems and the number of sums and products, Structure theory of set addition, *Astérisque* No. **258**(1999) xiii, 195–204; *MR* **2000h**:11110.

J. Solymosi, On the number of sums and products, *Bull. London Math. Soc.*, (to appear)

## F19 最大積の異なる素数への分割

本書初版で,大きい整数 $n$ に対し,$n = a+b+c, 0 < a < b < c$ をあらゆる可能な表示とするとき,すべての積 $abc$ が異なるかという問題を述べたところ,**D16** が否定的解を与えることを指摘した.ケリー論文も参照.ベルナルド・レカマンは,逆問題の成立可能性を示唆した.すなわち,十分大のすべての $n$ を $n = a+b+c$ の可能なすべての形に表すとき,積 $abc$ のうち 2 個が「常に」等しい.積のところを l.c.m. を最大にするという形にした類似問題は,ドラゴがアルゴリズム的に研究している.

J. リデル-H. テイラーは,$n$ の「異なる素数」への分割のうち,最大「積」のものは,

最大「個数」の分割でなければならないかどうかを問うたが，セルフリッジが次の反例をあげた．
$$319 = 2+3+5+7+11+13+17+23+29+31+37+41+47+53$$
$$= 3+5+11+13+17+19+23+29+31+37+41+43+47.$$
しかし，より少ない個数の分割中に最大積のものが現れる．セルフリッジの例は最小反例か？ ジャド・マクラニーがそれを確認した：

| $n$ | | 分割 | 積の対数 |
|---|---|---|---|
| 319 | 13 | 3+5+11+13+17+19+23+29+31+37+41+43+47 | 38.321162101737697 |
| | 14 | 2+3+5+7+11+13+17+23+29+31+37+41+47+53 | 38.224872250045075 |
| 372 | 14 | 3+5+11+13+17+19+23+29+31+37+41+43+47+53 | 42.291454015289819 |
| | 15 | 2+3+5+7+11+13+19+23+29+31+37+41+43+47+61 | 42.237879951470051 |
| 492 | 16 | 3+5+11+13+17+19+23+29+31+37+41+43+47+53+59+61 | 50.479865323368850 |
| | 17 | 2+3+5+7+11+13+19+23+29+31+37+41+43+47+53+61+67 | 50.412864484413139 |
| 666 | | $n \leq 666$ の範囲で他になし | |

最大積・最大個数の 2 集合の位数の差は，任意に大きいか？

Antonino Drago, Rules to find the partition of $n$ with maximum l.c.m., *Atti Sem. Mat. Fis. Univ. Modena*, **16**(1967) 286–298; *MR* **37** #180.

J. B. Kelly, Partitions with equal products, *Proc. Amer. Math. Soc.*, **15**(1964) 987–990; *MR* **29** #5803; II. **107**(1989) 887–893; *MR* **90e**:11148.

**OEIS:** A053020.

## F20 連 分 数

任意の実数 $x$ を連分数
$$x = a_0 + \cfrac{b_1}{a_1 + \cfrac{b_2}{a_2 + \cfrac{b_3}{a_3 + \cdots}}}$$
の形に表すことができる．タイピストへの配慮から (?)，連分数はしばしば
$$x = a_0 + \frac{b_1}{a_1+} \frac{b_2}{a_2+} \frac{b_3}{a_3+} \cdots$$
の形で表示する．分子 $b_i$ がすべて 1 の連分数は**単純連分数**とよばれ，
$$x = [a_0; a_1, a_2, a_3, \cdots]$$
と表される．連分数は有限のことも無限に続くこともあるが，$x$ が有理数なら有限になり，この場合 2 通りの表示がある．その 1 つは，最後の部分商，$a_k$ が 1 となる：
$$\tfrac{7}{16} = [0; 2, 3, 2] = [0; 2, 3, 1, 1]$$
ザレンバは，任意に与えられた整数 $m > 1$ に対し，$0 < a < m, a \perp m$ をみたす整数 $a$ が存在して，$a/m$ に対する単純連分数 $[0; a_1, \cdots, a_k]$ が，$1 \leq i \leq k$ の下で，$a_i \leq B$ をみたす—$B$ は小さい絶対定数 (たとえば $B = 5$)—なることを予想した．ザレンバ自身の結果は $a_i \leq C \ln m$ である．

T. W. Cusick, Zaremba's conjecture and sums of the divisor function, *Math. Comput.*, **61**(1993) 171–176; *MR* **93k**:11063.

S. K. Zaremba, La méthode des "bos treillis" pour le calcul des intégrales multiples, in *Applications of Number Theory to Numerical Analysis* (*Proc. Symp. Univ. Montréal*, 1971) Academic Press, 1972, 93–119 esp. 69 & 76; *MR* **49** #8271.

## F21 部分商がすべて 1 または 2 の連分数

すべての整数 $n$ が 2 個の正整数の和 $n = a+b$ の形に表されるわけではないから，$a/b$ の連分数の部分商がすべて 1 または 2 となるわけではない．11, 17, 19 に対し，
$$\tfrac{4}{7} = [0; 1, 1, 2, 1], \quad \tfrac{5}{12} = [0; 2, 2, 2], \quad \tfrac{7}{12} = [0; 1, 1, 2, 2]$$
であるが，23 はこのように表示できない．にもかかわらず，レオ・モーザーは，すべての $n$ が部分商の「和」$\sum a_i < c \ln n$ の形に表されるような定数 $c$ が存在するであろうと予想している．

ボフスラヴ・ディヴィシュは，任意の実 2 次体において，その単純連分数展開のすべての部分商が 1 または 2 であるような無理数が存在することを証明する問題を提出した．さらに発展問題として，1 または 2 のところを異なる整数の任意の対におきかえた問題も問うている．

## F22 非有界部分商をもつ代数的数

次数が 2 より大の代数的数で，単純連分数展開が，非有界部分商をもつようなものが存在するか？ そのような数は「すべて」非有界部分商をもつか？ $y = 1/(1+y)$ のとき，ウーラムは，とくに $\xi = 1/(\xi + y)$ の場合を問題とした．

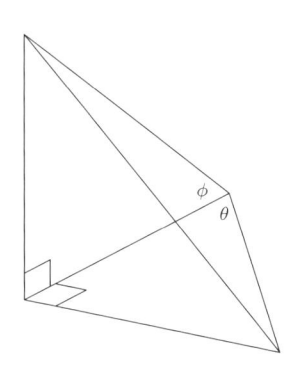

図 **18** 直四面体

リトルウッドは，$\theta$ が有界な部分商 $a_n$ をもつ部分分数に展開されるとき，$\liminf n|\sin n\theta| \leq A(\theta)$ がなりたつことに注意した．ここで，$A(\theta)$ は (ほとんどすべての $\theta$ に対して 0 であるが) 0 でない．さらにほとんどすべての実数 $\theta$, $\phi$ に対してなりたつ $\liminf n|\sin n\theta \sin n\phi| = 0$ がすべての実数 $\theta$, $\phi$ に対してもなりたつかどうかを問うている．キャッセルス-スウィンナートン・ダイヤーは双対問題を扱い，偶発的に $\theta = 2^{1/3}$, $\phi = 4^{1/3}$ が反例を「与えない」ことを示した．ダヴェンポートは，コンピュータを援用すれば，「すべての」 $\theta, \phi$ に対し—たとえば $\epsilon = \frac{1}{10}$ または $\frac{1}{50}$ のとき—，不等式 $|(x\theta - y)(x\phi - z)| < \epsilon$ が解をもつことを証明できるではないかと示唆した．

J. W. S. Cassels & H. P. F. Swinnerton-Dyer, On the product of three homogeneous linear forms and indefinite ternary quadratic forms, *Philos. Trans. Roy. Soc. London Ser. A*, **248**(1955) 73–96; *MR* **17**, 14.

Harold Davenport, Note on irregularities of distribution, *Mathematika*, **3** (1956) 131–135; *MR* **19**, 19.

John E. Littlewood, *Some Problems in Real and Complex Analysis*, Heath, Lexington MA, 1968, 19–20, Problems 5, 6.

### F23  2ベキおよび3ベキの僅差

**F22** で言及したリトルウッド書中問題 1 は，$2^m$ に比して $3^n - 2^m$ がどのくらい小さいかを問うものである．例として

$$\frac{3^{12}}{2^{19}} = 1 + \frac{7153}{524288} \approx 1 + \frac{1}{73}$$

をあげている ($E^\flat$ に対する $D^\sharp$ の比である)．[訳注：ここで「比」をとるのは，完全 5 度 ($\frac{3}{2}$) を (2 のベキを法として) 順に積み上げてできるピタゴラス音階で，$D^\sharp$ の上に (A を経由して) $E^\flat$ を積み上げた区間の長さを求めるためである．F. J. Budden, *The Fascination of Groups*, Cambridge UP, London, 1972, p. 433 参照．また **E18** 参照.]

底 2 の対数 $\log 3$ の連分数展開 (**F20** 参照)

$$1 + \frac{1}{1+} \frac{1}{1+} \frac{1}{2+} \frac{1}{2+} \frac{1}{3+} \frac{1}{1+} \cdots$$

の最初の数項が

$$\frac{1}{1}, \frac{2}{1}, \frac{3}{2}, \frac{8}{5}, \frac{19}{12}, \frac{65}{41}, \frac{84}{53}, \cdots$$

であることから，ヴィクター・ミーリーは，オクターヴが都合よく 12, 41, 53 区間に分割され，53 音階の平均律系は，ニコラウス・メルカトール (1620–1687; メルカトール図法で有名なゲルハルドス・メルカトール，1512–1594 ではない) によるものであることに注意している．[訳注：この項および上述 $E^\flat$ 云々に関しては，コクセターの論文を参照するとよい．H. M. S. Coxeter, Music and mathematics, *Math. Teacher*, March (1968), 312-320．p. 318 には，分数 $\frac{7}{12}$ に関してバッハの平均律クラヴィーアにも言

及している．さらにメルカトールの 53 音階は，上述ミーリーよりはるかにさかのぼり，ピタゴラス音階の全音，半音の分類から生じたとするバルボアの論文も引用している．J. M. Barbour, Music and ternary continued fractions, *Amer. Math. Monthly*, 55 (1948), 545-555.]

ゲリフォンド–ベイカー法を用いてエリソンは，$x > 27$ に対し
$$|2^x - 3^y| > 2^x e^{-x/10}$$
を示し，タイデマンは同じ方法でさらに，$|2^x - 3^y| > 2^x/x^c$ をみたす数 $c \geq 1$ が存在することを証明した．

クロフトは，$n! - 2^m$ に関して対応する問題を提起した．2ベキによる $n!$ の最良近似の最初の数項は

| 5! | 20! | 22! | 24! | 61! | 63! | 90! |
|---|---|---|---|---|---|---|
| $2^7$ | $2^{61}$ | $2^{70}$ | $2^{79}$ | $2^{278}$ | $2^{290}$ | $2^{459}$ |
| $-1.34$ | $+0.13$ | $-0.10$ | $+0.046$ | $+0.023$ | $-0.0017$ | $-0.0007$ |

である．ここで 3 段目は，指数の誤差パーセントを表す．

ベン・ド・ヴェーガーは，自身の学位論文付随の"シュテリンゲン–Stellingen"において素数 $p_1, \ldots, p_t$ が与えられたとき，$n! \neq p_1^{k_1} \cdots p_t^{k_t}$ なるすべての $n, k_1, \ldots, k_t$ に対し，
$$\left| n! - p_1^{k_1} \cdots p_t^{k_t} \right| > \exp(Cn/\ln n)$$
がなりたつような $p_i$ のみに依存する計算可能な定数 $C$ が存在することに注意した．右辺が $\exp(C'n\ln n)$ でおきかえられるであろうという予想を支持する実験的データが存在する．定まった $m$ の値に対し，ド・ヴェーガーの学位論文の方法により，$n! - p_1^{k_1} \cdots p_t^{k_t} = m$ のすべての解が求まる．

エルデーシュは予想が正しいと考えており，$n! = 2^a \pm 2^b$ となるのは $n = 1, 2, 3, 4, 5$ のときに限ることも注意している．

F. Beukers, Fractional parts of powers of rationals, *Math. Proc. Cambridge Philos. Soc.*, **90**(1981) 13–20; *MR* **83g**:10028.

A. K. Dubitskas, A lower bound on the value of $\|(3/2)^k\|$ (Russian), *Uspekhi Mat. Nauk*, **45**(1990) 153–154; translated in *Russian Math. Surveys*, **45**(1990) 163–164; *MR* **91k**:11058.

W. J. Ellison, Recipes for solving diophantine problems by Baker's method, *Sém. Théorie Nombres*, 1970–71, Exp. No. 11, C.N.R.S. Talence, 1971; *MR* **52** #10591; and see *Publ. Math. Univ. Bordeaux Année I* (1972/73) no. 1, Exp. no. 3, 10 pp; *MR* **53** #5486

Maurice Mignotte, Sur les entiers qui s'écrivent simplement en différentes bases, *Europ. J. Combin.*, **9**(1988) 307–316; *MR* **90g**:11015.

R. Tijdeman, On integers with many small prime factors, *Compositio Math.*, **26** (1973) 319–330; *MR* **48** #3896.

| F24 | いくつかの 10 進ディジタル問題 |

一松信は，$10^{2n}$, $4 \cdot 10^{2n}$, $9 \cdot 10^{2n}$ を除き，$38^2 = 1444$, $88^2 = 7744$, $109^2 = 11881$, $173^2 = 29929$, $212^2 = 44944$, $235^2 = 55225$, $3114^2 = 9696996$ のように，異なる 10 進ディジットが 2 個のみである平方数が有限個しか存在しないことの証明または反証を問題にした．

ピエール・バルヌインは 1996 年 8 月 30 日付けの手紙で，以下の範囲の 3 個以上異なるディジットをもつ数をリストアップした：

$n$  12  15  21  22  26  38  88  109  173  212  235  264  3114    81619
$n^2$ 144 225 441 484 676 1444 7744 11881 29929 44944 55225 69696 9696996 6661661161

ウー・ウェイ・チャオがマンスリーに投稿したディジット問題は次の通り：$2^n$ の 10 進ディジットの和は，$5^n$ のそれの和以下である—等号は $n = 3$ のときになりたつ—を証明せよ．

$2^n$ の 10 進表示は $n = 0, 1, 2, 3, 4, 5, 6, 7, 8, 9, 13, 14, 15, 16, 18, 19, 24, 25, 27, 28, 31, 32, 33, 34, 35, 36, 37, 39, 49, 51, 67, 72, 76, 77, 81, 86$ に対して 0 ディジットを含まない．これで完結しているかどうかわかるだろうか？　ダニエル・ホウイは $n \le 2500000000$ の範囲に他にないことを確認した．

ビル・ゴスパーは，0 ディジットを含まない $n$ のベキを求めよという問題を出した．ディーン・ヒッカーソンは，$n \equiv 2 \pmod 3$ かつ $n > 2$ のとき，$N = \frac{1}{3}(2 \cdot 10^{5n} - 10^{4n} + 17 \cdot 10^{3n-1} + 10^{2n} + 10^n - 2)$ の 3 乗は，0 ディジットを含まないことを注意した．たとえば，$66666333339000033333666666^3 = 296291851949629281489792 5 \star 1381659676321114877699482359246148182963185 1896296$ である．

24779 の例のように，ある数のディジットの列が単調のとき，その数を仕分けずみとよぶ．ジョン・ギルフォード-ジョン・ハミルトンは，"$b-1$ が平方数で割れる" ことと "$n$ および $n^2$ 両方の $b$-進ディジットが仕分けずみであるような $n$ が無限個存在する" の同値性を証明した．ゆえに，とくに，底 10 は無限個の解をもつ．実際ハミルトンは，$b-1$ が $m$ 乗数で割れるとき，底 $b$ に関して $n, n^2, n^3, \ldots, n^m$ がすべて仕分けずみであるような $n$ を無限個見出している．

**F31** および **F32** も参照のこと．

Don Coppersmith, Ratios of zerofree balanced ternary integers, Report RC 21131, 03/13/1998; IBM T.J. Watson Research Center, Yorktown Heights NY.

**OEIS:** A016069-016070, A018884-018885, A057659.

## F25 整数のパーシステンス (耐久性)

数列 679, 378, 168, 48, 32, 6 において，各項は前項の (10 進) ディジット (0 を含む) の積である．整数列をこのように構成していくとき，1桁になるまでのステップの数 (例の場合5) をネイル・スローンは，初項の整数のパーシステンス (耐久性) と名づけた．パーシステンス $1, 2, \ldots, 11$ の最小数は 10, 25, 39, 77, 679, 6788, 68889, 2677889, 26888999, 3778888999, 277777788888899 である．パーシステンス $> 1$ の整数は $10^{50}$ 以下には存在しない．スローンはどの整数のパーシステンスもそれ以下であるような数 $d$ が存在すると予想している．

2進展開では，最大のパーシステンスは1である．3進展開の第2項は，0または2のベキである．$2^{15}$ より大のすべての2のベキは，3進展開すると0を含むことが予想されている．予想は $2^{500}$ まで正しく，予想が正しければ，3進展開の最大パーシステンスは3となる．

スローンは，一般に，$b$ 進展開のパーシステンスが $d(b)$ を超えないような数 $d(b)$ が存在すると予想した．

エルデーシュは，問題を少し変形して，$n$ の10進展開の「0でない」ディジットの積 $f(n)$ を考え，どのくらい早く1桁の数に至るか，また，1桁の数への降下が最も緩慢な数は何かを問うた．エルデーシュによれば，$f(n) < n^{1-c}$ を証明するのは容易で，したがって，たかだか $c \ln \ln n$ のステップが必要であることになる．

N. J. A. Sloane, The persistence of a number, *J. Recreational Math.*, **6**(1973) 97–98.

## F26 1のみを用いて数を表す

1の間に $+$, $\times$ の演算記号 (および括弧) を任意個用いて $n$ を表すのに必要な1の最小個数を $f(n)$ とする．たとえば，
$$80 = (1+1+1+1+1) \times (1+1+1+1) \times (1+1+1+1)$$
であるから，$f(80) \le 13$ となる．$f(3^k) = 3k$ および $3\log_3 n \le f(n) \le 5\log_3 n$ が示せる．ここで，対数は，底3に関するものである．$f(n) \sim 3\log_3 n$ であるか？

ダニエル・ローズソーンは，$n$ が $3^{10}$ を超えない $2^a 3^b$ の形の数のとき，$f(n) = 2a + 3b$ を示した．$n$ がこの形でさらに大の場合にもこの式がなりたつか？

$p$ が素数のとき常に $f(p) = 1 + f(p-1)$ がなりたつか？ また $f(2p) = \min\{2 + f(p), 1 + f(2p-1)\}$ であるか？

ドン・コパースミスは，$f(n)$ が上界 $3\log_2(n)$ をもつことを注意している．これは別の上界 $5\log_3(n)$ よりわずかに小である．前者は2項表現に関するホーナーの法則から，後者は3項表現に関する同法則から生ずる．ジェフリー・ラガリアスによると，シュー

ブ-スメイル問題は，1と加法，乗法のみを用いて $m$ を表すのに要する最小のステップ数を $f_w(m)$，同様に，1と $-1$ および加法，減法，乗法を用いて $m$ を表すのに要する最小のステップ数を $f_s(m)$ とするとき，各 $k \geq 1$ に対し，$f_s(n!) \gg_k (\ln n)^k$ なるという予想 A および，$f_w(n!)$ に対して同様の評価がなりたつという予想 B の形で述べられる．予想 A は，ブラム-シューブ-スメイル実数計算モデルにおける P≠NP 問題に帰する．

J. H. Conway & M. J. T. Guy, π in four 4's, *Eureka*, **25**(1962) 18–19.

Richard K. Guy, Some suspiciously simple sequences, *Amer. Math. Monthly*, **93**(1986) 186–190; and see **94**(1987) 965 & **96**(1989) 905.

K. Mahler & J. Popken, On a maximum problem in arithmetic (Dutch), *Nieuw Arch. Wiskunde*, (3) **1**(1953) 1–15; *MR* **14**, 852e.

Daniel A. Rawsthorne, How many 1's are needed? *Fibonacci Quart.*, **27**(1989) 14–17; *MR* **90b**:11008.

**OEIS:** A003037, A005245, A005520, A025280.

## F27 マーラーによるファーレイ分数の一般化

位数 $n$ のファーレイ分数は，分母分子が $n$ 以下の正の既約 (真) 分数を大きさの順に並べたものである．たとえば，位数 5 のファーレイ分数は，

$$\frac{1}{5} \quad \frac{1}{4} \quad \frac{1}{3} \quad \frac{2}{5} \quad \frac{1}{2} \quad \frac{3}{5} \quad \frac{2}{3} \quad \frac{3}{4} \quad \frac{4}{5} \quad \frac{1}{1}$$

$$\frac{5}{4} \quad \frac{4}{3} \quad \frac{3}{2} \quad \frac{5}{3} \quad \frac{2}{1} \quad \frac{5}{2} \quad \frac{3}{1} \quad \frac{4}{1} \quad \frac{5}{1}$$

である．

連続する 2 個の分数の分母分子からなる行列式の値は，$-1$ である．マーラーは，ファーレイ分数の各項を係数が g.c.d. 1 で $n$ を超えない 1 次方程式の正の実根とみなして，次のように 2 次方程式へと明快に一般化した．

表 10 位数 3 の一般ファーレイ分数の一部

| $a$ | $b$ | $c$ | 根 | 行列式 |
|---|---|---|---|---|
| 0 | 1 | $-1$ | 1 | |
| 3 | $-1$ | $-3$ | $(1+\sqrt{37})/6$ | 0 |
| 3 | $-2$ | $-2$ | $(1+\sqrt{7})/3$ | 1 |
| 2 | 0 | $-3$ | $\sqrt{6}/2$ | $-1$ |
| 3 | $-3$ | $-1$ | $(3+\sqrt{21})/6$ | 1 |
| 2 | $-1$ | $-2$ | $(1+\sqrt{17})/4$ | 0 |
| 1 | 1 | $-3$ | $(\sqrt{13}-1)/2$ | $-1$ |
| 2 | $-2$ | $-1$ | $(1+\sqrt{3})/2$ | 1 |
| 3 | $-2$ | $-3$ | $(1+\sqrt{10})/3$ | 0 |
| 1 | 0 | $-2$ | $\sqrt{2}$ | $-1$ |
| 3 | $-3$ | $-2$ | $(3+\sqrt{33})/6$ | 1 |
| 0 | 2 | $-3$ | $3/2$ | |

正の実根をもつ 2 次方程式
$$ax^2 + bx + c = 0, \ a \geq 0, \ (a,b,c) = 1, \ b^2 \geq 4ac, \ \max\{a, |b|, |c|\} \leq n$$
の係数 $(a,b,c)$ を根の大きさ順に並べ，表をつくるとき，$a, b, c$ の値の連続する 3 行からなる 3 次の行列式は常に 0 または $\pm 1$ という値をとるように見える．本書初版の表 10 では，$n = 2$ のとき 1 行が $(0,1,0)$，3 行が $(0,0,1)$ として例を与えていた．これらはそれぞれ，根が 0 および $\infty$ の場合に対応し，ファーレイ分数の場合の初項 $\frac{0}{1}$，末項 $\frac{1}{0}$ に対応すると考えられる．また，セルフリッジの提案も採用し，自明な場合を除くために有理根は二重根としていた．表 10 は，$n = 3$ の一般ファーレイ分数表の抜粋である．各行の末項は，その行と直近の行からなる行列式の値である．

上記 0 – 1 予想は，$n \leq 5$ まで検証されたが，キャンベラのランバータス・ヘスターマンが $n = 7$ の場合の反例を与えた; たとえば

| $a$ | $b$ | $c$ | 根 | 行列式 |
|---|---|---|---|---|
| 2 | $-7$ | $-7$ | $(7+\sqrt{105})/4$ | |
| 1 | $-3$ | $-6$ | $(3+\sqrt{33})/2$ | $-2$ |
| 1 | $-6$ | 7 | $3+\sqrt{2}$ | |

である．この予想をモディファイして救うことができるか？　それともこれも少数の強法則の例にすぎないのか？　ルイス・ロウは，行列式の絶対値は $n$ 以下であることを証明した．この限界を大幅に改良できるか？

3 次方程式に付随する 4 次の行列式に関して何がいえるか？

H. Brown & K. Mahler, A generalization of Farey sequences: some exploration via the computer, *J. Number Theory*, **3**(1971) 364–370; *MR* **44** #3959.

Lewis Low, Some lattice point problems, PhD thesis, Univ. of Adelaide, 1979; *Bull. Austral. Math. Soc.*, **21**(1980) 303–305.

Kurt Mahler, Some suggestions for further research, Res. Report No. 20, 1983, Math. Sci. Res. Centre, Austral. Nat. Univ.

## F28　値 1 の行列式

3 次の行列式
$$\begin{vmatrix} a_1 & a_2 & a_3 \\ a_4 & a_5 & a_6 \\ a_7 & a_8 & a_9 \end{vmatrix}$$
は $a_1(a_5 a_9 - a_6 a_8) - a_2(a_4 a_9 - a_6 a_7) + a_3(a_4 a_8 - a_5 a_7)$ と定義できる．

どれも $0, \pm 1$ でない整数 $a_1, a_2, \ldots, a_9$
$$\begin{vmatrix} a_1 & a_2 & a_3 \\ a_4 & a_5 & a_6 \\ a_7 & a_8 & a_9 \end{vmatrix} = 1 = \begin{vmatrix} a_1^2 & a_2^2 & a_3^2 \\ a_4^2 & a_5^2 & a_6^2 \\ a_7^2 & a_8^2 & a_9^2 \end{vmatrix}$$

をみたすものを求めよ.

本書初版では，この問題はバージル・ゴードンによるとしていたが，$a_i \neq \pm 1$ のみを要求し，行列式の次数を 3 に制限しない形でモルナーが既に問うていたことが判明した．ヒルトンによって，位相幾何的意味が指摘された．モリス・ニューマン，ピーター・モンゴメリー，ハリー・アップルゲイト，フランシス・コグラン，ケネス・ラウが解を寄せた．そのうちのいくつかは次数が 3 より大のものであり，パラメータ解の族を含むものもあり，たとえば，

$$\begin{vmatrix} -8n^2 - 8n & 2n+1 & 4n \\ -4n^2 - 4n & n+1 & 2n+1 \\ -4n^2 - 4n - 1 & n & 2n-1 \end{vmatrix}$$

がある.

リチャード・マッキントッシュは，フィボナッチ数を高濃度で含む例を与えた:

$$\begin{vmatrix} 1167 & 2 & 5 \\ 1698 & 3 & 8 \\ 2866 & 5 & 13 \end{vmatrix} \quad \begin{vmatrix} 610 & 5 & 13 \\ 1054 & 8 & 21 \\ 1665 & 13 & 34 \end{vmatrix}$$

ルドルフ・ヴィテクは，整数 $> 1$ に局限して 1987 年の暮にコンピュータを用いて

$$\begin{vmatrix} 2 & 3 & 2 \\ 4 & 2 & 3 \\ 9 & 6 & 7 \end{vmatrix} \quad \begin{vmatrix} 2 & 3 & 5 \\ 3 & 2 & 3 \\ 9 & 5 & 7 \end{vmatrix} \quad \begin{vmatrix} 2 & 3 & 6 \\ 3 & 2 & 3 \\ 17 & 11 & 16 \end{vmatrix} \quad \begin{vmatrix} 5 & 7 & 6 \\ 6 & 4 & 7 \\ 17 & 16 & 20 \end{vmatrix} \quad \begin{vmatrix} 8 & 7 & 8 \\ 12 & 11 & 7 \\ 17 & 15 & 16 \end{vmatrix} \quad \begin{vmatrix} 10 & 7 & 12 \\ 4 & 2 & 7 \\ 17 & 12 & 20 \end{vmatrix}$$

を発見した．そのうち 2 番目のものはケネス・ラウが既に見出していたものである．その他は新発見で，パラメータ解の特殊な場合ではないものである．解の個数は，当初考えられていたよりはるかに多いようである．

ダネスクー-バジャイトゥー-ザハレスクーは与えられた $k$ に対し，成分がすべて $\geq k$ の任意次数の行列式に対してモルナー問題を解決した．

モルナー問題を 3 次の場合に拡張できるか？

Alexandru Dǎnescu, Viorel Vâjâitu & Alexandru Zaharescu, Unimodular matrices whose entries are squares of those of a unimodular matrix, *Rev. Roumaine Math. Pures Appl.*, **46**(2001) 419–430; *MR* **2003d**:15020.

P. J. Hilton, On the Grothendieck group of compact polyhedra, *Fundamenta Math.*, **61**(1967) 199–214; *MR* **37** #3557.

P. J. Hilton, General Cohomology Theory & K-Theory, *L.M.S. Lecture Notes*, **1**, Cambridge University Press, 1971, p. 58.

E. A. Molnar, Relation between wedge cancellation and localization for complexes with two cells, *J. Pure Appl. Alg.*, **3**(1973) 141–158; *MR* **47** #5870.

E. A. Molnar, A matrix problem, *Amer. Math. Monthly*, **81**(1974) 383–384; and see **82**(1975) 999–1000; **84**(1977) 809 and **94**(1987) 962.

Sadao Saito, Third-order determinant: E. A. Molnar's problem, *Acta Math. Sci.*, **8**(1988) 29–34; *MR* **89j**:15031.

| F29 | 一方が必ず可解の 2 組合同式 |

素数 $p$ が与えられたとき，すべての整数 $n$ に対し，合同式 $f(x) \equiv n$ および $g(x) \equiv n \bmod p$ のどちらかが可解であるような関数の対 $f(x)$, $g(x)$ を求めよ．自明な例として，奇素数 $p$ に対し $a$ を平方非剰余 (**F5**) とするとき，$f(x) = x^2$, $g(x) = ax^2$ がある．モーデルの与えた自明でない例は，$d$ を $p$ と素な任意の整数，$\bar{z}$ を $z$ の逆元 $z\bar{z} \equiv 1 \bmod p$ とし，$1/z = \bar{z}$ としたとき，$f(x) = 2x + dx^4$, $g(x) = x - 1/4dx^2$ である．

| F30 | その値 2 個の和がすべて異なる多項式 |

**D1** において $a^5 + b^5 = c^5 + d^5$ の非自明解は知られていないことに注意した．実際，ここに現れる多項式 $x^5$ は，次のエルデーシュの提出した未解決問題の解になりそうである: すべての和 $P(a) + P(b)$ $(0 \leq a < b)$ が異なる多項式 $P(x)$ を求めよ．ルージャは，集合
$$\{\lfloor n^5 + \xi n^4 \rfloor\} : n > n_0$$
が適当な定数 $n_0$ に対しシドン集合 (**C9** 参照) になるような数 $\xi$ が存在することを証明した．実際に証明した定理はさらに一般で，指数の 5, 4 をそれぞれ $\alpha$, $\beta$ でおきかえたものである．ここで，$\alpha > 4$ かつ $\beta > 3 + 1/(\alpha - 1)$ である．

I. Z. Rusza, An almost polynomial Sidon sequence, *Studia Sci. Math. Hungar.*, bf38(2001) 367–375; *MR* **2002k**:11030.

| F31 | 種々のディジタル問題 |

ディジット $0, 1, 2, \bar{1}$ $(= -1)$ を用いて整数を 4 進法で表すとき，$0, 1, \bar{1}$ のみを用い，2 を用いないで表される整数全体の集合を $L$ とする．そのとき，任意の奇整数が $L$ の 2 元の商として表されるか？ ロクストン-ファン・デア・ポーテンは，与えられた奇数 $k$ に対し，$m$ および $km$ がともに $L$ に属するような乗数 $m$ が存在することを示した．しかし，彼らの方法は，条件をみたす最小の $m$ をいかに求めるかを示せないという意味でイフェクティヴでない．絶対定数 $C$ が存在して，$|k|^C$ 以下の乗数が常に存在するという状況であるかもしれない．大きな乗数を必要とする例として，$k = 133 = 2011_4$, $m = 333 = 111\bar{1}1_4$ および $k = 501 = 20\bar{1}11_4$, $m = 2739 = 1\bar{1}\bar{1}\bar{1}1\bar{1}1_4$ がある．

ジョン・セフリッジ-カロル・ラカパーニュは，$k \equiv \pm 1 \bmod 3$ なるすべての整数が，3 進法で 1 と $\bar{1}$ のみを用い，0 を用いない表示をもつ数の商の形で表すことができるかどうかを

問うた．数値実験では正しそうであったが，ドン・コパースミスが反例 $k = 247 = 100011_3$ をあげて否定的に解決した．同氏はさらに $m$, $km$ の両方が 3 進法で 1 と $\bar{1}$ のみを用い，0 を用いない表示をもつような $m$ は存在しないと主張している．ディジット 0, 1 のみを用い，2 を用いないとするとき，この形の数の商で表される整数は何か？

**F24** および次節参照．

F. M. Dekking, M. Mendès France & A. J. van der Poorten, Folds! *Math. Intelligencer*, **4**(1982) 130–138, 173–181, 190–195; *MR* **84f**:10016abc.

D. H. Lehmer, K. Mahler & A. J. van der Poorten, Integers with digits 0 and 1, *Math. Comput.*, **46**(1986) 683–689; *MR* **87e**:11017.

J. H. Loxton & A. J. van der Poorten, An awful problem about integers in base four, *Acta Arith.*, **49**(1987) 193–203; *MR* **89m**:11004.

**OEIS:** A068196.

## F32 コンウェイの RATS 回文数

整数にそのディジットを逆に並べた整数を次々に足していくとき，常に回文数が出てくるかどうかは未知である．たとえば，37 + 73 = 110, 110 + 011 = 121 は回文数であるが，196 + 691 = 887, 887 + 788 = 1675, 1675 + 5761 = 7436, 7436 + 6347 = 13783, 13783 + 38731 = 52514, 94039, 187088, 1067869, 10755470, 18211171, ... はどうか？

コンウェイの RATS 問題の名は，'逆順 (Reverse)，加える (Add)，それから (Then) ソートする (Sort)' の頭文字をとったものであり，たとえば次のように操作を行う．16+61=77, 77+77=154, これをソートして 145 とする．145+541=686, ソートして 668, 668+866=1534, 1345+5431=6776, 6677+7766=14443, のように続けていくと，10 回以上で周期 2 の発散パターン 1334434432, 5677667765, 13344334432, 56776667765, ... が現れる．数列中，交互に現れる 3 および 6 の反復回数が逐次増加していく．コンウェイは，どの初項から始めても，このパターンにいきつくかあるいは，たとえば以下のようなサイクルに落ちるかのどちらかであると予想した：

| 初項 | 3 | 29 | 69 | 3999 | 6999 | 27888 |
|---|---|---|---|---|---|---|
| サイクル長 | 8 | 18 | 2 | 2 | 14 | 2 |
| 最小数 | 11 | 1223 | 78 | 11127 | 11144445 | 11667 |

これ以外にも多くの可能なサイクルがあり，カート・マクマレンおよびクーパー-ケネディが数多く発見している．シャタック-クーパーは，50, 99, 148, 962, $18n+1$, $18n+10$ $(2^t-1)^2+1$ を基底とする発散 RATS 列を見出した．ここで，$t$ は素数または底 2 の擬似素数 (**A12**, **F10**) である．底 10 に関する RATS 列はすべてサイクルに落ちるか，以下の数列の支流になるかのいずれかであろうというコンウェイの予想は未解決である：

$$12\,3^m\,4^4, \quad 5^2\,6^m\,7^4, \quad 12\,3^{m+1}\,4^4, \quad 5^2\,6^{m+1}\,7^4, \quad \ldots,$$

(ここで，添え字はディジットの反復回数を表す).
**F24, F31** も参照.

Curtis Cooper & Robert E. Kennedy, Base 10 RATS cycles and arbitrarily long base 10 RATS cycles, *Applications of Fibonacci numbers*, **8** (Rochester NY, 1998) 83–93, Kluwer Acad. Publ., Dordrecht, 1999; *MR* **2000m**:11011.

Richard K. Guy, Conway's RATS and other reversals, *Amer. Math. Monthly*, **96**(1989) 425–428.

V. Prosper & S. Veigneau, On the palindromic reversal process, *Calcolo*, **38**(2001) 129–140; *MR* **20021**:11011.

Steven Shattuck & Curtis Cooper, Divergent RATS sequences, *Fibonacci Quart.*, **39**(2001) 101–106; *MR* **2002b**:11016.

# 著者索引

著者索引には，本文中で言及した著者のうち，文献に論文を引用した人名をまとめた．
本文中で言及したが文献中に論文をあげていない人名は，一般索引を参照．

## A

Aaltonen, M. 232
Aassila, Mohammed 284
Abbott, Harvey L. 76, 173, 186, 192, 219, 300, 308, 311, 313, 337, 356
Abel, Ulrich 58
Abouabdillah, Driss 119
Acland-Hood 356
Acu, Ana-Maria 235
Acu, Dumitru 235
Acu, Mugur 235
Adachi, Norio 236
Adams, William 5, 45, 58
Adena, Michael A. 356
Adhikari, Sukumar Das 325, 357
Adleman, Leonard M. 7
Adongo, Harun P. K. 232
Agarwal, Pankaj K. 326
Agoh, Takashi 12, 19, 30, 58
Agrawal, Manindra 6
Ahlswede, Rudolf F. 121
Ahmadi, M. H. 249
Ahrens, W. 196
Aiello, Walter 165
Ajtai, Miklós 173
Al-Ali, Amal S. 236
Al-Kadhi, Mohammed 286
Alanen, Jack 85, 90
Alaoglu, Leon 76
Albada, P. J. van 250
Alemu, Yismaw 264
Alex, Leo J. 236
Alexander, L. B. 76
Alford, W. Red 50
Alfred, Brother U. 292
Alkan, Emre 127

Alladi Krishnaswami 80, 118
Allenby, Reginald B. J. T. 341
Alles, Peter 350
Allouche, Jean-Paul 320, 328, 377
Almansa, Jesús 58
Almering, J. H. J. 276, 282
Alon, Noga 173, 186, 188, 305, 308, 314, 354
Alperin, Roger C. 281
Alter, Ronald 138, 296
Althoen, Stephen C. 219
Altwegg, M. 279
Amdeberhan, Tewodros 377
Amer, Mahmoud Abdel-Hamid 174
Anderson, David Brent 357
Ando, Shiro 371
André-Jeannin, Richard 45
Andrei, Ștefan 320
Andrews, George E. 199, 339
Anema, A. S. 282
Ang, D. D. 279
Angell, I. O. 12
Anglin, W. S. 219
Ankeny, Nesmith C. 103
Anne, Premchand 250
Ansari, A. R. 58
Anshel, Michael 250
Antoniadis, Jannis A. 292
Applegate, David 320
Archibald, Raymond Clare 19
Arif, S. Akhtar 236
Arnault, François 6, 45, 50
Arno, Steven 45
Arnold, André 328
Arnol'd, V. I. 150
Arshon, S. 328

Artin, Emil 103
Artuhov, M. M. 76, 85
Atanassov, Krassimir T. 144, 219
Atkin, A. Oliver L. 19, 35
Atkinson, M. D. 169
Aull, C. E. 76
Avanesov, È. T. 219
Avidon, Michael R. 76

## B

Baake, M. 328
Babcock, W. C. 179
Bach, Eric 23
Badea, C. 332
Bae, Jaegug 169
Bahig, Hatem M. 165
Baier, Stephan 6
Bailey, David H. 127, 378
Baillie, Robert 50, 116, 136
Baker, Alan 112, 298
Baker, I. N. 164
Baker, K. A. 328
Baker, Roger C. 35, 58, 103, 136, 157
Baker, T. 261
Balakrishnan, U. 146
Balasubramanian, Ramachandran 50, 223, 300, 357, 376
Ball, W. W. Rouse 357
Ballew, David 136
Ballot, Christian 255
Balog, Antal 40, 226
Bang, Thøger 58
Baragar, Arthur 255
Barajas, Alberto 9
Baranov, Valery Ivanov 58
Barbeau, Edward J. 250, 341
Barbette, E. 219

Barja, J. M. 219
Barja Pérez, Javier 264
Barone, Enzo 320
Barrodale, I. 221, 264
Barrucand, Pierre-A. 363
Bastien, L. 296
Bateman, Paul T. 19, 59, 76, 103, 120, 199
Battany, David M. 232
Battiato, Stefan 85
Bauer, Claus 157, 199
Bauer, Friedrich L. 6
Baumert, Leonard D. 177, 312
Baumgartner, James E. 338
Baxa, Christoph 59
Bayat, M. 127
Bays, Carter 23
Bazzanella, Danilo 35
Beach, B. D. 103
Bear, Robert 78
Beardon, Alan F. 345
Beatty, S. 336
Beauregard, Raymond A. 282
Beck, Matthias 167
Beck, Walter E. 76, 88
Bedocchi, E. 59
Beebee, John 373
Beeckmans, Laurent 219, 250
Beeger, N. G. W. H. 45, 50
Beeler, Michael D. 308
Behrend, F. A. 308
Beiler, Albert H. 282
Bell, D. I. 279
Belyi, G. V. 255
Bencze, Mihály 99
Benito, Manuel 90
Benkoski, S. J. 76
Bennett, Michael A. 214, 219, 232, 236, 264, 286, 289
Bentkus, V. 352
Berend, Daniel 118, 127, 290
Berg, Lothar 320
Berge, Claude 196
Bergelson, V. 308
Berger, Marc Aron 371, 373
Bergeron, F. 165
Bergum, Gerald E. 276
Berlekamp, Elwyn Ralph 167, 308, 335, 336
Berman, Paul 196

Bernstein, Daniel J. 209, 320
Bernstein, Leon 230, 250
Berry, Thomas G. 276
Berstel, Jean 165, 328
Bertault, F. 223
Besicovitch, Abram Samoilovitch 279, 303
Best, M. R. 177, 229
Betcher, Jennifer T. 68
Beukers, Frits 112, 214, 233, 236, 383
Beutelspacher, Albrecht 312
Beyer, Ö 168
Beyer, W. A. 341
Bialostocki, Arie 188
Bilu, Yuri F. 233, 236, 305
Bini, U. 209
Birch, Bryan J. 209, 296
Bjørn, Anders 19
Blanco Ferro, A. 264
Blanco Ferro, L. 219
Blankenagel, Karsten 92
Blecksmith, Richard 35
Bleher, Pavel M. 352
Bleicher, M. N. 249
Blundon, W. J. 29, 227, 272
Bode, Dieter 96
Boesch, F. T. 177
Bohman, Jan 157, 170, 199
Bolker, Ethan D. 164
Boman, Jan 164
Bombieri, Enrico 36
Bonciocat, Nicolae Ciprian 98
Borho, Walter 85, 92
Bornemann, Folkmar 6
Borning, Alan 12
Bornsztein, Pierre 312
Borwein, David 59, 152, 378
Borwein, Jonathan 59, 152, 378
Borwein, Peter B. 100, 170, 209
Bose, R. C. 173, 179
Boshernitzan, Michael 336
Bosma, Wieb 19, 116
Boston, Nigel 59
Bosznay, Á. P. 192
Bourgain, Jean 186, 308, 379
Boyarsky, A. 227
Boyd, David W. 219, 317, 320

Bradley, David 378
Brakemeier, W. 188
Brandenburg, F. J. 328
Brandstein, Michael S. 68
Bratley, P. 85
Brauer, Alfred T. 24, 122, 165, 167, 359, 362
Braun, J. 59
Braunholtz, C. H. 328
Bremner, Andrew 209, 214, 219, 226, 229, 230, 261, 271, 276, 286
Brenner, Joel L. 236
Brent, Richard P. 19, 36, 68
Brenton, Lawrence 250, 297
Brestovansky, Walter 312
Breusch, Robert 100, 250
Briggs, William E. 161
Brillhart, John David 19
Brindza, B. 209, 220, 233, 236, 264, 290
Brlek, Srečko 328
Broberg, Niklas 112
Brocard, H. 290
Brocco, Stafano 320
Bromhead, H. 271
Bronstein, V. 334
Brouwer, Andreas E. 177
Browkin, Jerzy 45, 112, 136, 334
Brown, Alan L. 76
Brown, B. H. 85
Brown, Ezra "Bud" 76, 272
Brown, H. 387
Brown, J. L. 250
Brown, Martin Lawrence 289
Brown, Thomas Craig 167, 308
Browning, T. D. 209
Bruckman, Paul S. 45
Brüdern, Jörg 65, 103, 199, 223, 226
Brudno, Simcha 209
Bruen, Aiden 196
Bruin, Nils 214
Brun, Viggo 36
Bruner, Robert R. 250
Brünner, R. 65
Brzeziński, Juliusz 112
Bucher, H. 330
Buchholz, Ralph Heiner 282,

著者索引

284
Buck, R. Creighton 59
Buell, Duncan A. 21, 116
Bugeaud, Yann 233, 236, 298
Bugulov, E. A. 76
Buhler, Joseph P. 12, 214, 378
Bui Minh-Phong 45
Bukor, József 136
Bumby, Richard T. 287
Burbacka, E. 133
Burckel, S. 320
Burger, Edward B. 255
Burke, John R. 173
Burnside, William 272
Burr, Stefan A. 292
Burshtein, Nechemia 374
Buschman, Robert G. 161
Butske, William 76
Button, J. O. 255

C

Cadwell, J. H. 36
Cai Tian-Xin 127, 136, 376
Cai Ying-Chun 36, 103, 157
Calderón, Catalina 104
Caldwell, Chris K. 12, 19, 119
Calkin, Neil J. 119, 121, 173, 186, 314, 342
Callan, David 76
Cameron, Peter J. 119, 342
Campbell, Garikai 282
Campbell, Mariana 365
Campbell, Paul J. 250
Cao Fen-Jin 146
Cao Hui-Qin 189
Cao Xiao-Dong 104
Cao Yu-Shu 211, 237
Cao Zhen-Fu 113, 222, 233, 237, 250, 287, 297
Carlip, Walter 45
Carlitz, Leonard 148
Carmichael, Robert Daniel 46, 50, 76, 140, 261
Cartwright, Donald I. 119
Case, Janell 136
Cassaigne, Julien 162, 328
Cassels, John William Scott 199, 226, 238, 255, 296, 351, 382
Castella, François 223

Castro Korgi, Rodrigo de 59
Catalan, E. 90
Catlin, P. A. 144
Cattaneo, Paolo 76
Cauchy, Augustin-Louis 189
Cayley, Arthur 348
Chahal, Jasbir S. 220
Chaładus, S. 369
Challis, M. F. 182
Chamberland, Marc 320
Chan Heng-Huat 199
Chan Wah-Keung 297
Chan, Watne 261
Chandra, Ashok K. 308
Chang Mei-Chu 379
Chang, S. J. 252
Chang Yan-Xun 365
Chapman, Robin 360
Chebyshev, Pafnuty Lvovich 23
Chein, E. Z. 69, 272
Chellali, M. 214
Chen Jian-Hua 228, 287
Chen Jing-Run 23, 157, 352
Chen Ke-Ying 127
Chen Qing-Hua 167
Chen Rong-Ji 13
Chen, Sheng 173, 179
Chen Shuwen 209
Chen Wen-De 179
Chen Wen-Jing 214
Chen Xi-Geng 238
Chen Xiao-Song 69
Chen Yi-Ze 69
Chen Yong-Gao 9, 65, 118, 170, 352, 371
Cheng Lin-Feng 76, 352
Cheng Yuanyou, Fred 352, 376
Chinburg, Ted 120
Chisala, Busiso P. 321
Chleboun, Jan 20
Choi, S. L. G. 121, 186, 312, 371
Chou Chung-Chiang 220
Choubey, J. 209
Choudhry, Ajai 209, 223, 264, 287
Chowla, Sardoman D. 29, 103, 173, 223, 338
Chrząstowski-Wachtel, Piotr

168
Chua Kok-Seng 199
Chung Graham, Fan Rong King 173, 192, 316
Churchhouse, R. F. 371
Chvátal, Váslav 308
Cilleruelo, Javier 173, 300, 352
Cipolla, M. 46
Cipu, Mihai 238, 287
Clark, Dean 321
Cobeli, Cristian 365
Cochrane, Todd 113, 233, 371
Cockayne, Ernest T. 196
Cohen, Eckford 80
Cohen, Fred 65, 371
Cohen, Graeme L. 68, 76, 80, 85, 138, 144, 146
Cohen, Henri 6
Cohen, M. J. 264
Cohen, Robert 250
Cohen, Stephen D. 365
Cohn, Harvey 255, 363
Cohn, John H. E. 104, 226, 228, 238, 287, 292
Cole, George Raymond 282
Colman, W. J. A. 272
Colquitt, W. N. 19
Comellas, Francesc 357
Comtet, Louis 378
Conn, W. 226
Conroy, Matthew M. 6
Conway, John Horton 46, 59, 167, 170, 177, 272, 324, 335, 336, 341, 386
Cook, Roger 69
Cook, T. J. 81, 276
Cooper, Curtis 19, 391
Coppersmith, Don 214, 339, 384
Coquand, Thierry 308
Córdoba, Antonio 173
Cori, R. 329
Cormack, G. V. 116
Corzatt, C. E. 357
Costello, Patrick 85, 152
Coster, M. J. 378
Cottrell, A. 165
Coxeter, Harold Scott MacDonald 272, 357
Craggs, D. 357

Cramér, Harald 36
Crandall, Richard E. 6, 12, 19, 214, 321, 378
Cremona, John E. 220, 242
Crews, Philip L. 77
Creyaufmüller, Wolfgang 90
Crittenden, Richard B. 332
Crochemore, Maxime 329
Crocker, R. 65
Croft, Hallard T. 357
Croot, Ernest S. 250
Cross, J. T. 77
Cucurezeanu, Ion 220, 238
Čudakov, N. G. 157
Cummings, Larry J. 329
Currie, James 328
Curtis, Frank 167
Curtiss, D. R. 250
Curtz, T. B. 296
Cusick, Thomas W. 255, 381
Cutter, Pamela A. 36

## D

Dąbrowski, Andrzej Bogdan 290
Dandapat, G. G. 96
Dănescu, Alexandru 388
Dardis, J. A. 211
Darmon, Henri 113, 214, 233, 264
Dartyge, Cécile 9
Davenport, Harold 36, 189, 223, 298, 301, 326, 360, 382
Davidson, J. L. 321
Davis, James A. 308, 343
Davis, Simon 69
Davison, J. L. 167
Daykin, David E. 279
De Koninck, Jean-Marie 77, 100, 139
Dean, Richard A. 329
DeBoer, Jennifer L. 81
Dejean, F. 329
Dekking, F. M. 329, 390
Deléglise, Marc 6, 77
Delorme, Jean-Joël 210
Dem'janenko, V. A. 210, 226
Dence, Thomas 136
Dénes, Tamás 36
Deng Mou-Jie 238, 288
Deng Yue-Fan 220

Deshouillers, Jean-Marc 157, 189, 223
Deuber, Walter 308, 316
Devitt, John Stanley 90
Dewar, James 374
Di Porto, Adina 46
Diamond, Harold G. 59
Dias da Silva, J. A. 189
Diaz, Ricardo 167
Dickson, Leonard Eugene 6, 59, 90, 226, 255, 272, 296, 342
Dierker, Paul 188
Dilcher, Karl 12, 19, 58, 120, 214
Ding Xia-Xi 158
Dirksen, P. H. 327
Dixmier, Jacques 167
Dixon, R. 196
Djawadi, Mehdi 182
Dobbs, David E. 250
Dobson, Annette J. 326
Dodge, Clayton W. 276
Doenias, J. 19
Dofs, Erik 238
Doig, Stephen K. 152
Dolan, Stanley W. 226
Domar, Y. 233
Dombi, Gergely 329
Dong Xiao-Lei 113, 238
Dove, Kevin L. 284
Dowd, Martin 173
Downarowicz, T. 329
Downey, Peter J. 341
Drago, Antonino 380
Drazin, David 104
Dresel, L. A. G. 46
Dress, François 223
Dressler, Robert E. 113, 233
Drmota, Michael 329
Drost, John L. 153
Drucker, Daniel S. 297
Dubiner, M. 188
Dubitskas, A. K. 383
Dubner, Harvey 12, 19, 29, 30, 50
Dubouis 210
Dudeney, Henry Ernest 220, 345, 357
Dudley, Underwood 59
Dufner, Gunter 157

Dujella, Andrej 298
Duke, William 104, 220
Dumitriu, Anton 365
Dumont, Jeffrey P. 321
Dunn, Andrew 289
Duparc, H. J. A. 50
Dusart, Pierre 6, 40
Dyson, Freeman J. 352

## E

Ecker, Michael W. 136, 289
Eckert, Ernest J. 282
Ecklund, Earl F. 119, 131
Edgar, Hugh Maxwell Wallace 230, 238
Edwards, Harold M. 214
Edwards, Johnny 113
Effinger, Gove 157
Eggleston, Harold Gordon 282
Eggleton, Roger Benjamin 119, 189, 276, 336
Ehrman, John R. 20
Eijkhout, Victor L. 334
Ekl, Randy L. 210
El-Kassar, N. 136
El-Sedy, Esam 345
El-Zahar, Mohamed H. 165
Eliahou, Shalom 189, 321
Elkies, Noam D. 113, 170, 199, 210, 214, 233
Elliott, D. D. 59
Elliott, Peter D. T. A. 6, 26
Ellis, David 59
Ellison, W. J. 226, 383
Elser, Veit 328
Elsholtz, Christian 26, 36, 250
Engel, Marcus 272
Entringer, Roger C. 308, 329, 343
Eppstein, David 250
Erdős, Pál 1, 26, 29, 35, 40, 42, 46, 50, 59, 64, 65, 76, 85, 90, 94, 96, 97, 100, 104, 108, 116, 118, 119, 121, 122, 124, 127, 129, 131, 133, 136, 140, 142, 144, 146, 150, 153, 161, 165, 167, 170, 173, 177, 182, 186, 189, 192, 193, 214, 219, 224, 229, 250, 264, 291, 299,

300, 301, 303, 305, 308, 312,
329, 332, 337, 341, 342, 353,
357, 365, 371, 374, 379
Ernvall, Reijo 59, 214
Escott, E. B. 47, 85
Estermann, Theodore 157
Eswarathasan, A. 77, 251
Euler, Leonhard 85
Evans, Ronald J. 122, 177, 276
Evdokimov, A. A. 329
Everett, C. J. 321
Everts, F. 309
Evertse, Jan-Hendrik 124, 233
Ewell, John A. 69, 164, 199, 378

### F

Fabrykowski, J. 108, 363, 371
Falconer, Kenneth J. 357
Faltings, Gerd 214
Farkas, Hershel M. 321
Fässler, Albert 282
Fast, H. 1
Fatkina, S. Yu. 158
Faulkner, Marilyn 131
Fein, Burton 350
Feix, M. R. 322
Fejes Tóth, László 351
Felzenbaum, Alexander Gersh 371, 373
Feng Ke-Qin 296
Feuerverger, Andrey 23
Fife, Earl Dennet 329
Filakovsky, Péter 239, 264, 287
Filaseta, Michael 112, 116, 371
Filipponi, P. 321
Filz, Antonio 158
Finch, Steven R. 162, 186, 342
Fine, Nathan J. 276, 329, 334
Finkelstein, Raphael 220, 292
Flammenkamp, Achim 92, 357
Flatto, Leopold 324
Flechsenhaar, A. 239
Fletcher, Peter 20, 66, 360
Flood, P. W. 272

Flores, Carlos 189
Folsom, Amanda 255
Forbes, Anthony D. 29, 36, 40, 88, 108
Ford, Kevin 23, 141, 146, 371
Forman, Robin 59
Forman, William 325
Formisano, M. R. 329
Foster, Lorraine L. 141, 236, 262
Fouvry, Étienne 9, 36, 189, 199
Fraenkel, Aviezri S. 164, 230, 329, 334, 336, 371, 373
Franco, Zachary 321
Franqui, Benito 77
Fredricksen, Harold 312, 314
Freiman, Gregory A. 189
Frenkel, P. E. 170
Freud, Róbert 173, 339
Frey, H. A. M. 81
Frey, Gerhard 233
Friedlander, John B. 9, 26, 36, 40, 46, 250, 365
Friedman, Charles N. 251
Frobenius, G. 255
Froberg, Carl-Erik 157, 199
Fuchs, Clemens 292
Fuchs, W. H. J. 173
Funar, Louis 186
Fung, Gilbert W. 9
Furedi, Zoltan 326
Furstenberg, H. 174, 309

### G

Gabovič, Ja. 264
Gale, David 317, 324
Gallagher, Patrick X. 65
Gallardo, Luis 189
Gallian, Joseph A. 185
Gallot, Yves 12, 19
Gamble, B. 196
Gandhi, B. Krishna 292
Gandhi, J. M. 59
Gangadharan, K. S. 352
Gao Guo-Gang 321
Gao Wei-Dong 189, 365
Gar-el, Rachel 210
Garaev, M. Z. 289
García, Mariano 77, 85
Gardiner, Tony 345

Gardiner, Verna L. 161, 226
Gardner, Martin 9, 13, 170, 220, 272, 282, 345, 357
Gardy, D. 326
Garner, Lynn E. 321
Garrison, Betty 59
Garunkštis, R. 40
Gau Li 369
Gawlik, James 59
Gazeau, Jean-Pierre 329
Gebel, Josef 233
Gelfond, A. O. 233
Genocchi, A. 296
Gérardin, A. 210, 296
Gerlach, Horst W. 46
Geroldinger, Alfred 189
Gerver, Joseph L. 26, 309
Gessel, Ira M. 127, 167, 378
Gethner, Ellen 55
Gibbs, P. 298
Gibbs, Richard A. 177
Giese, R. P. 165
Gill, C. 261
Gillard, P. 136
Gillies, Donald B. 20
Gilman, A. F. 239
Gilmer, Robert 104
Ginzburg, A. 189
Gioia, A. A. 86, 165
Girgensohn, Roland 59, 378
Giuga, Giuseppe 59
Glaisher, J. W. L. 36
Glasner, E. 309
Glass, A. M. W. 233
Gloden, A. 210
Gluck, David 321
Godwin, Herbert James 12, 296
Goetgheluck, P. 59, 220
Gogić, Goran 148
Goins, Edray Herber 282
Golay, Marcel J. E. 177
Goldfeld, Dorian 250
Goldstein, Richard 357
Goldston, Daniel L. 36, 158
Goldwasser, John L. 192, 316
Golomb, Solomon W. 13, 59, 104, 146, 196, 251, 333, 334, 365
Golubev, V. A. 26
Good, Irving John 333

Goodstein, Reuben Louis 60
Gordon, Basil 164, 350
Gordon, Daniel M. 46
Gorzkowski, Waldemar 224
Gosper, R. William 320, 378
Gostin, Gary B. 20
Goto, T. 77
Gottschalk, W. H. 329
Götze, Friedrich 352
Gouda, S. 174
Gould, Henry W. 60, 131
Gouyou-Beauchamps, D. 326
Gowers, W. T. 309
Graham, Ronald Lewis 1, 20, 119, 131, 167, 173, 174, 177, 201, 251, 301, 308, 334, 336, 339, 341, 343, 374
Graham, Sidney W. 23, 60, 81, 118, 136, 174, 179
Grantham, Jon 50
Granville, Andrew 6, 23, 40, 50, 60, 113, 119, 121, 127, 144, 157, 158, 199, 214, 233, 305, 342, 352
Greaves, George R. H. 210
Green, Ben Joseph 26, 173, 174
Greenberg, Harold 167
Greenwell, Raymond N. 309
Greenwood, Marshall L. 59
Grekos, George 174, 182, 189
Grelak, A. 215
Gretton, Stephen F. 85
Grimm, Charles A. 129
Grinstead, Charles M. 118, 220
Griswold, Ralph E. 341
Grossman, George 292
Grosswald, Emil 26, 103, 199
Grundman, Helen G. 345
Grupp, F. 36
Grynkiewicz, David J. 188
Grytczuk, Aleksander 20, 69, 127, 138, 146, 215, 220
Gryte, D. G. 292
Guiasu, Silvio 60
Guillaume, D. 50
Güntsche, R. 283
Guo Yong-Dong 238
Guo Zhi-Tang 239
Gupta, Hansraj 132, 170, 291

Gupta, Rajiv 365
Gurak, S. 46
Gutiérrez, S. 136
Guy, Andrew William Peter 90
Guy, Michael John Thirian 386
Guy, Richard Kenneth 20, 46, 60, 90, 94, 100, 146, 158, 167, 170, 209, 220, 276, 335, 336, 348, 353, 357, 386, 391
Gyarmati, Katalin 261
Győry, Kálmán 220, 229, 233, 239, 264

# H

Haas, Robert 7
Habsieger, Laurent 174, 189
Hadano, Toshihiro 239
Haddad, L. 174
Haentzschel, E. 283
Hafner, James Lee 352
Hagedorn, Thomas R. 251
Hagis, Peter 27, 69, 77, 81, 85, 88, 94, 138, 141
Hahn, H. S. 251
Hahn Liang-Shin 251
Hahn Sang-Geun 127
Haight, J. 371
Hajdu, Lajos 124, 220, 239, 264
Hajela, D. 179
Hajnal, Péter 326
Hajós, G. 309
Halbeisen, Lorenz 321
Halberstam, Heini 1, 26, 174, 299
Hales, Alfred W. 309
Halewyn, C. van 19
Hall, Marshall 177, 233, 334
Hall, Richard R. 136, 142, 144, 302, 357
Halter-Koch, Franz 199
Hamidoune, Yahya Ould 170, 189
Hammer, Joseph 351
Hämmerer, N. 182
Hančl, Jaroslav 333
Hanrot, Guillaume 237, 264
Hansche, B. 196
Hansen, W. 166

Hanson, Denis 219, 308, 311
Harborth, Heiko 122, 190, 220, 279, 357
Hardin, R. H. 210
Hardy, B. E. 77
Hardy, G. E. 13
Hardy, Godfrey Harold 9, 60, 224
Harman, Glyn 35, 36, 58, 136, 157
Harmse, Jørgen E. 127
Harris, Vincent C. 60
Hart, S. 327
Härtter, E. 60
Hashimoto, Ryūta 104
Hatada, Kazuyuki 20
Haugland, Jan Kristian 36, 55, 193
Haukkanen, Pentti 100, 146
Hausman, Miriam 77, 144
Hausner, A. 239
Haussler, D. 330
Hawkins, David 161, 329
Hayashi, Elmer K. 174
Heap, B. R. 168
Heath-Brown, D. Roger 9, 24, 27, 36, 40, 104, 108, 158, 199, 226, 296, 365
Hebb, Kevin 166
Heden, Olof 196
Hedetniemi, Stephen T. 196
Hedlund, Gustav A. 329
Hedy, Guediri 55
Hegyvári, N. 190
Heilbronn, Hans 189
Helm, Martin 174, 179
Helou, C. 174
Hendricks, John R. 261
Hendy, M. D. 77
Hennecart, François 189, 190, 224
Henriksen, Melvin 120
Hensley, Douglas 40
Heppner, E. 321
Hering, Christoph 239
Herschfeld, Aaron 233
Herstein, I. N. 321
Herzberg, Norman P. 255
Hetzel, Andrew J. 250
Heuer, Karl W. 357
Heyde, C. C. 161

## 著者索引

Hiata-Kohno, Noriko 239
Higgins, Olga 60
Higgins, Robert N. 136
Higham, Jeff 341
Hilano, Teluhiko 371
Hildebrand, Adolf J. 40, 108, 199, 362
Hill, Jay Roderick 50, 250
Hilton, Peter J. 388
Hindman, Neil 338
Hirschhorn, Michael David 199, 210, 220
Hoffmann, H. 85, 86
Hofmeister, Gerd 182, 251
Hofstadter, Douglas R. 341
Hoggatt, Verner E. 292
Holden, Joshua Brandon 365
Holdener, Judy A. 69
Holt, Jeffrey J. 136
Holton, Derek A. 356
Holzman, R. 374
Honaker, G. L. 20
Hong Shao-Fang 127
Honsberger, Ross A. 164
Hooley, Christopher 65, 141, 142, 158, 226, 365
Horn, Roger A. 59
Hornfeck, B. 77
Horváth, Gábor 174
Hou Qing-Hu 190
Hu Zhi-Xing 369
Hu Zhong 371, 374
Huard, James G. 98, 199
Hudson, Richard H. 23, 360
Hudson, W. H. 276
Huen Y.-K. 36
Huenemann, Joel 51
Huff, G. B. 196, 279
Hughes-Jones, R. 357
Hujter, Mihály 168
Hummel, Patrick 360
Hungerbühler, Norbert 321
Hunsucker, John L. 96, 100
Hurwitz, Adolf 255
Hurwitz, S. 239
Huxley, Martin N. 36, 104, 352

### I

Iannucci, Douglas E. 69, 144
Ibrahim, Abd El-Hamid M. 69

Ibstedt, Henry 317
Il'in, A. M. 166
Indlekofer, Karl-Heinz 36
Ingham, A. E. 352
Inglis, Nicholas F. J. 350
Inkeri, K. 215, 232, 233, 239
Irving, R. W. 312
Iseki, Kiyoshi 229
Isenkrahe, C. 60
Iskra, Boris 296
Ito, Hideji 46
Ivanov, M. A. 210
Ivić, Aleksandar 77, 104, 148, 352
Ivorra, Wilfrid 215
Iwaniek, Henryk 9, 26, 37, 40, 104, 141, 352
Izhboldin, O. T. 251
Izotov, Anatoly S. 116

### J

Jabotinsky, Eri 161
Jackson, D. E. 329
Jackson, T. H. 86, 357
Jacobson, Eliot 45
Jacobson, Michael J. 9, 229, 239, 298
Jaeschke, Gerhard 46, 50, 116
Jagy, William C. 211
Jaje, Lynda M. 76
Járai, Antal 36
Jaroma, John H. 68
Jenkins, Paul M. 69
Jerrard, R. P. 78
Jewett, R. I. 309
Jia Chao-Hua 37, 60, 104, 158
Jia Xing-De 174, 179, 182, 337, 379
Jiménez Calvo, I. 233
Jiménez-Urroz, Jorge 173
Jin Yuan 264
Johnson, Allan William 251
Johnson, G. D. 19
Johnson, S. M. 168
Johnson, Wells 77, 215
Joint, W. Howard 272
Jokusch, William 328
Jollensten, Ralph W. 251
Jones, James P. 29, 60
Jones, John William 286

Jones, Patricia 136
Jönsson, Ingemar 115
Joó, I. 46, 50, 251
Jordan, James H. 55, 279, 282, 371
Judd, J. S. 7
Justin, Jacques 329
Jutila, Matti 24, 60

### K

Kac, Mark 100, 341
Kaczorowski, Jerzy 24, 158
Kahan, Steven 60, 334
Kalbfleisch, J. G. 178
Kalyamanova, K. È. 284
Kan, I. D. 168
Kan Jia-Hai 108, 159
Kaneko, Masanobu 220
Kang Ji-Ding 230
Kang Qing-De 365
Kaniecki, Leszek 158
Kannan, Ravi 168
Kanold, Hans-Joachim 78, 86, 96
Kaplansky, Irving 199, 209, 211, 321
Karhumäki, Juhani 330
Karmakar, Sushil Kumar 60
Karst, Edgar 27, 60
Kashihara, Kenji 287
Kátai, Imre 1, 77, 352
Katayama, Shin-ichi 252, 287
Kato, H. 166
Katz, M. 193
Kawada, Koichi 65, 224, 226
Kay, David C. 321
Kayal, Neeraj 6
Keller, Ott-Heinrich 351
Keller, Wilfrid 6, 20, 51, 115, 116
Kellerer, H. 374
Kellner, Bernd Christian 229
Kellogg, O. D. 251
Kelly, John B. 211, 380
Kelly, Patrick A. 356
Kemnitz, Arnfried 190, 276, 279
Kemp, Paula A. 376
Kemperman, J. H. B. 190
Kendall, David G. 78
Kennedy, Robert E. 391

Kenney, Margaret J. 158
Keränen, Veikko 330
Kervaire, Michel 189
Kfoury, A. J. 330
Khachatrian, L. G. 121
Khalfalah, A. 303
Khinchin, A. Y. 309
Kihel, Omar 286
Kikuchi, Yoko 252
Killgrove, Raymond B. 41
Killingbergtrø, Hans Georg 282
Kim Su-Hee 46
Kingsley, R. A. 292
Kirfel, Christoph 20, 182
Kirschenhofer, P. 236
Kishore, Masao 69, 78, 138
Kisilevsky, Hershey H. 219
Kiss, Péter 46, 168, 341
Klamkin, Murray S. 78
Klarner, David A. 196, 347
Klazar, Martin 327
Klee, Victor L. 1, 141
Klein, Rivka 376
Kleitman, Daniel J. 186, 314
Klotz, Walter 182
Kløve, Torliev 179, 196, 357
Knapowski, Stanisław 24
Knauer, Joshua 20, 120
Knödel, W. 51
Knopfmacher, John 60
Knuth, Donald Ervin 20, 166
Ko, Chao 226, 252, 256
Kobayashi, Masaki 60
Kobayashi, Y. 330
Koh Young-Mee 264
Kohnen, Winfried 148
Kolesnik, Grigori A. 9, 128
Kolsdorf, H. 182
Komatsu, Takao 167
Komjáth, Péter 327
Komlós, János 173, 312, 357
Konyagin, Sergeĭ V. 23, 113, 146, 177, 371, 379
Korek, Ivan 272
Korselt, A. 51
Kotsireas, Ilias 252
Kowol, G. 46
Koyama, Kenyi 226
Kraitchik, Maurice 20, 196, 272, 291

Krasikov, I. 321
Krätzel, Ekkehard 104, 352
Kraus, Alain 113, 215, 224, 233, 239
Krausz, T. 220
Kravitz, Sidney 13, 21, 78
Křížek, Michal 20
Krückeberg, F. 174
Krukenberg, C. E. 371
Kubiček, Jan 211
Kubo, Tal 341
Kudlek, Manfred 320
Kühleitner, Manfred 352
Kuipers, Lauwerens 60
Kumchev, A. 27
Kun, Gábor 9
Kupka, Joseph 119
Kurepa, Đuro 148
Kurlyandchik, L. D. 251
Kurokawa, Nobishige 378
Kurths, Jürgen 331
Kuttler, James R. 321
Kuwata, Masato 220

## L

Laatsch, Richard 78
LaBar, Martin 261
Laborde, M. 37
Lacampagne, Carole 127, 219
Lagarias, Jeffrey C. 6, 36, 60, 255, 292, 304, 320, 339
Lagrange, Jean 224, 261, 272, 279, 296
Lal, Mohan 29, 88, 94, 136, 227, 272
Lalout, Claude 30
Lambek, Joachim 164, 336
Lander, Leon J. 29, 211
Landman, Bruce M. 308, 309
Landreau, Bernard 189, 224
Lang, Serge 113
Langevin, Michel 113, 125, 129, 233
Langmann, Klaus 60, 239
Larcher, Gerhard 127
Laub, Moshe 220
Laurinčikas, Antanas 136
Lazarus, R. B. 161, 226
Le Mao-Hua 13, 66, 78, 113, 139, 215, 220, 233, 238, 239, 287, 291, 365

Lebensold, Kenneth 120
Lebesgue, V. A. 360
Lebowitz, Joel L. 352
Leconte, Michel 330
Lee, Elvin J. 86, 127
Leech, John 24, 40, 177, 211, 272, 279, 330
Legendre, Adrien-Marie 60
Lehmer, Derrick Henry 19, 20, 30, 46, 51, 60, 90, 123, 138, 215, 353, 362, 390
Lehmer, Derrick Norman 279
Lehmer, Emma 120, 150, 215, 362
Lehning, Hervé 334
Leitmann, D. 10
Lekkerkerker, Cornelius Gerrit 351
Lemmermeyer, Franz 296
Lenstra, Arjen K. 6, 20
Lenstra, Hendrik Willem 6, 20, 90, 104, 365
Leu Ming-Guang 241
Lev, Vsevolod F. 168, 174, 186, 190, 314
Leveque, William Judson 233
Levin, Leonard 378
Levine, Eugene 77, 251, 337
Levine, N. 221
Lewin, Mordechai 168
Lewis, Ethan 371, 374
Lewis, James T. 321
Lewis, Kathy 152
Li An-Ping 179
Li De-Lang 252
Li Fu-Zhong 241
Li Guan-Wei 241
Li Hong-Ze 37, 66, 158, 224
Li Shu-Guang 365
Li Xiao-Ming 177
Li Yuan 211
Li Zheng-Xue 190
Li Zhong 113
Lidl, Rudolf 46
Liebman, A. 308
Lieuwens, E. 138
Lin Chio-Shih 336, 374
Lin Da-Zheng 146
Lin Jia-Fu 200
Lin Ki-Pao 351
Lin Shen 201, 336, 374

Lind, D. A. 220
Lindgren, William 20, 66, 360
Lindström, Bernt 170, 174, 179
Linnik, U. V. 24, 27
Linusson, Svante 164
Lioen, Walter M. 21, 226
Lisoněk, Petr 209
Littlewood, John Edensor 9, 24, 224, 382
Liu, A. C. 308
Liu, B. 164, 185
Liu De-Hua 291
Liu Hong-Quan 10, 37, 60, 104
Liu Hui-Qin 190
Liu Jian-Min 23
Liu Jian-Xin 190
Liu Jian-Ya 158, 200
Liu Ming-Chit 158, 199
Liu Rui 250
Liu Yu-Ji 167
Liverance, Eric 58
Ljunggren, W. 220, 228, 241, 287
Lladó, A. S. 190
Lodha, Sachin 303
Löh, Günter 30, 51
Loly, Peter 261
London, Hymie 292
Lord, Graham 78, 88, 96
Lorentz, Richard J. 330
Lossers, O. P. 220
Lotspeich, M. 188
Lou Shi-Tuo 37
Louboutin, S. 61
Low, Lewis 189, 387
Loxton, John H. 390
Lu Ming-Gao 36, 157
Luca, Florian 20, 118, 136, 146, 233, 241, 285, 287, 291, 292
Lucas, Édouard 220
Łuczak, Tomasz 186, 314
Lukes, Richard F. 6, 128
Lunnon, W. Fred 85, 170, 183, 330
Luo Ming 78, 292
Lygeros, N. 29
Lyness, Robert Cranston 272
Lynn, M. S. 168

## M

Ma De-Gang 221
Mabkhout, Mustapha 150, 241
Macdonald, Shiela Oates 326
MacDougall. J. A. 282
Mackenzie, Dana 252
MacLeod, R. A. 221, 264
MacMahon, Percy A. 339
MacWilliams, F. Jessie 177, 350
Madachy, Joseph S. 86, 345
Mahler, Kurt 224, 324, 386, 387, 390
Maier, Helmut 37, 40, 96, 136, 144, 302
Main, Michael G. 330
Mąkowski, Andrzej 46, 53, 78, 88, 96, 104, 113, 120, 136, 146, 227, 241
Mallows, Colin L. 341
Malm, Donald E. G. 66
Malo, E. 47
Malouf, Janice 124, 317
Maltby, Roy 170
Manasse, Mark S. 6, 20
Mann, Henry B. 61, 177, 190
Mansfield, Richard 190
Marcus, Daniel 334
Marko, František 51
Markoff, A. 255
Marszalek, R. 264
Martin, Gregory G. 23, 24, 136, 175, 252, 366
Martini, Frank 255
Masai, Pierre 141
Mason, T. E. 76
Masser, D. W. 113
Massias, J.-P. 61
Mathieu 210
Matiyasevich, Yuri V. 60
Matthews, K. R. 51, 322
Mattics, L. E. 199, 220
Mauduit, Christian 330
Mauldin, R. Daniel 113, 215
Mauldon, James G. 262, 276
Mayer, Ernst W. 19
Mayernik, Daniel R. 76
McDaniel, Wayne L. 46, 78, 104, 152, 292, 333

McIntosh, Richard John 128
McKay, John H. 85
McKay, Michael D. 334
McKee, James K. 6
McLaughlin, Philip B. 20
McNulty, G. F. 328
Meeus, Jean 30
Meinardus, Günter 320
Melfi, Guiseppe 78
Mendelsohn, Nathan S. 116
Mendès France, Michel 390
Meng Xian-Meng 224
Menzer, H. 104
Merel, Loïc 113, 214, 264
Meronk, D. B. 233
Metropolis, N. 161
Metsänkylä, T. 214
Meyrignac, Jean-Charles 211
Mian, Abdul Majid 338
Miech, R. J. 138
Miękisz, Jacek 329
Mientka, Walter E. 66, 100, 329
Mignosi, Filippo 322, 330
Mignotte, Maurice 10, 215, 221, 233, 237, 287, 383
Mihăilescu, Preda 234
Mijajlović, Žarko 148
Mikawa, Hiroshi 37, 158
Miksa, F. L. 282
Miller, G. L. 6
Miller, Jeffrey Charles Percy 20, 178, 227
Miller, Kathryn 136
Miller, V. S. 6, 60
Mills, G. 309
Mills, William H. 61, 78, 144, 257, 327, 362
Milne, Stephen C. 200
Mimuro, Timoaki 322
Ming, Luo 221
Minoli, Daniel 78
Mirsky, Leon 108, 312
Misiurewicz, M. 289
Mitas, Günter 241
Mittelbach, F. 252
Mizony, M. 29
Mo De-Ze 241
Moews, David 92
Moews, Paul C. 92
Mohanty, Shreedhara Prasada

221
Mohit, Satya  20, 215
Molinelli, J. M.  219, 264
Möller, Herbert  322
Mollin, Richard A.  61, 105
Molnar, E. A.  388
Monks, Kenneth G.  322
Monsky, Paul  296
Montgomery, Hugh L.  40, 108, 142, 158, 200
Montgomery, Peter Lawrence  6, 19, 20
Moore, Eliakim Hastings  273
Morain, F.  46
Moran, Andrew  27
Mordell, Louis Joel  105, 221, 226, 228, 273, 279, 296
Moree, Pieter  21, 24, 186, 230, 350, 365
Morikawa, Ryozo  374
Moroz, B. Z.  9, 105
Morse, Marston  330
Morton, Patrick  214
Moser, Leo  61, 132, 160, 164, 183, 193, 230, 300, 309, 312, 336
Mossige, Svein  183, 343
Mossinghoff, Michael J.  170
Mott, Joe L.  61
Motzkin, Theodor S.  193
Moujie, Deng  77, 144
Mozzochi, C. J.  37, 352
Mrose, Arnulf  183
Mu Shan-Zhi  287
Muir, Thomas  348
Mullen, Gary L.  365
Müller, Helmut A.  322
Muller, P. N.  163
Müller, Siguna M. S.  6, 47, 51
Müller, Winfried B.  46
Müller, Wolfgang  353
Mullin, Ronald C.  178, 327
Mulvey, Irene  309
Murata, Leo  366
Murdeshwar, M. G.  193
Muriefah, Fadwa S. Abu  215, 236
Murty, Maruti Ram  20, 215, 365
Myerson, Gerry  371

## N

Nagaraj, S. V.  50
Nagell, Trygve  234, 242, 252
Nair, M.  108
Najar, Rudolph M.  76, 88, 94
Nakamula, Ken  165
Nakamura, Shigeru  78
Namboodiripad, K. S.  61
Narkiewicz, Władysław  66, 157
Nash, John C. M.  78, 179, 183
Nathanson, Melvyn B.  36, 170, 173, 175, 182, 188, 190, 305, 379
Naur, Thorkil  21
Nebb, Jack  100
Negro, A.  169
Neill, T. B. M.  61
Nelson, C.  153
Nelson, Harry L.  29
Nemenzo, Fidel Ronquillo  296
Nesterenko, Yuri V.  125
Newberry, R. S.  81
Newman, David  341
Newman, Donald J.  136, 166, 252
Newman, Morris  374
Nicely, Thomas R.  37
Nicol, Charles A.  144, 215
Nicolas, Jean-Louis  262
Niculescu, Radu Ştefan  320
Niebuhr, Wolfgang  51
Nielsen, Pace P.  69
Nijenhuis, Albert  168
Nitaj, Abderrahmane  105, 113
Niu Xue-Feng  168
Niven, Ivan  61, 144, 251
Noda, Kazunari  296
Noll, Landon Curt  279
Norrie, C.  19
Norrie, R.  211
Novák, Břetislav  374
Nowakowski, Richard Joseph  348, 352
Nudelman, Scott P.  196
Nyman, Bertil  37

## O

Obláth, Richárd  214, 252, 264, 291
O'Bryant, Kevin  175
Odda, Tom  343
Odlyzko, Andrew M.  6, 41, 60, 116, 177, 304, 309, 350, 357
Odoni, R. W. K.  105
Oertel, Philipp  357
Oesterlé, J.  114
Okada, T.  233
Oliviera e Silva, Tomás  322
Olsen, John E.  190
Oltikar, Sham  153
Omel′yanov, K. G.  175
Ondrejka, Rudolf  21
O'Neil, Patrick E.  164, 308
Ono, Kenneth  221
Oppenheim, Alexander  230
Ordaz, Oscar  189, 190
Ore, Oystein  61, 78, 85
Ortega Costa, Joaquin  61
Ortuño, Asdrubal  190
Osgood, Charles F.  290
Ossowski, J.  164
Östergård, Patric R. J.  196
Ostmann, H.  299
O'Sullivan, Joseph  338
Oswald, Alan  46
Ou, Zhiming M.  98
Overhagen, T.  291, 353
Owens, Frank W.  163
Owens, Robert W.  183
Owings, J. C.  252

## P

Pajunen, Seppo  78
Palamà, G.  252
Pall, Gordon  200
Pan Cheng-Dong  158
Pan Cheng-Tung  24
Pan Hao  190
Pan Jia-Yu  238
Panaitopol, Laurenţiu  40, 42, 61, 105, 136
Pansiot, J.-J.  330
Papadimitriou, Makis  61
Papadopoulos, Jason  19
Pappalardi, Francesco  250,

366
Parady, Bodo K. 37
Parihar, Manjit 19
Parkin, T. R. 29, 211
Passow, Eli 291
Paszkiewicz, Andrzej 366
Patterson, Cameron Douglas 6, 201
Patterson, G. S. 255
Paxson, G. Aaron 90
Peck, A. S. 37
Peck, C. B. A. 334
Peeples, W. D. 280
Pekker, Alexander 255
Pelikán, Jozsef 350
Penk, M. A. 12
Penney, David E. 13, 153
Peralta, René 362
Percival, Colin 209
Perelli, Alberto 65, 158
Perrin, R. 47
Perrine, Serge 255
Pete, Gábor 9
Peterkin, C. R. 327
Péterman, Y.-F. S. 334
Peterson, Blake E. 279, 282
Peterson, Ivars 153
Pethö, Attila 233, 241, 293
Petojević, Alexandar 149
Peyrière, J. 328
Phillips, Steven 339
Phong Bui-Ming 46, 50
Pi Xin-Ming 21
Picon, P. A. 132
Piekarczyk, J. 133
Pihko, Jukka 174, 179, 189, 252
Pikovskiĭ, A. S. 331
Pillai, Subbayya Pillai Sivasankaranarayana 13, 122, 234, 242
Pil'tjai, G. Z. 37
Pinch, Richard G. E. 47, 51
Pinn, Klaus 341
Pinner, C. 108
Pintér, Ákos 124, 209, 220, 221, 229, 236, 239
Pintz, János 35, 37, 65, 157, 357
Pirello, G. 330
Pitman, Jane 189

Plagne, Alain 174, 179, 189, 190, 223
Plaksin, V. A. 200
Pleasants, P. A. B. 330
Plouffe, Simon 299, 328
Pocklington, H. C. 273
Polignac, A. de 66
Pollack, Richard M. 20, 291
Pollak, Henry O. 183
Pollard, John M. 6, 190
Pollington, Andrew D. 255
Pomerance, Carl 6, 10, 19, 23, 27, 37, 46, 50, 66, 76, 78, 86, 96, 108, 118, 129, 136, 138, 141, 144, 146, 150, 153, 157, 276, 299, 309, 321, 357, 360, 365, 376
Poonen, Bjorn 114, 215
Popken, J. 386
Porta, Horacio A. 322
Porubský, Štefan 200, 339, 371, 374
Posner, Edward C. 234
Post, Karel 347
Potler, Aaron 38
Poulet, Paul 78, 86, 90
Pounder, J. R. 183
Powell, Barry J. 150
Prachar, K. 24
Prasad, A. V. M. 105
Prellberg, Thomas 357
Prieto, Leonardo 58
Pritchard, Paul A. 27
Prodinger, Helmut 330
Propp, James Gary 309
Prosper, V. 391
Proth, F. 41
Prothro, E. T. 282
Prouhet, E. 330
Puchta, Jan-Christoph 137, 158
Purdy, George B. 199
Pyateckii-Šapiro, I. I. 10

**Q**

Qiu Wei-Xing 322
Queneau, Raymond 163

**R**

Rabinowitz, Stanley 242
Rabung, John R. 55, 309

Raczunas, Marek 168
Rado, Richard 308, 316, 347
Radoux, Christian 378
Raitzin, Carlos 61
Rakaczki, Csaba 264
Ralston, Kenneth E. 41, 193
Ramachandra, K. 61, 129
Ramaré, Olivier 27, 37, 127, 158, 223
Ramírez-Alfonsín, J. L. 168
Ramsey, L. Thomas 26, 309
Rangamma, M. 139
Rankin, Robert Alasdair 310
Rathbun, Randall L. 282
Rawsthorne, Daniel A. 322, 386
Razpet, Marko 128
Recamán, Bernardo 163
Reddy, D. Ram 81
Reddy, M. Jagan 292
Ree Sang-Wook 264
Reed, I. S. 366
Regimbal, Stephen 61
Reidlinger, Herwig 78
Reiter, Clifford A. 321
Remak, Robert 255
Rémy, Jean-Luc 334
Ren Xiu-Min 227
Rennie, B. C. 327
Rényi, Alfred 29
Renze, John 55
Resta, Giovanni 211
Restivo, Antonio 330
Revoy, Philippe 227
Reznick, Bruce 236
Rhemtulla, A. H. 314
Ribenboim, Paulo 7, 21, 61, 114, 215, 234, 287, 293
Ribet, Kenneth 215, 360
Richards, Ian 40
Richert, Hans-Egon 27, 201
Richstein, Jörg 158
Rickert, N. W. 19, 35
Rickert, U.-W. 190
Riddell, James 183, 308
Rieger, G. J. 85, 252
Riemann, Bernhard 61
Riesel, Hans 7, 19, 21, 115, 199
Ritter, Stefan Matthias 168
Rivat, Joël 10

Rivest, R. 7
Rivin, Igor 196
Rivoal, Tanguy 378
Robbins, Herbert E. 331
Robbins, Neville 79, 293
Roberts, J. B. 168
Roberts, Joe 1
Roberts, S. 296
Robertson, John P. 262
Robin, G. 61
Robins, Gabriel 262
Robins, Sinai 167, 221
Robinson, Raphael M. 21, 117, 317
Rödne, Arne 183
Rodríguez Villegas, Fernando 227
Rødseth, Øystein J. 20, 168, 183, 190
Roengpitya, Rungporn 255
Roesler, Friedrich 305
Rogers, Claude Ambrose 351
Rogers, Douglas G. 164
Rohrbach, H. 183
Rokowska, B. 367
Rónyai, Lajos 190
Roonguthai, Warut 41
Root, S. C. 27
Rosati, L. A. 252
Rose, Kermit 61
Roselle, David P. 327
Rosen, D. 255
Rosenberger, Gerhard 255
Rosenstiel, C. R. 211
Rosenstiel, E. 211
Ross, P. M. 159
Rosser, J. Barkley 62
Roth, Klaus F. 174, 299, 310, 357
Roth, Peter 331
Rothschild, Bruce L. 309
Rotkiewicz, Andrzej 21, 46, 51, 242
Rouet, J. L. 322
Roy, Yves 234, 237
Rozenberg, G. 329
Rubinstein, Michael 7, 62
Ruderman, Harry D. 128
Rumney, Max 101
Rumsey, Howard 234
Russell, W. 227

Ruzsa, Imre Z. 9, 24, 131, 158, 175, 179, 188, 190, 300, 302, 305, 369
Ryan, Richard F. 79
Ryavec, Charles 191
Rytter, Wojciech 329

## S

Saez Moreno, G. 233
Sagan, Bruce E. 328
Saito, Sadao 297, 388
Salem, R. 310
Salemi, Sergio 330
Salerno, A. 37
Salié, H. 310
Sallows, Lee 262, 334
Saltzer, H. E. 221
Šami, Zoran 149
Sander, J. W. 118, 128, 132, 252, 322, 376
Sándor, Csaba 211
Sándor, József 37, 79, 81, 139, 147
Sandor, Lajos 229
Santoro, N. 169
Saouter, Yannick 37, 159
Sapozhenko, A. A. 175
Saradha, Natarajan 242, 264
Sargos, Patrick 10
Sárközy, András 1, 2, 46, 108, 114, 132, 174, 189, 192, 299, 301, 305, 330
Sarnak, Peter 7
Sastri, V. V. S. 105
Sastry, K. R. S. 282
Sato, Daihachiro 60, 242
Satyanarayana, M. 79
Sauerberg, Jim 334
Sawyer, Walter Warwick 273
Saxena, Nitin 6
Sayers, M. D. 69
Scarowsky, W. 227
Schatz, J. A. 329
Scheidler, Renate 128
Scher, Bob 211
Schinzel, Andrzej 7, 108, 112, 120, 122, 133, 137, 146, 151, 200, 227, 241, 252, 262, 287, 289, 326, 334, 366, 367, 369, 371
Schlafly, Aaron 141

Schlesinger, Paula 132
Schmerl, James 163
Schmidt, Peter Georg 105
Schmidt, Ursula 331
Schmidt, Wolfgang M. 310, 357
Schmutz, Paul 255, 365
Schneeberger, William A. 46
Schnitzer, F. 193
Schoen, Tomasz 174, 175, 186, 314
Schoenfeld, Lowell 62
Schoissengeier, J. 353
Scholz, Arnold 166
Schönheim, Johanan 178, 312, 374
Schrandt, R. G. 341
Schroeppel, Rich 320
Schubert, H. 282
Schuh, Fred. 139
Schultz, O. 283
Schur, Issai 132, 312
Schwarz, Hermann Amandus 252
Schwarz, Wolfgang 234
Scott, Reese 234, 242
Sebastian, J. D. 196
Sedláček, Jiří 252
Séébold, Patrice 331
Segal, David 128
Segal, Sanford L. 138, 145, 230
Seibold, R. 105
Sekigawa, Hiroshi 227
Selfridge, John Lewis 19, 35, 47, 65, 90, 117, 119, 122, 127, 129, 164, 193, 196, 197, 211, 215, 264, 362, 371
Sellers, James A. 199, 220
Selmer, Ernst S. 168, 183, 342
Selvik, Björg Kristin 183
Sentance, W. A. 105
Serf, P. 296
Serra, O. 190
Shallit, Jeffrey O. 183, 322, 328
Shamir, A. 7
Shan Zun 108, 159
Shanks, Daniel 2, 5, 10, 21, 24, 38, 45, 58, 100, 215
Shantaram, R. 310

Shapiro, Harold N. 77, 79, 145, 291, 325
Sharir, Micha 326
Sharkov, I. V. 168
Shattuck, Steven 391
Shearer, James B. 304
Shelah, Saharon 310
Shelton, R. 331
Shen, Mok-Kong 47, 196
Shen Tsen-Pao 196
Sheng, T. K. 279
Shepherd, B. 196
Shibata, S. 77
Shimura, Goro 200
Shiu, Peter 142, 252
Shiue Jau-Shyong, Peter 104, 108, 167, 308
Shockley, J. E. 167
Shor, P. 326
Shorey, Tarlok N. 119, 125, 129, 234, 237, 242, 264, 293
Shparlinski, Igor E. 252, 365
Shu Ling-Hsueh 334
Shulz, H. S. 183
Shyr, H. J. 331
Siebert, Hartmut 58
Sierpiński, Wacław 2, 7, 10, 27, 62, 79, 108, 117, 137, 200, 227, 230, 252, 273, 285, 287, 334
Sikora, Adam 350
Siksek, Samir 242, 345
Silverman, Joseph H. 124, 211, 255, 261
Silverman, Robert D. 2, 19
Simmons, Gustavus J. 291, 308, 343
Simpson, R. Jamie 309, 329, 332, 371, 374, 376
Singer, J. 175
Singer, M. 61
Singmaster, David Breyer 221, 289
Sinisalo, Matti K. 159
Sirota, E. R. 10
Sitaramachandra Rao, R. 81, 105
Sitaramaiah, V. 96
Siva Rama Prasad, V. 81, 139, 221, 293
Sivaramakrishnan, R. 147

Skalba, Mariusz 329
Skinner, Christopher M. 211, 214, 221, 236, 242
Skula, Ladislav 12, 19, 58, 214
Slater, M. 196
Slater, Peter J. 177
Sloane, Neil J. A. 46, 174, 177, 210, 299, 385
Sluyser, Mels 159
Smith, Herschel F. 41
Smith, Joel F. 37
Smith, John H. 350
Smith, Michael 153
Smith, Paul 170
Smith, Rachael C. 341
Smyth, C. J. 211
Snyder, Julia 255
Solovay, R. 7
Solymosi, Joszef 379
Somer, Lawrence 20, 45
Somos, Michael 7, 317
Sompolski, R. W. 214, 215
Soni, R. P. 331
Sonntag, Rolf 166
Sorenson, Jonathan 7, 23
Sorli, Ronald M. 69, 77
Sós, Vera Turán 174, 175, 305
Soundarajan, K. 300, 353, 376
Spearman, Blair K. 98
Spencer, D. C. 310
Spencer, Joel H. 301, 308
Spencer, P. H. 196
Spiegel, Eugene 163
Spiro, Claudia 144
Spohn, W. G. 273
Sprague, Roland Percival 200, 201
Srinivasa Rao, B. 221, 293
Srinivasan, B. R. 62, 293
Srinivasan, Seshadri 366
Stănică, Pantelimon 118
Stanley, Richard P. 309
Stanton, Ralph G. 117, 178, 327
Stark, Harold M. 293
Starke, Emory P. 289
Stauduhar, Richard 367
Stearns, Robert E. 100
Stechkin, Boris S. 58, 168

Steen, Adolf 348
Stein, Axel vom 92
Stein, M. L. 159
Stein, P. R. 159, 226
Stein, Sherman K. 251, 375
Steiner, Ray P. 228, 233, 293, 322
Stemmler, Rosemarie M. 120
Stemple, J. G. 85
Stephens, A. J. 105
Stephens, Nelson M. 120, 296
Steuerwald, R. 79
Stevenhagen, Peter 21
Stevens, R. S. 310
Stewart, Bonnie M. 253
Stewart, Cameron L. 37, 114, 293
Stiller, Jörg 242
Stöhr, Alfred 183, 299
Stolarsky, Kenneth B. 166, 322, 357
Stoll, Peter 251
Størmer, C. 242
Strassen, Volker 7
Straus, Ernst Gabor 76, 106, 131, 164, 166, 192, 251, 333
Street, Anne Penfold 187, 312, 314
Stroeker, Roelof Jacobus 220, 229, 253, 287
Styer, Robert Alan 242
Subba-Rao, K. 211
Subbarao, Mathukumalli V. 13, 77, 81, 96, 106, 108, 139, 141, 165
Sudbery, A. 357
Sugunamma, M. 101, 165
Sulyok, Miklós 312
Summers, T. 94
Sumner, John L. 284
Sun, Chi 252
Sun Qi 151, 227, 228, 242, 257
Sun Zhi-Wei 60, 66, 132, 189, 190, 371, 374, 376
Sury, B. 105, 191
Suryanarayana, D. 76, 79, 81, 96, 105, 106, 282
Suyama, Hiromi 21
Suzuki, Jiro 215
Sved, Marta 242

Świerczkowski, S. 1, 193
Swinnerton-Dyer, Henry Peter Francis 209, 210, 233, 382
Sylvester, James Joseph 132, 168, 253
Szabó, Zoltán István 310
Szalay, László 242, 293
Szalay, Michael 366
Szegedy, Márió 376
Szekeres, Esther 124, 312
Szekeres, George 48, 104, 127, 312
Szemerédi, Endre 173, 174, 191, 224, 299, 301, 303, 310, 312, 327, 357, 379
Szymiczek, Kazimierz 48, 265, 288

## T

Tachibana, Katsuichi 220
Taira, Mayako 296
Tait, Peter Guthrie 348
Takakuwa, Tei 243
Takenouchi, Tanzo 253
Tallman, M. H. 293
Tang, Min 48
Tanner, Jonathan W. 215
Tanny, Stephen M. 341
Tao, Terence 26
Taylor, Brian D. 321, 342
Taylor, Herbert 178, 196
Taylor, Richard 216
Taylor, W. 328
te Riele, Herman J. J. 21, 68, 77, 85, 90, 94, 105, 137, 157, 158, 226, 229
Tee, Garry J. 62
Teeple, E. A. 345
Temperley, Nicholas 78
Templer, Mark 13
Tenenbaum, Gérald 253, 302, 379
Terai, Nobuhiro 114, 242
Terras, Riho 322
Terzi, D. G. 253
Teske, Edlyn 30
Tetali, Prasad 174
Teuffel, E. 62
Thangadurai, R. 191
Thatcher, Alfred R. 262
Thiele, Torsten 357
Thompson, John G. 62
Thomson, Jan McDonald 173, 342
Thouvenot, J. P. 310
Thue, Axel 331
Thurber, Edward G. 166
Thyssen, Anthony 27
Tichy, Robert F. 236
Tijdeman, Robert 114, 129, 229, 234, 242, 243, 253, 265, 324, 331, 375, 383
Tiller, G. 94
Timár, Ádám 9
Tinaglia, Calogero 168
Tolev, D. I. 159, 199
Tong Rui-Zhou 211
Top, Jaap 220
Tóth, János T. 136
Touchard, Jacques 69
Tovey, Craig A. 221
Trifonov, O. 104
Trigg, Charles W. 41
Tripathi, Amitabha 169
Trost, E. 289
Trujillo, Carlos 173
Truong, T. K. 366
Trusov, Ju. D. 211
Tsangaris, Panayiotis G. 10, 62
Tsuruoka, Yukio 227
Tunnell, Jerrold B. 296
Turán, Pál 24, 26, 42, 174, 299, 308
Turgeon, Jean M. 119
Turjányi, S. 220
Turk, Jan 124
Tzanakis, Nikos 219, 228, 229, 243, 261

## U

Ubis, A. 136
Uchiyama, Saburô 38, 66, 221, 243, 257
Udrea, Gheorghe 288
Ulam, Stanislas M. 2, 161, 163, 341
Urbanek, Friedrich J. 330
Urbanowicz, Jerzy 230
Utz, W. R. 132, 166

## V

Vaidya, A. M. 86
Vâjâitu, Marian 151
Vâjâitu, Viorel 365, 388
Vakil, Ravi 341
Valette, Alain 141
van de Lune, J. 158, 229, 353
van der Corput, J. G. 29, 157
van der Poorten, Alfred J. 51, 105, 215, 378, 390
van der Waerden, B. L. 310
Van Hamme, L. 378
van Lint, Jacobus Henricus 250
Vanden Eynden, Charles L. 62, 105, 332, 375
Vandiver, Harold S. 215
Vantieghem, E. 62
Vardi, Ilan 196, 322, 334
Varnavides, P. 187
Varona, Juan L. 90
Vaserstein, Leonid N. 226, 227
Vassilev-Missana, Mladen V. 66, 137
Vaughan, Robert C. 40, 66, 142, 147, 158, 159, 224, 227, 253, 357
Vegh, Emanuel 366
Veigneau, S. 391
Velammal, G. 132
Velasco, M. J. 104
Venkatesh, T. 288
Venturini, G. 322, 324
Vinogradov, I. M. 159
Viola, C. 289
Vitolo, A. 37
Vizári, Béla 168
Vladimirov, V. S. 149
Vogt, R. L. 100
Vojta, Paul 114
Voorhoeve, M. 229
Vorhauer, Ulrike M. A. 200
Voutier, Paul M. 21, 287, 293
Vu, Van H. 66, 224, 310
Vucenic, W. 196
Vulakh, L. Ja. 256

## W

Wada, Hideo 60, 265, 296

Wagon, Stanley 1, 55, 141, 262, 322
Wagstaff, Samuel S. 19, 47, 50, 215, 366
Wahl, Patrick T. 221
Wakayama, Masuto 378
Wakulicz, A. 137
Wald, Morris 159
Walker, David T. 105
Wall, Charles R. 77, 79, 81, 86, 95, 137, 145, 293
Wall, David W. 139
Wallis, Jennifer Seberry 312
Wallis, Walter Denis 312
Walsh, Peter Garth (Gary) 105, 114, 229, 234, 239, 286, 292
Wang Du-Zheng 233, 238, 243
Wang, Edward T. H. 159, 187, 313
Wang Hui 369
Wang Jia-Bao 114, 243
Wang Peng-Fei 253
Wang Tian-Ze 36, 66, 157–159
Wang Wei 24
Wang Yan-Bin 238, 288
Wang Yuan 158
Ward, Morgan 211
Warlimont, Richard 145, 179, 221
Warren, L. J. 81
Waterman, Michael S. 334
Watson, George Neville 221
Watt, Nigel 38, 223
Wattel, E. 353
Watts, A. M. 322
Weakley, William D. 196
Webb, William A. 253
Weber, J. M. 81
Weger, Benjamin M. M. de 221, 233, 243, 293
Weinberger, Peter 19
Weiner, Paul A. 79
Weintraub, Sol 27, 29
Weis, Kevin L. 147
Weiss, A. 322
Weisser, D. P. 292
Weitzenkamp, Roger C. 66
Wells, David 153

Welsh, L. 19
Wen Zhang-Zeng 297
Wen Zhi-Xiong 328
Wen Zhi-Ying 328
Werebrusow, A. S. 211
Wheeler, D. J. 20
Whitehead, Earl Glen 312
Wichmann, B. 178
Wick, Brian 55
Wiens, Douglas 60
Wiertelak, Kazimierz. 350
Wilansky, Albert 153
Wild, K. 357
Wiles, Andrew J. 216
Wilf, Herbert S. 169, 253, 329
Willans, C. P. 62
Williams, E. R. 316
Williams, Hugh Cowie 6, 9, 21, 30, 51, 61, 103, 105, 116, 128, 215, 288, 292, 294, 298, 363
Williams, Kenneth S. 98, 199
Wilson, David W. 211, 322
Windecker, R. 179
Winter, David 357
Winter, Dik 21
Wirsching, G. 322, 374
Wirsing, Edward 77
Wiseman, Julian D. A. 350
Witsenhausen, Hans S. 301
Witt, E. 310
Wójtowicz, Marek 20, 69, 138, 146
Wolfskill, John 243
Wolke, Dieter 157
Wong, Erick Bryce 59, 62
Woods, Dale 51, 86
Wooldridge, K. R. 141
Wooley, Trevor D. 211, 221, 223, 224, 353
Woollett, M. F. C. 227
Wormell, C. P. 62
Wrench, John W. 38
Wright, Edward Maitland 62, 200, 227
Wu Chang-Jiu 253
Wu Hua-Ming 288
Wu, Jie 10, 38, 105
Wu Ke-Jian 243
Wu Wei 297
Wu Yun-Fei 239

Wunderlich, Marvin C. 90, 94, 161, 163, 231
Wyburn, C. T. 166
Wyler, Oswald 294

## X

Xie Sheng-Gang 41
Xu Tai-Jin 243
Xu Xue-Wen 288
Xu Yi-jing 353
Xu Z.-Y. 222

## Y

Yabuta, Minoru 294
Yamada, Masaji 323
Yamamoto, Koichi 253
Yan Song-Y. 86, 159
Yang Si-Man 66, 372
Yao Jia-Yan 331
Yao, Qi 37
Yap Hian-Poh 187
Yates, Samuel 21, 153
Yau, Stephen S.-T. 351, 353
Yebra, J. Luis A. 357
Yeung Kit-Ming 378
Yip L.-W. 141
Yokota, Hisashi 253
Yong Gao-Chen 117
Yorinaga, Masataka 48, 51, 66, 137
Yoshida, Shin-ichi 296
Yoshitake, Motoji 79
Young, Jeffrey 19, 21, 38, 116
Yu Gang 38, 106
Yu Kun-Rui 114, 291
Yu Li 243
Yu Xin-He 159
Yuan Ping-Zhi 106, 114, 228, 243, 265
Yuan Yi 369

## Z

Zaccagnini, Alessandro 38, 66
Zachariou, Andreas 79
Zachariou, Eleni 79
Zagier, Don B. 62, 227, 256
Zaharescu, Alexandru 151, 365, 376, 388
Zajta, Aurel J. 212, 234
Zaks, Ayal 308
Zaks, M. 331

Zarankiewicz, Kazimierz  27
Zarantonello, Sergio E.  37
Zaremba, Stanisław Krystyn  381
Zarnke, C. R.  103
Zay, Béla  341
Zeilberger, Doron  371, 375, 377
Zeitlin, David  163, 341
Zémor, Gilles  190
Zhan Tao  199
Zhang Liang-Rui  250
Zhang Ming-Zhi  51, 137, 146, 297, 367, 372, 375
Zhang Wen-Peng  366, 369
Zhang Zhen-Feng  159
Zhang Zhen-Xiang  48, 51, 151, 175, 303, 338
Zhao Chun-Lai  296
Zhong Mei  288
Zhou Chi-Zong  294, 323
Zhou Guo-Fu  230
Zhu Wen-Yu  51
Zhu Yao-Chen  118, 333
Zhu Yi-Liang  199
Ziemak, K.  47
Zimmer, Horst G.  233
Zimmermann, Paul  29, 90, 196, 223
Zinoviev, D.  157
Ziv, A.  189
Živković, Miodrag  13, 148
Złotkowski, W.  242
Znám, Štefan  312, 314, 321, 372, 374
Zöllner, Joachim  375
Zongben Xu  369
Zuazua, Rita  9
Zudlin, V. V.(Wadim)  378
Zuehlke, John A.  216
Zun, Shan  139
Zwillinger, Dan  159

# 一般索引

一般索引には，本文中で言及した著者のうち，文献に論文を引用していない人名を含んでいる．

## あ 行

アイゼンシュタイン-ヤコビ整数 54
アイゼンシュタイン-ヤコビ素数 54
亜四面体 275
アドミシブル分割 311
アペリィ数 377
誤り訂正符号 176
アルティン予想 363
アンケニー-アルティン-チャウラ予想 103

EHS 数 12
E エジプト分数 373
e-完全数 106
e-多重完全数 106
一意分解性 53
1 のリピート数 15

ウィアード数 73
ヴィーフェリッチ素数 14
ウィルソン商 11
ウィルソン素数 11
ウィルソンの定理 11, 55
ウィンデッカー 181
ウォルステンホルムの定理 127
ウッダール素数 114
ウーラム数 161

エジプト分数 243
$x$ 以下の素数の個数 3
$n$ の階乗 10, 117, 118, 147
$n$ 番目の素数 3
NP 180
$\mathcal{N}$-ポジション 335
A.P. (算術数列) 332
abc 予想 14, 109, 214
エラトステネスのふるい 160
エリオット-ハルバースタム予想 143
エルデーシュ-セメレディ問題 378
エルデーシュ-トゥランの問題 170
エルデーシュ-ハイルブロンの予想 187, 188
A-列 337

オア数 71
オイラー擬似素数 (epsp) 42
オイラー数 149
オイラーの (トーシャント) 関数 97, 133, 137, 139, 140, 142, 145, 245
オイラーの定数 143
オイラーの 2 次式 8
オイラーの予想 203
扇グラフ 185
黄金比 165, 333
octal ゲーム 336

## か 行

概完全数 70
回帰式 15, 18
階乗 289, 291, 367
階乗数 148
概素数 26
回文擬似素数 45
回文数 15, 45
ガウス整数 53, 370
ガウス素数 53
ガウスの円問題 351
過剰数 70
過剰分 70
数え上げ列 334
カタラン数 130, 290
カタラン-ディクソン予想 89
カタラン予想 109, 231
カニンガムチェイン 29, 64, 151
加法基底 180
加法数列 162, 342
加法チェイン 164
カーマイケル関数 365
カーマイケル数 42, 48, 137, 205
カーマイケル予想 140
カーマイケル列 57
カメロン-エルデーシュ予想 171
カレン数 114
完全差分集合 175
完全数 13, 67, 87
完全被覆系 372
完全立方体 265

擬似完全数 71, 246, 373
擬似素数 (psp) 42
奇数和列 348
基底 342
既約準完全数 71
球 352
球面三角形 268
ギューガ商 58
ギューガ数 57
ギューガ予想 57
ギューガ列 57
強擬似素数 (spsp) 42
強サムフリー 314
共線整数 306
強独立 197
強フィボナッチ擬似素数 44
行列式 386, 387
強レーマー擬似素数 45
極大基底 180
ギルブレス予想 41
キンバーリングシャッフル 345

クイーンの問題 193
クラスター 278
クラナー-ラドー列 347
クラメル予想 11
グリーディーアルゴリズム 307, 337, 341
グリム予想 128
グールマッティの予想 235
グレースフルグラフ 184
グレースフルラベル 176
クンマー面 275

$k$ 重親和数 87
$k$ 重超完全数 75
$k$-乗ベキ剰余 362
ゲーベル列 316
ゲリフォンド-ベイカー法 383
原始因子 18
原始解 213
原始過剰数 70
原始擬似完全数 71
原始根 363
原始数列 302

コイン問題 166
格子点 278, 306, 351, 353, 354
合成数 3
合同差分集合 175
合同数 294
合同である 22
五角数 198
ゴールドバッハ予想 96, 109, 155
ゴロンブ定規 175
ゴロンブ列 334
コンウェイ-ガイ数列 169
コンウェイの RATS 390
根基 109

さ 行

サイクル 268, 323
最小公倍数 121, 300, 379
最小重複問題 192
最大公約数 3, 300
サムフリー (和を含まない) 313
サムフリー列 342
$3x+1$ 問題 317
三角数 198, 217, 281, 291
3 重完全数 74
算術数 72
3 点非共線問題 354

自己内包数 320
指数約数 106
実現数 73
シドン数列 170
四面体 282
弱独立 197
社交数 91
車輪グラフ 184
シャンクスチェイン 30
シューア数 311
シューアの予想 359
充填問題 172, 179
10 進デジタル問題 384
シュテール列 342
準完全数 70
準親和数 87
少数の強法則 387
少数の法則 14, 114, 192, 286, 289, 358
シンツェル予想 11
真約数 67
真約数サイクル 91
真約数和 81
真約数和列 88
親和数 81

スウィンナートン-ダイヤーの定理 192
スターリングの公式 117
スパン 307
スプラーグ-グランディ理論 336
スミス数 152

正四面体数 217
正則 315
正則素数 212, 229
正八面体 185
成分 67
正方ピラミッド数 217
Z-数 324
セメレディ定理 25, 305
ゼロサムフリー集合 187
漸近的 7
漸近密度 56

素円列 156
素数階乗 10
素数グラフ 26, 51
素数の階乗 34
素数のパターン 38
素数表 5

素数ピラミッド 156
素数離散 34
素数レース 22
ソフィー・ジェルマン素数 29, 151
ソモス列 317

た 行

対称素数 66
対称対 359
代数的数 381
ダヴェンポート-シンツェル列 325
楕円関数 217
楕円曲線 204, 212
互いに素 3
多階方程式 208
タクシー数 206
多重完全数 73
タリー-エスコット問題 208
単位元 3
単位分数 243
単数 53
単調 A.P. 343

チェイン 323
置換列 323
超完全数 95
調和グラフ 184
調和種数 72
調和数 71
調和平均 71
調和ラベル 176
直角正四面体 352

通常点 267

ディオファンタス $m$-項 297
ディクソン擬似素数 44
ディジタル問題 389
ディジット問題 384
底 2 の擬似素数 366
ディリクレの定理 4
ディリート素数 15
デデキンドの関数 94, 138, 139, 142
トゥーエ-ジーゲル定理 123
トゥーエ-モース列 327
等差数列 4, 25, 27, 64, 305
同伴元 53

一 般 索 引

## あ行
等ベキ数の和　203
特異解　253
特異点　206
独立　196
トータティヴ　141

## な行
ナピエの法則　268
2項係数　125, 129, 218, 262, 290
nim 加法　336
nim-類似ゲーム　336

ノントーシャント　134

## は行
倍・合成数　32
パーシステンス　385
パスカル三角形　130
派生立方体　266
ハッピー数　343
パラドックス　324
バリア　94
バロット数　130
ハンセンチェイン　164
繁素数　35
伴侶数　87

非コトーシャント　135
ピサのレオナルド　294
非整除集合　191
非正則素数　212, 229
非対称素数　66
ピタゴラス三角形　266, 294
ピタゴラストリプル　267, 280
ピタゴラス比　263
ピーターセングラフ　185
左階乗　148
$B_2$-列　172, 337
ビーティー列　336, 373
被覆合同式　115, 301
被覆合同式系　369
被覆問題　184
被覆約数集合　115
非平均集合　191
$\mathcal{P}$-ポジション　335
表象数　217
ピライ素数　12
ピラミッド型ディオファンタス方程式　230

ファーレイ分数　244, 386
ファン・デア・ヴェルデン定理　305
フィボナッチ擬似素数　44
フィボナッチ数　44, 291
フィボナッチ数列　17
風車グラフ　184
フェルマー商　15, 57
フェルマー数　16, 44
フェルマー-トリチェリー点　274
フェルマーの小定理　114
フェルマーの問題　109, 212
フォーチュン素数　11
フォーチュン予想　11
不可触数　96
不足数　70
不足量　125
双子素数　32, 139
双子素数予想　109
ブハースカラ方程式　101, 217, 263, 286, 362
部分商　380, 381
ブラウアー数　164
ブラウアーチェイン　164
プラトン立体　185
フリーズ帯パターン　268
フルウィッツ方程式　254
ブルン-ティッチマーシュ定理　140
ブルンの定数　33
フレンドシップグラフ　184

ベイカーの方法　235
ベイトマン-ホーン予想　5
平方因子無縁　14, 80, 98
平方剰余　358, 360, 363, 364
平方剰余の相互法則　358
平方剰余のパターン　360
平方数の和　197
平方チェイン　30
平方無縁　130, 147
平方無縁数　106
平方(因子)無縁数　103
平方無縁約数　109
ベキフル数　101, 126, 214
ペラン擬似素数　44
ペル数列　18
ベルヌーイ数　212
ペル方程式　101, 217, 263, 286
ヘロン三角形　282

ホール予想　231

## ま行
マウストラップ　347
max 列　336
魔方陣　28, 259
マルコフ数　253
マルコフ方程式　254, 286
ミアン-チャウラ列　337
密度　71, 299, 335, 347
無限項完全数　80
無限項約数　80
無理数化列　332

メジャー素数　338
mex　336
mex 列　336
メビウスの関数　3
メルセンヌ素数　13, 67, 87, 95, 97, 101, 139

モジュラーマウストラップ　348

## や行
約数関数　67, 90, 93, 98, 106, 108, 123
約数問題　351
約数和関数　67, 71
ヤコビ記号　42, 359

郵便切手問題　179
有理単体　282
有理直方体　265
有理箱―有理直方体　281
U-数　161
ユニタリー完全数　79
ユニタリー社交数　93
ユニタリー真約数和列　93
ユニタリー多重完全数　80
ユニタリー不可触数　97
ユニタリー約数　79

予想 H　5

## ら行
ラジカル　98
ラッキー数　160
ラマヌジャン-ナーゲル方程式　286
ラムゼイ数　311

立方体 185
リーマン ζ-関数 151, 377
リーマン予想 22, 33, 64, 102, 155, 161, 363
良素数 51
隣接素数の和 160
リンニクの定数 22

類数 212
類数公式 358
ルーカス数 291
ルーカスチェイン 165
ルーカスの問題 217
ルーカス-レーマー数列 18
ルーカス-レーマーテスト 13
ルジャンドル記号 358
ルース-アーロン数 153
ルーピーゲーム 335
ルーラー関数 331

レーマー予想 137
連分数 380–382

六面体 281
六角数 198

## わ 行

ワイソフ対 336
和が属さないよう (サムフリー) な最大集合 185
ワーリング問題 222

## 欧文

Abe, Nobuhisa 264
Alanen, Jack 96
Allenby, Reg 344
Andersen, Jens Kruse 34, 40
Anderson, Claude 256
Andrica, Dorin 34
Applegate, Harry 388
Ashbacher, Charles 281

Bailey, David F. 245
Baillie, Robert 15
Baker, Alan 162
Bang, Thøger 150
Baragar, Arthur 286
Barnouin, Pierre 384
Benkoski, S. J. 367
Bergmann, Horst 270
Bergum, Gerald E. 275

Bernstein, Daniel J. 206
Betsis, Dimitrios 39
Blecksmith, Richard 216
Bond, Reginald 148
Bowen, Rufus 228
Brauer, Alfred 308
Brennan, Jack 32
Brizolis, Demetrios 364
Broadhurst, David 15, 245
Browkin, Jerzy 135
Brown, Kevin S. 247
Bruce, Richard 218
Buckley, M. R. 294
Buell, Duncan 260
Bugeaud, Yann 292
Burr, Stefan 162
Buzzard, Kevin 148

Cameron, Peter J. 171
Carmody, Phil 26, 30, 32
Chase, Scott I. 204
Choi, S. L. G. 373
Choudhry, Ajai 256
Chowla, Sardomon D. 22, 107, 230
Chudnovsky, Gregory V. 232
Cohen, Stephen 364
Cohn, John H. E. 225
Collatz, Lothar 317
Collison, David 261
Conway, John Horton 16, 34, 109, 114, 130, 204, 273, 325
Coppersmith, Don 385, 390
Cosgrave, John 17
Coughlan, Francis 388
Croft, Hallard T. 41, 383
Czipszer, J. 193

De Koninck, Jean-Marie 15, 98
Dickerman, Mitchell R. 89
Dickson, Leonard Eugene 283
Dirichlet, Peter G. Lejeune 351, 358
Divis, Bohuslav 381
Dressler, R. E. 198
Dubner, Harvey 32
Dudeney, Henry Ernest 273
Düntsch, Ivo 107

Easter, Michael 118

Ebert, Gary 363
Edgar, Hugh Maxwell Wallace 232, 235
Eggleton, Roger Benjamin 107
Eichhorn, Dennis 68
Elkies, Noam 12
Epstein, Richard 335
Erdős, Pál 11, 52, 100, 101, 108, 132, 139, 156, 160, 178, 232, 256, 258, 303, 304, 313, 338, 339, 343, 354, 364, 376, 383, 385, 389
Euler, Leonhard 8, 152, 203, 232, 263, 266, 277, 280, 283

Feit, Walter 120
Fermat, Pierre de 263, 295
Filaseta, Michael 15
Finucane, Daniel M. 144
Folkman, Jon 311
Fougeron, James 26
Frénicle de Bessy, Bernard 204
Frobenius, G. 166

Gagola, Gloria 364
Gallyas, K. 294
Gandhi, J. M. 212
Gardner, Martin 28, 84, 273
Gascoigne, Stuart 205
Gauß, Carl Friedrich 358
Gessel, Ira 130
Göbel, Fritz 316
Godwin, Herbert James 88
Goldston, Daniel L. 31
Gomez Pardo, Jose Luis 34
Goormaghtigh, R. 120
Gordon, Basil 53, 138, 388
Gosper, Bill 384
Graham, Ronald Lewis 75, 124, 138, 263, 264, 286, 304, 338, 343, 366, 376
Graham, Sidney W. 49
Granville, Andrew 110, 123, 205
Grecu, Dan 34
Guilford, John 384
Gupta, Hansraj 232, 331
Gupta, Shyam Sunder 45
Guy, Michael John Thirian

一 般 索 引

273, 323

Hajós, G.  137
Hall, Richard R.  197
Hamilton, John  384
Harborth, Heiko  281
Hardin, Ron  245
Hardy, Godfrey Harold  351
Harley, Robert  14
Heath-Brown, D. Roger  68
Heilbronn, Hans  356
Helenius, Fred  74
Hesterman, Lambertus  387
Hickerson, Dean  12, 118, 218, 384
Hilliard, Cino  17
Hitotumatu, Sin  384
Hoey, Daniel  72, 247, 281, 384
Hoffman, Fred  145
Hooley, Christopher  223
Hunter, J. A. H.  273, 294
Hutchings, Robert L.  167

Isaacs, Rufus  87

Jacobsthal, E.  141
Jobling, Paul  30, 83

Kalsow, William  278
Kanapka, Joe  109
Keller, Wilfrid  147
Kelly, Blair  204
Kemnitz, Arnfried  280
Kertesz, Adam  245
Khare, S. P.  125, 131
Klarner, David  185
Kleitman, Daniel J.  119
Kolba, Z.  325
Kummer, Ernst Eduard  131, 212
Kuosa, Nuutti  209

Lacampagne, Carole  389
Lagarias, Jeffrey  385
Lagrange, Jean  257
Lam, Clement W. H.  187
Landau, Edmund  223, 351
Lander, Leon J.  34
Lau, Kenneth  388
Leech, John  54, 130, 197, 213,

231, 246, 257, 263, 274, 280, 283, 290
Lehmer, Derrick Henry  34, 73, 134, 204, 249, 366, 368
Lehmer, Emma  134, 366
Lemmermeier, Franz  14
Lenstra, Hendrik Willem  316, 344
Levine, Eugene  131, 311
Lint, Jacobus H. van  333
Littlewood, John Edensor  22, 324, 382
Longyear, Judith  297

MacMahon, Percy A.  340
Mahler, Kurt  150, 162, 205
Makowski, Andrzej  98, 99, 151, 197, 366
Martin, Greg  68
Martin, Marcel  34
Massias, J. P.  304
McCranie, Jud  65, 94, 99, 107, 134, 151, 344, 359, 364, 380
McIntosh, Richard  16, 388
McKay, John  131
McKay, John H.  120
McMullen, Curt  390
Meally, Victor  34, 194, 246, 367, 383
Mercator, Nicolaus  383
Meyerowitz, Aaron  124
Meyrignac, Jean-Charles  209
Mignotte, Maurice  292
Montgomery, Peter Lawrence  68, 101, 131, 207, 249, 362, 366, 388
Moore, Duncan  205
Mordell, Louis Joel  203, 205, 217, 222, 244, 262, 297, 389
Moser, Leo  97, 156, 163, 257, 258, 381
Motzkin, Theodor S.  53, 109, 331
Mulkey, Gary  246
Mullin, A. A.  32
Myerson, Gerry  103

Nagashima, Takahiro  297
Narkiewicz, Władysław  52, 101, 364

Newman, Morris  388
Nicely, Thomas R.  34
Nicol, Charles  15
Nissen, Walter  146
Noll, Landon Curt  52

Oakes, Michael  12
Odlyzko, Andrew  34
Oliviera e Silva, Tomás  155
Oursler, Clellie  297
Owens, Frank  162

Parker, Ernest T.  120
Parkin, T. R.  34
Paulhus, Marc  290
Pedersen, J. O. M.  92
Penney, David E.  93
Pintér, Ákos  264
Pomerance, Carl  12, 13, 93, 109, 151, 205, 263, 339, 364
Poonen, Bjorn  12
Purdy, George B.  354

Raines, Terry  145
Rathbun, Randall L.  205, 271, 284
Recamán, Bernardo  142
Renyi, Alfred  95
Riddell, James  379
Rosenburg, Bryan  278
Rosenthal, Hans  26, 34
Rosenthal, Rainer  307
Rote, Günter  325
Roth, Klaus F.  305
Rotkiewicz, Andrzej  366
Ruderman, Harry D.  151
Rudnick, Carl  232
Russo, Felice  97

Säfholm, Sten  39
Sastry, K. R. S.  218, 263, 276
Sasvári, Zoltán  290
Scherk, Peter  192
Schinzel, Andrzej  100, 137, 217, 232, 289, 311
Schroeppel, Rich  145
Schweitzer, Michael  260
Selfridge, John Lewis  11, 15, 39, 62, 74, 117, 121, 122, 124, 129, 145, 150, 151, 185, 187, 216, 245, 290, 380, 387,

389
Shafer, Michael 13
Shallit, Jeffrey 118
Shapiro, Harold N. 244
Shedd, Charles L. 281
Sierpiński, Wacław 99, 288, 367
Siksek, Samir 292
Silverman, David 151, 304
Silverman, Robert 160
Simmons, Chuck 52
Singer, J. 175
Slavić, Dušan V. 148
Sloane, Neil J. A. 130, 245
Solé, Patrick 350
Soria, Javier 11
Sos, Vera Turán 315
Spiro, Claudia 107
Stanley, Richard P. 101
Stark, Harold M. 363
Stechkin, Boris S. 56
Stewart, Bonnie M. 11

Stong, Richard 246
Straus, Ernst G. 109, 117, 332
Struppeck, Thomas 88
Styer, Robert 110
Sulyok, Miklós 172
Sun Zhi-Hong 14

Taylor, Herbert 379
Thatcher, Alfred R. 269
Thompson, Chris 360
Thompson, John G. 120
Tijdeman, Robert 150, 304
Turán, Pál 197, 314

Ulam, Stanislas M. 381
Upton, Leslie J. 273

Vandemergel, Stephane 22, 107, 208, 246, 262
Velez, William Yslas 151
Viète, François 204

Vojta, Paul 205

Wagon, Stanley 11, 245
Wagstaff, Samuel S. 148, 151
Wall, Charles R. 84, 139
Weger, Benne M. M. de 383
Weintraub, Sol 34
Whiteman, Albert Leon 325
Wiethaus, Holger 82
Wilf, Herbert 18
Wilson, David W. 15, 72, 97, 223
Woods, Alan R. 123
Wytek, Rudolf 388

Yang Yuan-Sheng 176
Yildirim, Cem 31

Zeitlin, David 162
Zhang, Ming-Zhi 44
Zimmerman, Paul 71
Zweers, Frank 82

訳者略歴

金光　滋　（かねみつ・しげる）

1950 年　岡山県に生まれる
1978 年　九州大学大学院理学研究科数学専攻博士課程中退
1989 年　近畿大学九州工学部助教授
1995 年　近畿大学大学院産業技術研究科教授
現　在　近畿大学産業理工学部教授
　　　　同大学院産業技術研究科教授
　　　　理学博士
専　攻　整数論・特殊関数論


数論〈未解決問題〉の事典　　　定価はカバーに表示

2010 年 11 月 5 日　初版第 1 刷
2011 年 3 月 10 日　　　第 2 刷

訳　者　金　光　　　滋
発行者　朝　倉　邦　造
発行所　株式会社　朝　倉　書　店
　　　　東京都新宿区新小川町 6-29
　　　　郵便番号　162-8707
　　　　電　話　03(3260)0141
　　　　ＦＡＸ　03(3260)0180
　　　　http://www.asakura.co.jp

〈検印省略〉

Ⓒ 2010〈無断複写・転載を禁ず〉　　　中央印刷・渡辺製本

ISBN 978-4-254-11129-3　C 3541　　Printed in Japan

早大 足立恒雄著

## 数 ―体系と歴史―

11088-3 C3041　　A5判 224頁 本体3500円

「数」とは何だろうか？一見自明な「数」の体系を，論理から複素数まで歴史を踏まえて考えていく。〔内容〕論理／集合：素朴集合論他／自然数：自然数をめぐるお話他／整数：整数論入門他／有理数／代数系／実数：濃度他／複素数：四元数他／他

---

J.-P.ドゥラエ著　京大 畑　政義訳

## π ― 魅惑の数

11086-9 C3041　　B5判 208頁 本体4600円

「πの探求，それは宇宙の探検だ」古代から現代まで，人々を魅了してきた神秘の数の世界を探る。〔内容〕πとの出会い／πマニア／幾何の時代／解析の時代／手計算からコンピュータへ／πを計算しよう／πは超越的か／πは乱数列か／付録／他

---

I.スチュアート著
聖学院大 松原　望監訳　藤野邦夫訳
数学のエッセンス1

## イアン・スチュアートの 数の世界

11811-7 C3341　　B5判 192頁 本体3800円

多彩な話題で数学の世界を紹介。〔内容〕フィボナッチと植物の生長／彫刻と黄金数／音階の数学／選挙制度と民主的／膨張する宇宙／パスカルのフラクタル／完全数，素数／フェルマーの定理／アルゴリズム／魔方陣／連打される鐘と群論

---

日大 本橋洋一著
朝倉数学大系1

## 解析的整数論 I ―素数分布論―

11821-6 C3341　　A5判 272頁 本体4800円

今なお未解決の問題が数多く残されている素数分布について，一切の仮定無く必要不可欠な知識を解説〔内容〕素数定理／指数和／短区間内の素数／算術級数中の素数／篩法I／一次元篩I／篩法II／平均素数定理／最小素数定理／一次元篩II

---

C.F.ガウス著　九大 高瀬正仁訳
数学史叢書

## ガウス 整数論

11457-7 C3341　　A5判 532頁 本体9800円

数学史上最大の天才であるF.ガウスの主著『整数論』のラテン語原典からの全訳。小学生にも理解可能な冒頭部から書き起こし，一歩一歩進みながら，整数論という領域を構築した記念碑的著作。訳者による豊富な補註を付し読者の理解を助ける

---

T.アンドレースク・D.アンドリカ・Z.フェン著
東女大 小林一章・早大 鈴木晋一監訳
数学オリンピックへの道3

## 数論の精選 104 問

11809-4 C3341　　A5判 232頁 本体3400円

国際数学オリンピック・アメリカ代表チームの訓練や選抜で使われた問題から選り抜かれた104問を収めた数論の精選問題集。数論に関する技能や技術を徐々に作り上げてゆくことができる。第1章には数論に関する基本事項をまとめた。

---

R.クランドール・C.ポメランス著　和田秀男監訳

## 素 数 全 書 ―計算からのアプローチ―

11128-6 C3041　　A5判 640頁 本体14000円

整数論と計算機実験，古典的アイディアと現代的な計算の視点の双方に立脚した，素数についての大著。素数のいろいろな応用と，巨大な数を実際に扱うことを可能にした多くのアルゴリズムをとりあげ，洗練された擬似コードも紹介。〔内容〕素数の道具／数論的な道具／素数と合成数の判別／素数判定法／指数時間の素因子分解アルゴリズム／準指数時間素因子分解アルゴリズム／楕円曲線を使った方法／遍在する素数／長整数の高速演算アルゴリズム／擬似コード

---

S.R.フィンチ著　前京大 一松　信監訳

## 数 学 定 数 事 典

11126-2 C3541　　A5判 608頁 本体16000円

円周率π，自然対数の底e，$\sqrt{2}$などの有名なものから，あまり知られていないめずらしいものまで，数学の定数約960を網羅して解説した事典。定数がどのように誕生し，なぜ重要なのか，すべての有意義な定数を体系的に説明し，項目ごとに詳細な文献リストをまとめてある。〔内容〕有名な定数／数論に関する定数／解析不等式に関する定数／関数の近似に関する定数／離散構造に関する定数／関数反復に関する定数／複素解析に関する定数／幾何学に関する定数／付録：定数表

上記価格（税別）は2011年2月現在